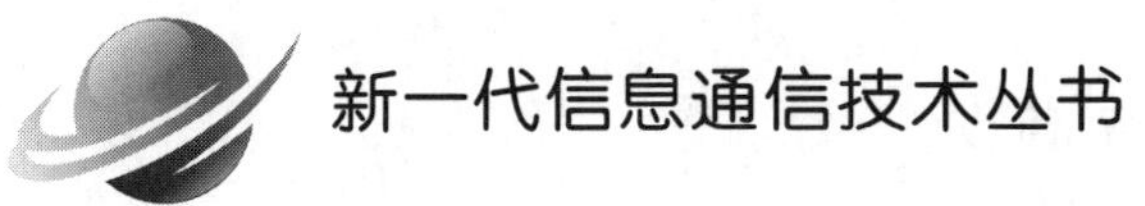

宽带毫米波天线技术

姚　远　程潇鹤　邬开来　姜　航　著

北京邮电大学出版社
www.buptpress.com

内 容 简 介

本书是专门阐述宽带毫米波天线技术的专著。全书分为7章，主要内容包括：绪论、毫米波传输线、宽带毫米波圆极化天线研究与设计、定向高效率毫米波天线阵列研究与设计、多波束毫米波天线阵列研究与设计、双极化毫米波天线研究与设计、微波毫米波融合天线研究与设计。

本书适用于从事天线技术、无线通信技术的工程技术人员阅读，也可以作为高等院校相关专业或者从事相关课题研究的本科生、研究生的参考书。

图书在版编目（CIP）数据

宽带毫米波天线技术 / 姚远等著. -- 北京 ：北京邮电大学出版社，2023.8

ISBN 978-7-5635-6976-2

Ⅰ. ①宽… Ⅱ. ①姚… Ⅲ. ①毫米波传播-微波天线-研究 Ⅳ. ①TN822

中国国家版本馆 CIP 数据核字(2023)第 145657 号

策划编辑：刘纳新　刘蒙蒙　**责任编辑**：满志文　**责任校对**：张会良　**封面设计**：七星博纳

出版发行：北京邮电大学出版社
社　　址：北京市海淀区西土城路 10 号
邮政编码：100876
发 行 部：电话：010-62282185　传真：010-62283578
E-mail：publish@bupt.edu.cn
经　　销：各地新华书店
印　　刷：唐山玺诚印务有限公司
开　　本：787 mm×1 092 mm　1/16
印　　张：20.75
字　　数：514 千字
版　　次：2023 年 8 月第 1 版
印　　次：2023 年 8 月第 1 次印刷

ISBN 978-7-5635-6976-2　　定　价：98.00 元

前　言

毫米波技术采用更高的载波频率,更宽的工作带宽,为无线通信系统提供了丰富的频谱资源,可有效解决微波频谱资源紧张带来的速率受限问题。天线作为无线通信系统中的重要部件,其物理尺寸与波长相关,频率越高,波长越短。当频率到达毫米波频段后,天线的结构尺度已达到毫米级,对于天线的加工带来了极大的挑战。与此同时,在毫米波频段,微带线、共面波导等微波传输线也展现了较高的损耗,基于此类传输线设计的天线,其效率受到了极大的制约。针对上述问题,本书集中研究了宽带毫米波天线的最新技术,并提出了很多新颖的天线和天线阵列的结构形式。

全书分为 7 章。第 1 章为绪论,介绍了毫米波天线技术的研究背景与意义、毫米波平面天线阵列、毫米波端射天线、毫米波多波束天线阵列的研究现状。

第 2 章为毫米波传输线。传输线作为天线的载体,其模式特性是天线设计的基础,其损耗特性又直接决定了天线的效率。本章首先介绍了传输线的发展历程,其次阐述了微带线、矩形波导、基片集成波导、间隙波导等毫米波常用的传输线的基本理论、仿真建模方法、损耗特性。

第 3 章为宽带毫米波圆极化天线研究与设计。本章阐述了作者提出的两个宽带圆极化天线原型,分别是宽带圆极化渐变缝隙天线与宽带隔板圆极化天线,详细阐述了其工作机理。仿真和实测结果表明,此两个天线均具有宽带圆极化特性。在这两类天线原型的理论基础上,做了一系列的结构变形,以满足不同工程应用的需求。

第 4 章为定向高效率毫米波天线阵列研究与设计。对于定向高效率毫米波天线阵列,其馈电网络的传输线类型对效率起着至关重要的作用。本章分别基于矩形波导与间隙波导设计了两种天线阵列原型。仿真和实测结果表明,此两类天线均具有高效率的特性。

第 5 章为多波束毫米波天线阵列研究与设计。巴特勒矩阵是实现紧凑型多波束天线的有效方法。本章首先阐述了巴特勒矩阵的基本构建原理,针对巴特勒矩阵中的交叉耦合器带宽窄的问题,提出了基于模式合成法的交叉耦合器,提升了巴特勒矩阵的工作带宽,进一步研究与设计了一款 E 面多波束天线阵列。其次,针对多波束天线阵列要求单元电尺寸小的设计需求,提出了一款阶梯渐变缝隙天线单元,详细阐述了其工作机理,并基于此单元,构建了 2×2 端射多波束天线阵列。

第 6 章为双极化毫米波天线研究与设计。极化复用技术是实现增加通信系统容量并提高频谱效率一种有效方式,而正交模转换器是构建基于波导的双极化天线的核心器件。本章首先针对小型化正交模转换器带宽窄的问题,通过级联隔板极化器与魔 T,构建新型的正交模转换器结构,并详细阐述了其工作原理。其次,针对毫米波物理尺寸小、加工难的问题,设计了一种新的双脊型正交模转换器,通过减小双脊在方波导中的长度,降低了对双脊宽度的要求,并基于该原型设计了双极化馈源。

第 7 章为微波毫米波融合天线研究与设计。微波毫米波融合的通信系统是兼顾高速率通信与高可靠性的关键技术。本章提出一种双频喇叭天线，采用同轴波导混合馈电技术，在同轴波导内插入扼流圈，改善了同轴波导内 TE_{11} 模式电磁波与自由空间的匹配。

在本书的写作过程中，得到了众多师长、领导、亲人以及朋友们的支持与鼓励。作者在此表示由衷的谢意。感谢博士研究生谢停停为本书传输线内容的撰写提供了素材，感谢硕士研究生王燕为本书多波束天线阵列内容的撰写提供了素材。感谢硕士研究生王耀宇、潘恋矗、刘焱、胡林帅、马胤磊、杨昊、霍冠宇对本书的内容进行了校对。

由于作者水平有限，书中难免存在不足之处，希望广大读者批评指正。

作　者

2023 年 4 月

于北京邮电大学

目　　录

第1章 绪　　论

1.1 毫米波天线技术研究背景与意义

近年来,一方面由于通信技术的迅速发展,尤其是针对个人的移动通信设备布局的快速扩张,导致了常规的无线频段,如2.4 GHz频段的频谱资源日渐紧张。为实现高速宽带无线接入技术,势必需要开发更高频段无线频谱资源。另一方面,新型互联业务的数据量爆发式增长,高速快捷的数据交互的紧迫需求进一步刺激了新高速传输技术的发展。下一代无线通信系统主要着眼于带宽以及传输速率,在5G和后5G时代受到越来越广泛的重视。其中毫米波(30～300 GHz)相较于已经广泛应用的微波波段,由于其波长较短、带宽更宽、频谱资源丰富等优点,对解决高速宽带无线技术中产生的诸多问题带来了新的思路,因此以毫米波为载体的下一代无线系统受到了越来越多的关注。目前为止,对基于28 GHz、60 GHz和80 GHz频段甚至更高的太赫兹频段的通信系统的相关研究方兴未艾,无论是国内还是国外的研究者均取得了一定相关成果。相关无线通信系统的研发与实际应用热潮进一步展现了毫米波技术的优势,围绕着毫米波通信系统,相关的标准与关键技术成为学术界和产业界的研究热点[1-6]。

相关统计显示,由于无线数据流量需求预计将在未来20年内增长一万倍,以HDTV、UHDV等为代表的带宽密集型应用的发展迫在眉睫,而现有无线技术明显难以满足如此量级的需求。因此,引入能够容纳几十甚至上百G bit/s传输速率的新型技术,是顺应5G和后5G无线通信时代的技术发展需要。然而随着目前无线频率部分的大规模开发,带宽不足导致频谱资源稀缺,无法继续支撑更高的传输速度。为了从根本上解决频谱资源带来的速率限制,未来的通信频段注定需要进一步向更高频段发展。而毫米波频段的特性正与该趋势相匹配,首先其频段高于微波,可用带宽更宽,且速率更高、波束更窄方向性更好,因此使得微波无线系统难以实现的宽带高速无线传输成为可能。其次与红外光相比频率更低,具有更低能量穿透性较强的特性,因此可以具有克服如沙尘、大风以及浓雾等恶劣环境的能力。同时,通过将数据传输频段转移到未使用的非传统频谱以规避常用频段,可以有效解决可预见的传输拥堵以及大量干扰源的问题,这也是在面对数据流量剧增情况下的有效方案之一。毫米波频段有丰富的未开发频谱资源的优势,正适合解决未来无线通信中的大量空闲频谱需求的难点问题。具体来说,毫米波频段的优势有以下几点:未限制的V频段

60 GHz频段[7]，E 频段的 71～76 GHz、81～86 GHz 以及 W 频段的 92～95 GHz 等[8]，为毫米波频段提供了广阔的前景；物理特性上较短的波长，支撑毫米波设备的小型化，使得在小尺寸中封装大规模天线阵列成为可能，且较窄的波束，大大地拓展了新的应用范围，如高分辨率的毫米波探测雷达等；最后，纯净的频谱，杜绝了干扰源的影响，可长时间保持在 10^{-12} 量级的误码率保证了信道的稳定，传输质量可与有线光纤媲美。

作为无线通信系统中的重要部件，天线的相关研究一直是很多研究者的关注重点。如何实现其低成本、高增益、宽带宽、便于集成等特性，都是工程系统的实现目标，对于毫米波天线也不例外。由于在毫米波频段的物理特性，相比微波频段更高的损耗（包括介质损耗、导体损耗和辐射损耗）[9]，毫米波天线目前面临着如果以现有的传统微波天线结构，根据波长进行等比例缩小，会造成工艺成本增加，工艺精度不足以及损耗增大效率降低等问题。特别是为了实现更高增益的特性，天线规模增加，带来的损耗也随之增加。因此高效率和高增益的毫米波天线的实现，是当前毫米波天线研究中遇到的难点问题。虽然反射面天线可轻易实现高增益，但作为反射面系统中的关键器件，传统的多功能天线馈源结构在毫米波频段按比例进行缩放后，加工条件要求极高，大大超出了目前主流工艺的加工精度。而有关无线系统中的毫米波天线阵列取得了不错的研究进展，但也面临很多新的挑战。进一步说，更加复杂化的应用场景，对毫米波天线的辐射方向和极化特性也提出了更多的要求。首先，由于在毫米波阵列天线中，馈电网络对整体阵列的效率影响较大，尤其是在有高增益大规模毫米波阵列天线需求的应用场景，在设计中通过直接增加口径面积即增多单元数量的同时，也将进一步加大馈电网络部分的复杂性。由此造成更高的损耗，这也导致一些损耗较高传输线结构网络不再适用于这种应用情景。如常用的微波频段传输线微带线、共面波导等，介质损耗与辐射损耗的大幅增大，使其不再适合毫米波频段应用。基于这一新特点，在毫米波频段的传输线更倾向于采用如基片集成波导、间隙波导、金属波导等低损耗传输线结构，因此与其配套的天线与天线阵列成了目前的主要研究发展方向，而目前基于低损耗传输线的天线阵列工作带宽严重受限，制约了毫米波的宽带特性的发挥。

毫米波天线技术对国内外相关的学术界与产业界的发展指明了新方向，为科学技术创新、国民经济发展带来了新的机遇，成为各国重视和关注的新兴领域。对于目前毫米波天线来说，针对不同的应用场景，平面天线阵列、端射天线与多波束天线阵列、多频融合天线等是目前的几个研究热点方向。基于以上背景，在本书中提出了多种新型的天线原型，包括平面天线阵列、圆极化馈源天线、多频融合天线、端射与多波束天线阵列等。其具有宽频带、低损耗、多种极化等特性，可应用于多种毫米波无线系统，适用于不同应用场景。集合了多种毫米波天线技术，为解决毫米波通信系统关键问题提供了有效的手段，对毫米波技术的实际应用具有重要意义。以下为其中三个应用背景例子：包括用于 5G 毫米波移动终端的应用，用于卫星通信的应用以及用于基站定向通信的应用。

(1) 移动终端天线

目前，随着智能手持设备的发展，全球已有超过 68 亿的手机用户，同时这一数字还在持续增长，因此信息传输与数据流量的需求呈现爆炸式增加。多媒体技术的持续发展，使得在未来可预期的时间内有大量的流量需求以用于如视频通话、流媒体等大容量传输。对比如今的常见的 4G、LTE 设备，毫米波设备具有 10～20 倍的更高传输速率，目前 5G 毫米波的峰值数据传输速率已经可以达到 10～20 G bit/s，因此毫米波是未来便携设备的发展趋势。对相关供应商来说，将有可观数量的额外毫米波频段智能通信设备的需求缺口。对用户而言，高速无线传输对新兴应用 AR、VR、AI 与 UHD 影像等大流量应用的体验因此会获得极大的提升，因此毫米波及其相关技术对于用户具有较大的吸引力。与此同时，较常用的微波频段无线设备，毫米波设备在使用时所面临的能量损耗与遮挡造成的影响大幅度提升，直接影响到了相关的无线终端设备中有关天线的设计理念与方案。如何调整其中天线的辐射特性，有效避免毫米波频率中外界物体对辐射特性的干扰，是需要解决的难点问题。而适用于毫米波终端设备的天线鲜有报道，相关工作具有很重要的研究意义。

(2) 卫星通信

卫星通信是实现信息化作战指挥的关键保障，是军事通信系统中的重要组成部分。毫米波穿透能力较强，且频谱利用较低干扰小，具有作为军事应用频率的前景。由于波长较短，因此在毫米波系统中，较高的天线方向性系数可以仅通过较小的天线口径实现，十分利于军事上的隐蔽与保密。军事应用对于战场地图的实时图像、实时通信和战场数据跟踪有着较高的要求，与高频率、宽带以及高传输速率的毫米波无线卫星通信的优势特性相契合，不仅仅可以实现通信系统更快的数据传输速率和更高的信道容量，也可为战区的指挥系统提供具有高安全性和抗干扰特性的通信服务。在卫星通信系统中，天线部分的形式一般使用反射面结构，以期通过较高增益来缓解空天远距离造成的物理路径损耗。随着提高工作频率到毫米波频段，反射面尺寸进一步缩小，对其加工工艺精度如表面粗糙度等指标提出了更高的要求。同时在反射面系统中，馈源天线是重要组成部件，为了使能量遮挡减小以及避免多径干扰效应，其馈源部分通常采用端射圆极化喇叭天线。毫米波频段下圆极化馈源的物理尺寸大幅度减小，对尺寸精度的工艺要求也愈发苛刻，因此整个反射面系统的加工实现成为一个难点问题。另外，对于平面天线阵列来说，通过设计也可以实现较高的方向性系数，同时可拥有比反射面系统更小的尺寸体积，其集成性可大大增强，有利于整个通信系统的小型化。所以对于适用于星地通信的平面天线阵列研究，具有广阔的研究前景。

(3) 基站无线回传天线

当下，第五代移动通信技术(5G)的蓬勃推进和发展，直接带动了更大规模的移动互联及物联网的进步，新的相关技术与应用如雨后春笋般涌现。可以预见，在未来数年内移动数据流量需求将会迎来持续的爆发式增长，与此对应的是海量的无线设备连接需求，这也将会进一步推动 5G 以及后 5G 时代的无线通信技术的快速发展，且高带宽、高速率、大连接、低功耗、低延时、高可靠等技术将作为新一代无线通信技术的性能指标。因此，作为通信系统中的重要部分之一的基站，如何对其技术进行更新换代，使其实现具有高速率、快速有效部署等特点的定向链路通信，不仅将成为未来研究的重要组成部分，也是推进未来下一代网络商用部署发展的关键。毫米波技术以其可以提供接近光纤的传输速率的特点，可为 5G 和后 5G 时代无线技术提供超高速率通信的保障，成了基站通信系统中极具吸引力的选择。在基站通信系统中，作为重要组成部分的天线，承担着关键作用。天线的相关性能，如工作带宽、极化与辐射效率等性能指标，直接关系着整个无线通信系统的性能上限，是毫米波通信系统稳定高效运行的关键技术保障。

1.2 毫米波平面天线阵列研究现状

由毫米波作为载波工作频段带来的工作带宽提高和频谱资源提升，可以对无线通信的速率带来可观的提升。但频率的升高也带来了一些额外的新问题，如工作波长较短带来的更高的路径损耗，大气中的吸收效应造成的额外损耗，以及放大器功率不足造成的链路信噪比降低。因此在应对需要中长距离数据无线传输的场景中，使用高增益的天线阵列可以有效地对额外损耗进行抵消，同时保证信号传输有足够的信噪比，受到了研究者的广泛关注。对于毫米波天线阵列来说，工作带宽、极化特性、增益与辐射效率均是衡量其性能的重要指标，也是近年来大量学者们在天线阵列方面进行研究工作的重点方向。目前的毫米波高增益天线阵列采用的单元数量较多，因此其结构一般可细化为由天线单元组成的阵列，即由负责辐射工作的辐射网络与负责馈电工作的馈电网络两部分构成。在毫米波天线阵列中，其中极化特性这项指标主要由辐射网络的特性决定，而馈电网络部分主要影响整体天线阵列的损耗与效率，馈电网络所采用的传输线损耗客观上决定了整个馈电网络的损耗大小。

天线的极化一般表示在工作状态时天线辐射电磁波的极化方式。进一步说，是电磁波在传播过程中其电场的矢量方向和幅度随时间变化的状态。电磁波的极化一般分为线极化、圆极化和椭圆极化。判断电磁波的极化方式可由分解为两个方向上正交电场分量判断。如当两个方向上的电场相位相差 0°或 180°时，此时总电场矢量在空间中的传输轨迹为一条直线，则电磁波为线极化传输；当正交电场的幅值相等且相位相差 90°或 - 90°，则电磁波为圆极化；而正交电场分量的幅度与相位不满足上述的其他情况下，电磁波为椭圆极化。为满足不同场景的需求，毫米波天线阵列采用的极化方式不同，毫米波天线阵列可主要分为线极化与圆极化。

目前，已有多种毫米波天线阵列结构被提出，依据采用的材料结构不同，典型的平面天线阵列主要可分为基于介质基板[10-19]和金属导体[20-27]两类。其中采用介质结构的平面天线阵列，目前主要包括低温共烧陶瓷(LTCC)[10]、覆导体介质板[11-19]等。如图 1-2-1 所示为一种基于低温共烧陶瓷(LTCC)微带贴片天线阵列[10]，其天线单元是由一个 L 型探针馈电的一对微带贴片演变而来。作为主要辐射单元，微带贴片通过其边缘产生电场工作。而 L 型贴片探针不仅可以由其水平部分和贴片之间产生的耦合向贴片馈电，这种耦合还可以补偿贴片垂直部分引入的电感。因此，这种贴片天线可实现较宽的阻抗匹配带宽。当两个贴片单元模式以相同幅度和 90°相位差同时激发时，贴片可以产生圆极化波，同时通过采用了螺旋馈电方式，进一步提高了天线阵列的性能。整个天线阵列的工作带宽可覆盖29.7～40 GHz 范围，整体效率达到了 40％以上。

如图 1-2-2 所示为一种线性馈电方式的天线阵列[12]，天线单元由一个十字型贴片与周围的集成腔体共同构成，不同于谐振类天线依赖谐振点而存在工作带宽窄的缺陷，该天线单元结构采用共面波导进行差分馈电，因此实现了贴片的行波工作模式，同时整体采用差分馈电的形式，实现了降低旁瓣的效果，降低了由于天线单元间距较大造成的负面影响，因此天线阵列实现了相对带宽 18.2％(55～66 GHz)以及旁瓣低于- 13 dB 的性能，同时整体效率达到了 44.6％。

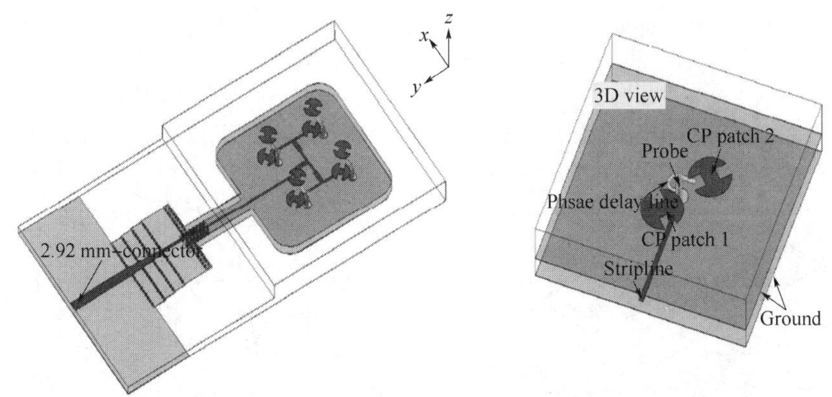

图 1-2-1 基于低温共烧陶瓷(LTCC)微带贴片天线阵列[10]

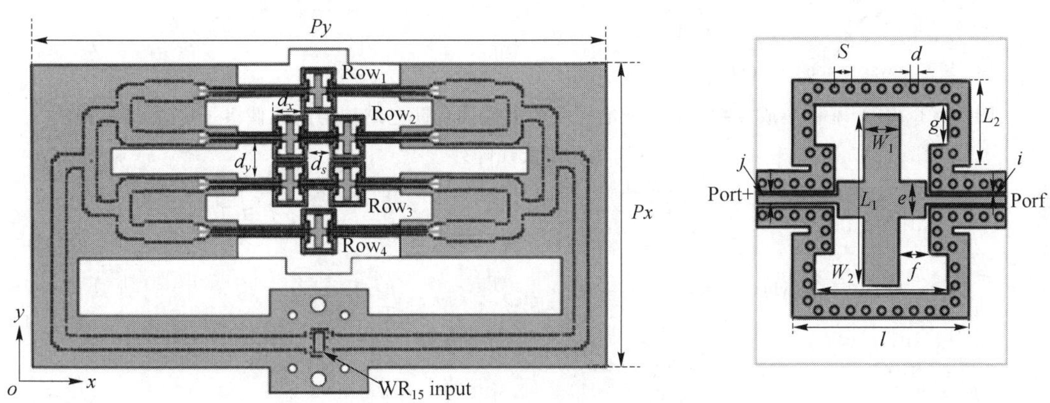

图 1-2-2 一种线性馈电方式的天线阵列[12]

如图 1-2-3 所示为基于基片集成波导(SIW)馈电网络的多层耦合馈电结构与电磁偶极子(ME-diople)天线单元的天线阵列[14]。天线阵列的工作原理可简述为:底部的基片集成波导馈电网络实现功率分配,耦合至中间层的基片集成腔体结构,再通过缝隙耦合激励最上层的电磁偶极子天线阵列。在电磁偶极子(ME-diople)天线单元中,四块金属贴片可等效视为产生电流辐射的电偶极子,而贴片之间的缝隙可等效为产生磁流辐射的磁偶极子,通过对中心的倾斜连接条激励,实现了正交方向上的电磁偶极子交替工作,同时由于金属贴片的尺寸有所不同,所以谐振频率有所不同,因此产生了两个不同的谐振点,进一步实现了工作带宽的展宽,其相对工作带宽达到了 18.2%,同时整体效率达到了 72.2%。

如图 1-2-4 所示为一种基于基片集成双线(SIDL)技术的缝隙阵列天线。相较于其他基片集成的传输线结构,通过使用集成双线传输线技术,可以实现进一步简化天线阵列的馈电网络的效果,同时抑制高阶模式[15]。因此,天线阵列可以获得更紧凑的结构,降低损耗来实现更高的辐射效率。天线阵列整体通过在 SIDL 的基础上采用多层全耦合来实现辐射。结果表明对于设计的 16×8 单元缝隙阵列天线,其- 10 dB 阻抗带宽覆盖频段 23.35~27.55 GHz (16.5%)。同时在 25.8 GHz 的频率点下,得到了最大 21.6 dBi 的增益。阵列的1 dB增益带宽和仿真辐射效率分别达到了 12.5%和 75%。

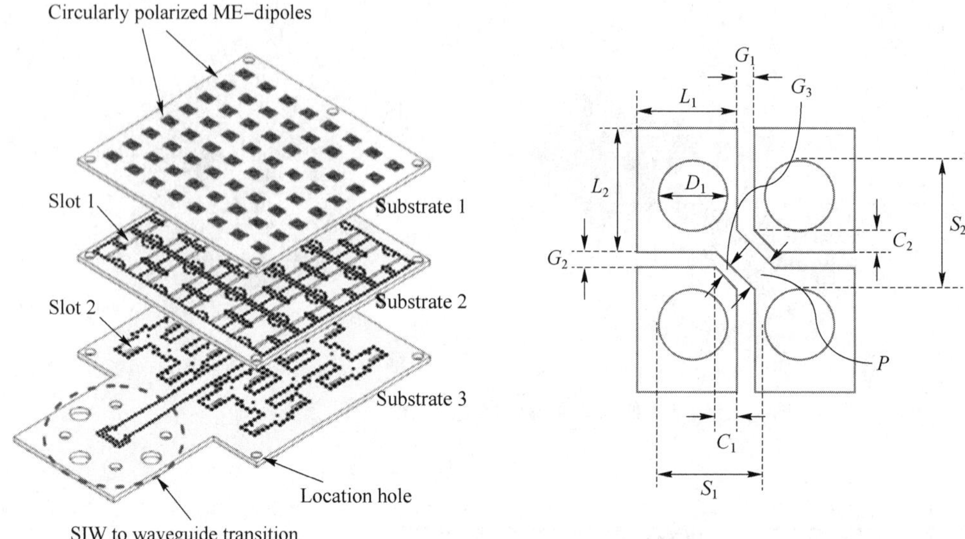

图 1-2-3　基于基片集成波导(SIW)馈电网络的多层耦合馈电结构与电磁偶极子(ME-diople)天线单元的天线阵列[14]

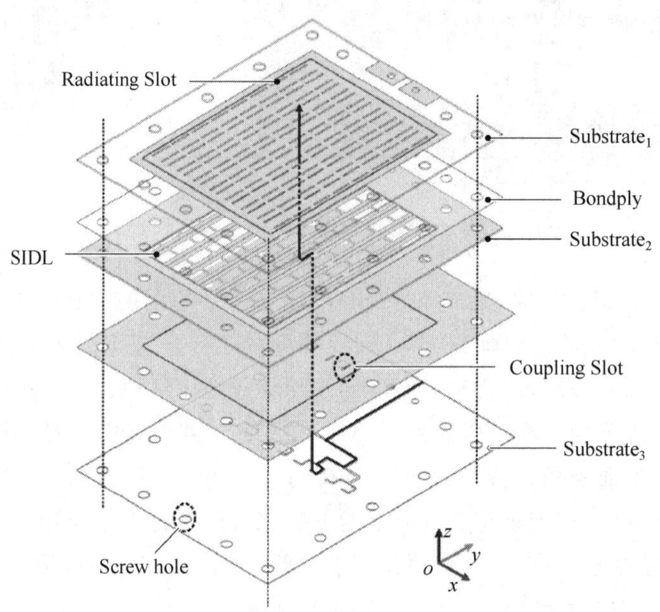

图 1-2-4　基于基片集成双线(SIDL)技术的缝隙阵列天线[15]

如图 1-2-5 所示为一种用于 Ka 波段的平面圆极化(CP)基片集成波导(SIW)叠层贴片天线阵列,该阵列由四个子阵列组成。天线单元基于一对叠层空腔,由驱动贴片层和寄生贴片层组合而成,分别由一个短方形贴片和多个相同的叠层方形贴片构成[17]。每个子阵列由两对元件组成,由带有四个金属通孔的共面波导(CPW)网络激励,与新型 SIW 螺旋旋转(SR)馈电网络匹配良好。通过在基于基片集成波导(SIW)的馈电网络中引入横向耦合缝隙、半开放谐振腔体、两对电感通孔和一个电感窗口,分别实现了移相器、阻抗匹配和功率分配器功能。通过采用螺旋旋转馈电网络、CPW 网络和四个子天线阵列结构，天线阵列实现了相对阻抗带宽 29.6％，轴比带宽 25.4％，最大增益达到了 20.32 dBic。

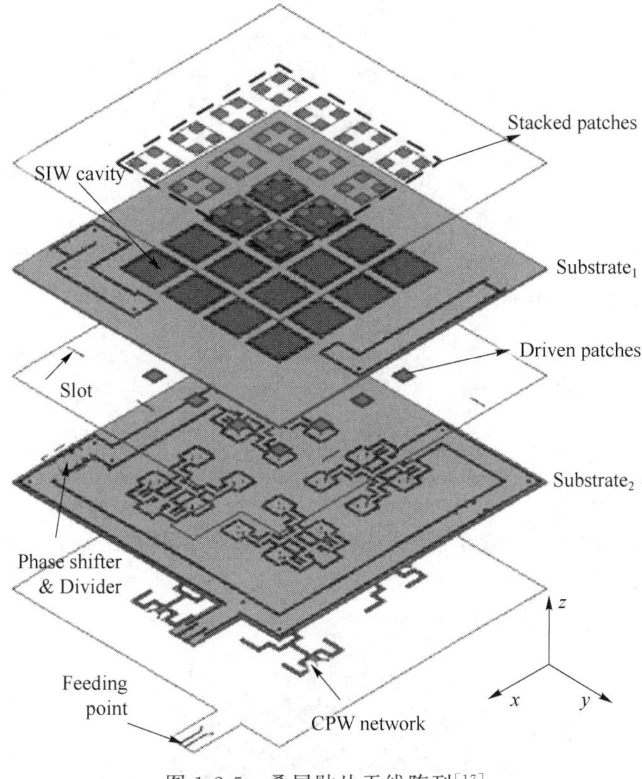

图 1-2-5 叠层贴片天线阵列[17]

如图 1-2-6 所示为一种基于耦合馈电的多层卷曲圆环天线单元[18]，并以此单元实现了一种全耦合馈电的毫米波平面宽带圆极化天线阵列。天线阵列整体使用了基片集成波导(SIW)馈电网络对叠层圆环天线单元进行耦合馈电。通过采用特定的边界条件设计，使得天线单元和相应的天线阵列之间的阻抗带宽和轴比带宽实现了一致性。结果表明，8×8 天线阵列实现了阻抗带宽 35.4％、3 dB 轴比带宽 33.8％、3 dB 增益带宽 32.2％、最大增益为 23.5 dBic。同时综合考虑这三种类型的带宽的重叠带宽达到了 30.6％。由于采用了低损耗的全耦合 SIW 馈电方案，因此也实现了约 70％的良好整体效率。

为了在毫米波频段实现更高的效率，降低损耗，在很多工作中采用了纯金属结构的天线阵列，避免了基于介质的如基片集成波导、微带线结构带来的介质损耗，从而使得天线阵列的整体效率有了显著提升。如图 1-2-7 所示为一种基于平面金属波导的缝隙天线阵列[22]。其采用了全耦合的馈电方式，通过激励斜向缝隙单元实现了 45°极化的辐射方式，同时也降低了天线阵列辐射方向图的旁瓣水平与低交叉极化。最终整体阻抗带宽覆盖了 59.5～63.5 GHz，交叉极化低于 30 dB，整体结构采用了层压扩散焊接工艺，全金属导体结构使得 16×16 的天线阵列最高效率达到了 85％。

如图 1-2-8 所示为实现了圆极化的平面金属波导缝隙天线阵列[25]，如图 1-2-8 所示，针对以往在 60 GHz 频段，传统圆极化平板波导缝隙阵列天线在天线效率大于 80％时带宽为

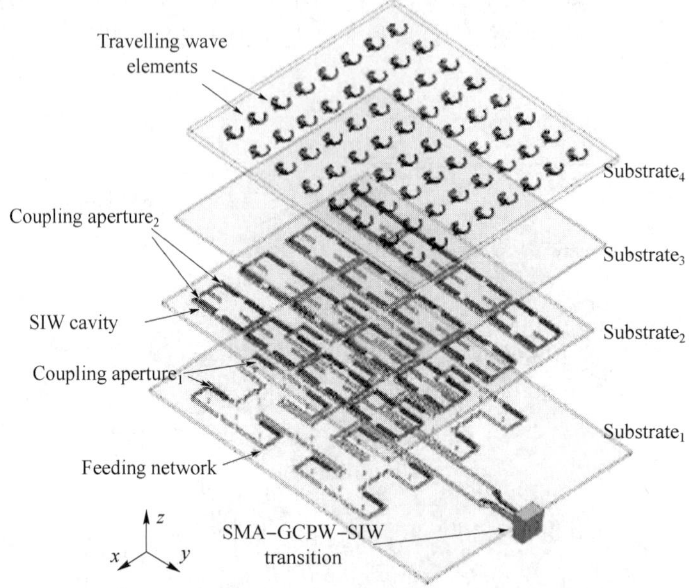

图 1-2-6　基于耦合馈电的多层卷曲圆环天线单元[18]

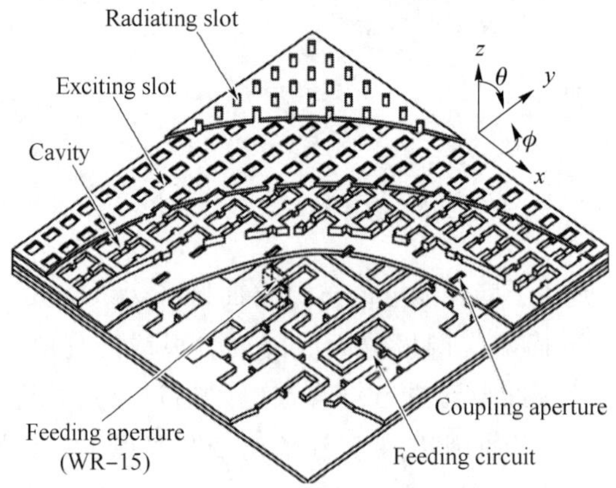

图 1-2-7　基于平面金属波导的缝隙天线阵列[22]

3.3%，在轴比小于 3 dB 时带宽为 4.2%的情况。该天线阵列在设计中进一步采用了矩量法快速分析的遗传算法，对辐射部分进行了宽带化设计，使得 2×2 单元阵列的小于-14 dB 阻抗和 3 dB 轴比带宽提高了 14.6%。最终 16×16 单元天线阵列的轴向带宽提高到了16.6%，阻抗带宽提高到了 17.2%，最高辐射效率超过了 90%，最高增益达到 34 dBic。

如图 1-2-9 所示为在已有的平面金属波导馈电网络的基础上，引入了采用介质的天线辐射网络结构。具体来说，其采用了多层介质结构以完全替代传统的平面共馈波导缝隙阵列天线辐射部分的耦合腔体，来实现缩小天线阵列中的单元间距，从而实现整体面积缩小的目的[26]。同时在顶部添加了寄生缝隙层以提高带宽，在保证低损耗平面波导馈电网络的情况下，该 16×16 单元的阵列天线，在 61.5 GHz 的设计频率下，实现了方向性为 33.5 dBi，效率也高达 90.6%。

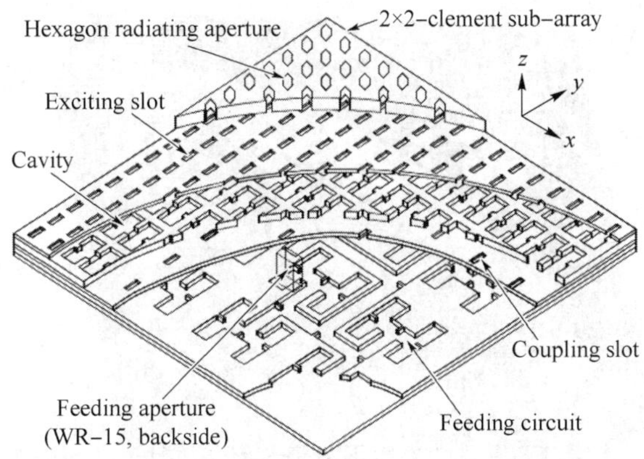

图 1-2-8 圆极化的平面金属波导缝隙天线阵列[25]

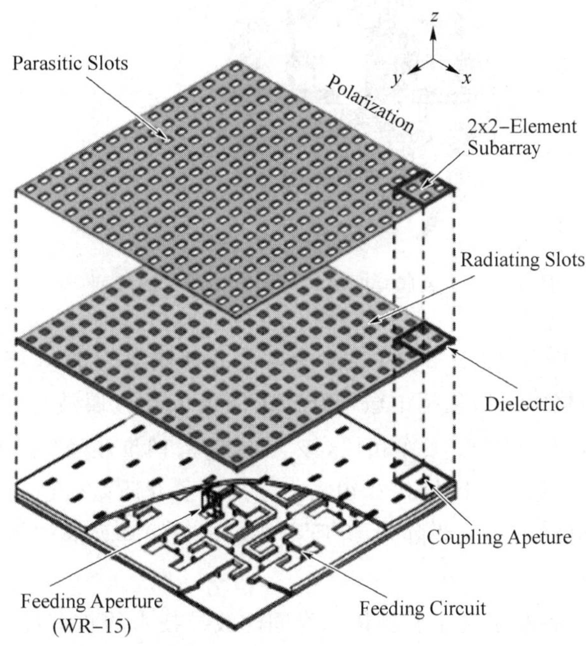

图 1-2-9 平面波导搭载介质缝隙天线阵列[26]

兴起的间隙波导技术[28-32]对于毫米波天线阵列设计提供了新的思路，这种技术降低了对多层结构精确组装的要求，有利于采用多层耦合结构的大规模天线阵列。目前引入间隙波导结构的相关毫米波天线阵列的工作中[33-43]，也有采用不同种类导体结构，如介质[35,36]或金属导体[39]。文献[38]提出了一种结合了金属脊间隙波导馈电部分，辐射部分为微带贴片的毫米波天线阵列[38]。这种天线的特别之处在于将新兴的间隙波导技术与传统的介质微带贴片天线阵列相结合，从而实现了具有高增益和高辐射效率的宽带贴片天线阵列。如图 1-2-10 所示，通过低损耗金属脊间隙波导馈电网络与微带贴片，保证了天线阵列的低损耗特性，最终实现了 8×8 阵列下的相对阻抗带宽 15.5%(57.5～67.2 GHz)，同时整体效率超过了 75%。

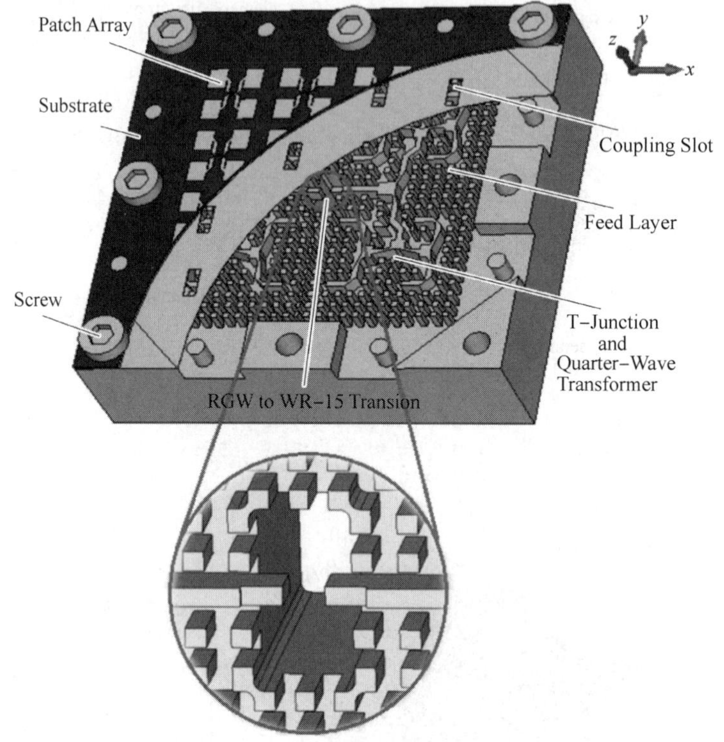

图 1-2-10 金属脊间隙波导微带贴片天线阵列[38]

如图 1-2-11 所示为一种由采用基于微带脊间隙波导馈电的 16×16 缝隙阵列天线的设计[39]。该天线阵列的整体结构包括了微带脊馈电网络以及金属波导缝隙天线辐射网络两部分。相关结果表明，在 60 GHz 工作频段，该天线具有 16.95%的相对带宽，覆盖了 54～64 GHz的频率范围。天线的增益大于 28 dBi，由于采用了介质微带结构的馈电网络，相较于类似的纯金属导体馈电结构的天线阵列，介质损耗对该天线阵列的整体效率造成了影响，仅仅实现了效率高于 40%。

文献[41]介绍了一种基于纯金属导体的脊间隙波导技术的 60 GHz 频段的 8×8 单元缝隙阵列天线。常规并馈缝隙阵列天线通常采用有腔体结构以增加带宽，因此该类型的天线阵列的馈电网络需要额外增加空间，因此一般总共有三层：即最上一层用于辐射缝隙，中间第二层为腔体结构层，最下层为功率分配器馈电网络。如图 1-2-12 所示，文献中的该天线阵列仅使用两个独立的金属层：馈电网络层和辐射缝隙层[41]。与传统的三层缝隙阵列天线相比，减少了腔体层的使用，从而降低了复杂度和制造成本。同时使用双脊辐射缝隙，代替传统的矩形辐射缝隙来解决由于去除腔体层而导致的带宽变窄的问题。结果表明该 8×8 天线阵列小于- 10 dB 反射系数的带宽约为 17%，覆盖了 56.5～67 GHz 的频率范围，测量的增益优于 26 dBi，天线效率在 58～66 GHz 范围内超过 70%。

如图 1-2-13 所示为基于脊间隙波导圆极化缝隙天线阵列，工作于 30 GHz 频段。通过截断辐射缝隙的两个对角边缘，来实现缝隙的圆极化辐射，并且采用了螺旋排列来加强其圆极化性能，同时在辐射层中引入腔体结构来有效抑制相邻子阵单元之间的影响[43]。馈电部

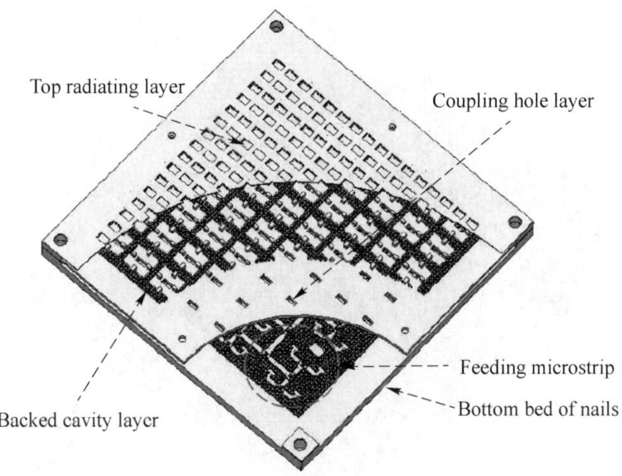

图 1-2-11 基于微带脊间隙波导缝隙天线阵列[38]

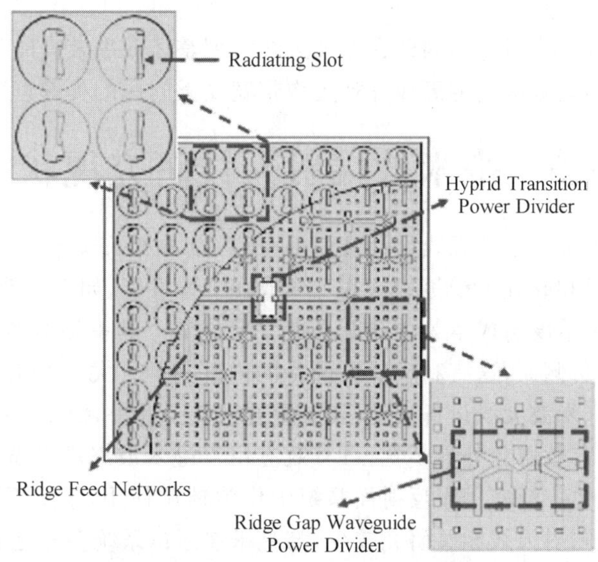

图 1-2-12 金属脊间隙波导缝隙天线阵列[41]

分整体也采用了具有正交相移的螺旋排列网络。结果表明天线阵列的反射系数带宽约为22%，覆盖范围为 28.3～35.3 GHz，轴比带宽约为 21.8%，覆盖范围为 27.8～34.6 GHz。最大测量增益为 23.5 dBi，且最高效率达到了 85%。

综上所述，目前毫米波天线平面阵列的相关工作中，可以分为纯介质结构、纯金属结构以及两种结构混合采用的形式。对于纯介质结构的天线阵列来说，其普遍具有工作带宽较宽，极化方式多样灵活的特点，由于毫米波频段介质损耗较高，该类型的天线阵列整体效率往往不够理想。此外，纯金属导体结构的毫米波天线阵列不需要考虑介质损耗问题，因此往往可以实现较高的效率，但由于金属导体结构的局限性，目前往往采用缝隙辐射形式。由于辐射单元形式的限制，因此目前基于金属结构的天线阵列，如采用金属间隙波导与平面金属波导的阵列天线工作带宽较窄，其相对带宽难以突破 25%。考虑到天线阵列带宽主要受限

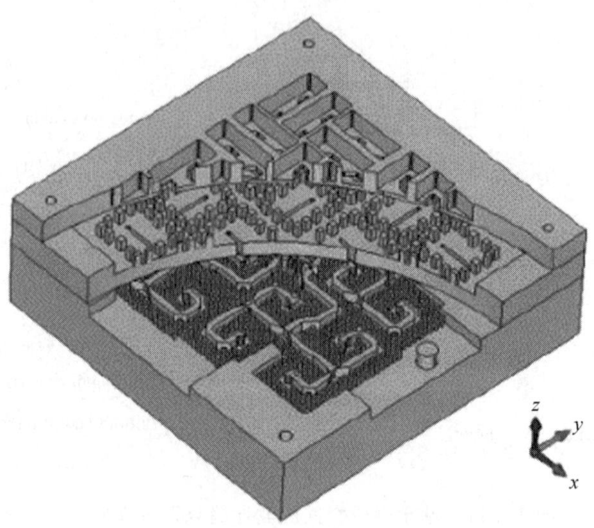

图 1-2-13　基于脊间隙波导圆极化缝隙天线阵列[43]

于天线辐射单元本身的工作带宽，因此在保证天线阵列整体效率较高的基础上，通过采用新型的辐射单元形式，是突破该类型天线阵列工作带宽受限问题的关键点。

1.3　毫米波端射天线研究现状

近年来，围绕着宽带毫米波天线设计，已有一定数量的相关文献被发表，比如电磁偶极子天线、腔体背射天线和螺旋天线等。这些工作或在工作性能，如工作带宽；或在结构体积；或在工艺水平，如加工精度与成本等方向上具有一定优势。其中端射型天线一般被布置于剖面积较小的无线设备侧面，这有利于节约设备的内部空间。尤其是对于内部结构愈发复杂，可用空间紧张的毫米波天线设备来说，具有重要意义。此外，由于端射天线的辐射特性，侧边辐射的设备可以有效避免外界干扰，可有效应用于毫米波终端设备如高速路由器和智能家居等。端射天线也广泛应用于反射面系统中作为馈源使用，来实现更小的反射面口径遮挡。但目前毫米波端射天线相关研究较少，与毫米波通信系统多样化的发展需求相违背，尤其是有关端射天线在天线阵列应用。目前较为典型的毫米波端射天线[44-65]主要基于波导类传输线，包括矩形波导[44-47]，基片集成波导[49-51]等。

文献[44]中提出了一种基于矩形波导的圆极化对称线性锥形缝隙天线端射天线[44]。如图 1-3-1 所示，通过在矩形 WR-15 波导的顶层和底层引入两个对称缝隙，实现了圆极化辐射。该基于波导的端射天线可适用于常见的毫米波传输线系统，并且提供较宽的工作带宽：可实现 40％的小于－15 dB 阻抗带宽以及 34.1％的轴比带宽。同时辐射方向图稳定，在工作频率范围内增益稳定在 9.8±1.24 dBi。

如图 1-3-2 所示为一种结构简单的毫米波隔板端射宽带圆极化天线。通过在加宽的矩形波导中引入两个对称的隔板金属层，可以激励出两个振幅相近、相位差在 90°左右的正交模式 TE_{10} 和 TE_{01}，以此实现圆极化[46]。该端射天线可以实现轴比 AR＜3 dB和 $|S_{11}|<-15$ dB均达到 40％的相对带宽。这种宽天线单元十分适合于天线阵列应用，但其实际设计包括配套的宽带馈电网络仍然有待研究。

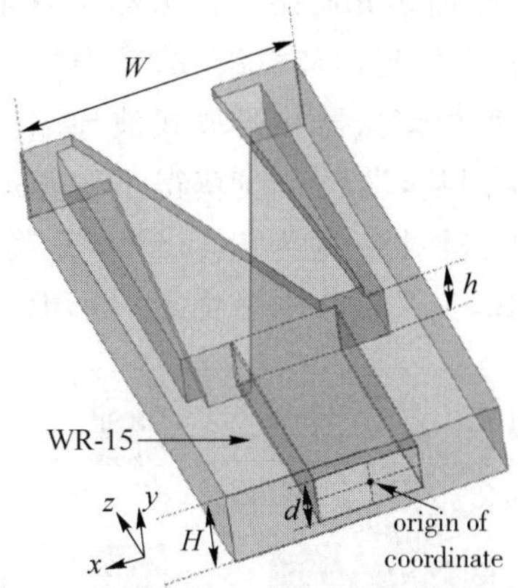

图 1-3-1 圆极化对称线性锥形缝隙天线端射天线[44]

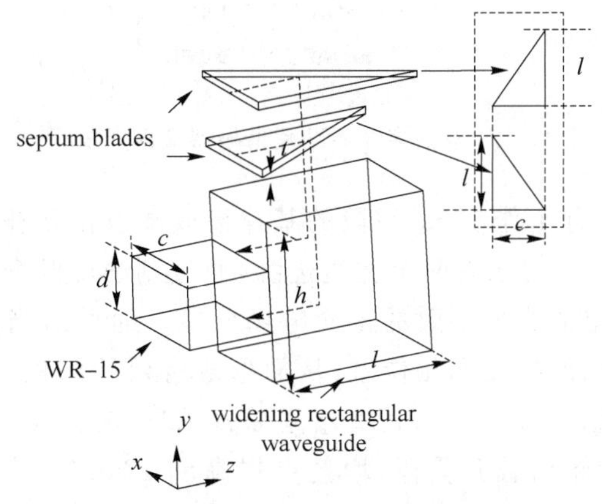

图 1-3-2 毫米波隔板端射宽带圆极化天线[46]

文献[52]中研究了一种基于平行板的圆极化宽波束天线。如图 1-3-3 所示，利用在平行板中产生的两个正交模式，通过调整它们之间的幅度与相位差来获得圆极化辐射。这两个正交模式由一个平行板地极中央的倾斜缝隙激励，该缝隙连接两个平行板，通过调整缝隙的尺寸，可以实现天线的阻抗匹配[52]。相关结果显示该天线的阻抗轴比重叠带宽为13.0%，天线增益为 8 dBic。相较于其他宽波束天线，这种基于平行板天线具有更简单且更大的结构，有助于降低在毫米波频率下的工艺要求以及降低制造成本。

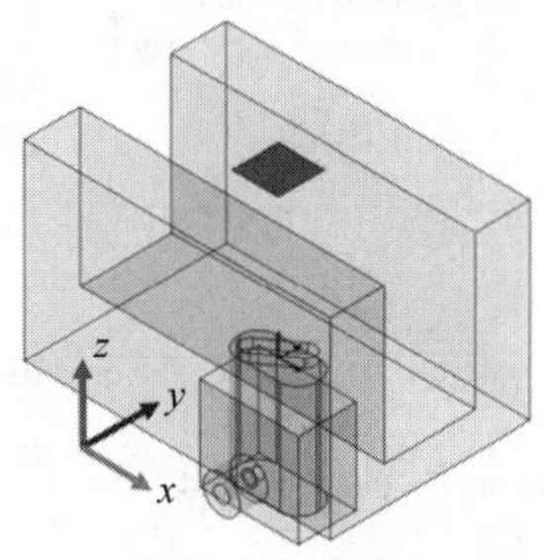

图 1-3-3 基于平行板的圆极化宽波束天线[52]

如图 1-3-4 所示为一种采用双面多介质贴片谐振器的毫米波基片集成波导馈电端射天线。双面多介质贴片谐振器由介质的延伸基板组成，其中贴片部分为延伸基板两个表面上的多个电介质贴片构成，端射辐射由谐振器和开放式波导端口共同实现。通过在谐振器中产生的多个 TE^{y}_{n11} 模式和低品质因数，端射天线获得了较宽的工作宽带[55]。结果显示，端射天线的小于- 10 dB 阻抗匹配相对带宽为 57.14%，覆盖了 19.19 GHz(23.97 GHz～43.16 GHz)，平均增益为 9.45 dBi，交叉极化水平优于- 20 dB。

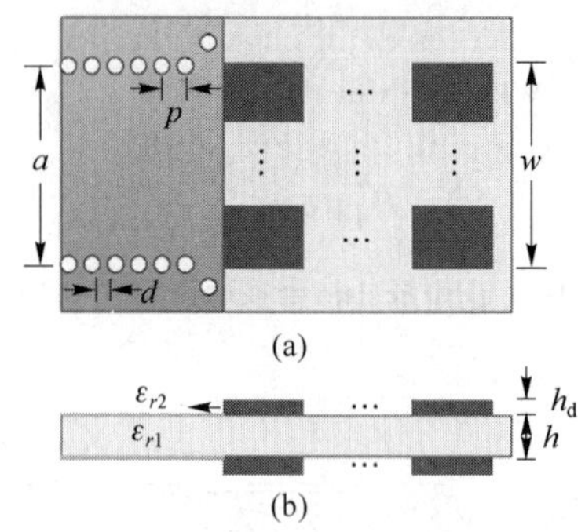

图 1-3-4　双面多介质贴片谐振器端射天线[55]

如图 1-3-5 所示为一种工作于 Ka 波段的基片集成圆极化互补型端射天线[63]。其原理是在基片集成波导(SIW)的末端两个宽边边缘，通过刻蚀出两个对称缝隙，可以同时激发两个由等效磁电流和电流交替辐射的正交电场分量。通过适当调整缝隙的尺寸，来有效地控制两个场分量之间的幅度和相位差，从而形成有效的圆极化辐射。该端射天线可实现阻抗带宽 64%与轴比带宽 51%，其增益范围为 3.1～6.4 dBic。随后为了进一步增加天线的增益，可以通过末端加载介质棒，增益可提高到 12 dBic。但因此工作带宽相应地降低为 41%。

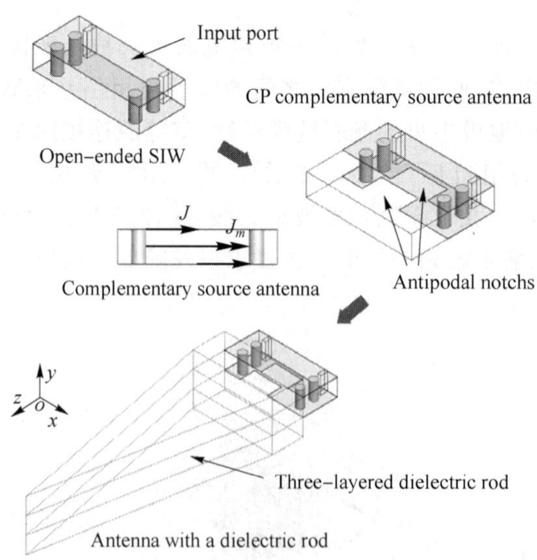

图 1-3-5　基片集成圆极化互补型端射天线[63]

文献[64]提出了一种用于毫米波应用的宽带端射双圆极化天线[64]。如图 1-3-6 所示，其原理可简述为：通过底部的基片集成波导馈电端口馈入 TE_{10} 模式（电场为 y 方向），通过隔片部分 TE_{10} 模式转换为 TE_{01} 模式（电场为 x 方向），从而激励起正交电场，由于 x 与 y 方向波导口径不同，导致了 TE_{10} 和 TE_{01} 模式传播常数不同，因此到达天线口径时，TE_{10} 和 TE_{01} 模式产生了 90°相位差，从而得到圆极化特性，而通过两个不同馈电端口产生的 x 与 y 方向相位差符号不同，以此实现控制左旋或右旋圆极化的产生。同时在天线单元的末端辐射口径，采用了末端附加加载介质来提高端口间的隔离度、极化纯度和增益性能。结果表明端射天线单元实现了 23.6％的宽阻抗带宽以及 27.5％的宽轴比带宽。

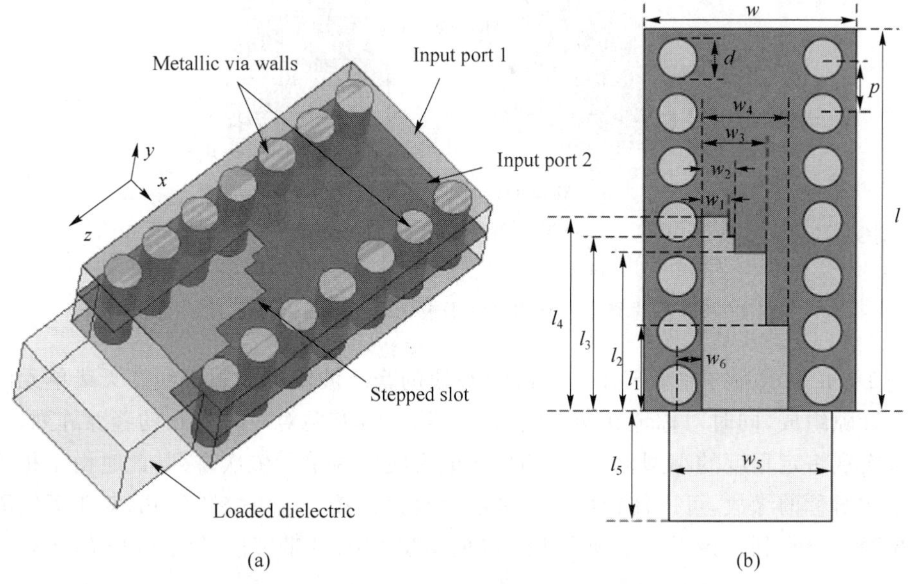

图 1-3-6 宽带多波束端射双圆极化天线[64]

如图 1-3-7 所示为一种基片集成波导馈电的端射电磁偶极子天线[72]。该天线由一个末端开口的基片集成波导以及一对电偶极子组成，结构较为简单，可以方便地集成到基片中。其原理为开放的基片集成波导端口可作为磁偶极子，与贴片电偶极子一起合成两个正交平面的有效辐射，以此实现在两个正交平面上几乎相同的对称辐射方向图。端射天线的性能包括了相对 44％的阻抗带宽，稳定的增益约为 5 dBi，宽波束宽度约为 110°。这种端射天线集成度较高，且制造成本较低，可适用于多种毫米波无线应用场景。

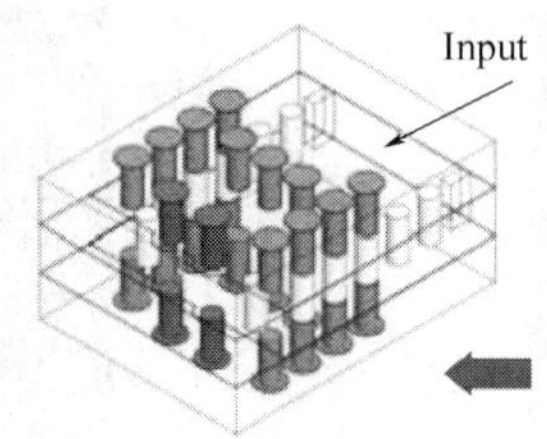

图 1-3-7 基片集成波导馈电的端射电磁偶极子天线[72]

文献[73]提出了一种基片集成波导馈电水平极化端射电磁偶极子天线，如图 1-3-8 所示，该天线由一个与垂直的末端开口的基片集成波导和一对由四部分金属贴片的电偶极子组成[73]。其阻抗带宽 46.5%，稳定增益约 6 dBi，实现了对称的辐射方向图，同时具有背向辐射低，交叉极化低的特点。与之前的单层水平结构端射天线相比，该多层结构通过垂直排列天线单元，相当于减小了端射天线的横向截面尺寸。在不对端射天线工作特性造成影响的同时，提高了其集成度，也有利于作为天线单元的天线阵列应用来实现更高增益与多波束应用。

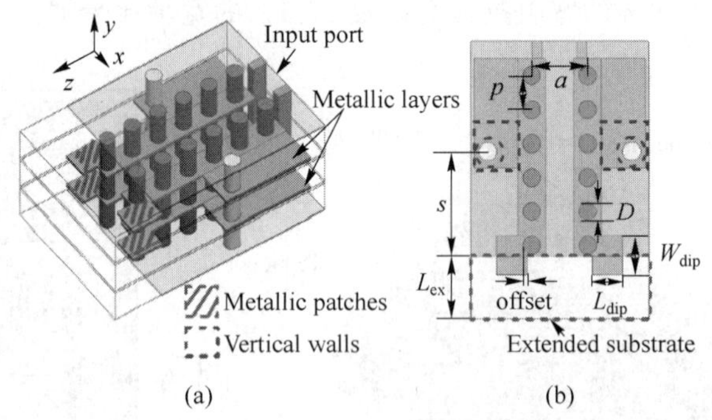

图 1-3-8　基片集成波导馈电水平极化端射电磁偶极子天线[73]

如图 1-3-9 所示为一种基于介质的在 Q 波段的毫米波锥形缝隙天线。天线单元由一对对称锥形缝隙组成，同时对称地在两个贴片的边缘上具有两对对称梳状的缝隙阵列，通过这种方式来实现一定程度的小型化[74]。如果将该天线作为单元依次排列，此时由于相邻元件的几何结构对称的缘故，可以使得两个相邻贴片直接连接。这种特殊结构，对于天线阵列中的单元排列十分有利。该天线实现了 13.0%的小于-10 dB 带宽以及约 8 dBi 的增益。

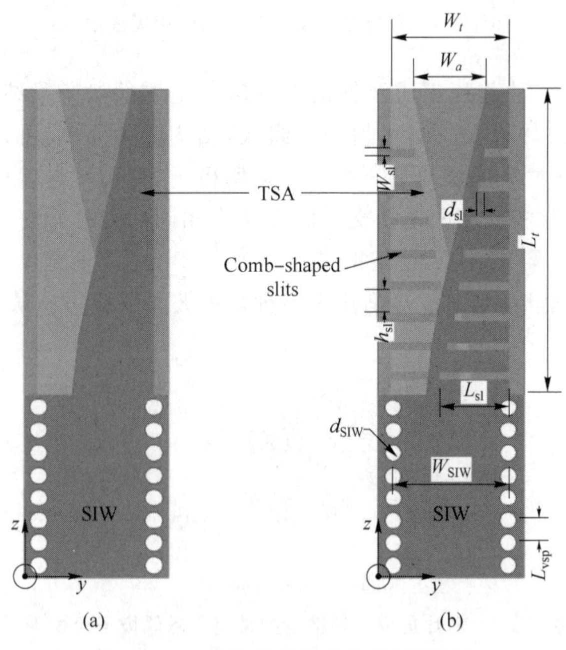

图 1-3-9　基片集成锥形缝隙天线[74]

文献[75]中提出了一种可适用于毫米波多波束大容量多输入多输出通信的低复杂度金属锥形缝隙端射天线[75]。如图 1-3-10 所示，由于端射天线侧边尺寸较小，可以很容易地满足天线阵列应用中关于阵元间距 H 面半波长的要求，因此端射天线阵列获得良好的波束形成性能。端射天线由介质集成波导馈电，可直接与毫米波电路集成。相关结果表明，端射天线实现了反射系数低于理论值-15 dB 电压驻波比在 22.5 GHz～32 GHz 的频率范围内，覆盖了包括国际电信联盟(ITU)提出的 24.25 GHz～27.5 GHz 频段和联邦通信委员会(FCC)提出的5G 27.5～28.35 GHz 频段。天线单元的增益在 24～32 GHz 的频率范围内 8.2～9.6 dBi不等，其在宽频带(24～32 GHz)上具有良好的辐射模式。

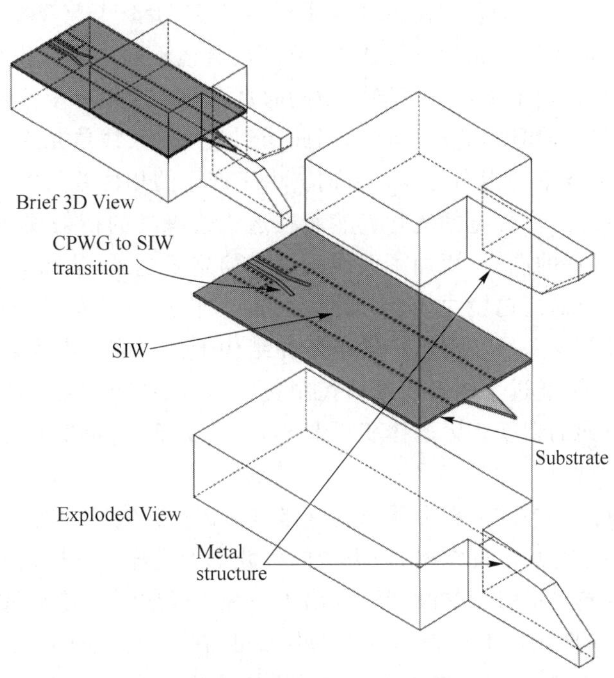

图 1-3-10　金属锥形缝隙端射天线[75]

综上所述，目前的毫米波端射天线的相关研究已经有了一定的基础，包括线极化与圆极化以及相关应用都已有报道。但主要工作集中在以介质传输线为基础的介质集成端射天线为主，受制于较高毫米波频段介质损耗的影响，大大局限了该类型端射天线的应用。另外，有关其他低损耗传输线如波导类的端射天线报道仍然较少，尤其是对于较高毫米波频段来说，相当一部分该类型天线尺寸较大，极大限制了其在天线阵列中的应用。因此，有关毫米波高频段低损耗端射天线及其天线阵列中的相关应用仍有待发掘。

1.4　毫米波多波束天线阵列研究现状

随着流媒体技术的快速发展及其商用部署扩张，以 3D 视频、超高清(UHD)和虚拟现实(VR)沉浸视频为代表的新一代媒体交互形式也逐渐进入了大众的视野，因此对于稳定的大量高速数据传输的需求进一步推动新的传输技术发展。采用毫米波无线通信设备，未来可以充分依托现有的高速有线光纤通信系统，实现室内无线系统为用户提供超过 10 Gbit/s 的无线接入速度,满足室内无线通信的高速率的需要。为了实现该目标,需要充分考虑到毫米波频段本身的特性,由于增大的路径以及大气损耗,加上目前毫米波功率放大器功率较低,无线系统的整体增益并不适合采用全向天线进行全面覆盖。因此采用波束成形技术的天线,如多波束、相控阵等可控方向窄波束方案,成为有效的可行方式。

目前的多波束赋形方案一般可分为有源与无源两大类。其中无源多波束赋形技术采用集成器件组合实现波束赋形网络[66-71],相较于有源波束赋形技术[76],可以实现较低插入损耗,同时生成的离散化波束之间具有空间正交性。目前无源波束成形网络实现方式较多,如采用龙格透镜(Luneburg)[77-79]、罗特曼(Rotman)透镜[80,81]等集成透镜的馈电网络,以及以巴特勒矩阵(Butler)[82,83]为代表的基于无源器件电路网络[84-86]等的波束成形网络。其中龙格透镜与罗特曼透镜设计原理可简述为,通过在透镜不同的焦弧点位置输入能量进行馈电,在透镜的所有焦弧输出端口上将同时激励起具有等幅度但有相位差的电磁波信号,即各个输出端口之间产生等幅度相位差激励,因此受到激励的天线单元阵列,在不同馈电端口激励的情况下,可以形成不同指向的波束方向。由于产生的相位差与电磁波频率无关,透镜类的波束赋形网络具有工作带宽的优势。然而在透镜边缘处的衍射现象,使得部分电磁波会溢出,在造成能量损耗的同时,增加了天线波束中的副瓣电平,从而影响到主波束的增益大小。尤其是当采用更靠近透镜边缘部分的输入端口时,这一现象会更加明显,进一步导致不同波束间增益存在较大差异。而巴特勒矩阵在结构上为由多组对称耦合器、移相器等电路器件组成的电路网络,通过不同输入端口控制各个输出端口产生的幅度与相位差,以此来实现不同波束指向方向的切换。因此体积更紧凑,损耗更低,能够实现更高的馈电效率,吸引了大量学者对其进行研究[87-97]。

目前采用巴特勒矩阵为波束成形网络的毫米波多波束天线阵列有多种实现形式。相关研究热点集中在介质基片集成的结构,该类型的多波束天线阵列有损耗相对较低,易于集成化设计和加工工艺成熟等优势。文献[88]提出了一种双极化耦合磁电偶极子多波束天线阵列。如图 1-4-1 所示在两块印制电路板(PCB)层压板中,集成了两个独立的介质集成波导(SIW)用于为天线馈电[88]。两个输入端口之间的隔离度超过 45 dB。该 2×2 宽带天线阵列工作于 60 GHz 频段,可以实现具有双线极化的二维多波束切换。相关结果显示其阻抗工作带宽为 22%,增益为 12.5 dBi。同时由于电磁偶极子的辐射特性,多波束阵列的辐射方向图在工作频率上也实现了稳定,并且在两个正交平面上产生的两个方向的极化情况几乎相同。该天线阵列具有良好的性能,同时成本低、集成性较好。

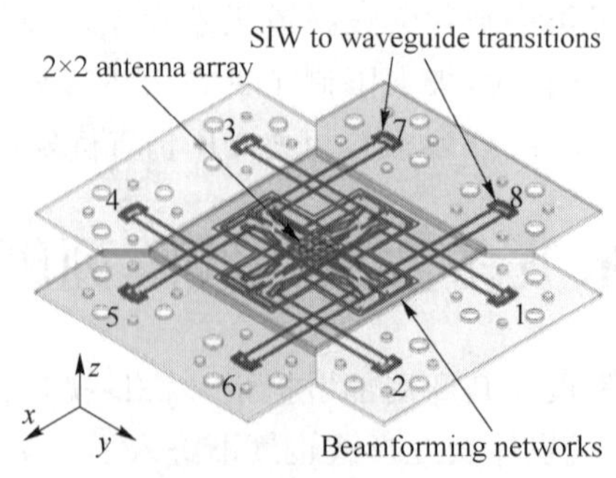

图 1-4-1　双极化耦合电磁偶极子多波束天线阵列[88]

如图 1-4-2 所示为一种由基于介质基板的脊间隙波导(PRGW)巴特勒矩阵馈电的二维扫描电磁偶极子天线阵列[89]。首先,电磁偶极子天线单元设计用于在 30 GHz 下实现大于 20%的带宽,并在工作频率带宽上实现了 6.5±0.8 dB 的稳定增益。随后一个使用了具有宽带性能的四个 PRGW 混合耦合器的 4×4 平面 PRGW 巴特勒矩阵被设计并制作。巴特勒矩阵的整体性能在工作频率带宽上显示出约 5°的相位误差。电磁偶极子天线与设计的巴特勒矩阵的集成可以形成四个固定波束方向,实现从侧面到阵列轴的仰角为 35°的波束覆盖。该无源波束成形网络(BFN)具有 20%的相对宽带,且损耗较低,在工作带宽上的辐射效率高于 84%。整个多波束天线阵列具有稳定的辐射方向图,其稳定增益为 10.3±0.2 dB,在整个工作频带上的旁瓣均小于-15 dB。

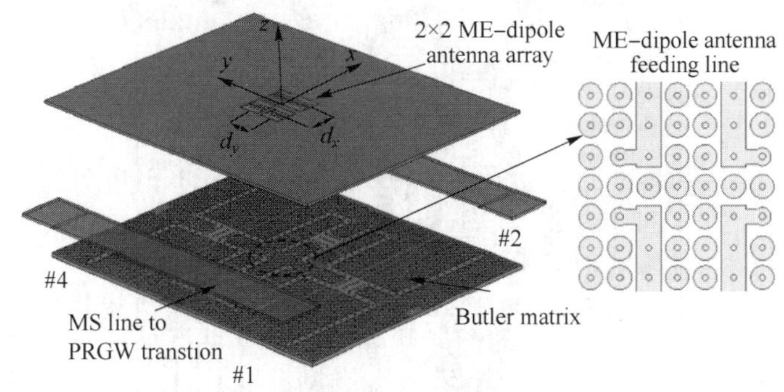

图 1-4-2 基于介质基板的脊间隙波导磁电偶极子多波束天线阵列[89]

在文献[92]中针对毫米波 5G 应用,提出了一种由改进的 4×4 巴特勒矩阵馈电的旁瓣抑制的四个波束变换阵列天线。如图 1-4-3 所示,整体结构基于介质微带线,其中馈电网络的巴特勒矩阵的两个外部通道中使用了两个衰减器,以实现锥形幅度分布[92]。此外,引入了三个 H 槽被用作隔离耦合结构,增强了输入端口之间的隔离度。然后将改进后的波束成形馈电网络与 4×7 微带线性梳状线阵列天线相连,组成实现四个方向波束的天线阵列,同时具有高增益和降低副瓣电平的特点。结果表明,在 27.525～28.325 GHz 的目标频率范围内,天线阵列的反射系数和输入端口之间的隔离度均实现了小于-15 dB。在27.925 GHz的中心频率下,四个波束分别指向-16.2°、+40.8°、-39.4°以及+12.6°相应的最大增益分别为 17.52 dBi、16.55 dBi、15.74 dBi 和 17.87 dBi。同时每个波束的最大旁瓣电平分别达到了如下所示:-16.7 dB、-10.3 dB、-10.9 dB 和-14.5 dB。

文献[93]中介绍了一种采用多层基片集成波导(SIW)技术的紧凑型 16 路波束形成网络(BFN)馈电的平面毫米波二维波束扫描多波束阵列天线[93]。如图 1-4-4 所示,波束成形网络由两层子网络(基于 E 面的网络和 H 面网络)相组合而成。其中,H 面网络由传统的 H 面 4×4 巴特勒矩阵(BM)实现,而设计的关键点在于新加入的一种 E 面 4×4 巴特勒矩阵网络,一起构成了平面 E 面子波束成形网络。其中,这两组子网络无须借助任何连接器或连接网络即可直接连接,进一步组成一个拥有 16 路端口的波束成形网络,且整体面积紧凑。为了配合该波束成形网络,引入了梯形结构 4×4 缝隙天线阵列,该天线阵列由四个线性 1×4 缝隙天线阵列组成。与传统阵列不同,四个子阵列分布在不同层中,以便更方便地连接到馈电网络。相关结果表明整体的天线阵列性能符合预期。

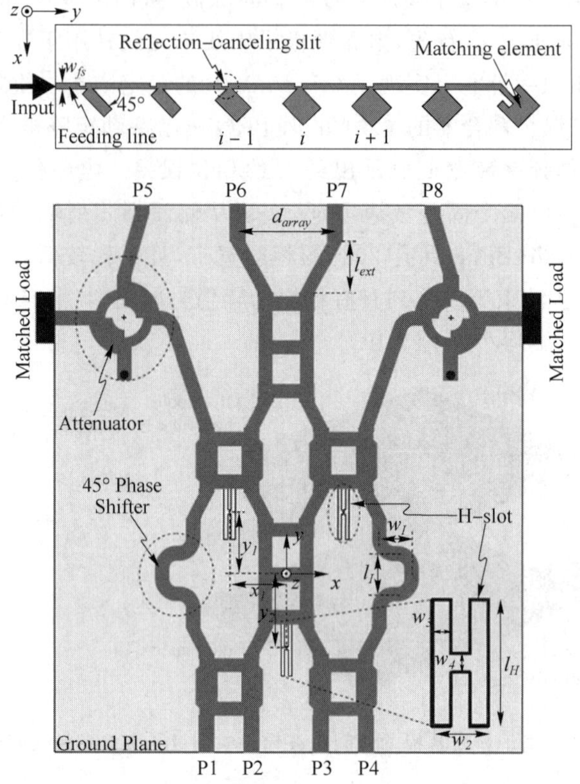

图 1-4-3 4×4 巴特勒矩阵微带多波束天线阵列[92]

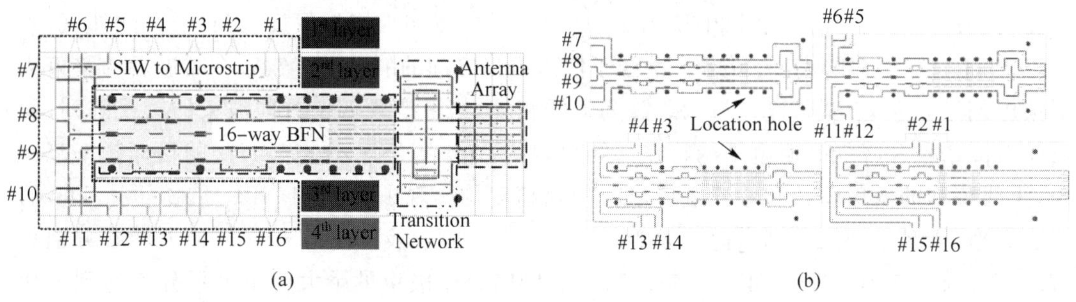

图 1-4-4 紧凑型 16 路波束形成网络(BFN)馈电的平面毫米波二维波束扫描多波束阵列天线[93]

如图 1-4-5 所示为一种具有平面结构和低旁瓣电平(SLL)的二维扫描多波束阵列[94]。为了解决了二维扫描中多波束阵列的旁瓣电平问题。提出了一种 4×16 波束形成网络(BFN)。与现有方案不同,这种波束成形网络可以在两个正交方向上提供锥形波束变换,因此可以用于实现低 SLL 二维扫描光束。其中 4×16 波束成形网络由两组子波束成形网络连接构成,每个子波束成形网络又由几个 2×4 巴特勒矩阵堆叠构成。整体结构进行了优化,以更好地集成于平面基片集成波导(SIW)结构。结果表明在 28 GHz 的平面二维扫描多波束阵列性能良好,验证了其在毫米波无线应用中的可行性。

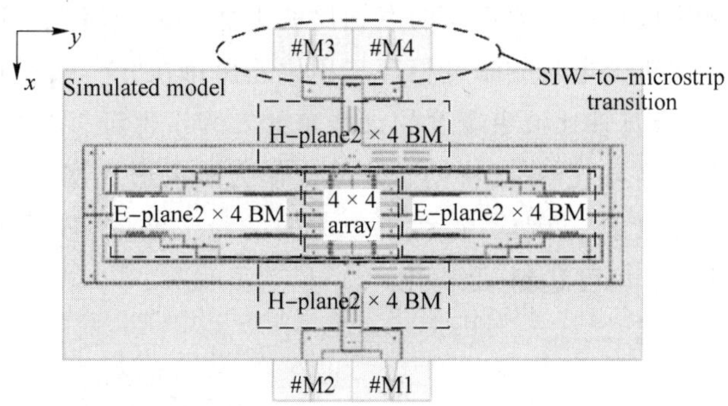

图 1-4-5 多波束缝隙天线阵列[94]

文献[95]介绍了一种可用于第五代无线通信技术的 2×2 多波束阵列。如图 1-4-6 所示该阵列采用了一种宽带线极化微带背腔天线单元。整个天线阵列由四层介质板堆叠而成，其中天线单元结构由三层介质基板堆叠组合而成，并使用了介质集成波导耦合进行馈电激励[95]。天线单元实现 53～76.4 GHz 的 10 dB 阻抗带宽覆盖，相对带宽为 36.2%，增益浮动稳定，具有良好的辐射特性。通过在设计中采用一种紧凑型波束成形网络，基于该天线单元为辐射单元设计出的 60 GHz 频段 2×2 天线阵列二维扫描多波束结构实现了更紧凑的结构，与类似的 BFN 馈电的阵列相比，该馈电网络的尺寸减小了 28%以上，且整体性能没有显著下降。天线阵列实现了 27%的$|S_{11}|<-10$ dB 相对带宽，峰值增益达到12.4 dBi。且天线阵列在两个垂直平面上显示出良好的对称辐射方向图。该天线单元和多波束阵列具有结构紧凑、成本低、带宽宽和优越的辐射性能。

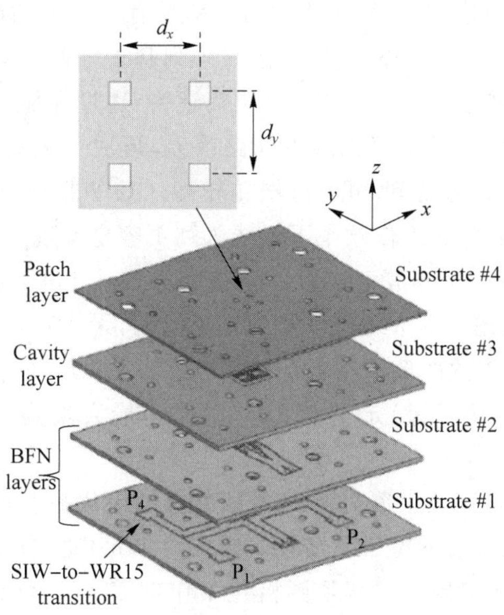

图 1-4-6 微带背腔多波束天线阵列[95]

文献[96]中提出了一种基于电磁偶极子的实现圆极化多波束天线阵列[96]，如图 1-4-7 所示，其圆极化多波束由两部分结构实现：由基片集成波导结构的 5×6 巴特勒矩阵进行波束成形馈电，以及基于圆极化电磁偶极子的宽轴比波束宽度天线单元。通过调整电磁偶极子辐射贴片的尺寸，形成正交电场的幅度相等与相位差保持在 90°，实现宽角度的圆极化辐射。因此进一步实现具有宽轴比波束宽度的天线单元。为了保证多角度波束的产生，馈电网络使用 3×3 巴特勒矩阵与 5×6 巴特勒矩阵结合作为波束形成网络。结果表明，天线阵列在 27.5～28.5 GHz 的工作范围内，产生五个方向的稳定波束，覆盖角度范围为 -40°～+40°。且所有波束的增益均可达到 12.5 dBi。

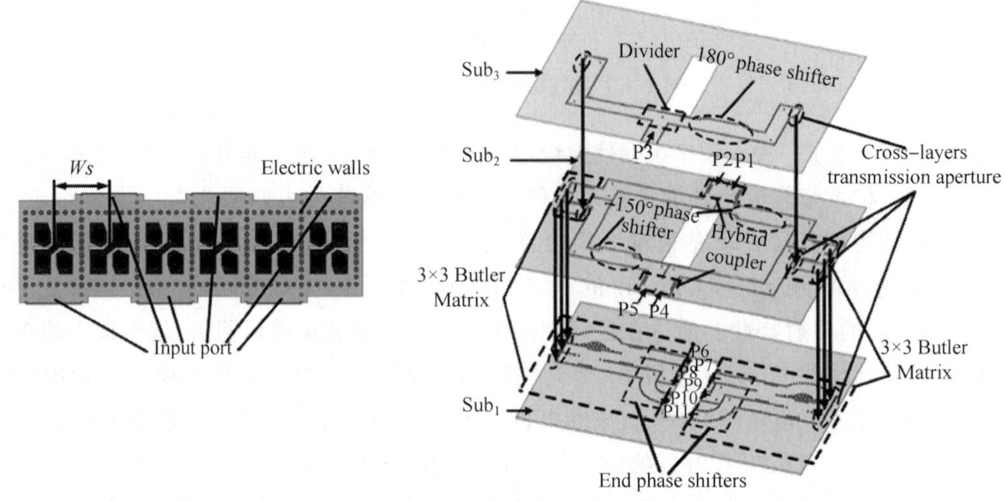

图 1-4-7　圆极化电磁偶极子多波束阵列[96]

如图 1-4-8 所示为一种适用于 W 波段的高效率具有多波束功能的圆极化天线阵列，天线阵列采用了槽间隙波导(GGW)馈电技术，天线阵列基于一种槽间隙波导结构的宽带圆极化隔板天线单元作为辐射单元[97]。工作原理可简述为：通过在加宽的矩形波导中添加了两个对称的隔板结构，借助两个正交模式的不同路程差，形成了等幅度的 90°相位差，以此获得圆极化特性。本身天线结构简单，可允许误差较高，GGW 技术的映入进一步降低了其对加工精度的需求，使得在更高的工作频率下天线阵列更容易实现。为了配合天线单元，一个 4×4 的基于 GGW 的巴特勒矩阵波束成形网络被相应设计出来，并进行了改进，实现了 W 波段四个波束切换的圆极化端射天线阵。相关结果表明，天线阵列实现了 17.6%的 $|S_{11}|<-10$ dB 相对阻抗带宽，工作频率范围覆盖在 77.5～92.5 GHz。同时，四个波束主瓣范围的轴比幅度值小于 3 dB，获得了稳定的辐射方向图。最大增益和辐射效率分别达到了 15.29 dBic和 89.6%。

如图 1-4-9 所示为一种宽波束覆盖的 V 波段宽带圆极化端射多波束天线阵。该设计的核心在于一种宽轴比波束宽度的宽带紧凑型端隙天线单元，通过在基片集成波导末端口，引入对称偶极子与补充缝隙，实现并展宽了圆极化工作带宽[98]。此外，在阵列设计中还采用了连接孔来减少单元之间的互耦，提高了圆极化性能。整个天线阵列设计为采用宽带基片集成波导巴特勒矩阵为天线阵馈电。结果表明，整个天线阵列实现了相对28.5%的 -10 dB 阻抗带宽(55.5～74 GHz)，相对 3 dB 轴比带宽为 24.6%(57～73 GHz)，同时，天线阵列的辐射方向图实现了 45°～66°范围内的宽波束覆盖。

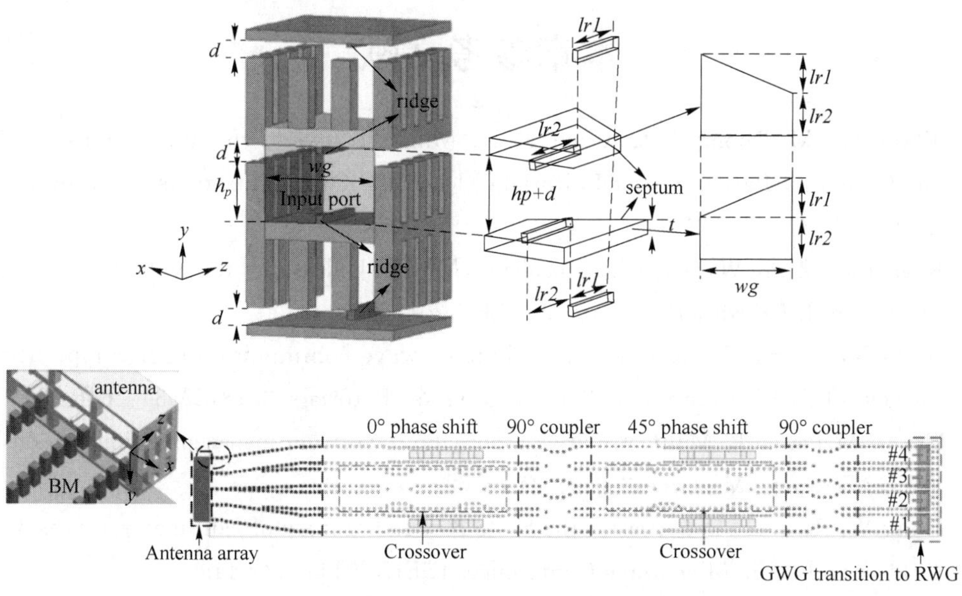

图 1-4-8 圆极化隔板多波束天线阵列[97]

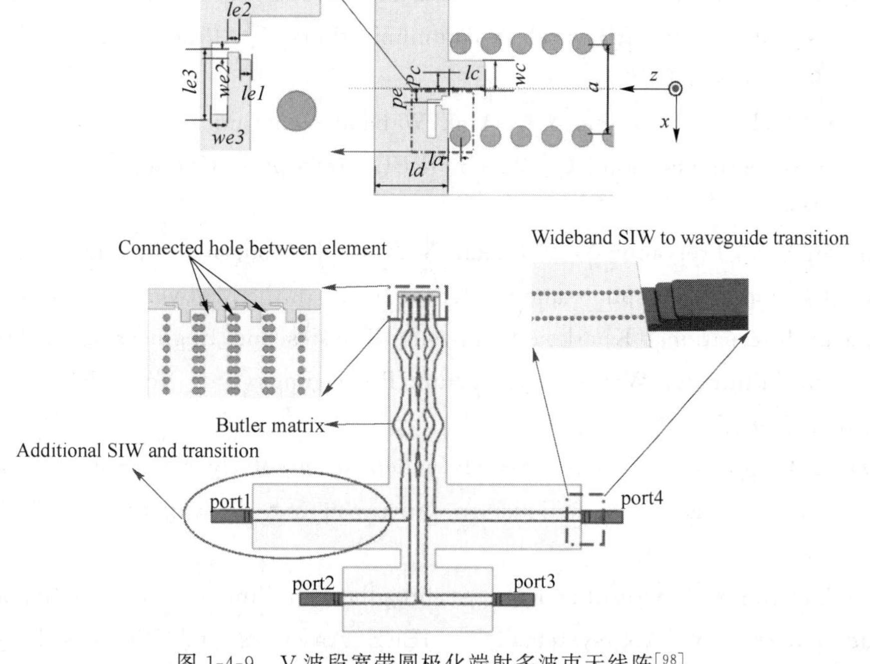

图 1-4-9 V 波段宽带圆极化端射多波束天线阵[98]

综上所述，目前有关基于巴特勒矩阵网络的毫米波多波束天线阵列的相关文献中，有以下几个特点：工作主要集中在通过线极化单元，实现线极化天线阵列的多波束切换；以边射天线阵列为主；以基片集成介质板为载体的报道较多，基于金属导体结构仍然有待研究。同时相关天线阵列的相对阻抗带宽，大都在 20%左右，受限于天线单元性能难以突破 25%。

本章参考文献

[1] Elkashlan M, Duong T Q, Chen H H. Millimeter-wave communications for 5G: fundamentals: Part I [Guest Editorial] [J]. IEEE Communications Magazine, 2014, 52(9): 52-54.

[2] Khan F, Pi Z. mmWave mobile broadband (MMB): Unleashing the 3-300 GHz spectrum [C]//34th IEEE Sarnoff Symposium. IEEE, 2011: 1-6.

[3] Wang X, Kong L, Kong F, et al. Millimeter wave communication: A comprehensive survey[J]. IEEE Communications Surveys & Tutorials, 2018, 20(3): 1616-1653.

[4] Marcus M, Pattan B. Millimeter wave propagation: spectrum management implications[J]. IEEE Microwave Magazine, 2005, 6(2): 54-62.

[5] Hong W. Research activities in the State Key Laboratory of Millimeter Waves[C].// 2014 Asia-Pacific Microwave Conference. IEEE, 2014: 643-644.

[6] Rappaport T S, Sun S, Mayzus R, et al. Millimeter wave mobile communications for 5G cellular: It will work! [J]. IEEE access, 2013, 1: 335-349.

[7] Rappaport T S, Murdock J N, Gutierrez F. State of the art in 60-GHz integrated circuits and systems for wireless communications[J]. Proceedings of the IEEE, 2011, 99(8): 1390-1436.

[8] Dainelli C, Fern M, De Fazio A, et al. W band communication link, design and on ground experimentation [C]//2005 IEEE Aerospace Conference. IEEE, 2005: 920-926.

[9] Parshin V V, Tretyakov M Y, Shanin V N, et al. Modern technique for absorption investigation in atmosphere and condensed media in the MM wavelength range[C]// Fourth International Kharkov Symposium'Physics and Engineering of Millimeter and Sub-Millimeter Waves'. Symposium Proceedings (Cat. No. 01EX429). IEEE, 2001, 1: 79-84.

[10] Du M, Dong Y, Xu J, et al. 35-GHz wideband circularly polarized patch array on LTCC[J]. IEEE Transactions on Antennas and Propagation, 2017, 65(6): 3235-3240.

[11] Lee B, Yoon Y. Low-profile, low-cost, broadband millimeter-wave antenna array for high-data-rate WPAN systems[J]. IEEE Antennas and Wireless Propagation Letters, 2017, 16: 1957-1960.

[12] Zhu J, Li S, Liao S, et al. High-gain series-fed planar aperture antenna array[J]. IEEE Antennas and Wireless Propagation Letters, 2017, 16: 2750-2754.

[13] Hao Z C, Li B W. Developing wideband planar millimeter-wave array antenna using compact magneto-electric dipoles[J]. IEEE Antennas and Wireless Propagation Letters, 2017, 16: 2102-2105.

[14] Li Y, Luk K M. A 60-GHz wideband circularly polarized aperture-coupled magneto-electric dipole antenna array[J]. IEEE Transactions on Antennas and Propagation, 2016, 64(4): 1325-1333.

[15] Guo Z J, Hao Z C. A Compact Wideband Millimeter-Wave Substrate-Integrated Double-Line Slot Array Antenna[J]. IEEE Transactions on Antennas and Propagation, 2020, 69(2): 882-891.

[16] Yang Y H, Zhou S G, Sun B H, et al. Design of Wideband Circularly Polarized Antenna Array Excited by Substrate Integrated Coaxial Line for Millimeter-Wave Applications[J]. IEEE Transactions on Antennas and Propagation, 2021.

[17] Xu H, Zhou J, Ke Z, et al. Planar Wideband Circularly Polarized Cavity-Backed Stacked Patch Antenna Array for Millimeter-Wave Applications [J]. IEEE Transactions on Antennas and Propagation, 2018, 66(10): 5170-5179.

[18] Wu Q, Hirokawa J, Yin J, et al. Millimeter-wave planar broadband circularly polarized antenna array using stacked curl elements [J]. IEEE Transactions on Antennas and Propagation, 2017, 65(12): 7052-7062.

[19] Cheng Y, Dong Y. Wideband circularly polarized planar antenna array for 5G millimeter-wave applications [J]. IEEE Transactions on Antennas and Propagation, 2020, 69(5): 2615-2627.

[20] Miura Y, Hirokawa J, Ando M, et al. Double-layer full-corporate-feed hollow-waveguide slot array antenna in the 60-GHz band [J]. IEEE Transactions on Antennas and propagation, 2011, 59(8): 2844-2851.

[21] Kim D, Hirokawa J, Ando M, et al. 4×4-Element Corporate-Feed Waveguide Slot Array Antenna With Cavities for the 120 GHz-Band [J]. IEEE transactions on antennas and propagation, 2013, 61(12): 5968-5975.

[22] Tomura T, Miura Y, Zhang M, et al. A 45° linearly polarized hollow-waveguide corporate-feed slot array antenna in the 60-GHz Band[J]. IEEE Transactions on Antennas and Propagation, 2012, 60(8): 3640-3646.

[23] Tomura T, Hirokawa J, Hirano T, et al. A 45° Linearly Polarized Hollow-Waveguide 16×16-Slot Array Antenna Covering 71-86 GHz Band[J]. IEEE Transactions on Antennas and Propagation, 2014, 62(10): 5061-5067.

[24] Xu X, Zhang M, Hirokawa J, et al. E-band plate-laminated waveguide filters and their integration into a corporate-feed slot array antenna with diffusion bonding technology[J]. IEEE Transactions on Microwave Theory and Techniques, 2016, 64(11): 3592-3603.

[25] Yamamoto T, Zhang M, Hirokawa J, et al. Wideband design of a circularly-polarized plate-laminated waveguide slot array antenna[C]//2014 International Symposium on Antennas and Propagation Conference Proceedings. IEEE, 2014: 13-14.

[26] Irie H, Hirokawa J. Perpendicular-corporate feed in three-layered parallel-plate radiating-slot array[J]. IEEE transactions on antennas and propagation, 2017, 65(11): 5829-5836.

[27] Zhou M M, Cheng Y J. D-band high-gain circular-polarized plate array antenna[J]. IEEE Transactions on Antennas and Propagation, 2018, 66(3): 1280-1287.

[28] Zaman U, Kildal P S, 2016. Gap waveguides. In: Handbook of Antenna Technologies. Springer, p. 3273-3347.

[29] Kildal P S, Alfonso E, Valero-Nogueira A, et al. Local metamaterial-based waveguides in gaps between parallel metal plates[J]. IEEE Antennas and wireless propagation letters, 2008, 8: 84-87.

[30] Polemi A, Maci S, Kildal P S. Dispersion characteristics of metamaterial-based parallel plate ridge waveguides[C]//2009 3rd European Conference on Antennas and Propagation. IEEE, 2009: 1675-1678.

[31] Polemi A, Maci S, Kildal P S. Dispersion characteristics of a metamaterial-based parallel-plate ridge gap waveguide realized by bed of nails[J]. IEEE Transactions on Antennas and Propagation, 2010, 59(3): 904-913.

[32] Rajo-Iglesias E, Ferrando-Rocher M, Zaman A U. Gap waveguide technology for millimeter-wave antenna systems[J]. IEEE Communications Magazine, 2018, 56(7): 14-20.

[33] Zhang L, Lu Y, You Y, et al. Wideband 45° Linearly Polarized Slot Array Antenna Based on Gap Waveguide Technology for 5G Millimeter-Wave Applications[J]. IEEE Antennas and Wireless Propagation Letters, 2021.

[34] Vosoogh A, Kildal P S. Corporate-fed planar 60-GHz slot array made of three unconnected metal layers using AMC pin surface for the gap waveguide[J]. IEEE Antennas and Wireless Propagation Letters, 2015, 15: 1935-1938.

[35] Vosoogh A, Kildal P S, Vassilev V. A multi-layer gap waveguide array antenna suitable for manufactured by die-sink EDM[C]//2016 10th European Conference on Antennas and Propagation(EuCAP). IEEE, 2016: 1-4.

[36] Liu P, Zaman A U, Kildal P S. Design of a double layer cavity backed slot array antenna in gap waveguide technology[C]//2016 International Symposium on Antennas and Propagation(ISAP). IEEE, 2016: 682-683.

[37] Zarifi D, Farahbakhsh A, Zaman A U, et al. Design and fabrication of a high-gain 60-GHz corrugated slot antenna array with ridge gap waveguide distribution layer[J]. IEEE Transactions on Antennas and Propagation, 2016, 64(7): 2905-2913.

[38] Zarifi D, Farahbakhsh A, Zaman A U. A gap waveguide-fed wideband patch antenna array for 60-GHz applications[J]. IEEE Transactions on Antennas and Propagation, 2017, 65(9): 4875-4879.

[39] Liu J, Vosoogh A, Zaman A U, et al. Design of 8×8 slot array antenna based on inverted microstrip gap waveguide[C]//2016 International Symposium on Antennas and Propagation(ISAP). IEEE, 2016: 760-761.

[40] Liu J, Vosoogh A, Zaman A U, et al. Design and fabrication of a high-gain 60-GHz cavity-backed slot antenna array fed by inverted microstrip gap waveguide[J]. IEEE Transactions on Antennas and Propagation, 2017, 65(4): 2117-2122.

[41] Liu J,Vosoogh A,Zaman A U,et al. A slot array antenna with single-layered corporate-feed based on ridge gap waveguide in the 60 GHz band[J]. IEEE Transactions on Antennas and Propagation,2018,67(3):1650-1658.

[42] Herranz-Herruzo J I,Valero-Nogueira A,et al. Single-layer circularly-polarized Ka-band antenna using gap waveguide technology[J]. IEEE Transactions on Antennas and Propagation,2018,66(8):3837-3845.

[43] Akbari M,Farahbakhsh A,Sebak A R. Ridge gap waveguide multilevel sequential feeding network for high-gain circularly polarized array antenna[J]. IEEE Transactions on Antennas and Propagation,2018,67(1):251-259.

[44] Yao Y,Cheng X,Yu J,et al. Analysis and design of a novel circularly polarized antipodal linearly tapered slot antenna[J]. IEEE Transactions on Antennas and Propagation,2016,64(10):4178-4187.

[45] Cheng X,Yao Y,Chen Z,et al. Compact wideband circularly polarized antipodal curvedly tapered slot antenna[J]. IEEE Antennas and Wireless Propagation Letters,2018,17(4):666-669.

[46] Cheng X,Yao Y,Hirokawa J,et al. Analysis and design of a wideband endfire circularly polarized septum antenna[J]. IEEE Transactions on Antennas and Propagation,2018,66(11):5783-5793.

[47] Cheng X,Yao Y,Yu T,et al. Compact Wideband Circularly Polarized Septum Antenna for Millimeter-Wave Applications[J]. IEEE Transactions on Antennas and Propagation,2020,68(11):7584-7588.

[48] Yao Y,Cheng X,Wang C,et al. Wideband circularly polarized antipodal curvedly tapered slot antenna array for 5G applications[J]. IEEE Journal on Selected Areas in Communications,2017,35(7):1539-1549.

[49] Cheng X,Yao Y,Yu J,et al. Circularly polarized substrate-integrated waveguide tapered slot antenna for millimeter-wave applications[J]. IEEE Antennas and Wireless Propagation Letters,2017,16:2358-2361.

[50] Yin Y,Wu K. Combined Planar End-fire Circularly Polarized Antenna Using Unidirectional Dielectric Radiator and Thin Substrate Integrated Waveguide Feeder[J]. IEEE Transactions on Antennas and Propagation,2021.

[51] Tian Y,Ouyang J,Hu P F,et al. Millimeter-Wave Wideband Circularly Polarized Endfire Planar Magneto-Electric Dipole Antenna Based on Substrate Integrated Waveguide[J]. IEEE Antennas and Wireless Propagation Letters,2021.

[52] Lu K,Leung K W. On the circularly polarized parallel-plate antenna[J]. IEEE Transactions on Antennas and Propagation,2019,68(1):3-12.

[53] Li A,Luk K. Ultra-Wideband Endfire Long-Slot-Excited Phased Array for Millimeter-Wave Applications[J]. IEEE Transactions on Antennas and Propagation,2020,69(6):3284-3293.

[54] Yi X, Wong H. A wideband substrate integrated waveguide-fed open slot antenna [J]. IEEE Transactions on Antennas and Propagation, 2019, 68(3): 1945-1952.

[55] Chen Y, Shi J, Xu K, et al. A Wideband Mm-Wave Substrate Integrated Waveguide-Fed End-Fire Antenna Using Double-Faced Multiple Dielectric Patches[J]. IEEE Antennas and Wireless Propagation Letters, 2021.

[56] Li H, Li Y, Chang L, et al. A Wideband Dual-Polarized Endfire Antenna Array With Overlapped Apertures and Small Clearance for 5G Millimeter-Wave Applications [J]. IEEE Transactions on Antennas and Propagation, 2020, 69(2): 815-824.

[57] Zhou W, Liu J, Long Y. A broadband and high-gain planar complementary Yagi array antenna with circular polarization[J]. IEEE Transactions on Antennas and Propagation, 2017, 65(3): 1446-1451.

[58] Li M, Wang R, Yao H, et al. A low-profile wideband CP end-fire magnetoelectric antenna using dual-mode resonances [J]. IEEE Transactions on Antennas and Propagation, 2019, 67(7): 4445-4452.

[59] Cai Y, Zhang Y, Yang L, et al. Wideband millimeter wave circularly polarized substrate integrated waveguide end-fire antenna array[C]//2017 Sixth Asia-Pacific Conference on Antennas and Propagation(APCAP). IEEE, 2017: 1-3.

[60] Ruan X, Chan C H. An endfire circularly polarized complementary antenna array for 5G applications[J]. IEEE Transactions on Antennas and Propagation, 2019, 68(1): 266-274.

[61] Wang J, Li Y, Wang J, et al. A Low-Profile Vertically Polarized Magneto-Electric Monopole Antenna With a 60% Bandwidth for Millimeter-Wave Applications[J]. IEEE Transactions on Antennas and Propagation, 2020, 69(1): 3-13.

[62] Wang X, Zhu X W, Yu C, et al. Wideband transceiver front-end integrated with Vivaldi array antenna for 5G millimeter-wave communication systems [C]//2018 IEEE International Symposium on Antennas and Propagation & USNC/URSI National Radio Science Meeting. IEEE, 2018: 405-406.

[63] Wang J, Li Y, Ge L, et al. Millimeter-wave wideband circularly polarized planar complementary source antenna with endfire radiation[J]. IEEE Transactions on Antennas and Propagation, 2018, 66(7): 3317-3326.

[64] Wu Q, Hirokawa J, Yin J, et al. Millimeter-wave multibeam endfire dual-circularly polarized antenna array for 5G wireless applications [J]. IEEE Transactions on Antennas and Propagation, 2018, 66(9): 4930-4935.

[65] Zhang T L, Chen L, Moghaddam S M, et al. Millimeter-Wave Ultrawideband Circularly Polarized Planar Array Antenna Using Bold-C Spiral Elements With Concept of Tightly Coupled Array [J]. IEEE Transactions on Antennas and Propagation, 2020, 69 (4): 2013-2022.

[66] Qin C, Chen F C, Xiang K R. A 5×8 Butler Matrix Based on Substrate Integrated Waveguide Technology for Millimeter-Wave Multibeam Application[J]. IEEE Antennas and Wireless Propagation Letters, 2021.

[67] Zhu J, Liao S, Li S, et al. 60 GHz substrate-integrated waveguide-based monopulse slot antenna arrays[J]. IEEE Transactions on Antennas and Propagation, 2018, 66 (9): 4860-4865.

[68] Zheng P, Zhao G Q, Xu S H, et al. Design of a W-band full-polarization monopulse Cassegrain antenna[J]. IEEE Antennas and Wireless Propagation Letters, 2016, 16: 99-103.

[69] Kou P F, Cheng Y J. A dual circular-polarized extremely thin monopulse feeder at W-band for prime focus reflector antenna [J]. IEEE Antennas and Wireless Propagation Letters, 2018, 18(2): 231-235.

[70] Tamayo-Domínguez A, Kurdi Y, Femández-González J M, et al. Monopulse RLSA antenna based on a gap waveguide Butler matrix with a feeding cavity at 94 GHz [C]//12th European Conference on Antennas and Propagation (EuCAP 2018). IET, 2018: 1-5.

[71] Zhao F, Cheng Y J, Kou P F, et al. A wideband low-profile monopulse feeder based on silicon micromachining technology for W-band high-resolution system[J]. IEEE Antennas and Wireless Propagation Letters, 2019, 18(8): 1676-1680.

[72] Li Y, Luk K M. A multibeam end-fire magnetoelectric dipole antenna array for millimeter-wave applications[J]. IEEE Transactions on Antennas and Propagation, 2016, 64(7): 2894-2904.

[73] Wang J, Li Y, Ge L, et al. A 60 GHz horizontally polarized magnetoelectric dipole antenna array with 2-D multibeam endfire radiation[J]. IEEE Transactions on Antennas and Propagation, 2017, 65(11): 5837-5845.

[74] Liu P, Zhu X, Jiang Z H, et al. A compact single-layer Q-band tapered slot antenna array with phase-shifting inductive windows for endfire patterns [J]. IEEE Transactions on Antennas and Propagation, 2018, 67(1): 169-178.

[75] Yang B, Yu Z, Dong Y, et al. Compact tapered slot antenna array for 5G millimeter-wave massive MIMO systems [J]. IEEE Transactions on Antennas and Propagation, 2017, 65(12): 6721-6727.

[76] Bi Y, Li Y, Wang J. 3-D printed wideband Cassegrain antenna with a concave subreflector for 5G millimeter-wave 2-D multibeam applications[J]. IEEE Transactions on Antennas and Propagation, 2020, 68(6): 4362-4371.

[77] Li Y, Ge L, Chen M, et al. Multibeam 3-D-printed Luneburg lens fed by magnetoelectric dipole antennas for millimeter-wave MIMO applications [J]. IEEE Transactions on Antennas and Propagation, 2019, 67(5): 2923-2933.

[78] Molina H B, Marin J G, Hesselbarth J. Modified planar Luneburg lens millimetre-wave antenna for wide-angle beam scan having feed locations on a straight line[J]. IET Microwaves, Antennas & Propagation, 2017, 11(10): 1462-1468.

[79] Wang C, Wu J, Guo Y X. A 3-D-printed wideband circularly polarized parallel-plate Luneburg lens antenna[J]. IEEE Transactions on Antennas and Propagation, 2019, 68(6): 4944-4949.

[80] Lian J W, Ban Y L, Zhu H, et al. Reduced-sidelobe multibeam array antenna based on SIW Rotman lens[J]. IEEE Antennas and Wireless Propagation Letters, 2019, 19(1): 188-192.

[81] Tekkouk K, Ettorre M, Sauleau R. SIW Rotman lens antenna with ridged delay lines and reduced footprint[J]. IEEE Transactions on Microwave Theory and Techniques, 2018, 66(6): 3136-3144.

[82] Wang X, Fang X, Laabs M, et al. Compact 2-D multibeam array antenna fed by planar cascaded Butler matrix for millimeter-wave communication[J]. IEEE Antennas and Wireless Propagation Letters, 2019, 18(10): 2056-2060.

[83] Tekkouk K, Hirokawa J, Sauleau R, et al. Dual-layer ridged waveguide slot array fed by a Butler matrix with sidelobe control in the 60-GHz band[J]. IEEE Transactions on Antennas and Propagation, 2015, 63(9): 3857-3867.

[84] Tekkouk K, Ettorre M, Sauleau R. Multibeam pillbox antenna integrating amplitude-comparison monopulse technique in the 24 GHz band for tracking applications[J]. IEEE Transactions on Antennas and Propagation, 2018, 66(5): 2616-2621.

[85] Yan S P, Zhao M H, Ban Y L, et al. Dual-layer SIW multibeam pillbox antenna with reduced sidelobe level[J]. IEEE Antennas and Wireless Propagation Letters, 2019, 18(3): 541-545.

[86] Jiang Z H, Zhang Y, Xu J, et al. Integrated broadband circularly polarized multibeam antennas using berry-phase transmit-arrays for Ka-band applications[J]. IEEE Transactions on Antennas and Propagation, 2019, 68(2): 859-872.

[87] Li Y, Luk K M. 60-GHz dual-polarized two-dimensional switch-beam wideband antenna array of magneto-electric dipoles[C]//2015 IEEE International Symposium on Antennas and Propagation & USNC/URSI National Radio Science Meeting. IEEE, 2015: 1542-1543.

[88] Li Y, Luk K M. 60-GHz dual-polarized two-dimensional switch-beam wideband antenna array of aperture-coupled magneto-electric dipoles[J]. IEEE Transactions on Antennas and Propagation, 2015, 64(2): 554-563.

[89] Ali M M M, Sebak A R. 2-D scanning magnetoelectric dipole antenna array fed by RGW butler matrix[J]. IEEE Transactions on Antennas and Propagation, 2018, 66(11): 6313-6321.

[90] Ren F, Hong W, Wu K. W-band series-connected patches antenna for multibeam application based on SIW butler matrix [C]//2017 11th European Conference on Antennas and Propagation(EUCAP). IEEE, 2017: 198-201.

[91] Cao J, Wang H, Gao R, et al. 2-dimensional beam scanning gap waveguide leaky wave antenna array based on butler matrix in metallic 3D printed technology[C]//2019 13th European Conference on Antennas and Propagation (EuCAP). IEEE, 2019: 1-4.

[92] Trinh-Van S, Lee J M, Yang Y, et al. A Sidelobe-Reduced, Four-Beam Array Antenna Fed by a Modified 4 × 4 Butler Matrix for 5G Applications [J]. IEEE Transactions on Antennas and Propagation, 2019, 67(7): 4528-4536.

[93] Lian J W, Ban Y L, Yang Q L, et al. Planar millimeter-wave 2-D beam-scanning multibeam array antenna fed by compact SIW beam-forming network [J]. IEEE Transactions on Antennas and Propagation, 2018, 66(3): 1299-1310.

[94] Lian J W, Ban Y L, Zhu J Q, et al. Planar 2-D scanning SIW multibeam array with low sidelobe level for millimeter-wave applications [J]. IEEE Transactions on Antennas and Propagation, 2019, 67(7): 4570-4578.

[95] Mohamed I M, Sebak A R. 60 GHz 2-D scanning multibeam cavity-backed patch array fed by compact SIW beamforming network for 5G applications [J]. IEEE Transactions on Antennas and Propagation, 2019, 67(4): 2320-2331.

[96] Gong R J, Ban Y L, Lian J W, et al. Circularly polarized multibeam antenna array of ME dipole fed by 5 × 6 Butler matrix [J]. IEEE Antennas and Wireless Propagation Letters, 2019, 18(4): 712-716.

[97] Wang C, Yao Y, Cheng X, et al. A W-band High Efficiency Multi-Beam Circularly Polarized Antenna Array Fed by GGW Butler Matrix [J]. IEEE Antennas and Wireless Propagation Letters, 2021.

[98] Xia F Y, Cheng Y J, Wu Y F, et al. V-band wideband circularly polarized endfire multibeam antenna with wide beam coverage [J]. IEEE Antennas and Wireless Propagation Letters, 2019, 18(8): 1616-1620.

第 2 章　毫米波传输线

2.1　引言

导波理论和技术的发展历史悠久，其最初是在 19 世纪末由 Oliver Heaviside、J.J. Thomson、Oliver Lodge 和 Lord Rayleigh 提出[1-5]。在毫米波频段，传输线的特性将极大地影响天线特性，如其损耗将影响天线效率。传输线特性与导波特性有关，这些特性通常在频域内进行表征，如导波模式、传播损耗、色散、特征阻抗等。图 2-1-1 所示为 MHz 到毫米波电路传输线的发展历程[6]。

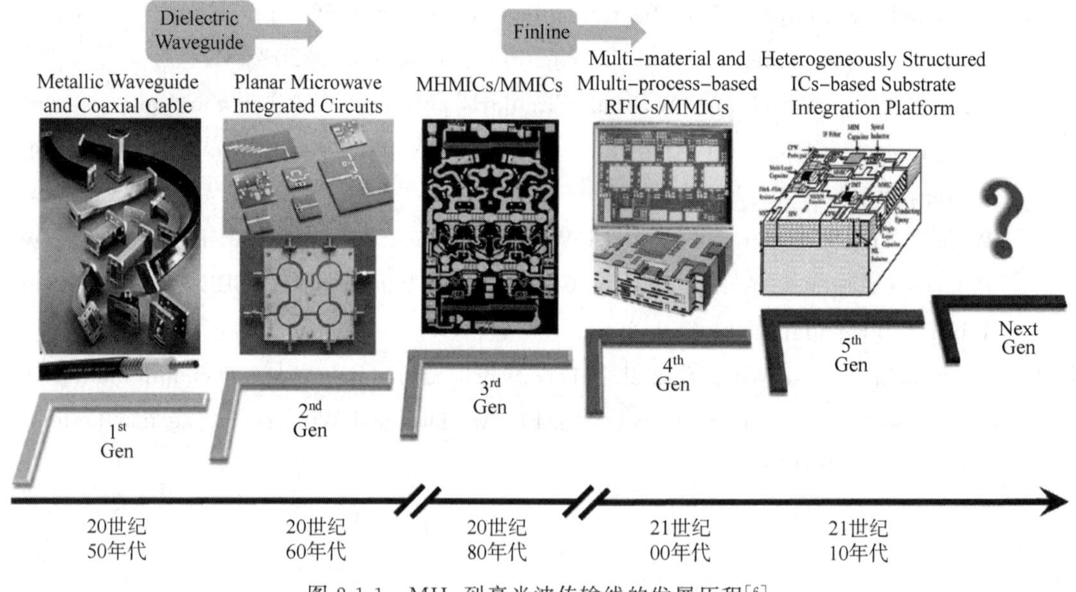

图 2-1-1　MHz 到毫米波传输线的发展历程[6]

第一代微波传输线主要采用矩形波导和同轴线，当时还并未形成集成电路概念，因此此类传输线难以应用于集成化应用设计。矩形波导尺寸与频率成反比，随着频率的升高，波导尺寸大大减小，到毫米波频段，其口径尺寸已达毫米级，其结构需要保证严格的加工精度，因此在毫米波频段存在加工昂贵的问题，当其应用到复杂的馈电网络时，还将引入多层金属间电接触不良造成的间隙漏波问题。尽管有这些缺点，矩形波导仍然应用于大量的设计，因为它具有低损耗的特性。同轴线为高质量和无色散的宽带微波信号传输提供了最好的横向电磁(TEM)模式结构,但随着频率的升高,同样存在尺寸小带来的加工难问题。目前市面上用于毫米波传输的 1 mm 同轴转换器的最高使用频点也仅为 110 GHz。这两种结构是噪声敏感系统的最佳选择[6-8]。

第二代微波传输线代表了二维无源元件的真正革命性发展,因为它首次实现了结构集成和拓扑小型化、大规模生产、薄型和轻量、低成本的可能性。自 20 世纪 50 年代以来,由于微带线及其变体的发展,微波集成电路技术蓬勃发展,共面波导(CPW)的发明进一步推动了微波集成电路技术的发展。与上述非平面波导技术相比,微波集成电路技术最显著的优势是易于与有源器件集成化设计[6,9,10]。另外,针对平面类传输线,微带线和 CPW 是最具代表性的平面传输线,这些传输线凭借着低成本、结构简单的特征广泛应用在集成有源微波/毫米波电路中。然而,微带线和 CPW 的传输特性在很大程度上取决于介质基底板材,介质基板材料会引起介质损耗,此类平面传输线在毫米波频段存在较高介质损耗以及导体损耗。此外,随着频率的升高,还将激励起严重的表面波以及高次模造成辐射损耗,从而恶化插入损耗。因此,平面类传输线在毫米波频段展现了高插损。

第三代微波传输线向更高密度、更高集成化的趋势发展,通过先进的工艺技术,包括基于陶瓷的小型化混合 MIC(MHMIC)和基于半导体的单片 MIC(MMIC)处理技术。这种进步与精密制造和半导体技术的发展是一致的。同样,这一代微波电路仍然像上一代一样使用平面传输线。然而,更加进步成熟的技术会使得电路更加集成化和小型化。MHMIC 允许在标准高精度 2～3 层处理技术中集成几乎所有无源元件,而 MMIC 能够通过 Si、GaAs 或其他Ⅲ-V 族化合物技术将几乎所有无源和有源组件集成到同一芯片形式中[6,11]。然而,所有电路仍然使用平面传输线技术,例如微带线和 CPW。21 世纪初,基片集成波导(Substrate Integrated Waveguide,SIW)应运而出,可以通过成熟的平面集成电路加工技术与其他平面传输线进行集成,基片集成波导凭借可以传输 TE_{10} 模式第一次打破了专门用于集成电路开发的 TEM 模式传输线的冰山。SIW 技术的出现极大地推动了微波毫米波系统发展[12,13]。在 2006 年 Fabrizio Gatti 提出了一种基片集成同轴线(Substrate-Integrated Coaxial Lines,SICL)结构[14]。基片集成同轴线在很大程度上类似于一个矩形的同轴线,是一种平面化的类同轴线结构,它以 TEM 为主模,拥有从直流到毫米波波段的单模工作带宽,是一种非色散的结构。且因为自身的屏蔽和平面化结构,使其拥有抗干扰能力强、低损耗、易集成等优点,很适合在微波系统中使用。2009 年,Per-Simon Kildal 提出了新型间隙波导(Gap WaveGuide,GWG),间隙波导结构可以限制某一频带内的电磁波传输,从而防止能量的泄露,对于矩形波导加工及装配有极大的改善[15]。

传输线是微波射频的基础,是微波毫米波电路和系统的最基本元件,其损耗、尺寸、集成度、成本和重量等特性直接或间接地影响整个电路和系统的性能。信号在传输线中传播时,能量不可避免的会产生损耗。一般传输线的损耗由介质损耗、导体损耗、辐射损耗组成。介质损耗是指绝缘材料在电场作用下,由于介质电导和介质极化的滞后效应,在其内部引起的能量损耗。导体损耗则是因为电流随着频率的升高而出现的趋肤效应以及金属表面粗糙度引起的。辐射损耗是因为传输线开放式的结构,会使电磁场向外辐射而造成能量的损耗,相对其他损耗,辐射损耗通常较小。

2.2 微 带 线

微带线凭借其易集成和小型化的优点，是微波及天线中常见且重要的传输线，其模型如图 2-2-1 所示。它由上层宽度为 w 的金属带信号线、厚度为 h 的介质基板和接地板三部分构成。微带线是一种半开放结构，绝大部分能量会在介质基板中传播，但是仍然会有一些能量在介质基板上方空气中传播，即微带线纵向场存在 E_z 和 H_z 分量(不为 0)，实际传输 TE-TM 的混合模式[9]。但是由于纵向场分量相对于介质基板中的横向分量小得多，所以当工作在低频时，适当的选择微带线尺寸，就可以忽视纵向场分量影响。因此，微带线传输的模式也称为准 TEM 模式，场型如图 2-2-2 所示。同时，微带线存在较高损耗和与邻近导体带容易产生串扰的缺点。

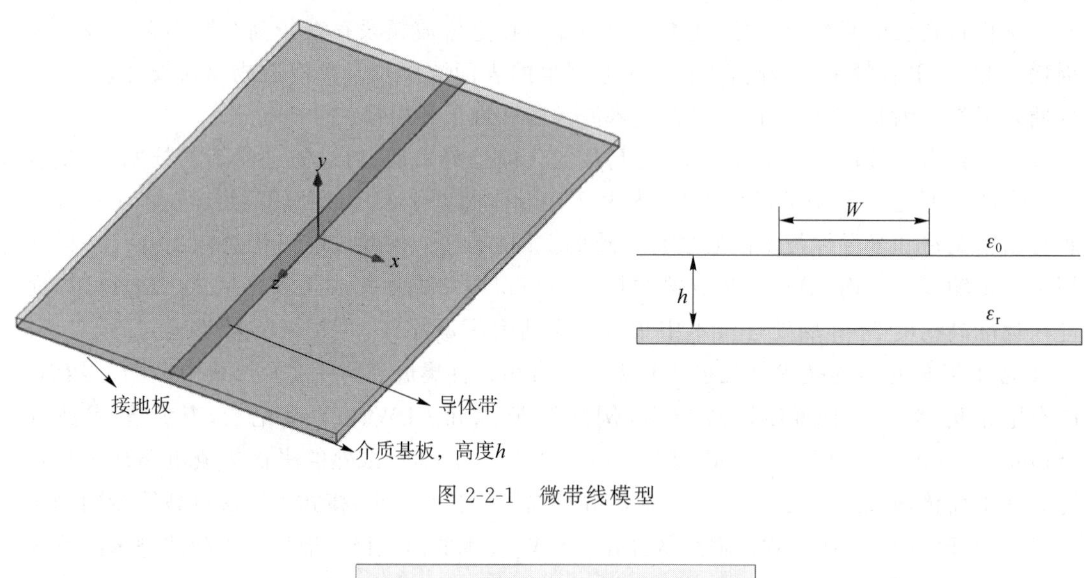

图 2-2-1　微带线模型

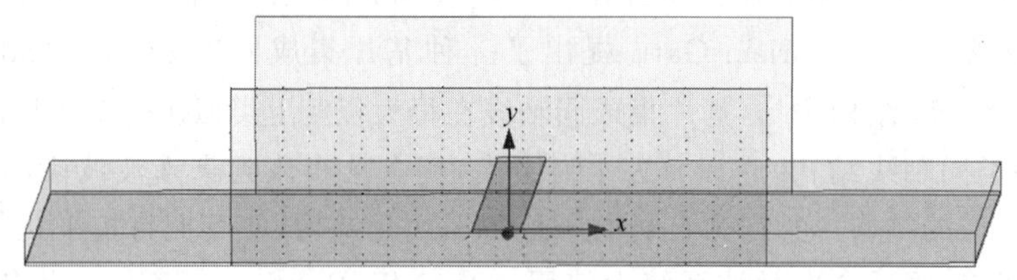

图 2-2-2　微带线端口场型

2.2.1 微带线理论

微带线的几何结构并不复杂，但是它的电磁场却相当复杂，在微带线上传播的并不是纯 TEM 模式，而是准 TEM 模式。其分析方法主要分为三类：色散模型法、准静态法和全波分析法。本节主要介绍使用准静态法分析微带线的准 TEM 特性并给出实用性结果，传输线结构如图 2-2-1 所示。主要是分析微带线的特性阻抗 Z_0、衰减常数 α、相速度 v_p 和传播常数 β。

微带线的等效介电常数 ε_e，W 为微带线导体线宽度，h 为微带线基板的高度，ε_r 为介质基板的介电常数。

$$\varepsilon_e=\frac{\varepsilon_r+1}{2}+\frac{\varepsilon_r-1}{2}\left(1+12\frac{h}{W}\right)^{-\frac{1}{2}} \tag{2.2.1}$$

微带线的相速度的物理意义是：当微带线等效为平行板波导且相对介电常数 ε_e 的介质填充时，该平行板波导的相速。

$$v_p=\frac{c}{\sqrt{\varepsilon_e}} \tag{2.2.2}$$

微带线的传播常数

$$\beta=k_0\sqrt{\varepsilon_e} \tag{2.2.3}$$

利用保角变换，对于给定尺寸的微带线，特性阻抗 Z_0 可以由式(2.2.4a)及(2.2.4b)计算

$$Z_0=\frac{60}{\sqrt{\varepsilon_e}}\ln\left(8\frac{h}{W}+0.25\frac{W}{h}\right)\quad \frac{W}{h}\leqslant 1 \tag{2.2.4a}$$

$$Z_0=\frac{\frac{120\pi}{\sqrt{\varepsilon_e}}}{\frac{W}{h}+1.393+0.667\ln\left(\frac{W}{h}+1.444\right)}\quad \frac{W}{h}\geqslant 1 \tag{2.2.4b}$$

微带线的衰减分为金属损耗 α_c、介质损耗 α_d 和辐射损耗 $\alpha_{radiation}$。

则源于金属损耗的衰减可由式(2.2.5)确定

$$\alpha_c=\frac{R_s}{Z_0W} \tag{2.2.5}$$

式中，$R_S=\sqrt{\omega\mu_0/2\sigma}$ 是导体的表面电阻。

介质损耗的衰减可由式(2.2.6)确定

$$\alpha_d=\frac{k_0}{2}\frac{\varepsilon_r}{\sqrt{\varepsilon_e}}\frac{\varepsilon_e-1}{\varepsilon_r-1}\tan\delta \tag{2.2.6}$$

式中，$\tan\delta$ 为微带线介质基板的损耗正切数值。

2.2.2 微带线设计和建模概述

使用 HFSS 对微带线进行建模并仿真，示例微带线仿真的工作频率为 DC-10 GHz，介质基板选用 FR4($\varepsilon_r=4.4$，$\tan\delta=0.02$)，基板厚度为 $h=0.3$ mm，上层金属导体带 $W=0.512$ mm。下面将分析微带线的场型、金属损耗、介质损耗及辐射损耗。

(1) HFSS 设计环境概述

1) 求解类型

模式终端驱动求解。

2) 建模操作

模型原型：长方体。

3) 边界条件和激励

①边界条件：辐射边界。

②端口激励：波端口激励。

4）求解设置

①求解频率：DC-10 GHz。

②扫频设置：快速扫频，频率范围为 DC-10 GHz。

③中心频率：5 GHz。

5）后处理

S 参数曲线、金属损耗、介质损耗和辐射损耗。

（2）新建 HFSS 工程

双击桌面上的 HFSS 快捷方式，启动 HFSS 软件。HFSS 运行后，会自动新建一个工程文件，选择主菜单栏【File】-【Save as】命令，把工程文件另存为 ML.hfss；然后右键单击工程树下的文件名，从弹出的【Rename】命令项，把设计文件重新命名为 ML。

设置当前设计为终端驱动求解类型。从主菜单选择【HFSS】-【Solution Type】命令，选择 Driven Modal 单选按钮，然后单击 OK 按钮，完成设置，如图 2-2-3 所示。

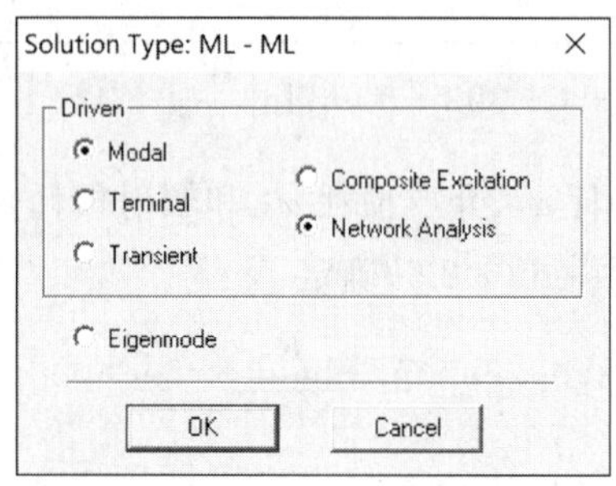

图 2-2-3　Solution Type 页面

创建微带传输线：

①创建参考地：在 xOz 面上创建一个矩形面作为参考地，顶点为（$-$lx/2，0，$-$lz/2），尺寸为 lx$\times t\times$lz，在 XSize、YSize 和 ZSize 项对应的 Value 处分别输入矩形面的长 lz、宽 lx 和高 t。其中设置 lx＝10 mm，t＝0.035 mm，lz＝15 mm，命名为 GND，并且设置为金属铜材料。单击 Color 项对应的 Edit 按钮，将模型的颜色属性设置为金黄色，单击 Transparent 项对应的 Value 值按钮，设置模型的透明度为 0.9。

②创建介质基板：在 GND 的正上方（即 $y=0$ 的 xOy 面）创建一个长方体作为介质基板，顶点为（$-$lx/2，t，$-$lz/2），尺寸为 lx$\times h\times$lz，在 XSize、YSize 和 ZSize 项对应的 Value 处分别输入矩形面的长 lz、宽 lx 和高 h。其中设置 lx＝10 mm，h＝0.3 mm，lz＝15 mm，命名为 substrate，并且设置介质基板为 FR4 材料。

③创建上层金属层：在 substrate 上面（即 $y=0$ 的 xOy 面）构造一个长方体，顶点为（$-$w/2，$h+t$，$-$lz/2），尺寸为 lx$\times t\times$lz，在 XSize、YSize 和 ZSize 项对应的 Value 值处分别输入矩形面的长 lz、宽 w 和高 t。其中设置 w＝0.512 mm，t＝0.035 mm，lz＝15 mm，命名为 Upper，并且设置为金属铜材料。单击 Color 项对应的 Edit 按钮，将模型的颜色属性设置为金黄色，单击 Transparent 项对应的 Value 值按钮，设置模型的透明度为 0.9。这样就得到了微带线的模型，如图 2-2-4 所示。

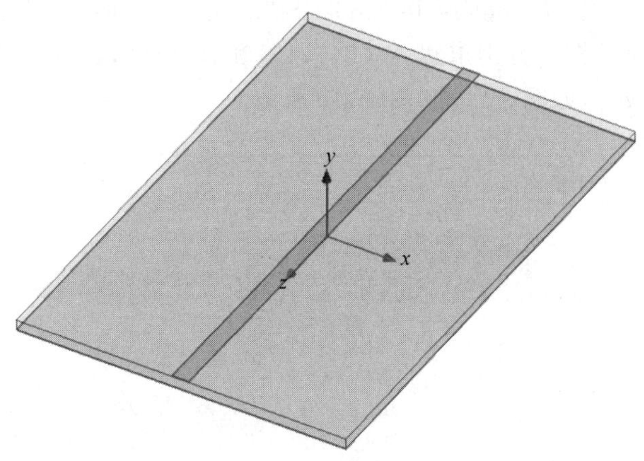

图 2-2-4 微带线建模

设置激励端口，在微带线的两端口，波端口宽度为微带线宽度 w 的 10 倍或者介质高度 h 的 6 倍；高度为介质高度的 5～10 倍。在此模型中，选择宽度为 $5w\times2$，高度为 $6\times h$。如图 2-2-5 所示，分别命名为 Port1 和 Port2。分别选中 Port1 和 Port2，设置【Assign】-【Wave port】，激励方式为 Wave port。

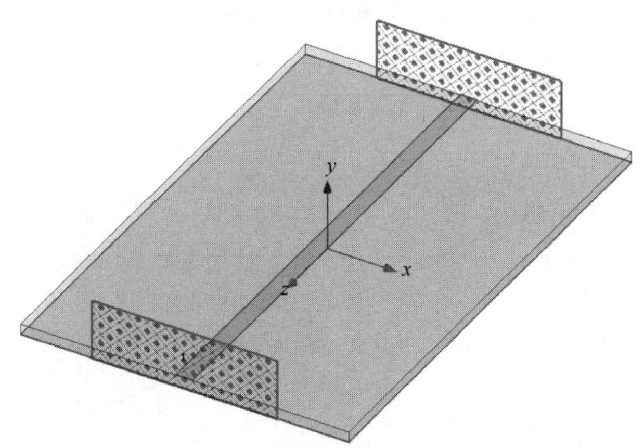

图 2-2-5 微带线波端口设置

设置辐射边界条件，创建一个空气盒子，空气盒子距离微带线的边界应该大于四分之一波长，长方体模拟自由空间，材质为空气，命名为 Air，并且设置为辐射边界条件。

求解设置，本小结设计的微带线中心工作频率为 5 GHz，因此 HFSS 设置的求解频率为 5 GHz；同时添加了 0.1～10 GHz 的扫频设置，选择快速扫频类型，分析微带线在 0.1～10 GHz频段的回波损耗，金属损耗和介质损耗。

通过前面的操作，完成模型的创建和求解设置，接下来对设计进行检查【HFSS】-【Validation Check】命令进行检查，会弹出✓，表示当前 HFSS 设计正确、完整。右键单击 Analysis 节点，选择【Analysis All】，运行仿真。

(3) 查看结果

查看矩形波导的回波损耗（即 S_{11}）、传输损耗（即 S_{21}）和金属衰减的扫频分析结果。右键单击工程树 Result 节点，选择【Create Modal Solution Date Report】-【Rectangular Plot】命令，打开报告设置对话框。分别求解 dB(S(1,1))和 dB(S(2,1))，得到 S_{11} 和 S_{21} 在 DC-10 GHz 的扫频曲线报告，如图 2-2-6 和图 2-2-7 所示。

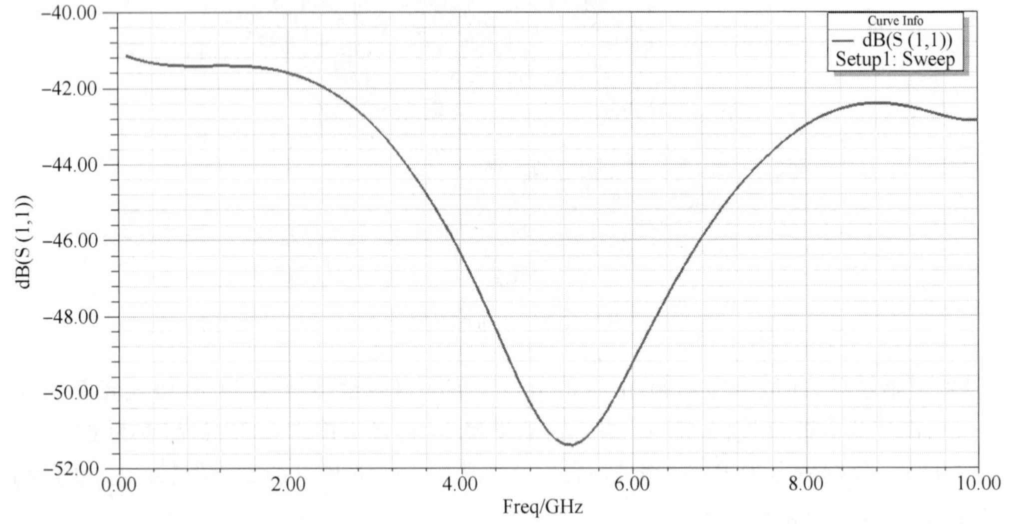

图 2-2-6　微带线 S_{11} 的曲线

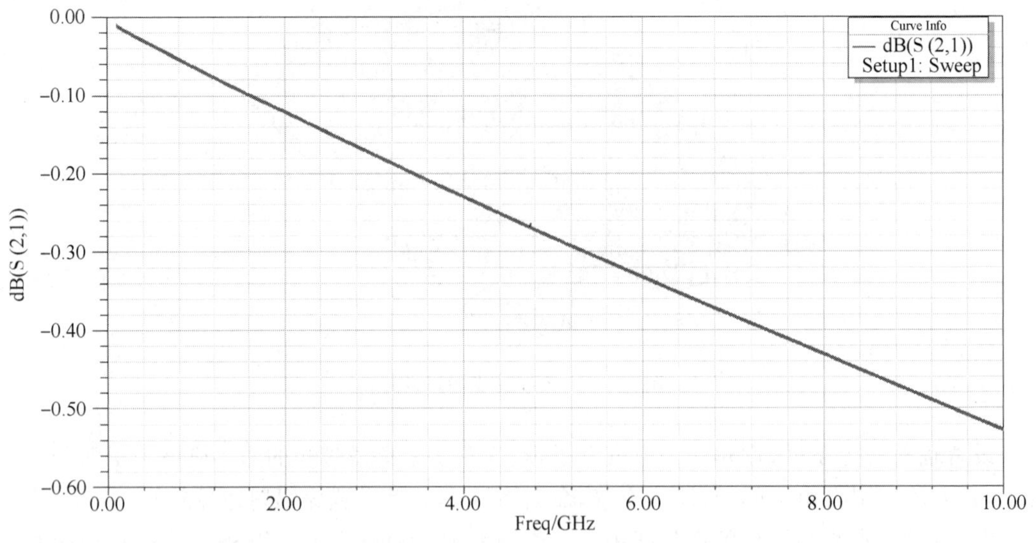

图 2-2-7　微带线 S_{21} 的曲线

接下来分析金属损耗和介质损耗和辐射损耗。首先将模型中的金属合并一起，合并后金属命名为 copper。利用场计算器，单击【HFSS】-【Field】-【Field Calculator】，选择面导体损耗密度和所选的金属面再进行积分，命名为 ac 得到导体损耗，如图 2-2-8 所示。最后，在【Result】-【Create Field Report】-【Rectangular Plot】选择 ac，单击得到金属损耗的曲线，如图 2-2-9 所示。

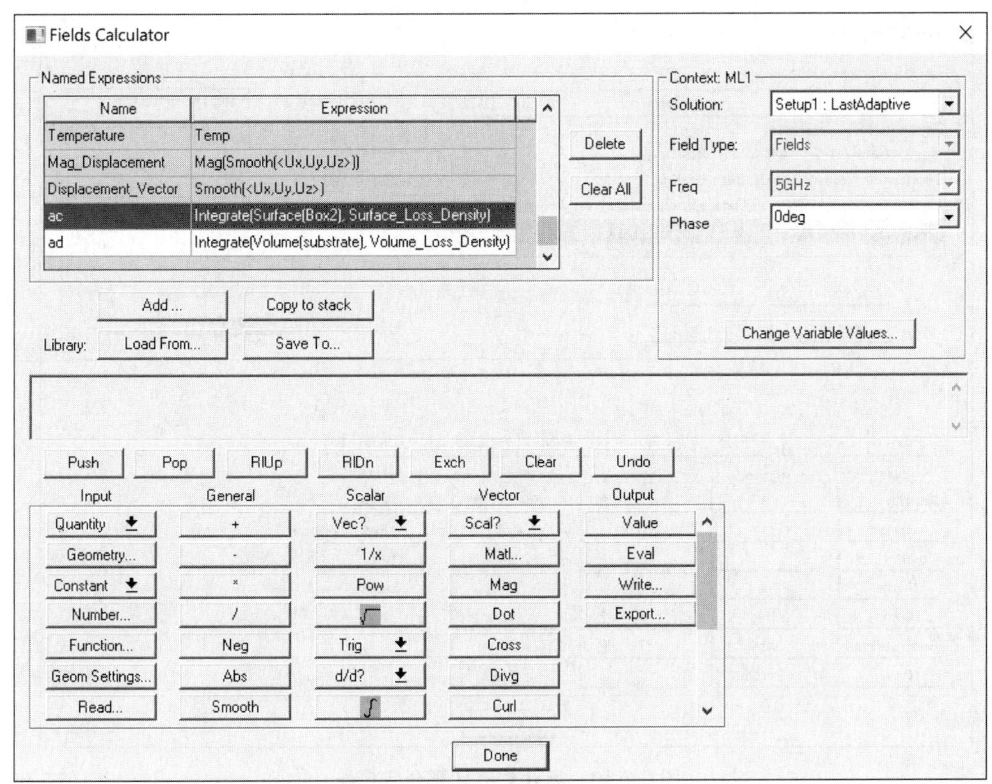

图 2-2-8 场计算器计算导体损耗

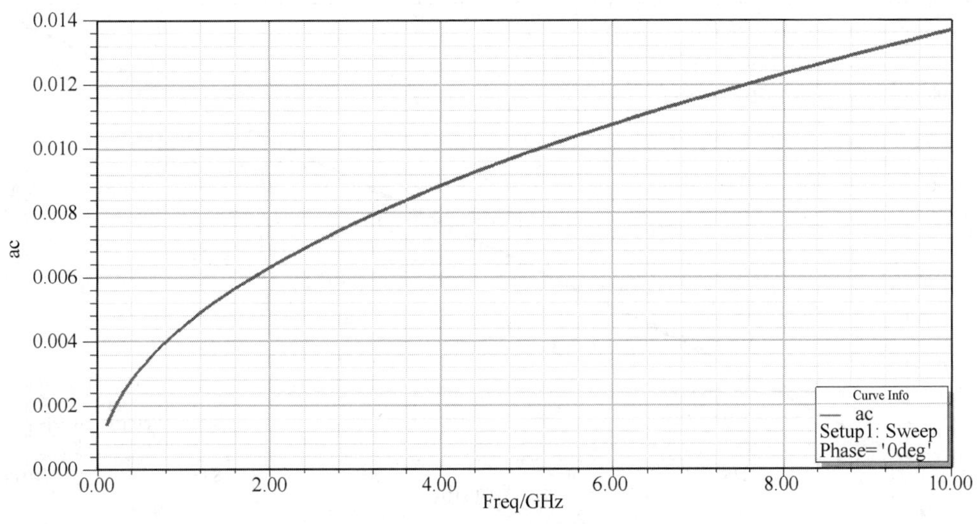

图 2-2-9 金属损耗的曲线

同样利用场计算器求解介质损耗，单击【HFSS】-【Field】-【Field Calculator】，选择介质基板体积和体损耗密度再进行积分，命名为 ad 得到介质损耗，如图 2-2-10 所示。最后，在【Result】-【Create Field Report】-【Rectangular Plot】选择 ad，单击得到介质损耗的曲线，如图 2-2-11 所示。

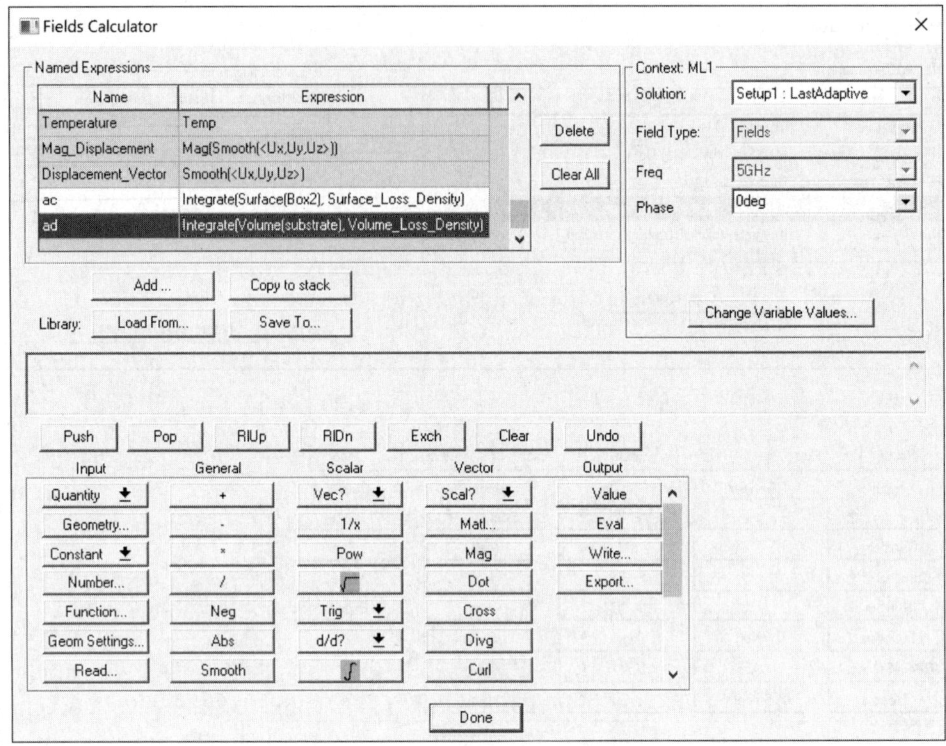

图 2-2-10　场计算器计算介质损耗

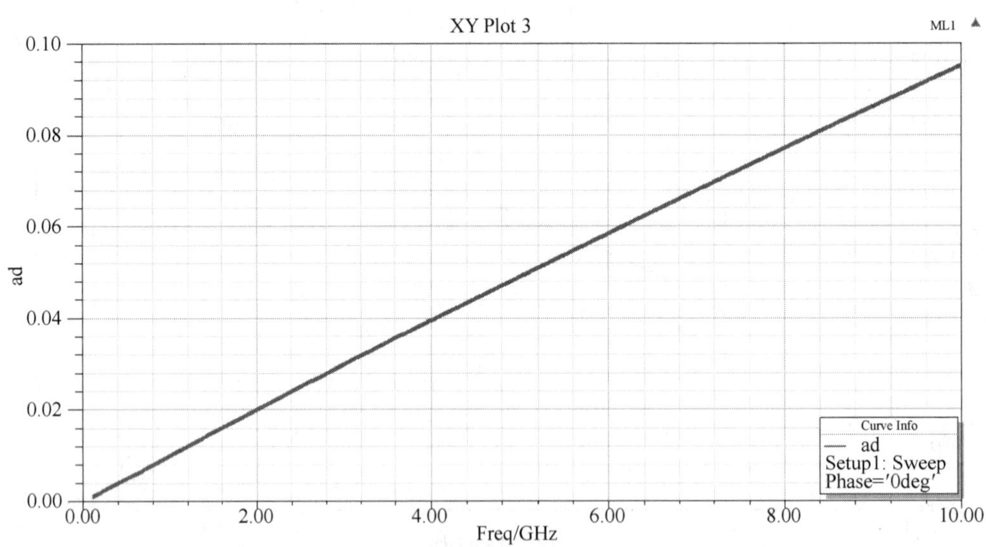

图 2-2-11　微带线介质损耗的曲线

利用场计算器求解辐射损耗，用公式 1-S(1,1)^2-S(2,1)^2 求出总的损耗 Loss，再减去金属损耗 ac 和介质损耗 ad 就得到了辐射损耗，命名为 rad，如图 2-2-12 所示。最后，在【Result】-【Create Field Report】-【Rectangular Plot】选择 rad，单击得到辐射损耗的曲线，如图 2-2-13 所示。

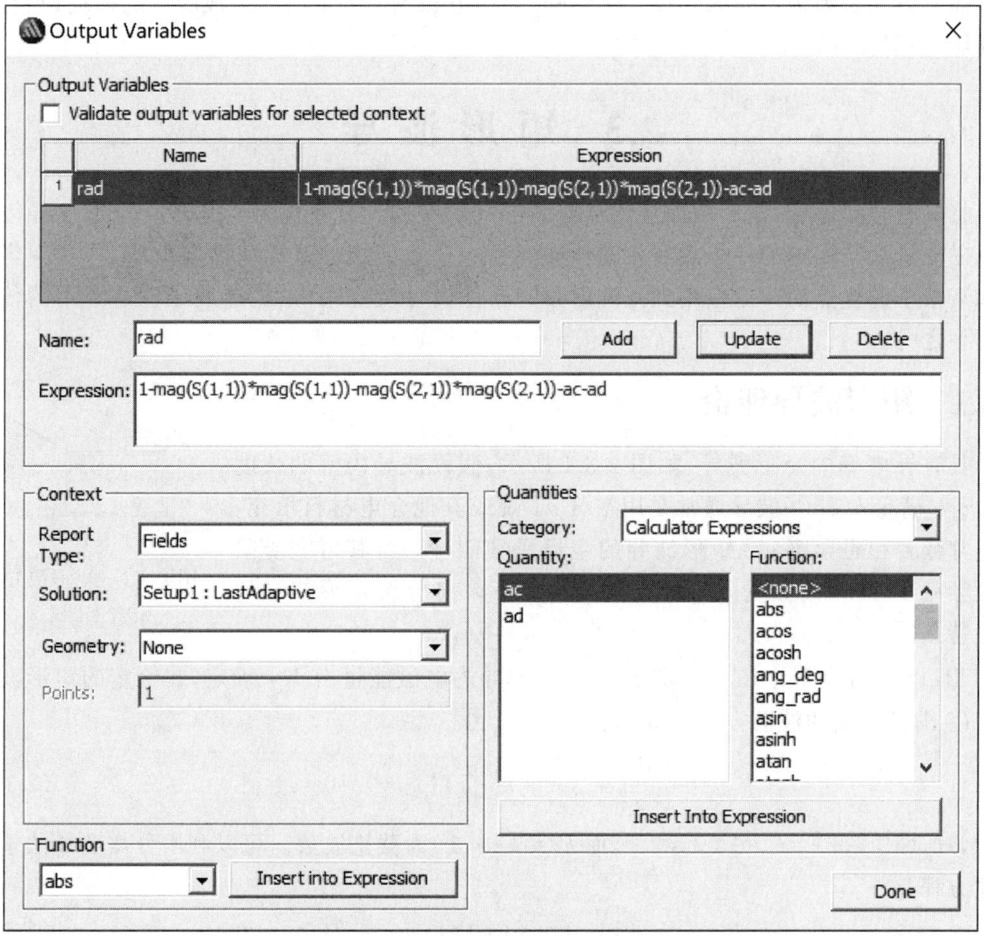

Output Variables
Output Variables
Validate output variables for selected context
Name
Expression
1
rad
1-mag(S(1,1))*mag(S(1,1))-mag(S(2,1))*mag(S(2,1))-ac-ad
Name:
rad
Add
Update
Delete
Expression:
1-mag(S(1,1))*mag(S(1,1))-mag(S(2,1))*mag(S(2,1))-ac-ad
Context
Report Type:
Fields
Solution:
Setup1 : LastAdaptive
Geometry:
None
Points:
1
Quantities
Category:
Calculator Expressions
Quantity:
Function:
ac
ad
<none>
abs
acos
acosh
ang_deg
ang_rad
asin
asinh
atan
Insert Into Expression
Function
abs
Insert into Expression
Done

图 2-2-12　场计算器计算辐射损耗

XY Plot 3
ML1
0.006
0.005
0.004
0.003
0.002
0.001
0.000
rad
0.00
2.00
4.00
6.00
8.00
10.00
Freq/GHz
Curve Info
rad
Setup1: Sweep
Phase='0deg'

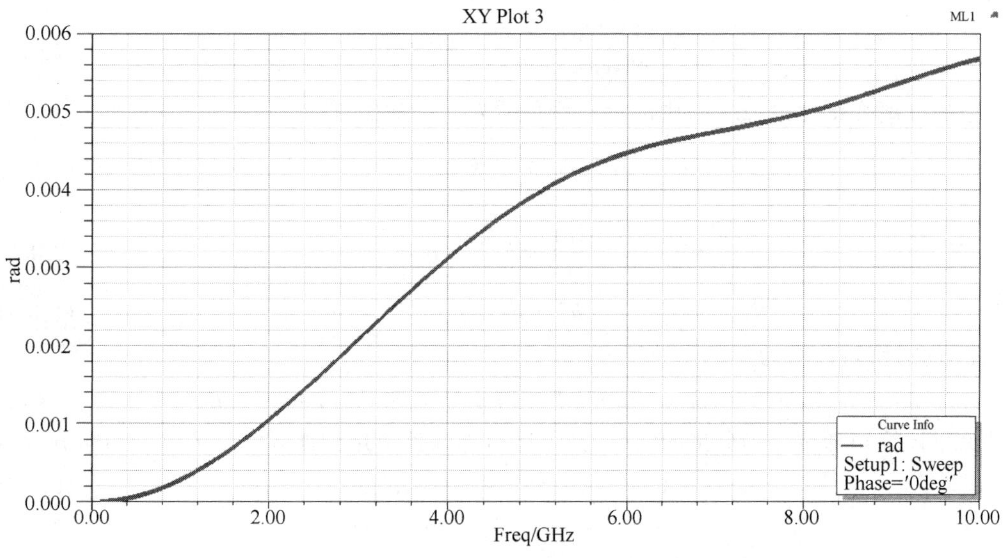

图 2-2-13　微带线辐射损耗的曲线

辐射损耗是因为传输线开放式的结构，会使电磁场向外辐射而造成能量的损耗，相对其他损耗，辐射损耗较小。

2.3 矩形波导

将具有金属外壁，矩形截面且内部充满空气的金属器件称为矩形波导。矩形波导用于将电磁能量从空间中的一个点有效地传递到另一个点。矩形波导凭借结构简单、功率容量大和衰减小的优点而广泛应用到微波射频的器件设计及应用中，矩形波导也是常用的传输线类型之一。

2.3.1 矩形波导理论

具有导电壁的矩形波导，如图 2-3-1 所示，假设波导内壁的长度 a 宽度 b 满足 $b \leqslant a$。波导通常是用空气、丁烷或其他介电材料填充，介电常数 ϵ 和磁导率 μ。矩形波导的主模是 TE_{10} 模式，其带宽受限于低频截止频率，高频受限于高次模式。接下来将分析矩形波导的传播特点。

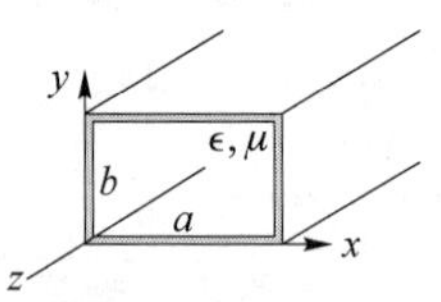

图 2-3-1 矩形波导示意图[16]

TE 模式的特征是 $E_z=0$ 和 $H_z \neq 0$。波导内电磁能量由 H_z 确定，在给定的矩形波导中，H_z 满足下面的波动方程(2.3.1)：

$$\left(\frac{\partial^2}{\partial x^2}+\frac{\partial^2}{\partial y^2}+k_c^2\right)h_z(x,y)=0 \tag{2.3.1}$$

式中，$H_z(x,y,z)=h_z(x,y)\mathrm{e}^{-\mathrm{j}\beta z}$，而 $k_c^2=k^2-\beta^2$ 为截止波数。可以利用分离变量法求解上述方程：

$$h_z(x,y)=X(x)Y(y)\mathrm{e}^{\mathrm{j}\omega t-\gamma z} \tag{2.3.2}$$

式中，X 为 x 的函数，Y 为 y 的函数，将式(2.3.2)代入式(2.3.1)，方程两边同时除以 XY，得到

$$\frac{1}{X}\frac{d^2X}{\mathrm{d}x^2}+\frac{1}{Y}\frac{d^2Y}{\mathrm{d}y^2}+k_c^2=0 \tag{2.3.3}$$

根据分离变量理论(2.3.3)中的每一项必须为一个常数，得到

$$\frac{d^2X}{\mathrm{d}x^2}+k_x^2X=0 \tag{2.3.4a}$$

$$\frac{d^2Y}{\mathrm{d}y^2}+k_y^2Y=0 \tag{2.3.4b}$$

$$k_x^2+k_y^2=k_c^2 \tag{2.3.4c}$$

h_z 的通解可以写为

$$h_z(x,y)=(A\cos k_x x+B\sin k_x x)(C\cos k_y y+D\sin k_y y) \tag{2.3.5}$$

为了计算矩形波导场分量的定解，必须把边界条件应用到波导壁上的电场切向分量。

$$e_x(x,y)=0,\text{在 } y=0,b \text{ 处} \tag{2.3.6a}$$

$$e_y(x,y)=0,\text{在 } x=0,a \text{ 处} \tag{2.3.6b}$$

因此，得到两个重要的方程

$$k_x=\frac{m\pi}{a},\quad m=1,2,3\cdots \tag{2.3.7a}$$

$$k_y=\frac{n\pi}{b},\quad n=1,2,3\cdots \tag{2.3.7b}$$

得到 h_z 的最终解

$$H_z(x,y,z)=A_{mn}\cos\frac{m\pi x}{a}\cos\frac{n\pi y}{b}\mathrm{e}^{-\mathrm{j}\beta z} \tag{2.3.8}$$

A_{mn} 是 A 和 C 组成的任意振幅常数，k_x 和 k_y 为 x 和 y 方向上的为截止波数。TE_{mn} 模式的其他横向场分量可以由式(2.3.8)和电场与磁场的关系求出：

$$E_x=\frac{\mathrm{j}\omega\mu n\pi}{k_c^2 b}A_{mn}\cos\frac{m\pi x}{a}\cos\frac{n\pi y}{b}\mathrm{e}^{-\mathrm{j}\beta z}$$

$$E_y=\frac{-\mathrm{j}\omega\mu m\pi}{k_c^2 a}A_{mn}\sin\frac{m\pi x}{a}\cos\frac{n\pi y}{b}\mathrm{e}^{-\mathrm{j}\beta z}$$

$$E_z=0$$

$$H_x=\frac{\mathrm{j}\beta m\pi}{k_c^2 a}A_{mn}\sin\frac{m\pi x}{a}\cos\frac{n\pi y}{b}\mathrm{e}^{-\mathrm{j}\beta z}$$

$$H_y=\frac{\mathrm{j}\beta n\pi}{k_c^2 b}A_{mn}\sin\frac{m\pi x}{a}\cos\frac{n\pi y}{b}\mathrm{e}^{-\mathrm{j}\beta z}$$

$$H_z(x,y,z)=A_{mn}\cos\frac{m\pi x}{a}\cos\frac{n\pi y}{b}\mathrm{e}^{-\mathrm{j}\beta z} \tag{2.3.9}$$

式中，传播常数是

$$\beta=\sqrt{k^2-k_c^2}=\sqrt{k^2-\left(\frac{m\pi}{a}\right)^2-\left(\frac{n\pi}{b}\right)^2} \tag{2.3.10}$$

TM 模式的特征是 $Hz=0$ 和 $E_z\neq0$。波导内的电磁场量由 E_z 确定。E_z 满足下面的波动方程[16-19]：

$$\left(\frac{\partial^2}{\partial x^2}+\frac{\partial^2}{\partial y^2}+k_c^2\right)\mathrm{e}_z(x,y)=0 \tag{2.3.11}$$

类似前面对 TE 的讨论，可以得到 TM 波的纵向场分量

$$E_x=\frac{-\mathrm{j}\beta m\pi}{k_c^2 a}B_{mn}\cos\frac{m\pi x}{a}\sin\frac{n\pi y}{b}\mathrm{e}^{-\mathrm{j}\beta z}$$

$$E_y=\frac{-\mathrm{j}\beta m\pi}{k_c^2 b}B_{mn}\sin\frac{m\pi x}{a}\cos\frac{n\pi y}{b}\mathrm{e}^{-\mathrm{j}\beta z}$$

$$E_z=B_{mn}\sin\frac{m\pi x}{a}\sin\frac{n\pi y}{b}\mathrm{e}^{-\mathrm{j}\beta z}$$

$$H_x=\frac{\mathrm{j}\omega\epsilon n\pi}{k_c^2 b}B_{mn}\sin\frac{m\pi x}{a}\cos\frac{n\pi y}{b}\mathrm{e}^{-\mathrm{j}\beta z}$$

$$H_y=\frac{-\mathrm{j}\omega\epsilon m\pi}{k_c^2 a}B_{mn}\cos\frac{m\pi x}{a}\sin\frac{n\pi y}{b}\mathrm{e}^{-\mathrm{j}\beta z}$$

$$H_z=0 \tag{2.3.12}$$

矩形波导的传输特性：

(1) 对于矩形波导中的 TM 波和 TE 波有下面的结论[16-19]：

①m 和 n 有不同的取值对应不同的传播模式，比如 TE_{mn} 和 TM_{mn}；

②不同的传播模式对应不同的截止波数 $k_{cmn}=\sqrt{\left(\frac{m\pi}{a}\right)^2+\left(\frac{n\pi}{b}\right)^2}$；

③对于相同的 m，n 组合，其中，m 和 n 代表 TE 波沿 x 方向和 y 方向分布的半波个数。TM_{mn} 模和 TE_{mn} 模的截止波数 k_{cmn} 相同，称为模式的简并；

④对于 TE_{mn} 模，其 m 和 n 可以为 0(但是不能同时为 0)；对于 TM_{mn} 模式，其 m 和 n 都不能为 0，故不存在 TM_{0n} 和 TM_{m0} 模式；其中 TE_{10} 模式是矩形波导的主模式，其余称为高次模式。

(2) 截止波数、截止频率

通过前述矩形波导模式的分析，矩形波导 TE_{mn} 和 TM_{mn} 的截止波数为

$$k_c=\sqrt{\left(\frac{m\pi}{a}\right)^2+\left(\frac{n\pi}{b}\right)^2} \tag{2.3.13}$$

对应每个模式截止频率 $f_{c_{mn}}$：

$$f_{c_{mn}}=\frac{k_c}{2\pi\sqrt{\mu\epsilon}}=\frac{1}{2\pi\sqrt{\mu\epsilon}}\sqrt{\left(\frac{m\pi}{a}\right)^2+\left(\frac{n\pi}{b}\right)^2} \tag{2.3.14}$$

矩形波导由于受到矩形边界的限制，并不是所有的频段的电磁波都能在矩形波导内传播，频率向下存在矩形波导截止频率的限制，向上存在高次模式的限制，如图 2-3-2 所示。

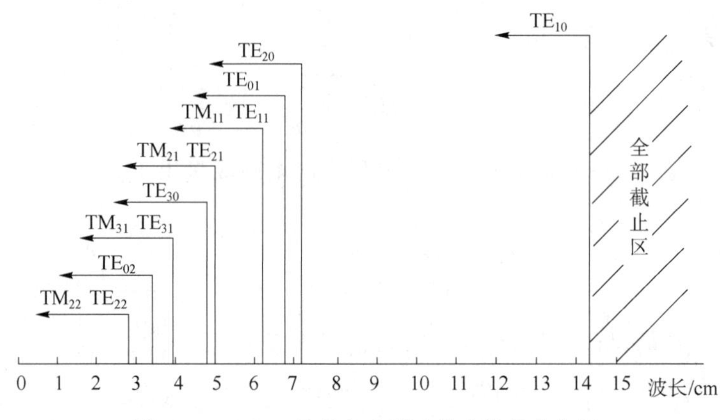

图 2-3-2 BJ-32 波导各个模式截止波长分布图

(3) 波导波长、相移常数

波导波长定义为：波沿纵向的两相邻等相位面之间的距离，或者是等相位面在一个周期内传播的距离。

相移常数定义为：TE 和 TM 波沿着波导纵向传播时单位长度的相移。

TM_{mn} 模和 TE_{mn} 模的相移常数、波导波长表示式相同，为

$$\lambda_g=\frac{v_p}{f}=\frac{\lambda}{\sqrt{1-\left(\frac{\lambda}{\lambda_c}\right)^2}} \tag{2.3.15}$$

$$\beta=\frac{2\pi}{\lambda_g}=\frac{2\pi}{\lambda}\sqrt{1-\left(\frac{\lambda}{\lambda_c}\right)^2} \tag{2.3.16}$$

2.3.2 矩形波导仿真方法

本节使用 HFSS 软件设计一个工作在 W-Band 的矩形波导结构,工作频率为 75~110 GHz,矩形波导截面尺寸为 2.54 mm×1.27 mm,金属材料使用铜材质。矩形波导在 HFSS 中建模如图 2-3-3 所示。

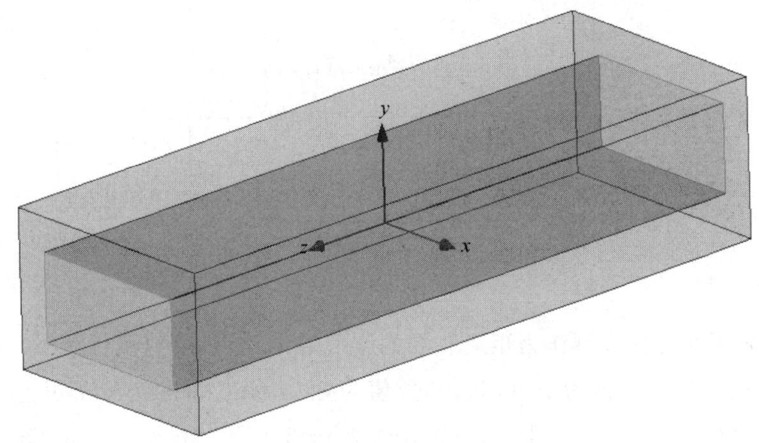

图 2-3-3 矩形波导在 HFSS 中建模图

(1) HFSS 设计环境概述

1) 求解类型

终端驱动求解。

2) 建模操作

①模型原型:矩形面。

②模型操作:相减操作。

3) 边界条件和激励

①边界条件:辐射边界。

②端口激励:波端口激励。

4) 求解设置

①求解频率:75~110 GHz

②扫频设置:快速扫频,频率范围为 75~110 GHz

③中心频率:92.5 GHz。

5) 后处理

S 参数曲线,金属损耗。

(2) 新建 HFSS 工程

双击桌面上的 HFSS 快捷方式,启动 HFSS 软件。HFSS 运行后,会自动新建一个工程文件,选择主菜单栏【File】-【Save as】命令,把工程文件另存为 Rectangular Waveguide.

Hfss;然后右键单击工程树下的文件名,从弹出的【Rename】命令项,把设计文件重新命名为 RW。

设置当前设计为终端驱动求解类型。从主菜单选择【HFSS】-【Solution Type】命令,打开 Solution Type 对话框,选择 Driven Modal 单选按钮,然后单击 OK 按钮,完成设置,如图 2-3-4 所示。

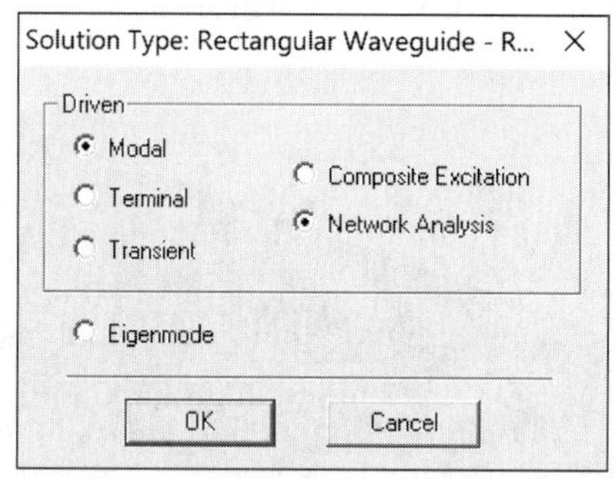

图 2-3-4　Solution Type 页面

创建一个矩形长方体模型作为矩形波导的空气芯结构,其材料属性为 vacuum,矩形长方体的长度和宽度分别设置为 lx 和 ly,其数值为 2.54 mm 和 1.27 mm,并且命名为 Air_Box,单击 Air_Box 子选项 CreateBox,设置尺寸为 lx/2、ly/2、- lz/2。选择 Air_Box,右键单击 Edit,单击 Copy,然后单击 Paste,重新命名 Copper,设置材料为 Copper。单击 Copper 子选项 CreateBox,更改尺寸为- lx/2 - 0.5 mm,- ly/2 - 0.5 mm,- lz/2。按住 Ctrl 键,同时从操作历史树中按照先后顺序单击选中 Air_Box 和 Copper;然后,通过相减操作【Modeler】-【Boolean】-【Substrate】命令,或者单击工具栏 按钮,打开 Subtract 对话框,单击 OK 按钮,执行相减操作。相减操作后生成的模型名称仍为 Copper。然后,创建辐射边界表面。创建一个长方体,长方体距离 Copper 的距离应该大于中心频率的四分之一波长,设置其顶点坐标(- 1.77－0.2,1.135＋0.2,5),长方体的长×宽×高为 3.94 mm×2.67 mm×10 mm,长方体模拟自由空间,因此材质为真空,长方体命名为 Box。创建好这样一个长方体后,设置四周表面为辐射边界条件。Substrate 界面如图 2-3-5 所示。

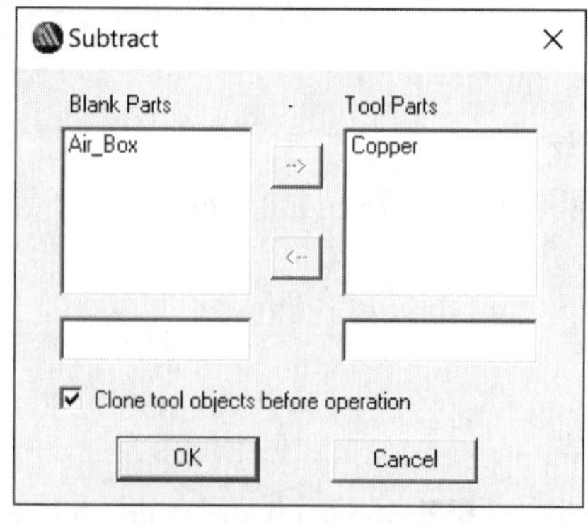

图 2-3-5　Substrate 页面

设置波端口激励，选择 □ 按钮，在矩形波导 *xoy* 截面两端端口分别画一个长度为 2.54 mm，宽度为 1.27 mm 的矩形截面。分别选中端口截面，右键单击工程树下的"Excitations"节点，从弹出的菜单中选择【Assign】-【Wave Port】，这样就设置端口 1 和端口 2 的激励方式为波端口激励。

此模型设计的矩形波导中心频率在 92.5 GHz，因此设置 HFSS 的求解频率（即自适应网格剖分频率）为 92.5 GHz；同时添加 75～110 GHz 的扫频设置，选择（Fast）扫频类型，分析天线在 75～110 GHz 频段的 *S* 参数和金属损耗。通过前面的操作，已经完成模型的创建和求解设置等 HFSS 设计的前期工作，接下来就可以运行仿真计算，并查看分析结果。在运行仿真结果之前，需要对模型检查，选择【HFSS】-【Validation Check】命令，或者单击 按钮，进行检查设计。此时，会弹出"检查结果显示"对话框，该对话框每一项都显示 ，表示当前 HFSS 设计正确、完整。单击 close 关闭对话框，运行仿真，右键单击工程树下 Analysis 节点，选择【Analysis All】命令，或者单击 ，运行仿真计算。

（3）查看结果

查看矩形波导的回波损耗（即 S_{11}）、传输损耗（即 S_{21}）和金属衰减的扫频分析结果。右键单击工程树 Result 节点，选择【Create Modal Solution Date Report】-【Rectangular Plot】命令，打开报告设置对话框。分别求解 S_{11} 和 S_{21}，得到 S_{11} 和 S_{21} 在 75～110 GHz 的扫频曲线报告，如图 2-3-6 和图 2-3-7 所示。

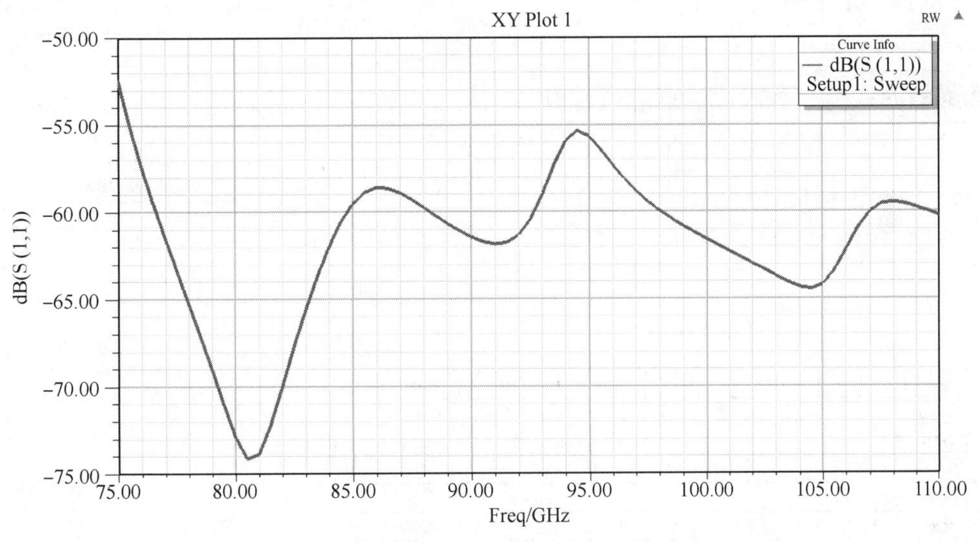

图 2-3-6　矩形波导 S_{11} 的曲线

接下来分析金属损耗，在矩形波导中主要的损耗是由于趋肤效应造成的金属损耗。利用场计算器，【HFSS】-【Field】-【Field Calculator】，选择面导体损耗密度和所选的金属面再进行积分，命名为 ac 得到导体损耗，如图 2-3-8 所示。最后，在【Result】-【Create Field Report】-【Rectangular Plot】选择 ac，单击得到金属损耗的曲线，如图 2-3-9 所示。此时，金属损耗的意义是当传输线馈入 1 W 能量时，传输线损耗的金属损耗数值（单位为：W）。分析查看金属损耗的结果，随着频率的增加，损耗数值降低。

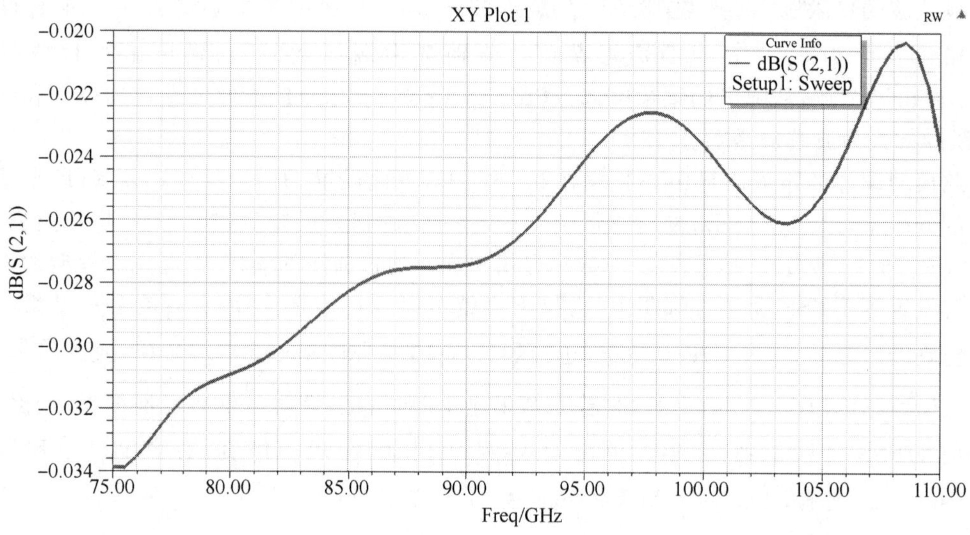

图 2-3-7　矩形波导 S_{21} 的曲线

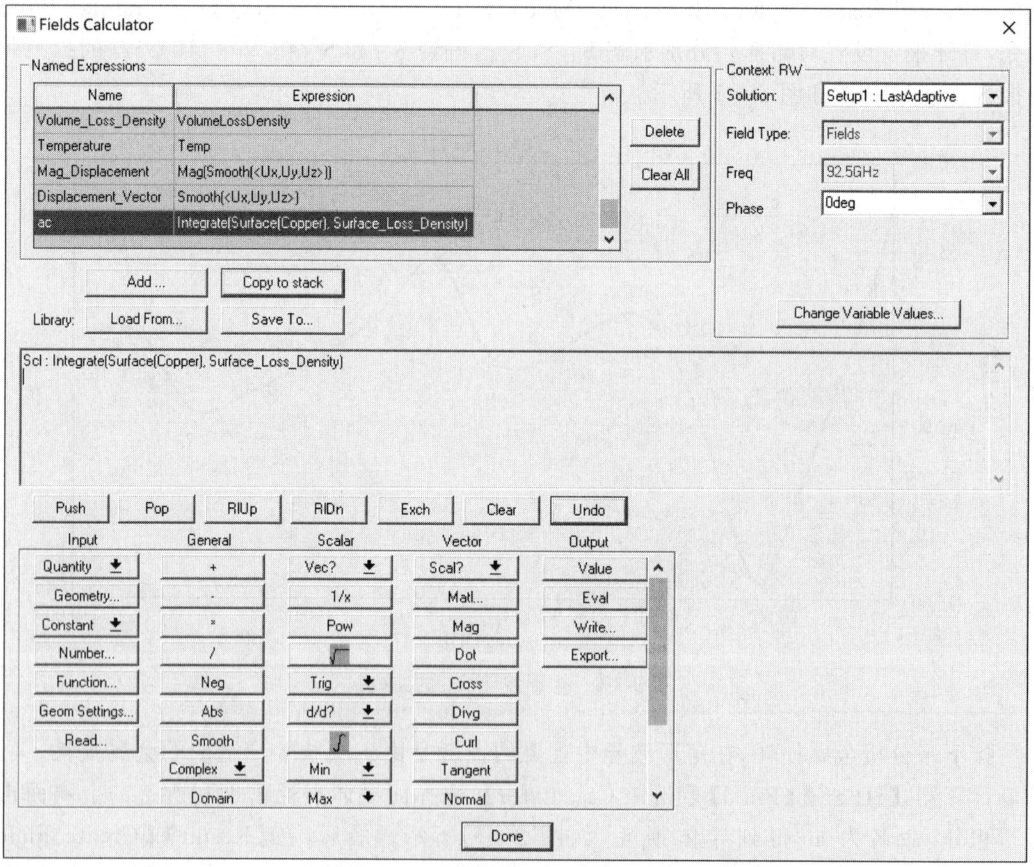

图 2-3-8　求解金属损耗公式设置

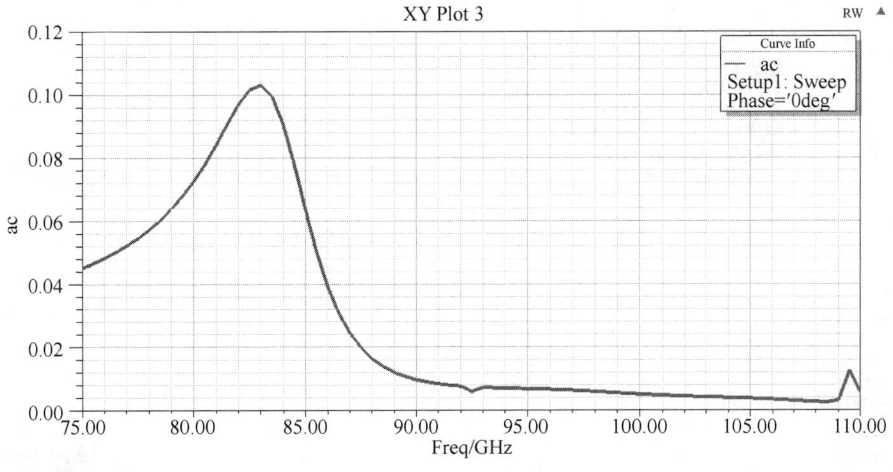

图 2-3-9　金属损耗的曲线

2.4　基片集成波导

基片集成波导的结构如图 2-4-1 所示，介质基板的上下表面为金属导体，基板厚度为 h，基板上排列着直径为 d，间距为 p 的金属化通孔，两列金属化通孔之间的距离为 W_{SIW}。

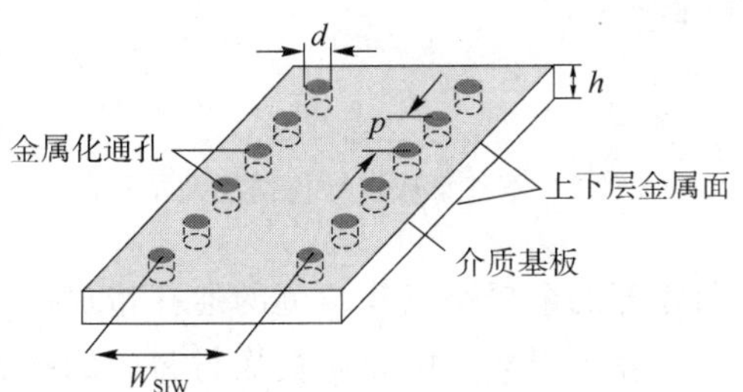

图 2-4-1　基片集成波导结构示意图[20]

2.4.1　基片集成波导理论

基片集成波导(Substrate Integrated Waveguide，SIW)是一种周期结构的平面传输线，其兼容于成熟的平面集成电路加工技术。其结构与传播模式分布如图 2-4-2 和图 2-4-3 所示，基片上下两侧为金属，基片两侧为金属通孔。合理的优化通孔直径与间距，即可等效为矩形波导的窄边。因此 SIW 可以看作是矩形波导的平面化等效结构，其可传输与矩形波导一致的 TE 模式[6]。该传输特性第一次打破了专门用于集成电路开发的 TEM 模式传输线的局限性，与 CPW、微带线等 TEM 模式平面化传输线相比，具有更低插入损耗、更低串扰的优势。SIW 技术的出现极大地促进了微波电路的发展以及毫米波和太赫兹集成电路和系统[6,12,13]。

由于 SIW 的传输主体部分是介质基底，因此 SIW 结构中的损耗通常比空心矩形波导中的损耗要大。SIW 的损耗主要有导体损耗、介质损耗及微小的辐射损耗组成。导体损耗

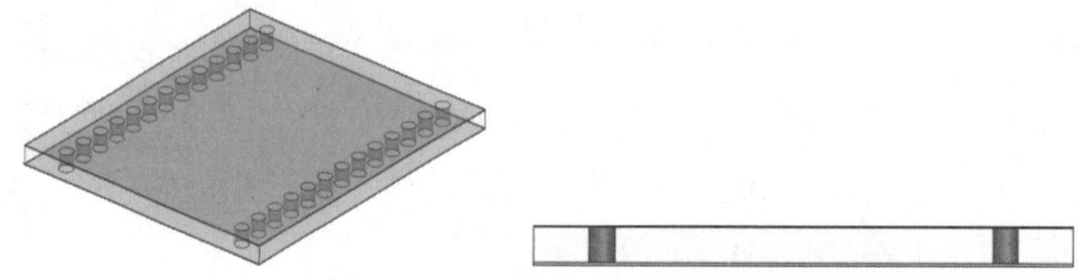

图 2-4-2　基片集成波导全视图与侧视图

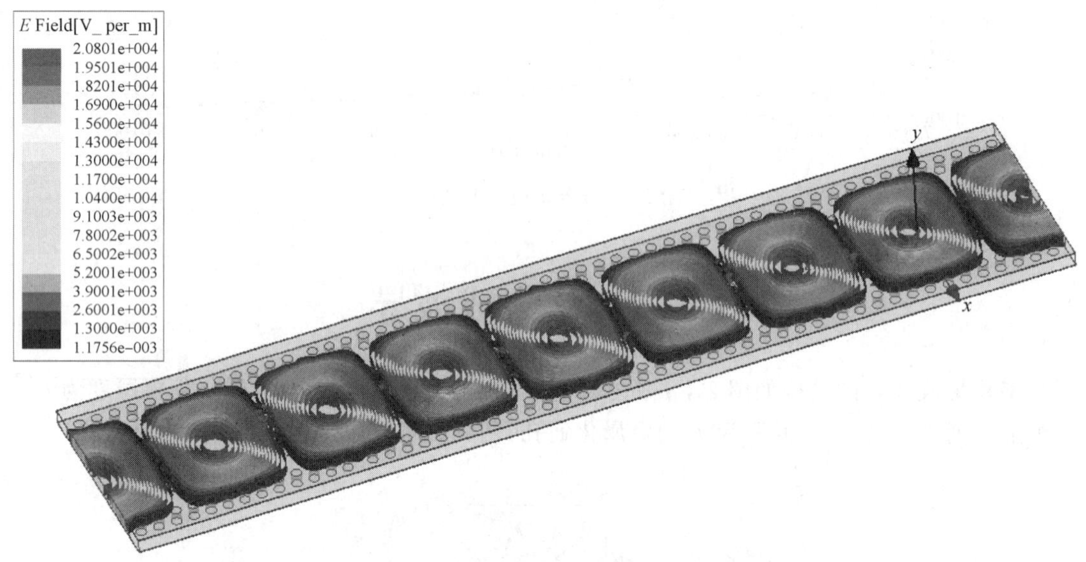

图 2-4-3　基片集成波导传播场型示意图

是由于有限导电性的顶部和底部的金属壁以及两侧的通孔造成的，可以通过增加介质基底的厚度来减少部分金属损耗。介质损耗是由介质基板材料中的损耗引起的，选择低损耗正切的介质能降低介质损耗。最后，辐射损失是由于周期性金属化通孔之间的间隙而造成漏波。如果选择合适的金属化通孔之间的距离 p，辐射损耗可以忽略不计。

2.4.2　基片集成波导仿真方法

使用 HFSS 中对基片集成波导进行建模并仿真，示例 SIW 仿真的工作频率为 24.2 GHz，介质基板选用 Rogers RT/duroid 5880(tm)，基板厚度为 0.508 mm，通孔间距为 0.7 mm，通孔直径为 0.4 mm。下面将分析基片集成波导的场型、金属损耗、介质损耗及辐射损耗。

(1) HFSS 设计环境概述

1) 求解类型

模式终端驱动求解。

2) 建模操作

①模型原型：长方体、圆柱体。

②模型操作：相减操作、复制操作。

3）边界条件和激励

①边界条件：辐射边界。

②端口激励：波端口激励。

4）求解设置

①求解频率：24 GHz。

②扫频设置：快速扫频，频率范围为 20～28 GHz。

③中心频率：24 GHz

5）后处理

S 参数曲线、金属损耗、介质损耗和辐射损耗。

（2）新建 HFSS 工程

双击桌面上的 HFSS 快捷方式，启动 HFSS 软件。HFSS 运行后，会自动新建一个工程文件，选择主菜单栏【File】-【Save as】命令，把工程文件另存为 SIW.hfss；然后右键单击工程树下的文件名，从弹出的【Rename】命令项，把设计文件重新命名为 SIW。

设置当前设计为终端驱动求解类型。从主菜单选择【HFSS】-【Solution Type】命令，选择 Driven Modal 单选按钮，然后单击 OK 按钮，完成设置。

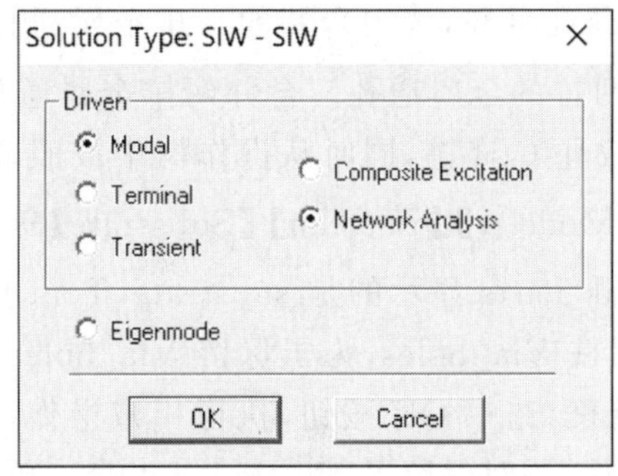

图 2-4-4　Solution Type 页面

创建 SIW 传输线：

创建参考地：在 xOz 面上创建一个矩形面作为参考地，顶点为(－lx/2，0，－lz/2)，尺寸为 lx×t×lz，在 XSize、YSize 和 ZSize 项对应的 Value 处分别输入矩形面的长 lz、宽 lx 和高 t。其中设置 lx＝8 mm，t＝0.035 mm，lz＝9.4 mm，命名为 GND，并且设置为金属铜材料。单击 Color 项对应的 Edit 按钮，将模型的颜色属性设置为金黄色，单击 Transparent 项对应的 Value 值按钮，设置模型的透明度为 0.9，如图 2-4-5 所示。

创建介质基板：在 GND 的正上方（即 y＝0 的 xOy 面）创建一个长方体作为介质基板，顶点为(－lx/2，t，－lz/2)，尺寸为 lx×h×lz，在 XSize、YSize 和 ZSize 项对应的 Value 处分别输入矩形面的长 lz、宽 lx 和高 h。其中设置 lx＝8 mm，h＝0.508 mm，lz＝9.4 mm，命名为 substrate，并且设置介质基板为 Rogers RT/duroid 5880 材料。在介质基板上构造两排金属化通孔，金属通孔的直径为 0.4 mm，沿 z 轴两相邻金属通孔的距离为 0.7 mm（通孔间距离），沿 x 轴相邻的金属通孔为 6 mm（通孔中心间距离）。首先，将 HFSS 平面设置为 xOz 面，使用在坐标(3 mm，t，0)处画金属圆柱，金属圆柱的直径为 0.4 mm，高度为 h＝

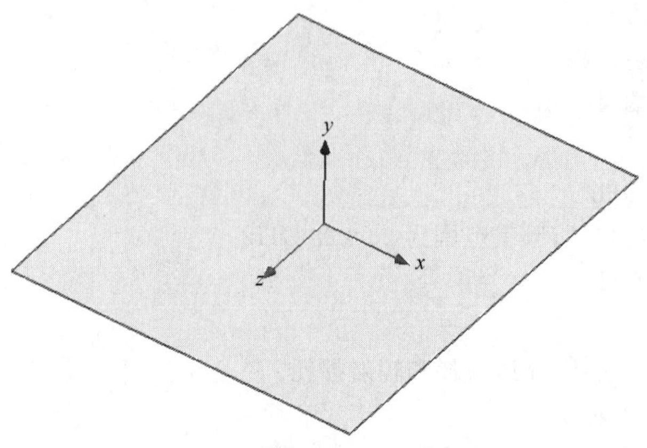

图 2-4-5　基片集成波导接地板

0.508 mm。选中该金属圆柱，使用复制平移按钮向 z 轴平移，复制平移的间距为 0.7 mm，复制得到 7 个金属圆柱。然后，同时选中 7 个金属圆柱，使用旋转复制按钮沿 z 轴旋转复制，这样就得到了 SIW 一排的 13 个金属通孔(有一个重合)。然后，选中 13 个金属通孔，单击合并按钮将通孔合并，选中合并的一排金属通孔，单击按钮，沿着 x 轴旋转复制，这就得到了 SIW 两排的金属通孔。合并两排金属通孔，并且命名为 Via_holes，设置为 Copper 金属材料。按住 Ctrl 键，同时从操作树中按照顺序选择 substrate 和 Via_holes；然后从主菜单栏选择【Modeler】-【Boolean】-【Substrate】命令，或者单击按钮，打开 Subtract 对话框，对话框 Blank Parts 显示的是 substrate，Tool Parts 显示的是 Via_holes，表明是 substrate 减去金属圆柱 Via_holes；为了保留 Via_holes，选中对话框的 Clone tool objects before operation 复选框，选中 OK 按钮，执行相减操作。执行相减操作之后，即从 substrate 中挖去两排金属圆柱，同时保留了 Via_holes 本身。单击 Color 项对应的 Edit 按钮，将 substrate 的颜色属性设置为灰色，单击 Transparent 项对应的 Value 按钮，设置模型的透明度为 0.9。

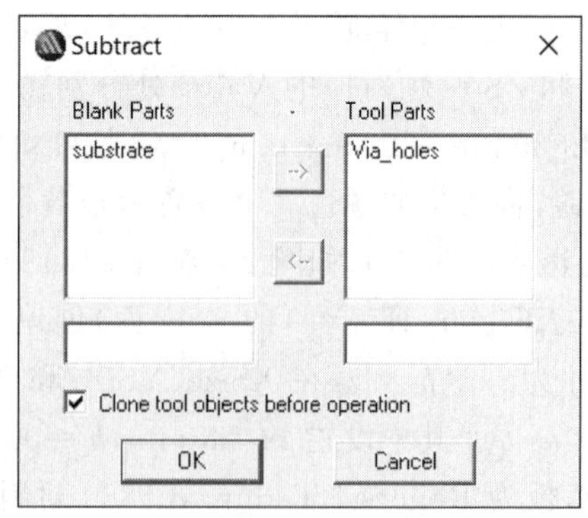

图 2-4-6　Substrate 页面

创建上层金属层：在 substrate 上面(即 $y=0$ 的 xOy 面)构造一个长方体，顶点为 $(-lx/2, h+t, -lz/2)$，尺寸为 $lx \times t \times lz$，在 XSize、YSize 和 ZSize 项对应的 Value 处分别输

入矩形面的长 lz、宽 lx 和高 t。其中设置 lx＝8 mm，t＝0.035 mm，lz＝9.4 mm，命名为 Upper，并且设置为金属铜材料。单击 Color 项对应的 Edit 按钮，将模型的颜色属性设置为金黄色，单击 Transparent 项对应的 Value 按钮，设置模型的透明度为 0.9。这样就得到了 SIW 的模型，如图 2-4-7 所示。

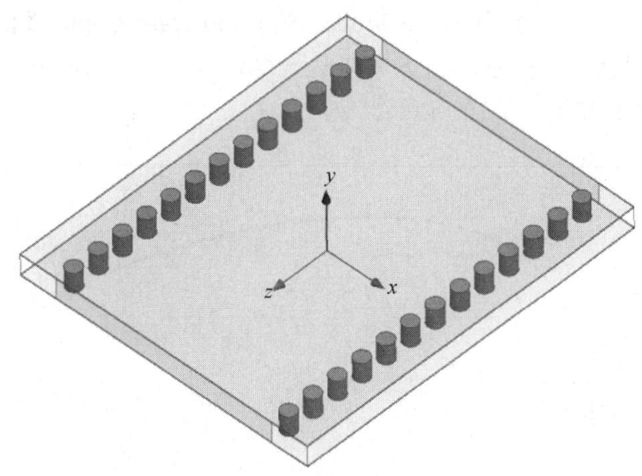

图 2-4-7 基片集成波导结构

设置辐射边界条件，创建一个空气盒子，空气盒子距离 SIW 的边界应该大于四分之一波长，其顶点坐标为(－7.5 mm，－3.535 mm，－4.7 mm)，长方体的长度、宽度和高度分别为 15 mm、7.578 mm 和 9.4 mm。长方体模拟自由空间，材质为空气，命名为 Air，并且设置为辐射边界条件。

设置激励端口，在 SIW 的两端口，画宽度为 6 mm，高度为 0.543 mm 的端口，如图 2-4-8 所示，分别命名为 Port1 和 Port2。分别选中 Port1 和 Port2，设置【Assign】-【Wave port】，激励方式为 Wave port。

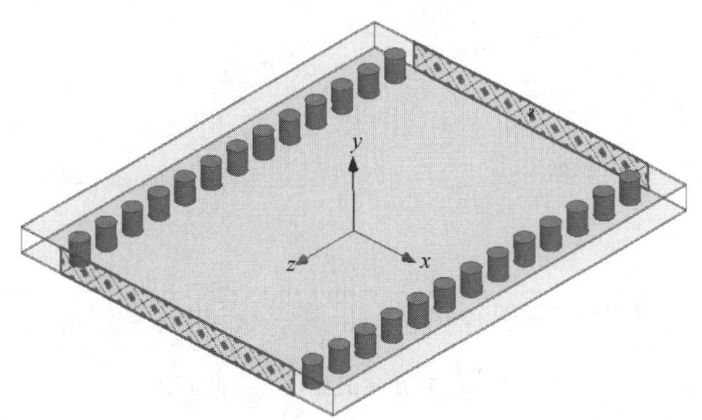

图 2-4-8 基片集成波导馈电口

求解设置，本节设计的 SIW 中心工作频率为 24 GHz，因此 HFSS 设置的求解频率为 24 GHz；同时添加了 20 GHz～28 GHz 的扫频设置，选择快速扫频类型，分析 SIW 在 20 GHz～28 GHz 频段的回波损耗，金属损耗和介质损耗。

通过前面的操作，完成模型的创建和求解设置，接下来对设计进行检查【HFSS】-

【Validation Check】命令进行检查，会弹出✓，表示当前 HFSS 设计正确、完整。右键单击 Analysis 节点，选择【Analysis All】，运行仿真。

(3) 查看结果

查看矩形波导的回波损耗（即 S_{11}）、传输损耗（即 S_{21}）和金属衰减的扫频分析结果。右键单击工程树 Result 节点，选择【Create Modal Solution Date Report】-【Rectangular Plot】命令，打开报告设置对话框。分别求解 S_{11} 和 S_{21}，得到 S_{11} 和 S_{21} 在 20 GHz～28 GHz 的扫频曲线报告，如图 2-4-9 和图 2-4-10 所示。

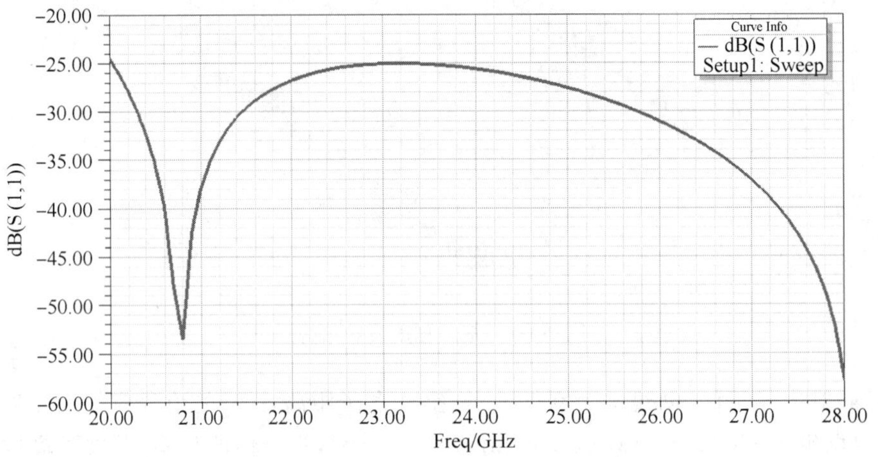

图 2-4-9　基片集成波导 S_{11} 的曲线

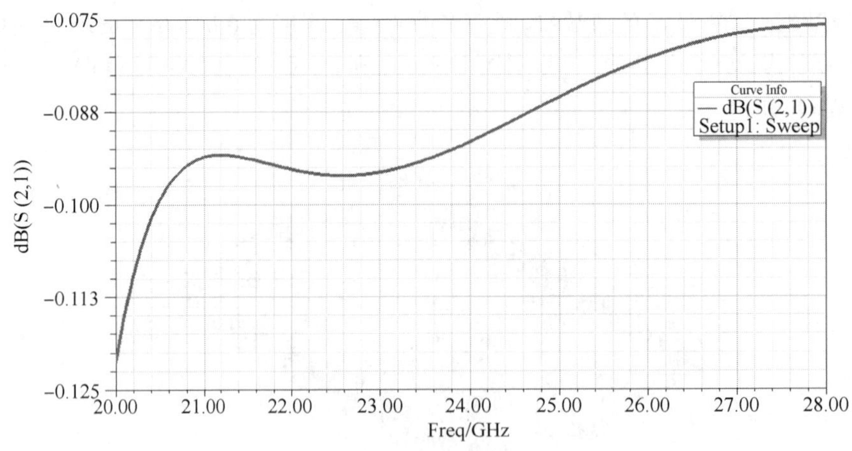

图 2-4-10　基片集成波导 S_{21} 的曲线

接下来分析金属损耗和介质损耗。首先将模型中的金属合并一起，合并后金属命名为 Via_holes。利用场计算器，单击【HFSS】-【Field】-【Field Calculator】，选择面导体损耗密度和所选的金属面再进行积分，命名为 ac 得到导体损耗，如图 2-4-11 所示。最后，在【Result】-【Create Field Report】-【Rectangular Plot】选择 ac，单击得到金属损耗的曲线，如图 2-4-12 所示。

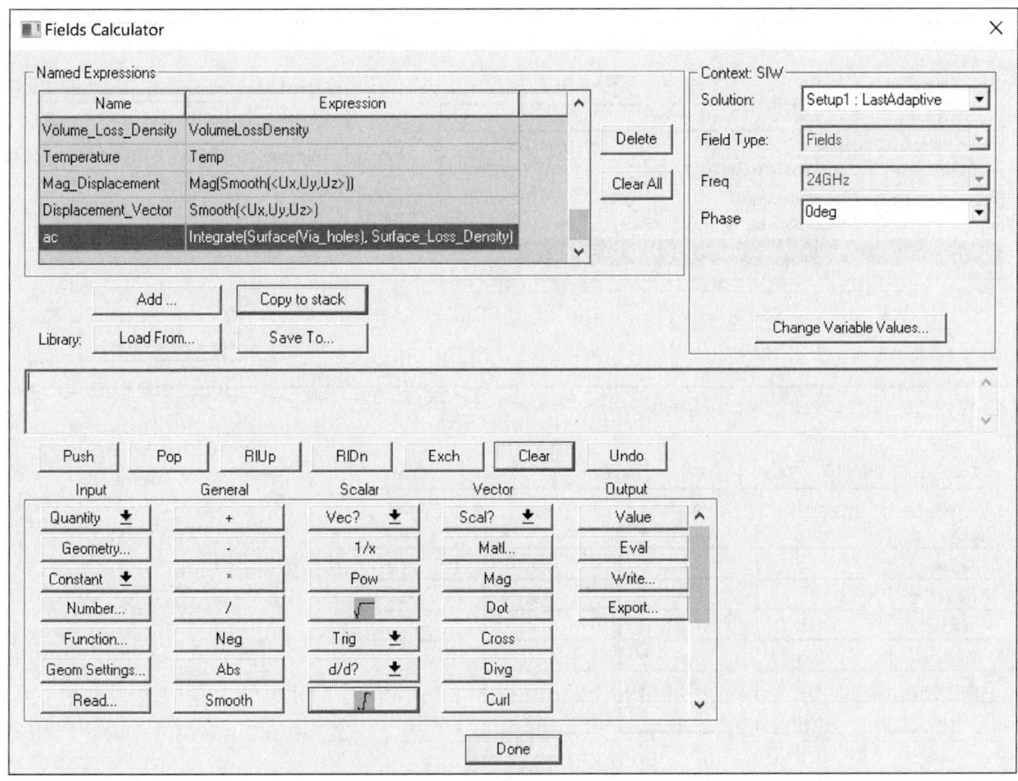

图 2-4-11 基片集成波导求解导体损耗设置

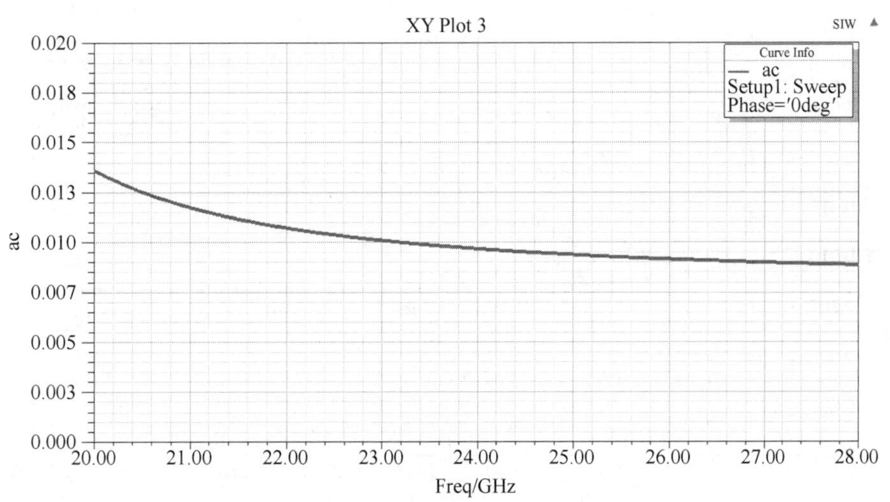

图 2-4-12 基片集成波导的导体损耗曲线

同样利用场计算器求解介质损耗，单击【HFSS】-【Field】-【Field Calculator】，选择介质基板体积和体损耗密度再进行积分，命名为 ad 得到介质损耗，如图 2-4-13 所示。最后，在【Result】-【Create Field Report】-【Rectangular Plot】选择 ad，单击得到介质损耗的曲线，如图 2-4-14 所示。

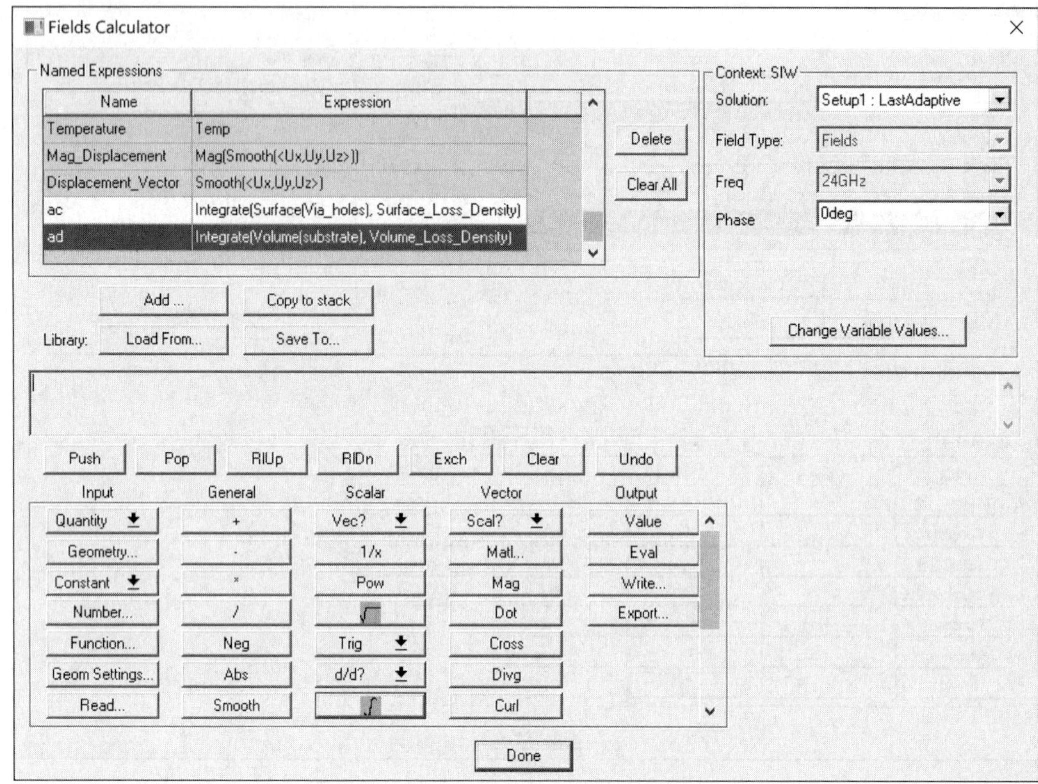

图 2-4-13　基片集成波导求解介质损耗设置

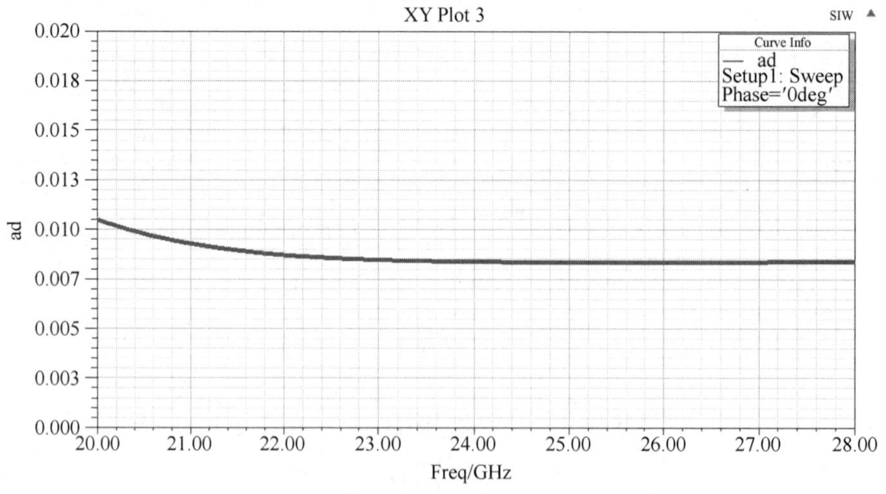

图 2-4-14　基片集成波导的介质损耗曲线

2.5　间隙波导

间隙波导(Gap WaveGuide)技术是一种新型的波导结构,其本质为在平行板波导内加入两条周期性高阻表面，平行板构成理想电导体表面(PEC)，高阻表面构成理想磁导体(PMC)，从而构建导波结构。2009年，Per-Simon Kildal首次提出的间隙波导，间隙波导结构包括上下平板金属层，两侧为高阻抗表面，阻止电磁波的侧向传播[15,21-25]。间隙波导上层金属截面和平行板盖板间隙高度不超过工作频率的四分之一波长，中间加入脊、槽、微带线，用以引导电磁波传播。高阻抗表现通常由周期排布的结构组成，周期结构可以是金属导体或介质，通过改变周期结构的外形和尺寸可以改变间隙波导的通带和阻带，间隙波导的传播特性可以通过仿真相应结构的一维和二维结构的色散性能得到。因此，间隙波导结构可以限制某一频带内的电磁波传输，从而防止能量的泄露。

2.5.1　间隙波导理论

间隙波导可以分为三类：脊型间隙波导、槽型间隙波导和微带型间隙波导，如图2-5-1所示。以介绍槽型间隙波导为例，在金属板材中间有空气腔体，腔体两旁分别排列周期性排布的金属柱子，上层有金属盖板，金属盖板和金属柱子顶端可以存在空气间隙，如图2-5-2所示。影响槽间隙波导性能的基本参数有以下几项：槽的宽边长度 w、槽的窄边长度 b、销钉边长 a、销钉高度 h、销钉间隔即周期 p、销钉距离上金属板缝隙高度 g、单个销钉结构如图2-5-3所示。槽间隙波导存在空气腔体，这样和前述矩形波导结构类似，其实不仅在外形上与矩形波导相似，槽间隙波导在内部的场分布上也和矩形波导非常相似，如图2-5-4为槽间隙波导的场型分布，可以看出在槽间隙波导中传播的仍然是TE模式，且空气槽两侧的金属鞘钉能够防止漏波，相当于矩形波导的金属侧壁。

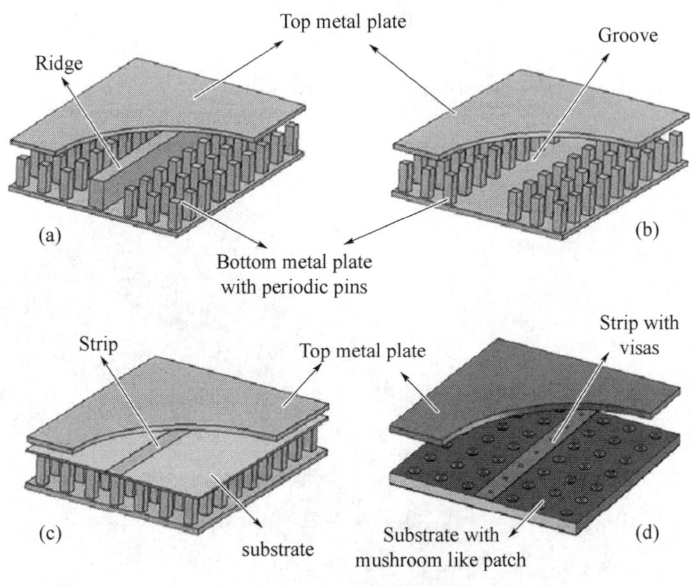

图2-5-1　间隙波导分类[26]

间隙波导相对于矩形波导和基片集成波导仍有不少优点。

(1) 损耗角度：间隙波导的波主要在空气腔中传播，损耗可以比拟理想的矩形波导，相对于基于介质基底类传输线，比如微带线、基片集成波导等，其损耗较小。

(2) 加工角度：矩形波导的尺寸是和频率呈反比，针对毫米波甚至太赫兹传输系统时，在装配面容易产生漏波现象，从而恶化插入损耗，而间隙波导对装配误差具有较高的容忍度。

(3) 应用天线方面：当天线工作频率升至毫米波频段/太赫兹时，传统的微带线由于半封闭结构损耗大，天线杂散辐射较多，天线表面波效应严重，导致天线辐射效率低；矩形波导装配面需要良好的电接触，因此高加工精度会带来高成本的问题；基片集成波导传输线由于存在介质损耗，当用于大规模天线阵列馈电网络设计时，会极大地降低天线的效率，因此间隙波导是一种低成本、低损耗的毫米波太赫兹传输线方案[26-28]。

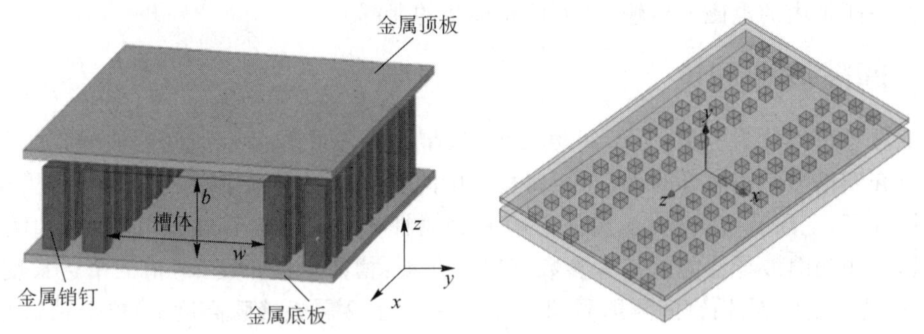

图 2-5-2　槽间隙波导

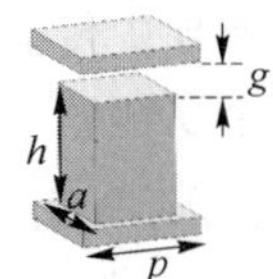

图 2-5-3　销钉结构图

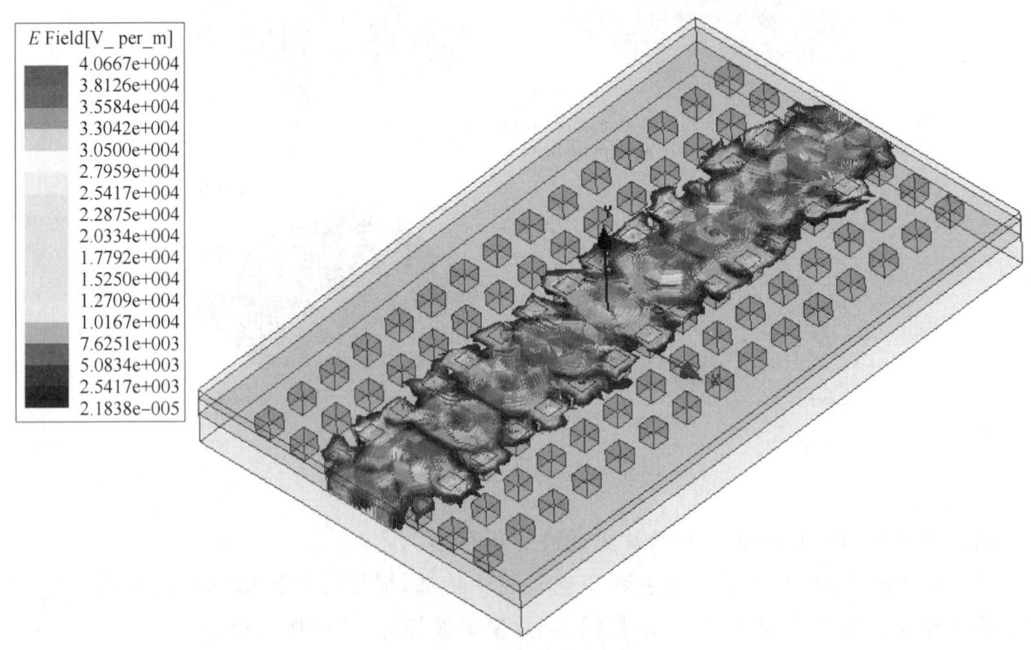

图 2-5-4　槽间隙波导场型分布

2.5.2 间隙波导仿真方法

使用 HFSS 对间隙波导销钉单元进行仿真与分析，仿真获得销钉单元色散曲线。销钉的尺寸包括长度 a、高度 h、空气间隙 g 和销钉的周期 p，销钉的尺寸会影响阻带的带宽，如图 2-5-5 所示。为了获得精确的阻带特性，通常用 HFSS 的 Eigenmode 来进行仿真。通过 HFSS 的主从边界条件，对阻带结构单个周期单元的进行建模，即可求解出无限单元周期结构的色散特性。示例间隙波导销钉的阻带是 45～181 GHz，销钉的长度 $w=0.55$ mm，高度 $h=0.568$ mm，空气间隙 $g=10$ μm 和销钉的周期 $p=1.35$ mm。

销钉结构的仿真设置：

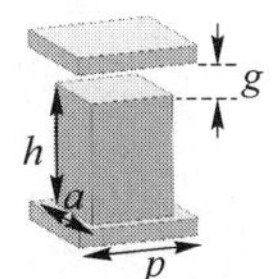

图 2-5-5 销钉结构图

(1) HFSS 设计环境概述

1) 求解类型：本征模驱动求解。

2) 建模操作

①模型原型：长方体。

②模型操作：相减操作、复制操作。

3) 边界条件和激励

①边界条件：主从边界条件。

②端口激励：波端口激励。

4) 后处理：阻带曲线，金属损耗。

(2) 新建 HFSS 工程

双击桌面上的 HFSS 快捷方式，启动 HFSS 软件。HFSS 运行后，会自动新建一个工程文件，选择主菜单栏【File】-【Save as】命令，把工程文件另存为 GWG.Hfss；然后右键单击工程树下的文件名，从弹出的【Rename】命令项，把设计文件重新命名为 GWG cell。

设置当前设计为终端驱动求解类型。从主菜单选择【HFSS】-【Solution Type】命令，选择 Eigenmode 单选按钮，然后单击 OK 按钮，完成设置。Solution Type 页面 Eigen mode 类型如图 2-5-6 所示。

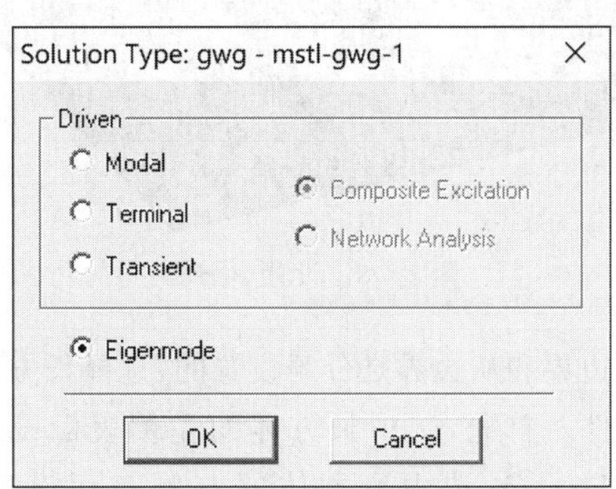

图 2-5-6 Solution Type 页面 Eigenmode 类型

创建销钉结构：在 xOy 面上创建一个鞘钉，顶点为$(-a/2,-a/2,0)$，尺寸为 $a\times a\times h$，在 XSize、YSize 和 ZSize 项对应的 Value 值处分别输入矩形面的长 a，宽 a 和高 h。其中设置 $a=0.55$ mm、$h=0.568$ mm，命名为 Cell，并且设置为金属 Copper 材料。

创建销钉外部结构：在鞘钉外侧画一个空气盒子结构，顶点为($-p/2$,$-p/2$,0)，尺寸为 $p \times p \times h$，在 XSize、YSize 和 ZSize 项对应的 Value 处分别输入矩形面的长 p、宽 p 和高 $h+g$。其中设置 $p=1.35$ mm，$g=10$ μm，命名为 Air，并且设置为真空材料，如图 2-5-7 所示。选中 Air 的上下两个表面，并且设置为 PerfE，如图 2-5-8 所示。

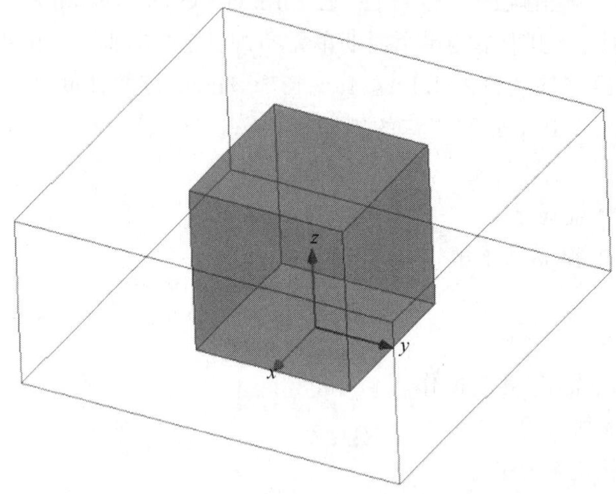

图 2-5-7　销钉外侧加载一个空气盒子

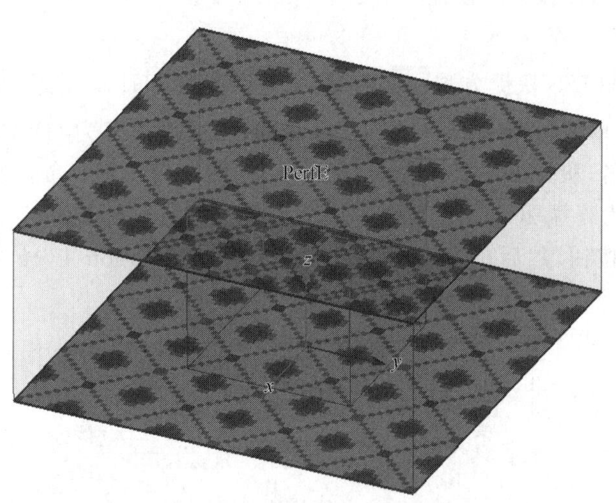

图 2-5-8　设置 PerfE

设置主从边界条件，主边界和从边界是分开设置的，选择长方体 Air 的左右两个表面分别设置为一对主从边界条件。首先，选中长方体的左侧表面设置主边界条件，【HFSS】-【Boundaries】-【Assign】-【Master】；选中长方体的右侧表面设置从边界条件，【HFSS】-【Boundaries】-【Assign】-【Slave】。设置主从边界条件如图 2-5-9 所示。

在 Slave Phase Delay 设置从边界表面上的电场和主边界表面上的电场之间的相位差，【Slave】-【Phase Delay】-【Input Phase Delay】，输入【phaseX】作为相位差的变量。设置主从边界相位差如图 2-5-10 所示。

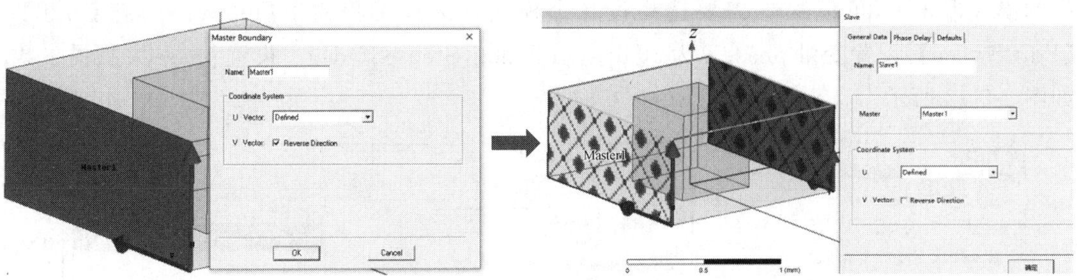

图 2-5-9　设置主从边界条件

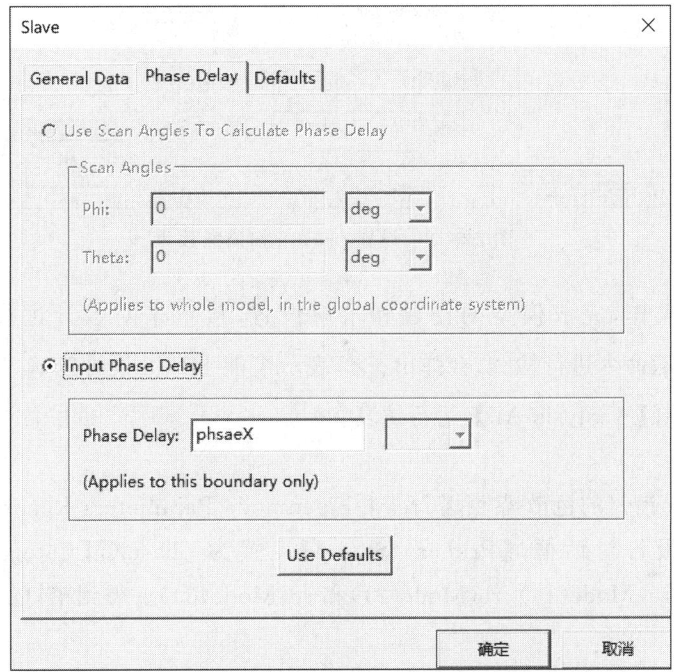

图 2-5-10　设置主从边界相位差

设置完成后，从边界条件的名称会自动添加到工程树的 Boundaries 节点下，图 2-5-11 给出了长方体模型左右两侧表面设置为主从边界条件后的情况。

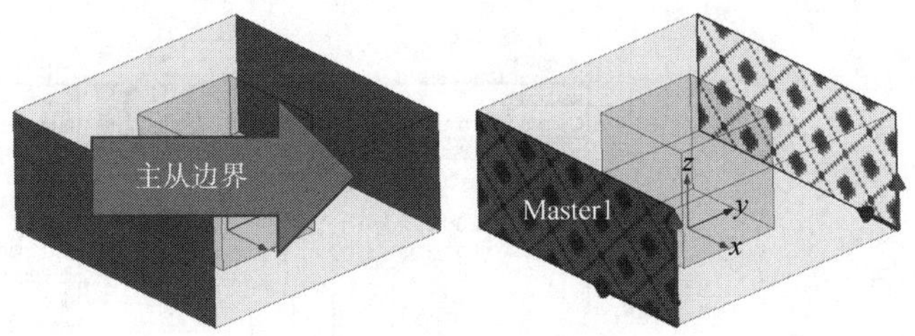

图 2-5-11　设置完成主从边界结构示意图

求解设置，选中工程树下【Analysis】-【Setup1】，选择输入 Minimum Frequency 为 10 GHz，表明仿真扫描最小的频点是 10 GHz；正下方 Number of Modes 可以输入 3，表明分

析的模式为 3 个,可以根据需要选择设几个模式。选择工程树下【Optimetrics】-【Add】-【Edit Sweep】,设置变量 phaseX 为 10 deg～180 deg,Step＝10 deg。设置 phase X 扫描参数如图 2-5-12 所示。

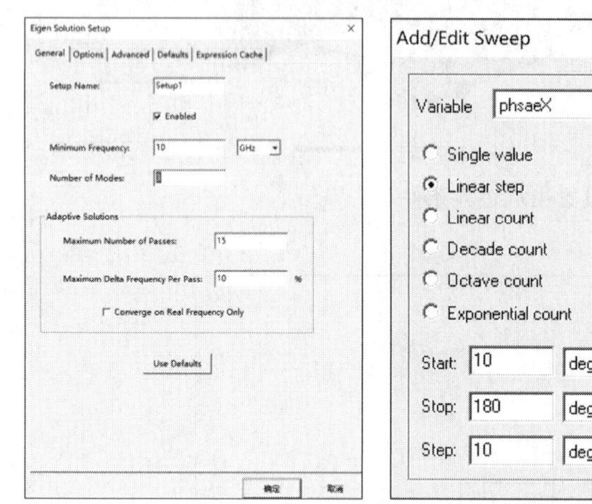

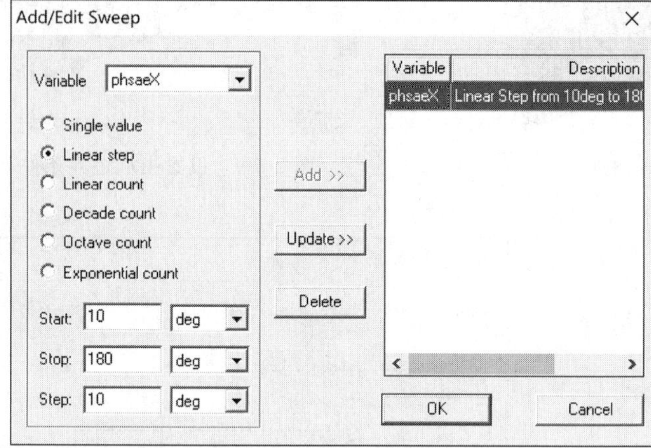

图 2-5-12　设置 phaseX 扫描参数

通过前面的操作,完成模型的创建和求解设置,接下来对设计进行检查【HFSS】-【Validation Check】命令进行检查,会弹出,表示当前 HFSS 设计正确、完整。右键单击 Analysis 节点,选择【Analysis All】,运行仿真。

(3) 查看结果

查看间隙波导销钉的色散特性,【Create Eigenmode Parameters Report】-【Rectangular Plot】命令,打开报告对话框,【Primary Sweep】设置为 phaseX,【Category】选择 Eigen Modes,同时选中 re(Mode(1))、re(Mode(2))和 re(Mode(3))。得到鞘钉的二维色散曲线,即阻带曲线。

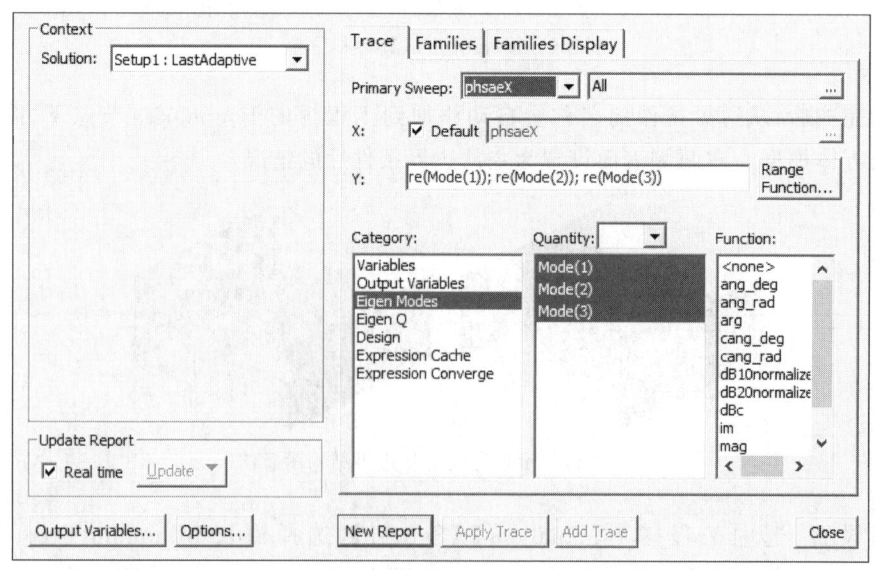

图 2-5-13　查看模式曲线

图 2-5-14 为销钉结构的色散曲线，阻带为 27.6～204 GHz。

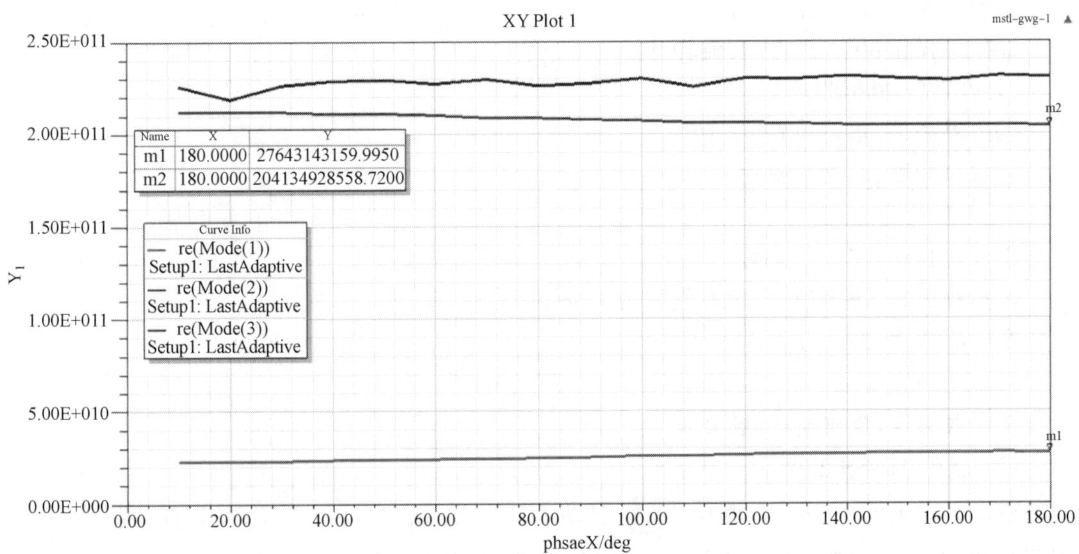

图 2-5-14　销钉结构的色散曲线

对间隙 g 进行参数扫描分析，随着间隙 g 由 10～40 μm 逐渐增大，间隔 10 μm，该销钉的阻带没有很大的变化，阻带范围为 45～181 GHz，说明销钉具有很好装配误差容忍度，如图 2-5-15 所示。

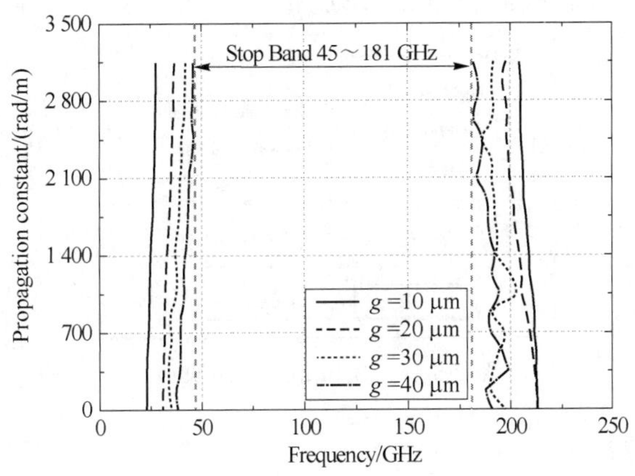

图 2-5-15　销钉结构随间隙 g 变化的色散曲线

间隙波导传输线的仿真设置：

利用上述间隙波导中销钉结构的色散特性，构建工作在 W 波段(75 GHz～110 GHz)的传输线。

(1) HFSS 设计环境概述

1) 求解类型

模式终端驱动求解。

2）建模操作

①模型原型：长方体。

②模型操作：相减操作、复制操作。

3）边界条件和激励

①边界条件：辐射边界。

②端口激励：波端口激励。

4）求解设置

①求解频率：75～110 Hz。

②扫频设置：快速扫频，频率范围为 75～110 GHz。

③中心频率：92.5 GHz。

5）后处理

S 参数曲线，金属损耗，场分布

（2）新建 HFSS 工程

双击桌面上的 HFSS 快捷方式，启动 HFSS 软件。HFSS 运行后，会自动新建一个工程文件，选择主菜单栏【File】-【Save as】命令，把工程文件另存为 GWG TL.Hfss；然后右键单击工程树下的文件名，从弹出的【Rename】命令项，把设计文件重新命名为 GWG TL。

设置当前设计为终端驱动求解类型。从主菜单选择【HFSS】-【Solution Type】命令，选择 Driven Modal 单选按钮，然后单击 OK 按钮，完成设置。Solution Type 页面如图 2-5-16 所示。

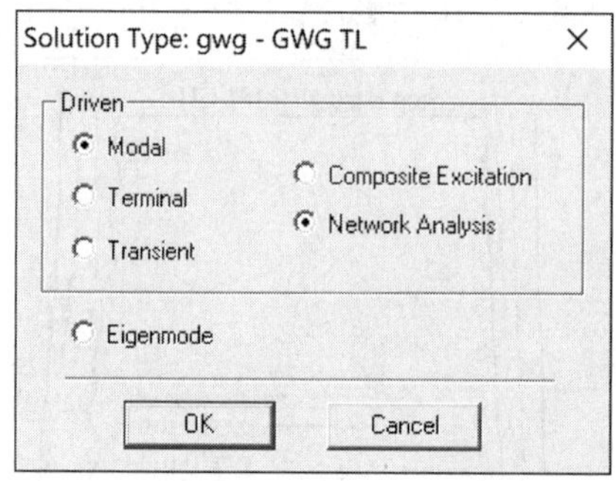

图 2-5-16　Solution Type 页面

创建 GWG 传输线：

创建参考地：在 xOz 面上创建一个矩形面作为参考地，顶点为(-6 mm，0，-10.234 mm)，尺寸为 12 mm×t×20.468 mm，在 YSize 项对应的 Value 处分别输入矩形面的高 t。其中设置 t=1 mm，命名为 GND，并且设置为金属铜材料。单击 Color 项对应的 Edit 按钮，将模型的颜色属性设置为金黄色，单击 Transparent 项对应的 Value 按钮，设置模型的透明度为 0.9。

创建周期销钉：在 GND 的正上方（即 y=0 的 xOy 面）左右两侧分别创建 3 排周期性的销钉，长度和宽度为 a=0.55 mm、高度 h=0.568 mm，周期 p=1.35 mm；工作在 W band（75～110 GHz）的波导口径长度为 2.54 mm。首先，将 HFSS 平面设置为 xOz 面，使用创建一个销钉，顶点坐标为(-1.27 mm，0 mm，0.275 mm)，在鞘钉 XSize、YSize 和 ZSize 项对应的 Value 处分别输入长-0.55 mm、宽-0.55 mm 和高 h=0.568 mm。

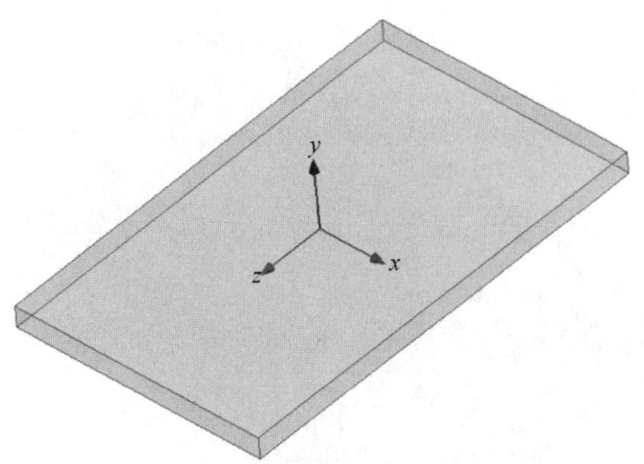

图 2-5-17　GWG 接地层

选中该销钉，使用复制平移按钮向 z 轴平移，复制平移的间距为 1.35 mm，复制得到 8 个金属圆柱。然后，同时选中 8 个金属销钉，使用旋转复制按钮沿 z 轴旋转复制，这样就得到了 GWG 一排的 15 个金属销钉（有一个重合）；使用复制平移按钮向 x 轴平移，复制平移的间距为 1.35 mm，复制个数为 3，这样得到 GWG 的三排金属销钉；然后，选中 3 排金属销钉，单击合并按钮将通孔合并，选中合并的三排金属销钉，单击按钮，沿着 x 轴旋转复制，这就得到了 GWG 传输线的两侧 6 排金属销钉。合并 6 排金属通孔，并且命名为 Cells，设置为 Copper 金属材料。

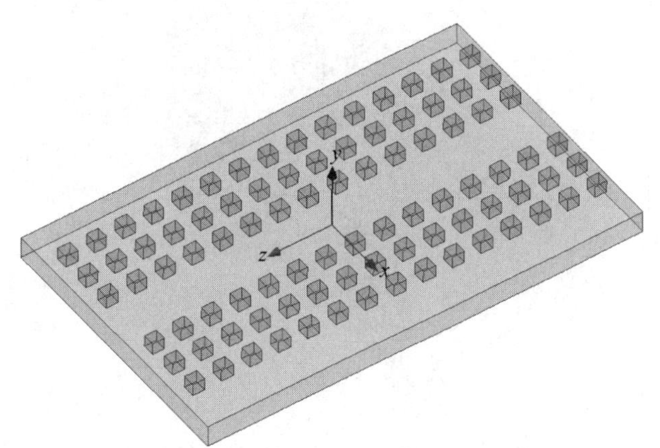

图 2-5-18　GWG 销钉结构

创建上盖板：在距离销钉顶部间隙高度为 $g=10\ \mu m$ 处构建金属盖板。图 2-5-19 为构建的 GWG 传输线整体模型。

设置辐射边界条件，设置空气盒子，空气盒子距离传输线模型应大于四分之一波长，其顶点坐标为（8.25 mm，2.86 mm，10.234 mm），长方体的长度、宽度和高度分别为 15 mm、5.86 mm和 20.468 mm。长方体模拟自由空间，材质为空气，命名为 Air，并且设置为辐射边界条件。

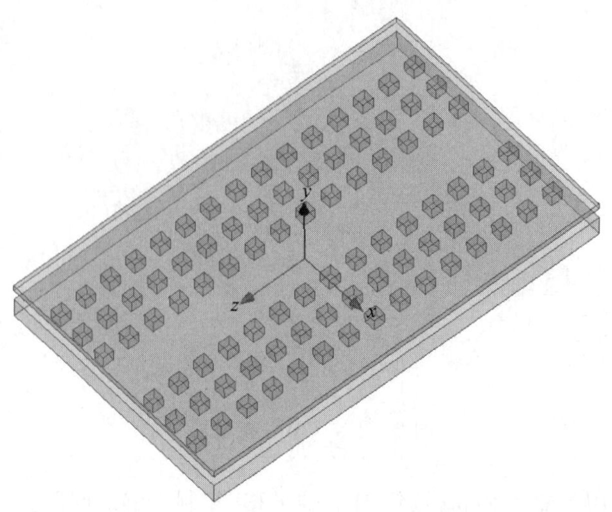

图 2-5-19　GWG 传输线整体模型

设置激励端口，在 GWG TL 的两端口，画宽度为 2.54 mm、高度为 0.578 mm 的端口，如图 2-5-20 所示，分别命名为 Port1 和 Port2。分别选中 Port1 和 Port2，设置【Assign】-【Wave port】，激励方式为 Wave port。

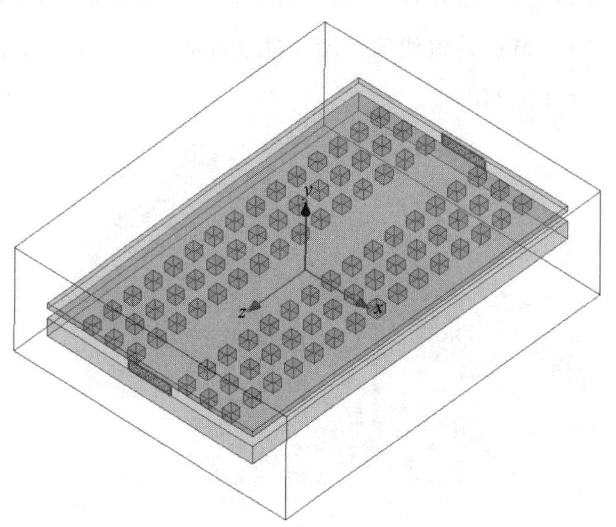

图 2-5-20　GWG 传输线波端口设置

求解设置，本小结设计的 GWG 传输线的工作频率为 W band(75～110 GHz)，因此 HFSS 设置的求解频率为 92.5 GHz；同时添加了 75～110 GHz 的扫频设置，选择快速扫频类型，分析传输线在 75～110 GHz 频段的回波损耗，金属损耗。

通过前面的操作，完成模型的创建和求解设置，接下来对设计进行检查【HFSS】-【Validation Check】命令进行检查，会弹出✓，表示当前 HFSS 设计正确、完整。右键单击 Analysis 节点，选择【Analysis All】，运行仿真。

（3）查看结果

查看间隙波导的回波损耗（即 S_{11}）、传输损耗（即 S_{21}）和金属衰减的扫频分析结果。右键单击工程树 Result 节点，选择【Create Modal Solution Date Report】-【Rectangular Plot】命令，打开报告设置对话框。分别求解 S_{11} 和 S_{21}，得到 S_{11} 和 S_{21} 在 75～110 GHz 的扫频曲线报告，如图 2-5-21 和图 2-5-22 所示。

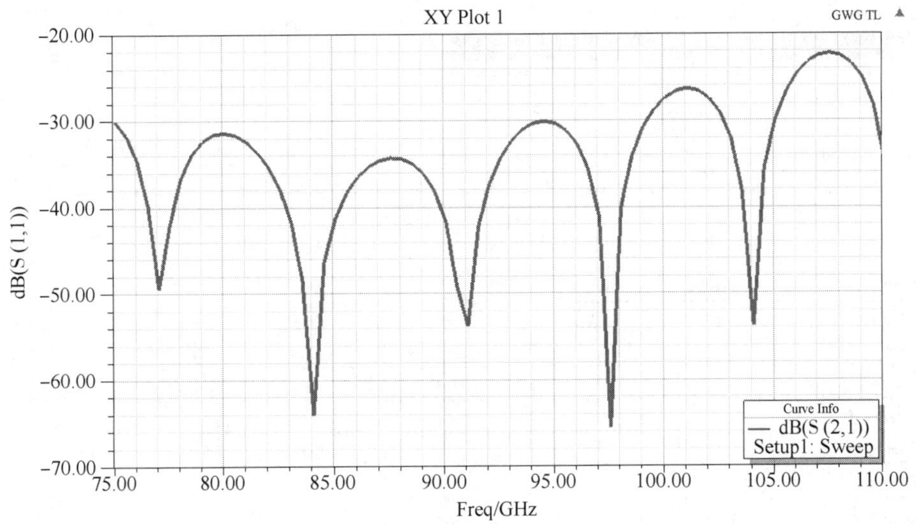

图 2-5-21　GWG 传输线 S_{11} 的扫频曲线

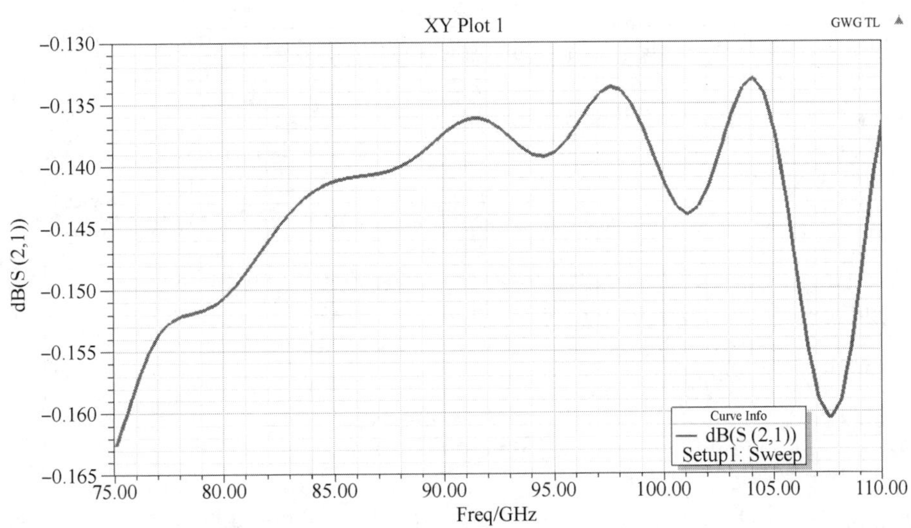

图 2-5-22　GWG 传输线 S_{21} 的扫频曲线

接下来分析金属损耗。利用场计算器，单击【HFSS】-【Field】-【Field Calculator】，选择面导体损耗密度和所选的金属面再进行积分，命名为 ac 得到导体损耗，如图 2-5-23 所示。最后，在【Result】-【Create Field Report】-【Rectangular Plot】选择 ac，单击得到金属损耗的曲线，如图 2-5-24 所示。

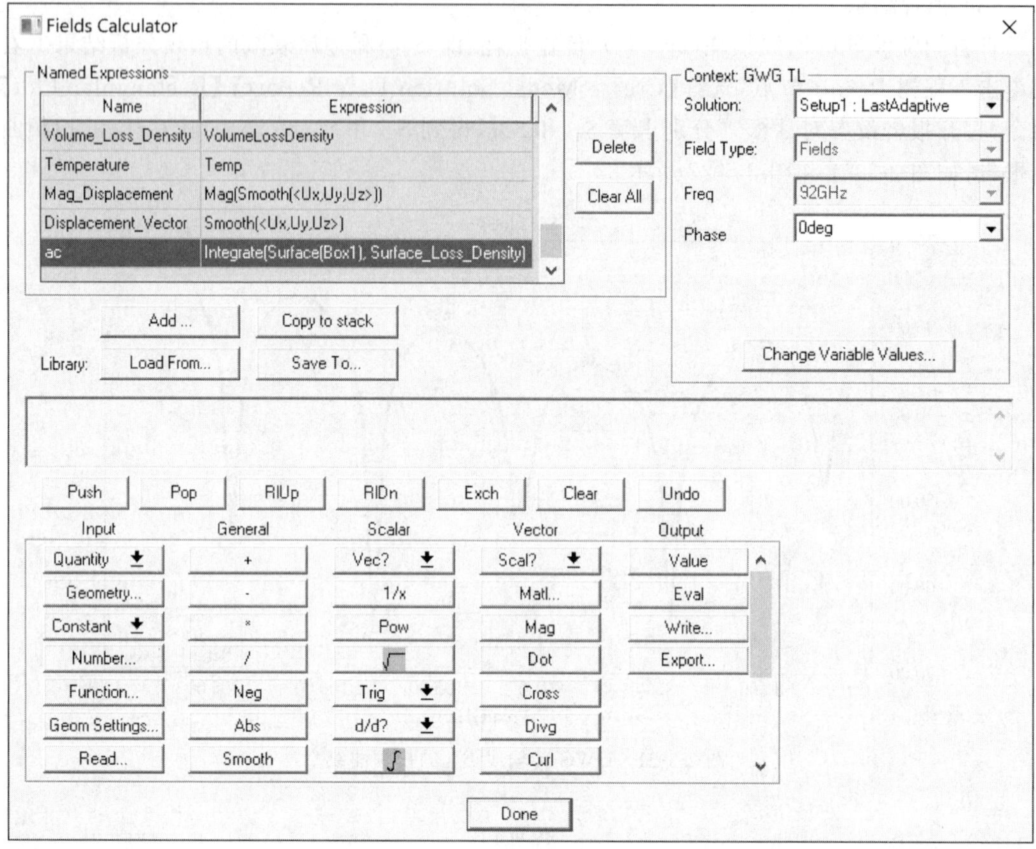

图 2-5-23　GWG 的导体损耗公式设置

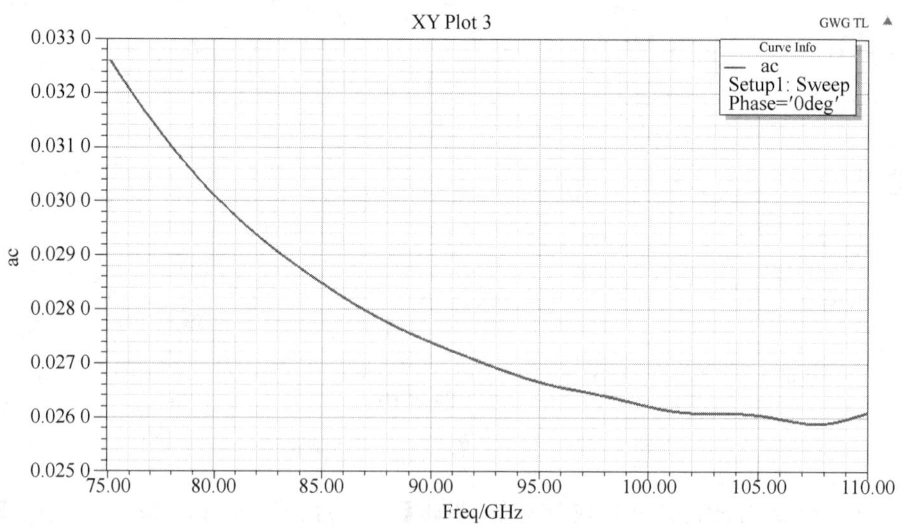

图 2-5-24　GWG 的导体损耗曲线

2.6 基片集成同轴线

在微波和毫米波传输系统中大都需要器件工作在宽频。为了满足宽带系统的要求,传输线应保证在宽频率范围内单模传输,以避免传播模式的弥散和信号的失真。随着集成电路的发展,在微波射频电路复杂和芯片小型化的应用需求下,电路的集成化格外重要。需要考虑的重要特性是避免相邻线路之间的干扰(特别是在高密度集成的电路中)。因此,应优先选择屏蔽结构。在常用的传输线中,微带线、共面波导及基片集成波导都广泛应用到微波传输线中。微带和共面波导由于在毫米波频率具有很大的辐射损耗特性,不适合高密度应用。同轴线具有很好的屏蔽效应,但是由于是三维结构不容易与其他片上结构集成。带状线则存在侧向泄漏问题以及串扰问题。在 2006 年 Fabrizio Gatti 提出一种基片集成同轴线(Substrate-Integrated Coaxial Lines,SICL)结构[14]。基片集成同轴线在很大程度上类似于一个矩形的同轴线路,是一种平面化的类同轴线结构,它以 TEM 为主模,拥有从直流到毫米波波段的单模工作带宽,是一种非色散的结构。且因为自身的屏蔽和平面化结构,使其拥有抗干扰能力强、低损耗、易集成等优点,很适合在微波系统中使用[14,29]。它首先被用作传输线,然后扩展应用到耦合器[30]、巴伦[31]。

2.6.1 SICL 理论

基片集成同轴波导(SICL)可以看成是平面化的同轴线结构,它两侧分布金属化通孔,中心导体带在两个接地介质层之间(类似屏蔽的同轴结构),如图 2-6-1 所示。SICL 结构结合了同轴电缆和平面传输线的优点,它在宽频带上为 TEM 模式单模态工作,色散小,可以用简单、低成本的 PCB 工艺或 CMOS 技术制作,而且很容易与有源设备集成。此外,外部基片集成波导使其具有很好的屏蔽性能和良好的电磁兼容性(EMC)。因此,它也非常适合高速数据传输。基片集成同轴波导结构图如图 2-6-1 所示。

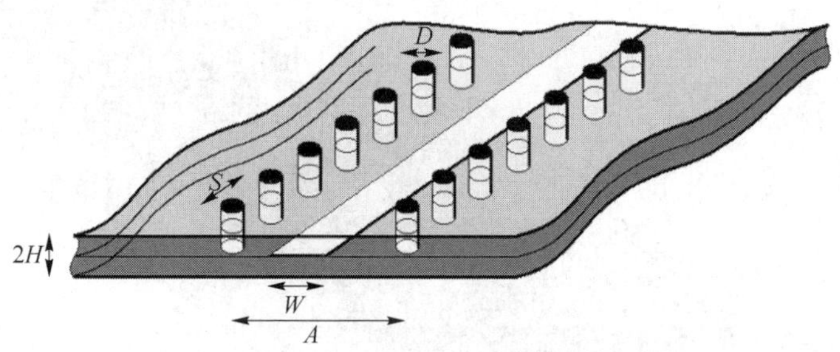

图 2-6-1 基片集成同轴波导结构图

SICL 主模式是 TEM 模式,但是随着频率的升高会存在高次模式,第一高次模式是基片集成波导的传播模式(SIW)TE_{10}模式。由于中心导体不影响其模态场结构,它表现出与基片集成波导的传播模式(SIW)相同的传播特性[32]。因此,根据文献[33]的推导,第一高次模式 TE_{10}模式的截止频率可以通过式(2.6.1)得到

$$f_{TE_{10}}=\frac{c}{2\sqrt{\varepsilon_r}}\left(A-\frac{D^2}{0.95S}\right)^{-1} \tag{2.6.1}$$

式中，A、D、S 为图 2-6-1 所示尺寸，ε_r 为相对介电常数，c 为真空中的光速。因此可以通过调节两排孔之间的距离 A 来控制 $f_{\mathrm{TE}_{10}}$，以此决定 SICL 的单模带宽。

图 2-6-2 所示为仿真实例的 SICL 场图，分别工作在 20 GHz 和 50 GHz，可以看到在 20 GHz 时，SICL 传播为 TEM 模式，当在 50 GHz 时，SICL 传播为 TE_{10} 模式。此外，图 2-6-3

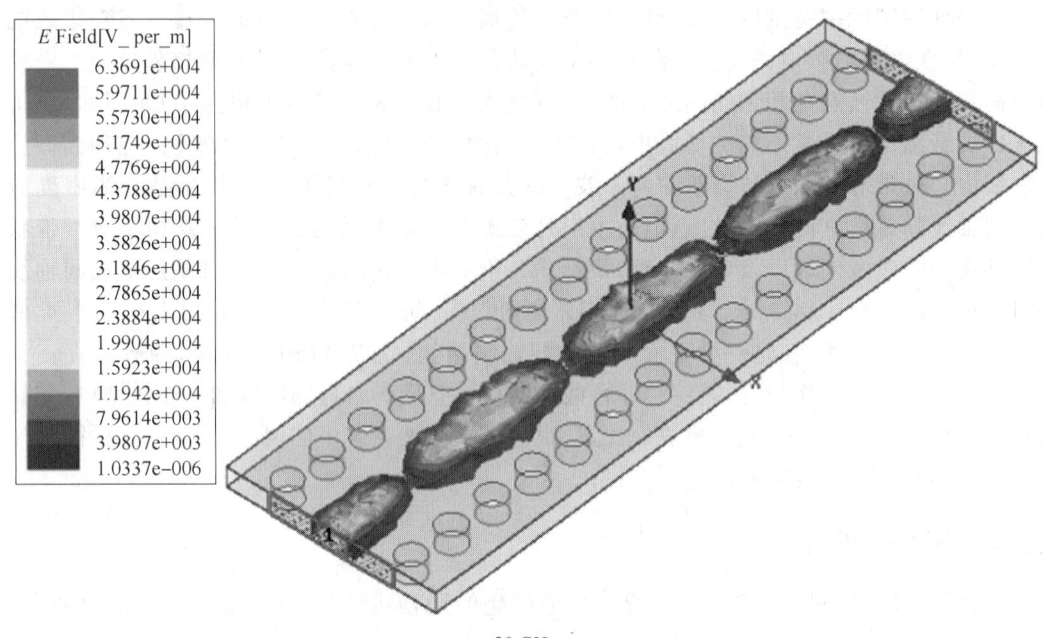

20 GHz

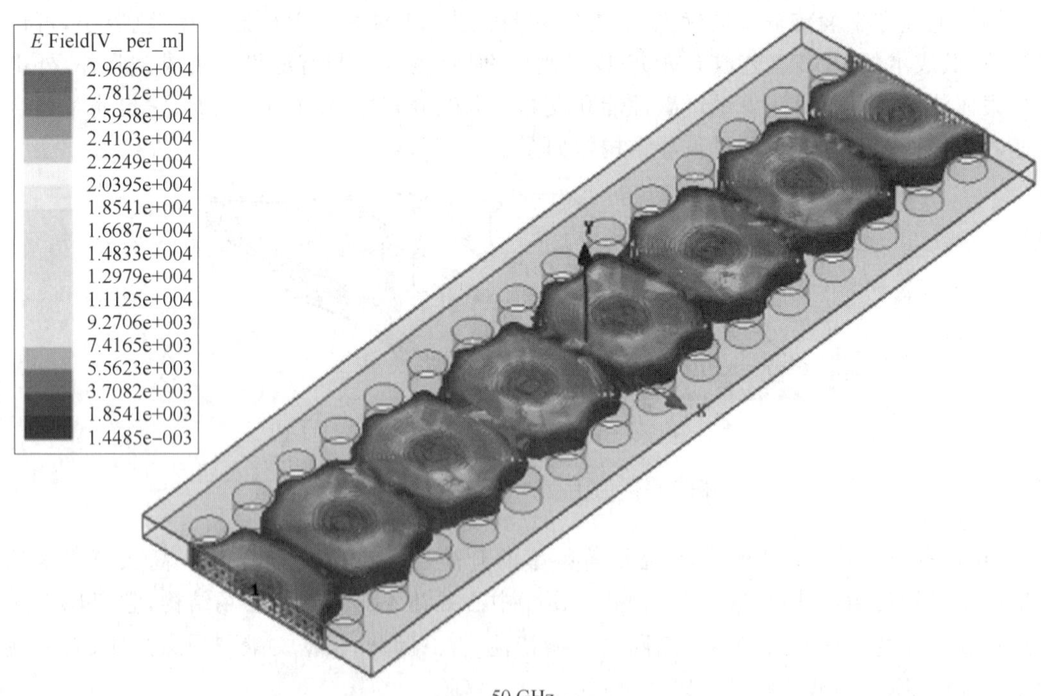

50 GHz

图 2-6-2　基片集成同轴波导场型分布图

所示为仿真的实例 SICL 的传播常数，可以看到红线在 DC 就存在，为 TEM 模式传播，紫线为高次模 TE_{10} 模式，在 27 GHz 时出现。综上所述，SICL 具有同轴线相同的特性，它是屏蔽的、非色散的 TEM 传播结构。与同轴线相比，SICL 的主要优点是可以用简单的 PCB 工艺实现，通常用于平面电路，并且可以容易地与有源器件集成设计。

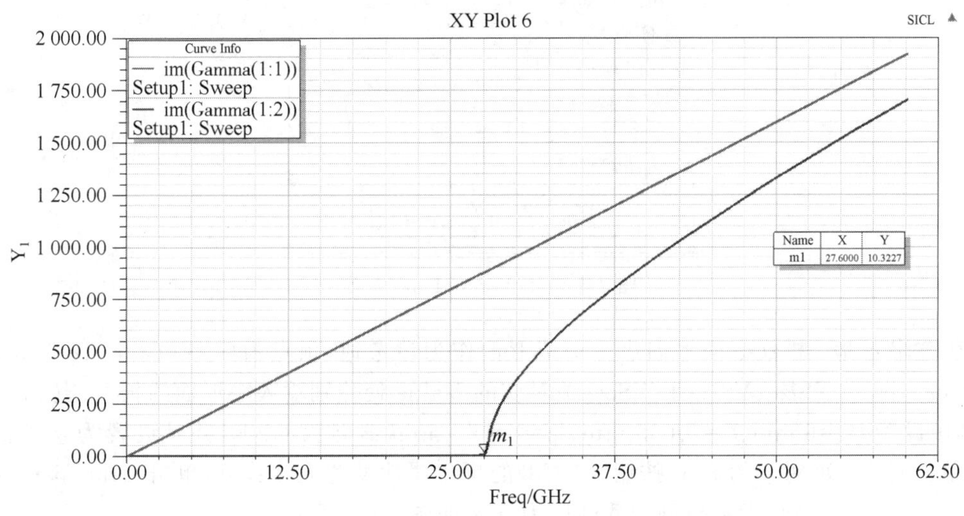

图 2-6-3　基片集成同轴波导传播常数分布图

2.6.2　SICL 仿真方法

使用 HFSS 中对 SICL 进行建模并仿真，示例 SICL 仿真的工作频率为 DC-60 GHz，介质基板选用 Rogers RT/duroid 5 870(tm)，基板厚度为 0.5 mm，通孔间距为 1.25 mm，通孔直径为 0.75 mm。下面将分析 SICL 的 S 参数、场型、金属损耗和介质损耗。

(1) HFSS 设计环境概述

1) 求解类型：模式终端驱动求解。

2) 建模操作

①模型原型：长方体、圆柱体。

②模型操作：相减操作、复制操作、平移操作。

3) 边界条件和激励

①边界条件：辐射边界。

②端口激励：波端口激励。

4) 求解设置

①求解频率：DC-60 GHz。

②扫频设置：快速扫频，频率范围为 DC-60 GHz。

③中心频率：30 GHz。

5) 后处理：S 参数曲线，金属损耗和介质损耗。

(2) 新建 HFSS 工程

双击桌面上的 HFSS 快捷方式，启动 HFSS 软件。HFSS 运行后，会自动新建一个工程文件，选择主菜单栏【File】-【Save as】命令，把工程文件另存为 SICL.Hfss；然后右键单击工程树下的文件名，从弹出的【Rename】命令项，把设计文件重新命名为 SIW。

设置当前设计为终端驱动求解类型。从主菜单选择【HFSS】-【Solution Type】命令，选择Driven-Modal 单选按钮，然后单击 OK 按钮，完成设置。Solution Type 页面如图 2-6-4 所示。

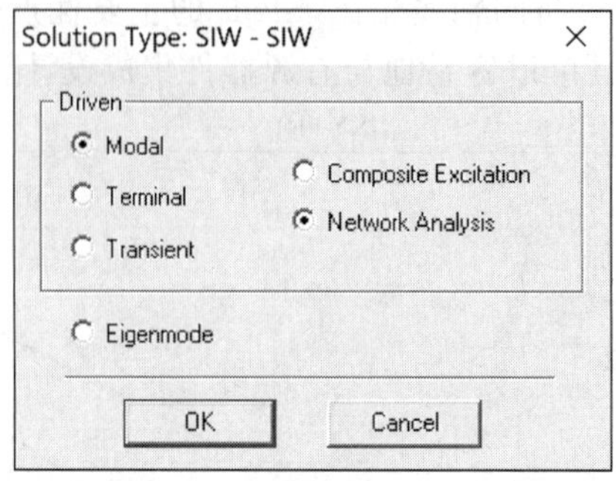

图 2-6-4　Solution Type 页面

创建参考地：在 xOz 面上创建一个矩形面作为参考地，顶点为(-lx/2,0,-lz/2)，尺寸为 lx×t×lz，在 XSize、YSize 和 ZSize 项对应的 Value 处分别输入矩形面的长 lz、宽 lx 和高 t。其中设置 lx=6 mm、t=0.035 mm、lz=18.65 mm，命名为 GND，并且设置为金属铜材料。单击 Color 项对应的 Edit 按钮，将模型的颜色属性设置为金黄色，单击 Transparent 项对应的 Value 值按钮，设置模型的透明度为 0.9，如图 2-6-5 所示。

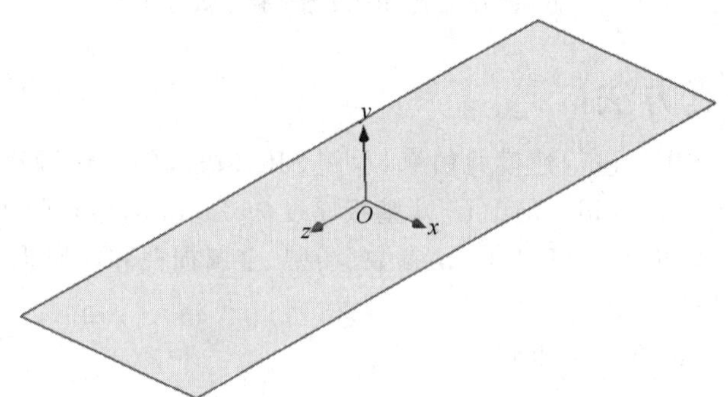

图 2-6-5　接地面

创建介质基板：在 GND 的正上方(即 $y=0$ 的 xOy 面)创建一个长方体作为介质基板，顶点为(-lx/2,t,-lz/2)，尺寸为 lx×h×lz，在 XSize、YSize 和 ZSize 项对应的 Value 处分别输入矩形面的长 lz、宽 lx 和高 h。其中设置 lx=6 mm、h=0.5 mm、lz=18.65 mm，命名为 substrate，并且设置介质基板为 Rogers RT/duroid 5870 材料($\varepsilon_r=2.33$)。在介质基板上构造两排金属化通孔，金属通孔的直径为 0.75 mm，沿 z 轴两相邻金属通孔的距离为 1.35 mm(通孔沿 z 轴间距离)，沿 x 轴相邻的金属通孔为 3.55 mm(通孔中心沿 x 轴间距离)。首先，将 HFSS 平面设置为 xOz 面，使用在坐标(1.775 mm,t,0)处画金属圆柱，金属圆柱的直径为 0.75 mm、高度为 h=0.5 mm。选中该金属圆柱，使用复制平移按钮向 z 轴平移，复制平移的间距为 1.35 mm，复制得到 8 个金属圆柱。然后，同时选中 8 个金属圆柱，使用旋转复制按钮沿 z 轴旋转复制，这样就得到了 SICL 一排的 15 个金属通孔(有一个重合)。然后，选中 15 个金属通孔，单击合并按钮将通孔合并，选中合并的一排金属通孔，单击按钮，沿着 x 轴旋转复制，这就得到了 SICL 两排的金属通孔。合并两排金属通孔，并且命名为 Via_holes，设置为 Copper 金属材料。按住 Ctrl 键，同时从操作树中按照顺序选择 substrate 和 Via_holes；然后从主菜单栏选择【Modeler】-【Boolean】-【Substrate】命令，或者单击按钮，打开 Subtract 对话框，对话框 Blank Parts 显示的是 substrate，Tool Parts 显示的是 Via_holes，表明是 substrate 减去金属圆柱 Via_holes；为了保留 Via_holes，选中对话框的 Clone tool objects before operation 复选框，单击 OK 按钮，执行相减操作。执行相减操作之后，即从 substrate 中挖去两排金属圆柱，同时保留了 Via_holes 本身。单击 Color 项对应的 Edit 按钮，将 substrate 的颜色属性设置为灰色，单击 Transparent 项对应的 Value 按钮，设置模型的透明度为 0.9。Substrate 页面如图 2-6-6 所示。

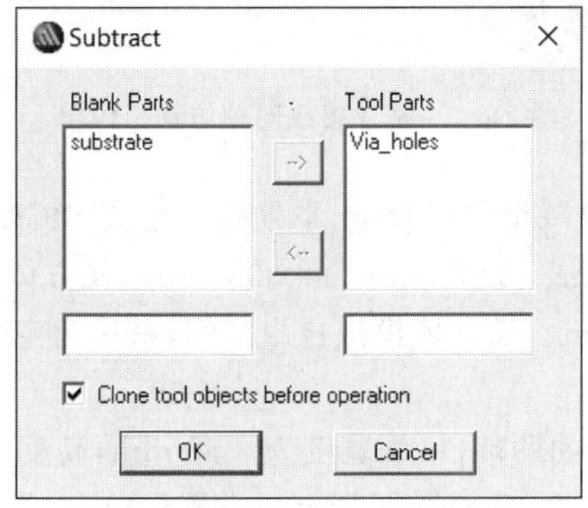

图 2-6-6　Substrate 页面

创建上层金属层：在 substrate 上面（即 $y=0$ 的 xOy 面）构造一个长方体，顶点为（$-\text{lx}/2, h+t, -\text{lz}/2$），尺寸为 $\text{lx}\times t\times \text{lz}$，在 XSize、YSize 和 ZSize 项对应的 Value 处分别输入矩形面的长 lz、宽 lx 和高 t。其中设置 lx=6 mm、$t=0.035$ mm、lz=18.65 mm，命名为 Upper，并且设置为金属铜材料。单击 Color 项对应的 Edit 按钮，将模型的颜色属性设置为金黄色，单击 Transparent 项对应的 Value 按钮，设置模型的透明度为 0.9，如图 2-6-7 所示。

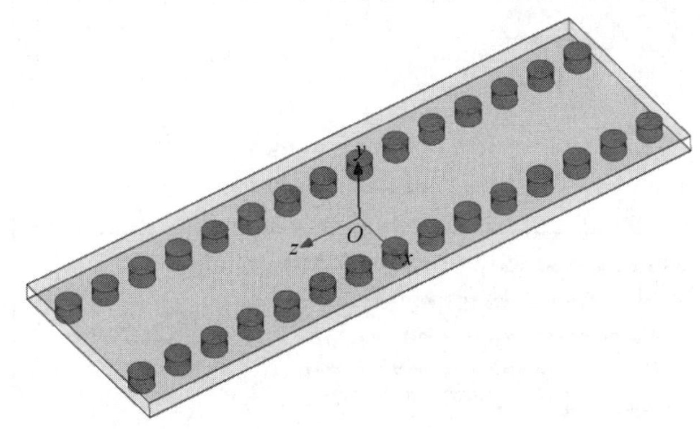

图 2-6-7　介质层

创建中心金属层：在 substrate 中心（即 $y=0$ 的 xOy 面）构造一个长方形导体，顶点为（$-\text{w}/2, t+h/2, -\text{lz}/2$），尺寸为 $w\times \text{lz}$，在 XSize 和 ZSize 项对应的 Value 处分别输入矩形面的长 lz 和宽 w。其中设置 $w=0.4$ mm、lz=18.65 mm，命名为 Inner，并且设置为 Perfect E。单击

Color 项对应的 Edit 按钮，将模型的颜色属性设置为黄色，单击 Transparent 项对应的 Value 按钮。这样就得到了 SICL 的模型，如图 2-6-8 所示。

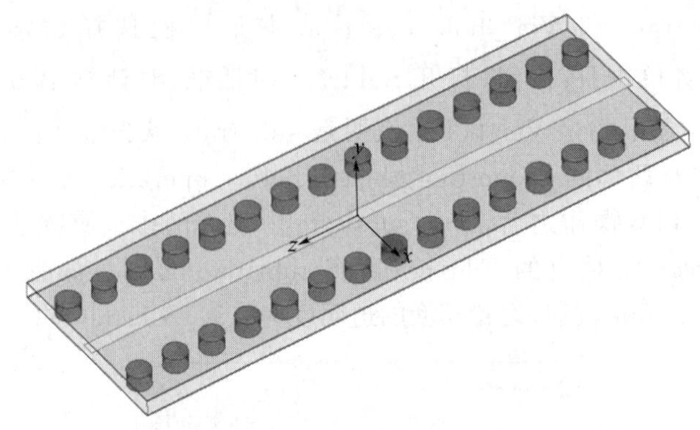

图 2-6-8 基片集成同轴仿真结构图

设置辐射边界条件，创建一个空气盒子，空气盒子距离 SICL 的边界应该大于四分之一波长，其顶点坐标为(-6.5 mm、-3.785 mm、-9.325 mm)，长方体的长度、宽度和高度分别为 13 mm、7.57 mm 和 18.65 mm。长方体模拟自由空间，材质为空气，命名为 Air，并且设置为辐射边界条件。

设置激励端口，在 SICL 的两端口，画宽度为 3.55 mm，高度为 0.57 mm 的端口，分别命名为 Port1 和 Port2。分别选中 Port1 和 Port2，设置【Assign】-【Wave port】，激励方式为 Wave port。因为要查看传输的模式，所以两个端口的激励都设置 2 个模式，如图 2-6-9 所示。馈电激励如图 2-6-10 所示。

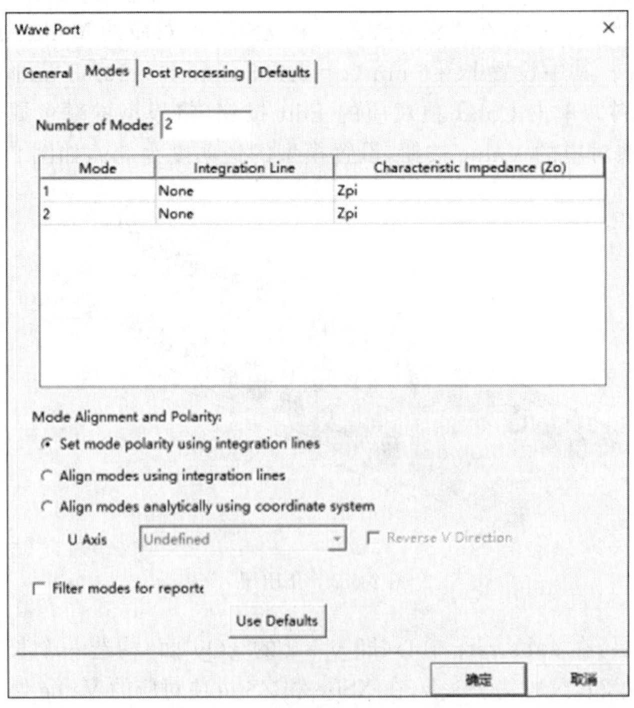

图 2-6-9 设置 SICL 端口激励

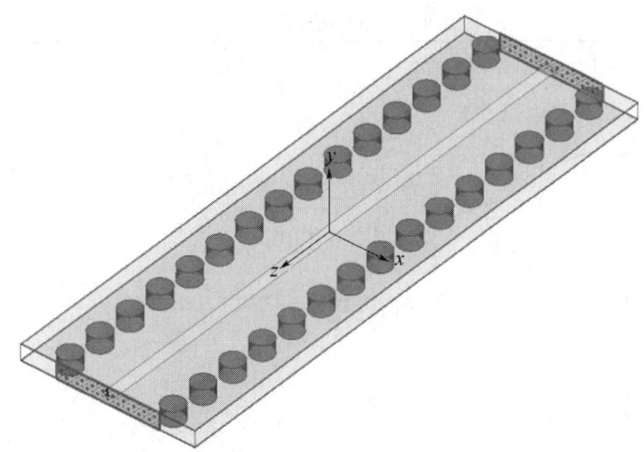

图 2-6-10　设置 SICL 端口激励

求解设置，本小结设计的 SICL 中心工作频率为 30 GHz，因此 HFSS 设置的求解频率为 30 GHz；同时添加了 DC-60 GHz 的扫频设置，选择快速扫频类型，分析 SICL 在 DC-60 GHz 频段的回波损耗，金属损耗和介质损耗。

通过前面的操作，完成模型的创建和求解设置，接下来对设计进行检查【HFSS】-【Validation Check】命令进行检查，会弹出✓，表示当前 HFSS 设计正确、完整。右键单击 Analysis 节点，选择【Analysis All】，运行仿真。

(3) 查看结果

查看 SICL 的回波损耗(即 S_{11})、传输损耗(即 S_{21})和金属衰减的扫频分析结果。右键单击工程树 Result 节点，选择【Create Modal Solution Date Report】-【Rectangular Plot】命令，打开报告设置对话框。分别求解 S_{11} 和 S_{21}，得到 S_{11} 和 S_{21} 在 DC-60 GHz 的扫频曲线报告，如图 2-6-11 和图 2-6-12 所示。

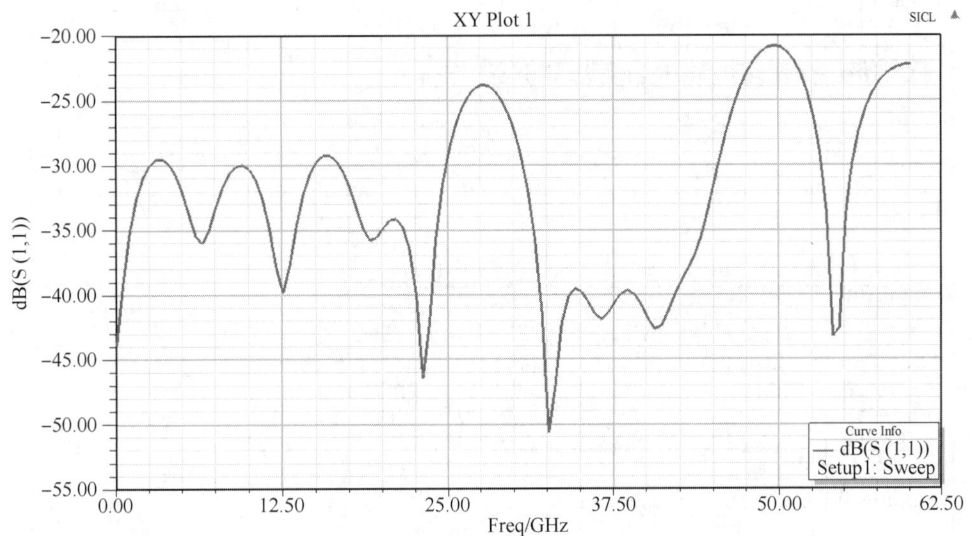

图 2-6-11　基片集成同轴的 S_{11} 扫频曲线

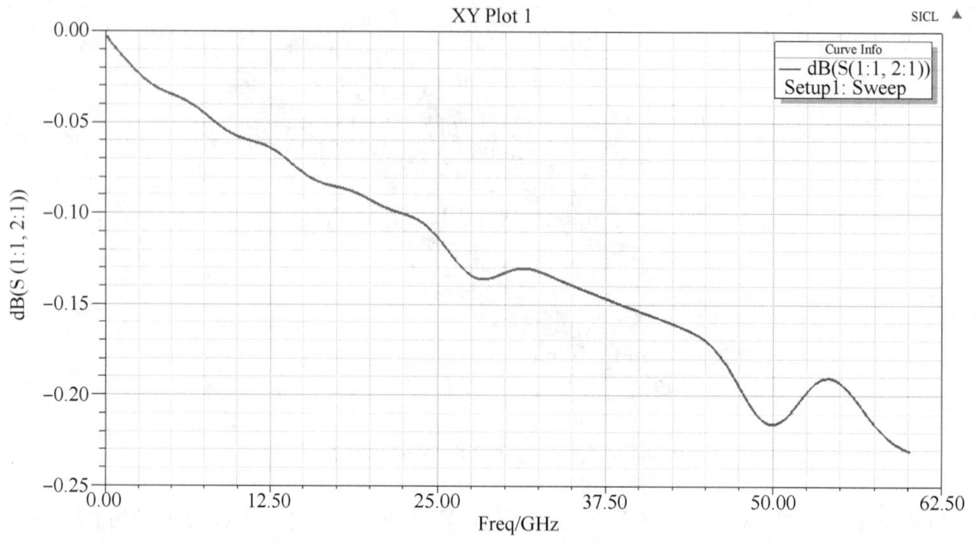

图 2-6-12　基片集成同轴的 S_{21} 扫频曲线

接下来将分析金属损耗和介质损耗。首先将模型中的金属合并一起，合并后金属命名为 Via_holes。利用场计算器，单击【HFSS】-【Field】-【Field Calculator】，选择面导体损耗密度和所选的金属面再进行积分，命名为 ac 得到导体损耗，如图 2-6-13 所示。最后，在【Result】-【Create Field Report】-【Rectangular Plot】选择 ac，单击得到金属损耗的曲线，如图 2-6-14 所示。

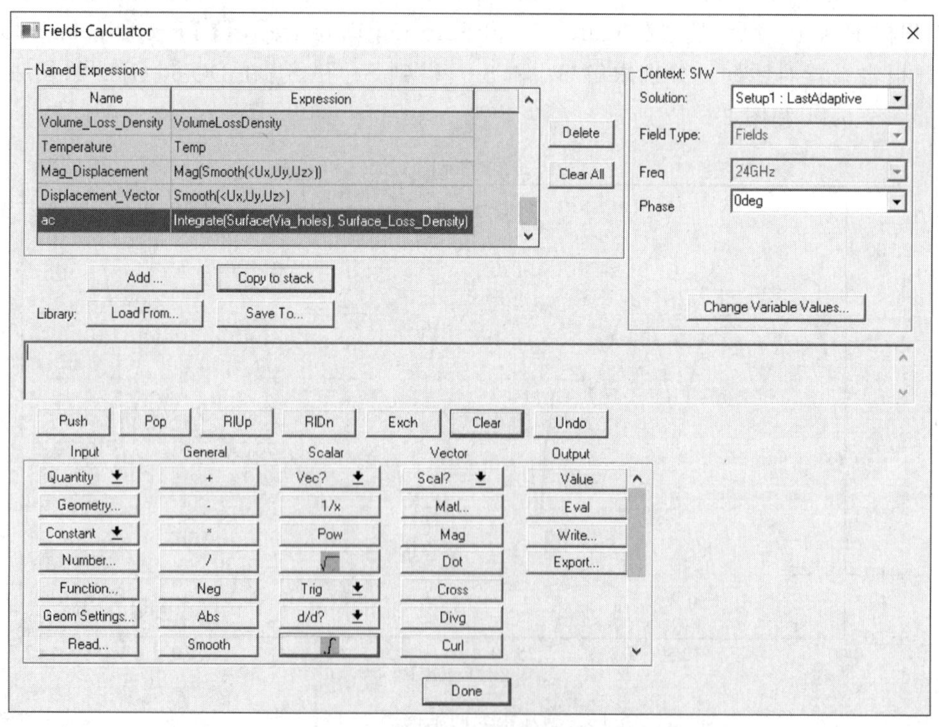

图 2-6-13　基片集成同轴线导体损耗计算

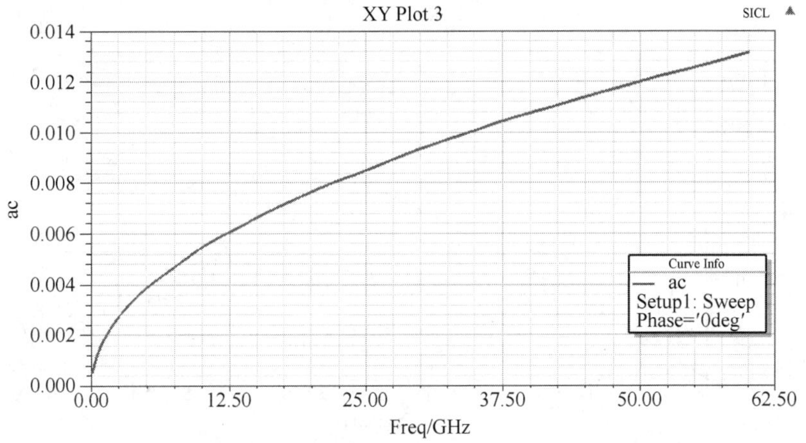

图 2-6-14 基片集成同轴线导体损耗曲线

同样利用场计算器求解介质损耗，单击【HFSS】-【Field】-【Field Calculator】，选择介质基板体积和体损耗密度再进行积分，命名为 ad 得到介质损耗，如图 2-6-15 所示。最后，在【Result】-【Create Field Report】-【Rectangular Plot】选择 ad，单击得到介质损耗的曲线，如图 2-6-16 所示。

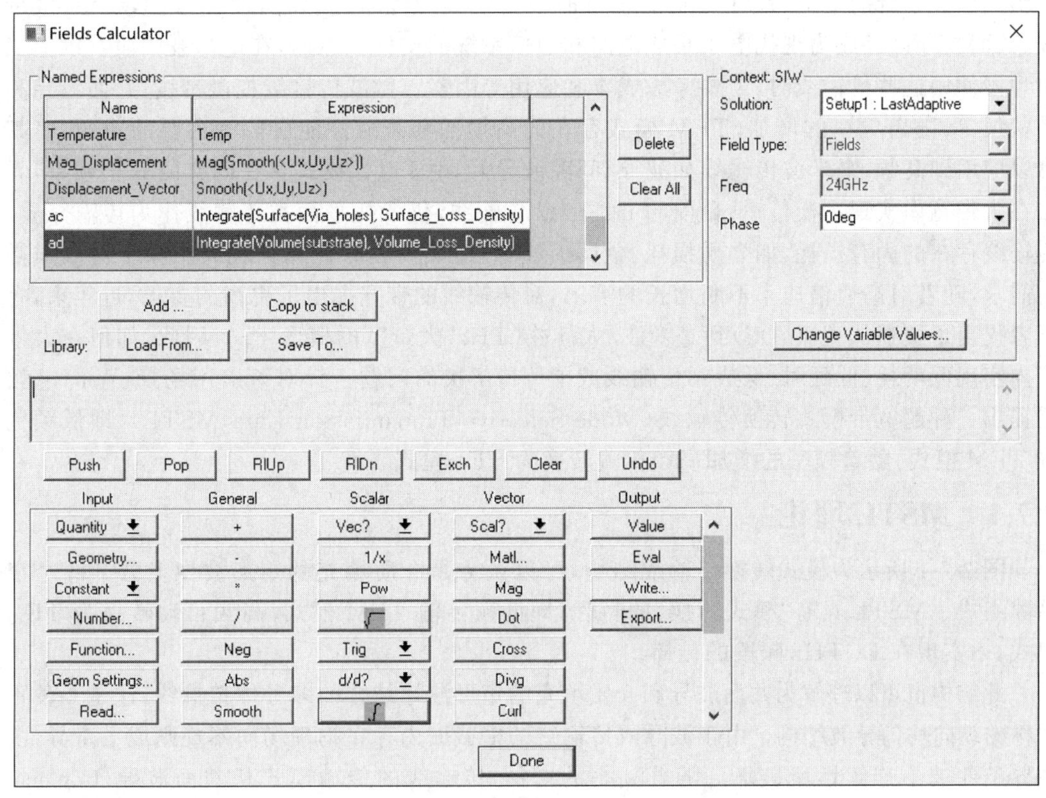

图 2-6-15 基片集成同轴线介质损耗计算

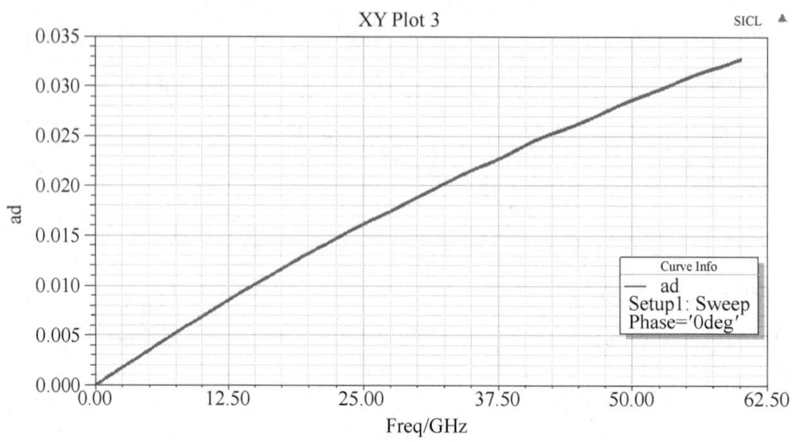

图 2-6-16　基片集成同轴线介质损耗曲线

2.7　模式转换传输线

传输线是导引电磁波传播的介质，也是构成微波器件及电路的重要组成部分，其特性直接影响微波系统的带宽、尺寸及功能。目前一些经典的传输线，如同轴线、矩形波导、微带线、共面波导已经成为现代电子集成电路和通信系统的支柱。然而，在毫米波频段及以上工作频段使用这些传输线时，需要考虑成本和应用等因素。微波传输线如微带线、共面波导和带状线等，随着频率的增加，TEM 模式存在的高损耗和衰减性能会成为主要的瓶颈，使其难以应用到高频；毫米波传输线如波导、间隙波导等，由于 TE 模式存在固有的截止频率，无法在大带宽内实现主模传输；目前的 DC-THz 传输线，仍依托平面类传输线作为传输介质，传输线存在的固有损耗，如介质损耗、金属损耗等，造成高频时传输损耗大。除了对低损耗的需求，随着对高通信速率不断增长的需求，对传输线的带宽提出了更高的要求，近年来，有学者提出了覆盖从直流(DC)到毫米波/太赫兹(THz)大带宽的概念[34]。因此，如何在大带宽内实现低功耗、低延时、低成本传输线成了亟待解决的问题。针对该应用场景，Wu Ke 教授提出一种超宽带模式转换传输线(Mode Selective Transmission Line，MSTL)，即低频传输 TEM 模式，随着频率的增加高频传输转换为 TE_{10} 模式[35-40]。

2.7.1　MSTL 理论

图 2-7-1 所示为模式转换传输线结构，可以认为是介质填充的矩形波导上方开两个窄缝隙组成。MSTL 具有“模式转换”的特性，即低频传输 TEM 模式，高频自动转换为 TE_{10} 模式，以实现在 DCTHz 频段的传播。

此结构也可以理解为共面波导和介质填充的矩形波导结合的多导体传输线，这是一种不对称的纵向均匀导波结构。由于波导或传输线的横截面内存在物理场向不规则或场奇异性，边界条件被不连续性所破坏。随着频率的增加，传输线的传输模式从共面波导(Coplanar Waveguide，CPW)的横电磁波模式(Transverse Electromagnetic Mode，TEM)转换到波导的 TE_{10} 模式，能够解决矩形波导存在截止频率的问题，同时也能避免 CPW 在高频时传输损耗大的问题。

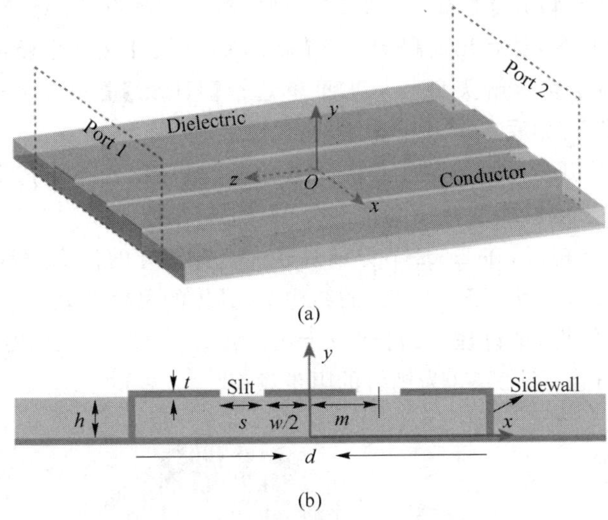

图 2-7-1　模式转换传输线结构[35]

2.7.2　AF-MSTL 仿真方法

使用 HFSS 中对 AF-MSTL 进行建模并仿真，示例 AF-MSTL 仿真的工作频率为 DC-110 GHz，使用倒扣的共面波导和间隙波导构成。其中，共面波导的中心信号线宽度为 $w=0.66$ mm、$s=0.295$ mm，间隙波导间距 $d=3.759$ mm，倒扣的共面波导介质基板选用 RT/duroid 5880($\varepsilon_r=2.2$)，基板厚度为 0.127 mm。下面将分析 AF-MSTL 的 S 参数、场型、金属损耗、介质损耗及辐射损耗。

(1) HFSS 设计环境概述

1) 求解类型

模式终端驱动求解。

2) 建模操作

①模型原型：长方体。

②模型操作：相减操作、复制操作。

3) 边界条件和激励

①边界条件：辐射边界。

②端口激励：波端口激励。

4) 求解设置

①求解频率：DC-110 GHz。

②扫频设置：快速扫频，频率范围为 DC-110 GHz。

③中心频率：55 GHz。

5) 后处理

S 参数曲线、金属损耗、介质损耗和辐射损耗。

(2) 新建 HFSS 工程

双击桌面上的 HFSS 快捷方式，启动 HFSS 软件。HFSS 运行后，会自动新建一个工程文件，选择主菜单栏【File】-【Save as】命令，把工程文件另存为 AF-MSTL.hfss；然后右键单击工程树下的文件名，从弹出的【Rename】命令项，把设计文件重新命名为 AF-MSTL。设置当前设计为终端驱动求解类型。从主菜单选择【HFSS】-【Solution Type】命令，选择 Driven Modal 单选按钮，然后单击 OK 按钮，完成设置。

下面讲述 AF-MSTL 的仿真过程：首先仿真单独 AF-MSTL 部分，分析场分布和损耗情况；其次，仿真适配于传输线的转换结构部分，得到 S 参数曲线。AF-MSTL 单独传输线由共面波导和间隙波导构成，在 2.5.2 节详细讲述了间隙波导的仿真过程，此部分只给出结果及分析。如图 2-7-2 所示为 AF-MSTL 的结构图，具体的尺寸如表 2-7-1 所示。首先仿真间隙波导销钉的传播特性，销钉柱子的长度 $a=0.55$ mm、高度 $h=0.568$ mm，销钉顶部和上层盖板间隙 $g=0.01$ mm，图 2-7-3 为销钉的阻带频率。

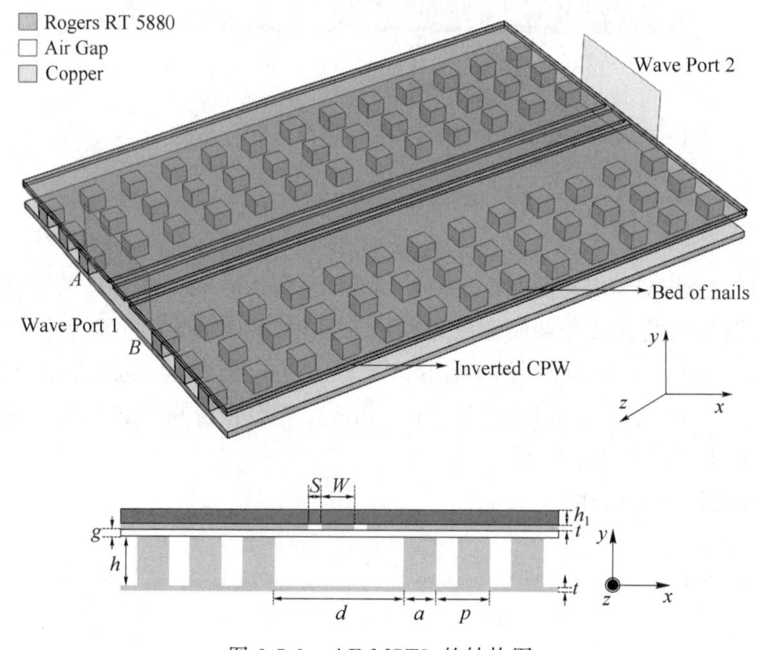

图 2-7-2　AF-MSTL 的结构图

表 2-7-1　AF-MSTL 结构参数表

参数值/mm	d	a	h	g	h_1	p	t
	3.759	0.55	0.568	0.01	0.127	1.35	0.035
参数值/mm	s	w	l_1	l_2	l_3	r_1	w_0
	0.295	0.66	5.6	39.84	10.5	2	1.7
参数值/mm	s_0	w_1	s_1	b_1	d_1	r	
	0.385	0.085	0.5	28	4	0.4	

下面讲述 AF-MSTL 的仿真结果：对于 AF-MSTL 需要看场型和各种损耗。

分析场分布，前述已经得知，模式转换传输线主要是 TEM 模式逐渐转换为 TE_{20} 模式，可以分析 E_y，H_x 和 H_z 判断是否发生模式转换（E_x、H_y 和 E_z 在两种场型下均为 0）。将

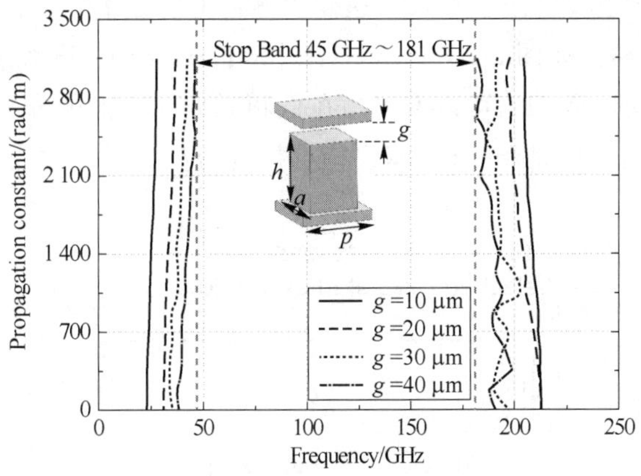

图 2-7-3　鞘钉单元的阻带频率

使用场计算器分析 AF-MSTL 的各个场分量,即 E_y、H_x 和 H_z。首先在场计算器中写计算 E_y、H_x 和 H_z,具体做法是【HFSS】-【Field】-【Calculator】,然后写公式,以 H_z 为例,则公式就是 Mag(Smooth(VecZ(Dot(<H_x、H_y 和 H_z>,<0,0,1>)))),表示磁场沿 z 方向分量。同样的 E_y 和 H_x 也是类似,具体如图 2-7-4 所示。下面看场分量,选中间隙波导的腔体,右键单击【Plot field】-【Named Expression】,出现【Selecting Calculated Expression】,

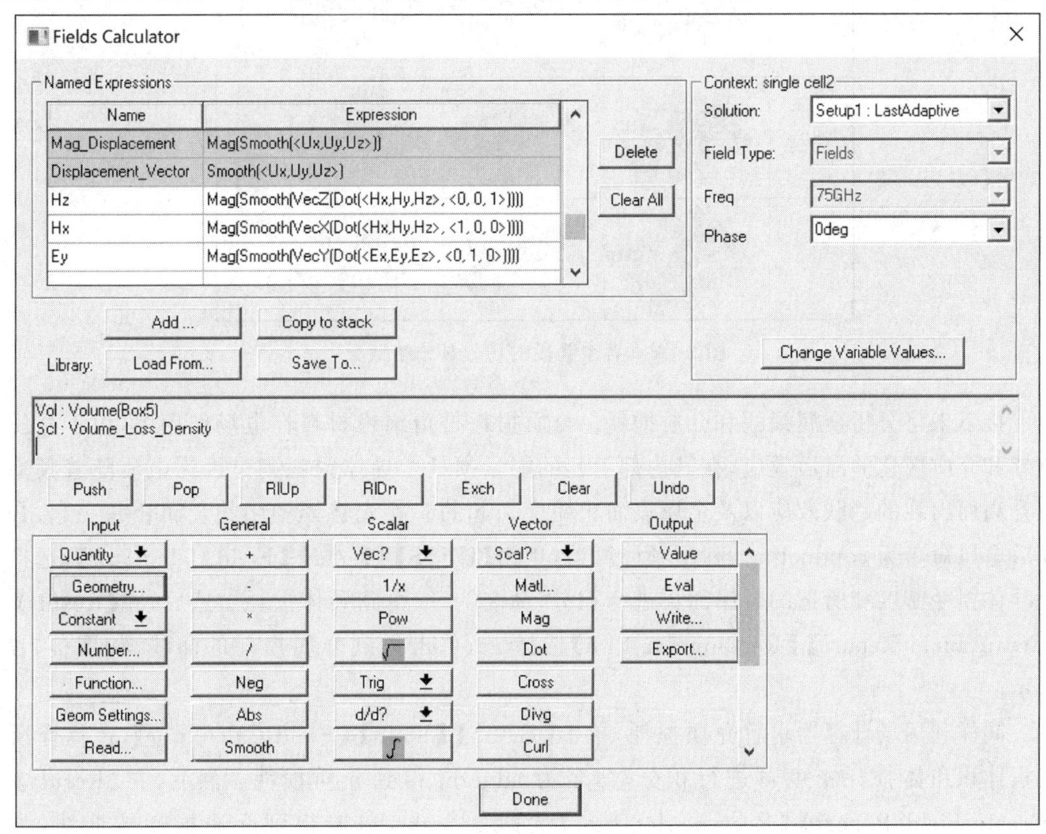

图 2-7-4　场计算器设置场分量公式

如图 2-7-5 所示，分别选择 H_z、E_y 和 H_x，这样就得到了场分量分布。选中不同的频率可以看各个频率的场分量分布，如图 2-7-6 为 20 GHz、50 GHz、80 GHz 和 110 GHz 的场分量分布情况。比较明显的变化是 H_z，可以看出当在低频时候 H_z 很少分布（几乎没有），随着频率的增加，H_z 逐渐增加并且是和 TE_{10} 模式特点接近；H_x 和 E_y 也是逐渐由 TEM 模式转换为 TE_{10} 模式的。

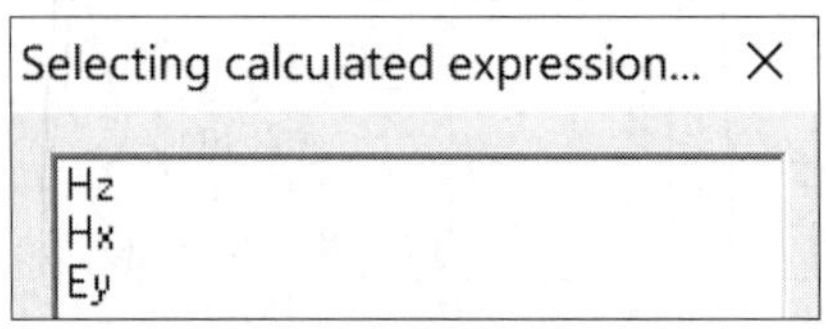

图 2-7-5　求解场分量公式

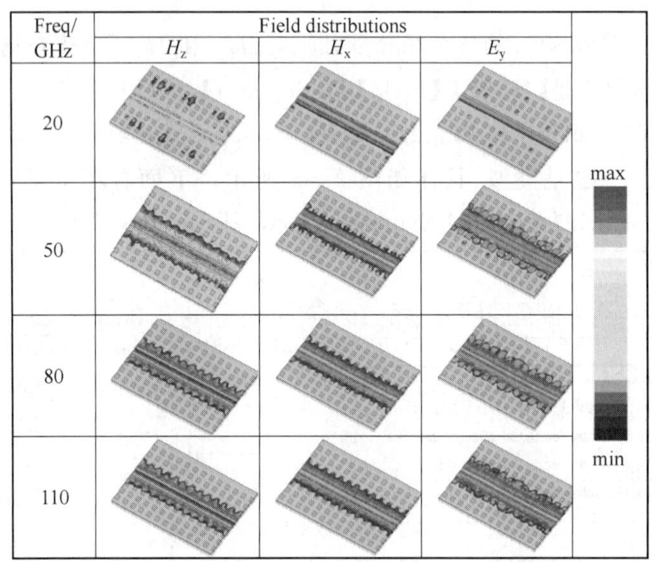

图 2-7-6　各个频段的场分量分布情况

接下来将分析金属损耗和介质损耗。介质损耗是指绝缘材料在电场作用下，由于介质电导和介质极化的滞后效应，在其内部引起的能量损耗。导体损耗则是因为电流随着频率的升高而出现的趋肤效应以及金属表面粗糙度引起的。首先将模型中的金属合并一起，合并后金属命名为 conductor。利用场计算器，单击【HFSS】-【Field】-【Field Calculator】，选择面导体损耗密度和所选的金属面再进行积分，命名为 ac 得到导体损耗。然后，在【Result】-【Create Field Report】-【Rectangular Plot】选择 ac，单击得到金属损耗的曲线，如图 2-7-7 所示。

同样利用场计算器求解介质损耗，单击【HFSS】-【Field】-【Field Calculator】，选择介质基板体积和体损耗密度再进行积分，命名为 adjiezhi 得到介质损耗。然后，在【Result】-【Create Field Report】-【Rectangular Plot】选择 adjiezhi，单击得到介质损耗的曲线，如图 2-7-8 所示。

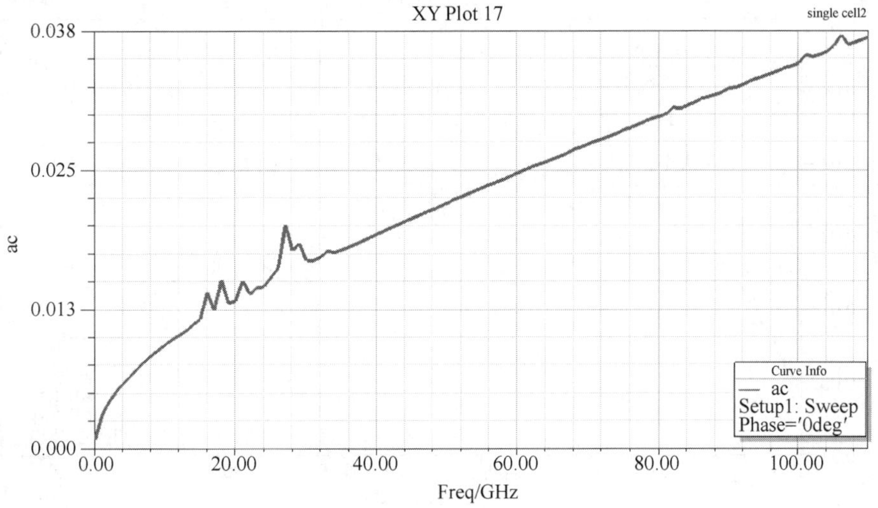

图 2-7-7　金属损耗曲线

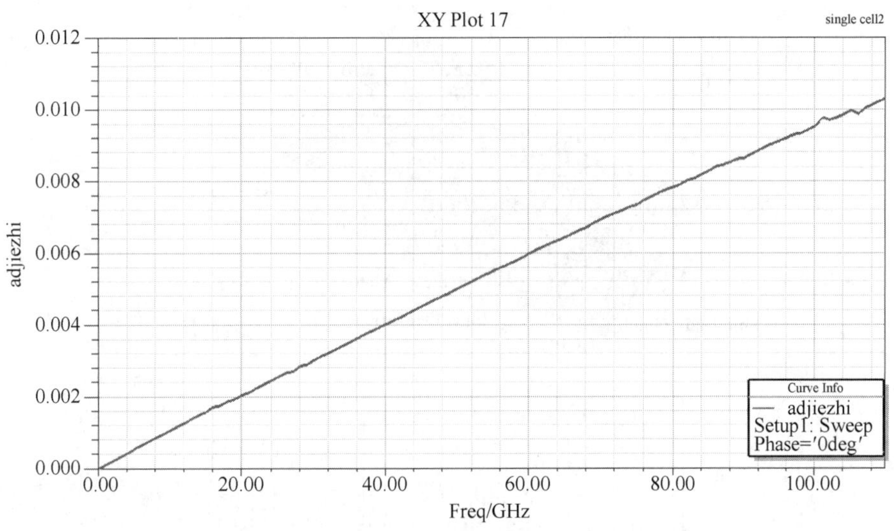

图 2-7-8　介质损耗曲线

利用场计算器求解辐射损耗，用公式 1-$S(1,1)$^2-$S(2,1)$^2 求出总的损耗 Loss，再减去金属损耗 ac 和介质损耗 adjiezhi 就得到了辐射损耗，命名为 radiation。最后，在【Result】-【Create Field Report】-【Rectangular Plot】选择 radiation，单击得到辐射损耗的曲线，如图 2-7-9 所示。

下面讲述 AF-MSTL 转换头的仿真过程：AF-MSTL 转换头结构如图 2-7-10 所示，转换结构为 back-to-back 形式，负责传输线的电气测量；转换结构分为 GCPW、锥形渐变结构和单独传输线结构，其中 GCPW 转换头便于和 End Launch 连接测试，锥形渐变结构实现阻抗匹配和场型匹配。由于转换结构和 2.4.2 节中基片集成波导结构类似，此处不作赘述，只给出结构图和具体的仿真结果。仿真 S 参数如图 2-7-11 所示。

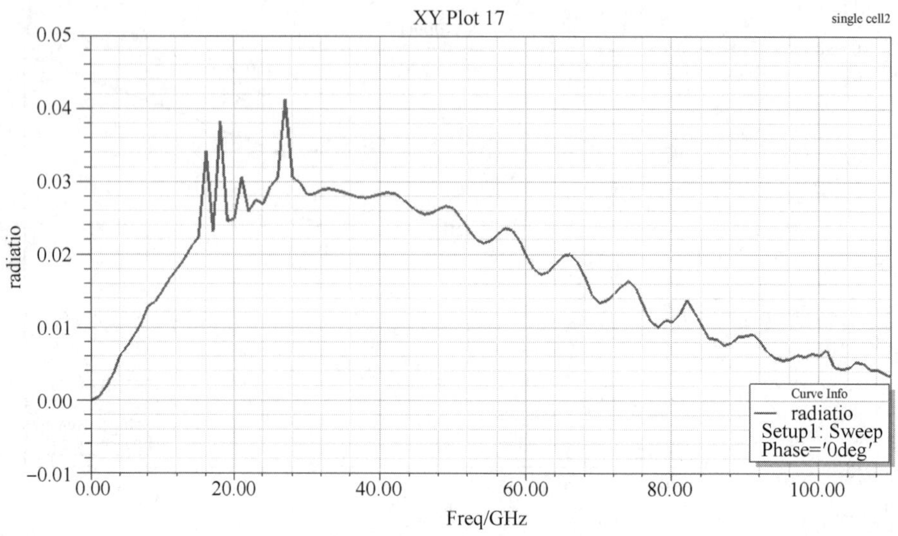

图 2-7-9　辐射损耗曲线

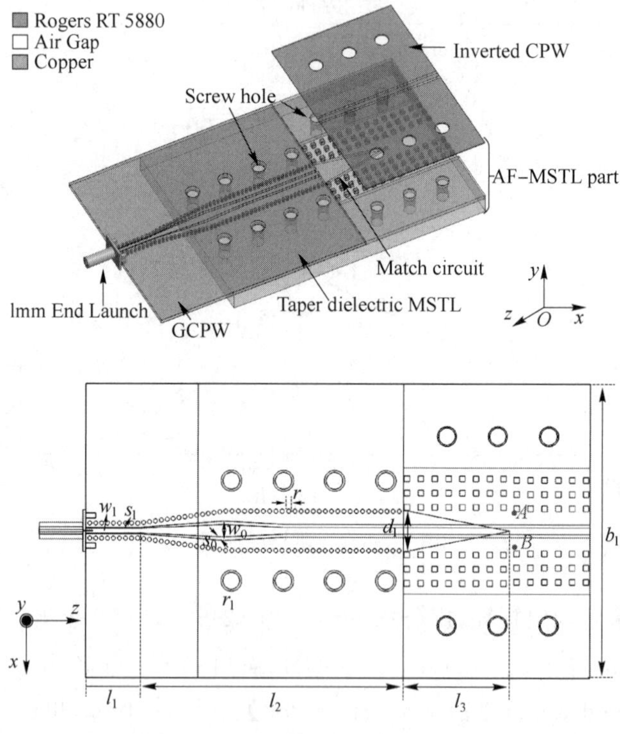

图 2-7-10　AF-MSTL 转换头结构

2.7.3　DF-MSTL 仿真方法

使用 HFSS 中对 DF-MSTL 进行建模并仿真，示例 DF-MSTL 仿真的工作频率为 DC-60 GHz，介质基板选用 Ceramic PTFE($\varepsilon_r=10.2$)，基板厚度为 0.254 mm，中心信号带宽度为 $w=0.65$ mm，缝隙宽度 $s=0.25$ mm，传输线宽度 $d=3$ mm[36]。

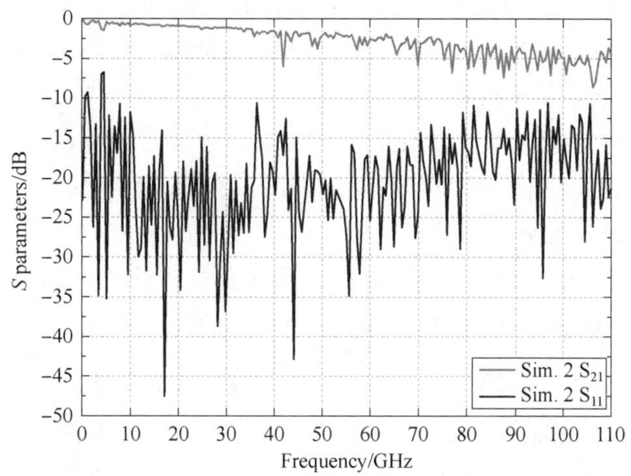

图 2-7-11　AF-MSTL 加转换头之后的 S 参数

下面将分析 DF-MSTL 的 S 参数、场型、金属损耗、介质损耗及辐射损耗。

1. 新建 HFSS 工程

双击桌面上的 HFSS 快捷方式，启动 HFSS 软件。HFSS 运行后，会自动新建一个工程文件，选择主菜单栏【File】-【Save as】命令，把工程文件另存为 DF-MSTL.hfss；然后右键单击工程树下的文件名，从弹出的【Rename】命令项，把设计文件重新命名为 DF-MSTL。设置当前设计为终端驱动求解类型。从主菜单选择【HFSS】-【Solution Type】命令，选择 Driven Modal 单选按钮，然后单击 OK 按钮，完成设置。

2. 创建 DF-MSTL 传输线

创建参考地：在 xOz 面上创建一个矩形面作为参考地，顶点为(-lx/2,-t,-lz/2)，尺寸为 lx×t×lz，在 XSize、YSize 和 ZSize 项对应的 Value 处分别输入矩形面的长 lz、宽 lx 和高 t。其中设置 lx=6 mm、t=0.035 mm、lz=10 mm，命名为 GND，并且设置为金属铜材料。单击 Color 项对应的 Edit 按钮，将模型的颜色属性设置为金黄色，单击 Transparent 项对应的 Value 按钮，设置模型的透明度为 0.5，如图 2-7-12 所示。

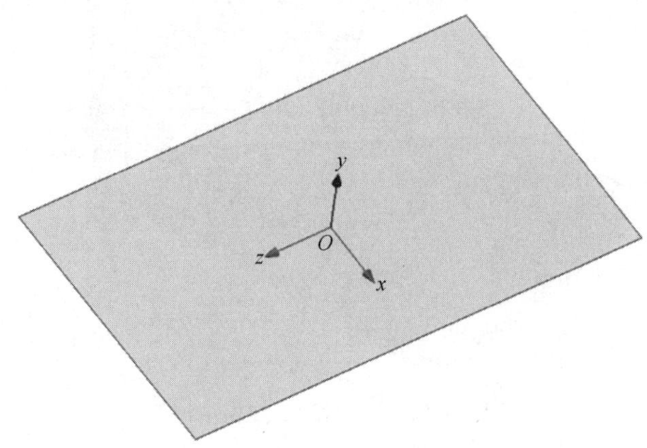

图 2-7-12　接地板

创建介质基板:在 GND 的正上方(即 $y=0$ 的 xOy 面)创建一个长方体作为介质基板,顶点为(-lx/2,0,-lz/2),尺寸为 lx×h×lz,在 XSize、YSize 和 ZSize 项对应的 Value 处分别输入矩形面的长 lz、宽 lx 和高 h。其中设置 lx=6 mm、h=0.254 mm、lz=10 mm,命名为 substrate,并且设置介质基板为 Ceramic PTFE($\varepsilon_r=10.2$)材料,损耗正切为 0.002 3。在介质基板上构造两列金属侧壁,顶点为(d/2,0,lz/2),尺寸为 dx×h×lz,在 XSize、YSize 和 ZSize 项对应的 Value 处分别输入矩形面的长 lz、宽 dx 和高 h。其中设置 d=3 mm、lz=10 mm和 dx=0.5 mm,命名为 Sidewall_1,设置为金属材料。选中 Sidewall_1 使用旋转复制按钮沿 x 轴旋转复制,得到 Sidewall_2。同时选中 substrate 和"Sidewall_1 及 Sidewall_2",从主菜单栏选择【Modeler】-【Boolean】-【Substrate】命令,或者单击,打开 Subtract 对话框,对话框 Blank Parts 显示的是 substrate,Tool Parts 显示的是 Sidewall_1 和 Sidewall_2,表明是 substrate 减去金属侧壁 Sidewall_1 和 Sidewall_2;为了保留 Sidewall_1 和 Sidewall_2,选择对话框的 Clone tool objects before operation 复选框,选中 OK 按钮,执行相减操作。

创建上层金属层:在 substrate 上面(即 $y=0$ 的 xOy 面)构造一个长方体,顶点为(-lx/2,h,-lz/2),尺寸为 lx×t×lz,在 XSize、YSize 和 ZSize 项对应的 Value 处分别输入矩形面的长 lz、宽 lx 和高 t,其中设置 lx=6 mm、t=0.035 mm、lz=10 mm,命名为 Upper,并且设置为金属铜材料。再构建长方体作为缝隙,顶点为(w/2,h,-lz/2),尺寸为 s×t×lz,在 XSize、YSize 和 ZSize 项对应的 Value 处分别输入矩形面的长 lz、宽 s 和高 t,其中设置 w=0.65 mm、s=0.25 mm,命名为 Slit_1,并且设置为金属铜材料。选中 Slit_1 使用旋转复制按钮沿 x 轴旋转复制,得到 Slit_2,单击合并 Slit_1 和 Slit_2。同时选中 Upper 和合并的 Slit,从主菜单栏选择【Modeler】-【Boolean】-【Substrate】命令,或者单击,打开 Subtract 对话框,对话框 Blank Parts 显示的是 Upper,Tool Parts 显示的是 Slit,表明是 Upper 减去 Slit;不保留 Slit,不选择对话框的 Clone tool objects before operation 复选框,单击 OK 按钮,执行相减操作。得到 DF-MSTL 结构如图 2-7-13 所示。

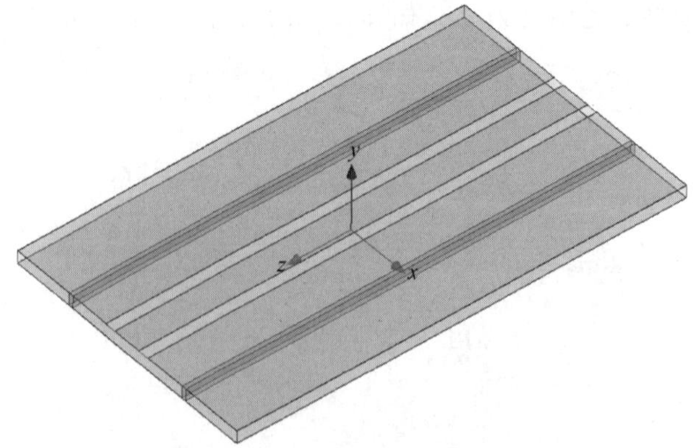

图 2-7-13　DF-MSTL 建模结构

设置激励端口，在 DF-MSTL 的两端口，画宽度为 $3\times(2s+w)$，高度为 4～10 h 的端口，这里选择端口的高度为 6 h，如图 2-7-14 所示，分别命名为 Port1 和 Port2。分别选中 Port1 和 Port2，设置【Assign】-【Wave port】，激励方式为 Wave port。

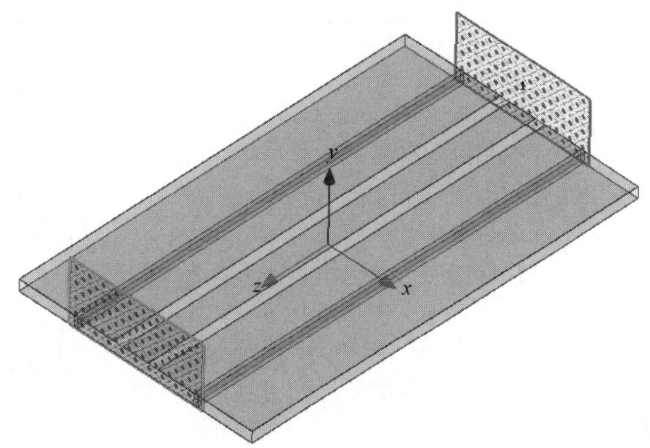

图 2-7-14　DF-MSTL 馈电口设置

设置辐射边界条件，创建一个空气盒子，空气盒子距离 DF-MSTL 的边界应该大于四分之一波长，其顶点坐标为(-4.5 mm，-1.5 mm，-5 mm)，长方体的长度、宽度和高度分别为 10 mm、9 mm 和 4.5 mm。长方体模拟自由空间，材质为空气，命名为 Air，并且设置为辐射边界条件。

求解设置，本节设计的 DF-MSTL 中心工作频率为 55 GHz，因此 HFSS 设置的求解频率为 55 GHz；同时添加了 DC-110 GHz 的扫频设置，选择快速扫频类型，分析 DF-MSTL 在 DC-110 GHz 频段的 S 参数、场分布、金属损耗和介质损耗。

通过前面的操作，完成模型的创建和求解设置，接下来对设计进行检查【HFSS】-【Validation Check】命令进行检查，会弹出✓，表示当前 HFSS 设计正确、完整。右键单击 Analysis 节点，选择【Analysis All】，运行仿真。

3. 查看结果

查看矩形波导的回波损耗(即 S_{11})、传输损耗(即 S_{21})和金属衰减的扫频分析结果。右键单击工程树 Result 节点，选择【Create Modal Solution Date Report】-【Rectangular Plot】命令，打开报告设置对话框。分别求解 S_{11} 和 S_{21}，得到 S_{11} 和 S_{21} 在 DC-60 GHz 的扫频曲线报告，如图 2-7-15 和图 2-7-16 所示。

分析场分布，这里将使用另一种方法看场分布。选中 substrate，单击【Plot Fields】-【E】-【Mag_E】打开 Create Field Plot 对话框，【Context】选择 Setup1：Sweep，【Intrinsic Variables】中【Freq】分别选择 20 GHz、40 GHz 和 60 GHz。右侧选择【Mag_E】，单击 Done 按钮。在工程树下【Field Overlays】-【E Field】-【Mag_E】中选择并且分析各个频率的电场。同样的方法，选中 substrate，单击【Plot Fields】-【H】-【Mag_H】打开 Create Field Plot 对话框，【Context】选择

Setup1:Sweep,【Intrinsic Variables】中【Freq】分别选择 20 GHz、40 GHz 和 60 GHz。右侧选择【Mag_H】,单击 Done 按钮。在工程树下【Field Overlays】-【H Field】-【Mag_H】中选择并且分析各个频率的磁场,如图 2-7-17 所示。

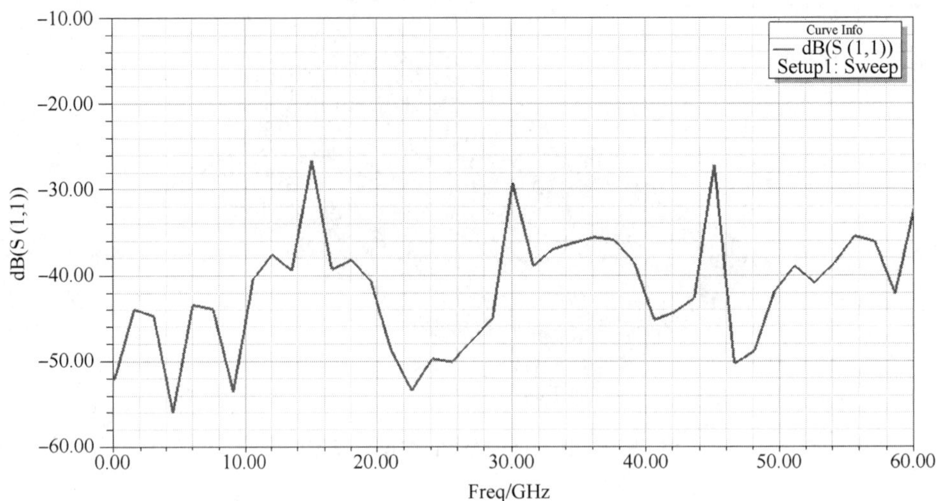

图 2-7-15　DF-MSTL 的 S_{11} 扫频曲线

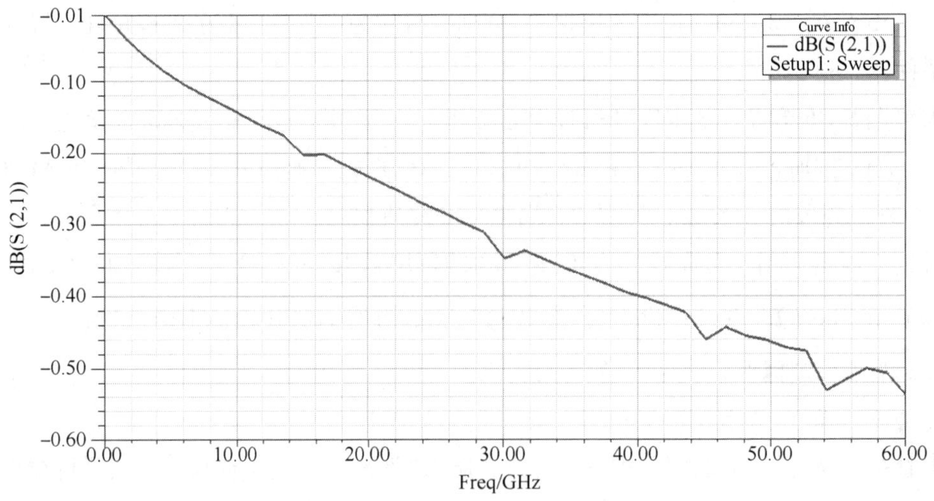

图 2-7-16　DF-MSTL 的 S_{21} 扫频曲线

接下来将分析金属损耗和介质损耗。首先将模型中的金属合并一起,合并后金属命名为 Via_holes。利用场计算器,单击【HFSS】-【Field】-【Field Calculator】,选择面导体损耗密度和所选的金属面再进行积分,命名为 ac 得到导体损耗。然后,在【Result】-【Create Field Report】-【Rectangular Plot】选择 ac,单击得到金属损耗的曲线,如图 2-7-18 所示。

同样利用场计算器求解介质损耗,单击【HFSS】-【Field】-【Field Calculator】,选择介质基板体积和体损耗密度再进行积分,命名为 ad 得到介质损耗。最后,在【Result】-【Create Field Report】-【Rectangular Plot】选择 ad,单击得到介质损耗的曲线,如图 2-7-19 所示。

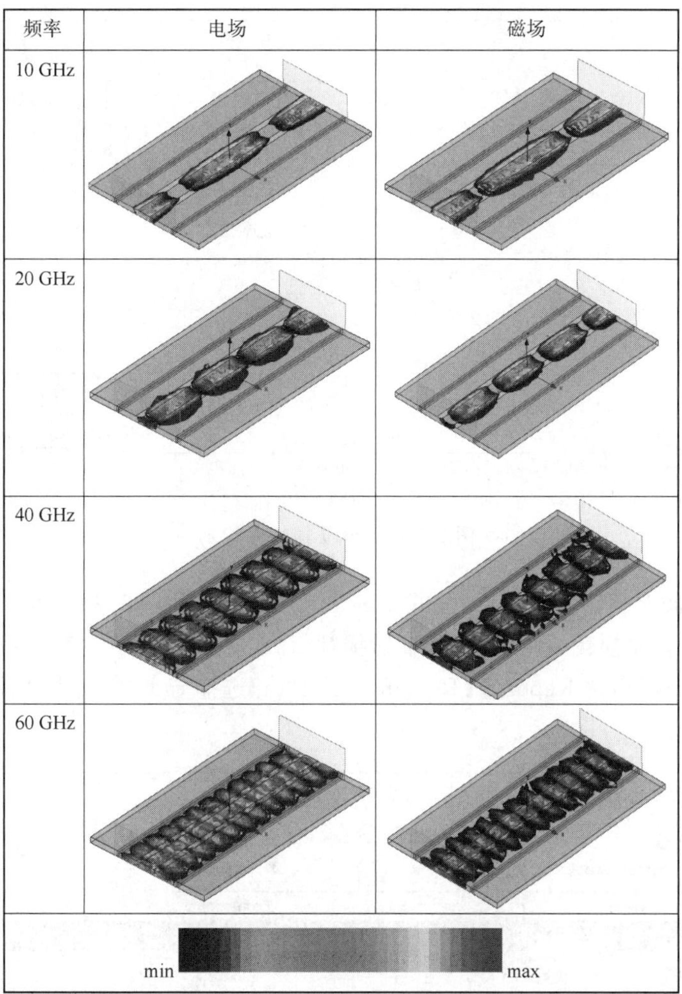

图 2-7-17 电场磁场分布

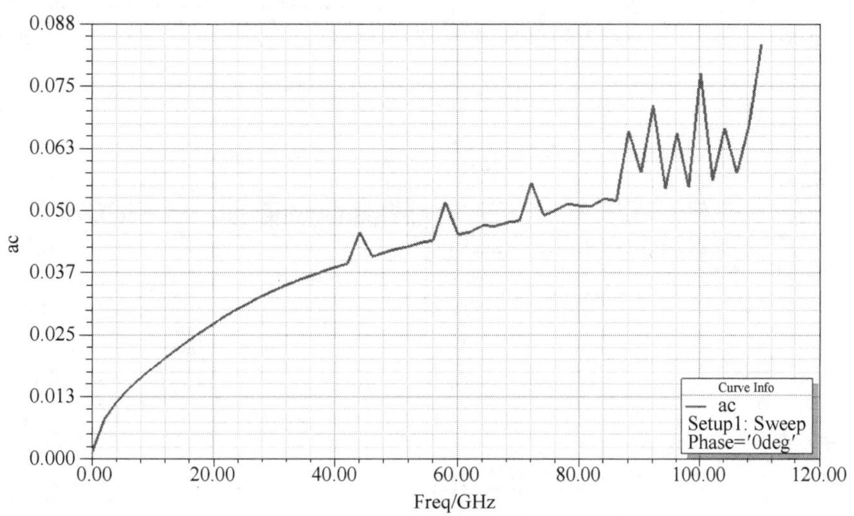

图 2-7-18 金属损耗曲线

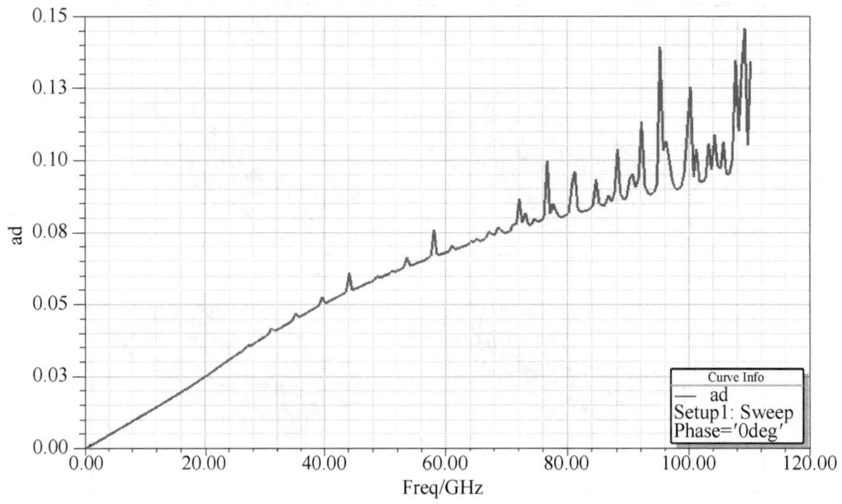

图 2-7-19　介质损耗曲线

利用场计算器求解辐射损耗，用公式 1-S(1,1)^2-S(2,1)^2 求出总的损耗 Loss，再减去金属损耗 ac 和介质损耗 ad 就得到了辐射损耗，命名为 rad，如图 2-7-20 设置所示。最后，在【Result】-【Create Field Report】-【Rectangular Plot】选择 rad，单击得到辐射损耗的曲线，如图 2-7-21 所示。

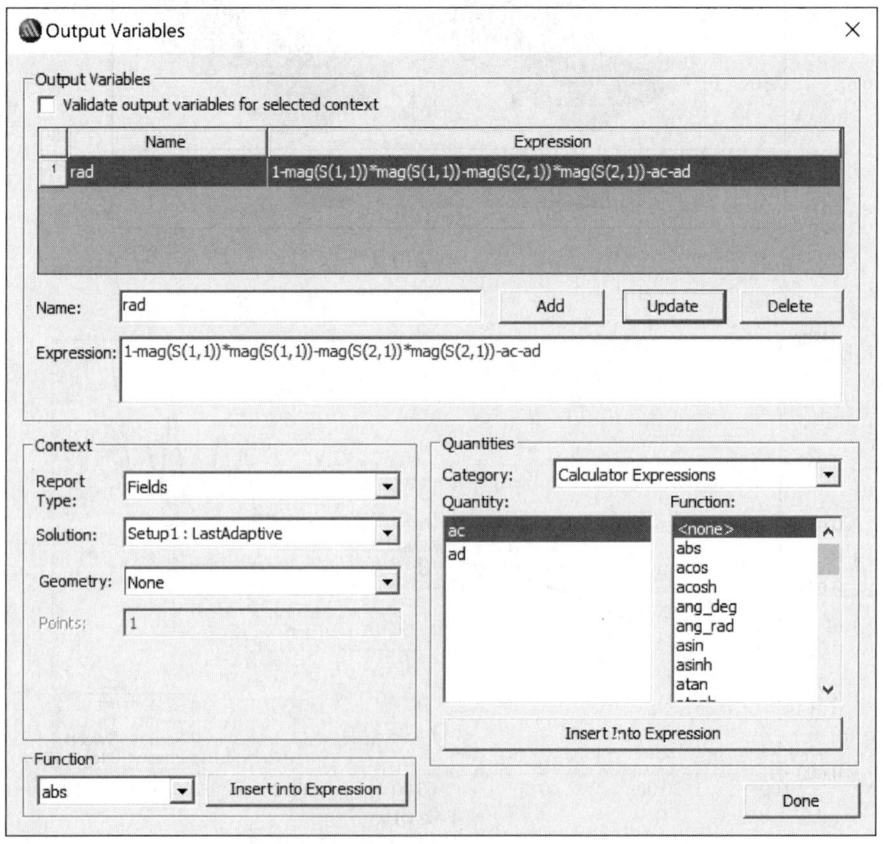

图 2-7-20　场计算器求解辐射损耗

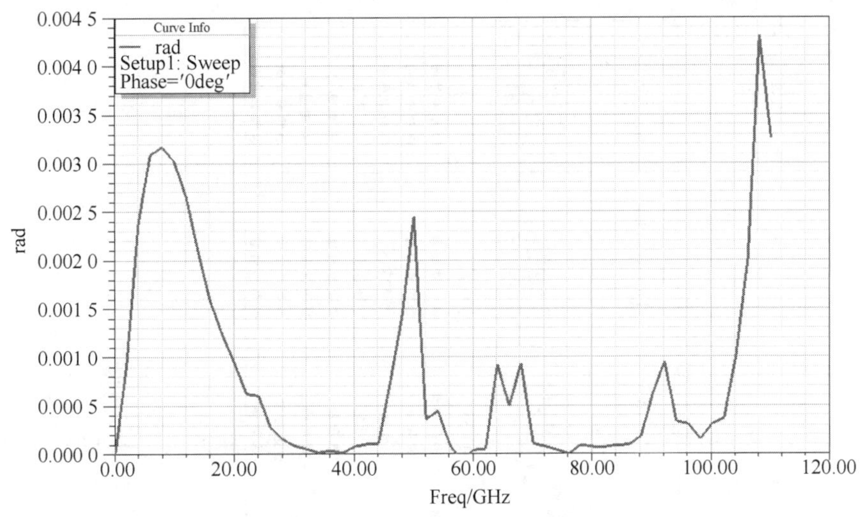

图 2-7-21　辐射损耗曲线

总结：通过分析 AF-MSTL 和 DF-MSTL 的仿真损耗结果可以看出，AF-MSTL 的损耗低于 DF-MSTL，对比表 2-7-2。

表 2-7-2　AF-MSTL 与 DL-MSTL 对比表

损耗比较	介质损耗 ad	金属损耗 ac	辐射损耗
AF-MSTL	0.01@110 GHz	0.038@110 GHz	0.004@30 GHz 0.001@110 GHz
DL-MSTL	0.14@110 GHz	0.075@110 GHz	0.004@110 GHz

2.8　总　　结

上述几节分析了各种传输线的由来以及性能结构特点，随着逐渐提高的应用需求，毫米波传输线的发展是非常有必要的。不难发现，所有的传输线的提出，从应用方面都会考虑以下几个维度：传播模式、传播带宽、损耗、加工方式、集成度、小型化以及成本等。下面针对几种传输线进行对比分析，如图 2-8-1 所示。

从传播模式来看，以同轴线和微带线为代表的传播的是 TEM 模式，TEM 模式色散小、带宽宽。但是，逐渐到了高频，损耗依旧很大。以矩形波导类传播 TE_{10} 模式，具有主模单模带宽限制，低频有截止频率，高频存在 TE_{20}、TE_{11} 等高次模。模式转换传输线能够传输 TEM 模式和 TE_{10} 模式，这在传输线历史上是一个非常大的突破。从损耗来看，同轴线、SICL 具有自屏蔽效应，低频损耗小，矩形波导在空气中传播，在主模工作带宽损耗小，但是随着工作频段达到太赫兹，其金属损耗不可忽视；基片集成波导（SIW）由于其在介质基板中传播能量，所以介质损耗也不可忽视。表 2-8-1 给出部分实测损耗对比结果。从集成度来看，同轴线、SICL、矩形波导都是 3D 立体结构，不利于集成，SIW、微带线和 MSTL 是平面类结构，易于集成和小型化。随着毫米系统的发展，传输线的设计应用需要考虑集成度、带宽、损耗等因素，权衡折中后选择合适的传输线。

Type	Coaxial Line	Dielctric Waveguide	Metallic Waveguide	Substrate Integrated Waveguide	Microstrip	Coplanar Waveguide	Strip Line	SICL	DF-MSTL	AF-MSTL
Illustration			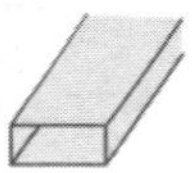	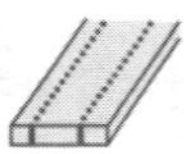	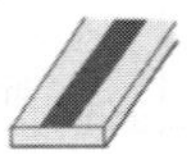			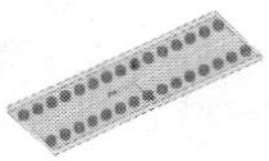	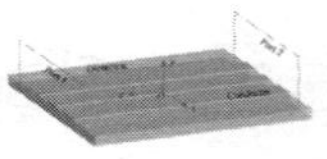	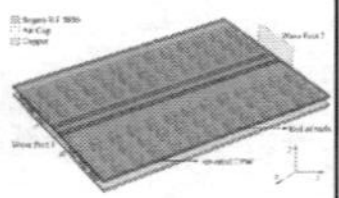
Fundamental mode	TEM	EH/HE	TE_{10}	Quasi-TE_{10}	Quasi-TEM	Quasi-TEM	TEM	TEM	TEM+TE10	TEM+TE10
Modal Dispersion	●●●●●	●	●●●	●●●	●●●●	●●●●	●●●●●	●●●●●	●●●●●	●●●●●
Monomode Bandwidth	●●●●●	●●	●●●	●●●●	●●●●	●●●	●●●●	●●●	●●●●●	●●●●●
Transmission Loss	●●●	●●●●	●●●●●	●●●	●	●●	●●	●●	●●●●	●●●●●
Power Handling	●●●●	●●●●	●●●●●	●●●	●●	●●	●●●	●●●	●●●	●●●
Physical Size	●●●	●●	●	●●●	●●●●●	●●●●	●●●	●●●	●●●●●	●●●●
Ease of Manufacturing	●●	●●●	●	●●●●	●●●●●	●●●●●	●●●	●●●	●●●●●	●●●●
Integration	●	●●	●	●●●●●	●●●●●	●●●●●	●●●●	●●●●	●●●●●	●●●●●
Packaging and Shielding	●●●●●	●	●●●●●	●●●●	●●	●●	●●●	●●●	●●●●●	●●●●●

Scale: ● = very unfavorable; ●● = unfavorable; ●●● = average; ●●●● = favorable; ●●●●● = very favorable.

图 2-8-1　对传输线对比[6]

表 2-8-1 传输线性能对比表[41,36,37]

传输线类型	实测传输损耗
微带线	0.77 dB/cm@75 GHz
矩形波导	0.044 2 dB/cm@75 GHz
SIW	0.217 2 dB/cm@50 GHz
SICL	—
GWG	0.044 2@75 GHz
DF-MSTL	0.501 2 dB/mm@110 GHz
AF-MSTL	0.285 7 dB/mm

本章参考文献

[1] Packard K S ."The origin of waveguides, a case of multiple rediscovery," IEEE Trans.Microw.Theory Techn, 1984,32(9):961-969.

[2] Oliner A A."Historical perspectives on microwave field theory," IEEE Trans.Microw. Theory Techn , 1984,32(9):1022-1045.

[3] Oliner A A."The evolution of electromagnetic waveguides: From hollow metallic guides to microwave integrated circuits," in History ofWireless,T.K.Sarkar et al., Eds.Hoboken, NJ, USA:Wiley/IEEE Press, 2006(16):543-566.

[4] Barrett R M."Microwave printed circuits the early years," IEEE Trans.Microw. Theory Techn, 1984.32(9):983-990.

[5] Howe Jr H."Microwave integrated circuits an historical perspective," IEEE Trans. Microw.Theory Techn, 1984,32(9):991-996.

[6] Wu K, Bozzi M,Fonseca N J G."Substrate Integrated Transmission Lines:Review and Applications," in IEEE Journal of Microwaves, 2021,1(1):345-363.

[7] Bryant J H."The first century of microwaves 1886 to 1986," IEEE Trans.Microw. Theory Techn, 1988,36(5):830-858.

[8] Bryant J H."Coaxial transmission lines, related two-conductor transmission lines, connectors, and components: A U.S.historical perspective," IEEE Trans.Microw. Theory Techn, 1984,32(9):970-983.

[9] Griegm D D,Engelmann H F."Microstrip - A new transmission technique for the klilomegacycle range," Proc.IRE, 1952(40):1644-1650.

[10] Wen C P."Coplanar waveguide:A surface strip transmission line suitable for nonreciprocal gyromagnetic device applications," IEEE Trans.Microw.Theory Techn., 1969,17(12): 1087-1090.

[11] McQuiddy Jr D N, Wassel J W, Lagrange J B, et al."Monolithic microwave integrated circuits:An historical perspective," IEEE Trans.Microw.Theory Techn.,1984,32(9): 997-1008.

[12] Deslandes D, Wu K. "Integrated microstrip and rectangular waveguide in planar form," IEEE Microw.Wireless Compon.Lett, 2001(11):68-70.

[13] Deslandes D, Wu K. "Integrated transition of coplanar to rectangular waveguides," in Proc.IEEE MTT-S Int.Microw.Symp., Phoenix, AZ, USA, 2001:619-622.

[14] Gatti F, Bozzi M, Perregrini L, et al. "A novel substrate integrated coaxial line(SICL) for wide-band applications," in Proc.Eur.Microw.Conf., 2006(9):1614-1617.

[15] Kildal P S. "Fundamental properties of canonical soft and hard surfaces, perfect magnetic conductors and the newly introduced DB surface and their relation to different practical applications including cloaking," in 2009 International Conference on Electromagnetics in Advanced Applications, 2009:607-610.

[16] Marcuvitz N. Waveguide Handbook, M. I. T. Rad. Lab. Series. New York: McGraw Hill, 1951(10):399-402.

[17] Pozar D M.Microwave Engineering, 3rd ed.New York, NY, USA:Wiley, 2004.

[18] 李秀萍.微波技术基础.北京:电子工业出版社，2013.

[19] 谢处方，饶克谨.电磁场与电磁波.3 版.北京:高等教育出版社，1999.

[20] 高卓伟.基片集成波导缝隙天线及阵列研究.南京:东南大学,2020.

[21] Kildal P S. "Waveguides and transmission lines in gaps between parallel conducting surfaces", European patent application EP08159791.6, 2008,7(7).

[22] Kildal P S. "Definition of artificially soft and hard surfaces for electromagnetic waves," Electronic Letters, 1988,24(3):168-170.

[23] Kildal P S. "Artificially soft and hard surfaces in electromagnetics", IEEE Trans. Antennas Propagat, 1990,38(10):1537-1544.

[24] Kildal P S. "Three Metamaterial-based Gap Waveguides between Parallel Metal Plates for mm/submm Waves," Antennas and Propagation, 2009. EuCAP 2009. 3rd European Conference on 2009.

[25] Kildal P S, et al. "Local Metamaterial-Based Waveguides in Gaps Between Parallel Metal Plates," IEEE Antennas & Wireless Propagation Letters ,2009(8):84-87.

[26] 董兴超.间隙波导漏波天线及阵列天线研究[D].北京:中国科学院大学,2018.

[27] 徐敏喆.槽间隙波导缝隙天线的研究[D].西安:西安电子科技大学，2017.

[28] 黄星星.人工电磁软硬表面结构设计及其应用研究[D].北京:电子科技大学 2015.

[29] 陈洋.基于基片集成同轴线的微波无源器件的分析与设计[D].南京:南京邮电大学,2020.

[30] Liang W, Hong W. "Substrate integrated coaxial line 3 dB coupler," Electron.Lett, 2012,48(1):35-36.

[31] Zhu F, Hong W, Chen J X, et al. "Ultra-wideband single and dual baluns based on substrate integrated coaxial line technology," IEEE Trans.Microw.Theory Techn, 2012,60(10):3062-3070.

[32] Deslandes D, Wu K. "Integrated microstrip and rectangular waveguide in planar form," IEEE Microwave and Guided Wave Letters, 2001,11(2):68-70.

[33] Cassivi Y, Perregrini L, Arcioni P, et al."Dispersion characteristics of substrate integrated rectangular waveguide," IEEE Microwave and Wireless Components Letters, 2002.12(9):333-335.

[34] Tonouchi M."Cutting-edge terahertz technology," Nature photon, 2007.1(2):97-105.

[35] Fesharaki F, Djerafi T, Chaker M, et al."Low-loss and low dispersion transmission line over DC-to-THz spectrum," IEEE Trans. THz Sci. Technol., Jul., 2016, 6(4): 611-618.

[36] Wang D, Fesharaki F, Wu K."Longitudinally Uniform Transmission Lines with Frequency-Enabled Mode Conversion," IEEE Access, 2018,(6):24089-24109.

[37] Wang D, Wu K."Mode-Selective Transmission Line-Part II: Excitation Scheme and Experimental Verification," IEEE Trans.Compon.Packag.Manuf.Technol, 2021, 11 (2):260-272.

[38] Wang D, Fesharaki F, Wu K."Physical evidence of mode conversion along mode-selective transmission line," IEEE MTT-S Int. Microw. Symp. Dig, 2017 (6): 491-494.

[39] Wang D, Wu K."Propagation characteristics of mode-selective transmission line," IEEE MTT-S Int. Microw. Symp. Dig, 2018 (6): 1057-1060. Ebrahimpouri, M., Quevedo-Teruel, O. & Rajo-Iglesias. E, "Design Guidelines for Gap Waveguide Technology Based on Glide-Symmetric Holey Structures," IEEE Microw.Compon. Lett ,2017(27):542-544.

[40] Fesharaki F, Djerafi T, Chaker M, et al."Mode-selective transmission line for chip-to-chip terabit-per-second data transmission," IEEE Trans.Compon.Packag.Manuf. Technol, 2018, 8(7):1272-1280.

[41] Rajo-Iglesias, Eva, Miguel Ferrando-Rocher, et al."Gap waveguide technology for millimeter-wave antenna systems." IEEE Communications Magazine, 2018.56(7): 14-20.

第 3 章　宽带毫米波圆极化天线研究与设计

3.1 引　　言

天线的极化是指天线在给定方向(一般指最大场强方向)上所辐射电磁波的极化。电磁波的极化方式以其电场矢量的取向来区分。天线辐射的电磁波在远区为横电磁波，即其电磁场矢量均位于与传播方向垂直的横向平面上，亦称作平面极化波。当观察沿着 z 方向传播的平面波时，图 3-1-1(a)中的电场方向一直沿着 y 坐标轴，因此称作 y 方向的线极化波。该波的电场是位置与时间的函数，可以写成：

$$E_y = E_2 \sin(\omega t - \beta z) \tag{3.1.1}$$

通常来讲，沿 z 方向行波的电场同时具有 y 分量与 x 分量，如图 3-1-1(b)所示。在考察更普遍的情况时，y 与 x 分量之间存在着相位差，这种波被称为是椭圆极化波。对于一个确定的 z 点处，电场矢量 $\boldsymbol{E}$ 作为时间的函数而旋转，其矢量尖端所描出的轨迹被称为极化椭圆。该椭圆长轴与短轴之比称为轴比(Axial Ratio，AR)。对于图 3-1-1(b)中的椭圆极化波，轴比为 E_2 与 E_1 之比。椭圆极化的两个特殊情形是图 3-1-1(c)的圆极化，其中 E_2 与 E_1 相等，AR=1；以及图 3-1-1(a)中的线极化，其中 $E_1=0$，AR=∞。

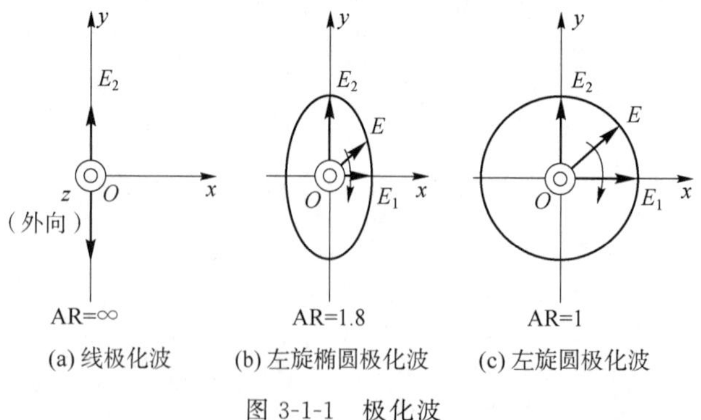

图 3-1-1　极化波

如图 3-1-2 所示，对于极化椭圆，取方向任意的一般椭圆极化波，可以通过沿 x 方向和 y 方向的两项线极化分量来描述。因此，如果电磁波沿正 z 轴方向传播，则 x 方向和 y 方向的电场分量分别为式(3.1.2)和式(3.1.3)：

$$E_x = E_1 \sin(\omega t - \beta z) \tag{3.1.2}$$

$$E_y = E_2 \sin(\omega t - \beta z + \delta) \tag{3.1.3}$$

式中，E_1 为沿 x 方向的线极化波幅度，E_2 为沿 y 方向的线极化波幅度，δ 为 E_y 滞后于 E_x 的相位角。将式(3.1.2)和式(3.1.3)合并，写出瞬时的总矢量场 $\boldsymbol{E}$：

$$\boldsymbol{E} = \hat{\boldsymbol{x}} E_1 \sin(\omega t - \beta z) + \hat{\boldsymbol{y}} E_2 \sin(\omega t - \beta z + \delta) \tag{3.1.4}$$

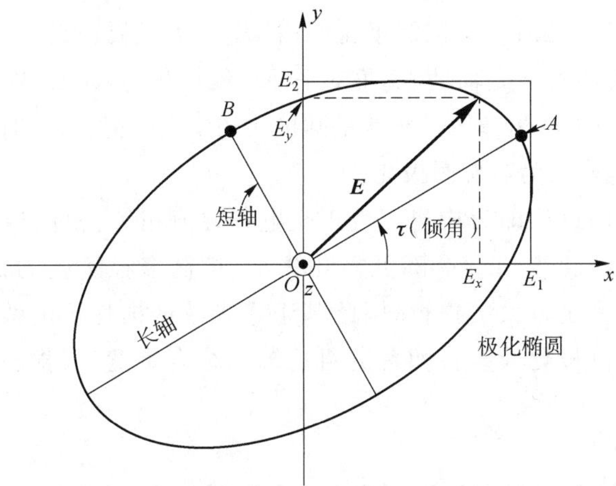

图 3-1-2 倾角为 τ 的极化椭圆的瞬时分量 E_x 与 E_y 以及幅度 E_1 与 E_2

在 $z=0$ 处有式(3.1.5)和式(3.1.6)：

$$E_x = E_1 \sin(\omega t) \tag{3.1.5}$$

$$E_y = E_2 \sin(\omega t + \delta) \tag{3.1.6}$$

进一步展开 E_y 有：

$$E_y = E_2 (\sin \omega t \cos \delta + \cos \omega t \sin \delta) \tag{3.1.7}$$

由 E_x 的关系式(3.1.5)，有式(3.1.8)和式(3.1.9)：

$$\sin \omega t = E_x / E_1 \tag{3.1.8}$$

$$\cos \omega t = \sqrt{1 - (E_x / E_1)^2} \tag{3.1.9}$$

将式(3.1.8)和式(3.1.9)代入式(3.1.7)消掉 ωt，再经整理得出：

$$\frac{E_x^2}{E_1^2} - \frac{2 E_x E_y \cos \delta}{E_1 E_2} + \frac{E_y^2}{E_2^2} = \sin^2 \delta \tag{3.1.10}$$

或者是：

$$a E_x^2 - b E_x E_y + c E_y^2 = 1 \tag{3.1.11}$$

式中，a、b、c 可以由式(3.1.10)得出：

$$a = \frac{1}{E_1^2 - \sin^2 \delta} \tag{3.1.12}$$

$$b = \frac{2 \cos \delta}{E_1 E_2 \sin^2 \delta} \tag{3.1.13}$$

$$c = \frac{1}{E_2^2 \sin^2 \delta} \tag{3.1.14}$$

式(3.1.11)描述了图 3-1-2 所示的极化椭圆，图中线段 OA 为半长轴，OB 为半短轴，椭圆的倾角为 τ，轴比被定义为

$$\mathrm{AR}=\frac{\mathrm{OA}}{\mathrm{OB}} \tag{3.1.15}$$

式中，AR 的取值为 1 到正无穷大之间。

当 $E_1=0$ 时，电磁波是沿 y 方向线极化的；若 $E_2=0$，电磁波是沿 x 方向线极化的。若 $\delta=0$ 且 $E_1=E_2$，则波是在与 x 轴呈 45°角的平面内线极化的，即 $\tau=45°$。

若 $E_1=E_2$ 而 δ 为正负 90°时，电磁波是圆极化的。当 δ 为正 90°时，电磁波为左旋圆极化；当 δ 为负 90°时，电磁波为右旋圆极化。

因此圆极化天线的设计即为构建产生正交电场幅值相等、相位相差 90°或-90°的正交电场的辐射结构。圆极化天线具有降低极化失配、抑制多径干扰的优势，同时传统的微波传输线在毫米波遭受了较大的损耗，因此基于毫米波低损耗传输线的圆极化天线的研究成了热点。毫米波圆极化天线正朝着宽阻抗轴比综合带宽、低损耗、低成本、小型化等方向发展。

3.2 宽带圆极化渐变缝隙天线研究与设计

3.2.1 基于矩形波导的圆极化渐变缝隙天线

本节提出了一种新型的基于波导的毫米波圆极化天线，为端射类宽带圆极化天线家族贡献了一位新成员，其实测阻抗轴比综合带宽达到了 34.1%，最高增益为 11.04 dBic。在卫星通信、大宽带回传基站应用中通常会使用大口径的高增益反射面天线，为了减小极化失配，其馈源通常会使用宽带圆极化喇叭天线。但随着频段的升高，毫米波圆极化喇叭天线的物理尺寸按比例大幅减小，而圆极化喇叭天线中的圆极化器结构复杂，且对尺寸精度要求极高，因此圆极化喇叭天线的加工已成为难点问题。本节提出的圆极化渐变缝隙天线结构简单，误差容忍度高，使用传统的慢走丝加工工艺即可实现一体化加工，具有低成本、宽工作带宽、低损耗的特点，可直接应用于反射面天线的圆极化馈源设计，解决了目前圆极化馈源结构复杂、加工难的问题。此外，本结构采用了展宽波导开渐变缝隙的结构实现了天线的圆极化特性，为宽带圆极化天线的理论实现提供了一种新的设计思路。

1. 天线结构

基于矩形波导的圆极化渐变缝隙天线结构图如图 3-2-1 所示，主要的结构参数与坐标原点和参考系已标注在图中，天线的宽度与高度分别为 W 和 H。天线由位于底部的长宽分别为 c 和 d 的标准 WR-15 波导进行馈电，随后沿着 z 轴连接宽度为 D_1 的 x 方向展宽波导，展宽波导的宽边两侧开了两个对称的、反足形式的直线渐变缝隙，由于缝隙是反对称的，在此仅描述在上层的缝隙，缝隙左侧的起始点坐标为$(-D_4/2,h/2,L_2)$，终点坐标为$(D_2/2,h/2,L_2+L_1)$；对应缝隙右侧的起止坐标分别为$(-D_5/2,h/2,L_2)$和$(-D_3/2,h/2,L_2+L_1)$，结构由金属铜构成，表 3-2-1 所示为天线详细的结构参数。

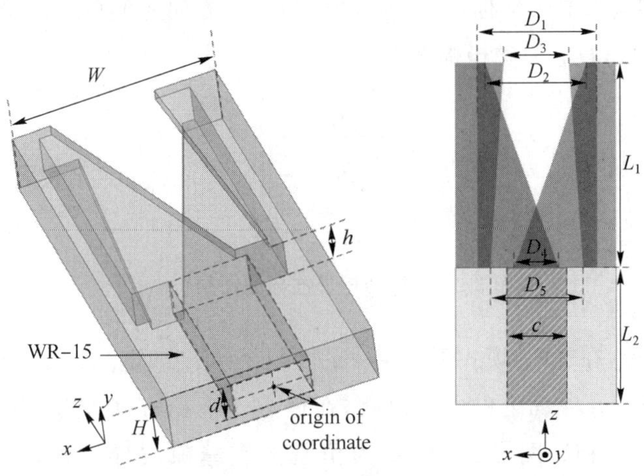

图 3-2-1 基于波导的圆极化渐变缝隙天线结构图

表 3-2-1 基于矩形波导的圆极化渐变缝隙天线结构参数(λ 为 60 GHz 对应自由空间波长)

参数	c	d	h	H	W	D_1
值/(mm)	3.795 0.759λ	1.88 0.376λ	1.88 0.376λ	2.88 0.576λ	10 2λ	7.4 1.48λ
参数	D_2	D_3	D_4	D_5	L_1	L_2
值/(mm)	6.2 1.24λ	4 0.8λ	2.8 0.56λ	6 1.2λ	11.8 2.36λ	8 1.6λ

2. 天线工作机理与参数分析

由于不同的波导模式具有不同的场分布,因此矩形波导的模式对基于波导类天线的辐射过程起着至关重要的作用。本节从矩形波导理论出发,通过全波仿真软件 HFSS,首先对最简单的开直缝隙的展宽波导进行模式和磁场分布的计算,提取出各参数对开缝波导导波波长、沿缝隙与波导侧壁的电流幅值等参数的影响,进而将开直缝隙的波导模式特性应用于所提出的渐变缝隙天线圆极化机理分析,并通过详细的软件参数扫描验证理论的正确性。

标准的矩形波导截面结构图如图 3-2-2 所示,坐标原点位于矩形波导中心,因此电流可以表示为[1]

$$J = n \times H \tag{3.2.1}$$

式中,n 为单位向量,根据亥姆霍兹方程计算可得到矩形波导中 TE_{m0} 模式的 H_x、H_y 和 H_z,根据式(3.2.1),矩形波导四个面上的电流分布可以表示为

$$\begin{cases} J_s \mid_{x=-a/2} = -e_y H_m \cos \beta z \\ J_s \mid_{x=a/2} = e_y H_m \cos(m\pi) \cos \beta z \\ J_s \mid_{y=-b/2} = e_x H_m \cos\left(\dfrac{m\pi}{a}x + \dfrac{m\pi}{2}\right) \cos \beta z - e_z \dfrac{\beta a}{m\pi} H_m \sin\left(\dfrac{m\pi}{a}x + \dfrac{m\pi}{2}\right) \sin \beta z \\ J_s \mid_{y=b/2} = -J_s \mid_{y=-b/2} \end{cases} \tag{3.2.2}$$

式中，x、y、z 为图 3-2-2 中的坐标，e_x、e_y 和 e_z 为三个方向上的单位向量，a 和 b 为波导长宽尺寸，β 为相位常数，H_m 为磁场幅度。

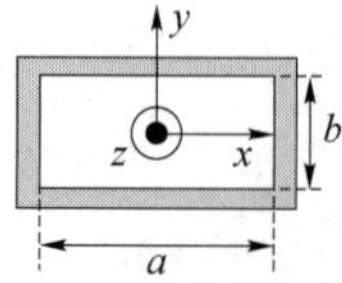

图 3-2-2　标准矩形波导截面结构图

由式(3.2.2)可得，在 TE_{10} 模式下，$x=-a/2$ 与 $x=a/2$ 面上的电流同相，而在 TE_{20} 模式下，$x=-a/2$ 与 $x=a/2$ 面上的电流反相，在任意 TE_{m0}（m 为整数）模式下 $y=-b/2$ 与 $y=b/2$ 面上的电流反相。图 3-2-3 所示为仿真的直缝隙波导结构，同样由底部的标准 WR-15馈电，沿着 z 轴波导宽边尺寸由 c 展宽为 W_1，在展宽波导的宽边两侧开着平行于 z 轴的矩形缝隙，缝隙宽度与长度分别为 W_2 和 L，表 3-2-2 所示为直缝隙波导结构的详细尺寸。

表 3-2-2　基于矩形波导的直缝隙结构参数（λ 为 60 GHz 对应的自由空间波长）

参数	c	d	H	h_1
值/mm	3.795 0.759λ	1.88 0.376λ	2.88 0.576λ	1.88 0.376λ
参数	W_1	W_2	L	W
值/mm	7.4 1.48λ	3 0.6λ	20 4λ	10 2λ

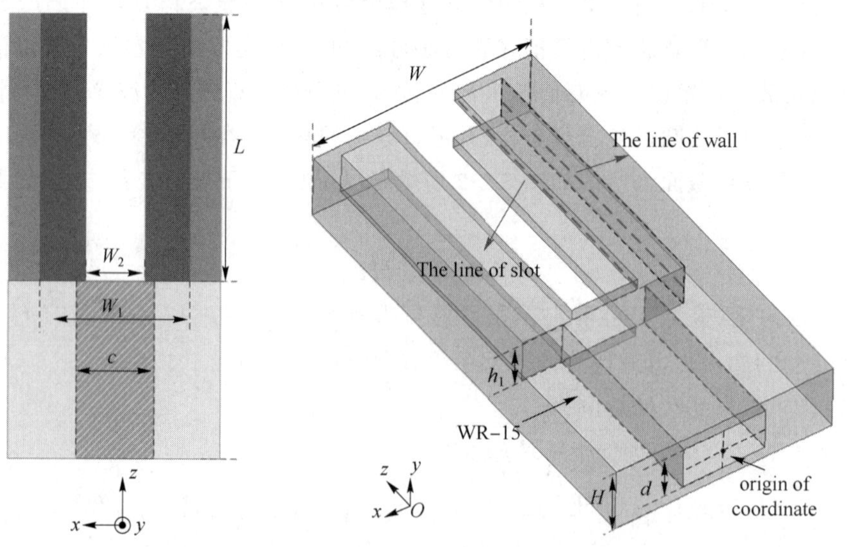

图 3-2-3　基于矩形波导的直缝隙结构图

图 3-2-4(a)所示为宽边尺寸由 c 展宽为 W_1 的矩形未开缝波导的电场分布，由于宽边尺寸展宽，达到了 TE_{20} 模式激励条件，展宽波导激励了 TE_{10} 与 TE_{20} 的混合模式，波导的直角展宽结构模式计算方法已在文献[2]中给出，本节不再详细计算。对于 TE_{20} 模式，根据式(3.2.2)可得在 $x=-a/2$ 与 $x=a/2$ 面上具有反相电流，且导波波长不同于 TE_{10} 模式。图 3-2-4(b)给出了开缝后的展宽波导模式，其尺寸与表 3-2-2 中一致，可以看出开缝后变成了单一模式。为了进一步研究开缝波导模式特性，图 3-2-4(c)给出了开缝波导宽边与窄边电流分布，可以看到在 $x=\pm W_1/2$ 是同相的，在 $y=\pm h_1/2$ 是反相的。此外，在 $y=\pm h_1/2$平面上缝隙的两侧有着相同的电流方向，这意味着缝隙的出现导致了高次模 TE_{20} 的截止，使得该结构工作在单一的模式，尽管缝隙的出现打乱了波导基模的场分布，但由于新的开缝波导模式是单一模式，便可以很方便地借助全波仿真软件提取此模式电流分布、导波波长特性随结构参数变化规律，为了能够全面、准确、高效地掌握最终设计的渐变缝隙圆极化天线的物理机制以及各结构参数对其性能的影响提供理论基础。

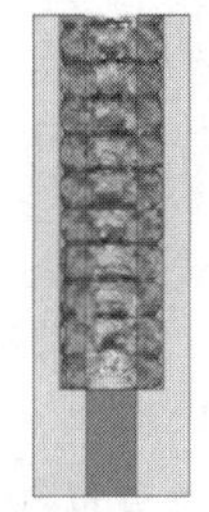

(a) 在展宽波导中电场分布图

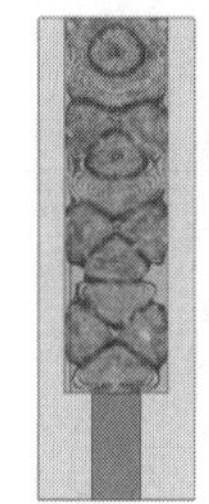

(b) 展宽开缝波导中电场分布图

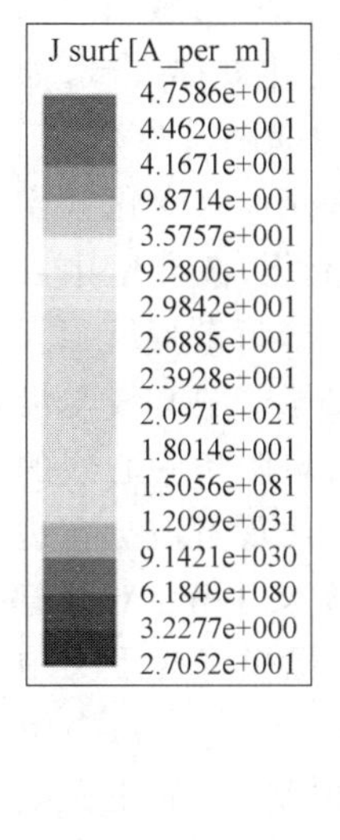

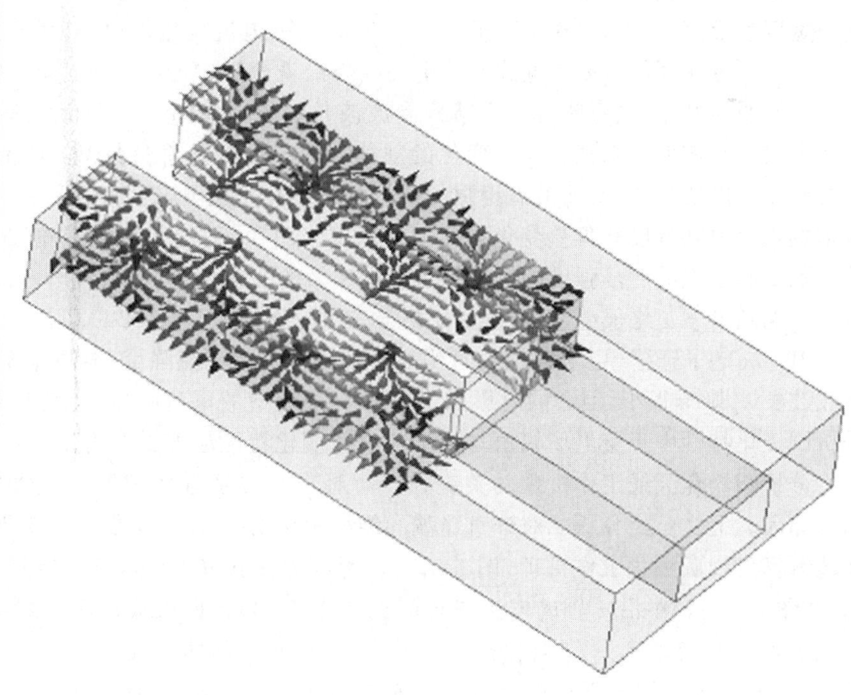

(c) 开缝波导中电流分布图

图 3-2-4　仿真波导与开缝波导电场与电流分布图

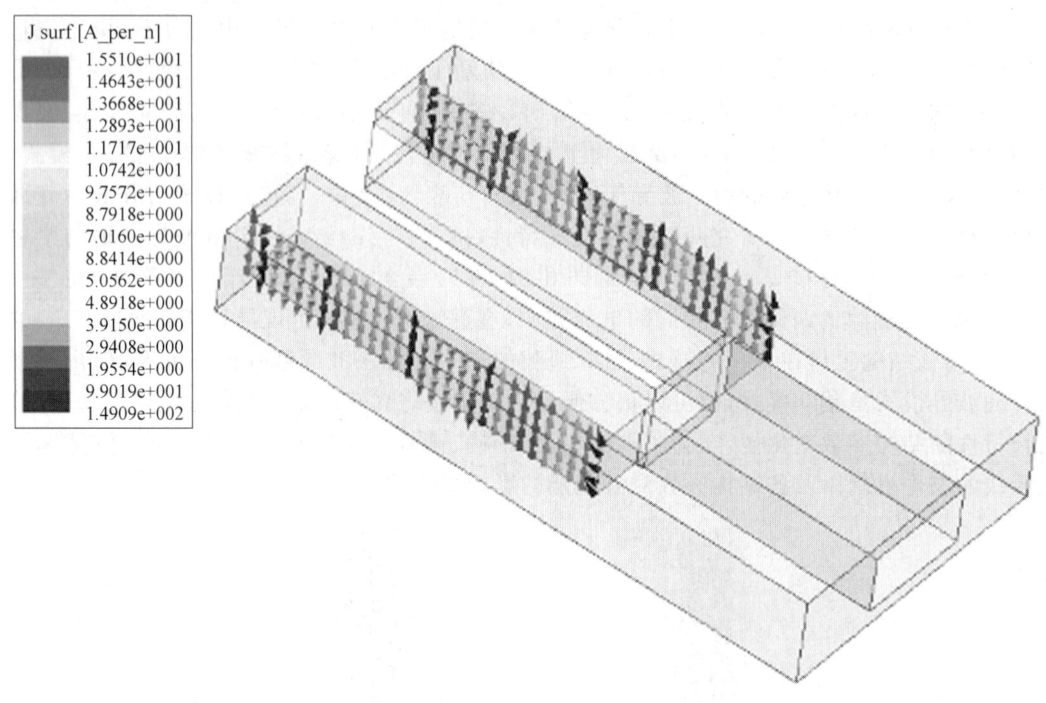

(c) 开缝波导中电流分布图 (续)

图 3-2-4　仿真波导与开缝波导电场与电流分布图(续)

下面研究开缝结构导波波长 λ'_g 以及沿缝隙电流强度随展宽波导宽边尺寸参数 W_1 和缝隙宽度参数 W_2 的变化规律。根据式(3-16)可得，电流变化规律与磁场变化规律一致，如图 3-2-5(a)与(b)所示，沿展宽波导壁中心线与沿着缝隙中心线上的磁场周期随着参数 W_1 的增大而明显减小，这意味着开缝结构导波波长 λ'_g 随参数 W_1 的增大而减小，此变化规律与矩形波导导波波长随宽边尺寸变化的规律一致。此外随着参数 W_1 的变化，波导壁中心线的磁场强度明显改变，而沿着缝隙的磁场强度变化不明显，这将为下文中分析渐变缝隙天线远场正交电场幅度相位差变化规律提供基础。图 3-2-6 所示为沿展宽波导壁中心线与沿着缝隙中心线上的磁场强度随缝隙宽度尺寸 W_2 的变化规律，可以看出，沿着两条中心线的磁场周期随 W_2 变化很小，但幅值变化明显。结合图 3-2-5 与 3-2-6，可以看出展宽波导宽边尺寸 W_1 决定了开缝导波波长 λ'_g，且明显影响波导壁上电流强度；缝隙宽度尺寸 W_2 对开缝导波波长 λ'_g 影响很小，但会同时影响沿缝隙与波导壁的电流强度；此变化规律将为下文中分析圆极化特性中正交电场幅值与相位随参数变化特性起重要作用。

分析圆极化天线工作机理的关键在于解释产生幅度近似相等、相位相差 90°的正交电场的原因。上文已经分析了对开直缝波导结构电流分布随结构参数的变化规律，为了更清楚地解释天线圆极化工作机理，图 3-2-7(a)所示为在斜缝隙结构下 $z=t$ 平面的电流分布图，在图 3-2-4(c)中沿 z 轴的电流方向转变为沿着所提出的天线中倾斜缝隙的方向，在 $z=t$ 平面，红色与蓝色箭头分别代表 $y=h/2$ 与 $y=-h/2$ 面的电流，与直缝隙结构的电流分布一致，开缝波导上层与下层电流具有 180°相位差，在 $y=h/2$ 面上电流产生 $+x$ 与 $+z$ 方向电场，而在 $y=-h/2$ 面上电流产生 $+x$ 与 $-z$ 方向电场，叠加后，在远场仅产生 x 方向电场，z 方向电场相互抵消。图 3-2-7(b)所示为一个导波波长内电流分布图，取了间距为

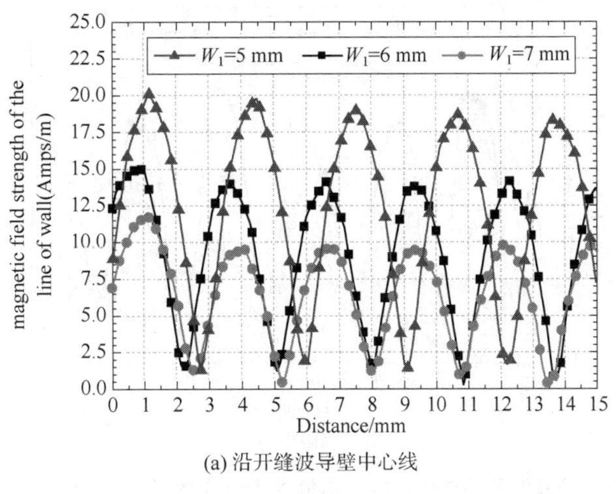

(a) 沿开缝波导壁中心线

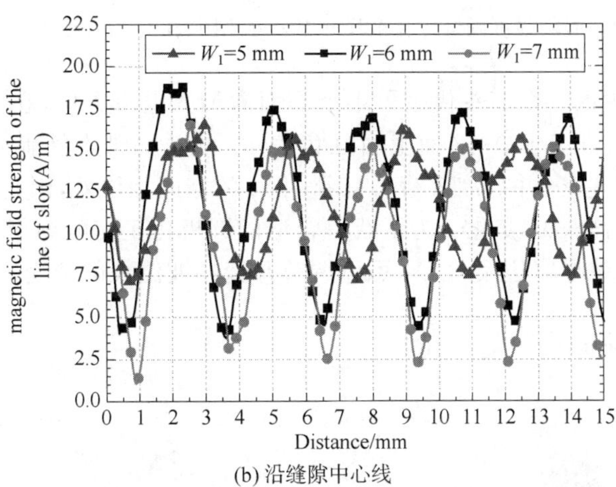

(b) 沿缝隙中心线

图 3-2-5　仿真沿开缝波导壁中心线与沿缝隙中心线(线位置已在图 3-2-3 中给出)磁场强度随展宽波导宽边尺寸 W_1 变化图(60 GHz)

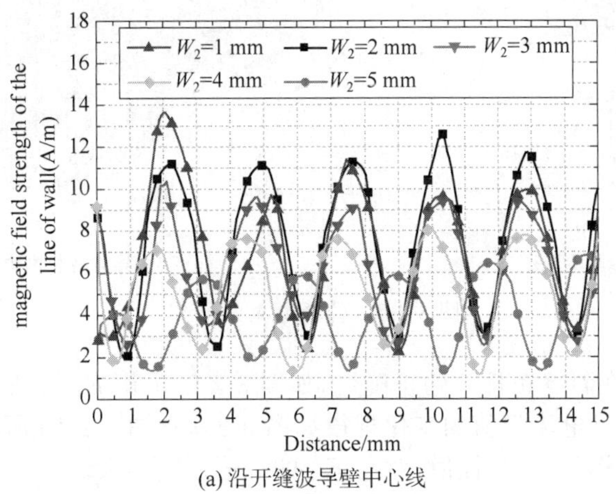

(a) 沿开缝波导壁中心线

图 3-2-6　仿真沿开缝波导壁中心线与沿缝隙中心线(线位置已在图 3-2-3 中给出)磁场强度随缝隙宽度尺寸 W_2 变化图(60 GHz)

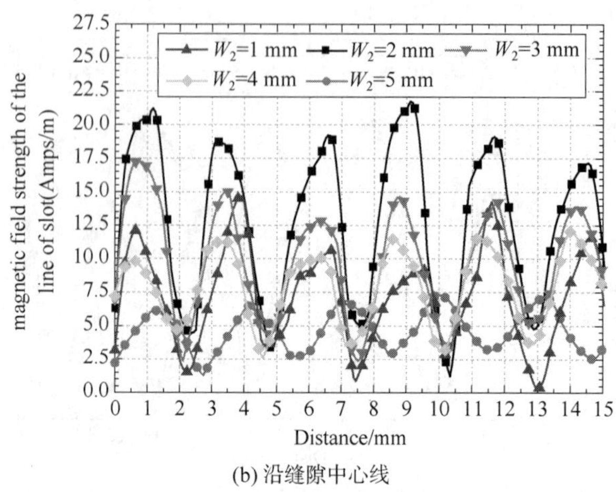

(b) 沿缝隙中心线

图 3-2-6 仿真沿开缝波导壁中心线与沿缝隙中心线(线位置已在图 3-2-3 中给出)磁场强度随缝隙宽度尺寸 W_2 变化图(60 GHz)(续)

$\lambda_g'/4$的 4 个平面,图中的 6 个箭头代表了 4 个平面内最大电流方向,在 $y=-h/2$ 面上的电流由蓝色箭头表示,在 $x=\pm D_1/2$ 面上由红色表示,可以发现蓝色箭头产生 x 方向电场,红色箭头产生 y 方向电场,并且红蓝箭头有着 $\lambda_g'/4$ 的空间相位差,因此 x 与 y 方向电场相位差会随着开缝导波波长 λ_g'变化。为了获得合适的圆极化正交电场相位差,从直缝隙结构变化规律可得到展宽波导宽边尺寸 D_1 可以调节开缝导波波长的结论。

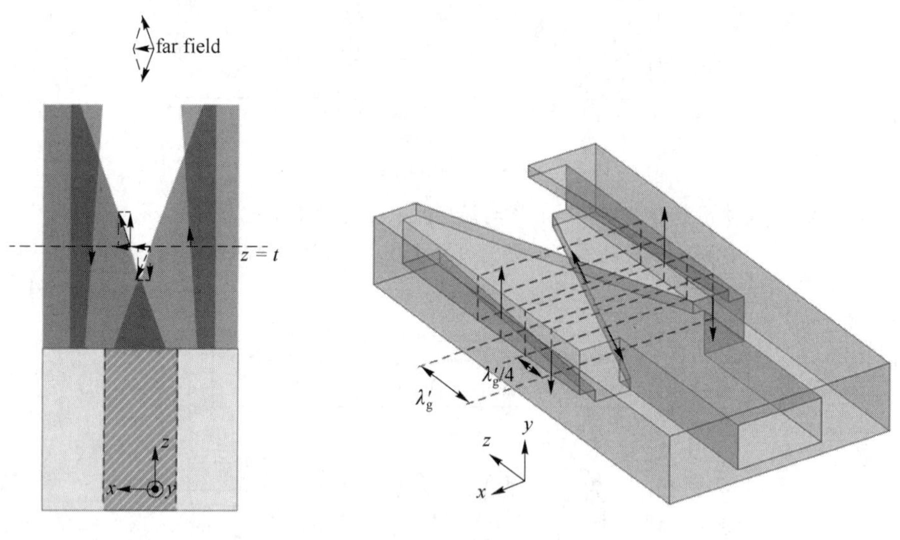

(a) 在$z=t$平面沿缝隙电流图

(b) 一个导波波长内电流分布图

图 3-2-7 仿真电流分布图

为了验证此机理在斜缝条件下的正确性,如图 3-2-8 所示,E_x 与 E_y 的相位差绝对值随着 D_1 的增大而减小,且电流幅值的变化规律如图 3-2-9 和图 3-2-10 所示也与图 3-2-5 中变化规律一致,D_1 主要影响 E_y 的幅值,对与 E_x 的幅值影响不大。

基于图 3-2-6 中分析的直缝隙宽度影响波导壁与缝隙上电流强度规律,可以得出改变缝隙的斜率可以调节沿着缝隙的电流强度与方向,因此该参数可用于调节 x 方向电场幅

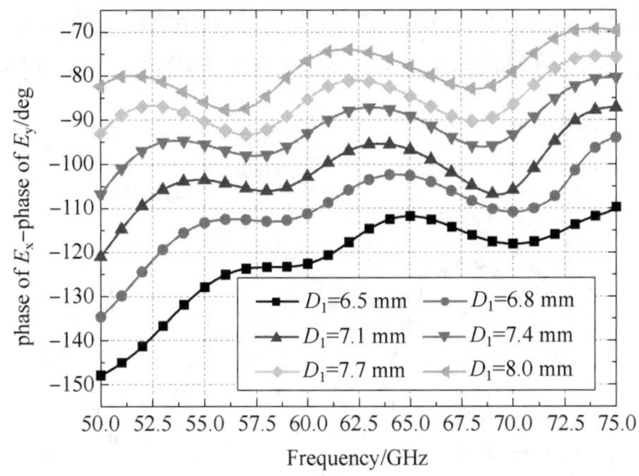

图 3-2-8　仿真不同展宽波导宽度尺寸 D_1 条件下正交电场相位差随频率变化图

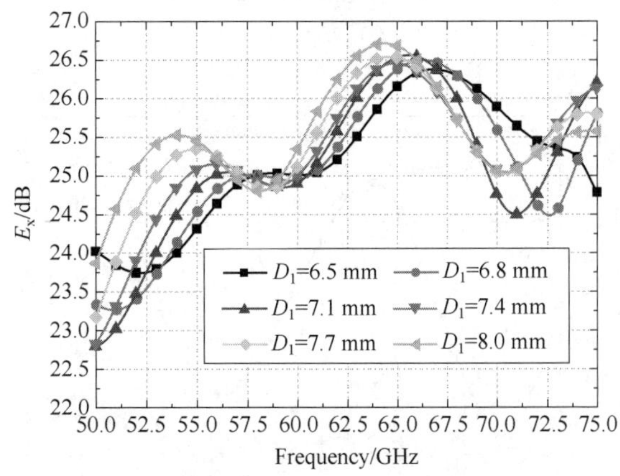

图 3-2-9　仿真不同展宽波导宽度尺寸 D_1 条件下远场 x 方向电场强度随频率变化图

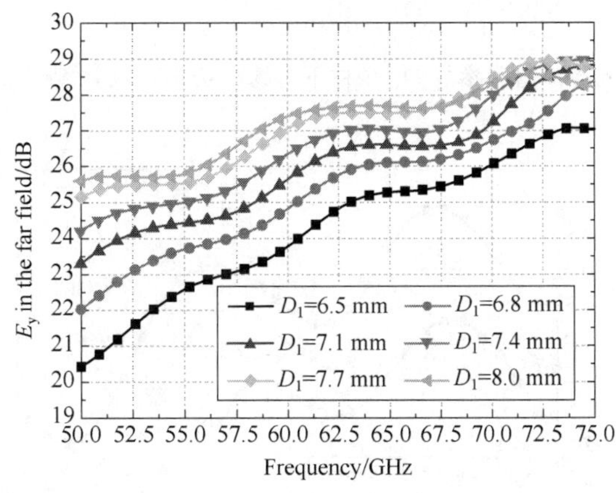

图 3-2-10　仿真不同展宽波导宽度尺寸 D_1 条件下远场 y 方向电场强度随频率变化图

值，如图 3-2-11 所示，E_x 会随着缝隙斜率的减小而明显增大。图 3-2-12 所示为正交电场幅度差（dB(E_x)-dB(E_y)）随着开缝波导厚度 h 的变化图，E_y 会随着 h 的增大而明显增大，而 E_x 变化不明显，因此合适的圆极化正交电场幅度差也可以通过优化参数 h 获得。从图 3-2-8 与图 3-2-13 可以看出 E_x 与 E_y 相位差约为-90°，显示了该天线可产生左旋圆极化波。

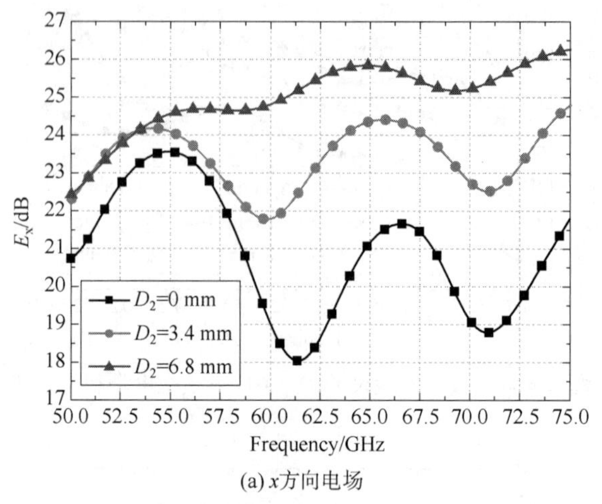

(a) x方向电场

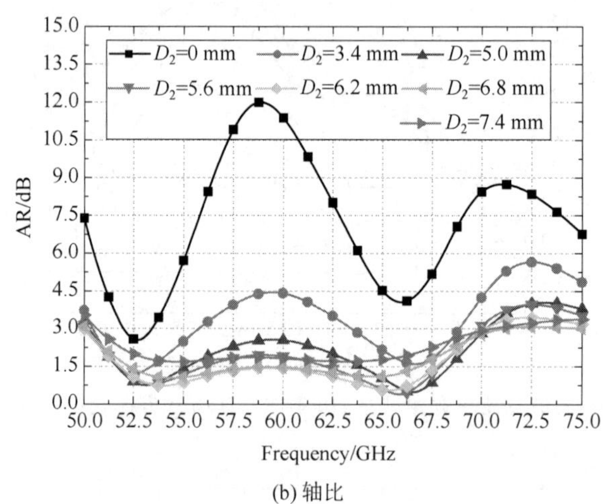

(b) 轴比

图 3-2-11　仿真不同缝隙斜率参数 D_2 条件下远场 x 方向电场强度与轴比随频率变化图

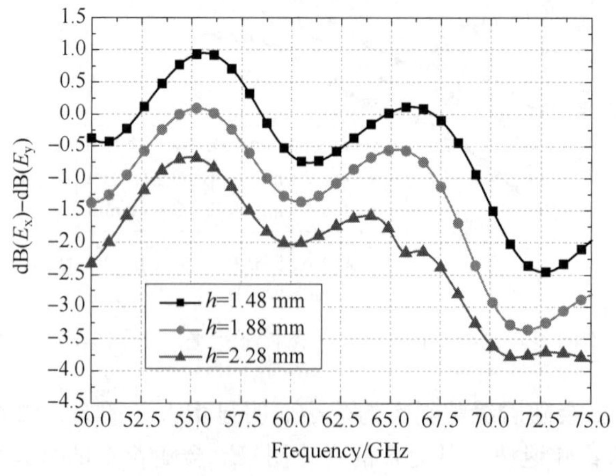

图 3-2-12　仿真不同开缝波导厚度 h 条件下远场正交电场幅度差随频率变化图

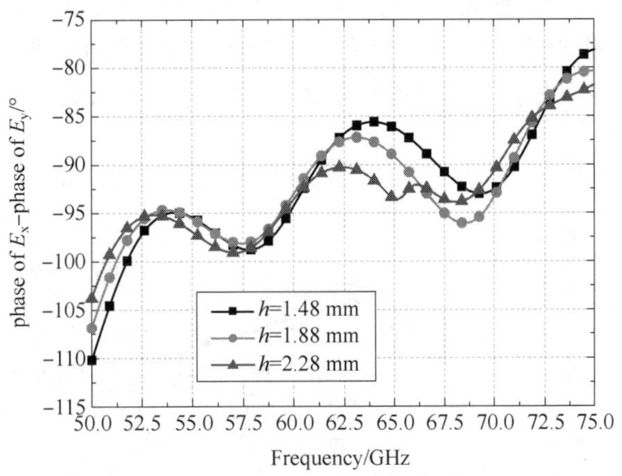

图 3-2-13　仿真不同开缝波导厚度 h 条件下远场正交电场相位差随频率变化图

该天线具有宽阻抗轴比带宽特性，如图 3-2-8 所示，合适的 D_1 可获得在宽带内稳定的正交电场相位差，该天线继承了传统渐变缝隙天线宽阻抗频带的特性，如图 3-2-14 所示，大幅度变化缝隙斜率的条件下，反射系数仍然可以保持在很低的值。与此同时，正交电场幅值（E_x 与 E_y）可以通过缝隙斜率进行调节。综上所述，提出的天线可以获得宽的阻抗轴比带宽。

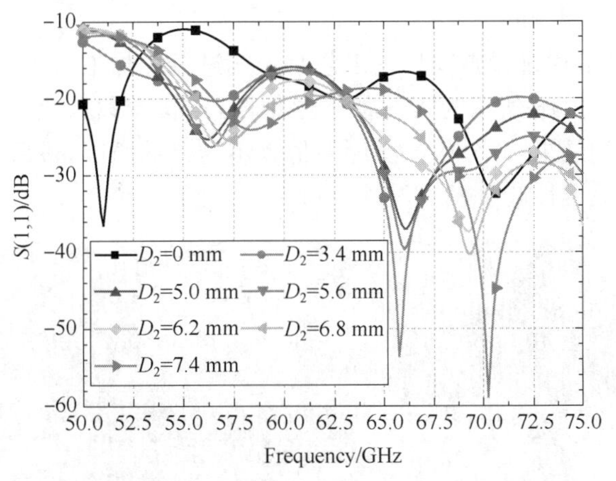

图 3-2-14　仿真不同缝隙斜率 D_2 条件下阻抗随频率变化图

该天线可接受较大的加工误差，图 3-2-15 所示为在 $D_1=7.4\pm 0.2$ mm 或者 $D_2=6.2\pm 0.6$ mm 范围内阻抗与轴比随频率变化情况，可以看出阻抗带宽随着参数变化影响不大，轴比有轻微的影响，该天线的误差容忍度较高，约为 0.2 mm。

为了方便工程师设计此类天线，提出的渐变缝隙圆极化天线设计流程如下：

（1）根据频率需求，选择对应的标准波导用于天线馈电；

（2）为了获得合适的圆极化相位差，将标准波导由 c 展宽为 $D_1\approx 1.5\lambda$，通过调节 D_1 来获得合适的圆极化相位差；

（3）缝隙斜率$[2L_1/(D_2+D_4)]$的正负决定了圆极化天线的旋向，在 $y=h/2$ 面斜率的正负分别对应于左旋与右旋，缝隙的参数可以粗略的设定为 $D_2=1.2\lambda$，$D_4=0.6\lambda$，$L_1=2.4\lambda$，通过微调另外一侧的缝隙斜率，可以获得近似幅度相等的 E_x 与 E_y；

(4) 检查 E_x 与 E_y 的相位差是否在可用范围，如果可用，天线设计流程完成，如果超出可用范围，回到步骤(2)；

(5) 完成仿真。

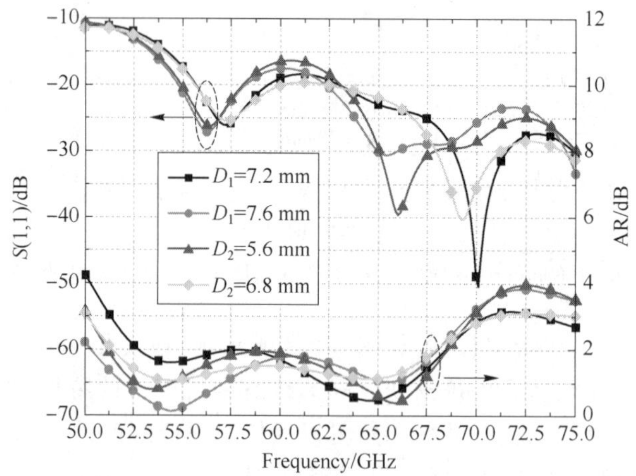

图 3-2-15　仿真不同展宽波导宽边尺寸 D_1 或缝隙斜率 D_2 条件下阻抗与轴比随频率变化图

3. 仿真与实测结果

为了验证设计，本节通过慢走丝切割工艺对天线进行了加工，并通过实测的方法验证理论仿真的正确性。图 3-2-16 所示为天线加工原型图，结构参数与表 3-2-1 保持一致。在这一节对比了仿真与实测结果，并分析了实测与仿真不吻合的原因，最后对比了目前已发表的毫米波圆极化天线的关键性能。

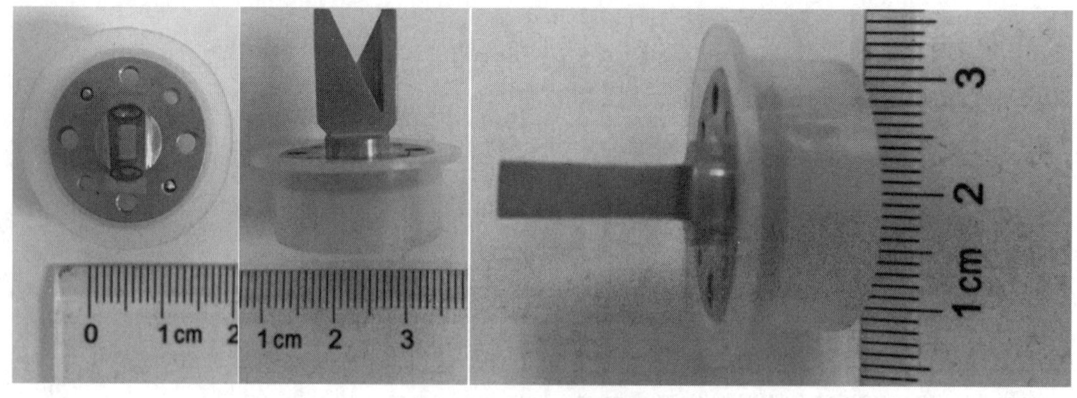

图 3-2-16　天线加工原型图

通过标准波导连接安捷伦矢量网络分析仪 E8361A 加载 N5260-60003 扩频模块完成了驻波的测试，如图 3-2-17 所示，仿真与实测阻抗带宽($S_{11}<-10$ dB)均覆盖了频率 50～75 GHz，但谐振点有偏移，这主要是由于加工误差导致的，如图 3-2-15 所示，开缝波导宽度 D_1 会引起天线谐振点的偏移，但对天线的其他特性并没有明显影响。此外，可以看出天线在超过 75 GHz 仍可以获得好的阻抗特性。

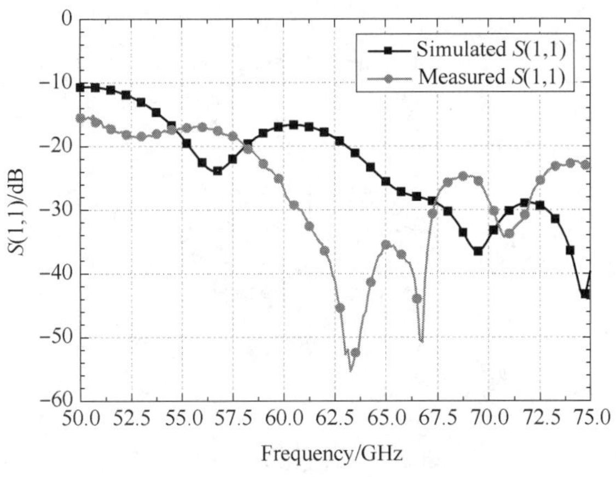

图 3-2-17　仿真与实测 S_{11} 图

仿真与实测的 50、67 与 70 GHz 左旋圆极化归一化方向图如图 3-2-18 所示。实测结果在 y-z 面不完整是测试设备转台旋转范围的限制引起的，但仿真与实测天线主瓣吻合一致。由于主瓣宽度在工作频段内较固定，因此漏波现象可以近似忽略，天线的副瓣电平很低，该特性可以明显减小多径干扰的影响。在工作频段内，x-z 面与 y-z 面半功率波瓣宽度分别为 41°±6°与 69°±11°。

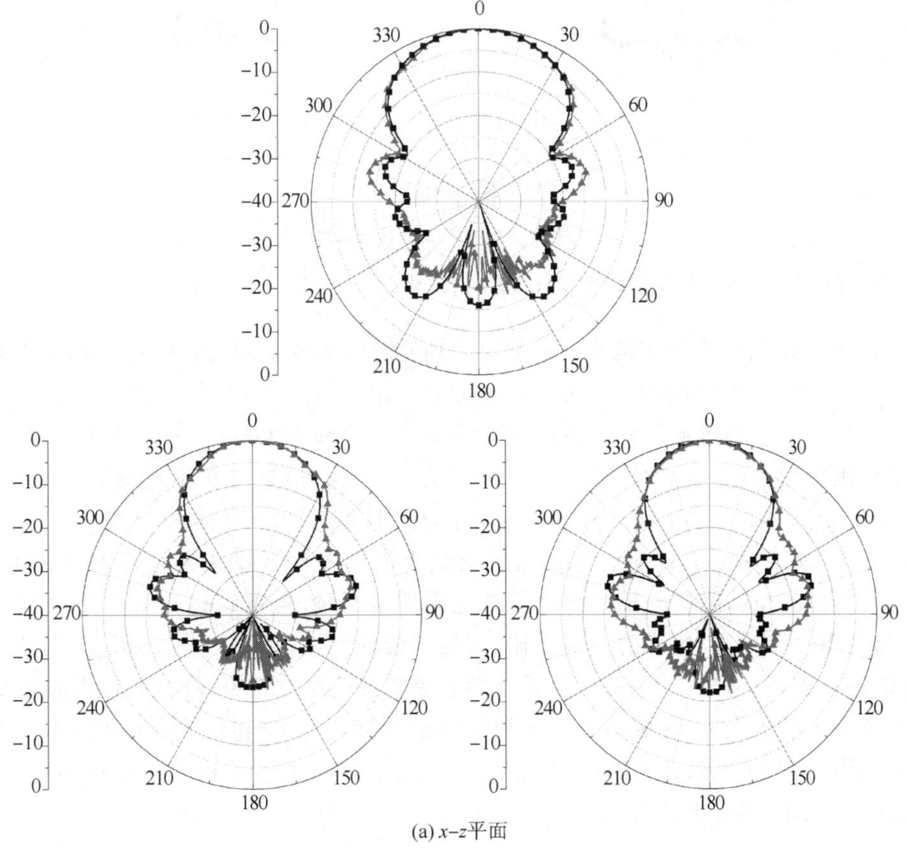

(a) x–z平面

图 3-2-18　仿真与实测归一化左旋圆极化辐射方向图(从左至右依次为 50 GHz、67 GHz、70 GHz)

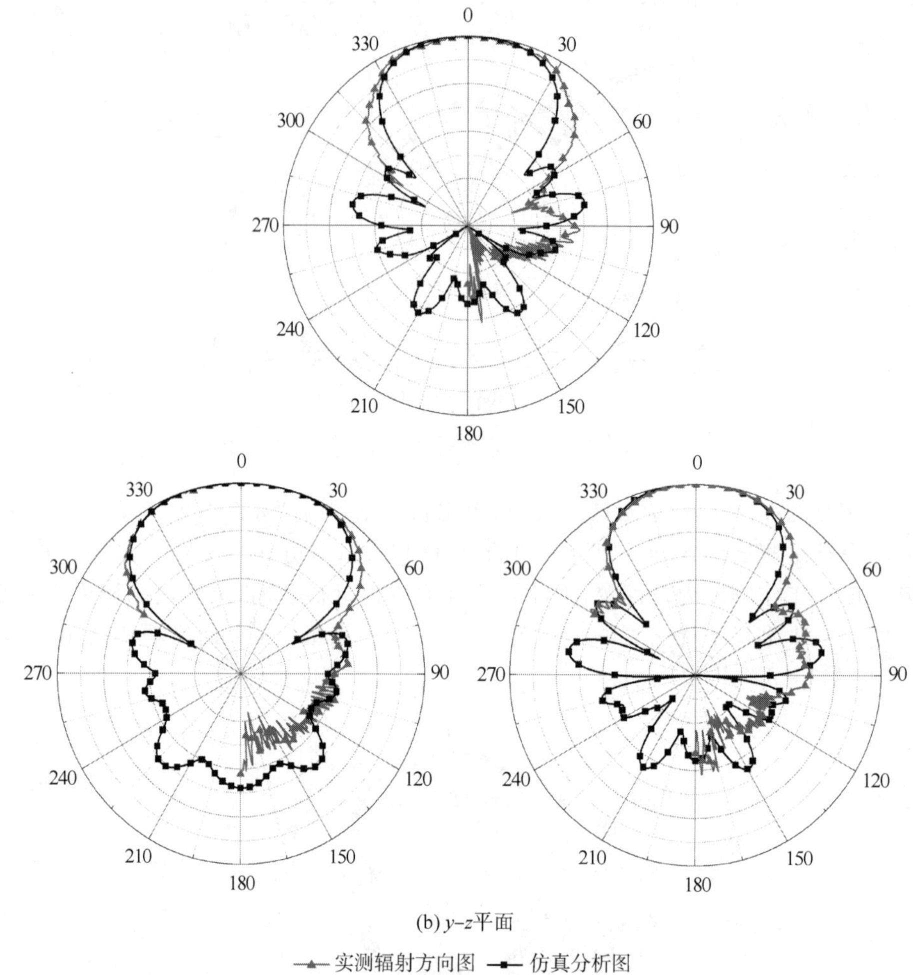

图 3-2-18　仿真与实测归一化左旋圆极化辐射方向图(从左至右依次为 50 GHz、67 GHz、70 GHz)(续)

图 3-2-19 所示为仿真与实测在 $+z$ 方向的轴比随频率变化图,仿真与实测 3 dB 轴比带宽分别为 50～69.8 GHz 与 50.1～70.7 GHz,超过 70.7 GHz 后轴比值开始恶化主要是由于开缝波导产生高次模的影响。图 3-2-20 所示为在 50、67 和 70 GHz x-z 面的实测轴比值,轴比在主瓣范围内均小于 3.2 dB。图 3-2-21 所示为 $+z$ 方向仿真与实测左旋圆极化增益图,在 50～75 GHz 范围内,仿真与实测增益波动小,分别为 11.12 dBic±0.83 dBic 与 9.8 dBic±1.24 dBic。表 3-2-3 对比了目前已发表的各类毫米波圆极化天线或天线阵列的关键性能。与文献[3]中性能对比,阻抗与轴比带宽没有电磁偶极子宽,但本结构具有更高以及更稳定的增益;与文献[4]中的腔体背射天线相比,所提天线具有更宽的阻抗轴比带宽、更紧凑的尺寸,相近的增益表现;文献[5]中的口径天线拥有更紧凑的尺寸且更高的增益,但阻抗轴比带宽没有本节提出的天线宽;与腔体背射贴片偶极子[6]和 2×2 网格阵列[7]相比,本节提天线具有更宽的阻抗轴比带宽;此外,本结构基于矩形波导,不会受介质的介电损耗影响,因此与表中其他天线相比,具有更低的损耗。

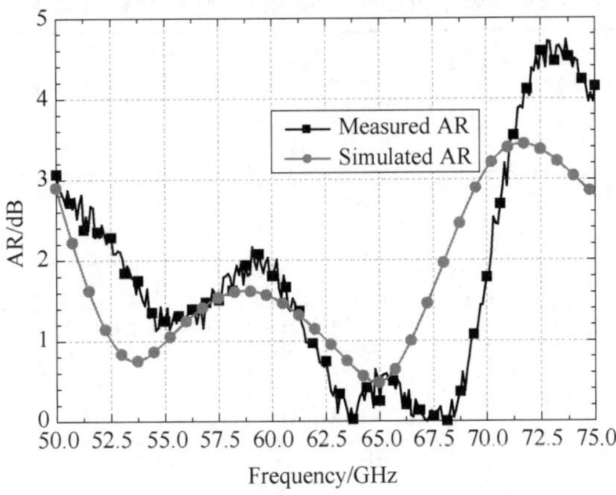

图 3-2-19 仿真与实测＋z 方向轴比图

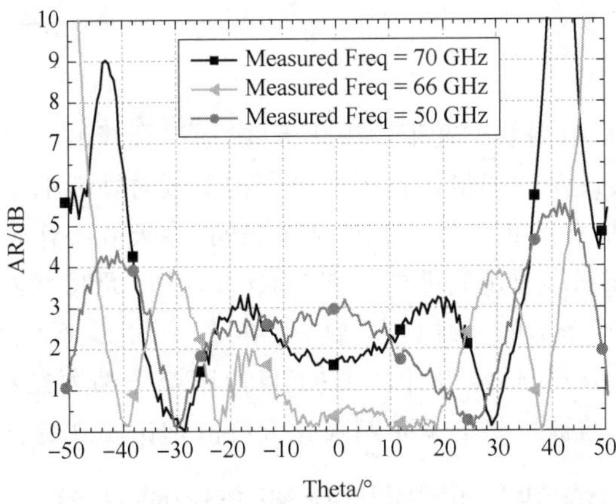

图 3-2-20 仿真与实测 x-z 面轴比图

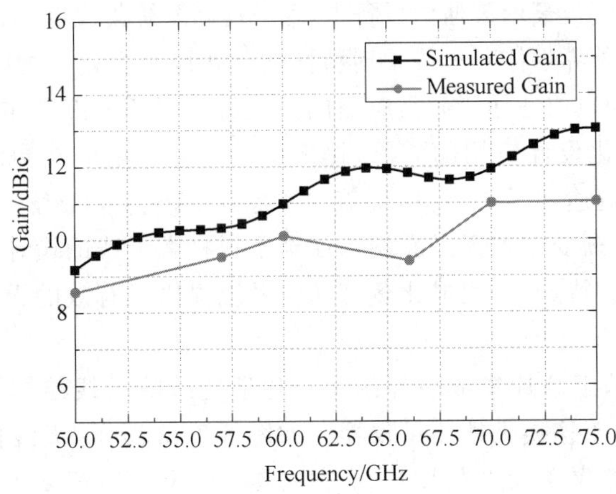

图 3-2-21 仿真与实测＋z 方向增益图

表 3-2-3 毫米波圆极化天线关键性能参数对比表

参考文献	天线类型	尺寸/mm³	阻抗带宽	轴比带宽	增益/dBic	加工工艺
文献[3]	电磁偶极子	10×10×0.787	56.7% (38.5～69 GHz)	41% (45.8～69.4 GHz)	6.1～9.9 (50～65 GHz)	PCB
文献[4]	腔体背射	13.55×5.6×3.889	10.7% (56.9～63.3 GHz)	11.8% (56.9～64 GHz)	9.03～2～9.56 (57～64 GHz)	PCB+慢走丝
文献[5]	口径天线	7.9×7.9×0.787	18% (56～67 GHz)	16.7% (56～66.2 GHz)	11.1～14.6 (56～67 GHz)	PCB
文献[6]	腔体背射贴片偶极子	16×16×0.508	18.2% (55～66 GHz)	14.5% (56.2～65 GHz)	8.4～10.9 (55～65 GHz)	PCB
文献[7]	2×2 网格天线	15×15×0.9	16.7% (56～66 GHz)	12.5% (58～67 GHz)	2.3～2～12.3 (57～64 GHz)	LTCC
本节提出	渐变缝隙天线	11.8×10×2.88	41.7% (50～75 GHz)	34.1% (50～69.8 GHz)	8.56～11.04 (50～75 GHz)	慢走丝

4. 小结

本节提出了一种新型的端射类宽带圆极化天线，通过开缝波导模式分析、电流分布分析详细解释了工作机理，通过参数扫描评估了关键结构参数对性能的影响，并通过仿真与实测结果对比验证了理论与仿真的正确性。实测结果表明，该天线工作带宽可以达到 34.1%，覆盖频率范围 50.1～70.7 GHz，通过底部的标准 WR-15 馈电，天线可辐射最高增益 11.04 dBic 的端射左旋圆极化波。所提出的天线具有结构简单、易于加工、低成本、宽频带的特点，可直接应用于反射面天线中圆极化馈源设计，突破了目前圆极化馈源结构复杂、加工难的问题；与此同时，该种新型结构的提出将为宽带圆极化天线的理论实现提供了一种新的设计思路。

3.2.2 基于基片集成波导的圆极化渐变缝隙天线

3.2.1 节提出的基于矩形波导的圆极化渐变缝隙天线原型十分适用于作为反射面天线的馈源，但在智能家居、终端类毫米波通信设备中，为了提高系统集成度，通常需要使用板材类天线，且为了有效避免手、外界物体对天线辐射特性的干扰以及极化失配问题，需要天线具有端射圆极化的辐射特性，而目前适用于此类应用的天线鲜有报道。因此本节基于 3.2.1 节提出的设计理论，结合集成化设计应用的需求，提出了基于基片集成波导的圆极化渐变缝隙天线，其阻抗轴比综合带宽达到了 34.7%，覆盖频率范围 76～108 GHz，增益为 7.9±1.7 dBic。本结构的提出将圆极化渐变缝隙天线原型拓展到了板材类天线的设计中，其具有宽频带、单层板结构、易于集成化的特点，为集成化宽带通信系统提供了有效的天线解决方案。

1. 天线结构

图 3-2-22 所示为基于基片集成波导的圆极化渐变缝隙天线结构图，底部的 WR-10 到基片集成波导转换头用于连接天线测量仪器。如图 3-2-23 所示，天线使用的板材是厚度为 h、铜箔厚度为 t、介电常数为 2.2 的罗杰斯 5880 基板，天线的宽度为 $2W_1$，金属通孔的直径、z 方向间距、x 方向间距分别为 d，S 和 $2W_4$，与上节提出的基于波导的渐变缝隙天线原型相似，在基板的正反两面拥有对称的直线渐变缝隙。x 方向通孔间距渐变为 $2W_8$，该尺寸为 WR-10 的等效基片集成波导宽度，底部的三角形转换结构高度参数为 L_5。

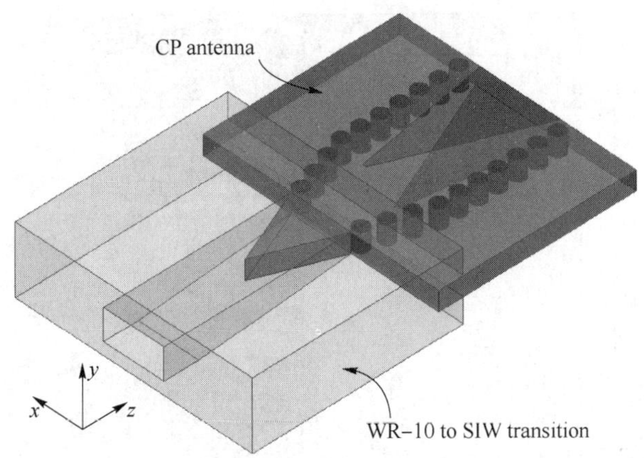

图 3-2-22 基于基片集成波导的圆极化渐变缝隙天线结构图

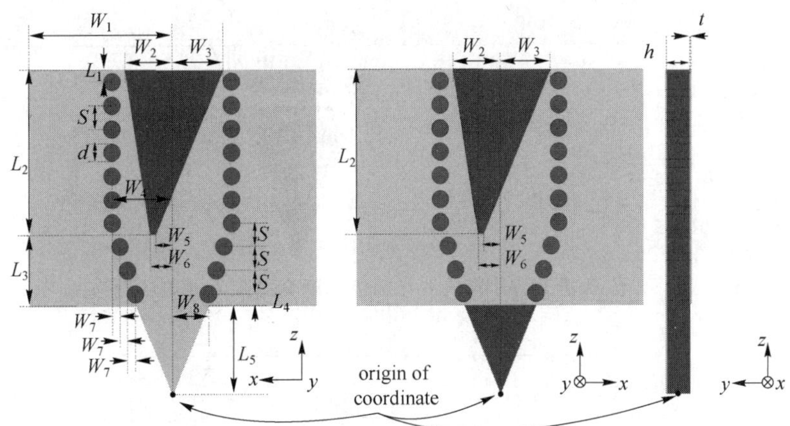

图 3-2-23 基于基片集成波导天线平面结构图

2. 工作机理

由于基片集成波导与传统矩形波导具有相似的传播特性，如图 3-2-24 所示，基于基片集成波导的渐变缝隙天线具有与基于矩形波导原型相似的电场分布，上节已经详细解释了基于矩形波导的工作机理，类比到基于基片集成波导传输线结构，x 与 y 方向的电场分别由缝隙与金属化过孔上的电流产生，其相位差由开缝基片集成波导模式决定。基片集成波导具有比金属矩形波导更高的设计灵活度，基片集成波导的厚度可以通过使用不同厚度的板材而随意指定，因此对于设计者来说可以更方便地设计圆极化所需的正交电场幅度差。与基于金属波导结构变化规律一致，如图 3-2-25 所示，正交电场幅度差 dB(E_y)-dB(E_x)随基板厚度 h 的增大而增大。

此外，根据矩形波导渐变缝隙圆极化天线工作机理，需要通过调整展宽波导宽度尺寸来获得合适的开缝波导导波波长，以获得圆极化正交电场的相位条件，在基片集成波导中可以通过调节 W_4 的尺寸来获得合适的相位差，矩形波导与基片集成波导尺寸转换公式已在文献[8]中给出

$$w_{\text{eff}}=2W_4-1.08\frac{d^2}{S}+0.1\frac{d^2}{2W_4} \tag{3.2.3}$$

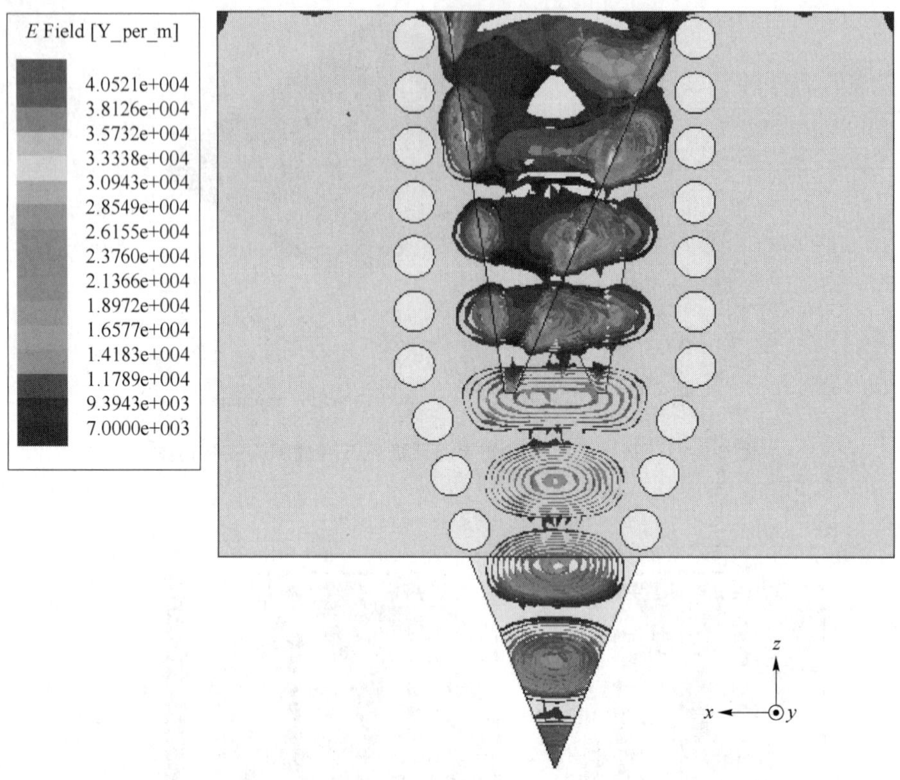

图 3-2-24 仿真基于基片集成波导圆极化渐变缝隙天线电场分布图

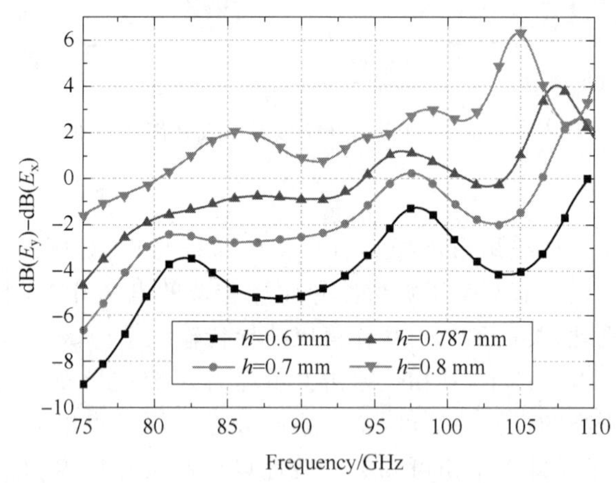

图 3-2-25 仿真在不同基板厚度 h 条件下天线远场正交电场幅度差随频率变化图

式中，d 是金属通孔直径，$2W_4$ 与 S 为 x 方向与 z 方向的通孔间距，w_{eff} 为基片集成波导的等效矩形波导宽度。对比矩形波导，基片集成波导拥有了更多的结构优化参数，因此也提供了更灵活的设计方法。例如在不改变 W_4 的尺寸下，可以通过优化金属通孔直径 d 来优化天线轴比特性，如图 3-2-26 所示，正交电场相位差($\mathrm{Deg}(E_x)$-$\mathrm{Deg}(E_y)$)与幅度差($\mathrm{dB}(E_y)$-$\mathrm{dB}(E_x)$)随着通孔直径 d 的减小而增大。

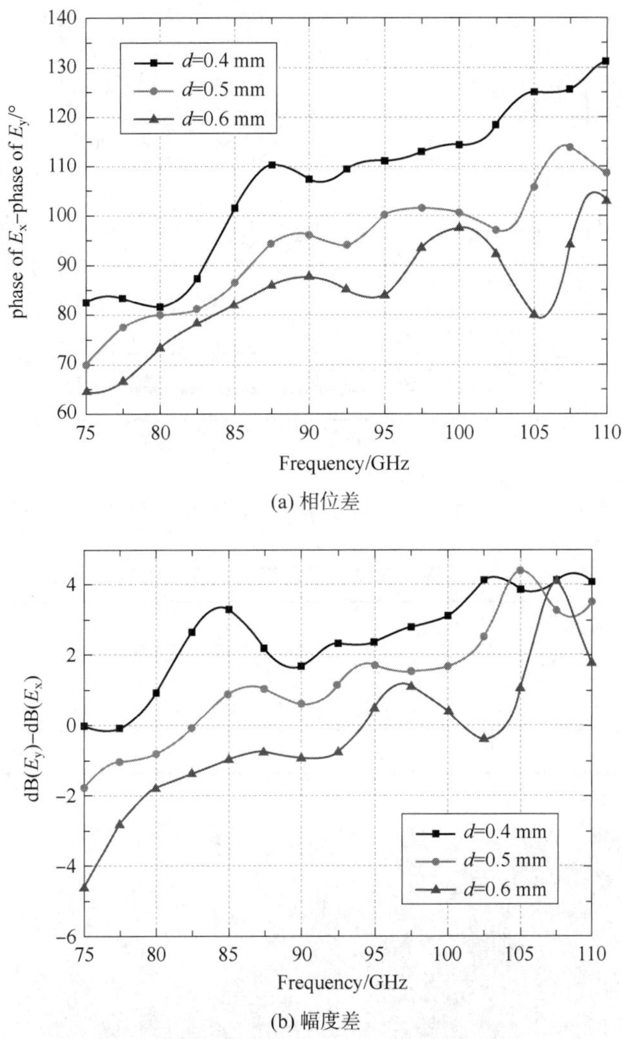

图 3-2-26 仿真在不同通孔直径 d 条件下天线远场正交电场相位与幅度差随频率变化图

出于结构小型化与天线辐射性能的综合考虑，本节进一步对天线的外形尺寸 W_1、L_2 和 L_3 进行了优化，如图 3-2-27 所示，不同的 L_2 与 L_3 的尺寸会影响基片集成波导中的模式转换，但 L_2 与 L_3 在小的范围内变化，对天线的阻抗、增益和轴比特性影响并不明显，W_1 对天线的阻抗轴比特性有轻微的影响。为了获得最宽的阻抗轴比带宽，最终天线的优化尺寸如表 3-2-4 所示。

3. 仿真与实测结果

基于基片集成波导的圆极化渐变缝隙天线的加工图如图 3-2-28 所示，采用标准的单层 PCB 工艺加工，结构尺寸与表 3-2-4 保持一致。仿真与实测天线阻抗结果如图 3-2-29 所示，仿真与实测结果不一致主要是由于 PCB 板材在三角形阻抗匹配位置的切割误差以及罗杰斯基板介电常数在高频的偏差引起的，仿真与实测阻抗带宽分别为 37.8%（覆盖频率范围为 75～110 GHz）与 31.5%（覆盖频率范围为 80.1～110 GHz）。

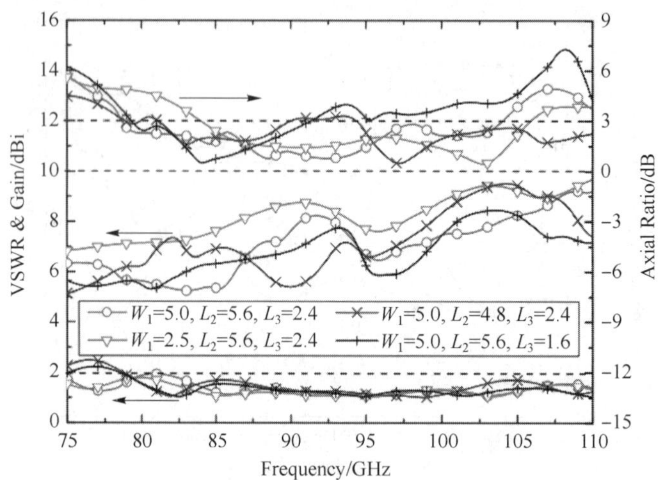

图 3-2-27　仿真在不同外形尺寸 W_1、L_2、L_3 条件下天线阻抗、轴比以及增益随频率变化图

表 3-2-4　基于基片集成波导的渐变缝隙天线结构参数

参数	W_1	W_2	W_3	W_4	W_5	W_6	W_7	W_8	
值/mm	5	1.6	1.8	2.08	0.6	0.75	0.27	1.27	
参数	L_1	L_2	L_3	L_4	L_5	S	d	h	t
值/mm	0.4	5.6	2.4	0.4	3.1	0.8	0.6	0.787	0.02

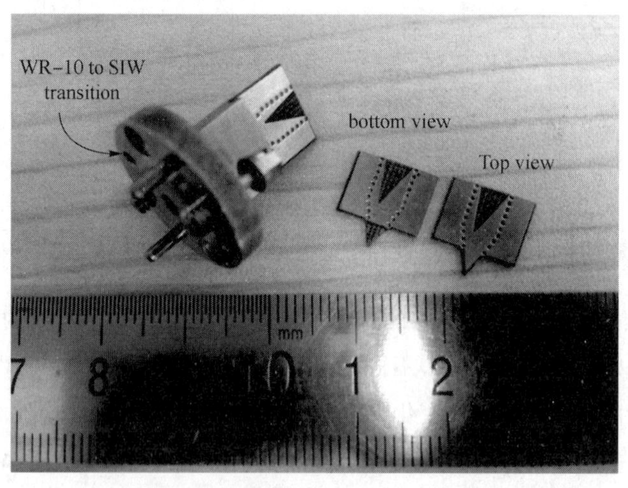

图 3-2-28　基于基片集成波导的圆极化渐变缝隙天线加工图

在 81 GHz、102 GHz 和 108 GHz x-z 与 y-z 面的归一化右旋圆极化方向图如图 3-2-30 所示，可以看到仿真与实测结果基本保持一致，在实测结果中出现了小的波动，且在 y-z 面比 x-z 面更大一些，主要是由于 WR-10 到基片集成波导金属转换头引入的散射。如图 3-2-31 所示，仿真与实测阻抗轴比综合带宽分别为 27.8%(覆盖频率范围 78.6～104 GHz)与 34.7%(覆盖频率范围为 76～108 GHz)，在 75～110 GHz 频段范围内，仿真与实测增益分别为 7.2±2 dBic 与7.9±1.7 dBic。

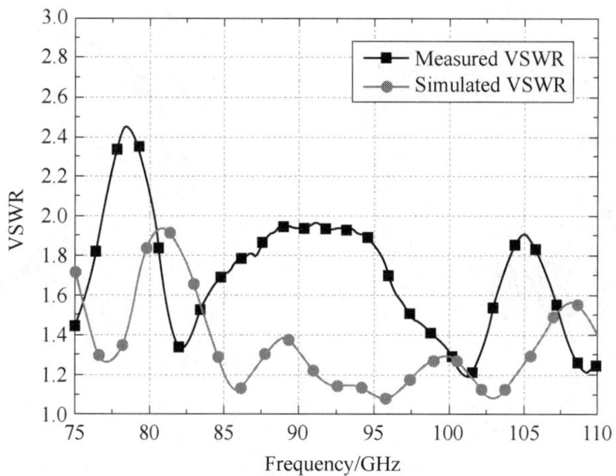

图 3-2-29　仿真与实测天线 VSWR 随频率变化图

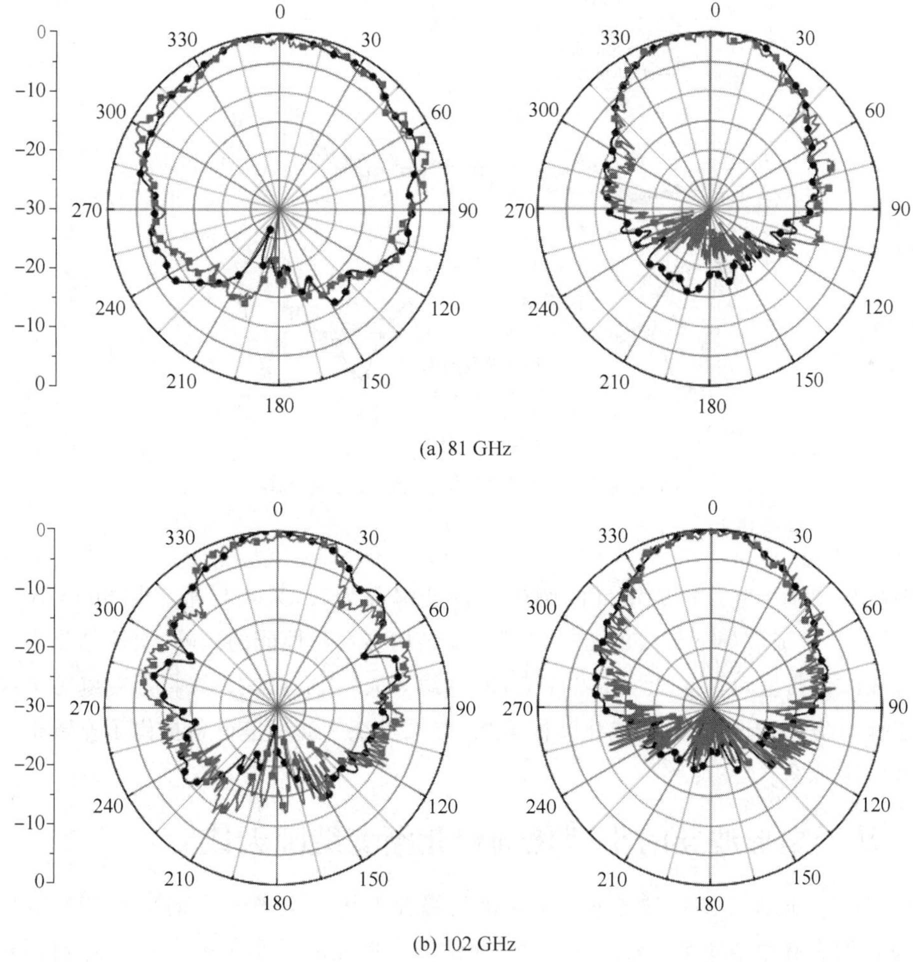

(a) 81 GHz

(b) 102 GHz

图 3-2-30　仿真与实测天线归一化右旋圆极化辐射方向图(左侧为 x-z 面,右侧为 y-z 面)

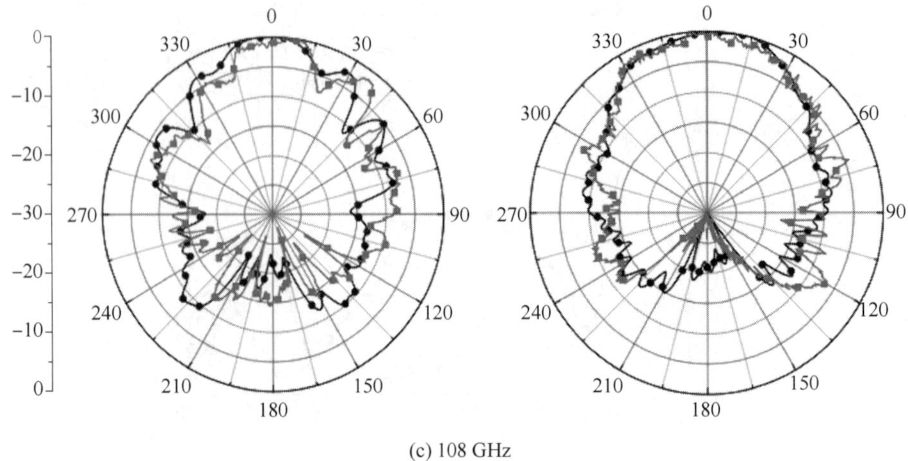

(c) 108 GHz

图 3-2-30　仿真与实测天线归一化右旋圆极化辐射方向图(左侧为 x-z 面,右侧为 y-z 面)(续)

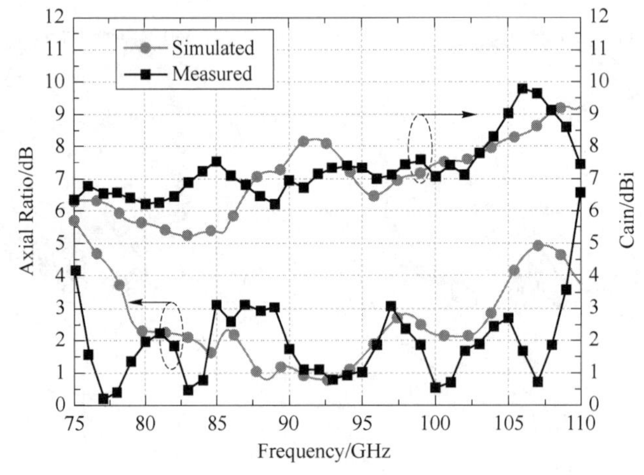

图 3-2-31　仿真与实测天线轴比与增益图

4. 小结

本节提出了基于基片集成波导的圆极化渐变缝隙天线,采用标准单层板 PCB 工艺加工,给出了基片集成波导下天线的工作机理以及结构参数对性能的影响,实测结果表明该天线阻抗轴比综合带宽可覆盖 76～108 GHz,增益约为 7.9 dBic。该天线将渐变缝隙天线原型拓展到了板材类天线设计,为集成化智能家居、终端类毫米波通信设备提供了宽频带端射圆极化天线解决方案。

3.2.3　基于矩形波导的小型化圆极化渐变缝隙天线

3.2.1 节提出的基于矩形波导的圆极化渐变缝隙天线原型的 x 方向口径宽度电尺寸达到了 1.48λ,而在高增益阵列天线的设计中,通常需要单元间隔小于 λ 以保证阵列辐射方向图具有较低的副瓣电平,定向高增益天线阵列可用于高速率回传应用,该应用对应的关键天线指标为阵列工作带宽和辐射效率。目前阵列工作带宽主要受限于单元工作带宽,辐射效率主要取决于阵列的传输线类型，基于矩形波导传输线的阵列具有最低的损耗，因而具有最高的辐射效率，但目前工作带宽超过20%的基于矩形波导的圆极化辐射单元鲜有报道。因此本节基于3.2.1节提出的设计理论，通过对原型加入金属脊结构，有效地减小了x方向口径尺寸，将口径尺寸从$1.48\lambda \times 0.376\lambda$调整到了$0.831\ 8\lambda \times 0.696\lambda$，实测结果表明该天线轴比阻抗综合带宽可达27.6%，覆盖频率范围为50～66 GHz。该天线具有宽频带、低损耗、小尺寸的特点，为高速率回传应用提供了一款高效率辐射单元。

1. 天线结构

图3-2-32所示为基于矩形波导的小型圆极化渐变缝隙天线结构图，同样采用标准的WR-15在底部进行馈电，沿着z轴，波导在x与y方向同时进行了展宽，标准波导长宽a和b分别展宽为W_1和h。展宽波导有两个对称的曲线缝隙，原点位置已在图中标注，曲线参数分别为

$$\text{曲线1}: x_1(z) = \pm\left(\frac{2(D_0 - D_1)}{1+\mathrm{e}^{-Q_1 z}} - 2D_0 - D_1\right)$$

$$\text{曲线2}: x_2(z) = \pm\left(\frac{2(D_2 - D_3)}{1+\mathrm{e}^{-Q_2 z}} - 2D_2 + D_3\right) \tag{3.2.4}$$

式中，z变化范围为0到l，由式(3.2.4)可以得出，D_0、D_1与Q_1分别决定了曲线1的起点、终点与曲率；同样，D_2、D_3与Q_2决定了曲线2的起终点和曲率。通过全波仿真软件优化，该曲线形式的缝隙结构比基于直线形式的渐变缝隙原型具有更短的天线电尺寸。宽度r_1、高度r_2和间隔W_3的金属脊对称的位于展宽波导宽边两侧。整体结构均为金属铜，因此可以避免介质损耗，从而获得高的辐射效率。详细的曲线参数列在了表3-2-5内。

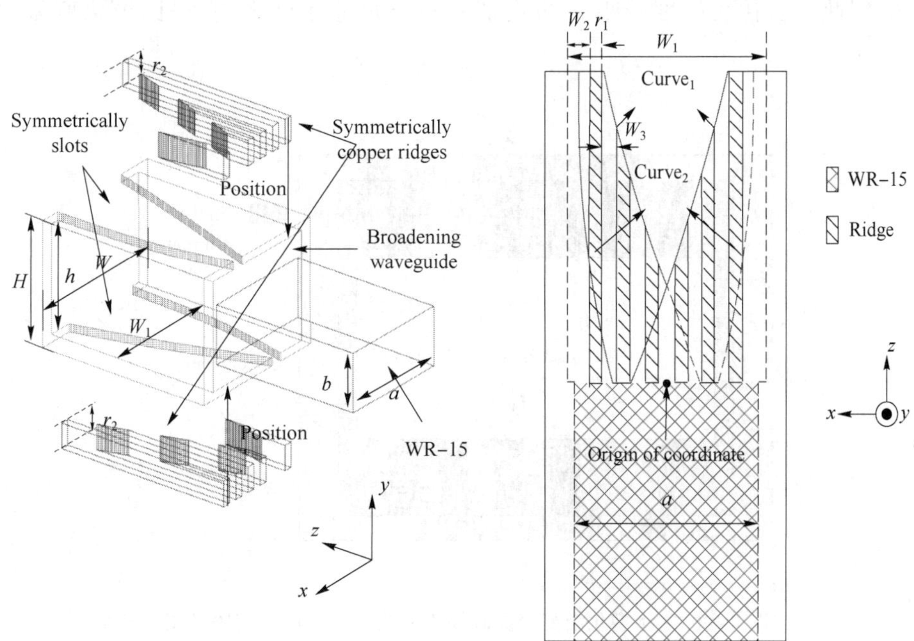

图3-2-32 基于矩形波导的小型化圆极化渐变缝隙天线结构图

表 3-2-5 基于矩形波导的小型化圆极化渐变缝隙天线结构参数

参数	W_1	W_2	W_3	W	H	Q_1
值/mm	4.159	0.5	0.3	5	4	0.2
参数	h	r_1	r_2	a	b	Q_2
值/mm	3.48	0.276 5	0.8	3.795	1.88	0.7
参数	D_0	D_1	D_2	D_3	l	
值/mm	0.7	2.9	1.1	1.8	6	

2. 小型化原理

基于矩形波导的渐变缝隙天线理论已在 3.1 节中提出，E_x 与 E_y 分别由沿着缝隙与波导壁的电流产生，对应于本节提出的曲线版本，通过合理的优化缝隙曲率参数（Q_1 和 Q_2）、缝隙起终点坐标（D_0，D_1，D_2，D_3）以及缝隙长度 l 即可获得圆极化所需的正交电场幅值条件。在矩形波导原型中，圆极化相位条件需要通过在 x 方向大幅度展宽波导宽边尺寸才可获得，3.2.1 节提出的展宽波导宽度 x 方向的电尺寸达到了 1.48λ，而在高增益阵列天线的设计中，为了获取较低的副瓣电平，需要单元间隔小于 λ。因此 3.2.1 节中的基于矩形波导原型无法应用于 x 方向排列的一维阵列或二维阵列。而在基于矩形波导的原型中，y 方向天线尺寸与标准波导 WR-15 一致，仅为 0.376λ，因此具有充分的空间用于设计特殊结构来获得圆极化相位条件。

如图 3-2-33 所示，拓展了 y 方向的展宽波导尺寸，在添加了金属脊结构后，开缝展宽波导宽边电流会沿着金属脊结构展宽，红色线代表了电流路径，导波波长会由于电流路径的延长而减小，因此可以在大幅度减小 x 方向展宽波导尺寸条件下，获得圆极化所需的相位条件。

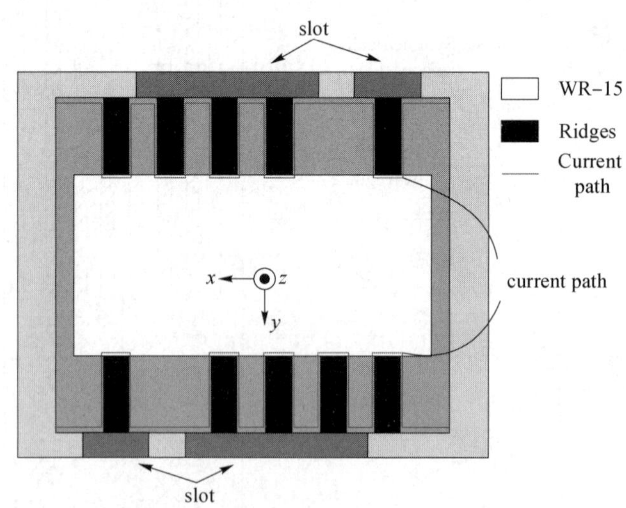

图 3-2-33 小型化渐变缝隙圆极化天线在 x-y 面电流路径图

图 3-2-34 所示为在不同脊结构参数 r_2、W_3 下的仿真远场正交电场相位差，远场 E_x 与

E_y 相位差在频率 50～62.5 GHz 随着脊高度尺寸 r_2 的增加而明显增大，而脊间隔参数 W_3 对其影响不大，这是由于 r_2 的改变会延长电流路径，而 W_3 的改变并不会影响电流路径。在 62.5 GHz 以后出现了明显的相位扰动，这主要是由于激励了高次模而产生的。出于尺寸最小化考虑，对结构参数 W_2 和 l 进行了参数扫描，如图 3-2-35 所示，缝隙长度参数 l 会影响缝隙模式转化，而不同的参数 W_2 会明显改变开缝波导导波波长，因此会改变正交电场相位差，从而会明显改变轴比特性，为了在频率范围 57～66 GHz 获得最低的轴比值，最后选择了 $l=6$ mm 与 $W_2=0.5$ mm，最终优化的口径尺寸为 $0.831\,8\lambda\times0.696\lambda$。

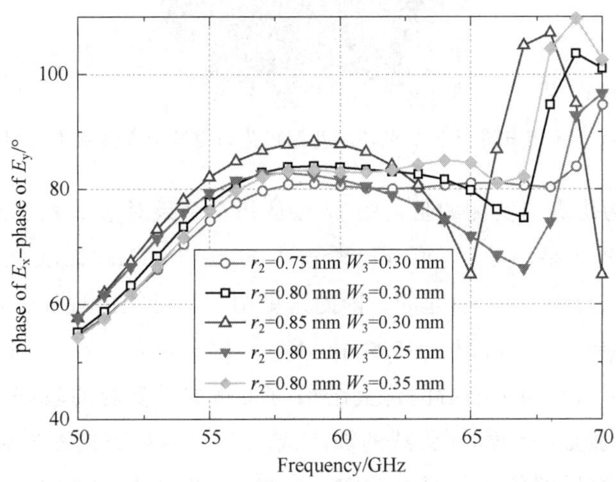

图 3-2-34　仿真在不同脊尺寸 r_2 和 W_3 条件下远场正交电场相位差随频率变化图

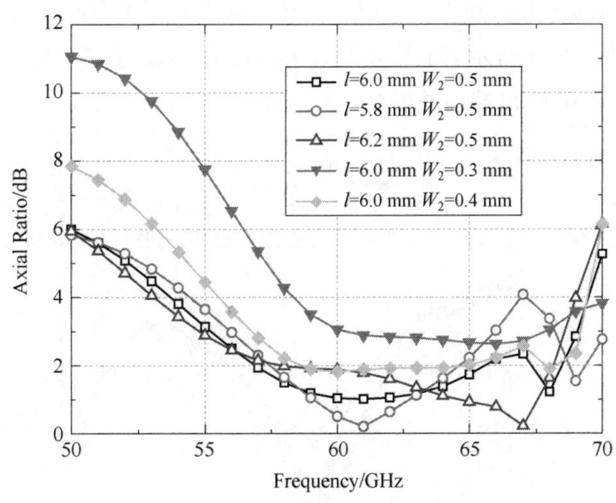

图 3-2-35　仿真在不同天线结构尺寸 W_2 和 l 条件下天线轴比随频率变化图

3. 仿真与实测结果

加工的基于矩形波导的小型化圆极化渐变缝隙天线加工原型图如图 3-2-36 所示，通过慢走丝切割一体加工，不需要通过螺钉等固定器件来进行装配，避免了额外的装配误差，底部的 UG385-U 法兰用于测试。

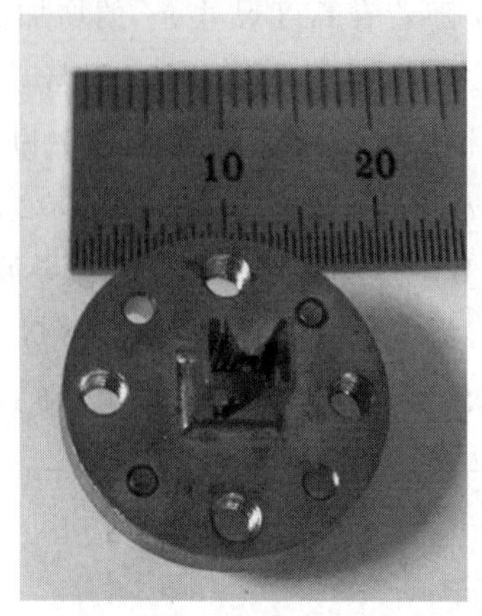

图 3-2-36　基于矩形波导的小型化圆极化渐变缝隙天线加工原型图

图 3-2-37 所示为仿真与实测的阻抗图，原始的仿真结果对应于表 3-2-5 中的天线尺寸，可以看出原始的仿真结果 $S_{11}<-10$ dB 覆盖了 50～70 GHz，而实测结果覆盖了 50～75 GHz，这主要是由于加工误差引起的。因此这里调节了可能出现加工误差位置的结构参数，将参数调整为 $r_2=0.65$ mm，$W_2=0.6$ mm，$W_3=0.25$ mm，$r_1=0.326\,5$ mm，其他参数与表 3-2-5 保持一致，可以看到调整后的仿真结果与实测结果吻合的较好。此外在加工过程中，拐角处容易引入随机的弧度，对天线的轴比、增益以及辐射方向图也会产生轻微的影响。如图 3-2-38 所示，调整后的仿真结果与实测 3 dB 轴比带宽分别为 27.6%（覆盖频率范围 50～66 GHz）和 24.7%（覆盖频率范围 56～71.8 GHz）。在 50～66 GHz，仿真与实测结果增益分别为 9.16±0.69 dBic 和 8.39±2.02 dBic。在 50 GHz、61 GHz、66 GHz x-z 与 y-z 面仿真与实测方向图如图 3-2-39 所示，仿真与实测主瓣吻合的较好，实测结果展现了更低的后瓣主要是由于测试平台中扩频模块的影响。

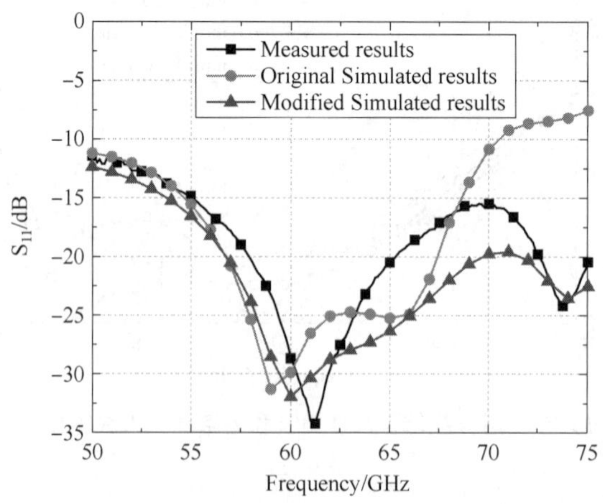

图 3-2-37　仿真与实测天线 S_{11} 随频率变化图

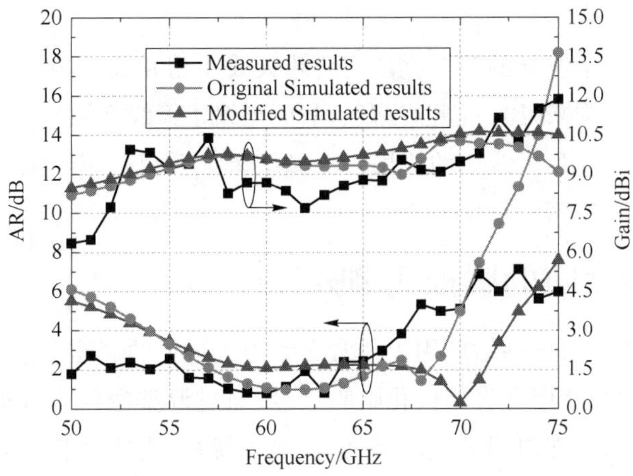

图 3-2-38 仿真与实测天线轴比与增益随频率变化图

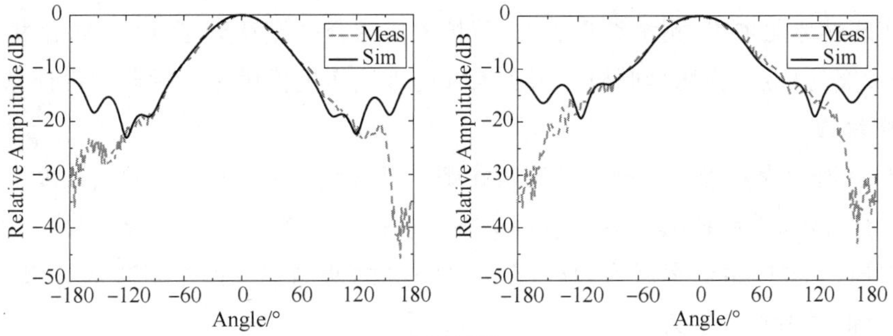

(a) 50 GHz

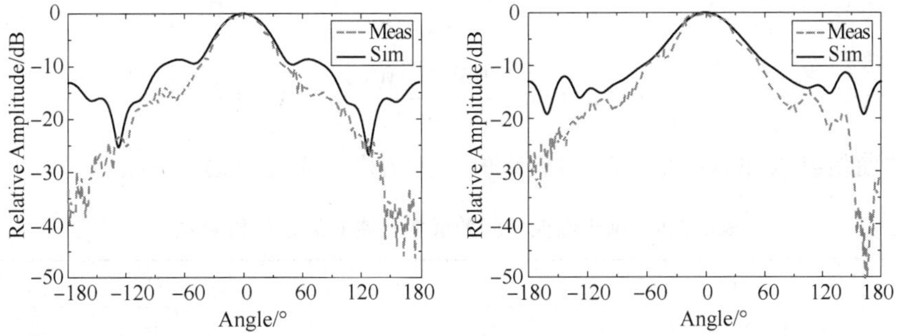

(b) 61 GHz

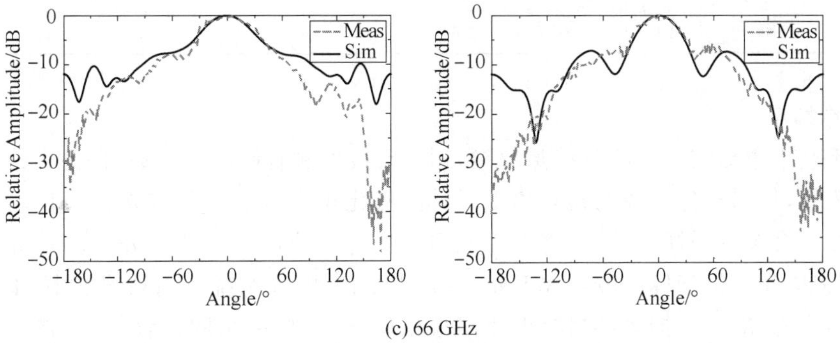

(c) 66 GHz

图 3-2-39 仿真与实测天线归一化右旋圆极化辐射方向图(左侧为 x-z 面，右侧为 y-z 面)

4. 小结

本节提出了一种基于波导的圆极化渐变缝隙天线小型化设计方法，该方法通过在缝隙波导宽边引入金属脊结构来延长了电流路径，从而压缩了天线在波导宽边方向的电尺寸，拓展了该类天线在高效率阵列天线中的应用。实测结果证明，该天线轴比阻抗综合带宽可达27.6%，覆盖频率范围 50～66 GHz。

3.2.4 基于渐变缝隙的圆极化喇叭天线

在卫星通信、大宽带回传基站应用中通常会使用大口径的高增益反射面天线，为了减小极化失配，其馈源通常会使用宽带圆极化喇叭天线，通过调整喇叭天线的剖面形状，可以很方便地对喇叭天线的辐射方向图进行调整，例如增益特性、副瓣特性等，但圆极化喇叭天线中的圆极化器结构复杂，对尺寸精度要求极高，因此毫米波圆极化喇叭天线的加工成为了难点问题。本节将渐变缝隙结构引入到了圆极化喇叭天线的设计中，使用传统的慢走丝加工工艺即可实现一体化加工，实测结果表明，阻抗轴比综合带宽达到了 40%，该结构具有低成本、宽工作带宽的特点，为宽带圆极化喇叭天线的理论实现提供了一种新的设计思路。

1. 天线结构

图 3-2-40 所示为基于渐变缝隙的圆极化喇叭天线结构，在直径为 D_2、长度为 h_1+h_2、厚度为 t_1 的圆波导中心插入了渐变缝隙天线，同样，由底部的标准波导 WR-15 进行馈电，通过展宽波导(x 方向由 a 宽展为 D_1)，在展宽波导的两侧具有两个对称的缝隙，缝隙采用了曲线形式，曲线参数分别为

$$\text{曲线 1}: x_1(z)=\pm\left(\frac{2(W_0+W_1)}{1+\mathrm{e}^{-Q_1 z}}-2W_0-W_1\right)$$

$$\text{曲线 2}: x_2(z)=\pm\left(\frac{2(W_2-W_3)}{1+\mathrm{e}^{-Q_2 z}}-2W_2+W_3\right) \tag{3.2.5}$$

详细的曲线参数如表 3-2-6 所示，天线的整体结构均为金属铜。

表 3-2-6 基于渐变缝隙的圆极化喇叭天线结构参数

参数	t_1	t_2	t_3	a	b	D_1	D_2	h_1	h_2
值/mm	1	0.41	2.7	1.88	3.795	6.6	10	2	13.9
参数	h_3	h_4	W_0	W_1	W_2	W_3	Q_1	Q_2	
值/mm	13	4.1	0.85	2.6	2	3.3	0.4	0.75	

2. 工作机理

不同于基于矩形波导的渐变缝隙原型，喇叭天线外侧有圆波导加载，因此天线的工作模式发生了改变，但圆极化天线的机理离不开对圆极化正交电场幅值与相位条件的分析。本节通过加载两个虚设的馈电端口，将喇叭原型扩展为三端口模型进行分析。如图 3-2-41 所示，虚设的馈电端口位于标准波导 WR-15 端口上下两侧，在情况 1 与情况 2 中，虚设的端口输入相位与中心 WR-15 馈电端口分别相同与相反，输入功率相同，因此可以将喇叭实际工作模式分解为情况 1 与情况 2 的叠加。

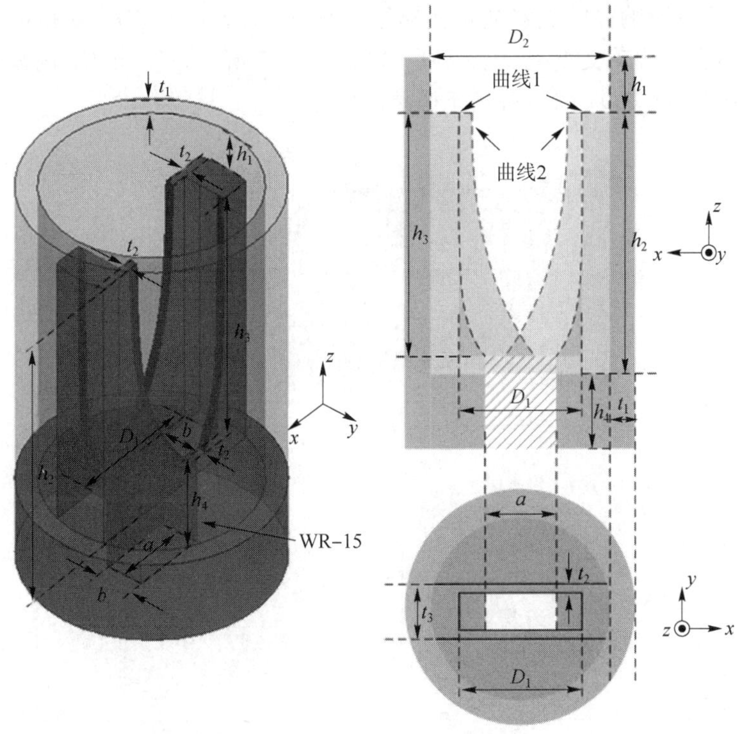

图 3-2-40 基于渐变缝隙的圆极化喇叭天线结构图

在情况 1 中,类似于隔板波导圆极化器的偶模[9],电场在矩形波导与两侧半圆形波导的方向相同,电流在展宽开缝波导的两侧方向相反。因此,当电磁波从平面 A 传播至平面 B 与平面 C 时,缝隙并不会扰乱电场,随着电磁波传播至喇叭口径,在 x 方向只会存在圆波导模式中很小电场强度。因此在情况 1 激励条件下主要产生了 y 方向的电场。而在情况 2 中,类似于隔板波导圆极化器的奇模[9],在激励平面 A 中,位于中心 WR-15 的电场方向与两侧半圆形波导中电场方向相反,电流在展宽开缝波导的两侧方向相同。因此电磁波从激励端口向天线口径方向传播过程会受缝隙的扰动,逐渐产生 x 方向的电场,通过合理的优化缝隙尺寸,当电磁波达到天线口径时,电场从 y 方向转化为 x 方向,即可达到所需的正交电场幅度近似相等的圆极化条件。由于不同波导口径会产生导波波长长度的不同[1],图 3-2-42 所示为 x-z 面情况 1 与情况 2 的激励条件下喇叭中心平面电场分布图,情况 1 对应于 y 方向电场,情况 2 对应于 x 方向电场,可以明显地看出 x 方向与 y 方向电场相位差约为$-90°$。因此该喇叭可以产生左旋圆极化波,通过合理的优化展宽矩形波导宽边尺寸 D_1、圆波导直径 D_2 以及缝隙长度 h_2 即可获得圆极化的相位条件。

上文已经通过三端口模型分析了喇叭天线的圆极化产生机理,接下来将通过一系列参数扫描来分析结构参数对天线轴比的影响以及验证机理的正确性。圆波导尺寸 D_2 会影响情况 1 与情况 2 中的导波波长,以及在情况 2 中模式转化的程度从而带来的 E_x 与 E_y 幅度差,如图 3-2-43 所示,当 $D_2=11$ mm 时,轴比值恶化严重,此外,在中心 WR-15 馈电两侧的半圆形腔体的形状与长度也会影响圆极化特性[10]。为了方便加工,本节只是通过简单的优化背后腔体长度(h_2~h_3),并未作任何赋形优化。缝隙的长度 h_3 会影响波导模式耦合,如图 3-2-44 所示,当 h_3 等于 12 mm 或者 14 mm 时,轴比值明显增加,图 3-2-44 所示为展宽波

导宽度 D_1 对轴比的影响，D_1 会影响奇偶模导波波长从而影响正交电场相位差。曲线斜率 Q_1 与 Q_2 的调节会影响正交电场的幅度差，如图 3-2-45 所示，E_x 与 E_y 的幅度差随着 Q_1 的增大而明显减小，调整 Q_2 的值可用于微调幅度差。

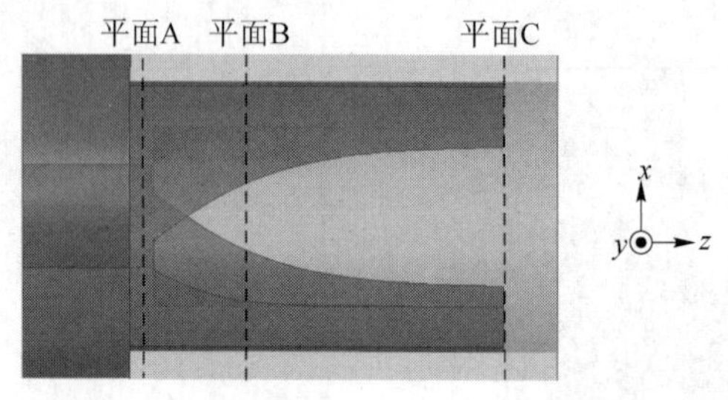

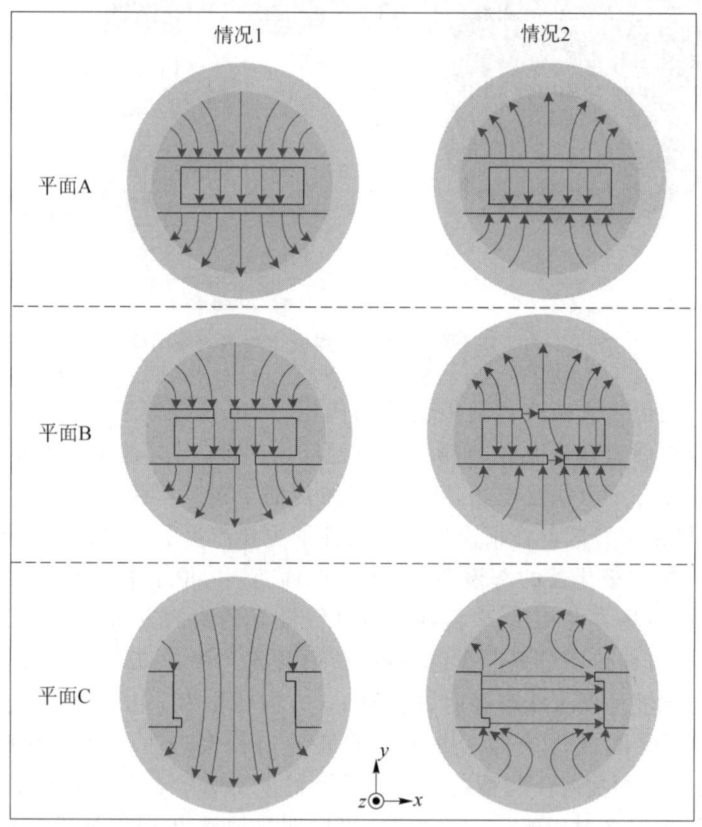

图 3-2-41　在情况 1 与情况 2 的激励条件下平面 A、B、C 的电场分布示意图

通过参数研究已经分析了关键参数对天线圆极化特性的影响，为了方便工程师设计此类喇叭，总结的设计流程如下：

(1) 根据工作频率需求，选择合适的标准波导型号；

(2) 对渐变缝隙天线进行建模，在不考虑正交电场幅度差的情况下，通过调节 D_1 的尺寸获得近似的 90°正交电场相位差；

(3) 将渐变缝隙天线放置于圆波导中心，通过调节 D_1、D_2、h_2 以及 h_3 获得初始仿真结果，并进一步优化 Q_1、Q_2 来获得低的正交电场幅度差；

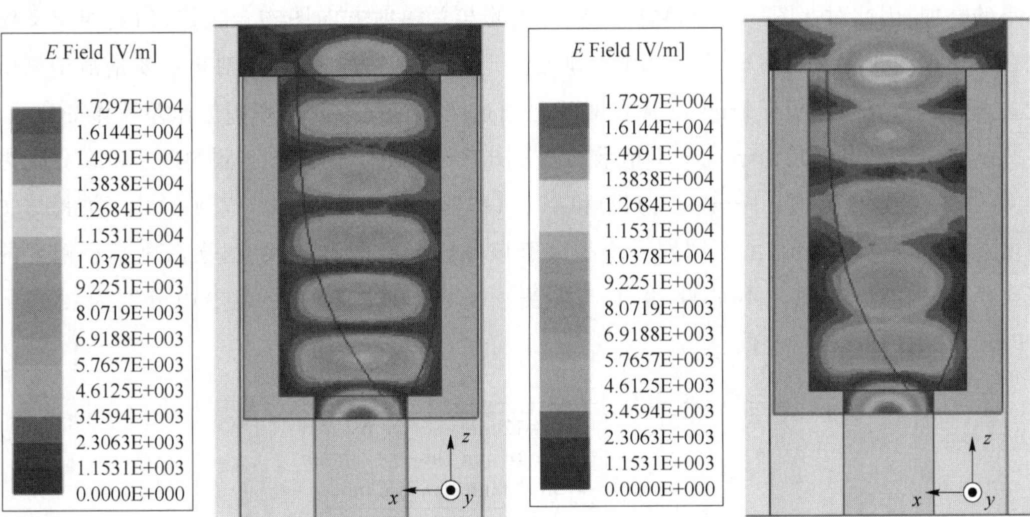

图 3-2-42　在情况 1 与情况 2 的激励条件下喇叭中心平面电场分布图

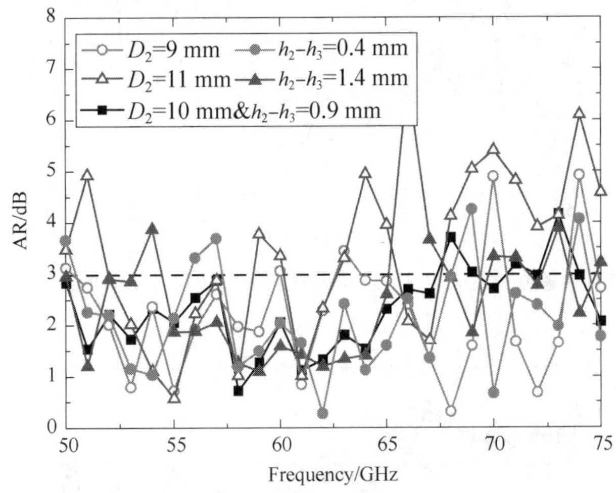

图 3-2-43　仿真在不同圆波导直径尺寸 D_2 以及背腔长度 $h_2 \sim h_3$ 条件下的轴比随频率变化图

(4) 检查正交电场相位是否在可用范围，如果在，仿真结束；如果不在，优化参数 D_1、D_2、h_2 和 h_3；

(5) 完成仿真。

3. 仿真与测试结果

加工的基于渐变缝隙的圆极化喇叭天线加工如图 3-2-46 所示，同样采用了慢走丝切割工艺加工。图 3-2-47 所示为仿真与实测反射系数，带宽均达到了 40%，覆盖频率范围 50～75 GHz，实测的谐振点与仿真对比大约偏移了 0.5 GHz 是由于切割误差引起的。

图 3-2-48 所示为在 50 GHz、60 GHz 与 75 GHz 仿真与实测结果归一化辐射方向图，需要说明的是图中的仿真总辐射方向图是左旋圆极化与右旋圆极化的叠加，在这次的方向图

测试中，接收天线采用了水平极化与垂直极化喇叭测试，最后测试方向图的值是这两个方向结果的叠加，因此对比图 3-2-48，测试结果的主瓣与总辐射方向图吻合较好，仿真的交叉极化在半功率波瓣宽度内均小于-11 dB。在±170°位置辐射方向图的不对称主要是由于测试设备背面的金属固定板导致的，实测的轴比是通过测试正交方向功率幅值作差计算得到的，实测结果比仿真更低是由于这个不精准的测量方法导致的。仿真与实测的轴比带宽分别为 29.79%（覆盖频率范围 50～67.5 GHz）和 40%（覆盖频率范围为 50～75 GHz）。仿真与实测增益如图 3-2-49 所示，由于圆波导直径大于该频段标准圆波导尺寸，会激励起小幅度的高次模式，因此增益图并不平滑，仿真与实测增益在 50～75 GHz 范围内分别为12.21±2.4 dBic与 12.56±2.02 dBic。

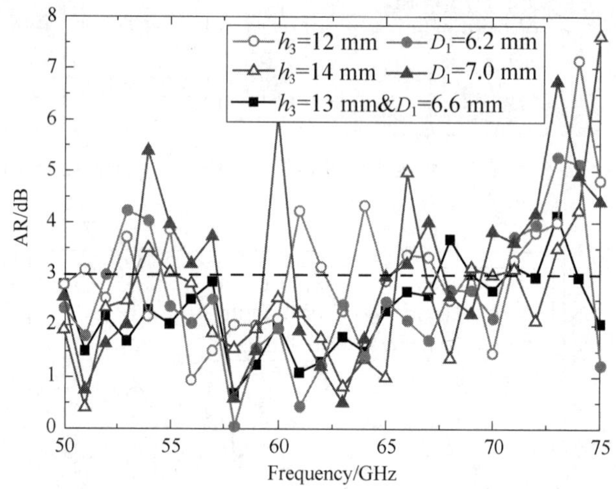

图 3-2-44　仿真在不同缝隙长度尺寸 h_3 以及展宽波导宽边尺寸 D_1 条件下轴比随频率变化图

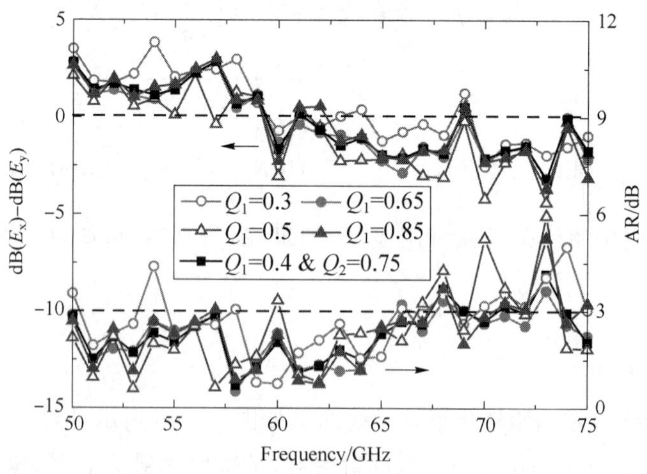

图 3-2-45　仿真在不同缝隙曲率 Q_1 与 Q_2 条件下正交电场幅度差与轴比随频率变化图

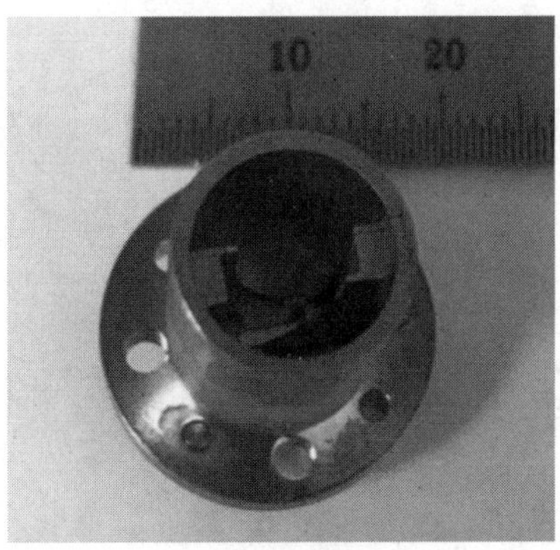

图 3-2-46 基于渐变缝隙的圆极化喇叭天线加工图

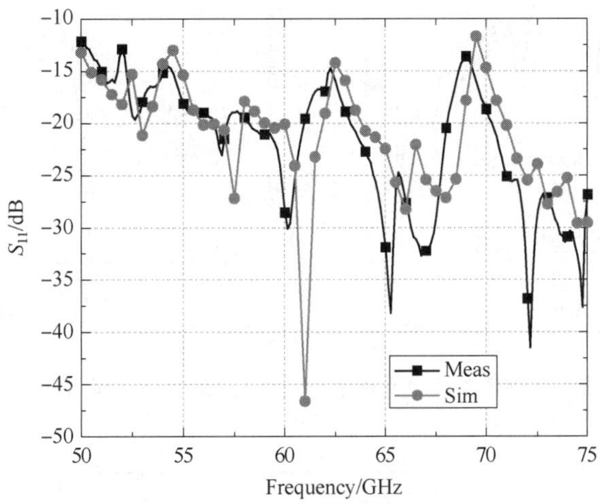

图 3-2-47 仿真与实测天线 S_{11} 图

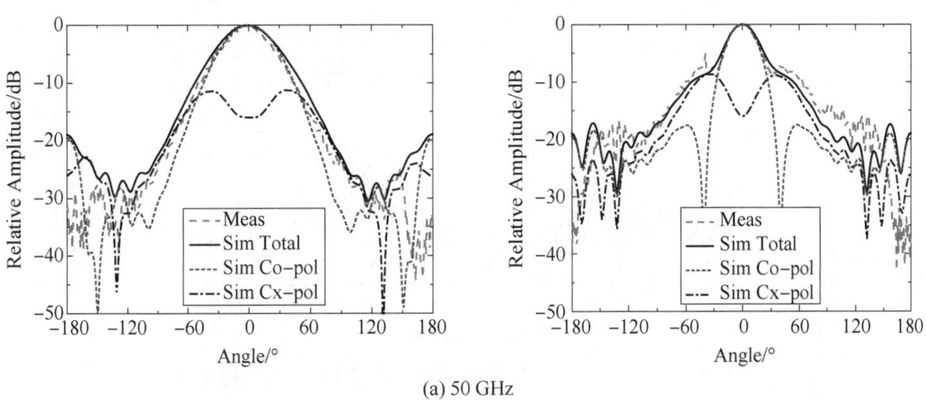

(a) 50 GHz

图 3-2-48 仿真与实测天线归一化辐射方向图(左侧为 x-z 面,右侧为 y-z 面)

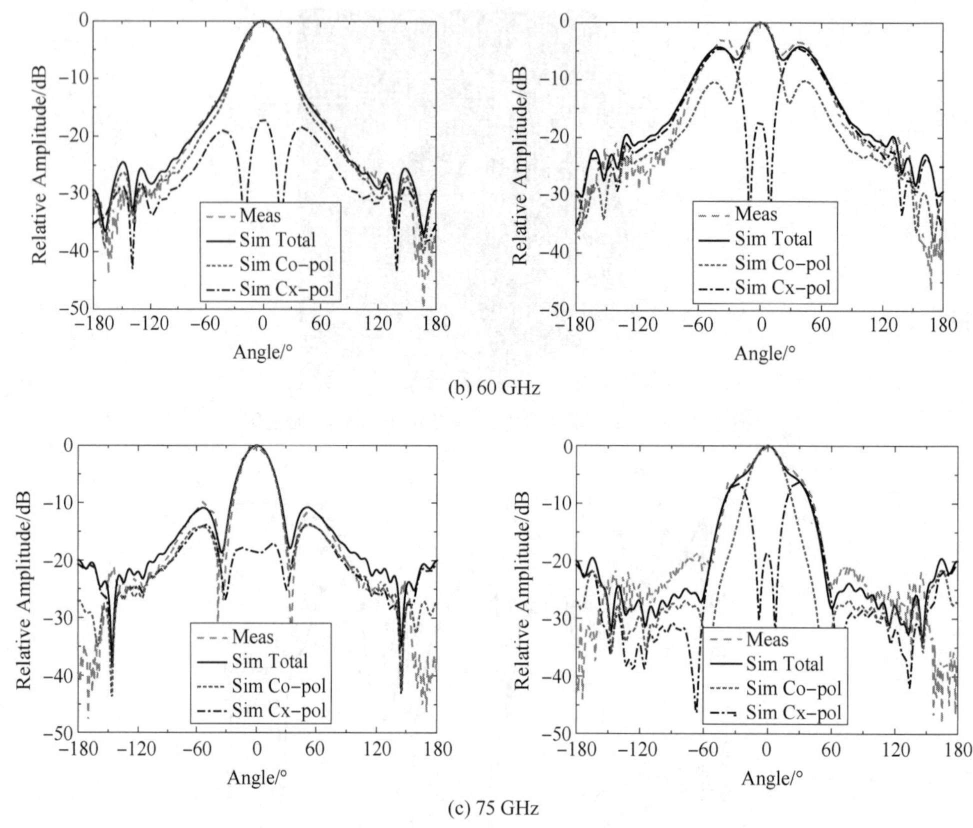

(b) 60 GHz

(c) 75 GHz

图 3-2-48 仿真与实测天线归一化辐射方向图(左侧为 x-z 面,右侧为 y-z 面)(续)

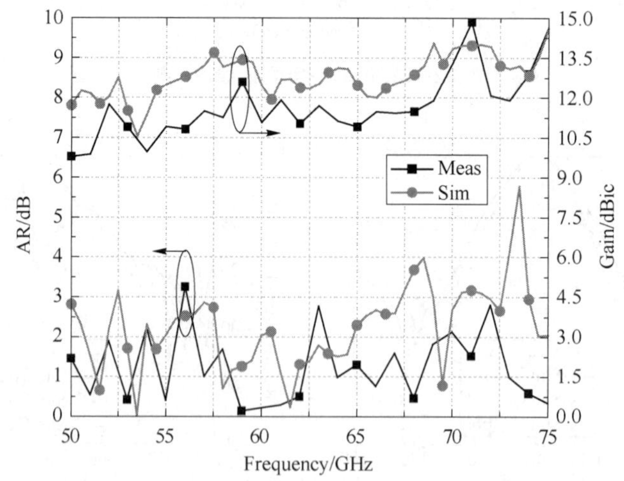

图 3-2-49 仿真与实测天线轴比与增益随频率变化图

4. 小结

本节提出了一种不需要正交模式转化器的新型宽带圆极化喇叭天线,结构由反足型渐变缝隙天线外侧加载圆波导构成。本节通过三端口模型对天线工作机理进行了详细解释,并通过对关键参数进行参数扫描,进一步提出了简明的设计流程。通过传统的慢走丝工艺完成了原型的加工,实测结果表明,该喇叭天线阻抗轴比带宽达到了40%,覆盖频率范围50～75 GHz,为宽带圆极化喇叭天线的理论实现提供了一种新的设计思路。

3.3　宽带隔板圆极化天线研究与设计

在长距离高速回传应用中,需要天线阵列具有高效率、宽工作频段的特点。此外,阵列的圆极化特性可为长距离的校准增加便利性,且有效避免极化失配现象。基于波导结构的阵列具有目前最高的辐射效率,但此类阵列的工作带宽难以突破20%,主要原因是受限于阵列单元的工作带宽。本节提出了一种新型的基于波导的毫米波圆极化天线阵列单元,为端射类宽带圆极化天线家族又贡献了一位新成员;实测结果表明,其单元阻抗轴比综合带宽达到了40%,且结构简单,误差容忍度大。该结构的提出解决了目前基于波导结构圆极化阵列单元工作带宽窄的难点问题。此外,本结构采用了在方波导中插入双对称隔板的结构实现了的圆极化特性,为宽带圆极化天线的理论实现提供了一种新的设计思路。

3.3.1　基于矩形波导的隔板圆极化天线研究与设计

1. 隔板天线结构

图3-3-1所示为宽带隔板天线结构,由标准的WR-15矩形波导馈电,波导长宽分别为c和d,在y方向展宽的矩形波导内插入了两块对称的三角形隔板,隔板位置如图中箭头所示,放置在WR-15矩形波导两侧,y方向展宽波导高度尺寸由d展宽为h,宽度与标准波导一致,展宽波导长度为l,直角三角形隔板的两个直角边长度分别为c和l,厚度为t。所提出天线的结构十分简单,只有三个优化参数,详细的结构尺寸参数列在了表3-3-1内。

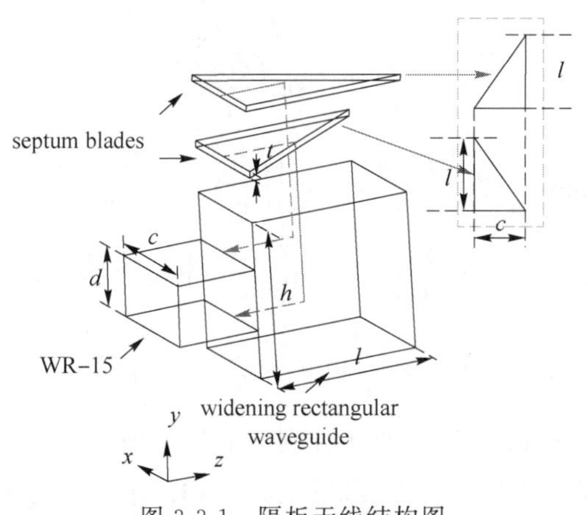

图3-3-1　隔板天线结构图

表3-3-1　隔板天线结构参数

参数	c	d	h	t	l
值/mm	3.759	1.88	5	0.4	5.25

2. 隔板天线机理分析

矩形波导的工作模式对所提出天线的辐射特性起着至关重要的作用，由于天线口径直接连接了自由空间，并且在口径处存在渐变结构，因此天线口径的模式并不能通过构建双端口模型，如图 3-3-2 所示。在全波仿真软件 HFSS 直接进行计算，在天线口径的电场 $\boldsymbol{E}_{\mathrm{a}}$ 可以表示为

$$\boldsymbol{E}_{\mathrm{a}}=\sum_{m,n} C_{\mathrm{TE}_{mn}} \boldsymbol{E}_{\mathrm{TE}_{mn}} \mathrm{e}^{\mathrm{j}\varphi_{\mathrm{TE}_{mn}}}+\sum_{m',n'} C_{\mathrm{TM}_{m'n'}} \boldsymbol{E}_{\mathrm{TM}_{m'n'}} \mathrm{e}^{\mathrm{j}\varphi_{\mathrm{TM}_{m'n'}}}+\boldsymbol{E}_{\mathrm{s}} \tag{3.3.1}$$

式中，$\boldsymbol{E}_{\mathrm{TE}_{mn}}$ 和 $\boldsymbol{E}_{\mathrm{TM}_{m'n'}}$ 是 TE_{mn} 和 $\mathrm{TM}_{m'n'}$ 模式在天线口径的电场分布，$\boldsymbol{E}_{\mathrm{s}}$ 是隔板产生的电场，$(C_{\mathrm{TE}_{mn}},\varphi_{\mathrm{TE}_{mn}})$ 和 $(C_{\mathrm{TM}_{m'n'}},\varphi_{\mathrm{TM}_{m'n'}})$ 分别对应于 TE_{mn} 和 $\mathrm{TM}_{m'n'}$ 的幅值与相位。

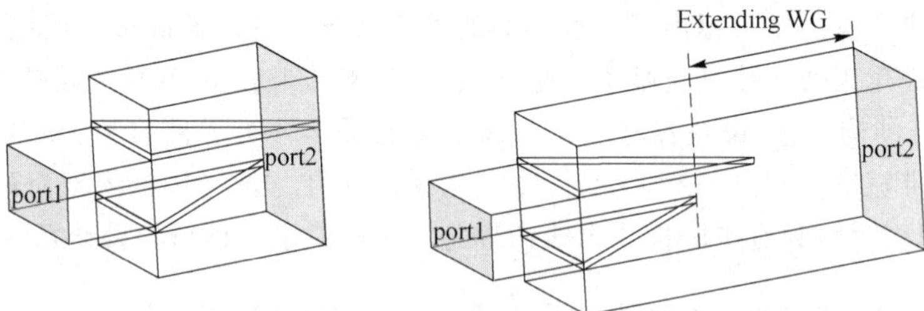

图 3-3-2　HFSS 中双端口模型结构图

$\boldsymbol{E}_{\mathrm{TE}_{mn}}$ 与 $\boldsymbol{E}_{\mathrm{TM}_{m'n'}}$ 可以表示为

$$\boldsymbol{E}_{\mathrm{TE}_{mn}}=\boldsymbol{x}E_{x\mathrm{TE}_{mn}}+\boldsymbol{y}E_{y\mathrm{TE}_{mn}} \tag{3.3.2}$$

$$\boldsymbol{E}_{\mathrm{TM}_{m'n'}}=\boldsymbol{x}E_{x\mathrm{TM}_{m'n'}}+\boldsymbol{y}E_{y\mathrm{TM}_{m'n'}}+\boldsymbol{z}E_{z\mathrm{TM}_{m'n'}} \tag{3.3.3}$$

式中，$\boldsymbol{x}$、$\boldsymbol{y}$ 和 $\boldsymbol{z}$ 是三个方向上的单位向量，$E_{x\mathrm{TE}_{mn}}$，$E_{y\mathrm{TE}_{mn}}$，$E_{x\mathrm{TM}_{m'n'}}$，$E_{y\mathrm{TM}_{m'n'}}$ 和 $E_{z\mathrm{TM}_{m'n'}}$ 可表示为[1]

$$\begin{cases} E_{x\mathrm{TE}_{mn}}=\dfrac{\mathrm{j}wun\pi}{k_c^2 b}H_m\cos\left(\dfrac{m\pi}{a}x\right)\sin\left(\dfrac{n\pi}{b}y\right)\mathrm{e}^{-\gamma z} \\ E_{y\mathrm{TE}_{mn}}=-\dfrac{\mathrm{j}wum\pi}{k_c^2 a}H_m\sin\left(\dfrac{m\pi}{a}x\right)\cos\left(\dfrac{n\pi}{b}y\right)\mathrm{e}^{-\gamma z} \end{cases} \tag{3.3.4}$$

$$\begin{cases} E_{x\mathrm{TM}_{m'n'}}=-\dfrac{\gamma m'\pi}{k_c^2 a}E_m\cos\left(\dfrac{m'\pi}{a}x\right)\sin\left(\dfrac{n'\pi}{b}y\right)\mathrm{e}^{-\gamma z} \\ E_{y\mathrm{TM}_{m'n'}}=-\dfrac{\gamma n'\pi}{k_c^2 b}E_m\sin\left(\dfrac{m'\pi}{a}x\right)\cos\left(\dfrac{n'\pi}{b}y\right)\mathrm{e}^{-\gamma z} \\ E_{z\mathrm{TM}_{m'n'}}=E_m\sin\left(\dfrac{m'\pi}{a}x\right)\sin\left(\dfrac{n'\pi}{b}y\right)\mathrm{e}^{-\gamma z} \end{cases} \tag{3.3.5}$$

式中，w 是角频率，μ 是绝对磁导率，a 和 b 分别代表矩形波导的宽和高，H_{m} 和 E_{m} 分别为磁场与电场幅度，k_{c} 为截止波数。在天线口径的电场 $\boldsymbol{E}_a$ 还可以表示为

$$\boldsymbol{E}_a=\boldsymbol{x}\left|E_{x_{\mathrm{HFSS}}}\right|S_x\mathrm{e}^{\mathrm{j}\varphi_x}+\boldsymbol{y}\left|E_{y_{\mathrm{HFSS}}}\right|S_y\mathrm{e}^{\mathrm{j}\varphi_y}+\boldsymbol{z}\left|E_{z_{\mathrm{HFSS}}}\right|S_z\mathrm{e}^{\mathrm{j}\varphi_z} \tag{3.3.6}$$

式中，φ_x、φ_y 和 φ_z 分别为 $\boldsymbol{x}$、$\boldsymbol{y}$ 和 $\boldsymbol{z}$ 方向的电场相位，去掉相位信息后，$\boldsymbol{E}'_a$ 可以表示为

$$\boldsymbol{E}'_{\mathrm{a}}=\boldsymbol{x}\left|E_{x_{\mathrm{HFSS}}}\right|S_x+\boldsymbol{y}\left|E_{y_{\mathrm{HFSS}}}\right|S_y+\boldsymbol{z}\left|E_{z_{\mathrm{HFSS}}}\right|S_z \tag{3.3.7}$$

式中，$(\left|E_{x_{\mathrm{HFSS}}}\right|、S_x)$、$(\left|E_{y_{\mathrm{HFSS}}}\right|,S_y)$ 和 $(\left|E_{z_{\mathrm{HFSS}}}\right|,S_z)$ 是通过全波仿真软件 HFSS 场计算器计算的 x、y 和 z 方向电场的(幅值、正负号)。

由于不同的波导模式存在正交的特性，假设隔板产生的电场 $\boldsymbol{E}_s$ 可被忽略，任意波导模式的幅度可以通过式(3.3.8)计算

$$\begin{cases} C_{\mathrm{TE}_{mn}} \approx \boldsymbol{E}'_a \boldsymbol{E}_{\mathrm{TE}_{mn}} \\ C_{\mathrm{TM}_{m'n'}} \approx \boldsymbol{E}'_a \boldsymbol{E}_{\mathrm{TM}_{m'n'}} \end{cases} \tag{3.3.8}$$

在本节提出的结构中，根据波导模式截止频率计算公式，在 50～75 GHz 频率范围内，展宽矩形波导可传播 TE_{10}、TE_{01}、TE_{11}、TM_{11}、TE_{02}、TE_{12} 和 TM_{12} 模式，图 3-3-3 所示为计算得到的天线口径模式幅度分布 dB(A)，计算表达式如下

$$\mathrm{dB}(A) = 10\log_{10}\left(\frac{C_{\mathrm{TE/M}_{mn}}}{\sqrt{\left(\sum\limits_{m,n} C^2_{\mathrm{TE}_{mn}} + \sum\limits_{m',n'} C^2_{\mathrm{TM}_{m'n'}}\right)}}\right) \tag{3.3.9}$$

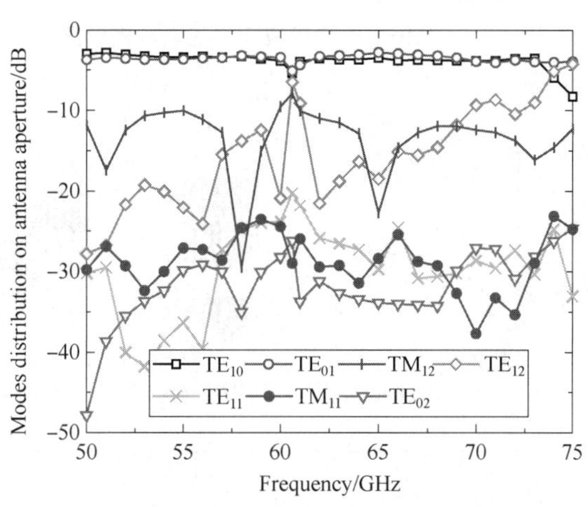

图 3-3-3 隔板天线口径模式幅度分布图

从图中可以看出，除了在频率 60 GHz 和 75 GHz 附近，天线口径主要激励了 TE_{10} 和 TE_{01} 模式，其他模式可近似忽略，更高阶模式对天线辐射特性的影响将在下文中评估。

为了进一步解释圆极化工作机理，采用了三端口模型进行了波导模式分析。如图 3-3-4 所示，通过延长在图 3-3-1 中的标准馈电波导 WR-15 上下两侧的矩形波导，然后在全波仿真软 HFSS 中将这三个端口设置为波端口激励，最后计算 $z=0$ mm、1.75 mm、4.5 mm、7 mm和 $y=0$ mm 平面的电场用于机理分析。图 3-3-5 所示为在 62 GHz 这 5 个平面的电场分布，需要说明的是，在情况 1 与情况 2 中，端口 1 与端口 3 具有相同的输入相位，而端口 1和端口 2 在情况 1 与情况 2 中分别具有相反和相同的输入相位。此外，这三个波端口具有相同的输入功率，输入的口径电场分布如图 3-3-5 中 $z=0$ mm 平面所示。

在情况 1 中，类似于隔板极化器的奇模耦合过程，在上下两侧的矩形波导中的电场相位与中心矩形波导的电场相位相反，每个隔板两侧的电流方向相同，因此输入的 TE_{10} 模式会被逐渐转换为 TE_{01} 模式，转换过程如图 3-3-5 所示。电场方向在缝隙内会从 y 方向转变为 x 方向，随着缝隙宽度扩大到展宽波导宽边口径 $z=7.5$ mm 平面，在天线口径内大部分区域电场会变成 x 方向，参考图 3-3-3 中模式分布图，在口径边缘处的 x 方向电场主要是高阶模式 TM_{12} 产生的。

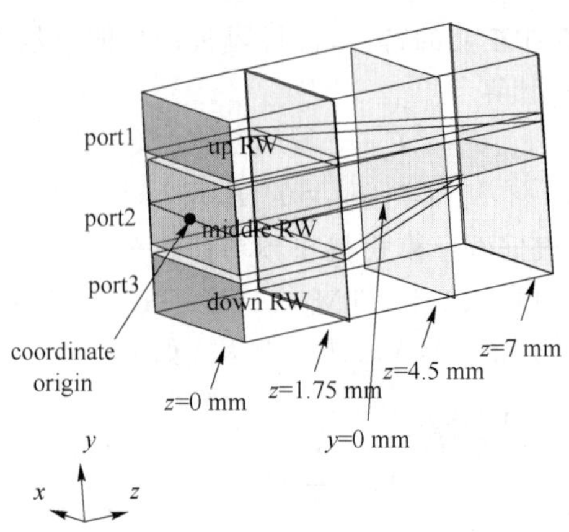

图 3-3-4　HFSS 中的隔板天线三端口模型图

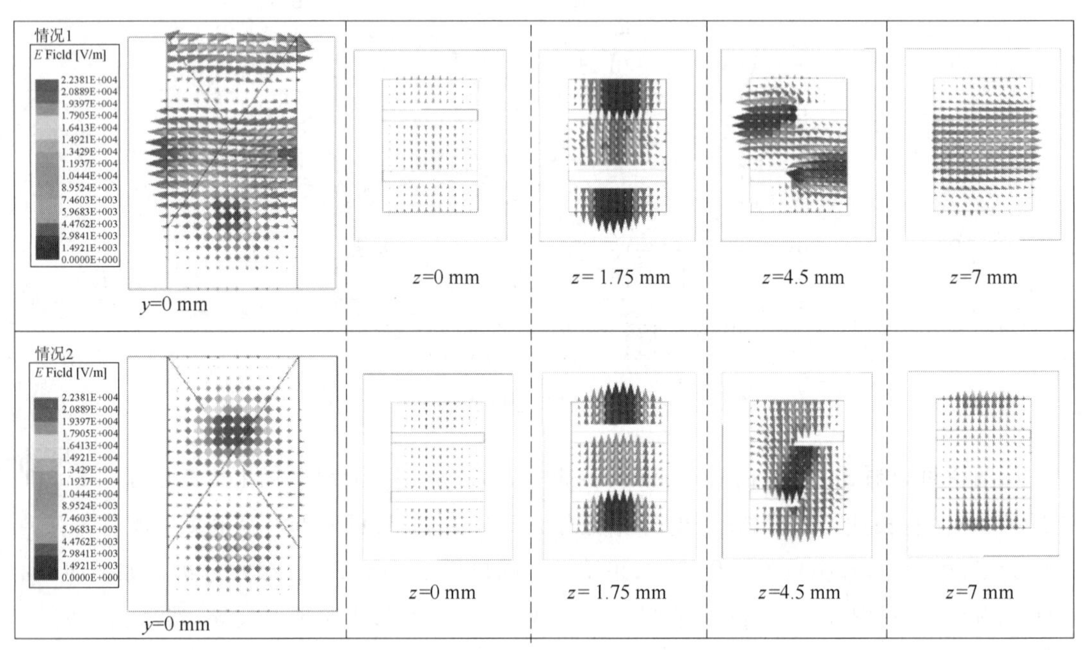

图 3-3-5　在五个平面(定义在图 3-3-4 中的 $z=0$ mm、1.75 mm、4.5 mm、7 mm，以及 $y=0$ mm 平面)中电场分布图

在情况 2 中，三个端口的输入电场相位相同，缝隙并不会产生扰动，因此如图 3-3-5 所示，电磁波从输入端口传播至口径 $z=7.5$ mm 平面过程中，不会产生模式的强转换，到达天线口径时仍主要为 TE_{10} 模式。同样，在口径处的不均匀性仍然是高次模式 TM_{12} 的激励产生引起的，这个不均匀性看起来很大是由于 TM_{12} 模式与 TE_{10} 模式具有不同的传播常数，到达口径时两个模式的相位不同，在图 3-3-5 中口径处 TE_{10} 模式的相位恰好取到了幅值较小值，而 TM_{12} 模式为幅值较大值。

通过以上分析已经解释了正交电场 x 与 y 方向产生的过程，对于圆极化特性另外一个条件为正交电场相位差为 90°，参考图 3-3-5 中 $y=0$ mm 平面电场，TE_{10} 模式与 TE_{01} 模式具有不同的导波波长，在展宽波导的口径处，在情况 1 与情况 2 中 TE_{01} 模式与 TE_{10} 模式分别达到了最大与最小值，因此产生了正交电场的相位差。

以上通过分析 3 端口模型的模式转换解释了天线圆极化产生机理，本节还将通过对天线所有参数进行参数扫描，验证理论解释的正确性。

展宽矩形波导高度尺寸 h 对远场 x 与 y 方向相位与幅度差的影响如图 3-3-6 所示。根据波导理论[1]，在相同频率，越大的波导口径尺寸会带来更小的导波波长，导波波长 TE_{01} 模式会随着参数 h 的增大而减小，因此必然会引起远场 E_x 与 E_y 相位差的减小。与此同时，更大的空间会导致 TE_{10} 模式更多的转换为 TE_{01} 模式。因此，远场 E_x 与 E_y 的幅度差会随着参数 h 的增大而增大。在不同参数 h 下的轴比如图 3-3-7 所示，可以看到在 60 GHz 处存在了轴比尖锐点，参考图 3-3-3 中模式分布结果，这是由于高阶模式 TE_{12} 与 TM_{12} 模式引起的，这个现象同样也存在于隔板极化器中[11]，这个尖锐点可以通过改变结构尺寸进行频率的转移，但并不能消除。

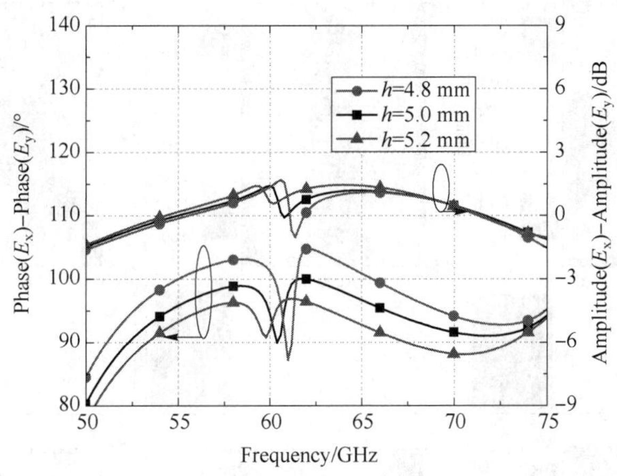

图 3-3-6 仿真在不同口径高度 h 条件下远场正交电场相位差与幅度差随频率变化图

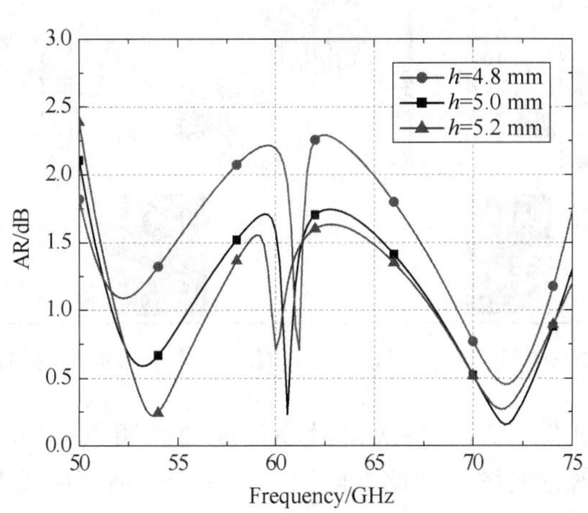

图 3-3-7 仿真在不同口径高度 h 条件下轴比随频率变化图

在 60.6 GHz 与 62 GHz 天线口径处的 x、y 和 z 方向电场的(幅值,正负号)($|E_{x_{\mathrm{HFSS}}}|$,S_x)、($|E_{y_{\mathrm{HFSS}}}|$,S_y)和($|E_{z_{\mathrm{HFSS}}}|$,S_z)如图 3-3-8 所示,S_x、S_y 与 S_z 在图中右下角位置显示,符号+1 与-1 是指电场的方向,例如 S_x 取+1 代表与 x 轴正方向同向,取-1 代表方向为 x 轴负方向,+1 与-1 分别对应于红色与蓝色。从图中可以看出,在 62 GHz,x 与 y 方向电场分布近似于纯净的 TE_{01} 模式与 TE_{10} 模式。此外,z 方向的电场主要分布在天线口径的边缘,因此可以近似认为由隔板产生的电场 E_s 与口径内波导模式(TE_{10}、TE_{01}、TE_{11}、TM_{11}、TE_{02}、TE_{12} 和 TM_{12})正交,因此在式(3.3.1)中的 E_s 可以忽略。TE_{12} 模式与 TM_{12} 模式的电场分布如图 3-3-9 所示,对比在图 3-3-8(d)和(e)中的 60.6 GHz x 与 y 方向电场分布,可以认为其是主模 TE_{01} 和 TE_{10} 模式与 TE_{12} 模式的叠加,再对比图 3-3-8 中 z 方向的电场分布,在图 3-3-8(f)中虚线框位置是 TM_{12} 模式引起的,高阶模式的产生会加大口径场的不均匀性,会进一步影响天线辐射特性。

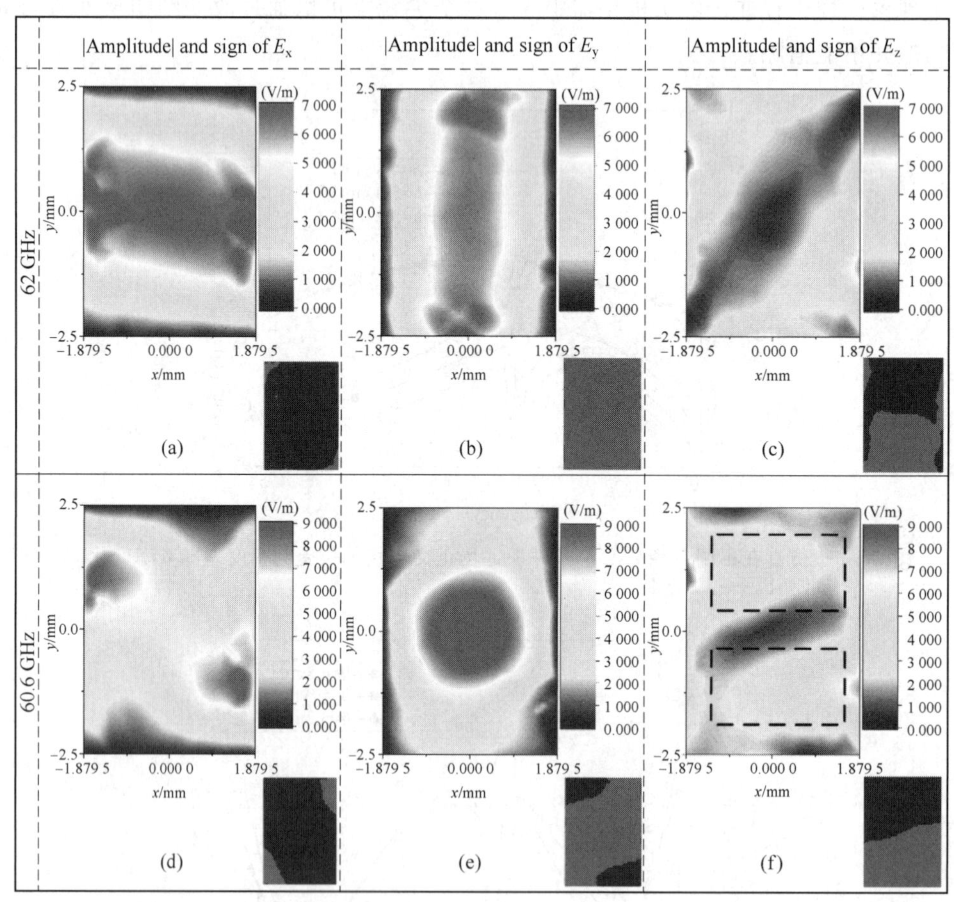

图 3-3-8　60.6 GHz 与 62 GHz 天线口径 x、y 和 z 方向电场幅值分布图

本节通过全波仿真软件计算了高次模激励幅度最高频点 60.6 GHz 与相邻正常频点 59 GHz和 62 GHz 的辐射方向图与轴比方向图来进一步评估高次模对辐射特性的影响。如图 3-3-10 所示,62 GHz、60.6 GHz 和 59 GHz x-z 面半功率波瓣宽度分别为 59°、62°和 61°,对应的 y-z 面宽度分别为 51°、64°和 56°,且在半功率波瓣宽度内轴比均小于 3 dB,因此高次模的激励对于辐射方向图的影响并不大。

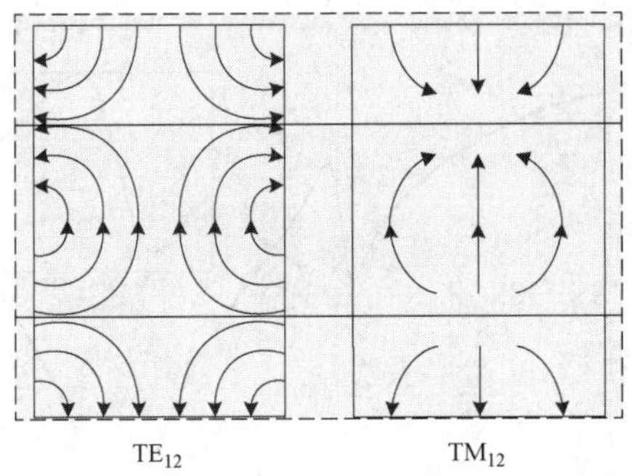

图 3-3-9　TE_{12}与 TM_{12}模式电场分布图

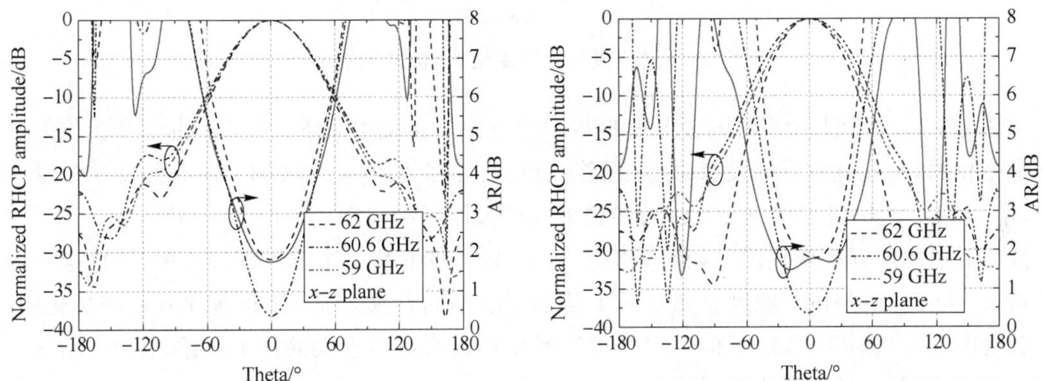

图 3-3-10　在 62 GHz、60.6 GHz 和 59 GHz x-z 与 y-z 平面归一化右旋圆极化方向图与轴比方向图

如图 3-3-11 所示，右旋圆极化增益在 60.6 GHz 减小到了 9.56 dBic，在频率超过72.5 GHz后，增益也存在了明显的减小，参考图 3-3-3 中模式分布结果，主要是由于高次模式 TE_{12}的影响，在频率 50～75 GHz 范围内，增益波动小于 2.16 dBic。图 3-3-12 所示为天线的 S_{11}特性，在 60.6 GHz，S_{11}值小于-20 dB。综合考虑天线性能后可以得出高次模的影响是可接受的。

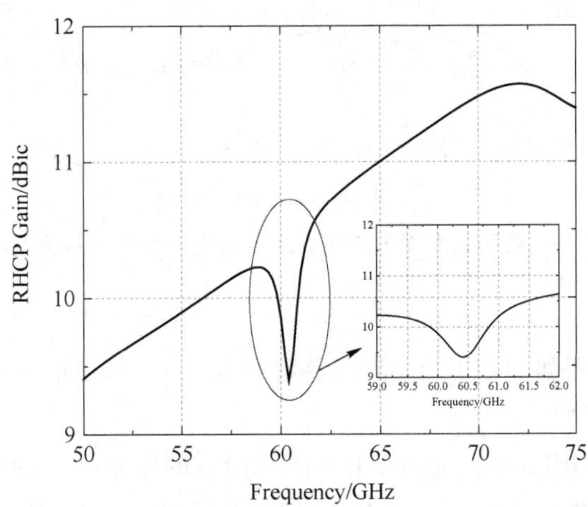

图 3-3-11　仿真隔板天线单元右旋圆极化增益随频率变化图

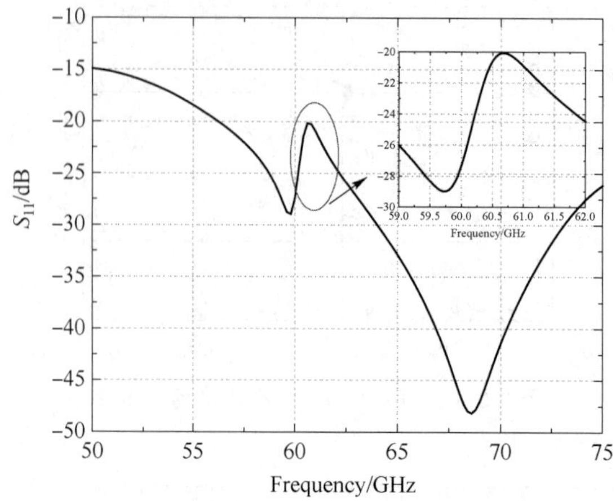

图 3-3-12　仿真隔板天线单元 S_{11} 随频率变化图

图 3-3-13 所示为在不同隔板厚度参数 t 的条件下正交电场 E_x 与 E_y 的幅度相位差随频率变化图，与展宽波导高度参数 h 的影响相似，除了在频率 60 GHz 的高次模式激励频点，E_x 与 E_y 的幅值与相位分别随着参数 t 的增大而减小与增大。图 3-3-14 所示为在不同参数 t 下轴比随频率变化图。如图 3-3-15 所示，隔板的长度 l 决定了耦合长度，因此会同时影响 E_x 与 E_y 的相位与幅度。图 3-3-16 给出了在不同参数 l 条件下的轴比随频率变化图，综合看图 3-3-7、图 3-3-14 与图 3-3-16，可以看出该天线可容忍大的加工误差，在 0.3 mm 的尺寸波动范围内，轴比均小于 3 dB。

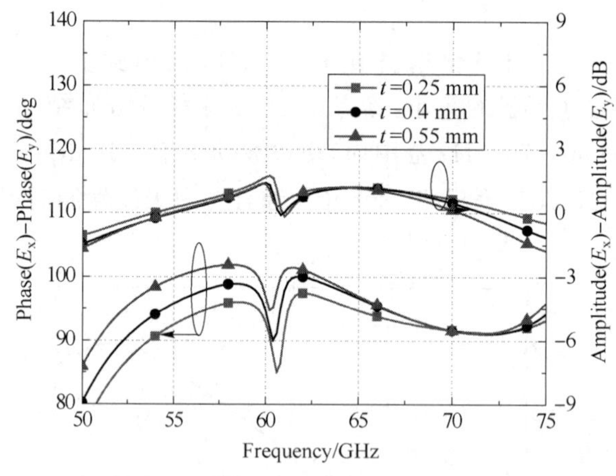

图 3-3-13　仿真在不同隔板厚度 t 条件下远场正交电场幅度相位差随频率变化图

3. 仿真与测试结果

隔板天线单元加工图如图 3-3-17 所示，参数与表 3-3-1 给出的一致，天线原型同样采用慢走丝切割工艺加工。

仿真与实测的 S_{11} 如图 3-3-18 所示，由于测试设备的限制，实测的 S_{11} 分为两段，第一部分为 50～67 GHz，第二部分为 60～75 GHz。实测结果显示，该天线在 50～75 GHz 范围内 S_{11} 均小于 −15 dB。

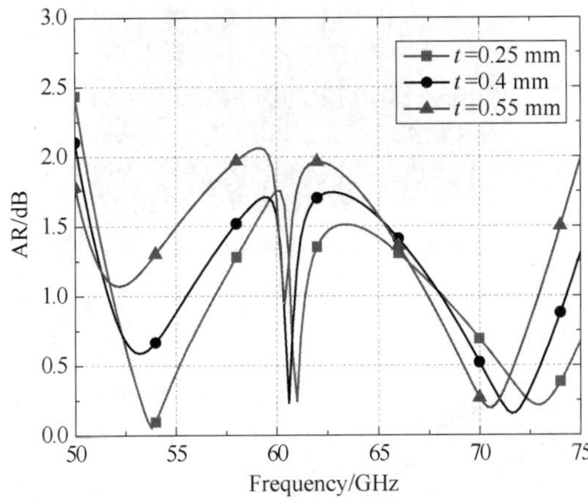

图 3-3-14　仿真在不同隔板厚度 t 条件下轴比随频率变化图

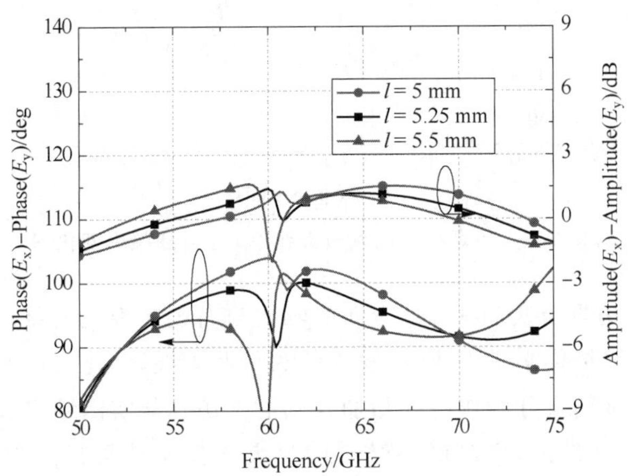

图 3-3-15　仿真在不同耦合 l 条件下远场正交电场幅度相位差随频率变化图

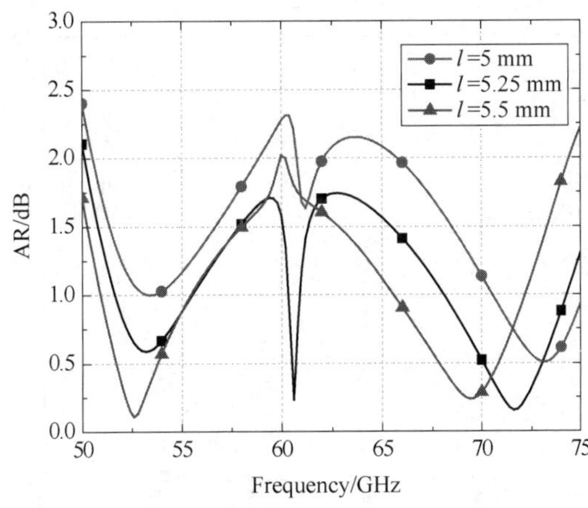

图 3-3-16　仿真在不同耦合 l 条件下轴比随频率变化图

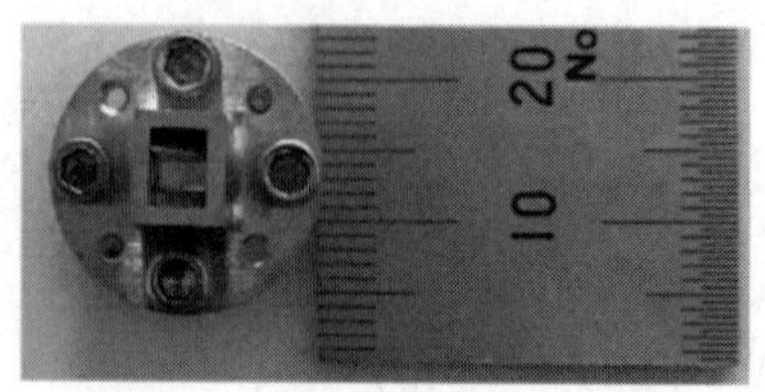

图 3-3-17　隔板天线单元加工图

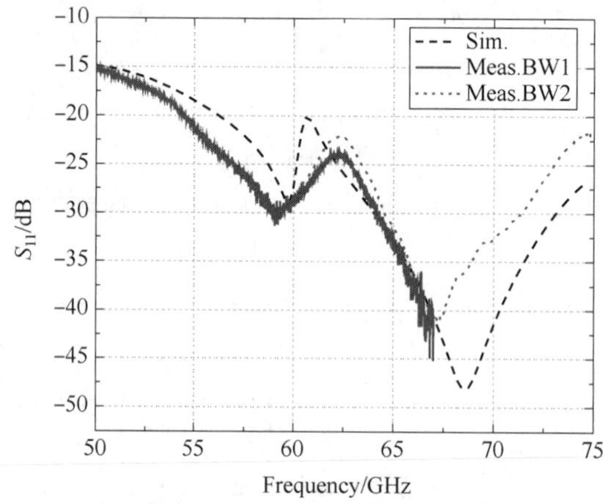

图 3-3-18　仿真与实测隔板天线单元 S_{11} 随频率变化图

图 3-3-19 所示为仿真与实测在 $+z$ 方向的轴比与右旋圆极化增益，在测试过程中，发射天线分别为正交放置线极化喇叭天线，接收天线为待测天线，轴比与增益的结果是通过对这两种情况下得到的测试结果分别作差和相加得到的。仿真与实测结果表明，在 50～75 GHz 范围内，轴比值均小于 2.5 dB，实测增益结果明显大于仿真结果是由于法兰盘与固定螺钉（图 3-3-17）引起的，仿真与实测增益在 50～75 GHz 频率范围内分别为 10.46±1.05 dBic 和 11.27±1.54 dBic。

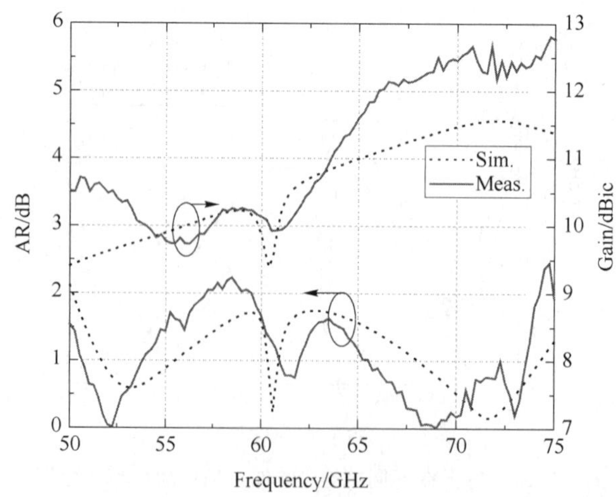

图 3-3-19　仿真与实测隔板天线单元轴比、增益随频率变化图

仿真与实测在 50 GHz、60 GHz 和 75 GHz 时，x-z、45°、y-z 平面右旋圆极化方向图与轴比图如图 3-3-20 所示，实测结果没有覆盖 360°是由于转台旋转范围的限制，但可以看出主瓣吻合得很好，且在半功率波瓣宽度内，轴比均小于 3 dB。

与毫米波圆极化单元和宽带圆极化天线的对比总结在了表 3-3-2 内，综合带宽代表了阻抗与轴比的重合带宽。在文献[12、13、16]中阵列单元的阻抗带宽、轴比带宽、综合带宽以及增益性能并未给出实测结果，因此表中数据为文献中的仿真结果，与这三种阵列单元作比较，本结构具有更宽的阻抗轴比带宽。文献[14]中的互补形偶极子具有更宽的阻抗轴比带宽，但由于其是基于板材类的天线，且方向性系数很低，因此所提出的隔板天线更适合定向高增益，在文献[14]中为获取高增益，对天线加载了介质棒，这样会使得天线长度明显增加，其介质棒长度电尺寸超过了 2λ，而本节提出的隔板天线长度电尺寸仅为 λ。此外，介质板的设计会引入装配误差，很难在毫米波较高频段实现。对比 3.2.3 节提出的紧凑型渐变缝隙圆极化天线以及 3D 打印极化器[15]，隔板天线具有更简单的结构尺寸，更宽的综合带宽。此外，文献[15]中的介质极化器在毫米波频段会遭受严重的介质损耗，采用单金属波导口馈电辐射效率也仅为 79%。

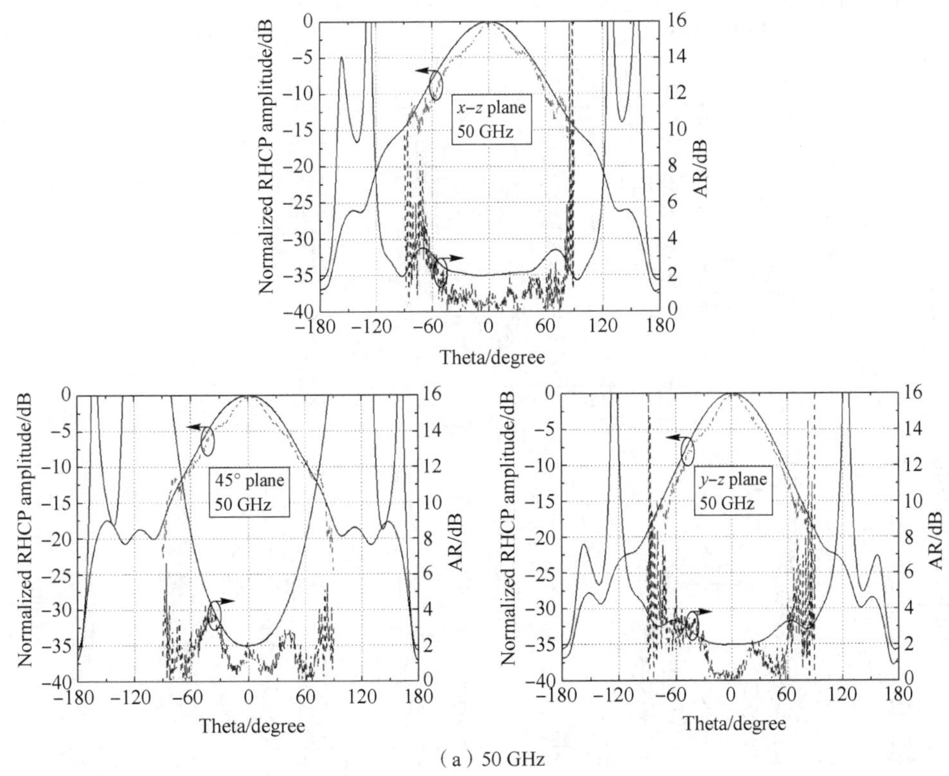

(a) 50 GHz

图 3-3-20 仿真与实测在 50 GHz、60 GHz 和 75 GHz x-z、45°和 y-z 平面隔板天线单元归一化右旋圆极化方向图与轴比方向图

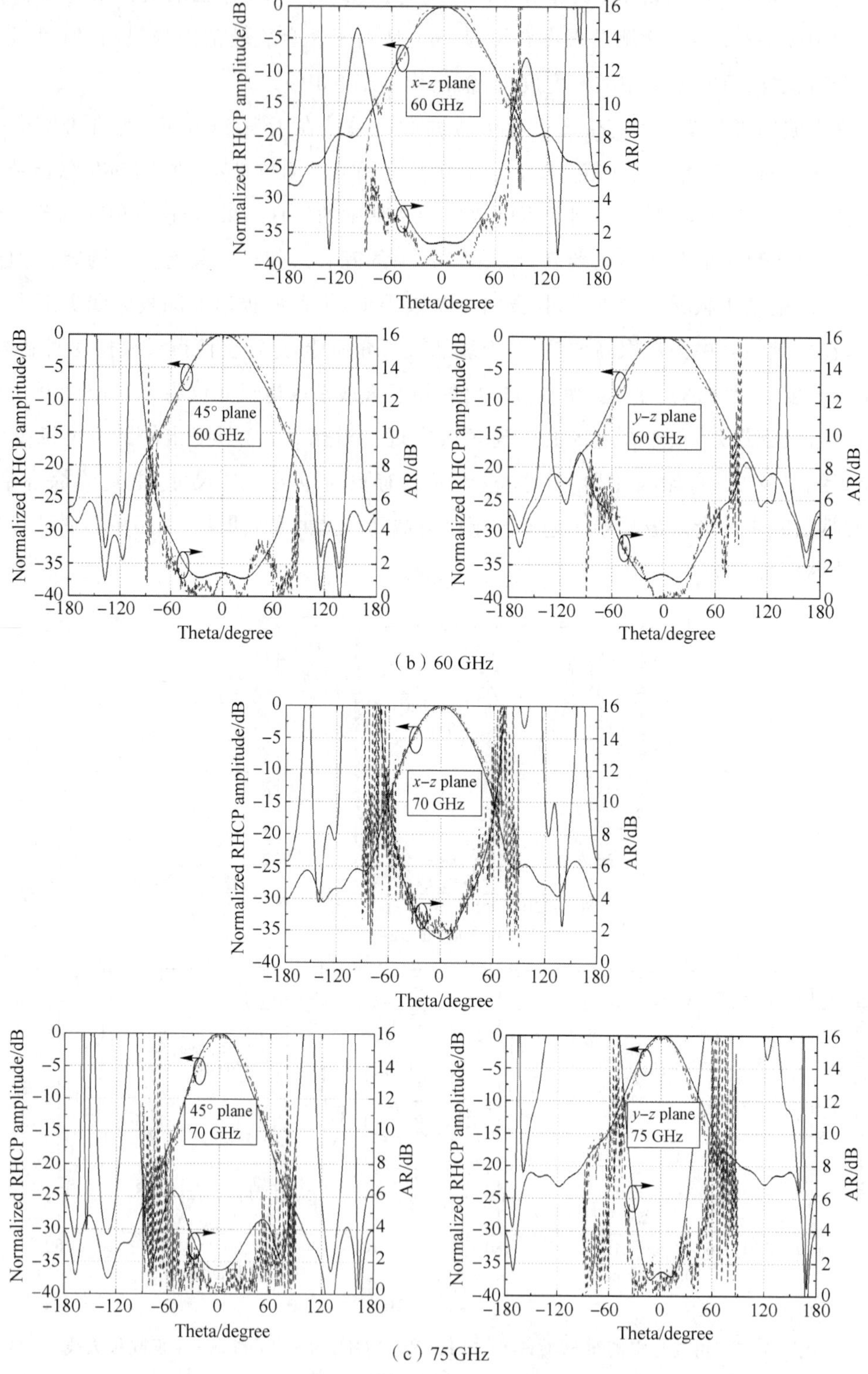

（b）60 GHz

（c）75 GHz

图 3-3-20　仿真与实测在 50 GHz、60 GHz 和 75 GHz x-z、45°和 y-z 平面隔板天线单元归一化右旋圆极化方向图与轴比方向图(续)

表 3-3-2　毫米波圆极化天线阵列单元/天线关键性能参数对比表

参考文献	天线类型	中心频率	阻抗带宽/%	轴比带宽/%	综合带宽/%	最大增益/dBic	加工工艺
文献[12]	电磁偶极子	60	28.8 *	25.9 *	25.9 *	9.1 *	PCB
文献[13]	螺旋天线	37.5	35.8 *	37.8 *	35.8 *	8.1 *	PCB
文献[14]	互补偶极子	28	64.2 *	51.4 *	51.4 *	6.4 *	PCB
文献[14]	互补偶极子（加载介质棒）	28	52.9	41	41	12.9	PCB
文献[15]	3D 打印介质极化器	60	50	30	30	15	3D 打印
文献[16]	集成喇叭	140	28.6 *	28.6 *	28.6 *	10.7 *	扩散焊
3.2.3 节提出	紧凑型渐变缝隙	60	40	27.6	27.6	10.41	慢走丝
本节提出	隔板天线	60	40	40	40	12.81	慢走丝

表中 * 代表仿真结果。

4. 小结

本节提出了一种新型的毫米波宽带端射圆极化天线，通过在方波导内平行的放置两块对称的三角形金属隔板，结构十分简单，只有 3 个优化参数。本节通过三端口模型详细地解释了天线工作机理，并对天线的所有设计参数进行了评估。通过波导工作模式分析了工作频段内轴比骤降点，并对骤降点的天线辐射与阻抗特性进行了评估。实测结果证明，该天线阻抗轴比带宽达到了 40%，覆盖频率范围为 50～75 GHz。

3.3.2　毫米波小型化圆极化隔板天线

1. 天线结构

本节提出的圆极化天线的结构如图 3-3-21 所示，在 y 方向增宽的双脊矩形波导(DRRW)中填充了两个厚度为 t 的直角三角形隔板。隔板放置在馈电 DRRW 的两侧。馈电 DRRW 的脊的高度为 r_3，宽度为 r_4。加宽后的 DRRW 的高度为 h_1，大于馈电 DRRW 的高度 h_2，宽度与馈电 DRRW 的宽度同为 w；增宽的 DRRW 的长度为 l，与隔板的长度相等。加宽 DRRW 的脊高为 r_1，脊宽为 r_2。三角隔板的两条边分别为 w 和 l。优化后的天线尺寸如表 3-2-7 所示。

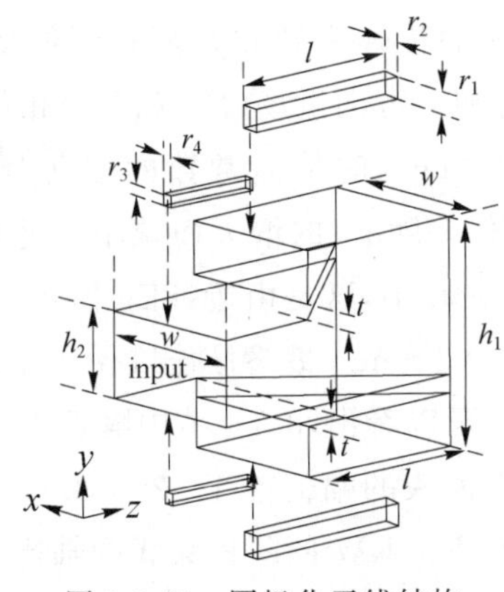

图 3-3-21　圆极化天线结构

表 3-3-3 优化后的天线尺寸

参数	w	h_1	h_2	l	r_1	r_2	r_3	r_4	t
值/mm	3	4.15	1.6	3.45	0.4	0.3	0.2	0.2	0.3

2. 工作原理

本节利用模式合成法阐述了隔板天线的工作原理。基于矩形波导的隔板天线原型口径较大，难以应用于多波束阵列设计。此外，波导口径过大会造成高阶模(TE_{12}和 TM_{12}模)的激励，对辐射性能产生负面影响。在高阶模激励频率点，增益降低约 1 dBic。减小波导口径可以提高高阶模的截止频率。而隔板天线的圆极化相位和幅值条件分别是通过隔板波导中 TE_{10}模式和 TE_{01}模式的传播常数差和激励幅值实现的。因此，对隔板天线直接缩放尺寸将造成圆极化性能恶化。

脊波导具有结构紧凑、主模带宽宽等优点。脊的尺寸可以用来调整传播常数。为了得到对称的辐射方向图，在加宽 RW 的中心增加了两条脊。图 3-3-22 所示为加宽 DRRW 下不同 r_1 和 r_2 的 TE_{01}和 TE_{10}模式的传播常数变化曲线。其加宽后的 RW 尺寸与表 3-3-3 相同。TE_{10}模式的传播常数随着 r_1 的增加而增加，随着 r_2 的增加近似不变。在不同的 r_1 和 r_2 下，TE_{01}模的传输常数基本不变。

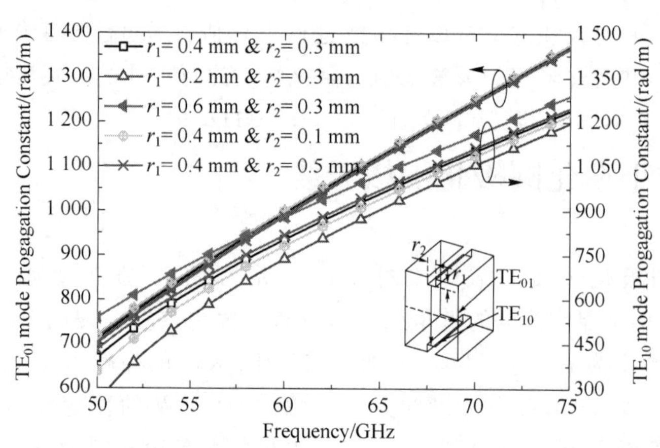

图 3-3-22 加宽 DRRW 下不同 r_1 和 r_2 的 TE_{01}和 TE_{10}模式的传播常数变化曲线

DRRW 中 TE_{10}和 TE_{01}模式的传输常数差是隔板天线实现圆极化相位条件的关键。r_1 和 r_2 对隔板天线远场 x 方向和 y 方向电场(E_x 和 E_y)相位和幅值差的影响如图 3-3-23 所示。由于随 r_1 的增大 TE_{10} 和 TE_{01} 的传播常数的变化分别为增大和几乎不变，因此 TE_{10}和 TE_{01}在天线口径处的相位差随 r_1 的增大而减小。远场的 E_x 和 E_y 相位差也随之改变。从 50～55 GHz 振幅差明显减小，这是由于 TE_{10}模式的截止引起的。为了得到宽的 AR 带宽，选择 r_1＝0.4 mm，r_2＝0.3 mm。最终最佳口径尺寸为 0.66λ×0.91λ。天线口径处不同模式幅值如图 3-3-24 所示。可以看出，3.3.1 节中隔板天线在 60 GHz 左右的高阶模被截断。在 55～70 GHz 范围内，高阶模的幅值小于-20 dB。70 GHz 后 TM_{11}模式振幅明显增大。因此，采用 DRRW 消除了基于 RW 的隔板大线的轴比和增益曲线中的尖刺。

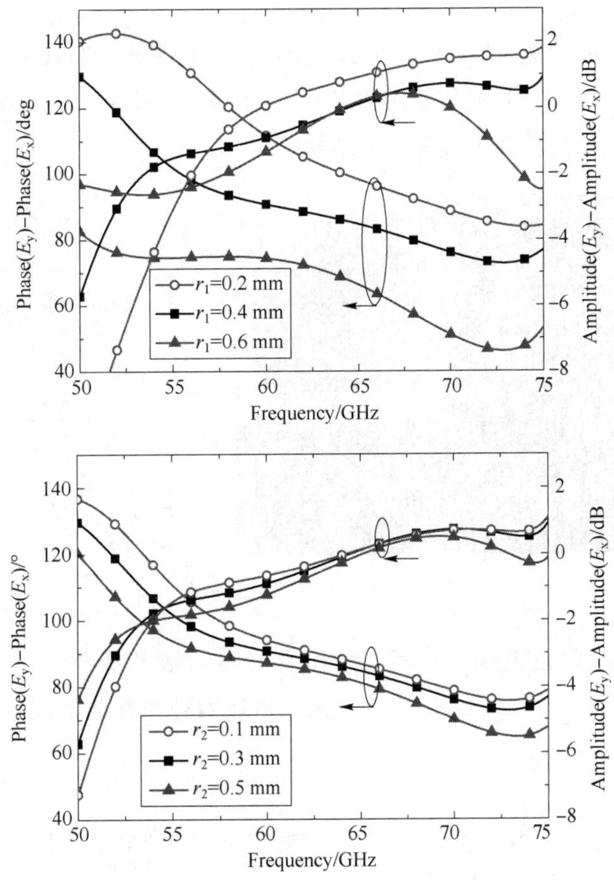

图 3-3-23 不同 r_1 和 r_2 下天线远场 E_x 和 E_y 的相位和幅值差仿真曲线

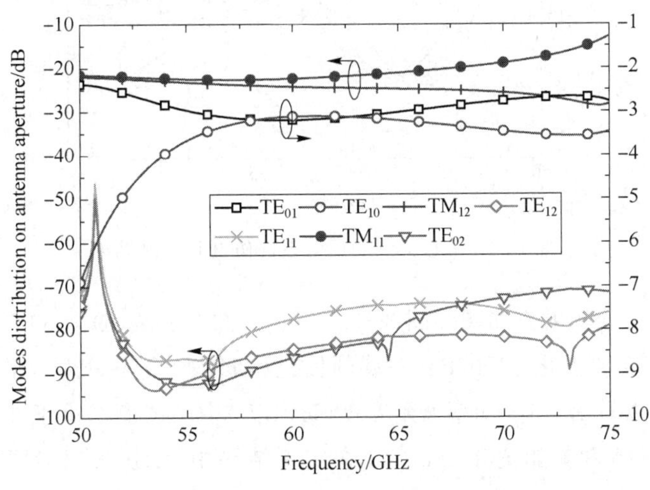

图 3-3-24 天线口径处不同模式幅值

3. 结果与讨论

为了验证该天线的性能，图 3-3-25 所示为由电火花切割机(EDM)制作的天线原型。馈电部分使用了 WR-15 与 DRRW 转换结构，法兰为 UG387/U-M。需要注意的是，本节的两个仿真结果分别对应带法兰和不带法兰的结构。

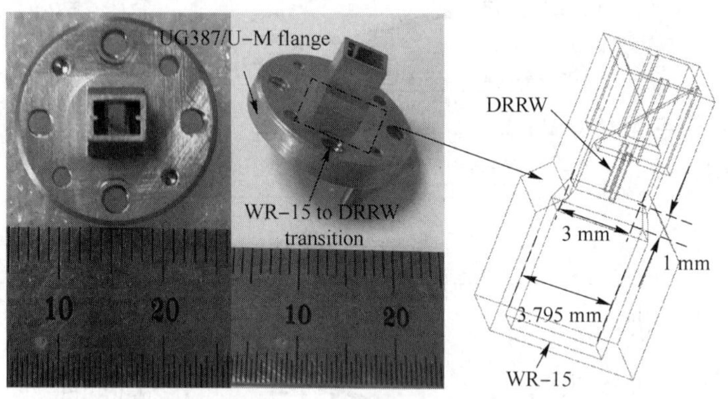

图 3-3-25　天线加工实物图

如图 3-3-26 所示，隔板天线的反射系数仿真与实测结果吻合较好。实测的阻抗带宽($|S_{11}|<-10$ dB)从 52.0～75.0 GHz 为 36.2%。对比两种仿真结果，法兰的影响较小。

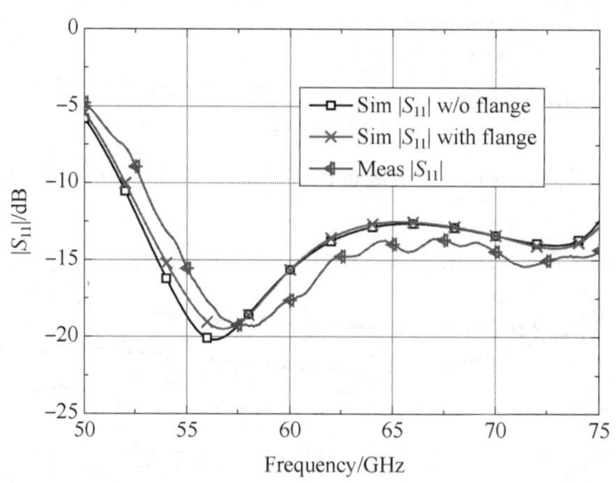

图 3-3-26　隔板天线的反射系数仿真和实测结果

仿真和实测的天线辐射方向图如图 3-3-27 所示。图 3-3-27(a)为 56 GHz、66 GHz 频点处无法兰天线的右旋圆极化(RHCP)、左旋圆极化(LHCP)及 x-z、y-z 平面轴比辐射方向图的仿真结果。可以看出，在半功率波瓣宽度(HPBW)中 AR 值都小于 3 dB。由于转台旋转范围的限制，测量结果未能覆盖±180°。在实测结果中，LHCP 辐射图存在空洞现象且 AR 曲线波动明显。主要有两个原因：①天线结构相对于法兰尺寸较小；②法兰面与天线口径非常接近。文献[17,18]研究了法兰涂层对矩形波导的辐射影响。为了验证原因，在仿真中加入了法兰。实测主波束与仿真结果基本一致。微小的差异是由固定螺钉造成的。表 3-3-4 汇总了从 56～75 GHz 的 HPBW 和 HPBW 范围内最大 AR 值。仿真天线在 HPBW

范围内 AR<3 dB 时，在 56～66 GHz 范围内可实现 16.4％的工作带宽。在 60～74 GHz范围内，模拟和实测的波束覆盖范围分别为 68°×57°和 48°×35°。

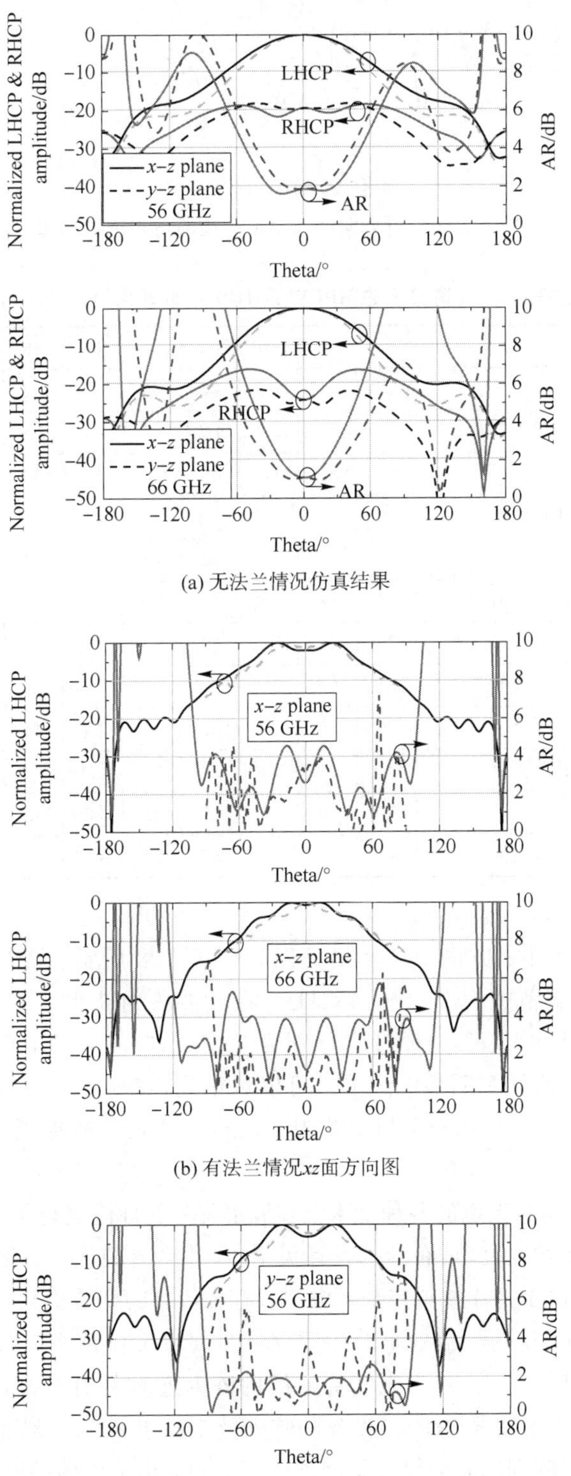

图 3-3-27　天线辐射方向图及 AR 曲线的仿真测试结果

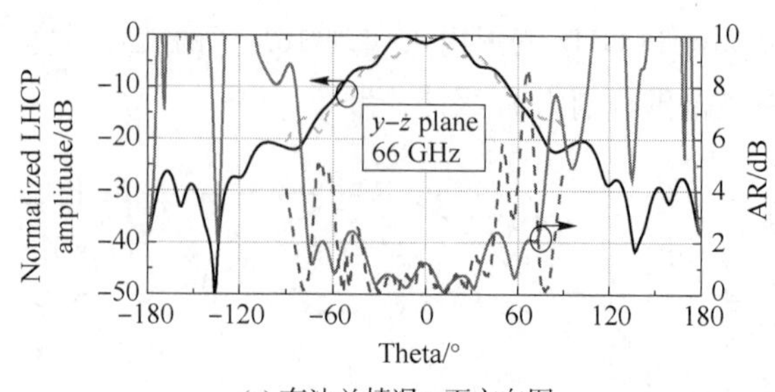

(c) 有法兰情况yz面方向图

图 3-3-27 天线辐射方向图及 AR 曲线的仿真测试结果(续)

表 3-3-4 天线有无法兰情况下的 HPBW 及 HPBW 内最大 AR 值的仿真实测结果

频率/GHz	56	58	60	62	64	66	68	70	72	74	75
无法兰 x-z 面 HPBW/° *	72	71	70	70	69	68	66	64	62	62	62
无法兰 x-z 面 HPBW 内轴比最大值/° *	1.7	0.8	0.8	1.5	2.3	3.0	3.6	4.1	4.2	3.7	3.4
无法兰 x-z 面 HPBW/° *	63	61	60	59	58	57	56	54	52	48	46
无法兰 y-z 面 HPBW 内轴比最大值/° *	2.2	1.2	0.6	0.8	1.4	2.0	2.5	2.8	2.9	2.3	2.1
有法兰 x-z 面 HPBW/° *	82	76	30	32	42	58	64	66	67	56	37
有法兰 x-z 面 HPBW 内轴比最大值/° *	4.5	4.0	2.0	2.3	3.2	3.9	4.1	3.9	4.3	4.7	1.8
有法兰 y-z 面 HPBW/° *	76	71	26	30	40	50	56	60	58	37	36
有法兰 y-z 面 HPBW 内轴比最大值/° *	1.9	1.6	2.2	2.4	2.0	1.2	1.9	3.0	3.9	3.9	3.5
有法兰 x-z 面 HPBW/°	70	76	79	86	67	49	48	48	54	63	59
有法兰 x-z 面 HPBW 内轴比最大值/°	3.9	3.2	1.8	1.4	1.5	2.4	2.5	2.2	2.5	1.6	1.6
有法兰 y-z 面 HPBW/°	57	60	65	75	44	35	40	42	46	52	52
有法兰 y-z 面 HPBW 内轴比最大值/°	3.5	2.7	1.8	2.1	1.8	1.2	1.1	1.7	2.2	1.7	3.3

表中 * 代表仿真结果。

仿真和实测的天线 $+z$ 方向 AR 和增益图如图 3-3-28 所示。无法兰天线的模拟 3 dB AR 带宽为 32.4%，覆盖范围为 54.1～75 GHz。在此波段内获得了 8.9±0.4 dBic 的增益。仿真和实测的法兰天线的 3 dB AR 带宽分别为 25.2%(54.7～70.5 GHz)和 27.2%(57～75 GHz)。法兰对增益曲线有明显的影响。可以观察到，在 57～75 GHz 范围内，带法兰天线的仿真增益为 9.15±2.15 dBic，实测增益为 8.5±3.1 dBic。所提天线的仿真辐射效率达到 95%以上。

表 3-3-5 对目前提出和报道的各种毫米波多波束阵列的性能进行了比较。文献[19,20]中的阵列设计在衬底型传输线上，具有结构设计灵活、尺寸紧凑的优点。因此，它们更容易实现宽的操作带宽。然而，由于基片材料在毫米波波段存在较高的介质损耗，限制了天线的辐射效率。1×4 阵列在 37.5 GHz 的辐射效率约为 50%[20]，随着工作频率或天线单元数量的增加，辐射效率会进一步降低[20,21]。基于充气传输线的阵列通常具有较高的辐射效率。在文献[22]中，采用填充气脊矩形波导(RRW)设计的阵列效率高于 80%。然而，基于空气波导的宽工作带宽圆极化多波束阵列单元的设计是困难的。本节提出了一种基于 20.9%工作带宽的空气波导端射圆极化天线单元，为今后高效多波束阵列的应用提供了良好的选择。

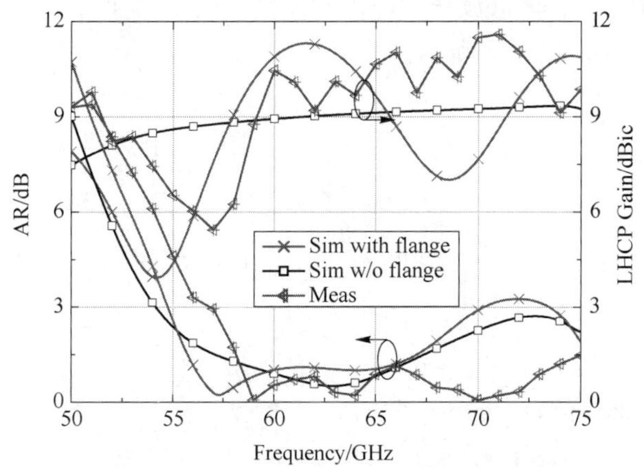

图 3-3-28　$+z$ 方向轴比与增益曲线的仿真测试结果

表 3-3-5　毫米波波段不同多波束阵列单元的比较

参考文献	频率/GHz	极化	单元尺寸($\lambda_h \times \lambda_h \times \lambda_h$)	阻抗带宽/%	轴比带宽/%	增益(dBi/dBic)	扫描角/°	传输线
[19]	35	LP	0.61×0.59×0.18	68.6 *	N.A.	10.1	60°×60° *	SICL
[20]	60	LP	0.61×0.51×0.90	46.5 *	N.A.	7.3 *	70°	SIW
[21]	60	LP	0.62×0.52×0.74	44 *	N.A.	6.5 *	102°	SIW
[22]	60	LP	0.62×0.42×0.19	9.8 *	N.A.	N.A.	86°	RRW
[23]	37.5	Dual-CP	0.84×0.42×1.13	23.6 *	27.5 *	7.2 *	N.A.	SIW
本节提出	60	CP	0.66×0.91×0.76	36.2	20.9	9.3 *	68°×57° *	DRRW

*代表仿真结果。

λ_h代表最高工作频率下的自由空间波长。

N.A.表示不可使用。

4. 小结

本节提出了一种适用于多波束阵列的毫米波宽带紧凑型圆极化天线。通过在隔板天线中引入两个对称脊实现紧凑的天线口径。此外，消除了高阶模在轴比和增益曲线中产生的尖角。该天线已加工完成并进行了测量。仿真结果验证了测量中法兰对辐射性能的负面影响。

3.3.3　毫米波宽带双圆极化隔板天线

1. 天线结构

图 3-3-29 是本节所提出的双圆极化隔板天线辐射部分的几何结构，其中两个厚度为 t、间距为 b 的反足隔板放置在 y 方向加宽的矩形波导中，以建立一个三输入端口结构。加宽的波导的高度和宽度分别为 h 和 a。直角三角形隔板的两条直角边分别为 c（比 a 小）和 l。如图 3-3-30 所示，馈电网络由一个功率分配器和三个 90°弯波导组成。图 3-3-30 中定义的端口＃1、＃2、＃2′的孔径尺寸均等于 WR-15，端口＃3、＃3′、＃3″、＃4、＃4′、＃4″均等于图 3-3-29 中定义的输入端口 2。线性渐变部分的长度和功率分配器的输出间距分别等于

f_1 和 $f_2=b_1+2t$。在三个 90°弯波导的内侧和外侧有两个尺寸为 f_3、f_4、f_5、f_6 的线性切角。优化后的天线尺寸如表 3-3-6 所示。

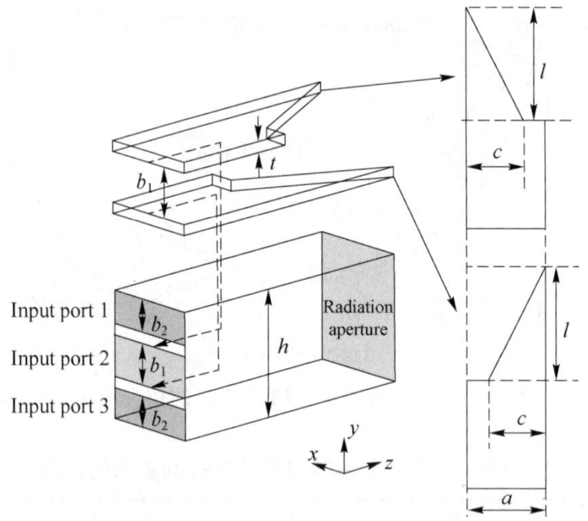

图 3-3-29 双圆极化隔板天线辐射部分的结构(无馈电网络)

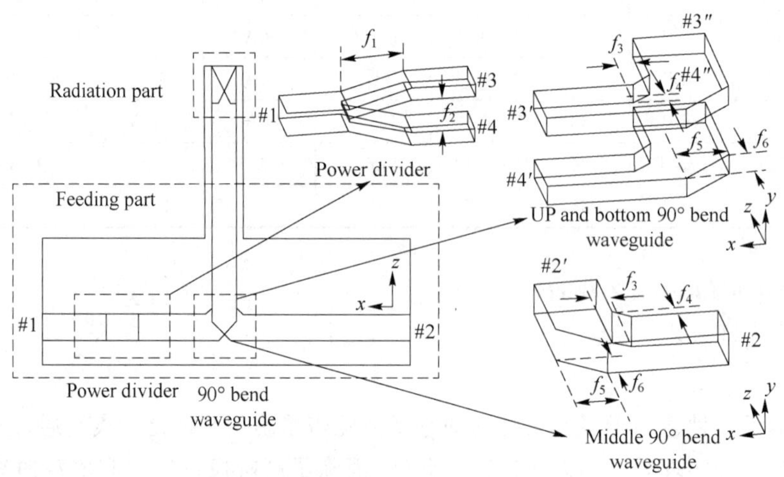

图 3-3-30 馈电网络结构

表 3-3-6 优化后的天线尺寸

参数	a	b_1	b_2	c	h	l	t
值/mm	3.795	1.88	1	2.8	4.68	5.4	0.4
参数	f_1	f_2	f_3	f_4	f_5	f_6	
值/mm	5	2.68	1	1	2.7	2.7	

2. 天线工作原理与参数分析

本节用模式合成法解释了单右旋圆极化隔板天线的工作原理。为了解释双圆极化的产生原理,图 3-3-31 所示为具有三种激励条件的三输入端口的隔板天线电场分布图。图 3-3-31(a)

中选择平面 $z=5$ mm、7.7 mm、10.4 mm 和平面 $y=0$ mm 来呈现电场分布。三个激励端口的输入电场振幅在三种激励条件下是相同的，而输入相位条件是情况 1(0°,0°,0°)，情况 2(180°,0°,180°)和情况 3(0°,180°,0°)。因此，端口 2 独立激励的信号可以看作是由情况 1 和情况 2 叠加的激励条件，而端口 1 和端口 3 的相同振幅和相位信号可以由情况 1 和情况 3 叠加。

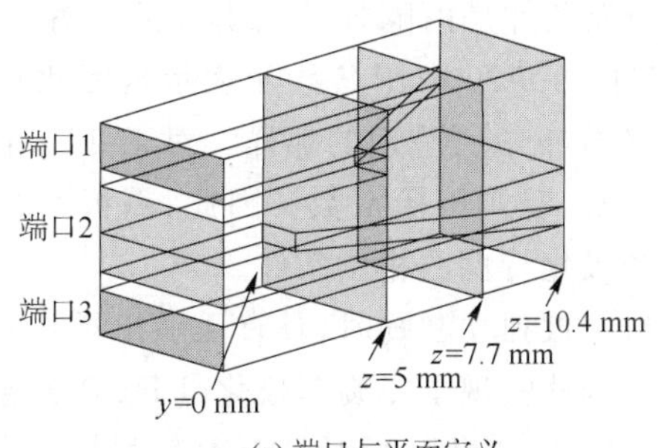

(a) 端口与平面定义

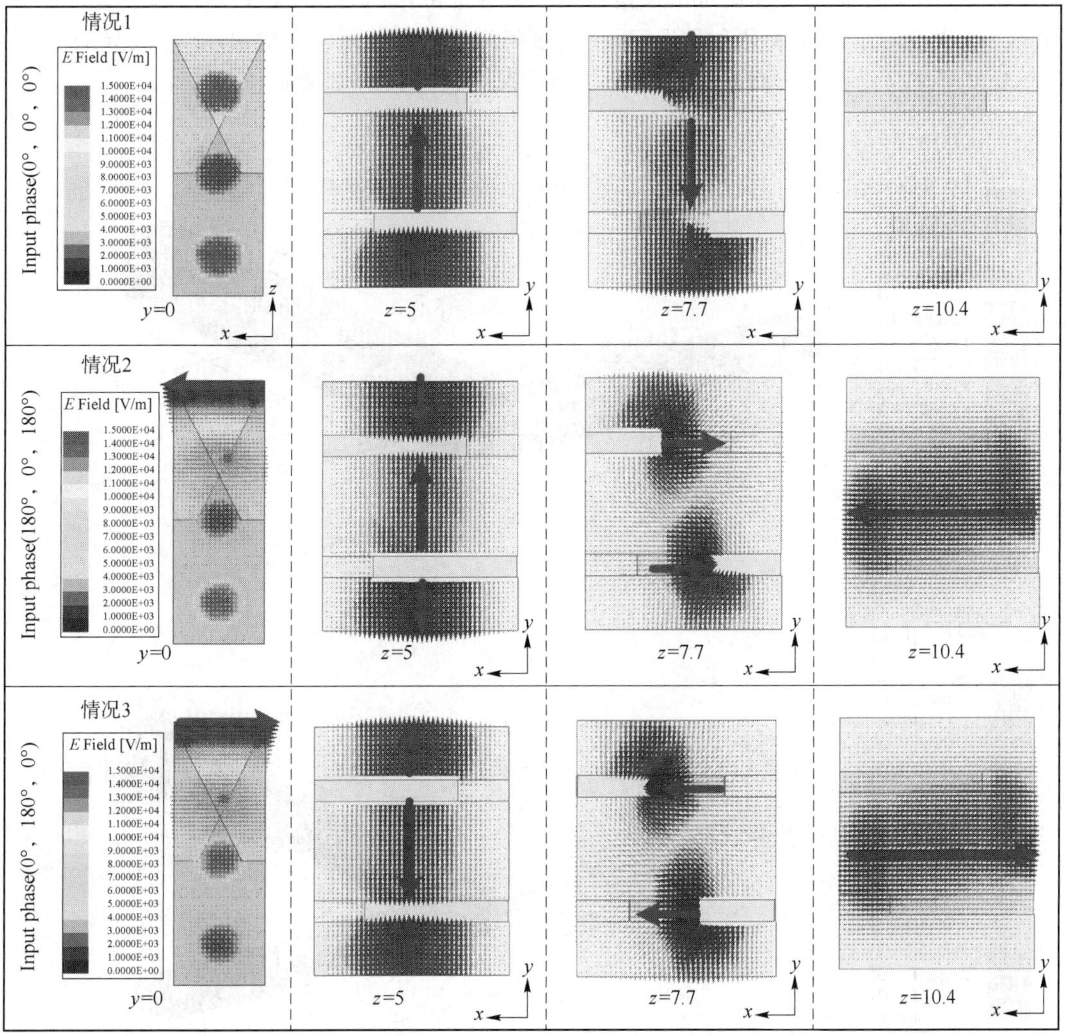

(b) 电场分布

图 3-3-31　隔板天线电场分布图

对于情况 1,隔板作为理想电壁(PEW),不会干扰电磁波。天线口径处的模式仍然主要是 TE_{10} 模式。与情况 1 不同的是,情况 2 和情况 3 中的隔板作为理想磁壁(PMW)。因此,TE_{10} 模式从输入端口传输到天线口径后,转换为 TE_{01} 模式。由于情况 2 和情况 3 的输入相位相反,天线口径的电场方向是相反的。基于该原理,天线获得了圆极化的正交电场幅值条件。

TE_{10} 和 TE_{01} 模式的相位差条件是由隔板结构引入的。对于 TE_{10} 模式(情况 1),传播常数由波导的宽边尺寸决定(图 3-3-29 中用参数 a 表示),因此它不会受到隔板的影响,正如情况 1 中 $y=0$ 平面的电场分布中所呈现的那样。对于 TE_{01} 模式(情况 2 和情况 3),隔板作为波导的脊,其增加了 TE_{01} 模式传播常数。因此,隔板的结构可以用来调整 TE_{10} 和 TE_{01} 模式的相位差,以达到圆极化特性的相位条件。

如图 3-3-31 所示,当端口 2 被独立激励时,具有几乎相同振幅和 $+90°$ 相位差的 TE_{10} 和 TE_{01} 模式被传输到天线口径,因此实现了左旋圆极化(LHCP)辐射场。相应地,具有相同振幅和相位激励条件的端口 1 和端口 3 可以产生 RHCP 辐射场。为了获得该激励条件,本节设计了一个由两个波导分支组成的馈电网络。由 ♯1 和 ♯2 激励的整个天线的电场分布在图 3-3-32 中。对于 RHCP 辐射情况,采用连接到两个具有等幅同相输出 90°弯波导的 E 面功率分配器来激励天线。而对于 LHCP 辐射情况,天线只被 ♯2 激励。

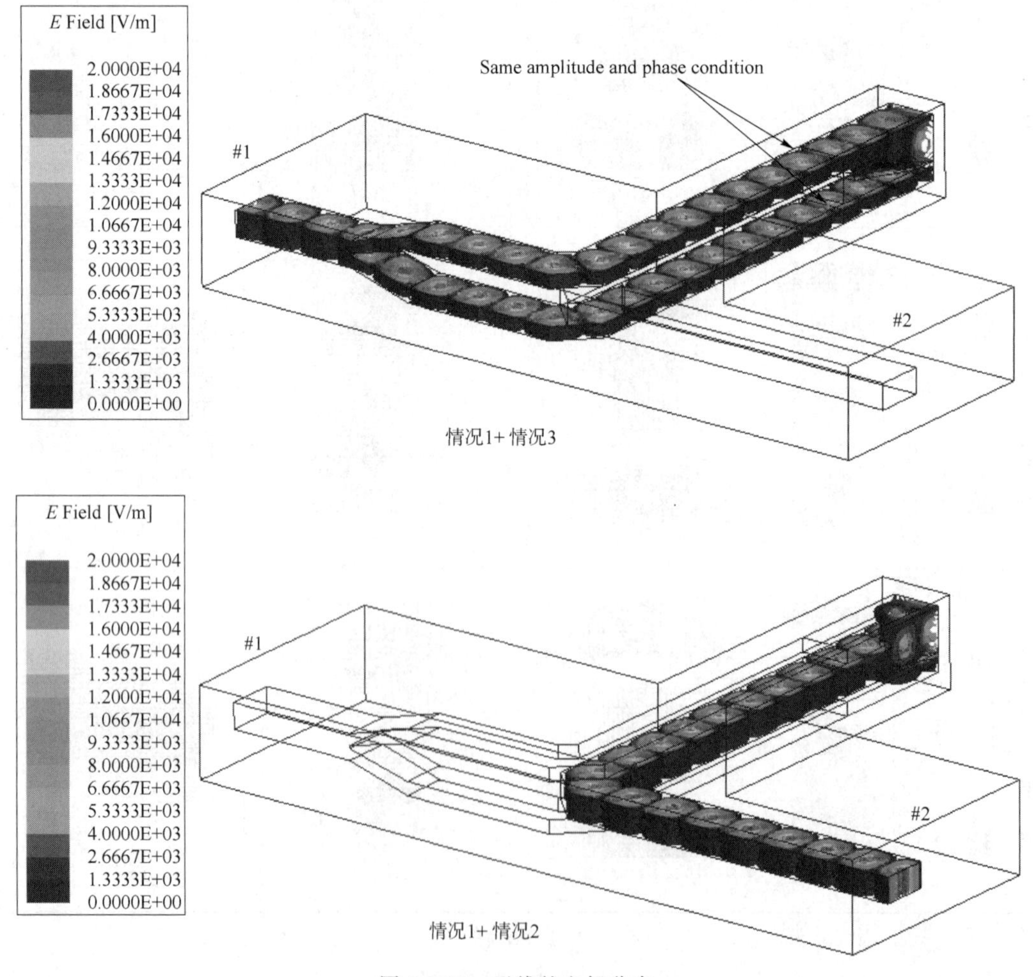

图 3-3-32　天线的电场分布

3. 高次模影响

之前提出的宽带隔板天线[24]与本节所提出的结构比较如图 3-3-33 所示。除了不同的隔板形状,明显的改进是引入了两个反足的隔板。由于之前提出的隔板天线只有一个隔板,因此它对波导模式是不平衡的。对于窄带情况,通过对每一步进行细致的优化,可以忽略这种不平衡。但对于宽工作带宽,波导的高阶模式将不可避免地被激励。为了评估其影响,图 3-3-34 所示为两个天线口径处的电场分布。单隔板天线的尺寸是从文献[24]中 3 dB AR 带宽为 40%(从 8～12 GHz)的工作中提取的。电场分布的模拟频率点选择在每个天线的工作带宽的最大值,用于展示高阶模式激励的情况。由于天线口径处的高阶模式的阻抗不匹配,一部分功率会从口径处反射并返回到输入端口。单隔板结构对反射的高阶模式是不对称的,因此每个端口的反射功率比是不同的。

天线口径处的电场分布决定了远场的辐射模式,如图 3-3-35 所示。对于单隔板天线,辐射模式是不对称的,波束指向在 x-z 和 y-z 平面上分别漂移 $-11°$ 和 $-7°$。

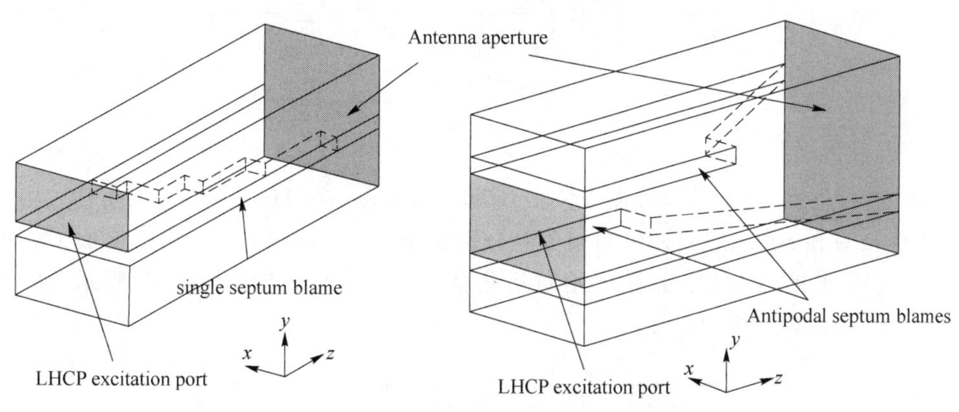

图 3-3-33 文献[24]及本节的天线结构

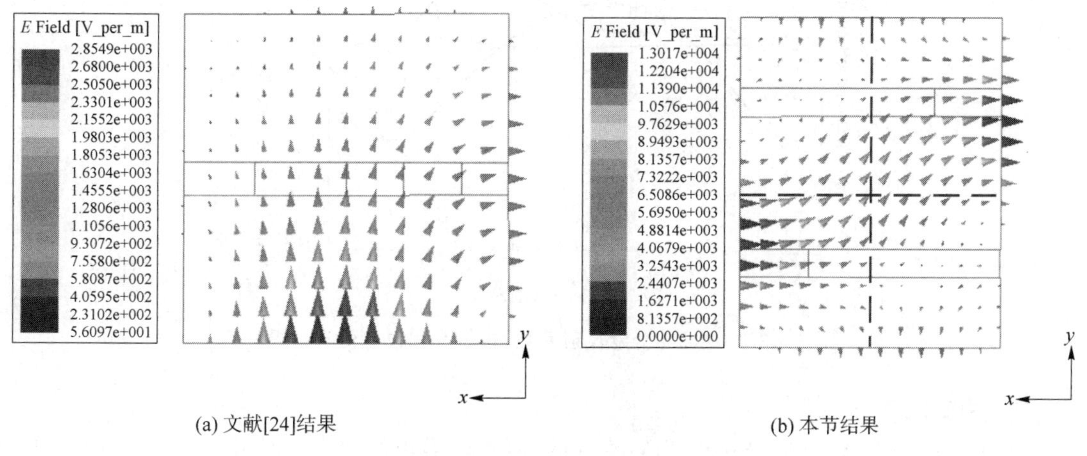

(a) 文献[24]结果　　(b) 本节结果

图 3-3-34 天线口径电场分布

4. 馈电网络

为了实现双圆极化特性,本节设计了一个与端口 1 和端口 3 具有相同振幅和相位匹配的 E 面功分器。为了便于加工,本节采用了线性锥形阻抗转换结构。功分器的 S 参数用

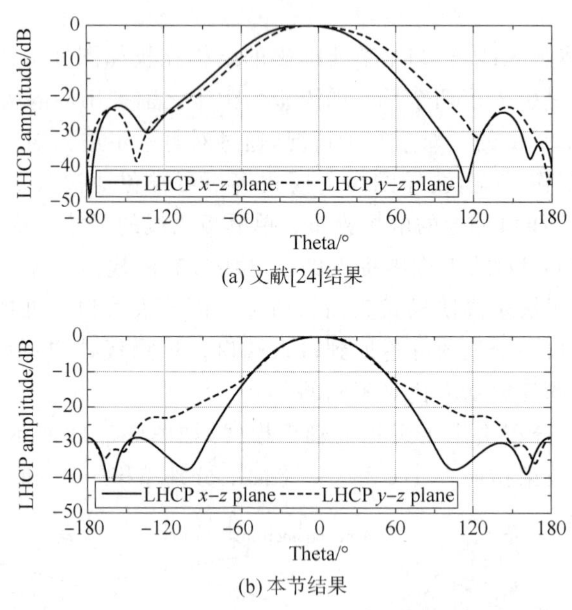

(a) 文献[24]结果

(b) 本节结果

图 3-3-35　LHCP 辐射方向图

HFSS 软件进行仿真，仿真结果如图 3-3-36 所示。从 50～75 GHz，S_{11} 小于－20 dB。由于结构的对称性，S_{11} 和 S_{12} 之间的振幅和相位差分别小于 0.04 dB 和 0.3°。为了增加 UG-387/U-M 法兰进行测量，还设计了具有相同切角的 90°弯波导。如图 3-3-37 所示，从 50～75 GHz，反射系数都小于－18 dB。

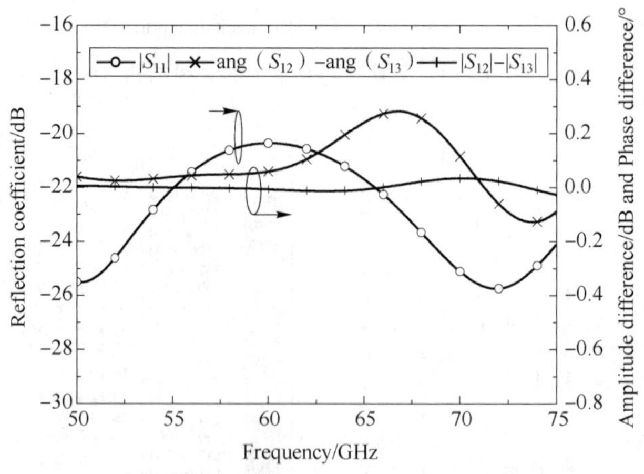

图 3-3-36　E 面功分器反射系数、幅值和相位差仿真结果

5. 参数分析

由于隔板的形状影响 TE_{10} 和 TE_{01} 模式的相位差，隔板的宽度 c 对远场 $+z$ 方向的 AR 的影响显示在图 3-3-38 中。在 60 GHz 左右出现的尖峰是由高阶模式激励引起的，当优化步长为 0.2 mm 时，除了高阶模式的激励频率点，两个圆极化的 AR 值在 50～75 GHz 之间仍然小于 3 dB。与文献[25]中中心工作频率为 85 GHz 的 20 μm 制造公差的单阶梯隔板相比，本节所提出的反足线性隔板天线可以容忍更大的加工误差。

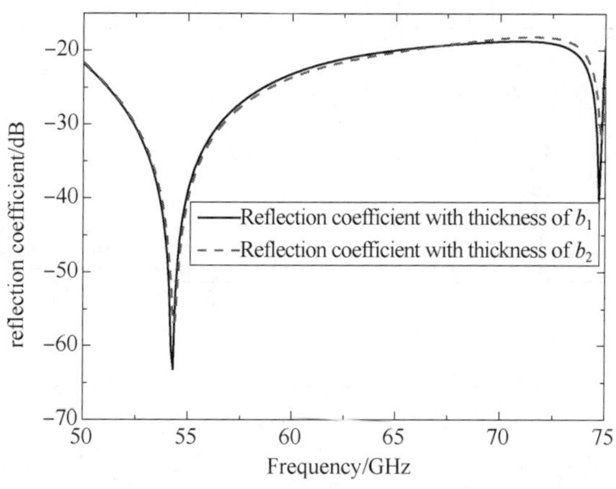

图 3-3-37　90°弯曲波导的反射系数仿真

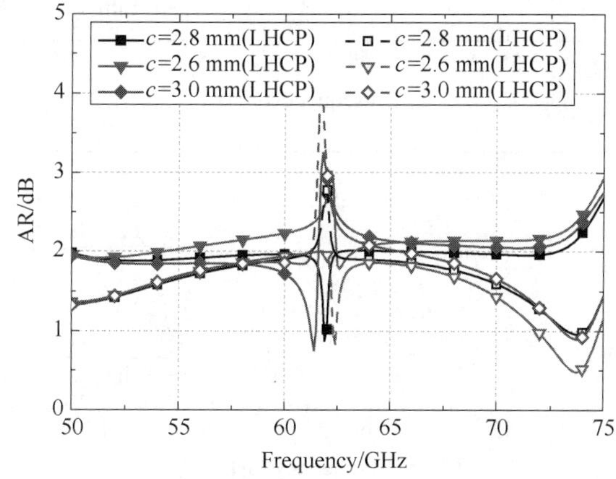

图 3-3-38　不同 c 值在远场 $+z$ 方向的 AR 值

6. 结果与讨论

为了验证天线性能，通过电火花工艺对所提出的双圆极化天线进行了加工测试，双圆极化天线实物图如图 3-3-39 所示。本节利用 Ceyear3672D 矢量网络分析仪和两个 V 波段扩展器 3644A 和毫米波紧缩场天线测量系统(CATR)分别测量了 S 参数和辐射特性。

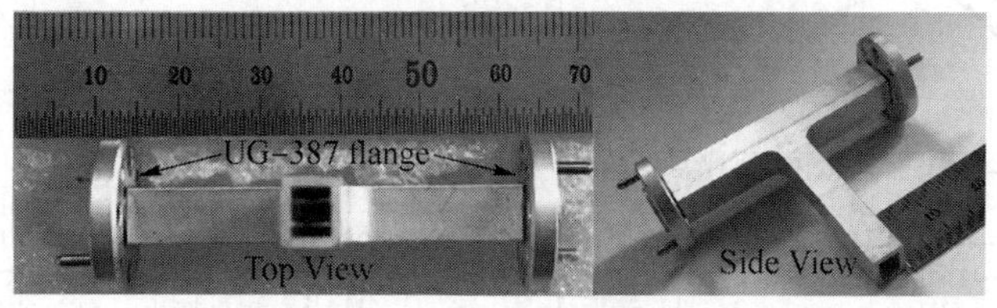

图 3-3-39　双圆极化天线实物图

如图 3-3-40 所示为双圆极化天线的仿真和实测 S 参数吻合度高。端口编号的定义与图 3-3-30 中所示的相同。实测结果表明，$|S_{11}|$ 和 $|S_{22}|$ 在 50～75 GHz 均低于 −13.8 dB，隔离度优于 22 dB。

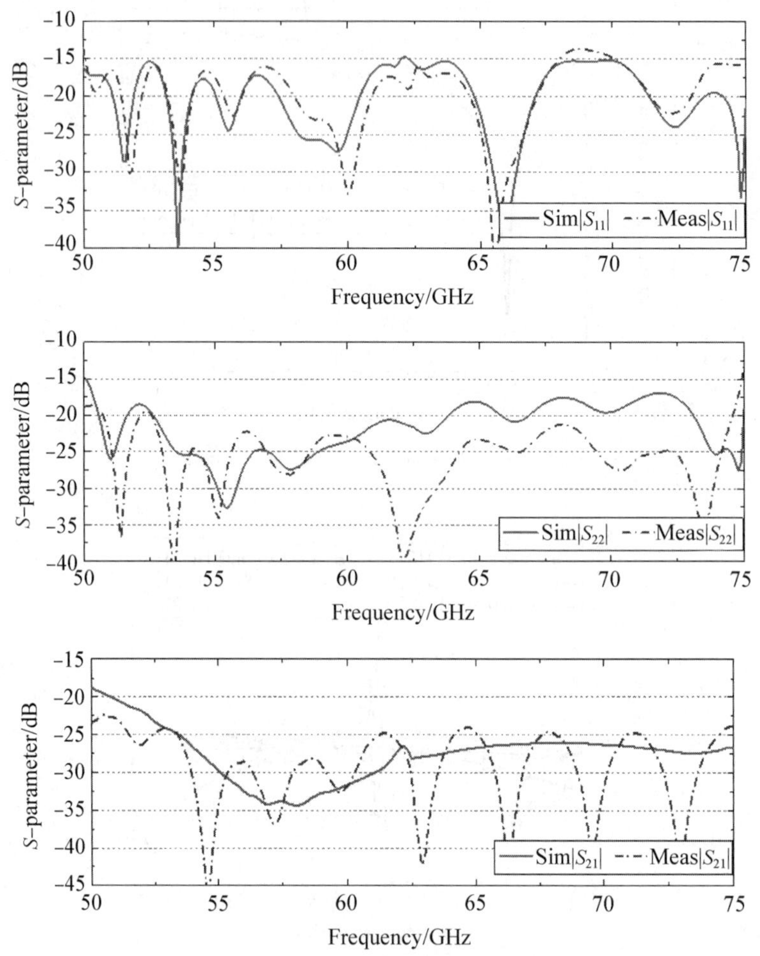

图 3-3-40　双圆极化天线模拟与实测 S 参数

图 3-3-41 所示为本节所提出的天线在 x-z 和 y-z 平面的模拟和实测的 RHCP 和 LHCP 辐射图。模拟结果与实测结果吻合度高。在 x-z 平面测量辐射的不对称性(从±60°到±100°)是由于在测量过程中 3644A V 波段扩频模块的遮挡造成的。

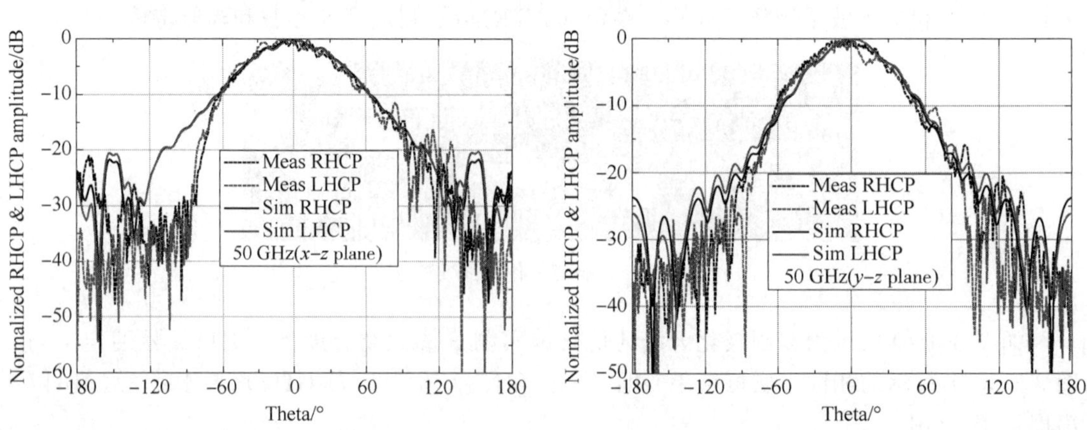

图 3-3-41　双圆极化天线归一化 LHCP 和 RHCP 辐射方向图

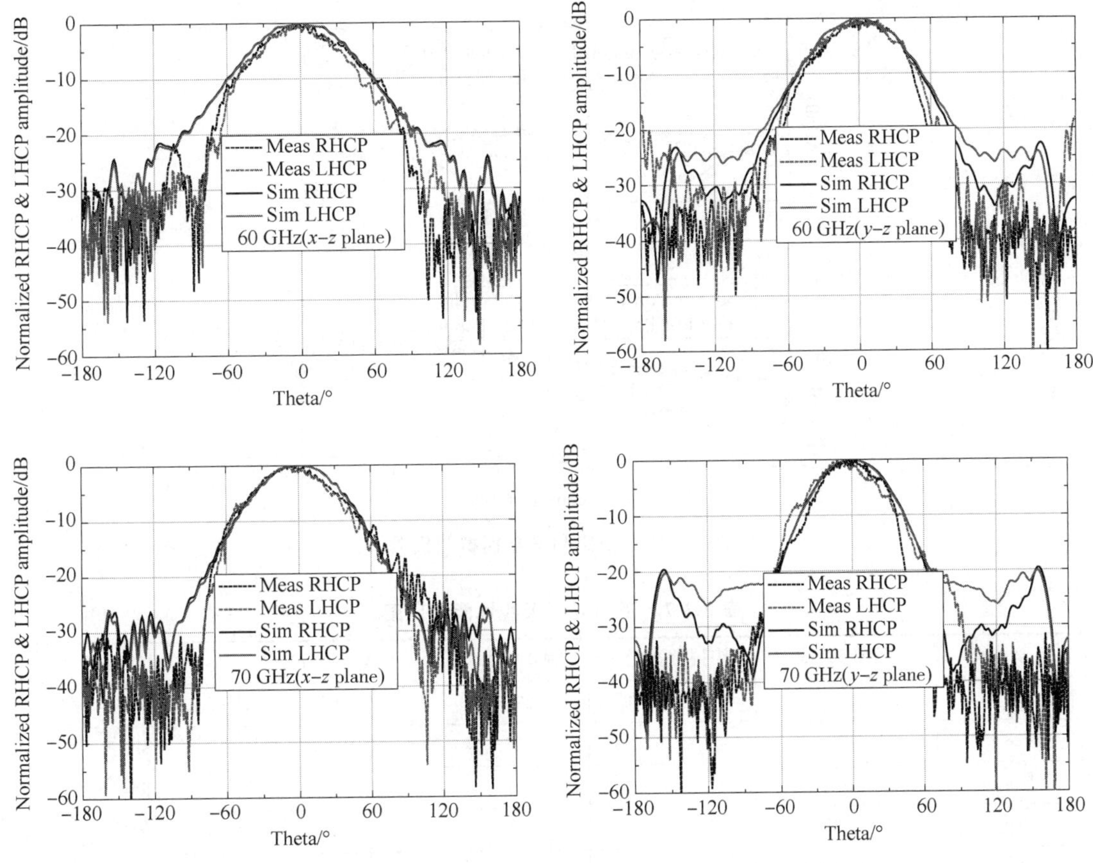

图 3-3-41　双圆极化天线归一化 LHCP 和 RHCP 辐射方向图(续)

图 3-3-42 所示为天线每个端口激励条件下的模拟与实测 AR 和增益图。两个极化的模拟和实测的 3 dB AR 带宽分别为 40%(50～75 GHz)和 37.4%(50～73 GHz)。在 62 GHz 左右的模拟 AR 图中的尖峰是由高阶模式引起的。此外如图 3-3-38 所示，模拟的 AR 值都小于 3 dB，隔板的宽度 c 在 2.6～2.8 mm 不等，这表明该天线具有良好的加工误差容忍度。模拟的 RHCP 和 LHCP 增益分别为 10.2±1.1 dBic 和 10.3±1.1 dBic，而相应的测量结果分别为 8.5±2.6 dBic 和 10.0±3 dBic。测量中的较低值主要是由加工的馈电网络损耗较高引起的，明显的波动是由校准误差引起的。

表 3-3-7 所示为本节提出和已经报道的双圆极化隔板天线的性能比较。由于已报道的隔板天线的结构都是基于单一的隔板，其工作带宽通常被限制在 25%左右。虽然通过对隔板的每一步进行非常细致的优化，可以将 AR 带宽提高到 40%[24]，但隔板的厚度太薄将无法扩展到毫米波设计，而且隔离水平会变差。此外，由于失衡结构，激励的对称高阶模式将变得不对称，从而造成辐射模式在工作频段的高频率下也会变得不对称。通过引入两个反足的隔板，结构变得平衡。激励对称的高阶模式对辐射模式的影响被消除了。在文献[26]中，采用三角形公共端口的隔板极化器有效地提高了基模带宽。然而，三角形口径的电场分布沿着三角形的高度是不均匀的，因此三角形和喇叭的衔接问题仍有待进一步研究。与表 3-3-7 中的双圆极化隔板天线相比，本节所提出的方法采用了更复杂的结构和更大的尺寸，这增加了反射面天线馈源加工和设计的难度。

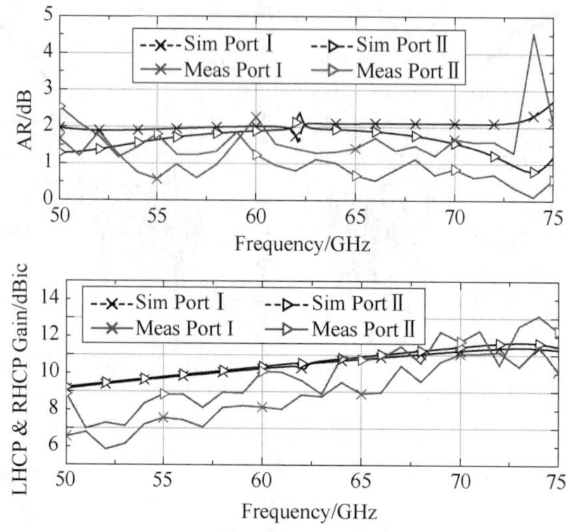

图 3-3-42 轴比和增益模拟与实测

表 3-3-7 不同隔板天线性能对比图

参考文献	频率/GHz	阻抗带宽/%	轴比带宽/%	隔离度/dB	传输线类型
[27]	38	23.6 *	27.5 *	10	SIW
[28]	18	25.6	11.8	15	SIW
[24]	10	40	40	15 *	RW
[29]	225	10	10	30	RW
[25]	85	23.5 *	23.5 *	15	RW
[26]	92.5	37.8	37.8	17	TW
本节提出	60	40	37.4	22	RW

* 代表仿真结果。

7. 小结

本节提出了一种毫米波双圆极化隔板天线。通过在加宽的波导中引入两个反足的隔板,隔板天线的工作带宽提高到 37.4%。此外,在工作频段的高频率下,不对称的辐射被消除了。本节分析了双圆极化的运行机制和高阶模式的影响。为了验证设计的实际效果,本节对所提出的双圆极化天线进行了加工测试,结果显示仿真和实测结果之间具有很好的一致性。本节所提出的天线适用于为高增益反射面天线设计的馈源/极化器。

本章参考文献

[1] Guru B S, Hiziroglu H R. Electromagnetic field theory fundamentals[M]. Cambridge university press, 2009.

[2] Clarricoats P J B, Slinn K R. Numerical solution of waveguide-discontinuity problems [C]//Proceedings of the Institution of Electrical Engineers. IET Digital Library, 1967, 114(7): 878-886.

[3] Li M, Luk K M. A wideband circularly polarized antenna for microwave and millimeter-wave applications[J]. IEEE Transactions on Antennas and Propagation, 2014, 62(4): 1872-1879.

[4] Bai X, Qu S W, Yang S, et al. Millimeter-wave circularly polarized tapered-elliptical cavity antenna with wide axial-ratio beamwidth[J]. IEEE Transactions on Antennas and Propagation, 2016, 64(2): 811-814.

[5] Dia'aaldin J B, Liao S, Xue Q. High gain and low cos t differentially fed circularly polarized planar aperture antenna for broadband millimeter-wave applications[J]. IEEE Transactions on Antennas and Propagation, 2016, 64(1): 33-3-9.

[6] Bai X, Qu S W, Ng K B. Millimeter-wave cavity-backed patch-slot dipole for circularly polarized radiation[J]. IEEE Antennas and Wireless Propagation Letters, 2013, 12: 1355-1358.

[7] Zhang B, Zhang Y P, Titz D, et al. A circularly-polarized array antenna using linearly-polarized sub grid arrays for highly-integrated 60-GHz radio[J]. IEEE Transactions on Antennas and Propagation, 2013, 61(1): 436-439.

[8] Xu F, Wu K. Guided-wave and leakage characteristics of substrate integrated waveguide[J]. IEEE Transactions on microwave theory and techniques, 2005, 53(1): 66-73.

[9] Chen M, Tsandoulas G. A wide-band square-waveguide array polarizer[J]. IEEE Transactions on Antennas and Propagation, 1973, 21(3): 389-391.

[10] Huang Y, Geng J, Jin R, et al. A novel compact circularly polarized horn antenna [C]//2014 IEEE Antennas and Propagation Society International Symposium (APSURSI). IEEE, 2014: 43-3-11.

[11] Kifflenko A A, Kulik D Y, Rud L A, et al. CAD of double-band septum polarizers [C]//34th European Microwave Conference, 2004. IEEE, 2004, 1: 277-280.

[12] Li Y, Luk K M. A 60-GHz wideband circularly polarized aperture-coupled magneto-electric dipole antenna array[J]. IEEE Transactions on Antennas and Propagation, 2016, 64(4): 1325-1333.

[13] Wu Q, Hirokawa J, Yin J, et al. Millimeter-wave planar broadband circularly polarized antenna array using stacked curl elements[J]. IEEE Transactions on Antennas and Propagation, 2017, 65(12): 7052-7062.

[14] Wang J, Li Y, Ge L, et al. Millimeter-wave wideband circularly polarized planar complementary source antenna with endfire radiation[J]. IEEE Transactions on Antennas and Propagation, 2018, 66(7): 3317-3326.

[15] Wang K X, Wong H. A wideband millimeter-wave circularly polarized antenna with 3-D printed polarizer[J]. IEEE Transactions on Antennas and Propagation, 2017, 65(3): 1038-1046.

[16] Zhou M M, Cheng Y J. D-band high-gain circular-polarized plate array antenna[J]. IEEE Transactions on Antennas and Propagation, 2018, 66(3): 1280-1287.

[17] Yoshitomi K,Sharobim H R."Radiation from a rectangular waveguide with a lossy flange," IEEE Trans. Antennas Propag.,1994,42(10):1398-1403.

[18] Steshenko S, Kirilenko A A, Boriskin A V, et al."H-plane radiation patterns of rectangular waveguide aperture with a corrugated flange," in Proc. Int. Conf. Math. Methods Electromagn. Theory(MMET),Kharkov,Ukraine,2012:476-479.

[19] Yin J, Wu Q, Yu C, et al. Communication Broadband Endfire Magneto-Electric Dipole Antenna Array Using SICL Feeding Network for 5G Millimeter-Wave Applications[J]. IEEE Transactions on Antennas and Propagation,2019,99:1-1.

[20] Wang J,Li Y,Lei G,et al. A 60 GHz Horizontally Polarized Magnetoelectric Dipole Antenna Array With 2-D Multibeam Endfire Radiation[J]. IEEE Transactions on Antennas and Propagation,2017,65(11):5837-5845.

[21] Li Y,Luk K M . A Multibeam End-Fire Magnetoelectric Dipole Antenna Array for Millimeter-Wave Applications [J]. IEEE Transactions on Antennas and Propagation,2016,64(7):1-1.

[22] Tekkouk K,Hirokawa J,Sauleau R,et al. Dual-Layer Ridged Waveguide Slot Array Fed by a Butler Matrix With Sidelobe Control in the 60-GHz Band[J]. IEEE Transactions on Antennas & Propagation,2015,63(9):3857-3867.

[23] Liu J,Vosoogh A,Zaman A U,et al. Design and fabrication of a high-gain 60-GHz cavity-backed slot antenna array fed by inverted microstrip gap waveguide[J]. IEEE Transactions on Antennas and Propagation,2017,65(4):2117-2122.

[24] Ghoncheh J, Abbas P. Design of dual-polarised(RHCP/LHCP) quad-ridged horn antenna with wideband septum polariser waveguide feed[J]. IET Microwaves Antennas & Propagation,2018,12(9):1541-1545.

[25] Shu C,Wang J,Hu S,et al. A Wideband Dual Circular Polarization Horn Antenna for mmWave Wireless Communications [J]. IEEE Antennas and Wireless Propagation Letters,2019,99:1-1.

[26] Deutschmann B,Jacob A F. Broadband Septum Polarizer With Triangular Common Port[J]. IEEE Transactions on Microwave Theory and Techniques,2019,99:1-8.

[27] Wu Q,Jiro H,Yin J,et al. Millimeter-Wave Multi-Beam End-Fire Dual Circularly Polarized Antenna Array for 5G Wireless Applications[J]. IEEE Transactions on Antennas and Propagation,2018,66:4930-4935.

[28] Yang C, Zhang Y, Qian Z, et al. Compact Wideband Dual Circularly Polarized Substrate Integrated Waveguide Horn Antenna [J]. IEEE Transactions on Antennas & Propagation,2016,64(7):3184-3189.

[29] Leal-Sevillano C A,Cooper K B,Ruiz-Cruz J A,et al. A 225 GHz Circular Polarization Waveguide Duplexer Based on a Septum Orthomode Transducer Polarizer[J]. IEEE Transactions on Terahertz Science & Technology,2013,3(5):574-583.

第 4 章 定向高效率毫米波天线阵列研究与设计

4.1 定向毫米波天线阵列高效率设计理论与方法

根据方向图乘积原理，阵列天线的远场方向图是单元方向图与阵因子的乘积。在特定的阵列天线排布方式下，阵因子在空间的分布是固定的，由于毫米波在空气中传播造成的损耗较大，毫米波天线系统常常引入阵列天线的形式。为了增强天线的方向性，提高天线的增益系数，或者为了得到所需的辐射特性，可以把若干相同的天线按一定规律排列起来，并给予适当的激励，这样组成的天线系统称为天线阵。天线阵元可以是任何类型的天线，按阵元在空间的排列方式，天线阵可分为线阵、平面阵和立体阵。还有一种所谓的共形阵，阵元与飞机或导弹表面结为一体。

天线阵的辐射特性取决于阵元类型、数目、排列方式、阵元间距以及阵元上电流的振幅和相位分布等。若已知阵元的上述参数来推求天线阵的方向性的过程称为天线阵的分析；反之，给定所需的方向性，寻求构成这种方向性的天线阵的各结构参数称为天线的综合。下面简述一下等幅等间距的直线阵的相关理论。

对于任意等间距的直线天线阵，可以改变天线各单元的电流幅度和相位来产生给定的方向图。假设天线阵单元数是奇数，$n=2m+1$，则阵因子可以表示为

$$f_{2m+1}(\phi)=A_0+A_1\mathrm{e}^{\mathrm{j}\phi}+A_2\mathrm{e}^{\mathrm{j}2\phi}+\cdots+A_{m-1}\mathrm{e}^{\mathrm{j}(m-1)\phi}+A_m\mathrm{e}^{\mathrm{j}m\phi}+ A_{m+1}\mathrm{e}^{\mathrm{j}(m+1)\phi}+\cdots+A_{2m}\mathrm{e}^{\mathrm{j}2m\phi} \tag{4.1.1}$$

式中，A 为复数，代表电流的幅度与相位。$\phi=\beta d\cos\theta$，d 是相邻单元间距，θ 为从天线阵轴线算起的方位角，式(4.1.1)除以 $\mathrm{e}^{\mathrm{j}m\phi}$，不会改变阵因子表示的方向图，可得：

$$f_{2m+1}(\phi)=A_0\mathrm{e}^{-\mathrm{j}m\phi}+A_1\mathrm{e}^{-\mathrm{j}(m-1)\phi}+A_2\mathrm{e}^{-\mathrm{j}(m-2)\phi}+\cdots+ A_{m-1}\mathrm{e}^{-\mathrm{j}\phi}+A_m+A_{m+1}\mathrm{e}^{\mathrm{j}\phi}+\cdots+A_{2m}\mathrm{e}^{\mathrm{j}m\phi} \tag{4.1.2}$$

假设所设计的天线阵的各单元电流的幅度对称于中点，并且左单元滞后于中点相位等于右单元前于中点的相位，则可以得到 A_{m-k} 与 A_{m+k} 为共轭关系：

$$\begin{aligned} A_{m-k}&=a_k-\mathrm{j}b_k\\ A_{m+k}&=a_k+\mathrm{j}b_k \end{aligned} \tag{4.1.3}$$

于是有：

$$A_{m-k}\mathrm{e}^{-\mathrm{j}k\phi}=A_{m+k}\mathrm{e}^{\mathrm{j}k\phi}=a_k(\mathrm{e}^{\mathrm{j}k\phi}+\mathrm{e}^{-\mathrm{j}k\phi})+\mathrm{j}b_k(\mathrm{e}^{\mathrm{j}k\phi}-\mathrm{e}^{-\mathrm{j}k\phi})=2a_k\cos k\phi-2b_k\sin k\phi \tag{4.1.4}$$

若 $A_m=a_0$，则得到：

$$f_{2m+1}(\phi)=2\left[\frac{1}{2}a_0+(a_1\cos\phi+a_2\cos 2\phi+\cdots+a_m\cos m\phi)-(b_1\sin\phi+b_2\sin 2\phi+\cdots+b_m\sin m\phi)\right]=2\left\{\frac{a_0}{2}+\sum_{k-1}^{m}\left[a_k\cos k\phi+b_k\sin k\phi\right]\right\} \tag{4.1.5}$$

式(4.1.5)即是傅里叶级数的前 $2m+1$ 项。任何方向图都是角度 θ，也是 ϕ 的周期函数 $f(\phi)$，因此可以展开为无限项的傅里叶级数。对于等幅度等相位且呈线性变化的直线阵，阵因子可写成：

$$f(\theta)=\frac{\sin(u-v)}{u-v} \tag{4.1.6}$$

式中，$u=\frac{\beta l}{2}\cos\theta$，$v=\frac{l}{2}\beta_1$，$\beta_1=\frac{a}{d}$ 为每单位长度的相位变化。

对于指定的方向图，可在其上先取定一些点，分别用上述偏离零点的主瓣来满足，则由此构成的总的方向图阵因子为

$$f(\theta)=\sum_{n}C_n\frac{\sin(u-v_m)}{u-v_m} \tag{4.1.7}$$

式中，C_n 为各个单元主瓣的幅值。

上述理论可由一个例子体现，对于 $n=2$，间距为 0.5λ 与 λ 的各向同性等幅点源阵方向图由图 4-1-1 与图 4-1-2 所示。

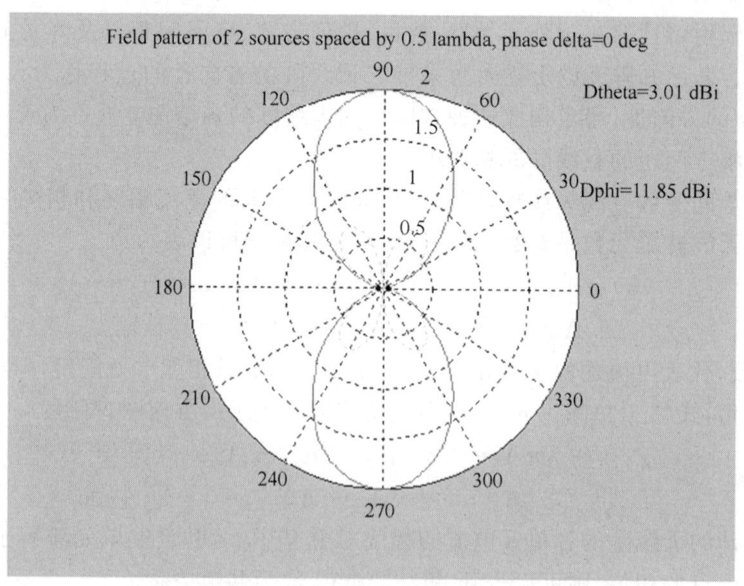

图 4-1-1　等幅同相(0.5λ)

对于 $n=2$，间距为 0.5λ 与 λ 的各向同性等幅，相位差为 90°的点源阵方向图由图 4-1-3 与图 4-1-4 所示，实线与虚线分别代表 θ 与 φ 分量，方向系数为 $D(\theta)$ 与 $D(\varphi)$。

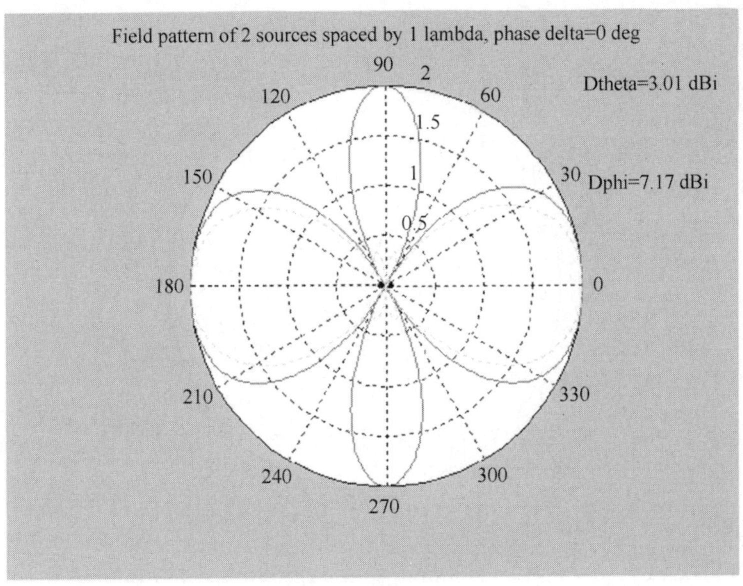

图 4-1-2　等幅同相(λ)

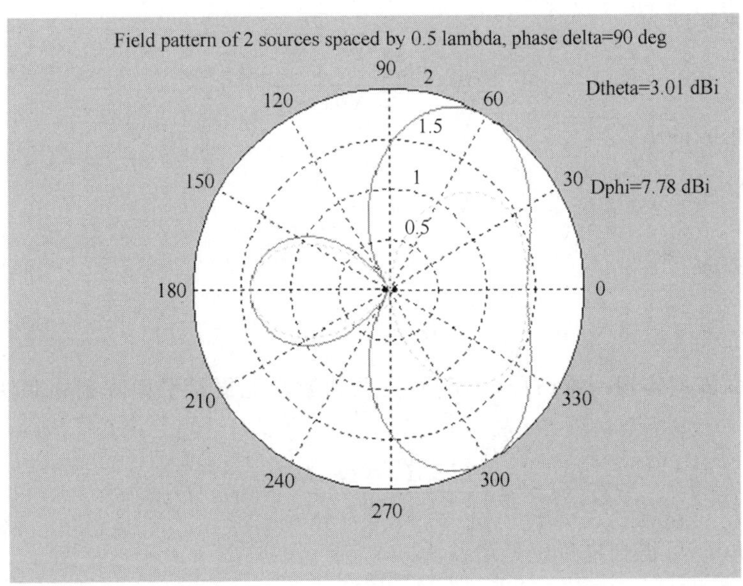

图 4-1-3　等幅不同相(0.5λ)

由以上分析可知，以等间距 d 的 N 个单元阵列为例，阵列的每个单元与一个移相器相连，各单元引入的相位依次为 $0,2a,3a,\cdots,(n-1)a$。可以通过利用这些移相器改变 a 值的大小，就可以控制各单元的相位，达到实现波束扫描的目的。以线阵举例，在波束扫描角为 $\theta(\sin\theta=-a/kd)$，最大扫描角为 θ_m 时，其中 l 为波长，可以得出以下阵因子指标：

抑制栅瓣条件为

$$d<\frac{\lambda}{1+|\sin\theta_m|} \tag{4.1.8}$$

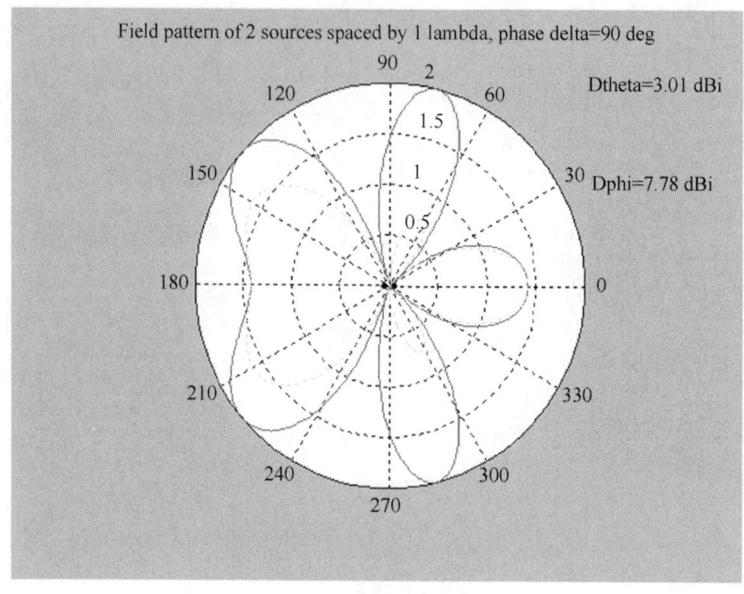

图 4-1-4　等幅不同相(λ)

半功率波束宽度为

$$\mathrm{BW}h = 51\,\frac{\lambda}{Nd\cos\theta} \tag{4.1.9}$$

零功率波束宽度为

$$\mathrm{BW0} = 113\,\frac{\lambda}{Nd\cos\theta} \tag{4.1.10}$$

方向性系数为

$$D = 2\,\frac{Nd}{\lambda} \tag{4.1.11}$$

如果是平面阵列实现一维(H/V)相扫,则均匀激励无损耗平面阵列在其法线方向的增益为

$$G = D = 4\pi\,\frac{(N_x d_x)(N_y d_y)}{\lambda^2} = \pi D_x D_y \tag{4.1.12}$$

带入扫描角 θ,可得扫描角度处增益为

$$G\theta = \pi D_x D_y \cos\theta \tag{4.1.13}$$

式中,D_x 与 D_y 分别为两个正交方向上直线阵的方向性系数。

4.2　高效率低剖面电磁偶极子天线阵列研究与设计

在 5G 和后 5G 时代,能够实现突破传输速率限制的超高速率通信技术将会是各国全球战略中的重要技术支撑。毫米波无线通信系统具备提供接近光纤的无线传输速率,是下一代无线技术的关键组成部分,其更高的速率对天线的技术指标提出了更高的需求。具有宽阻抗带宽、高增益等特性的天线阵列可以满足毫米波通信系统的要求,其性能也对整个系统起着至关重要的作用。目前对于毫米波天线阵列来说，主要存在以下问题：一方面常见的基于介质的微波传输线在毫米波频段由于存在严重的介质损耗与表面波损耗，从而使得该类型的阵列天线的辐射效率大大受限[1-2]，整体效率仅在50%左右，因此在大规模毫米波阵列天线设计中，采用基于纯介质结构的天线阵列在效率方面存在很大局限性，对于实现保障整个无线通信系统的高增益与高效率的可行性大大降低。另一方面采用基于金属平面波导传输线的天线阵列[3-6]来说，其整体效率能够实现较高水平，在采用较多天线单元数量（如8×8、16×16的天线阵列）的情况下效率水平仍然可达到80%以上，但该类型天线阵列由于其结构特性，天线的辐射部分主要采用了缝隙天线单元，也因此带来了一些限制，包括工作极化形式与工作带宽。如何在保证天线阵列整体效率的情况下，同时实现天线阵列的宽带与多种极化应用，是目前毫米波天线阵列设计中有待提出新解决方式的热点问题。其中文献[7]中在金属平面波导馈电网络中引入介质结构替代传统腔体结构，以及文献[8]中介质微带天线单元网络与金属间隙波导馈电结构结合，两者的共同点在于通过低损耗高效率导体结构馈电网络保证了较大规模天线阵列的低损耗，而同时其中采用的基于介质的结构对整体损耗造成影响较小，整体效率仍然可以到达较高水平。上述方案展现了一种新的方案，即在天线阵列设计中，通过采用低损耗馈电网络保证整体的效率，结合基于介质辐射网络来保证天线阵列的带宽性能，以此实现天线阵列辐射效率与工作带宽的兼顾。

基于以上思路，本章于毫米波频段中的60 GHz频段，提出了一种可灵活应用的8×8天线阵列，该天线阵列可通过更换基于介质基板的天线阵列辐射部分，实现天线阵列的线极化与圆极化工作极化转换，来应对不同场景的需要。同时，通过采用低损耗平面金属波导馈电网络结构，确保了天线阵列的整体效率，整个天线阵列因此展现了宽带与高效率兼顾的特点。线极化天线阵列实际测试结果表明，其实际口径效率达到了80%，同时增益大于26 dBi。同时圆极化天线阵列的仿真结果表明，其增益和口径效率也分别达到了27.6 dBic和88%。综上所述，通过仿真与实验验证，该天线阵列工作性能良好，达到了设计预期。

4.2.1 线极化天线单元设计

1. 整体结构

图4-2-1所示为本节提出的8×8线极化电磁偶极子天线阵列的结构示意图。该天线阵列可视为两部分构成：全耦合馈电平面波导馈电网络部分和微带介质辐射部分。其中平面波导由多层结构组成：添加层、金属馈电腔体层、耦合孔层、馈电电路层和WR-15标准波导馈电孔。馈电电路由多个平面H型功率分配器和T型功率分配器组成，微带辐射部分包括微带电磁偶极子辐射贴片以及金属通孔构成的基片集成腔体（SIC）。天线阵列整体结构采用了全耦合的馈电方法，实现了低剖面和小型化。整个天线阵列工作原理可简单描述为：通过馈电电路底部的馈电孔，由WR-15标准波导进行馈电；然后馈电电路部分进行功率分配，在电路末端，能量通过耦合孔到达上一层的金属腔体；最终由耦合缝隙将腔体内的能量均匀分配到最上层的辐射介质层中。实现整个天线阵的工艺方法如下：采用印制电路板（PCB）工艺实现微带介质辐射网络层，同时采用扩散焊接实现多层金属的耦合平面波导馈电网络部分。这两部分结构相对独立，因此可以通过组合不同的辐射结构，实现更加灵活的实际应用。

天线单元的结构可如图4-2-2(a)所示。如上文所述，该单元可分为两部分：微带辐射单

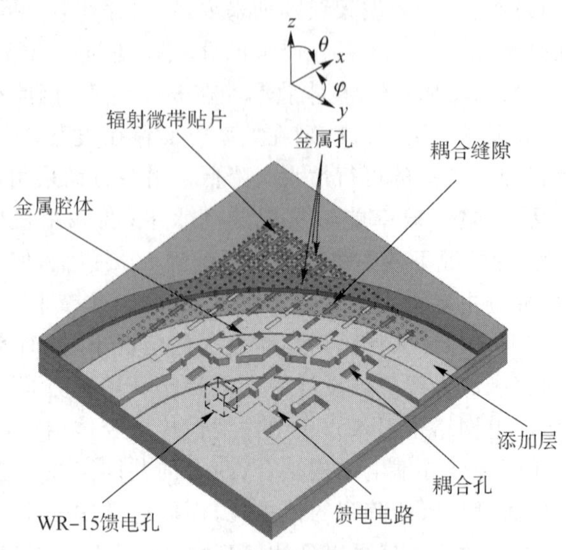

图 4-2-1 线极化电磁偶极子天线阵列结构图

元及其馈电平面波导。其中双面覆铜的介质基板材料为 Rogers RT/duroid 5880，其相对介电常数为 $\varepsilon_r=2.2$，采用的厚度为 0.787 mm。天线单元由两部分组成：即一种经过改进的平面微带电磁偶极子，由上表面的微带贴片通过金属通孔连接下表面来实现；由金属通孔和去除贴片周围的金属层，构成基片集成腔体（SIC）结构，围绕在微带贴片外围。图 4-2-2(b)与(c)所示为微带贴片的详细结构，表 4-2-1 列出图中所示参数的取值。

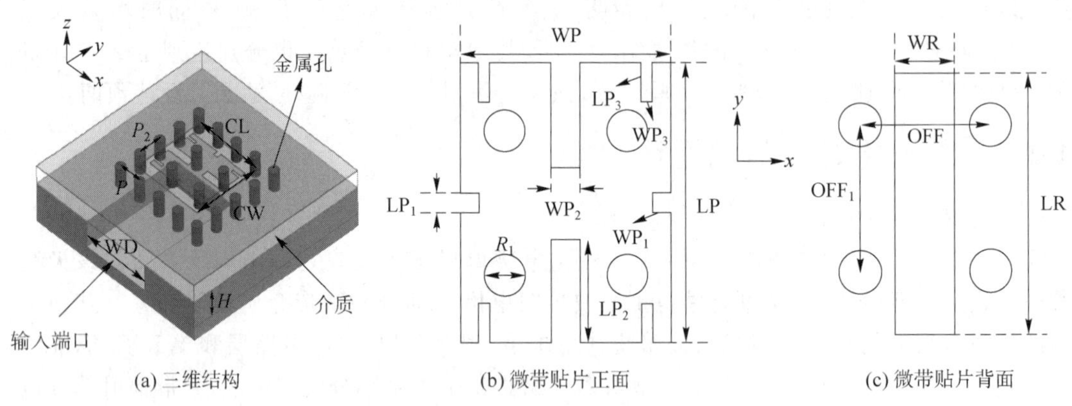

(a) 三维结构　　(b) 微带贴片正面　　(c) 微带贴片背面

图 4-2-2 天线单元结构图

表 4-2-1 天线单元结构参数

参数	WD	WP	LP	WP_1	LP_1	WP_2	LP_2
值/mm	2.94	2.1	2.7	0.2	0.2	0.3	1
参数	WP_3	LP_3	CW	CL	H	WR	LR
值/mm	0.1	0.4	3	3.1	1.2	0.5	2.5
参数	R_1	P_1	P_2	OFF	OFF_1		
值/mm	0.2	0.95	0.975	1.2	1.4		

2. 天线单元设计

天线单元的选择在天线阵设计中起着至关重要的作用。根据本节中提出的天线单元结构来看，其由微带介质辐射部分和平面波导馈电部分组成。也就是说，由于这两部分之间相对独立，该天线单元在设计上更为灵活。首先考虑到馈电部分，可知平面波导的截止频率 f_c 可由式(4.2.1)确定：

$$f_c=\frac{1}{2\sqrt{\mu\varepsilon}}\sqrt{\left(\frac{m}{\mathrm{WD}}\right)^2+\left(\frac{n}{H}\right)^2} \tag{4.2.1}$$

式中，μ 以及 ε 分别表示空气中的磁导率和介电常数，同时由矩形波导的主模 TE_{10} 可得到式子中 $m=1$ 和 $n=0$。WD 和 H 分别是波导的宽度和高度。通过选择合适的尺寸，即可以确定所需的天线工作频率，来确定馈电部分的相关结构。然后，对于天线单元辐射部分，为了进一步说明其设计，图 4-2-3 所示为三种不同类型的天线单元：即 4-2-3(a)中的普通电磁偶极子、图 4-2-3(b)中的添加匹配缝隙的电磁偶极子，以及图 4-2-3(c)中本节提出的进一步添加 SIC 腔体的设计。为了对这三种不同的天线单元进行比较，三种单元相似部分的尺寸保持相同，并采用全波仿真软件 Ansoft HFSS 对其性能进行了分析。

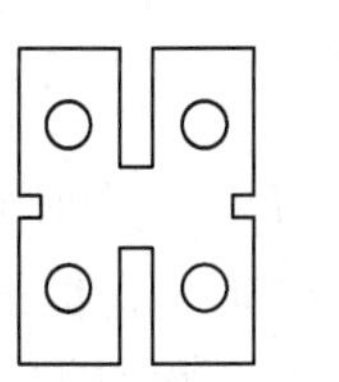

(a) 常规电磁偶极子

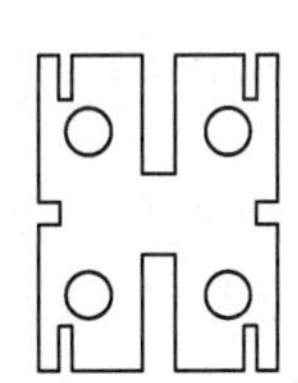

(b) 添加阻抗匹配缝隙

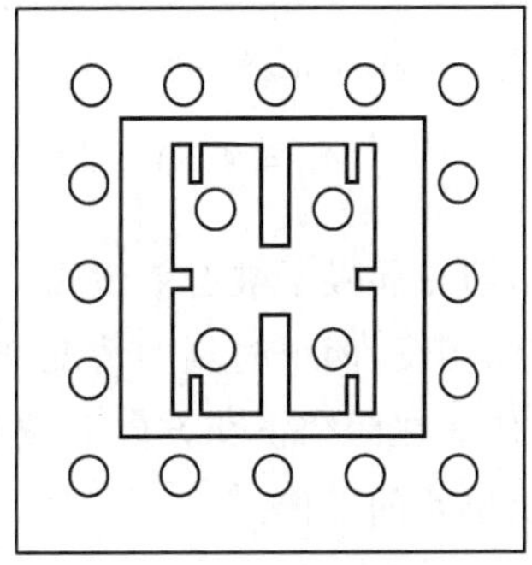

(c) 添加腔体

图 4-2-3　三种不同的天线单元设计

三种不同的天线单元的仿真性能如图 4-2-4 所示。在阻抗带宽方面，与常规的平面微带电磁偶极子 A 型天线单元相比，通过在两端增加对称匹配缝隙的天线单元 B 实现了更宽的 $|S_{11}|<-10$ dB 工作带宽(覆盖范围 55～67 GHz)，而进一步添加基片集成腔体(SIC)的天线单元 C 实现了更宽的带宽。同时，考虑到由于添加了 SIC 结构，增加了新的谐振点，使单元 C 的阻抗带宽可实现带宽内 $|S_{11}|$ 值小于 -15 dB 的同时，也对天线单元的辐射性能带来了有利的影响。具体表现在图 4-2-4(c)中，三种天线单元方向图保持相近的同时(图 4-2-4(b))，很明显由于 SIC 结构的引入，C 型天线单元在带宽范围内实现了更稳定的增益表现。另外，添加 SIC 结构也同样有利于减小组成天线阵列时单元间的互耦效应，来降低整体阵列的增益损失。因此综上所述，C 型天线单元具有更为优异的性能，更适合作为阵元组成天线阵列。

图 4-2-5 中，在 60 GHz 频点时天线单元的电流与电场分布，可以简要叙述天线单元的工作原理。如果将整个偶极子微带贴片上的电流视作在 E 面上四个电偶极子的组合，同时将介质板背面的耦合缝隙中产生的磁流，视作在 H 面上的一对等效磁偶极子。因此在 $t=0$ 时，微带贴片上的表面电流达到最大强度，此时电偶极子被激励。而当 $t=T/4$ 时，此时表

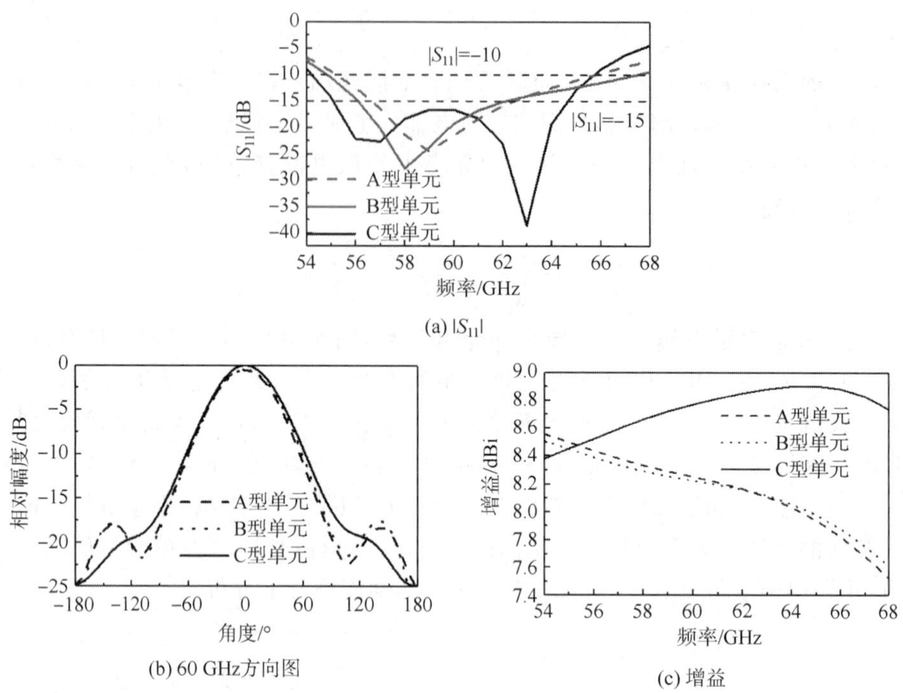

(a) $|S_{11}|$

(b) 60 GHz方向图

(c) 增益

图 4-2-4　三种不同的天线单元设计仿真结果

面电场被激发，即磁偶极子被有效激励。而对于 $t=T/2$ 与 $t=3T/4$ 两个时刻来说，除了电磁偶极子的流向相反，两个时刻的情况依次对应 $t=0$ 与 $t=T/4$ 时刻。综上所述，电偶极子与磁偶极子依次在两个正交方向上被激励，形成了天线单元在 E 面与 H 面上的远场辐射，实现了天线单元的工作。

3. 天线单元参数分析

对于本节中提出的天线单元来说，微带贴片上的缝隙对阻抗和增益性能影响最大。其中，尤其是形成等效磁偶极子的相关缝隙起着至关重要的作用。因此图 4-2-6 和图 4-2-7 研究了参数 WP_2 和 LP_2 在不同取值时对天线单元性能的影响，即微带电磁偶极子贴片上的纵向缝隙对天线单元相关性能影响，其中 WP_2 的值表示缝隙的宽度。如图 4-2-6 所示，参数 WP_2 的数值主要影响天线单元的阻抗匹配性能，当改变 WP_2 值时，即缝隙的宽度不同会改变出现两个谐振频点的位置，改变两个谐振频点之间的距离，而造成 $|S_{11}|$ 相对带宽的变化。具体表现在，随着 WP_2 增大，低频率谐振频点向更低频率移动，与此相对，高频率谐振频点会向更高频率移动。同时改变 WP_2 的值对增益变化很小，增益随着参数值变化幅度在 0.2 dBi 之内，这意味着纵向缝隙的宽度对增益性能的影响不大。由图 4-2-7 可以看出天线单元的阻抗带宽对 LP_2 值更为敏感，当改变 LP_2 值时，$|S_{11}|$ 曲线变化较大，同时谐振频点的数量和位置也发生较大变化，即纵向缝隙的长度在天线单元带宽性能中起着主要作用。当增大 LP_2 的值时，天线单元的增益增加，但在一定尺寸后变化幅度将减小，尤其是在 $LP_2=1$ mm 变化到 1.2 mm 时的增益波动小于由 $LP_2=0.8$ mm 变化到 $LP_2=1$ mm 时的波动。

图 4-2-8 和图 4-2-9 分析了横向缝隙的尺寸 WP_1 和 LP_1 对天线单元的影响。结果表明，横向缝隙宽度和长度除了谐振频点附近的幅度值，对天线单元的 $|S_{11}|$ 性能几乎没有影响，参数 WP_1 和 LP_1 的变化对 $|S_{11}|$ 曲线整体趋势的影响较小。而通过对增益变化的观察表明，缝隙宽度对天线辐射性能的影响也较小，具体表现在改变参数值对增益曲线造成的变化仅在 0.1 dBi 之内。

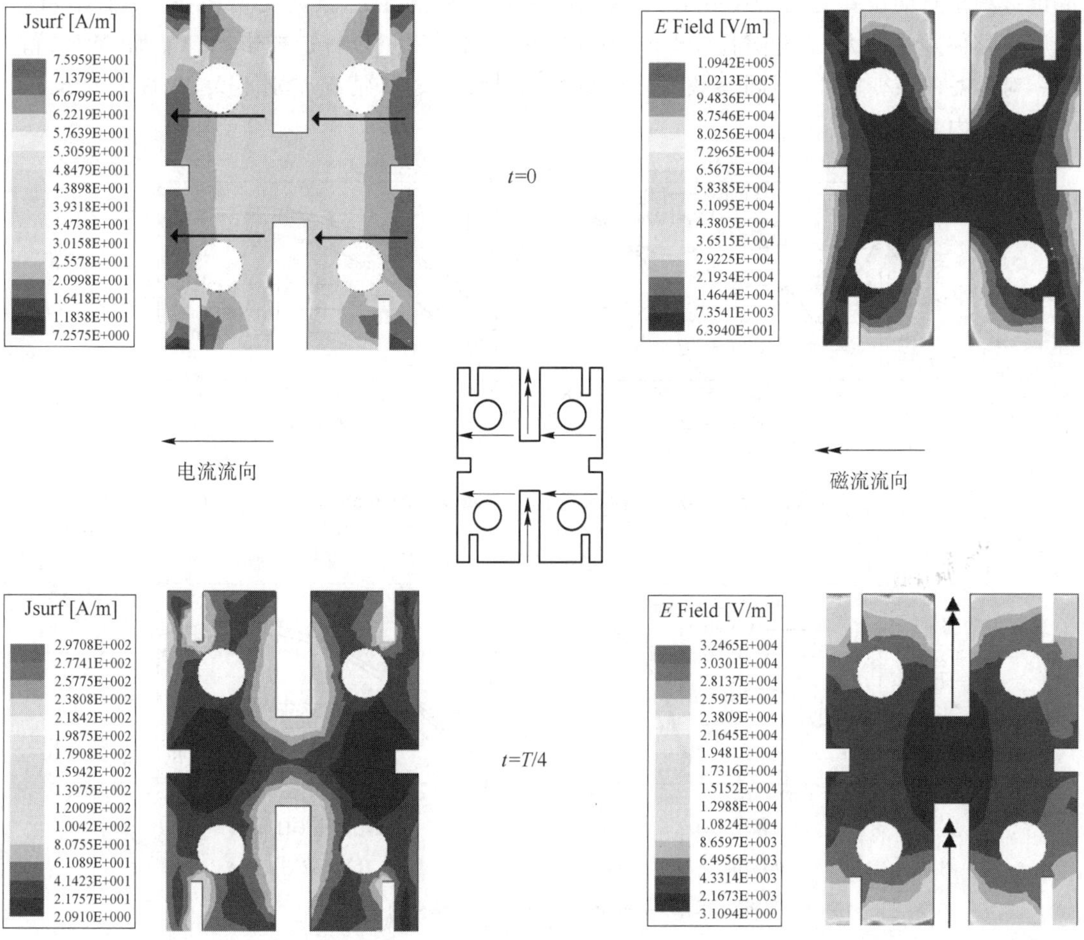

图 4-2-5　在 60 GHz 时，不同时刻天线单元的电流和表面电场分布，其中 T 代表一个周期

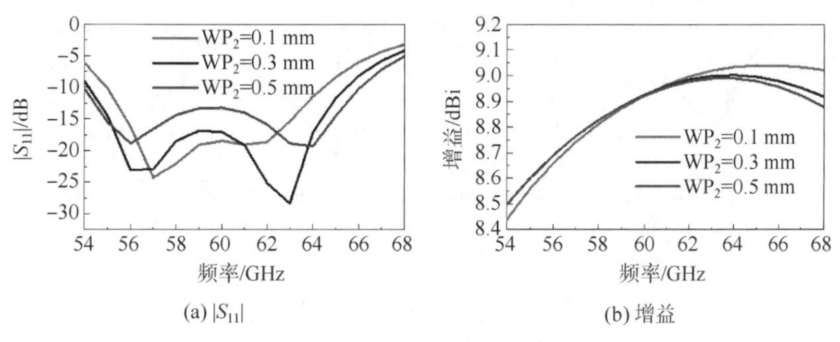

(a) $|S_{11}|$　　(b) 增益

图 4-2-6　天线单元 WP_2 不同参数的仿真

图 4-2-10 和图 4-2-11 中所示为参数 WP_3 和 LP_3 变化对天线单元 S 参数和增益的影响，即微带贴片上下两端的阻抗匹配缝隙对性能的影响。根据前文所述可以知道，缝隙的存在会对微带偶极子贴片的阻抗匹配情况造成一定影响，具体表现在通过改变缝隙尺寸，可以进一步调整贴片的表面电流路径，从而改变阻抗匹配的情况。天线单元的阻抗匹配情况随 WP_3 和 LP_3 的不同取值而产生了明显的变化，具体表现在，S 参数的幅度变化以及曲线中的谐振频率点的位置变化。其中 WP_3 对幅度影响较大，随着缝隙宽度 WP_3 增大，$|S_{11}|$ 的幅度也整体随之增大，而缝隙长度 LP_3 最主要对谐振频率点位置造成影响。然而，WP_3 和 LP_3 对增益的改变较小，不同参数值之间的增益曲线的趋势情况差别不大，幅度变化也在 0.1 dBi之内。

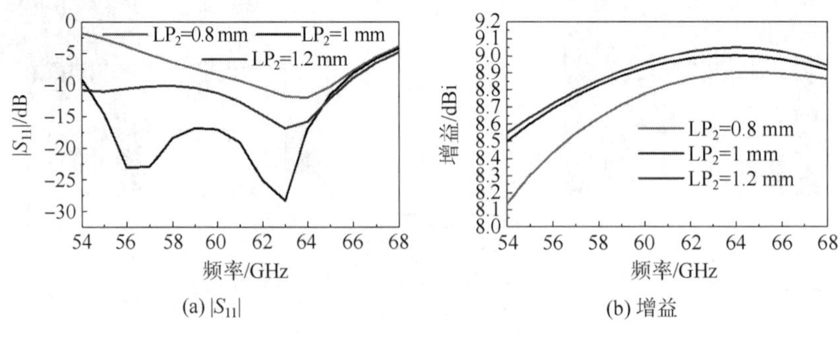

(a) $|S_{11}|$　　(b) 增益

图 4-2-7　天线单元 LP_2 不同参数的仿真

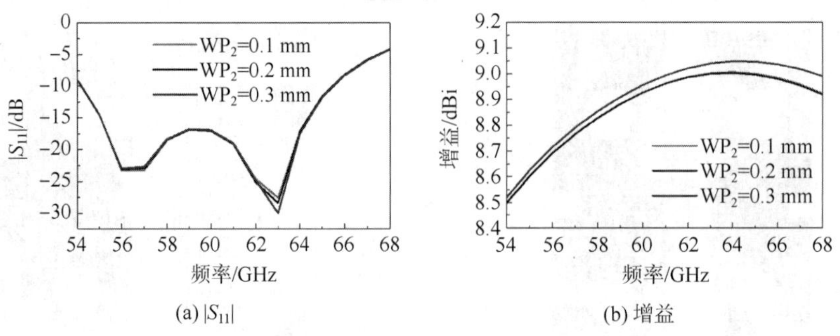

(a) $|S_{11}|$　　(b) 增益

图 4-2-8　天线单元 WP_1 不同参数的仿真

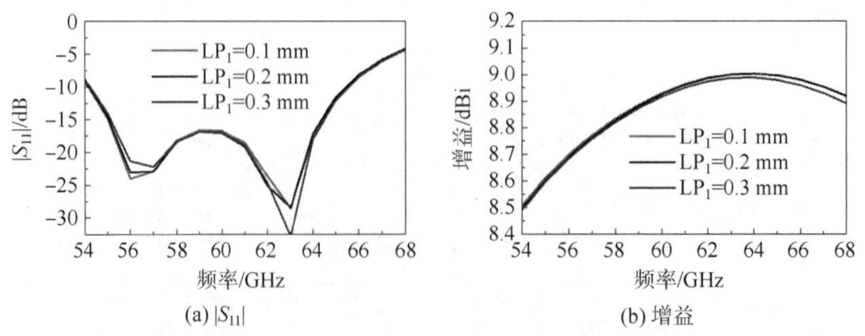

(a) $|S_{11}|$　　(b) 增益

图 4-2-9　天线单元 LP_1 不同参数的仿真

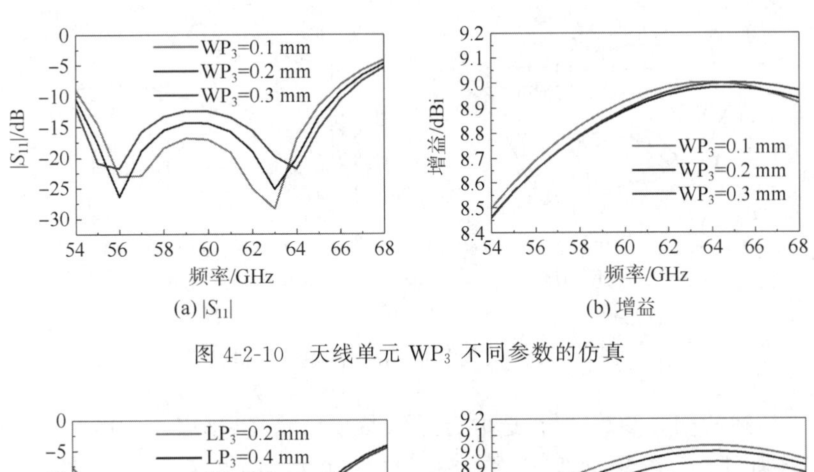

(a) $|S_{11}|$ (b) 增益

图 4-2-10 天线单元 WP_3 不同参数的仿真

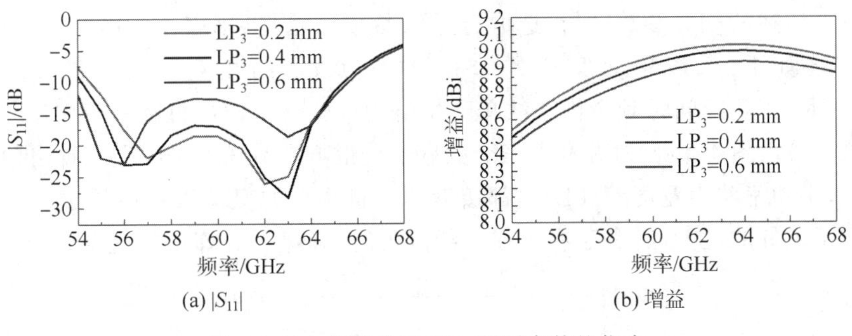

(a) $|S_{11}|$ (b) 增益

图 4-2-11 天线单元 LP_3 不同参数的仿真

在上述天线单元设计流程中可以发现，由于基片集成腔体(SIC)的引入，可以实现进一步添加新的谐振频点的效果，进而实现天线单元阻抗带宽的拓展，也对天线单元的增益情况有显著的影响。图 4-2-12 和图 4-2-13 所示为 SIC 的尺寸对天线单元的性能影响。在图 4-2-12 中，表示 SIC 的宽度的参数 CW 会显著地对天线单元的增益造成影响，具体表现在随着宽度的增加，增益也会随之增强。参数 CW 也会对谐振频点位置造成影响，取值越大，两个谐振点所在频点越接近。图 4-2-13 所示为腔体长度 CL 对性能的影响，可以发现与宽度参数 CW 类似，长度对增益影响也成正比，可总结为 SIC 整体面积增大，可以增强天线单元增益。不同之处在于参数 CL 对谐振频点位置的影响相反，取值越大，两个谐振点所在频点相互偏离。综合考虑到天线单元的性能表现，以及如果组成天线阵列时，各单元之间的距离应在尽量缩短的前提下，并尽可能地减小互耦效应，天线单元的整体尺寸不应该过大。因此，SIC 腔体的面积，即参数 CW 和 CL 的应取合适值，来实现性能与尺寸的平衡。

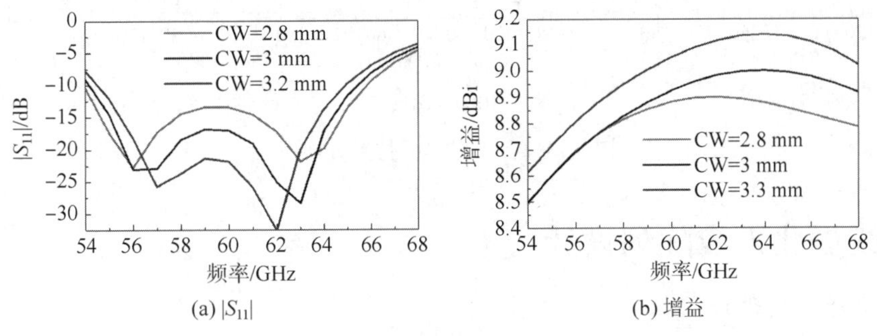

(a) $|S_{11}|$ (b) 增益

图 4-2-12 天线单元 CW 不同参数的仿真

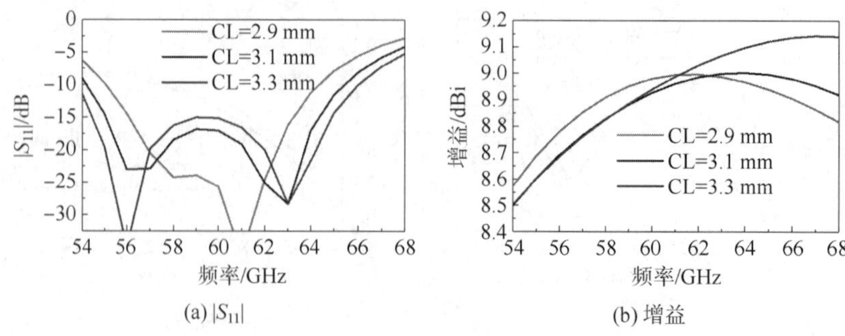

(a) $|S_{11}|$ (b) 增益

图 4-2-13 天线单元 CL 不同参数的仿真

综合以上所述的相关参数分析，选取合适的参数尺寸之后(表 4-1-1)，天线单元相关仿真性能可描述如下：天线单元实现了 $|S_{11}|<-10$ dB 的相对阻抗带宽 19%(54.2～65.7 GHz)(图 4-2-4)。同时频带内天线单元增益为 8.6±0.3 dBi，且在频带中辐射效率超过 97%(图 4-2-14)。图 4-2-15 为带宽内三个频率点处的归一化方向图，可以看出两个面的波束宽度相近，半功率波束宽度(HPBW)都接近 60°，且频点的交叉极化值低于-30 dB。天线单元显示出了良好的性能，有利于在组成天线阵列时，确保天线阵列的优良性能的实现。

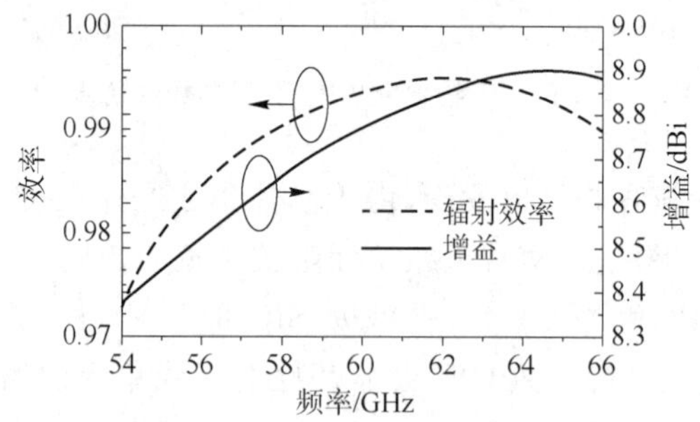

图 4-2-14 带宽内的仿真增益和辐射效率

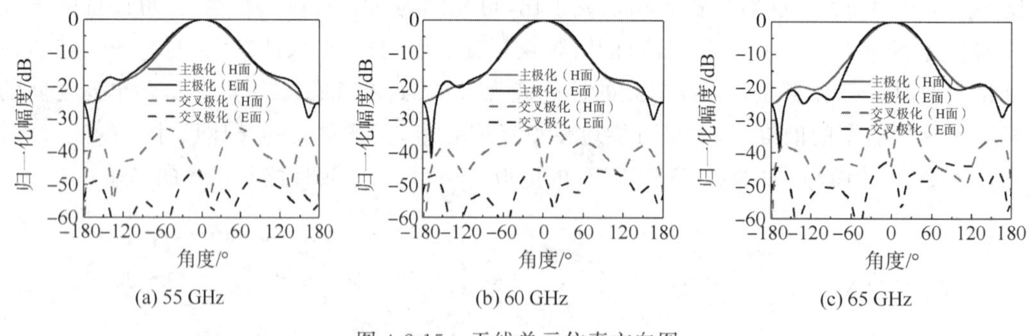

(a) 55 GHz (b) 60 GHz (c) 65 GHz

图 4-2-15 天线单元仿真方向图

4.2.2 线极化天线阵列设计

1. 2×2 子阵列设计

为了对实际的 8×8 天线阵列的性能进行预测分析，实现更方便的优化调整。本节基于上节中的天线单元，进一步设计出了一种 2×2 的天线子阵列，其结构如图 4-2-16 所示。尽可能贴近实际阵列的结构，子阵列的结构中完整的包括了馈电结构，以接近实际阵列中子阵列单元的工作情况。因此可以将其视作阵列的天线单元进行分析，进一步为实际天线阵列性能作参考。2×2 天线阵列的工作情况可以简述为：通过下层的平面波导输入端口馈电，在波导末端的耦合孔将能量传输至上层腔体内，在耦合腔体内继续实现等功率分配，并通过介质板底部的耦合缝隙传入天线单元内。

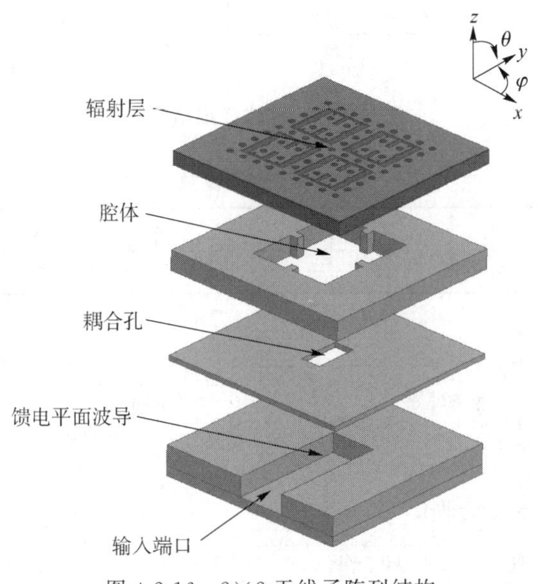

图 4-2-16　2×2 天线子阵列结构

已知在天线阵列中，为了能够保证在阵因子的可见区内不出现栅瓣，在 x 和 y 方向上天线单元之间的距离 d 都要满足：

$$d<\lambda\left(1-\frac{1}{2N}\right) \tag{4.2.2}$$

式中，λ 代表中间频率在空气中的波长，N 代表单元数量。针对 2×2 子阵列的设计，通过优化设计天线单元尺寸，在 x 和 y 方向上单元间距分别为 $d_x=3.8$ mm，$d_y=3.9$ mm，两个参数对应工作频率(60 GHz)的 0.76λ、0.78λ。

为了缩短单元之间的距离，同时考虑到馈电网络布局，天线阵列中加入了耦合腔体结构，其详细平面几何结构如图 4-2-17 所示。其中腔体高度为 1.2 mm，耦合孔厚度为 0.3 mm，优化后腔体的其他设计尺寸如表 4-2-2 所示。天线子阵列的性能如图 4-2-18 所示，其中 $|S_{11}|<-10$ dB 带宽达到 21.6%(54.8～68.1 GHz)，同时 $|S_{11}|$ 值保持-15 dB 的相对带宽也达到了 20%(图 4-2-18(a))。由于选择了合适的单元间距，在 60 GHz 的辐射方向图(图 4-2-18(b))，子阵列实现了旁瓣幅度约为-15 dB，同时交叉极化值也达到了低于-43 dB。通过观察增益与效率(图 4-2-18(a))，天线子阵列在带宽范围内获得了 14.7±0.4 dBi的稳定增益，同时辐射效率也保持在 90%以上。

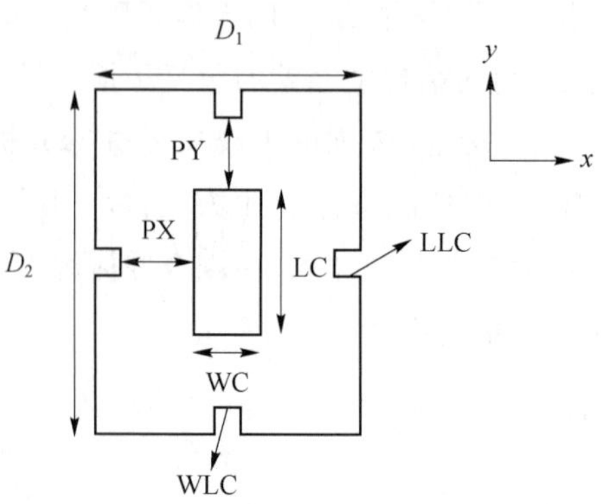

图 4-2-17　腔体详细结构

表 4-2-2　腔体参数

参数	D_1	D_2	PX	PY	WC	LC	WLC	LLC
值/mm	3.8	3.9	1.45	1.4	1.3	2.7	0.5	0.5

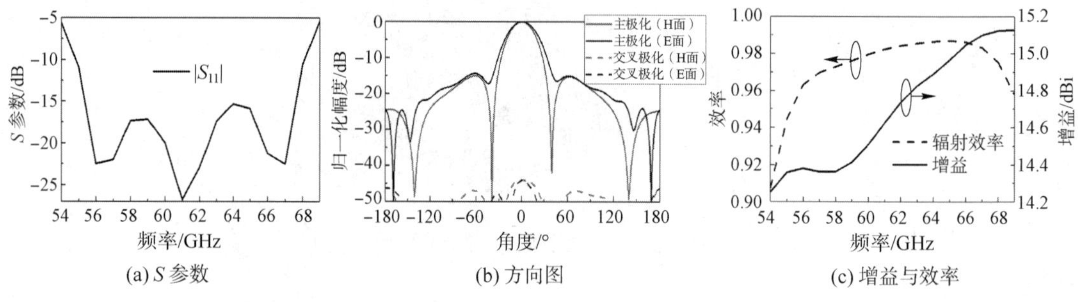

图 4-2-18　天线阵列单元仿真结果

2. 馈电网络设计

在天线阵列的设计中，馈电电路的设计是关键之一，尤其是单元数目较多的阵列中，为了保持天线阵的性能，必须保证稳定的能量传输。同时，因为要考虑到天线单元的间距，还需要尽可能保持电路网络的紧凑性，因此本节中的 8×8 电磁偶极子天线阵列采用了全耦合的馈电网络形式，来满足天线阵列设计需求。结合上文所述的子阵列单元结构，可以知道为了实现 8×8 单元平面阵列，所需的馈电网络在平面上均匀排列，且尽可能实现 16 个端口等功率稳定输出。图 4-2-19 所示出为馈电网络的平面结构图，整个馈电网络由四个 H 型平面波导功率分配器（四输出端口功率分配）和三个 T 型平面波导功率分配器（两输出端口功率分配）组成，来实现整个馈电网络的功率输出：其中端口 $Port_1$ 表示天线阵列底部的 WR-15 波导输入端口，包含图 4-2-20 中的 WR-15 波导向平面波导的转换结构。为了方便分析整个馈电网络的性能，也特别标注出了平面波导末端端口 $Port_2$ 到 $Port_5$，代表连接到天线子阵列的输入端口的部分输出端口。而对于图中单个的 H 型功率分配器和 T 型功率分配器，端口 $Port_{T_1}$～$Port_{T_3}$ 和 H_1～H_5 分别代表 T 型和 H 型的输入端口和输出端口。

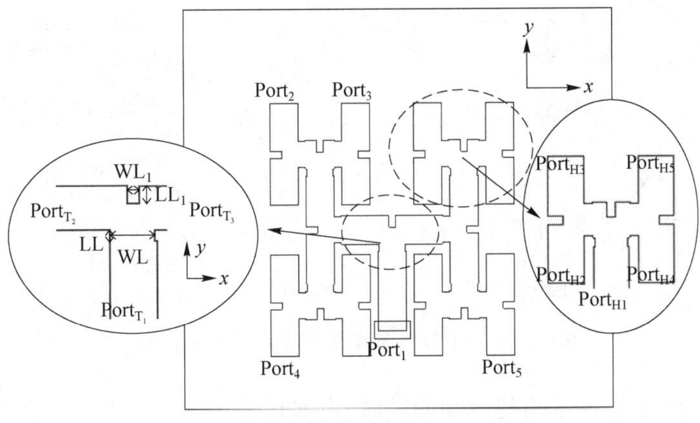

图 4-2-19 馈电网络结构图

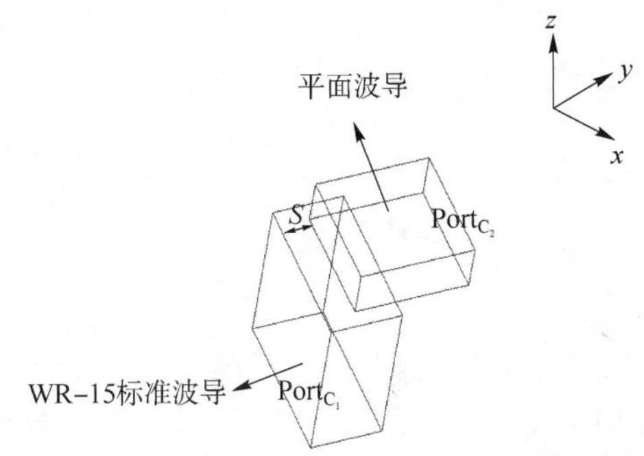

图 4-2-20 WR-15 波导向平面波导的转换结构

图 4-2-21 中绘制了单个 T 型功率分配器的 S 参数，包括反射系数和传输系数，可以看出在预期工作频段(55～68 GHz)内，其反射系数小于-15 dB，同时端口之间的幅度差控制在 0.01 dB 内，带宽内插入损耗小于 0.24 dB。图 4-2-22 所述为单个的 H 型平面波导功率分配器的 S 参数，其中 $|S_{11}|<-10$ dB 带宽也覆盖了天线阵列的预期带宽范围(55～68 GHz)。各端口的输出幅度差值也在 0.5 dB 以内，且带宽内插入损耗小于 0.7 dB。

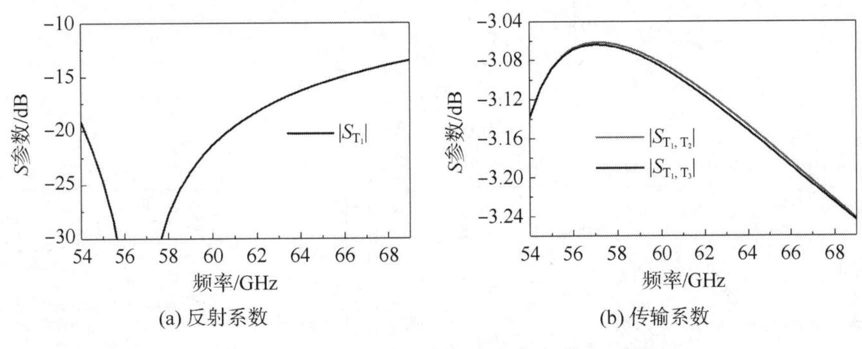

图 4-2-21 T 型平面波导功率分配器 S 参数

WR-15 波导向平面波导转换的性能如图 4-2-23 所述，结果表明整个带宽内的插入损耗小于 0.15 dB，且小于-15 dB 带宽覆盖预期天线阵列工作频段。完整的馈电网络 S 参数如图 4-2-24 所示，可以看出不同端口的传输系数相差约 0.1 dB，同时不同端口的相位差小于

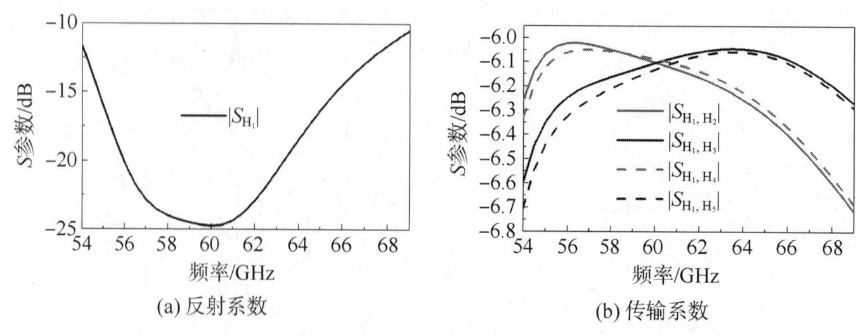

(a) 反射系数

(b) 传输系数

图 4-2-22　H 型平面波导功率分配器 S 参数

0.6°。整个馈电网络在实现了均匀激励的同时，也实现了$|S_{11}|<-15$ dB 的带宽覆盖。综上所述，馈电网络电路实现了优良的性能，这对保证天线阵列的性能至关重要。图中馈电网络各个部分的设计参数如表 4-2-3 所示。

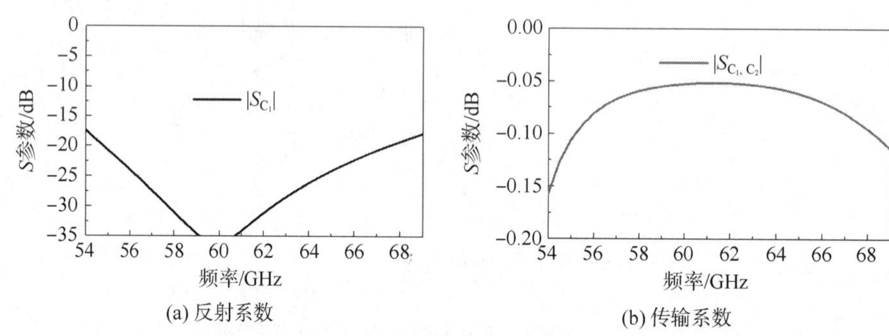

(a) 反射系数

(b) 传输系数

图 4-2-23　WR-15 波导向平面波导的转换结构 S 参数

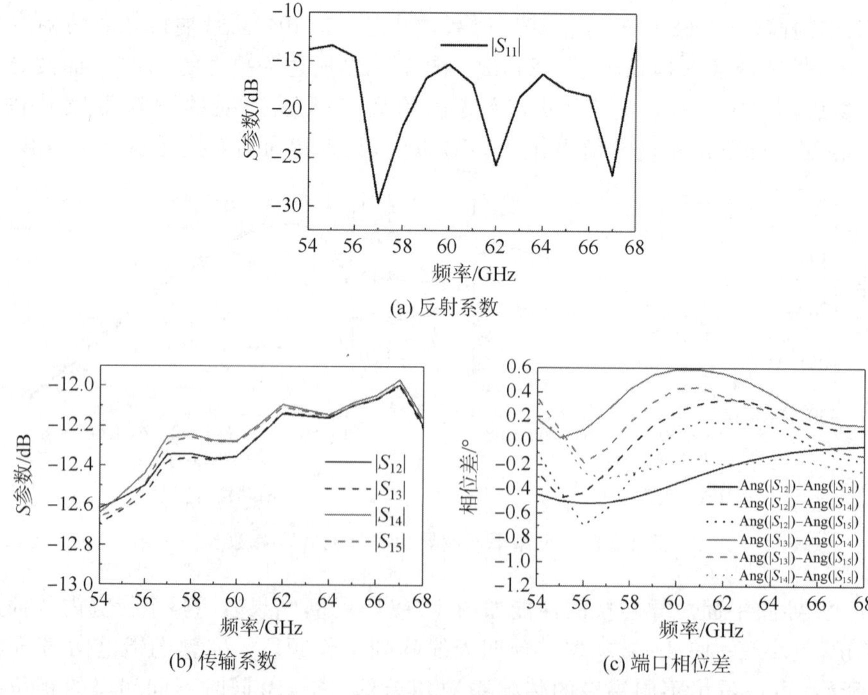

(a) 反射系数

(b) 传输系数

(c) 端口相位差

图 4-2-24　馈电网络整体 S 参数

表 4-2-3 馈电网络设计参数

参数	WL	WL_1	LL	LL_1	S
值/mm	2.7	0.75	1.1	0.9	0.8

在最初的设计中，介质基板的耦合缝隙层直接接触连接馈电网络中的腔体层。对于实际加工的天线阵列实物原型来说，由于其结构为特殊的两部分独立结构，即介质基板辐射部分和波导馈电部分是通过螺钉沿边缘组装固定。这种方式可能会带来问题：当上下层的两个金属表面没有实现完全接触，会产生不连续的空隙，这种非理想连接而产生的空气间隙在实际中不可避免。此外，固定的螺钉的存在，总会导致介质板受力不均匀，这种形变更可能会加剧空隙的问题，从而导致可能会出现腔体层由于间隙产生而完全暴露在外的情况。在毫米波频段，这种空气间隙所带来的漏波效应，会极大影响到天线的辐射性能和整体效率。因此，为了缓解该情况带来的影响并保证天线阵列的性能，在设计中将馈电网络的腔体层顶部，与介质板的耦合缝隙层之间新增加了一层厚度为 0.1 mm 的金属附加层。附加层上的缝隙尺寸略大于耦合缝隙尺寸，来避免两层之间可能存在的装配误差，使能量能顺利通过该层。同时由于附加层的引入，从腔体层到上层介质板缝隙的接触面积自然而然地减小，可以起到缓解漏波效应的作用。

附加层对天线阵列性能的影响如图 4-2-25 所示，添加与不添加情况下的 S 参数、增益以及方向图都做了对比。如图 4-2-25(a)所示，对于阻抗匹配 S 参数来说，通过对比可以发现是否存在附加层的影响有限。同时通过图 4-2-25(b)可以了解到，与没有附加层的阵列相比，具有附加层的天线阵列的增益降低在 0.8 dBi 内，处于可接受的范围内。在图 4-2-25(c)中可以发现附加层对天线阵列辐射方向图影响几乎可以忽略不计，两者的方向图几乎一致。可以得出结论，添加附加层对天线阵列的性能影响在可接受范围之内，具有实际的可行性。

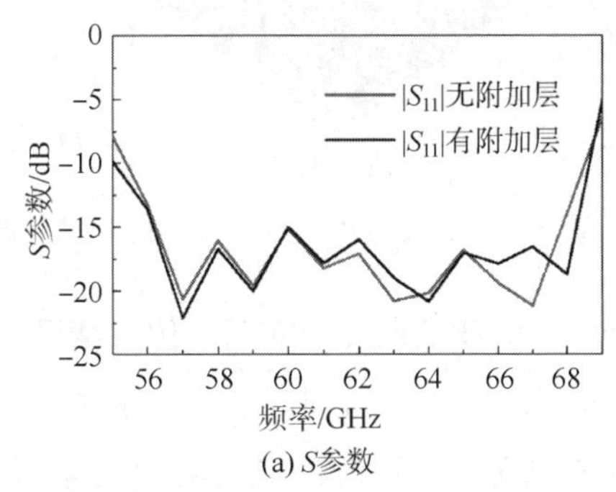

(a) S参数

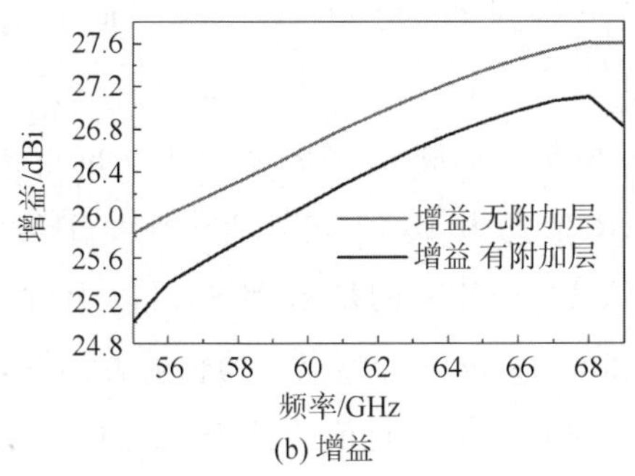

(b) 增益

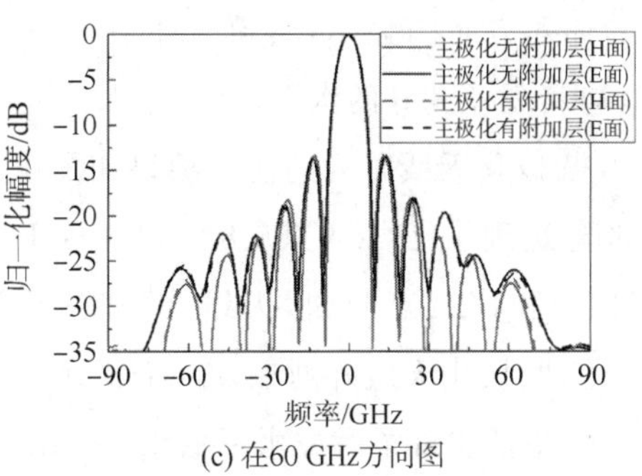

(c) 在60 GHz方向图

图 4-2-25 天线阵列中有无附加层的性能对比

4.2.3 圆极化天线阵列设计

如图 4-2-26 所示为提出的 8×8 圆极化天线阵的几何结构，正如上文所述，因为天线阵列的特殊设计，辐射部分与馈电部分相对独立，因此通过如图 4-2-26 所示更换辐射部分的介质基板，可以实现工作极化的更改，圆极化电磁偶极子阵列取代了线极化阵列，而馈电电路部分保持不变。与线极化天线阵列的分析结构相似，2×2 天线子阵列和天线单元的详细结构如图 4-2-27 所示。天线单元采用了平面圆极化微带电磁偶极子，相应的设计参数如图 4-2-27(b)和图 4-2-27(c)所示。

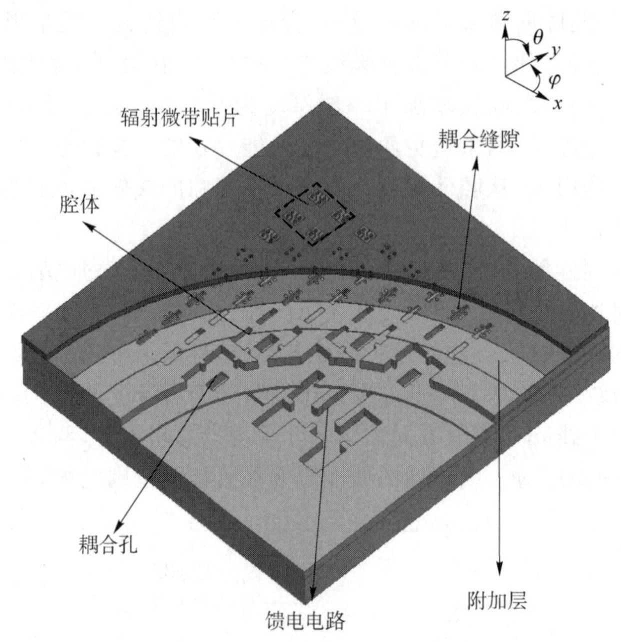

图 4-2-26 圆极化电磁偶极子天线阵列结构图

图 4-2-28 为 2×2 圆极化电磁偶极子天线子阵列的仿真结果。其中子阵列的仿真 $|S_{11}|<-10$ dB 带宽达到 15.2%(56.8～66.1 GHz)，同时轴比 AR<3 dB 带宽达到 19.7%(57.2～69.7 GHz)。对于子阵列的辐射性能，其最大右旋圆极化增益可达到 15.1 dBic，在 60 GHz 频率点的辐射方向图显示，旁瓣水平在 xoz 平面上达到了 -14 dB，在 yoz 平面上达到了 -17 dB，均实现了良好的水平。

8×8 圆极化天线阵列的仿真结果如图 4-2-29 所示。如图 4-2-29(a)和 4-2-29(b)所示，其阻抗带宽达到了 18.2%(56.8～68.1 GHz)，AR 带宽为 13.3%(56.2～64.2 GHz)。在图 4-2-29(c)和4-2-29(d)中，天线阵列实现了最大 27.6 dBic 的增益和 80%以上的效率。图 4-2-30 为圆极化天线阵列在 58 GHz、60 GHz 和 62 GHz 三个频点下的辐射方向图，所有频点中方向图都实现了旁瓣水平低于 -13 dB，与此同时交叉极化值均低于 -20 dB。以上结果显示,圆极化天线阵列实现了与线极化天线阵列接近的良好性能,其相关设计参数列于表 4-2-4 所示。

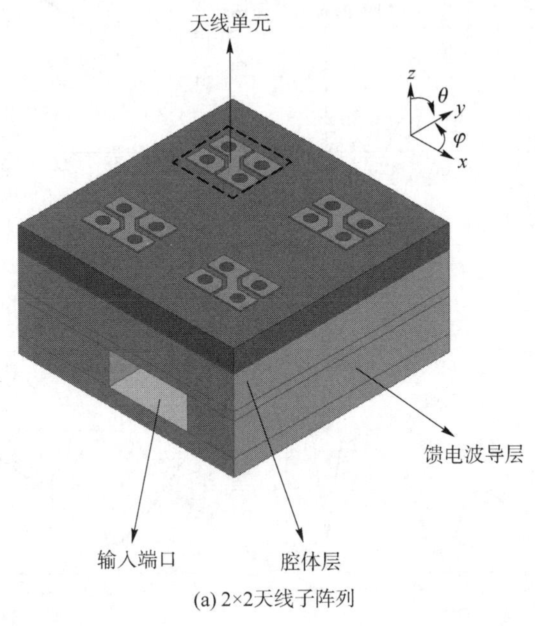

(a) 2×2天线子阵列

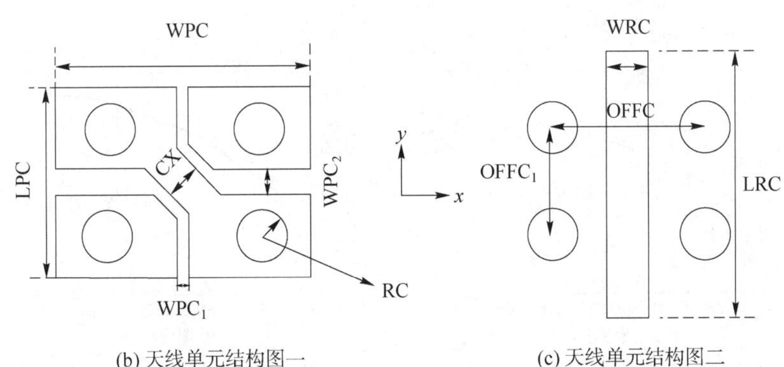

(b) 天线单元结构图一　　(c) 天线单元结构图二

图 4-2-27　圆极化电磁偶极子

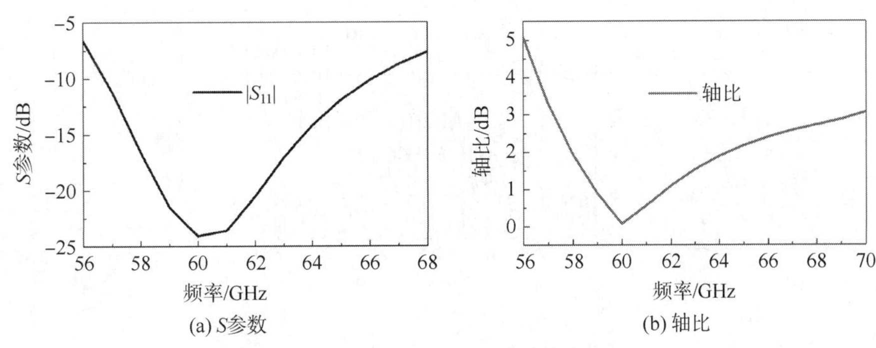

(a) S参数　　(b) 轴比

图 4-2-28　2×2 天线子阵列结果

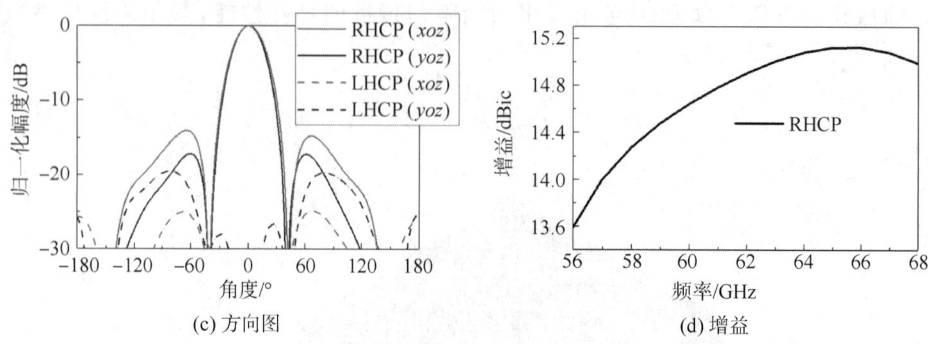

(c) 方向图

(d) 增益

图 4-2-28　2×2 天线子阵列结果(续)

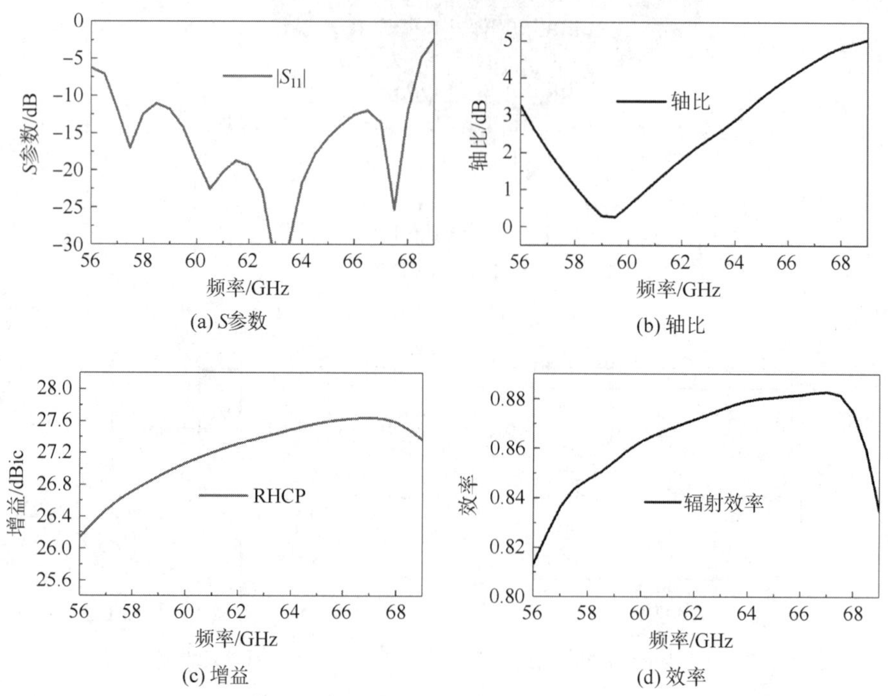

(a) S参数

(b) 轴比

(c) 增益

(d) 效率

图 4-2-29　天线阵列结果

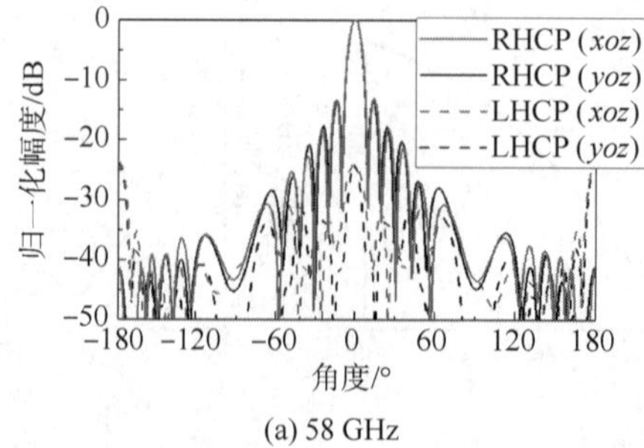

(a) 58 GHz

图 4-2-30　天线阵列方向图

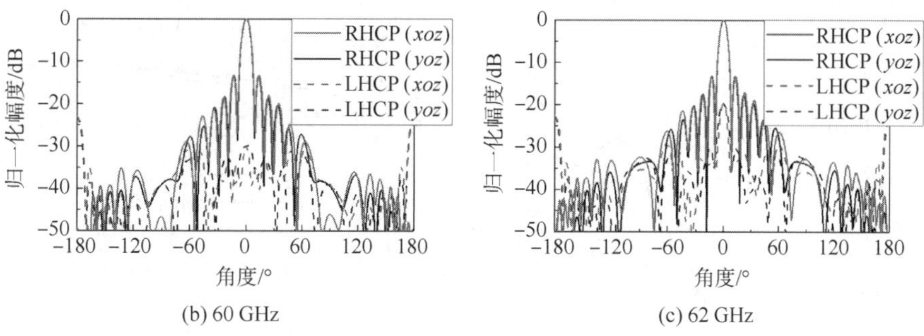

(b) 60 GHz

(c) 62 GHz

图 4-2-30 天线阵列方向图(续)

表 4-2-4 圆极化单元参数

参数	WPC	LPC	WPC_1	WPC_2	CX	RC
值/mm	2.1	1.5	0.1	0.2	0.2	0.2
参数	OFFC	$OFFC_1$	WRC	LRC		
值/mm	1.2	0.8	0.35	2.6		

4.2.4 实测与讨论

图 4-2-31 所示为线极化天线阵列实物图,天线阵列总尺寸为 48 mm×46 mm,两部分通过四周的螺钉进行固定。对加工的天线原型进行实物测试,S 参数与增益的仿真实测结果如图 4-2-32 所示。为了验证附加层的效果,同时附上了存在组装间隙(0.5 mm)的情况下的相关仿真结果以作对比。由于存在实际加工公差以及测试误差,与仿真结果相比,测试的 S 参数有 1 GHz 左右的频率漂移,且中间部分频点的幅度有增加。同时,实测的增益在工作带宽内有 2 dB 以内的波动,使得测量所得的口径效率略有下降,总体来说测试所得的差距均在可接受的范围。

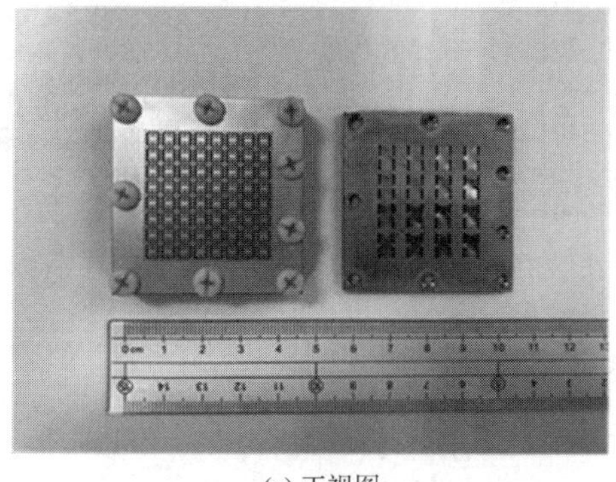

(a) 正视图

(b) 侧视图

图 4-2-31 线极化天线阵列实物图

进一步对比存在间隙的结果,可以发现实测的结果更接近于不存在间隙情况下的仿真结果,说明了在采用了附加层结构后,介质板与馈电平面波导之间的漏波效应对天线阵列性能的影响大大缓解,S 参数和增益都未见明显恶化,验证了附加层达到预期的效果。

如图 4-2-33 所示为在 60 GHz、63 GHz 和 64 GHz 频点下天线阵列的归一化增益方向

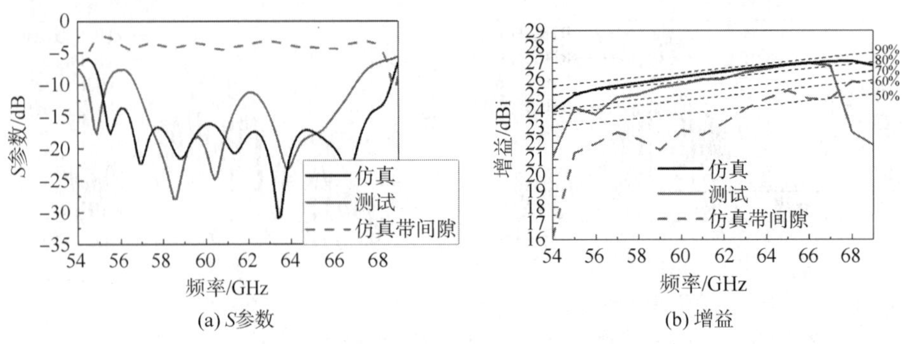

图 4-2-32 线极化天线阵列仿真与测试结果

图。可以发现测量所得的交叉极化值均小于-30 dB，与仿真的增益方向图相比，E 面的旁瓣电平均上升约 1 dB，而 H 面上几乎保持不变。同时由于测量中实验器材如转台和连接电缆的遮挡反射，测量 E 面的主极化幅度在 $\theta=-50°$ 附近有很大的下降，而 H 面未受到影响。但总体来说仿真与测试的方向图波形基本保持一致，且主辐射方向匹配良好，进一步说明了实际测试的天线阵列的工作性能符合预期。表 4-2-5 中列出了该天线阵列与参考文献中的部分相似类型天线阵列的一些性能比较，包括工作带宽、增益与效率。

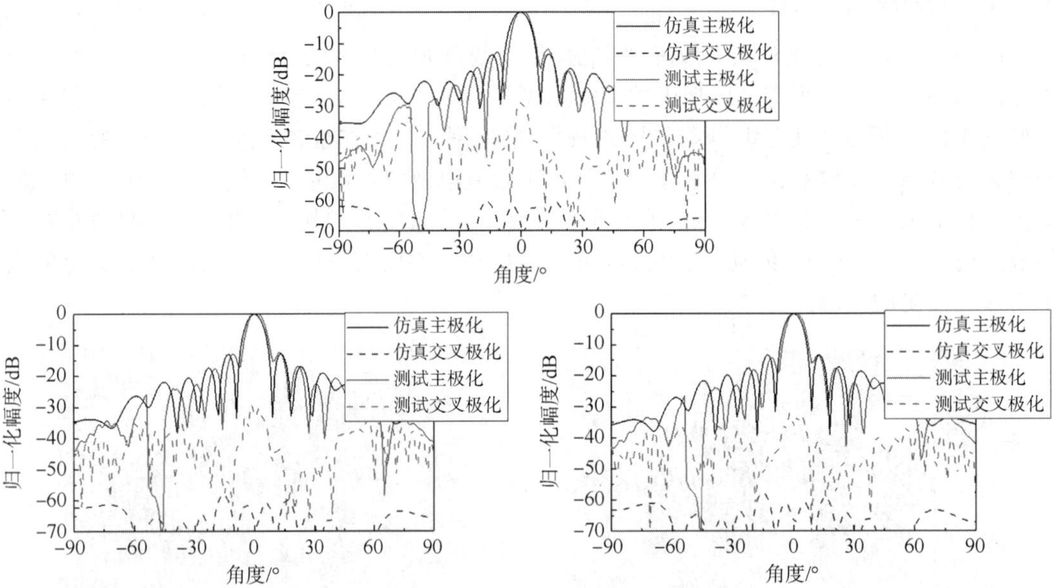

(a) H面

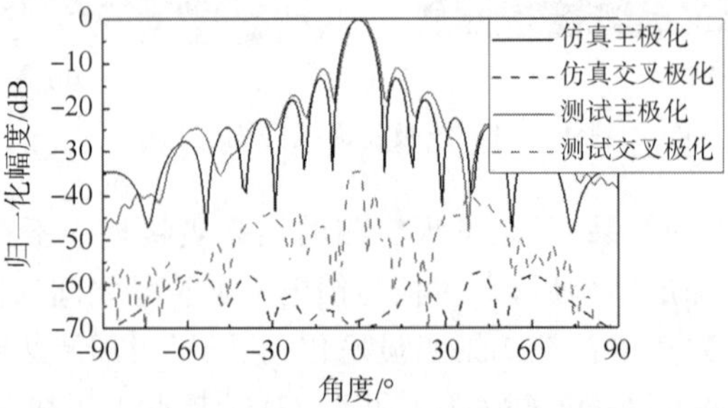

图 4-2-33 线极化天线阵列仿真与测试方向图

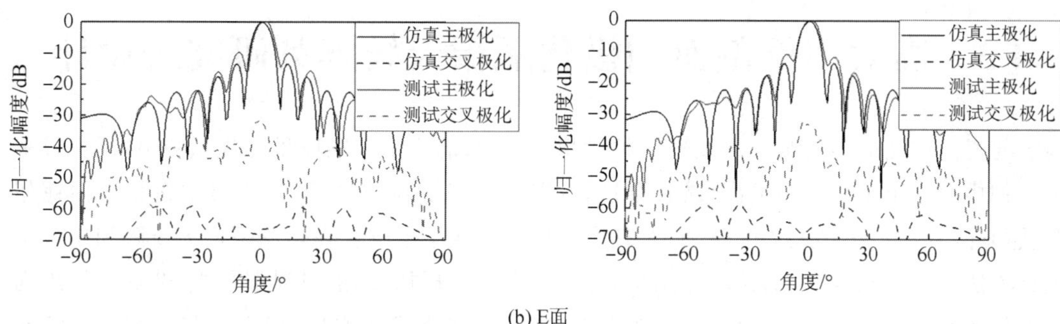

(b) E面

图 4-2-33 线极化天线阵列仿真与测试方向图(续)

表 4-2-5 天线阵列与参考文献对比

参考文献	频段/GHz	阻抗带宽/(%)	3 dB 轴比带宽/(%)	最大增益/dBi	单元数量	最高效率/(%)	加工工艺
[2]	55～66	18.2	/	20.5	6	44.6	PCB
[5]	59～65	11.3	/	32.5	256	83.6	Diffusion Bonding
[7]	59～63.5	8	/	32.7	256	80	Diffusion Bonding 与 PCB
[8]	58～67	15.5	/	23	64	80	CNC 与 PCB
[9]	55～66	18.2	16.5	26.1	64	72.2	PCB
[10]	54～64	17	/	28	256	60	CNC 与 PCB
[11]	56.5～67	17	/	27	64	85	CNC
[12]	29.5～31	4	4	22.4	16	90	CNC
[13]	28～35	22	21.8	23.5	64	85	CNC
本节线极化天线阵列	55～68	21.6	/	26.8	64	86	Diffusion Bonding 与 PCB
本节圆极化天线阵列 *	57～68	18.2	13.3	27.6	64	88	Diffusion Bonding 与 PCB

* 仿真结果

4.2.5 小结

在本节中,提出了一种拥有灵活设计的毫米波天线阵列。由于结构的独立性,通过改变天线阵列的辐射部分,在馈电网络部分则保持不变的情况下,就可以调整为线极化或圆极化。对 8×8 线极化天线阵的仿真结果表明,该天线阵的带宽为 21.6%,增益为 26.1±1 dBi,天线效率在 80%以上。对 8×8 圆极化天线的仿真结果表明,其阻抗带宽为 18.2%,AR 带宽为 13.3%,增益和效率分别达到 27.6 dBic 和 88%。最后对于其中的线极化天线阵列原型,测量结果与仿真结果吻合较好,实现了 23.8 dBi 以上的实测增益,且测量得到最大口径效率为 86%。综上所述,本节提出的高效率宽带天线阵列,实现了较宽的工作带宽,同时保证了较高的效率。而通过采用微带介质板与金属波导馈电网络的结合,可实现针对不同应用场景的工作极化切换。这种高效率的天线阵列将对毫米波无线通信中的天线相关应用提出了新的解决方案。

4.3 高效率低剖面圆极化隔板天线阵列研究与设计

与当前广泛应用的微波无线通信频段相比，新兴的毫米波频段虽然优点突出，但也带来了新的挑战。由于其频率更高，波长更短，也因此带来了新的问题，主要集中在相关损耗如介质损耗、导体损耗等大幅度增加，对其实际应用造成了影响。在传统平面天线阵列中常用设计方法，如基于微带线的传输线结构，面临着介质损耗加大，能量泄漏严重，造成天线阵列辐射效率大幅度降低，同时也伴随着工艺要求变高，造成成本增加，现有工艺精度不足等问题。特别是当高增益作为很多毫米波无线系统的重要指标，为了实现该目标，通常需要增加天线阵列规模，导致单元数量进一步增多，最终反映到其馈电网络结构越来越复杂。在馈电网络复杂度增加的情况下，带来的损耗自然而然不断增大，甚至会超过天线阵列规模增大所带来的增益提升，反过来制约其性能。因此如何实现低损耗、高效率及高增益的毫米波天线，是如今毫米波平面天线阵列研究的重点。

目前有关毫米波平面天线阵列中的相当一部分工作报道中[14-35]，为了确保天线阵列的高效率低损耗，金属导体结构的天线阵列被广泛采用。同时考虑到平面波导[22]结构加工工艺仍然较为复杂，低损耗，低制作公差的间隙波导技术(GWG)成为目前导体结构的研究热门。与基片集成波导传输线相比，间隙波导传输线不存在介质损耗的缺点，因此可以实现更低损耗；同时与在毫米波频段由于加工精度限制问题，通常不得采用多层加工工艺如扩散焊接等来保证精度的平面波导结构相比，金属间隙波导仍然可采用成熟的加工技术实现，实现了加工成本的节约。然而，目前提出的采用该技术实现的天线阵列相关文献工作还存在以下不足之处[32-35]：从极化特性来讲，大部分天线阵列的工作极化为线极化，实现圆极化工作的仍然较少；其次受制于天线辐射形式依旧以缝隙天线单元为主，其工作性能受到了制约，虽然在文献[35]中，天线阵列实现了线极化工作带宽达到 30%的突破，但圆极化工作带宽依旧难以取得进一步突破，极大影响到了该类型天线阵列的实际应用范围。因此本节针对如今采用金属间隙波导技术的阵列天线存在的上述问题，通过引入宽带圆极化隔板天线单元作为天线阵列的辐射单元，搭配低损耗宽带脊间隙波导(RGW)馈电网络，提出了一种工作频段在 W 波段，具有高效率宽带圆极化的工作特性的天线阵列。通过实际加工测试验证，结果表明该 8×8 天线阵列实现了 31.5%的阻抗带宽($|S_{11}|<-10$ dB)以及33.1%的轴比带宽(AR<3 dB)。综合带宽突破了 30%，为上述的金属导体结构天线阵列圆极化工作带宽受到制约的问题提出了有效解决方案。实测中也取得了高达28.4 dBic的最大圆极化增益值以及 85%的最大口径效率，天线阵列的高增益与高效率同时得到了保证。

4.3.1 天线单元设计

1. 结构

本节提出的天线阵列的天线单元的详细结构如图 4-3-1 所示。天线单元可以看作由三部分组成：整体为一个开放式加宽波导端口，其内部宽度为 W，高度为 L；内部由一对厚度

为 C，间距为 WC_1 的对称阶梯型隔板结构分隔开来，两个隔板为沿着图中 y 轴对称；波导侧面两壁均有长方体形脊结构。截面宽为 RW，长为 RL，高度与波导长度相同。天线单元的整体结构不同于普通的隔板极化器[35]，隔板部分采用了阶梯状渐变结构，同时不同于文献[36]中的结构，通过在波导的侧壁引入的一对对称脊，以解决由于加宽波导结构而造成天线单元内产生的高阶模式的问题[46]。图中标注的天线单元的相关尺寸如表 4-3-1 中所示。

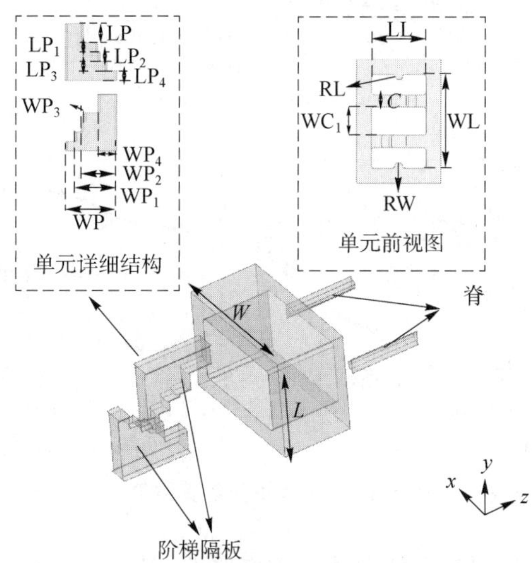

图 4-3-1 加脊隔板渐变缝隙天线单元结构

表 4-3-1 天线单元设计参数

参数	W	L	WL	LL	WC_1	C
值/mm	4.9	3.4	3.7	2.2	1.1	0.5
参数	WP	LP	WP_1	LP_1	WP_2	LP_2
值/mm	2.4	0.8	1.8	0.4	1.5	0.4
参数	WP_3	LP_3	WP_4	LP_4	RW	RL
值/mm	0.1	0.4	0.8	0.4	0.3	0.2

2. 工作原理

该天线单元的详细工作原理可见于文献[36]，此处不再进行赘述。为了对加脊隔板渐变缝隙天线单元的性能加以验证，采用全波仿真软件 Ansoft HFSS，图 4-3-2 所示为在对隔板天线单元进行直接馈电时的仿真结果。如图 4-3-2(a)中天线端口内的各个模式幅度分布表明，在所示频率范围 75～110 GHz 内，除去两个正交的主要模式 TE_{01} 和 TE_{10} 外，其他更高阶的模式，如 TM_{11}、TE_{11} 等模式，其相对幅度均小于 -25 dB。因此通过添加脊结构，天线单元内部在特定频率点时产生的轴比与增益突变情况被有效抑制[46]。图 4-3-2(b)和图 4-3-2(c)中的 S 参数、轴比与增益情况进一步验证了这一结论：天线单元在频率范围内表现出良好的性能，无论是反射系数、轴比还是增益曲线都没有出现幅值突变的情况，这也表明其波导内部不再存在高阶模式的影响。

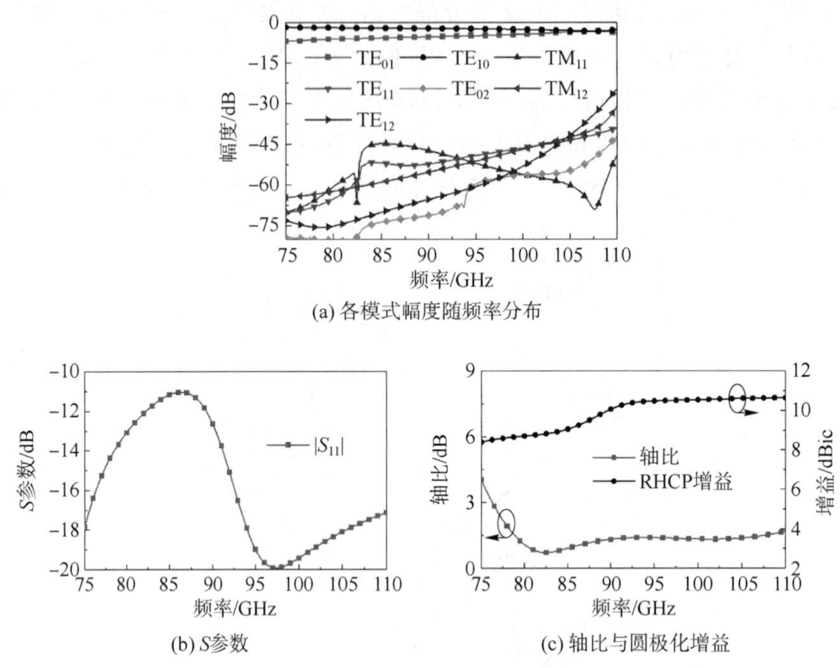

(a) 各模式幅度随频率分布

(b) S参数

(c) 轴比与圆极化增益

图 4-3-2　天线单元仿真结果

为了进一步补充说明该隔板天线单元的工作原理，图 4-3-3 所示为一个周期 T 内，工作于频段内(90 GHz)的天线末端端口的辐射孔径上的电场分布。当时间 $t=0$ 时，电场分布的总场强方向朝向 y 方向，此时纵向的电场占主导地位，即端口内的 TE_{01} 模式为主导，而在四分之一周期之后，在时间 $t=T/4$，电场分布主要为方向朝向 x 方向的 TE_{10} 模式。$t=T/2$ 和 $t=3T/4$ 时的情况与 $t=0$ 和 $t=T/4$ 时的情况相似，只是电场朝向相反方向。因此天线单元辐射端口上的电场可视作在正交方向以 90°相位差且激发，由此形成了圆极化辐射。

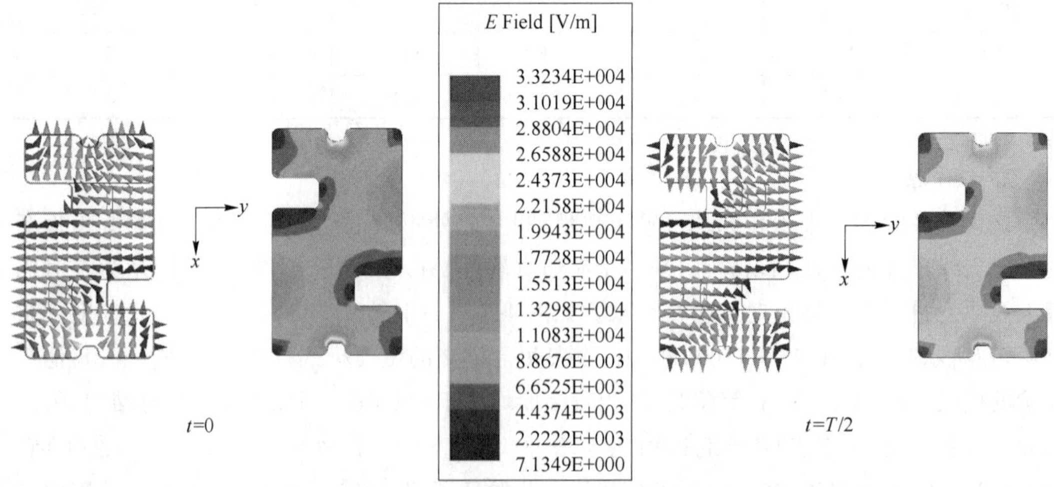

图 4-3-3　在一个周期内，天线单元辐射口电场分布变化的仿真结果(90 GHz)

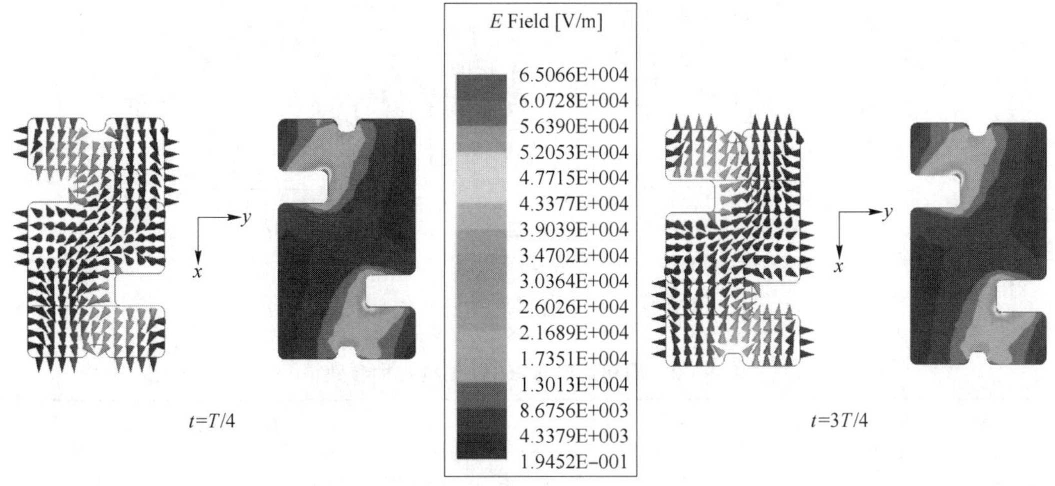

图 4-3-3 在一个周期内，天线单元辐射口电场分布变化的仿真结果(90 GHz)(续)

4.3.2 天线阵列设计

1. 2×2 天线子阵列设计

在天线阵列设计中，单元部分性能对实际的天线阵列性能有至关重要的影响，在本设计中的 8×8 天线阵列，可以视作由 2×2 天线子阵列作为单元。因此通过分析子阵列的性能，可以对实际阵列的性能进行预测。图 4-3-4 所示为 2×2 天线子阵列的几何结构，采用了实际 8×8 阵列相同的馈电结构，通过设置周期性边界条件来实现对 8×8 天线阵列的性能预测。同时为了保证仿真结果的准确度更接近天线阵列原型，与实际加工实物材质相对应，子阵列天线单元的材质被设置为金属铝。图中采用的脊间隙波导 RGW 馈电结构及其周期金属销钉的仿真色散结果和相关结构参数如图 4-3-5 所示，周期金属销钉以及 RGW 馈电电路的色散结果各实现了 40～130 GHz 和 45～120 GHz 的阻带范围，满足了覆盖 W 波段带宽(75～110 GHz)的需求。相关尺寸如表 4-3-2 所示。

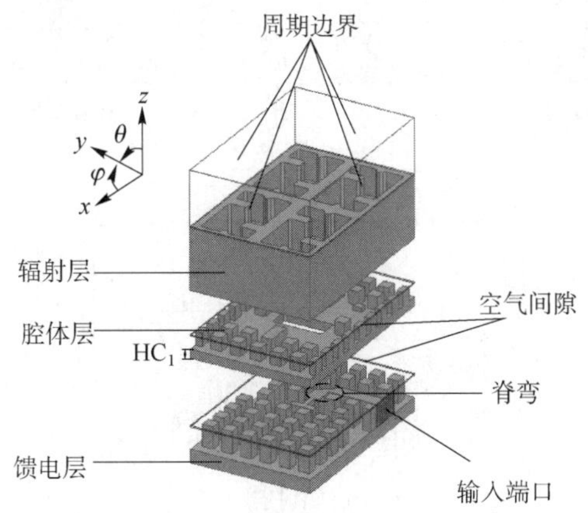

图 4-3-4 2×2 天线子阵列结构

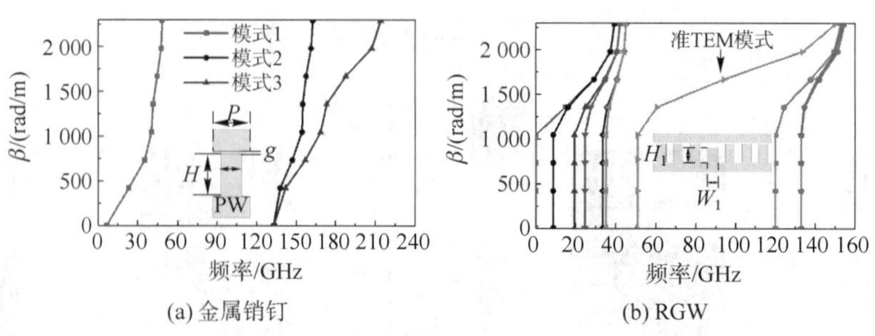

(a) 金属销钉　　(b) RGW

图 4-3-5　周期结构色散仿真结果

表 4-3-2　周期销钉与 RGW 结构尺寸参数

参数	PW	P	H	g	H_1	W_1
尺寸/mm	0.5	0.9	1	0.05	0.8	0.6

2×2 天线子阵列的各层详细俯视结构和参数如图 4-3-6 所示，由辐射层以及两层馈电层组成。其中馈电层包括了由高度为 HC_1=0.6 mm 的金属销钉构成的腔体耦合结构，采用这种结构可以减小相邻天线单元之间的距离，实现全耦合馈电。同时，考虑到实际的制造公差，图中子阵列的单元间距被分别设计为参数 dx=4.3 mm 和 dy=2.8 mm。除表 4-3-1 中隔板天线单元的参数没有变化外，新增的馈电结构中的末端 T 形匹配脊、耦合缝隙、耦合腔体的相关结构尺寸参数如表 4-3-3 所示。

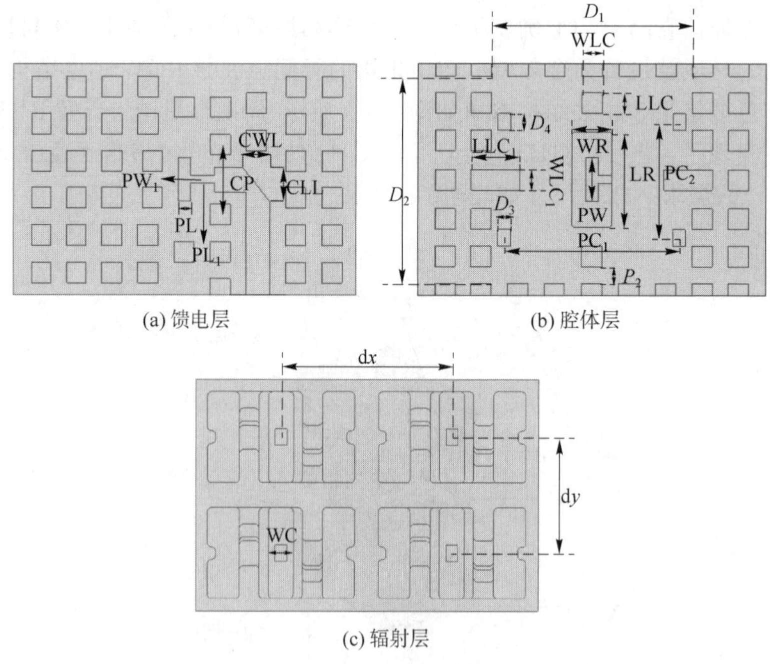

(a) 馈电层　　(b) 腔体层

(c) 辐射层

图 4-3-6　子阵列各层结构

表 4-3-3　2×2 天线子阵列尺寸参数

参数	D_1	D_2	WR	LR	WLC	LLC
尺寸/mm	4.94	5	0.9	2.2	0.5	0.5
参数	WLC_1	LLC_1	PC_1	PC_2	D_3	D_4
尺寸/mm	0.5	1.2	4.3	2.8	0.3	0.4
参数	P_1	P_2	PW	PL	PW_1	PL_1
尺寸/mm	0.39	0.4	1.06	0.32	0.2	0.6
参数	CP	CWL	CLL	WC	dx	dy
尺寸/mm	1.7	0.7	0.85	0.9	4.3	2.8

如图 4-3-7 所示为 2×2 子阵列的$|S_{11}|$、轴比以及右旋圆极化增益(RHCP)仿真结果。图 4-3-7(a)中子阵列实现了相对带宽为 31.4%(77.7～106.6 GHz)的$|S_{11}|<-10$ dB 阻抗带宽,图 4-3-7(b)中所示为与阻抗带宽重叠的相对 32.6%(77～107 GHz)的 AR<3 dB 轴比带宽,以及最大 RHCP 增益为 29.2 dBic,最大口径利用率高达 90%。图 4-3-8 中还研究了在带宽内 80 GHz 与 90 GHz 两个频率点下的仿真辐射方向图与对应的轴比 AR,辐射方向图中的第一副瓣水平(SLL)均实现了低于-13 dB,并且在两个频率点时主波束角度范围内的轴比值均低于 3 dB,综上所述,2×2 天线子阵列取得了优良的性能。

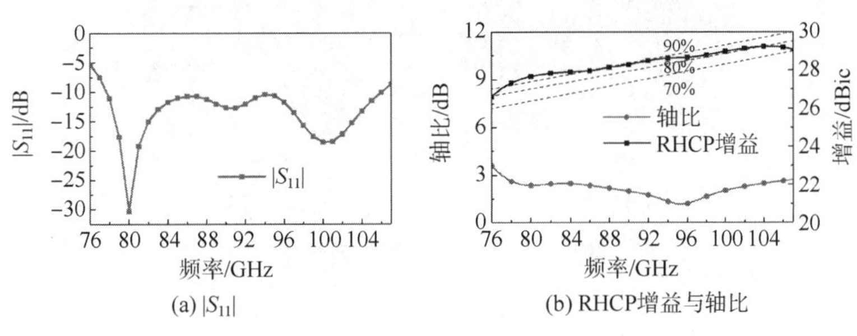

(a) $|S_{11}|$　　(b) RHCP增益与轴比

图 4-3-7　天线子阵列仿真结果

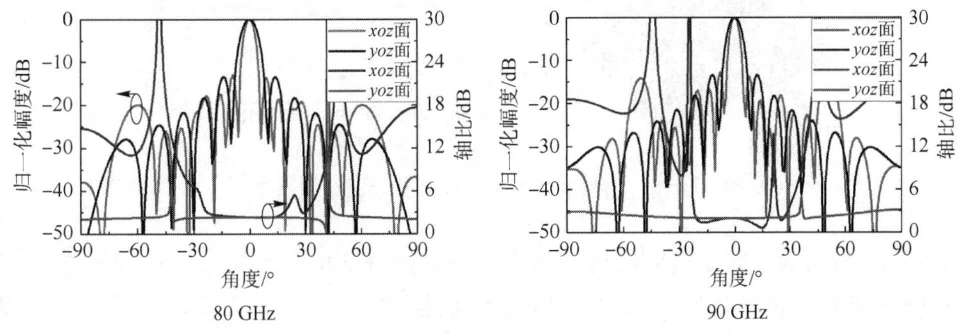

80 GHz　　90 GHz

图 4-3-8　天线子阵列辐射方向图与轴比

2. 8×8 天线阵列设计

如图 4-3-9 所示为 8×8 圆极化隔板天线阵列的实际 3D 结构。与 2×2 子阵列相对应,实际的天线阵列由三层组成:最底层的 RGW 馈电网络层、中间部分的耦合腔体层以及最顶部的辐射天线阵层。各层可通过四周预留的螺纹孔,由螺钉紧固组装,而整个天线阵列由馈电网络层底部的 WR-10 波导馈电孔连接至发射端或接收端工作。由于馈电网络结构较为紧凑,因此为了确保紧凑 RGW 结构的性能,图 4-3-10 所示为一对平行的间隔为仅为一组周期销钉的脊馈电结构,其仿真结果表明,在频率 76～110 GHz 的范围内,两条脊线的反射系数均保持在 -30 dB以下,而且相邻脊线之间的隔离度保持在-23 dB 以下,插入损耗也低于 0.1 dB,验证了紧凑 RGW 馈电网络的可行性,能够保证在工作频率范围内各输出端口的相互影响较小。

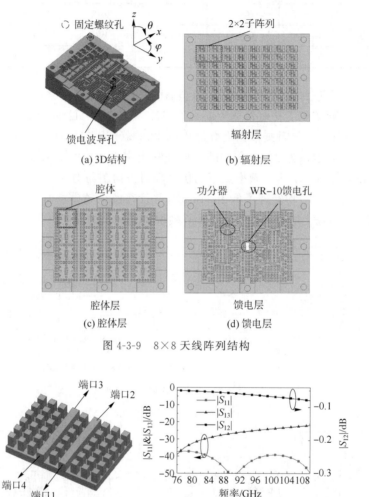

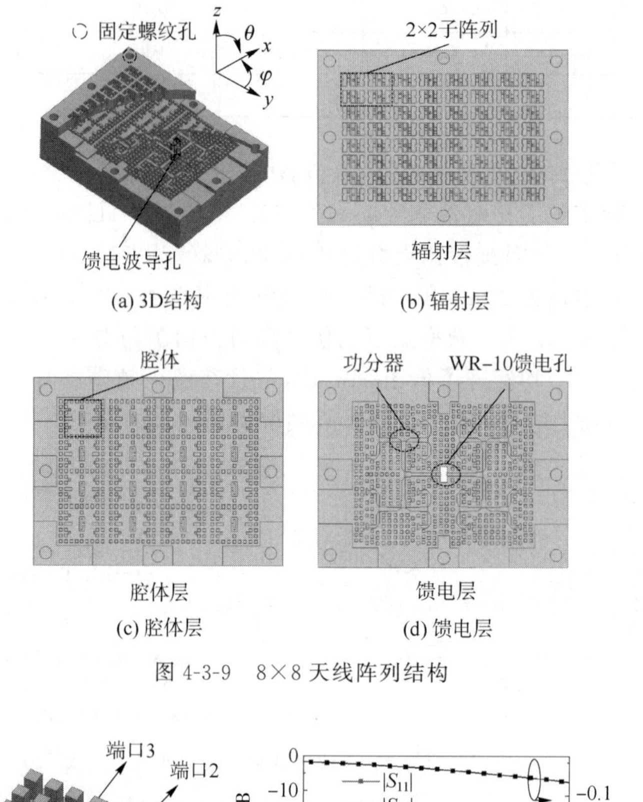

图 4-3-9　8×8 天线阵列结构

图 4-3-10　相邻 RGW 结构及其 S 参数仿真结果

图 4-3-11 所示为 RWG 馈电网络中的功率分配部分结构与 WR-10 到 RWG 转换结构的细节,图中相关参数列于表 4-3-4 中。如上节所述,可以通过 2×2 子阵列的周期性结构仿真结果,来实现对实际天线阵列的性能的预先评估。考虑到子阵列的馈电部分在周期边界条件下较为理想化,因此实际天线阵列中,整个馈电网络的实际性能对天线阵列是否更接近子阵列的理论预测起着至关重要的作用。馈电网络的各相关部分仿真结果如图 4-3-12 所示,结果表明,对于馈电网络中的 2 路和 4 路功率分配器,输出端口之间的幅度差各控制在 0.1 dB 和 0.9 dB 以下。同时,2 路和 4 路功率分配器的仿真反射系数在整个所示的工作

频带内均低于-20 dB。另外，WR-10 波导到 RGW 转换的 S 参数也表现良好，实现了阻抗带宽 $|S_{11}|<-20$ dB 覆盖整个所示频段。最后，包含转换结构的整个馈电网络 16 路功率分配器在不同输出端口之间的幅度浮动均小于 1 dB，且工作带宽 $|S_{11}|<-15$ dB 覆盖整个工作频段。整个 RGW 馈电电路网络实现了良好的性能，可以保证 8×8 天线阵列性能与2×2 子阵列的预测结果相近。

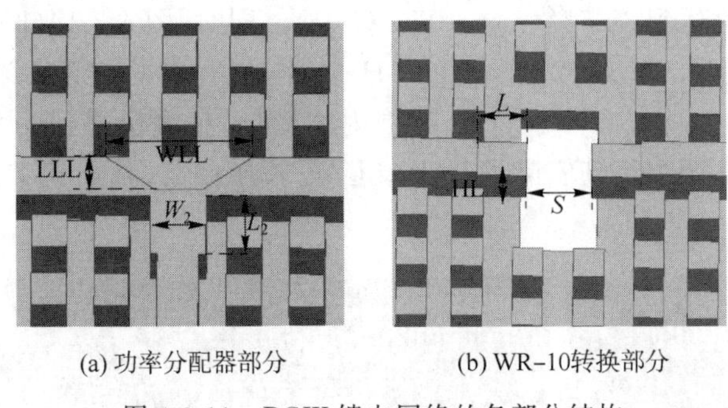

(a) 功率分配器部分　　(b) WR-10转换部分

图 4-3-11　RGW 馈电网络的各部分结构

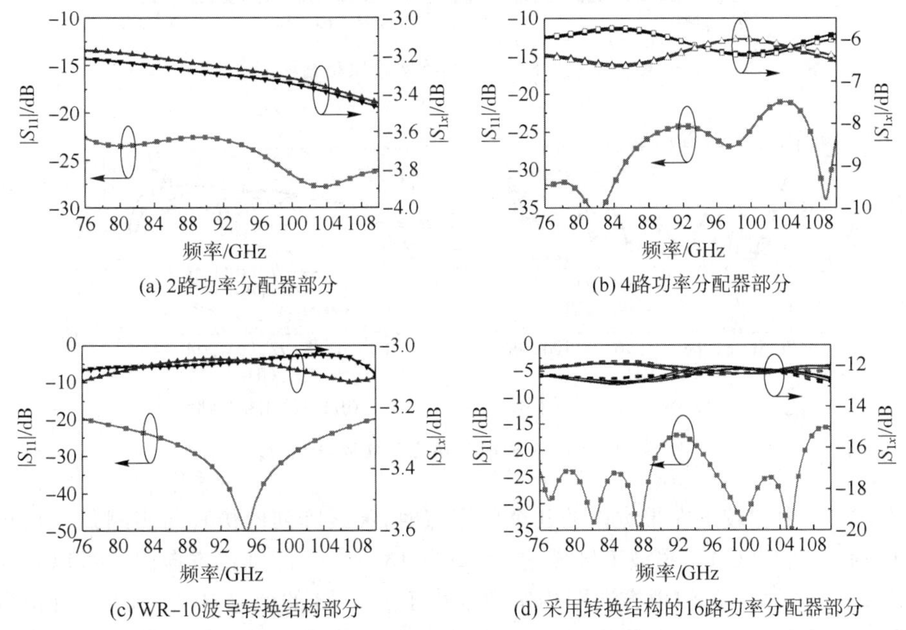

(a) 2路功率分配器部分　　(b) 4路功率分配器部分

(c) WR-10波导转换结构部分　　(d) 采用转换结构的16路功率分配器部分

图 4-3-12　RGW 馈电网络各部分仿真结果

表 4-3-4　馈电网络尺寸参数

参数	WLL	LLL	W_2	L_2	L	HL	S
尺寸/mm	2.1	0.5	0.8	1.2	0.8	0.7	1.07

4.3.3　实测与讨论

本节对实际的 8×8 宽带圆极化隔板单元间隙波导馈电天线阵列进行了原型实物加工验证。如图 4-3-13 所示为的原型天线阵列的组装后与分离的各层的结构示意图，各层通过

四周的螺钉进行组装固定。其中加工工艺采用了精度为 10 μm、表面粗糙度为 0.4 μm 的计算机数控(CNC)切割工艺，并选用与仿真中相同的金属铝为加工材料。对实物原型进行测试验证，相关结果如图 4-3-14 与图 4-3-15 所示。在图 4-3-14(a)中，由于加工公差与测试误差影响，天线阵列的实测结果与仿真相比，测量所得到的 $|S_{11}|$ 曲线显示出一定的幅度变化，并且出现了在 1 GHz 左右的频率偏移。但实际测试得到的 8×8 天线阵列阻抗相对带宽($|S_{11}|<-10$ dB)仍可达到 31.5%(78～107.2 GHz)。同时，图 4-3-14(b)中重叠部分轴比带宽(AR<3 dB)也达到了 33.1%(77.3～108 GHz)。与带宽内的仿真结果相比，实际测试得到的圆极化 RHCP 增益曲线有小于 2 dB 范围内的变化，且测量得到的 RHCP 最大增益值为 28.4 dBic，同时可从图中得到实际的最大口径效率为 85%，且上述带宽内整体的口径效率达到了 70%以上。

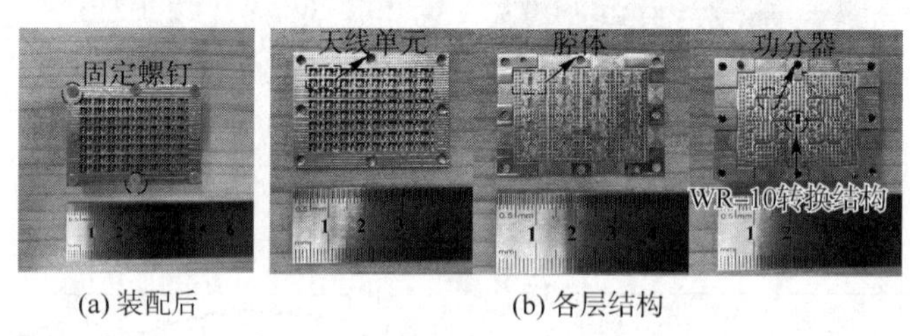

(a) 装配后　(b) 各层结构

图 4-3-13　8×8 天线阵实物原型结构

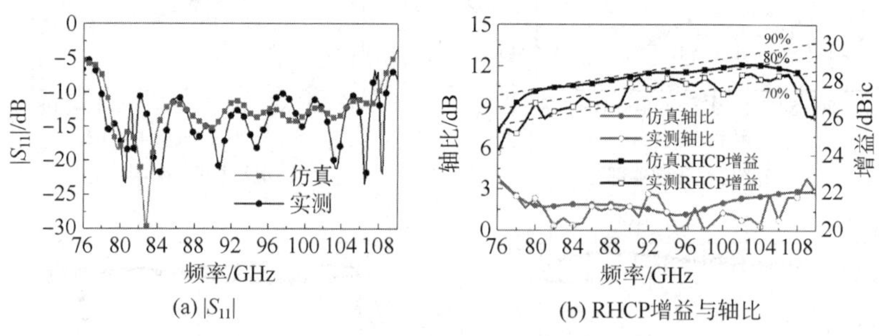

(a) $|S_{11}|$　(b) RHCP增益与轴比

图 4-3-14　8×8 天线阵仿真与实测结果对比

在图 4-3-15 中比较了在带宽内的几个频率点时，天线阵列的仿真与实测归一化辐射方向图(范围为−90°～90°)和主波束区域内(范围为-15°～15°)的轴比方向图。可以发现在图中的频率点上天线阵列的辐射方向图均实现了小于−13 dB 的旁瓣电平(SLL)，且仿真和测量得到的方向图曲线之间的差异控制在 2 dB 内。造成仿真结果与测量结果之间存在差异的主要原因是由实际测试环境造成的，即测量所必须采用的波导适配器、连接电缆等仪器在被测天线附近产生反射，因此造成接收得到的辐射方向图受到影响。在主波束带宽角度范围内，实测得到的轴比方向图都实现了小于 3 dB，与仿真得到的结果取得了很好的一致性。同时可以观察到实际的 8×8 天线阵列的仿真与实测结果，与 2×2 天线子阵列的仿真预测结果实现了较好的匹配，进一步验证了周期边界条件下子阵列的结果准确性。最后，作为总结，表 4-3-5 补充列出了 8×8 宽带圆极化隔板单元间隙波导馈电天线阵列的相关性能与参考文献中的部分工作的对比，可以发现提出的天线阵列在实现较宽工作带宽(阻抗带宽与轴比带宽)的同时，也保证了较高的效率，在性能上取得了出色的平衡。

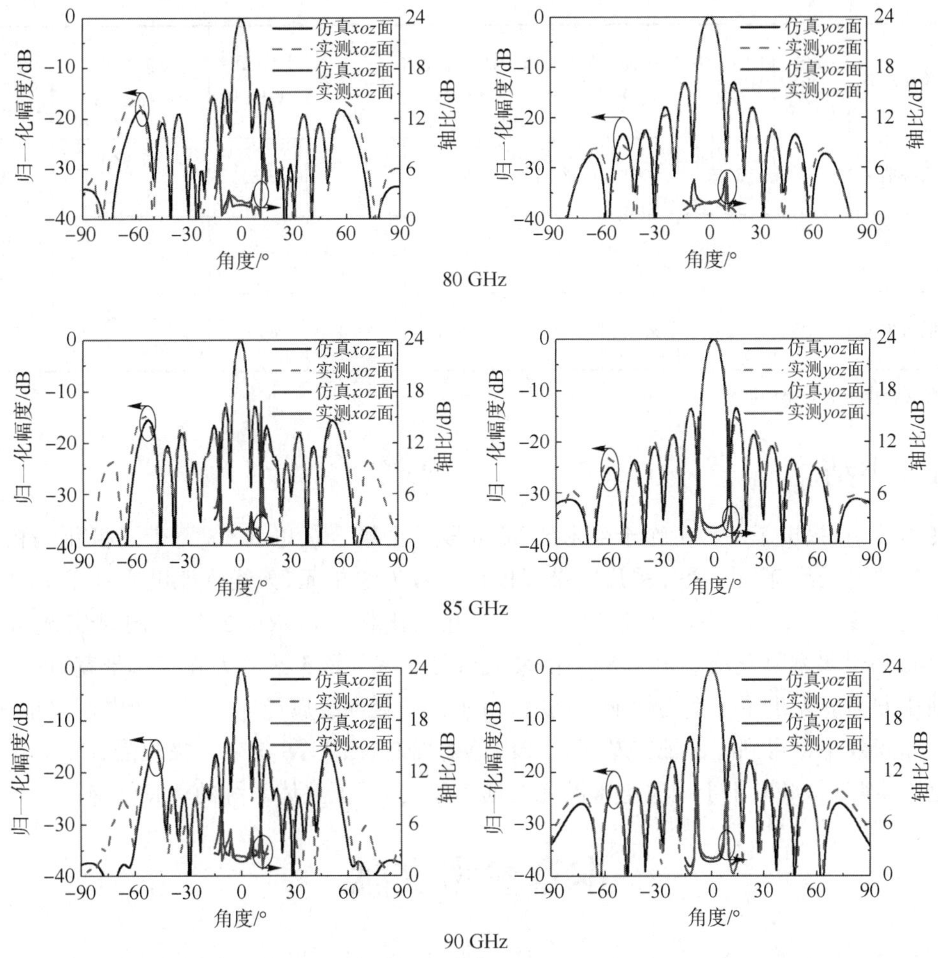

图 4-3-15　8×8 天线阵列仿真与实测辐射方向图与轴比方向图对比

表 4-3-5　8×8 圆极化天线阵列与参考文献工作对比

参考	单元形式	馈电形式	工作频率/GHz	单元数量	阻抗带宽/(%)	轴比带宽/(%)	最大增益/dBic 或者 dBi	效率(最大或者>)	总体尺寸/mm²	制造技术
[9]	电磁偶极子	SIW	60	8×8	18.2	16.5	26.1	72.2%	30.6×34 (6.12λ×6.8λ)	PCB
[12]	缝隙	RGW	30	4×4	5	5	22.4	94%	53×53 (5.3λ×5.3λ)	CNC
[13]	缝隙	RGW	31	8×8	22	21.8	23.5	85%	90×90 (9.28λ×9.28λ)	CNC
[24]	微带贴片	RGW	94	8×8	12.8	10.1	22.8	30%	22.6×24.2 (7.06λ×7.56λ)	LTCC
[35]	隔板极化器	RGW	29	16×16	34.5	26.5	34	90%	138×138 (13.4λ×13.4λ)	CNC

续表

参考	单元形式	馈电形式	工作频率/GHz	单元数量	阻抗带宽/(%)	轴比带宽/(%)	最大增益/dBic 或者 dBi	效率(最大或者>)	总体尺寸/mm^2	制造技术
[36]	层叠曲环	SIW	37.5	8×8	35.4	33.8	23.5	78.8%	40×40 (5λ×5λ)	PCB
[37]	缝隙	WG	60	16×16	16.6	17.2	33	>90%	N.G. * *	Laminated Plate
本节	隔板单元	RGW	93	8×8	31.5	33.1	28.4	85%	30×42 (9.38λ×13.13λ)	CNC

* 真空工作中心频率的波长

4.3.4 小结

在本节中,提出了一种工作于毫米波 W 频段的全耦合馈电 8×8 宽带圆极化隔板单元间隙波导馈电天线阵列。通过采用宽带圆极化隔板天线单元,天线阵原型实现了 31.5%的阻抗带宽($|S_{11}|<-10$ dB)以及 33.1%的重叠轴比带宽(AR<3 dB),同时实测得到了 28.4 dBic 的最大圆极化增益值和 85%的最大口径效率。该天线阵列在工作带宽,即阻抗带宽和轴比方面展现出了优良的性能。同时,由于低损耗的金属导体 RWG 馈电网络的采用,高增益和高效率也得到了保证。基于这样出色的性能,该 8×8 宽带圆极化隔板单元间隙波导馈电天线阵列,可应用于相关毫米波无线通信系统,保证整体系统的优良性能。

本章参考文献

[1] Du M, Dong Y, Xu J, et al. 35-GHz wideband circularly polarized patch array on LTCC[J]. IEEE Transactions on Antennas and Propagation, 2017, 65(6): 3235-3240.

[2] Zhu J, Li S, Liao S, et al. High-gain series-fed planar aperture antenna array[J]. IEEE Antennas and Wireless Propagation Letters, 2017, 16: 2750-2754.

[3] Miura Y, Hirokawa J, Ando M, et al. Double-layer full-corporate-feed hollow-waveguide slot array antenna in the 60-GHz band[J]. IEEE Transactions on Antennas and propagation, 2011, 59(8): 2844-2851.

[4] Kim D, Hirokawa J, Ando M, et al. 4×4-Element Corporate-Feed Waveguide Slot Array Antenna With Cavities for the 120 GHz-Band[J]. IEEE transactions on antennas and propagation, 2013, 61(12): 5968-5975.

[5] Tomura T, Miura Y, Zhang M, et al. A 45° linearly polarized hollow-waveguide corporate-feed slot array antenna in the 60-GHz Band[J]. IEEE Transactions on Antennas and Propagation, 2012, 60(8): 3640-3646.

[6] Tomura T, Hirokawa J, Hirano T, et al. A 45° Linearly Polarized Hollow-Waveguide 16×16-Slot Array Antenna Covering 71-86 GHz Band[J]. IEEE Transactions on Antennas and Propagation, 2014, 62(10): 5061-5067.

[7] Irie H, Hirokawa J. Perpendicular-corporate feed in three-layered parallel-plate radiating-slot array[J]. IEEE transactions on antennas and propagation, 2017, 65(11): 5829-5836.

[8] Zarifi D, Farahbakhsh A, Zaman A U. A gap waveguide-fed wideband patch antenna array for 60-GHz applications[J]. IEEE Transactions on Antennas and Propagation, 2017, 65(9): 4875-4879.

[9] Li Y, Luk K M. A 60-GHz wideband circularly polarized aperture-coupled magneto-electric dipole antenna array[J]. IEEE Transactions on Antennas and Propagation, 2016, 64(4): 1325-1333.

[10] Liu J, Vosoogh A, Zaman A U, et al. Design and fabrication of a high-gain 60-GHz cavity-backed slot antenna array fed by inverted microstrip gap waveguide[J]. IEEE Transactions on Antennas and Propagation, 2017, 65(4): 2117-2122.

[11] Liu J, Vosoogh A, Zaman A U, et al. A slot array antenna with single-layered corporate-feed based on ridge gap waveguide in the 60 GHz band[J]. IEEE Transactions on Antennas and Propagation, 2018, 67(3): 1650-1658.

[12] Herranz-Herruzo J I, Valero-Nogueira A, et al. Single-layer circularly-polarized Ka-band antenna using gap waveguide technology[J]. IEEE Transactions on Antennas and Propagation, 2018, 66(8): 3837-3845.

[13] Akbari M, Farahbakhsh A, Sebak A R. Ridge gap waveguide multilevel sequential feeding network for high-gain circularly polarized array antenna [J]. IEEE Transactions on Antennas and Propagation, 2018, 67(1): 251-259.

[14] Hu H T, Chan C H. Substrate-Integrated-Waveguide-Fed Wideband Filtering Antenna for Millimeter-Wave Applications[J]. IEEE Transactions on Antennas and Propagation, 2021.

[15] Yang Y H, Sun B H, Guo J L. A single-layer wideband circularly polarized antenna for millimeter-wave applications[J]. IEEE Transactions on Antennas and propagation, 2019, 68(6): 4925-4929.

[16] Gan Z, Tu Z H, Xie Z M, et al. Compact wideband circularly polarized microstrip antenna array for 45 GHz application[J]. IEEE Transactions on Antennas and Propagation, 2018, 66(11): 6388-6392.

[17] Feng B, Lai J, Chung K L, et al. A compact wideband circularly polarized magneto-electric dipole antenna array for 5G millimeter-wave application [J]. IEEE Transactions on Antennas and Propagation, 2020, 68(9): 6838-6843.

[18] Dai X, Luk K M. A Wideband Dual-Polarized Antenna for Millimeter-Wave Applications [J]. IEEE Transactions on Antennas and Propagation, 2020, 69(4): 2380-2385.

[19] Wu F, Wang J, Lu R, et al. Wideband and Low Cross-Polarization Transmitarray Using 1 Bit Magnetoelectric Dipole Elements[J]. IEEE Transactions on Antennas and Propagation, 2020, 69(5): 2605-2614.

[20] Zhang L, Wu K, Wong S W, et al. Wideband high-efficiency circularly polarized SIW-fed S-dipole array for millimeter-wave applications [J]. IEEE Transactions on Antennas and Propagation, 2019, 68(3): 2422-2427.

[21] Zhao H, Lu Y, You Y, et al. E-Band Full Corporate-Feed 32× 32 Slot Array Antenna With Simplified Assembly[J]. IEEE Antennas and Wireless Propagation Letters, 2021, 20(4): 518-522.

[22] Wang X C, Yu C W, Qin D C, et al. W -Band High-Gain Substrate Integrated Cavity Antenna Array on LTCC[J]. IEEE Transactions on Antennas and Propagation, 2019, 67(11): 6883-6893.

[23] Cao J, Wang H, Mou S, et al. An air cavity-fed circularly polarized magneto-electric dipole antenna array with gap waveguide technology for mm-wave applications[J]. IEEE Transactions on Antennas and Propagation, 2019, 67(9): 6211-6216.

[24] Cao B, Shi Y, Feng W. W-band LTCC circularly polarized antenna array with mixed U-type substrate integrated waveguide and ridge gap waveguide feeding networks[J]. IEEE Antennas and Wireless Propagation Letters, 2019, 18(11): 2399-2403.

[25] Cao B, Wang H, Huang Y. W-Band High-Gain TE220-Mode Slot Antenna Array With Gap Waveguide Feeding Network[J]. IEEE Antennas and Wireless Propagation Letters, 2015, 15: 988-991.

[26] Liu J, Vosoogh A, Zaman A U, et al. Design and fabrication of a high-gain 60-GHz cavity-backed slot antenna array fed by inverted microstrip gap waveguide[J]. IEEE Transactions on Antennas and Propagation, 2017, 65(4): 2117-2122.

[27] Vosoogh A, Sorkherizi M S, Vassilev V, et al. Compact integrated full-duplex gap waveguide-based radio front end for multi-Gbit/s point-to-point backhaul links at E-band[J]. IEEE Transactions on Microwave Theory and Techniques, 2019, 67(9): 3783-3797.

[28] Beltayib A, Afifi I, Sebak A R. 4×4-Element Cavity Slot Antenna Differentially-Fed by Odd Mode Ridge Gap Waveguide[J]. IEEE Access, 2019, 7: 48185-48195.

[29] Xu H, Zhou J, Zhou K, et al. Planar wideband circularly polarized cavity-backed stacked patch antenna array for millimeter-wave applications[J]. IEEE Transactions on Antennas and Propagation, 2018, 66(10): 5170-5179.

[30] Ma C, Ma Z H, Zhang X. Millimeter-wave circularly polarized array antenna using substrate-integrated gap waveguide sequentially rotating phase feed[J]. IEEE Antennas and Wireless Propagation Letters, 2019, 18(6): 1124-1128.

[31] Cao J, Wang H, Mou S, et al. W-band high-gain circularly polarized aperture-coupled magneto-electric dipole antenna array with gap waveguide feed network[J]. IEEE Antennas and Wireless Propagation Letters, 2017, 16: 2155-2158.

[32] Zaman A U, Kildal P S. Wide-band slot antenna arrays with single-layer corporate-feed network in ridge gap waveguide technology[J]. IEEE Transactions on antennas and propagation, 2014, 62(6): 2992-3001.

[33] Ferrando-Rocher M, Valero-Nogueira A, Herranz-Herruzo J I, et al. 60 GHz single-layer slot-array antenna fed by groove gap waveguide[J]. IEEE Antennas and Wireless Propagation Letters, 2019, 18(5): 846-850.

[34] Farahbakhsh A, Zarifi D, Zaman A U. AmmWave wideband slot array antenna based on ridge gap waveguide with 30% bandwidth[J]. IEEE Transactions on Antennas and Propagation, 2017, 66(2): 1008-1013.

[35] Wang E, Zhang T, He D, et al. Wideband High-Gain Circularly Polarized Antenna Array on Gap Waveguide for 5G applications[C]//2019 International Symposium on Antennas and Propagation(ISAP). IEEE, 2019: 1-3.

[36] Cheng X, Yao Y, Hirokawa J, et al. Analysis and design of a wideband endfire circularly polarized septum antenna[J]. IEEE Transactions on Antennas and Propagation, 2018, 66(11): 5783-5793.

[37] Wu Q, Hirokawa J, Yin J, et al. Millimeter-wave planar broadband circularly polarized antenna array using stacked curl elements[J]. IEEE Transactions on Antennas and Propagation, 2017, 65(12): 7052-7062.

[38] Yamamoto T, Zhang M, Hirokawa J, et al. Wideband design of a circularly-polarized plate-laminated waveguide slot array antenna[C]//2014 International Symposium on Antennas and Propagation Conference Proceedings. IEEE, 2014: 13-14.

第5章　多波束毫米波天线阵列研究与设计

5.1　引　　言

随着流媒体技术的快速发展及其商用部署扩张，以3D视频、超高清(UHD)和虚拟现实(VR)沉浸视频为代表的新一代媒体交互形式也逐渐进入了大众的视野，因此对于稳定的大量高速数据传输的需求进一步推动新的传输技术发展。采用毫米波无线通信设备，未来可以充分依托现有的高速有线光纤通信系统，实现室内无线系统为用户提供超过10 Gbit/s的无线接入速度，满足室内无线通信的高速率的需要。为了实现该目标，需要充分考虑到毫米波频段本身的特性，由于增大的路径以及大气损耗，加上目前毫米波功率放大器功率较低，无线系统的整体增益并不适合采用全向天线进行全面覆盖。因此采用波束成形技术的天线，如多波束、相控阵等可控方向窄波束方案，成为有效的可行方式。

目前的多波束赋形方案一般可分为有源与无源两大类。其中无源多波束赋形技术采用集成器件组合实现波束赋形网络[1-6]，相较于有源波束赋形技术[7]，可以实现较低插入损耗，同时生成的离散化波束之间具有空间正交性。目前无源波束成形网络实现方式较多，如采用龙格透镜(Luneburg)[8-10]、罗特曼(Rotman)透镜[11-12]等集成透镜的馈电网络，以及以巴特勒矩阵(Butler)[13-14]为代表的基于无源器件电路网络[15-17]等的波束成形网络。其中龙格透镜与罗特曼透镜设计原理可简述为：通过在透镜不同的焦弧点位置输入能量进行馈电，在透镜的所有焦弧输出端口上将同时激励起具有等幅度但有相位差的电磁波信号，即各个输出端口之间产生等幅度相位差激励，因此受到激励的天线单元阵列，在不同馈电端口激励的情况下，可以形成不同指向的波束方向。由于产生的相位差与电磁波频率无关，透镜类的波束赋形网络具有工作带宽的优势。然而在透镜边缘处的衍射现象，使得部分电磁波会溢出，在造成能量损耗的同时，增加了天线波束中的副瓣电平，从而影响到主波束的增益大小。尤其是当采用更靠近透镜边缘部分的输入端口时，这一现象会更加明显，进一步导致不同波束间增益存在较大差异。而巴特勒矩阵在结构上为由多组对称耦合器、移相器等电路器件组成的电路网络，通过不同输入端口控制各个输出端口产生的幅度与相位差，以此来实现不同波束指向方向的切换。因此体积更紧凑，损耗更低，能够实现更高的馈电效率，吸引了大量学者对其进行研究[18-28]。

5.2　巴特勒矩阵原理

通常 Butler 矩阵是由 3 dB 耦合器、交叉结和移相器按照一定的次序级联而实现。对于一个 $n \times n$ 的 Butler 矩阵，它包含 n 个输入端口和 n 个输出端口，激励任一输入端口，在输出端都可以得到四个等幅等相位差的输出。

一个传统的 4×4 Butler 矩阵如图 5-2-1 所示，其包括 4 个 3 dB，2 个交叉结，两个 45°移相器和两个 0°移相器。图中 1、2、3 和 4 为输入端口，5、6、7 和 8 为输出端口。通过分别激励 1、2、3 和 4 端口，在耦合器、交叉结和移相器的作用下，输出端口可以输出等幅且相邻端口之间等相位差的输出。

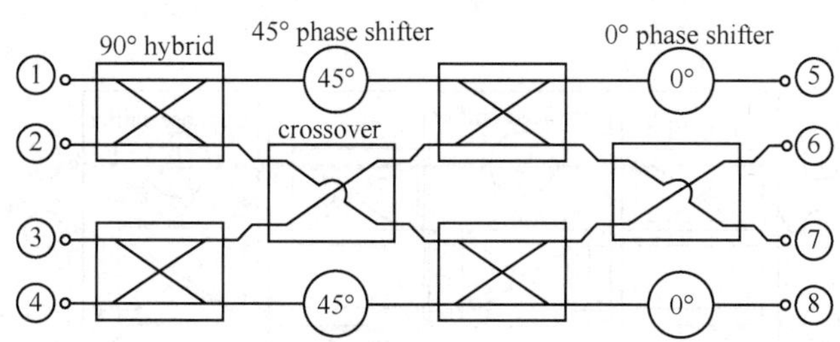

图 5-2-1　4×4 Butler 矩阵原理图

将 Butler 矩阵分成如图 5-2-2 所示的四个部分，来解释通过激励不同的输入端口，电磁波信号的路径及输出情况。如图 5-2-2 所示，激励 Butler 矩阵的 1 端口，假设此时输入信号的相位为 0°，输入功率的幅值为 1。输入信号经过 3 dB 耦合器作用后，输出两个等幅且相位相差 90°的电磁波信号，输出信号作为第二部分的输入信号，这时第二部分的输入信号分别为幅值 0.5 相位 90°和幅值 0.5 相位 0°。相位为 90°的电磁波信号经过 45°移相器后输出，相位为 0°的电磁波经过交叉结后输出，输出信号作为第三部分的输入，这时输入信号分别为幅值 0.5，相位 45°和幅值 0.5，相位 0°。45°相位的电磁波信号再经过一次耦合器，输出等幅且相位相差 90°的两路信号，相位为 0°的电磁波信号也经过耦合器之后，输出等幅相位相差 90°的两路信号，这四路输出信号作为第四部分的输入信号。这是输入信号分别为幅值 0.25 相位 135°，幅值 0.25 相位 45°，幅值 0.25 相位 90°和幅值 0.25 相位 0°。相位为 135°的电磁波信号经过 0°移相器后到输出端口 5，输出幅值为 0.25，相位为 135°的电磁波信号；相位为 45°的信号经交叉结后到输出端口 7，输出幅值为 0.25，相位为 45°的电磁波信号；相位为 90°的电磁波信号经过交叉结后到输出端口 6，输出幅值为 0.25，相位为 90°的电磁波信号；相位为 0°的信号经 0°移相器后到输出端口 8，输出幅值为 0.25，相位为 0°的电磁波信号。因此，给 Butler 矩阵的 1 端口激励，在输出端口可以得到等幅且相邻端口之间相位差为 45°的电磁波信号。

同理，激励矩阵的 2 端口时，在输出端口可以得到等幅且相邻端口的相位差为-135°的电磁波信号；激励矩阵的 3 端口时，在输出端口可以得到等幅且相邻端口之间的相位差为 135°的电磁波信号；激励 4 端口时，在输出端口可以得到等幅且相邻输出端口之间的相位差

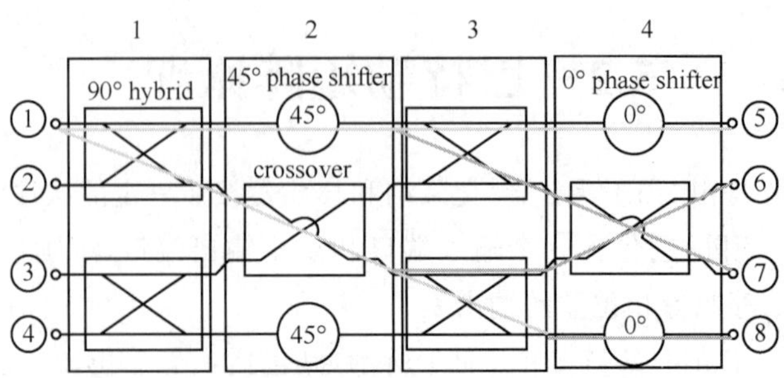

图 5-2-2 激励端口 1 Butler 矩阵种电磁波的传输路径

为-45°的电磁波信号，激励各输入端口情况下电磁波的传输路径分别如图 5-2-3、图 5-2-4 和图 5-2-5 所示。具体不同输入端口对应输出相位如表 5-2-1 所示。

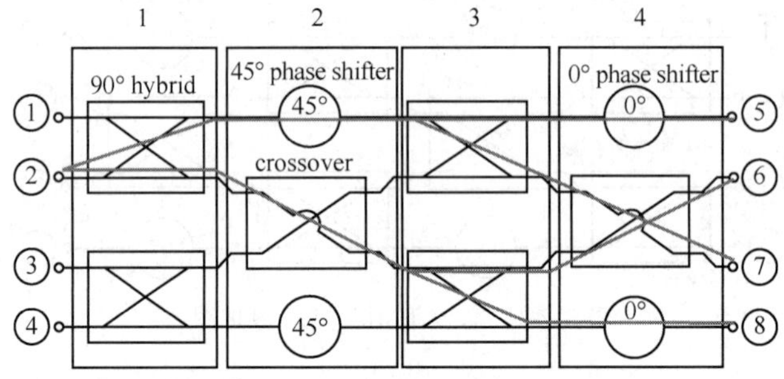

图 5-2-3 激励端口 2 Butler 矩阵种电磁波的传输路径

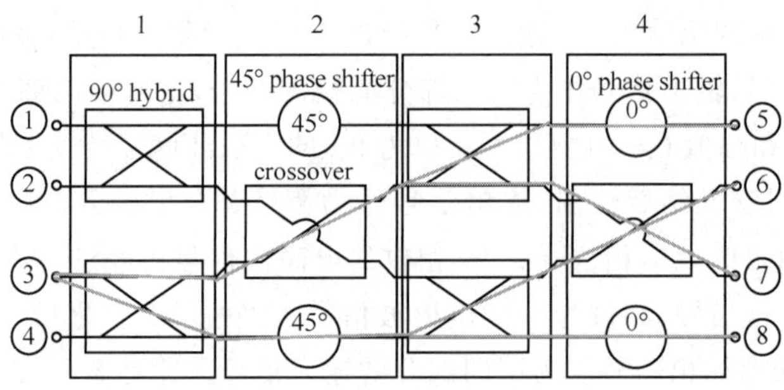

图 5-2-4 激励端口 3 Butler 矩阵种电磁波的传输路径

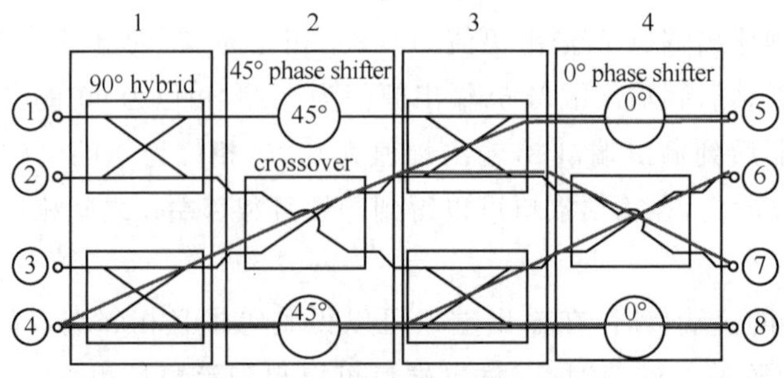

图 5-2-5 激励端口 4 Butler 矩阵种电磁波的传输路径

表 5-2-1 4×4Butler 矩阵不同端口输入对应的输出相位

输入端口	输出端口				输出相位差
	5	6	7	8	
1	135°	90°	45°	0°	45°
2	45°	180°	-45°	90°	-135°
3	90°	-45°	180°	45°	135°
4	0°	45°	90°	135°	-45°

由前文天线阵列的相关理论可知，当对应的方向为该天线辐射强度最大的方向时，也称为主瓣。其最大指向为

$$\theta_{\max}=\arccos\left(-\frac{\varphi}{\mathrm{kd}}\right) \tag{5.2.1}$$

以 4×4Butler 矩阵作为一个 1×4 天线阵的馈电单元时，取相邻天线单元之间的间距$d=\lambda/2$。对 Butler 矩阵四个输入端口分别进行馈电时，四个输出端口之间的相位差分别为-45°、135°、-135°和 45°，因此对应不同的馈电端口该天线阵的最大指向 $\theta_{\max}$分别如下所示：

$$\varphi=-\frac{\pi}{4},\theta_{\max}=\arccos\left(\frac{\frac{\pi}{4}}{\frac{2\pi}{\lambda}\frac{\lambda}{2}}\right)=\arccos\left(\frac{1}{4}\right)=75.5^\circ \tag{5.2.2}$$

$$\varphi=\frac{3\pi}{4},\theta_{\max}=\arccos\left(-\frac{\frac{3\pi}{4}}{\frac{2\pi}{\lambda}\frac{\lambda}{2}}\right)=\arccos\left(-\frac{3}{4}\right)=138.6^\circ \tag{5.2.3}$$

$$\varphi=-\frac{3\pi}{4},\theta_{\max}=\arccos\left(\frac{\frac{3\pi}{4}}{\frac{2\pi}{\lambda}\frac{\lambda}{2}}\right)=\arccos\left(\frac{3}{4}\right)=41.4^\circ \tag{5.2.4}$$

$$\varphi=\frac{\pi}{4},\theta_{\max}=\arccos\left(-\frac{\frac{\pi}{4}}{\frac{2\pi}{\lambda}\frac{\lambda}{2}}\right)=\arccos\left(-\frac{1}{4}\right)=104.5^\circ \tag{5.2.5}$$

以 4×4 Butler 矩阵作为馈电网络馈电时为例，天线辐射方向图的最大辐射方向与阵轴的夹角分别为 75.5°、138.6°、41.4°和 104.5°，将其转换成与主轴的夹角则分别为-14.5°、48.6°、-48.6°和 14.5°。

阵因子 f_a是以 2π 为周期的周期函数，天线辐射方向的夹角 θ 的变换范围为 0～180°，所以 $u=kd\cos\theta+\varphi$ 的取值范围为$-kd+\varphi\sim kd+\varphi$，此 u 值的区间称为可见区，在该范围之外的区域称为非可见区。不难看出，增大 kd，可见区的范围也随之增大。当可见区内出现第二个阵因子最大值时，则可称该阵列出现栅瓣。栅瓣的出现将占用辐射功率的不小部分，会使辐射能量分散，从而造成天线增益下降。

由上可知阵因子的最大指向也就是主瓣出现在 $u=0$ 处，而振因子 f_a是以 2π 为周期的周期函数，所以在 $u=2m\pi$（m 取整数）处阵因子都可以取得最大值。如果不限制 kd 的取

值，当可见区的边界数值大于 2π 时，可见区内必将出现除主瓣之外的第二个最大值，也即栅瓣。因此不出现栅瓣的条件为

$$\varphi\ |u|_{\max}<2\pi \tag{5.2.6}$$

即

$$\frac{2\pi d}{\lambda}|\cos\theta-\cos\theta_M|_{\max}<2\pi \tag{5.2.7}$$

$$d<\frac{\lambda}{1+|\cos\theta_M|} \tag{5.2.8}$$

式(5.1.8)为天线阵不出现栅瓣的条件，其中 θ_M 是最大辐射方向与阵轴线之间的最大夹角。继续以 4×4 Butler 矩阵作为天线阵的馈电单元的多波束天线为例，由上文可知此时阵元最大指向与阵法线之间的最大夹角为 48.6°，转换成与阵轴线之间的夹角为 41.4°。带入式(5.1.8)计算可得在该条件下不出现栅瓣的条件为

$$d<\frac{\lambda}{1+\cos 41.1^\circ}=\frac{4\lambda}{7} \tag{5.2.9}$$

因此对于用 4×4Butler 矩阵作为馈电单元的天线阵，为了不出现栅瓣，天线阵元之间的间距要小于 $4\lambda/7$。

令阵因子 $f_a=0$，即可得到天线方向图零点的位置。即分子为 0 且 $u\neq 0$，由此可得

$$\frac{nkd(\cos\theta_0-\cos\theta_M)}{2}=m\pi,m=\pm1,\pm2,\cdots \tag{5.2.10}$$

$$\cos\theta_0=\cos\theta_M+\frac{m\lambda}{nd},\cos\theta_M=-\frac{\varphi}{kd} \tag{5.2.11}$$

通过式(5.2.10)和式(5.2.11)可计算 4×4Butler 矩阵中的各个零点位置，该矩阵通过不同的激励可以得到 $-\pi/4$、$3\pi/4$、$-3\pi/4$ 和 $\pi/4$ 这四种相位差。

当 $\varphi=-\frac{\pi}{4}$ 时

$$\cos\theta_0=\frac{\pi/4}{kd}+\frac{m\lambda}{4d}=\frac{m}{2}+\frac{1}{4} \tag{5.2.12}$$

当 $\varphi=\frac{3\pi}{4}$ 时

$$\cos\theta_0=-\frac{\frac{3\pi}{4}}{kd}+\frac{m\lambda}{4d}=\frac{m}{2}-\frac{3}{4} \tag{5.2.13}$$

当 $\varphi=-\frac{3\pi}{4}$ 时

$$\cos\theta_0=\frac{\frac{3\pi}{4}}{kd}+\frac{m\lambda}{4d}=\frac{m}{2}+\frac{3}{4} \tag{5.2.14}$$

当 $\varphi=\frac{\pi}{4}$ 时

$$\cos\theta_0=-\frac{\frac{\pi}{4}}{kd}+\frac{m\lambda}{4d}=\frac{m}{2}-\frac{1}{4} \tag{5.2.15}$$

由上可知，用 4×4 Butler 矩阵作为馈电单元激励的天线阵列阵因子的主瓣位置为

$$\cos\theta_M = -\frac{\varphi}{kd} \tag{5.2.16}$$

取 φ 分别为 $-\pi/4$、$3\pi/4$、$-3\pi/4$ 和 $\pi/4$，可得到 $\cos\theta_M$ 的值分别为 1/4、-3/4、3/4 和 -1/4。因此，任意波束主瓣的位置和其他波束对应的零点位置是相互重合的。例如取主瓣位置为 1/4 的波束与其他三个波束的以下零点位置重合

$$\cos\theta_0\left(\varphi=\frac{3\pi}{4},m=2\right)=1-\frac{3}{4}=\frac{1}{4} \tag{5.2.17a}$$

$$\cos\theta_0\left(\varphi=-\frac{3\pi}{4},m=-1\right)=-\frac{1}{2}+\frac{3}{4}=\frac{1}{4} \tag{5.2.17b}$$

$$\cos\theta_0\left(\varphi=\frac{\pi}{4},m=1\right)=\frac{1}{2}-\frac{1}{4}=\frac{1}{4} \tag{5.2.17c}$$

通过上述计算可以发现，以 4×4 Butler 为馈电单元形成的多波束天线波束之间是相互正交的，即任意波束的最大值位置与其他波束的零点位置重合。

5.3　基于巴特勒矩阵的 E 面多波束天线阵列

本节提出一个 E 面多波束天线，该天线是由 E 面 4×4 Butler 矩阵作为馈电网络。E 面 4×4 Butler 矩阵按照传统的矩阵网络构建，包括 3 dB 耦合器，crossover 和移相器。本节所设的 Butler 矩阵采用波导分支耦合器，crossover 通过创新使用隔板极化器镜像对称级联实现，移相器通过改变传播常数从而实现移相功能。将上述器件级联实现一个在 95～110 GHz 范围内端口反射系数低于和隔离度低于 -13 dB，相位误差小于 ±10°的 E 面 4×4 Butler矩阵。在馈电网络的输出端口级联 1×4 的天线阵列，构成一个多波束天线，该天线阵列单元使用慢波喇叭天线。整个多波束天线在带宽范围内，可实现端口反射系数和端口隔离度低于 -11 dB，天线增益高于 -14 dBi 和四个不同指向的波束。

5.3.1　E 面 4×4 Butler 矩阵整体设计

整个 E 面 4×4 Butler 矩阵包括 3 dB 耦合器、crossover、45°移相器和 0°移相器，如图 5-3-1 所示。从图中可以看出，每一部分都是基于间隙波导设计实现。

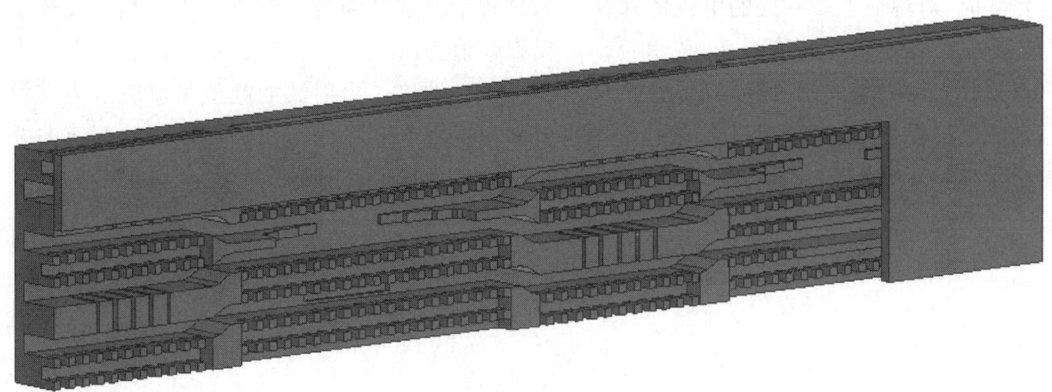

图 5-3-1　4×4 Butler 矩阵结构图

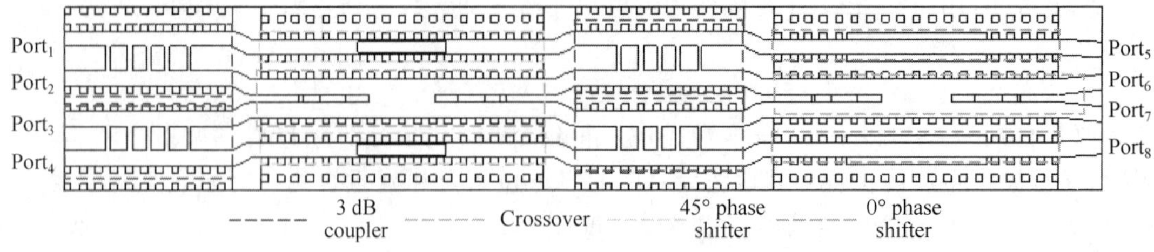

图 5-3-1　4×4 Butler 矩阵结构图(续)

5.3.2　3 dB 耦合器结构设计

3 dB 耦合器采用的是波导分支耦合器,该耦合器常应用于微波、毫米波技术中。图 5-3-2 是一个的典型的 5 分支波导耦合器,该耦合器包括上下两个允许基模 TE_{10} 传输的平行波导,中间三个分支是相同宽度为 w_2 的波导实现的电磁波耦合路径,末端的两个波导分支的长度与中间三个相同,但是宽度不同,设为 w_1,各分支之间的距离是一样的,通常各分支的长度和分支之间的距离可以被设为四分之一波长,这样波导耦合器就可以实现想要的方向性和优秀的端口隔离水平。

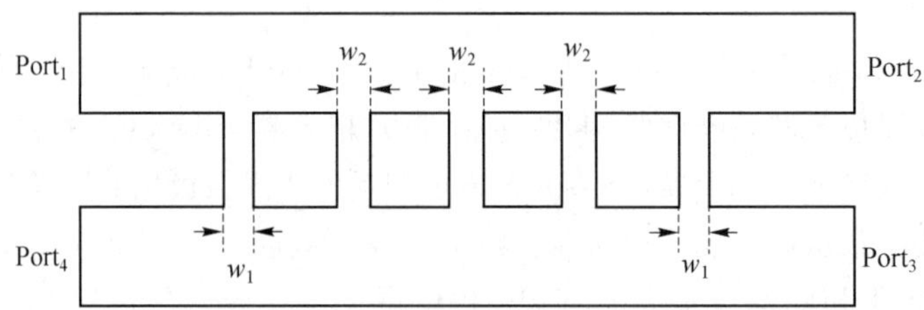

图 5-3-2　5 分支波导耦合器

该耦合器包括一个输入端口,一个隔离端口和两个输出端口。3 dB 耦合器是为了实现电磁波信号从输入端口输入,经耦合分支将能量平均分配至输出端口,并且输出信号相位差为 90°,可通过引入奇偶模理论来分析其工作过程。

如图 5-3-3 所示,当两个等幅同相的信号输入至端口 1 和端口 4 时,对称面上每一处的电压都将为 0,这样的情况定义为偶模激励。同样,当两个等幅反相的信号输入值端口 1 和端口 4 时,对称面上每一处的电流值都将为 0,这种情况定义为奇模激励。无论是奇模还是偶模激励。假设传输幅值为 $T_e/2$ 和 $T_o/2$,反射幅值为$\Gamma_e/2$ 和$\Gamma_o/2$,其中 e 表示偶模,o 表示奇模。当两种模式同时叠加激励的情况下,端口 1、端口 4 出射波的幅值可以表示为奇模和偶模反射幅值的叠加,端口 2、端口 3 的出射波幅值可以表示为奇模和偶模传输幅值的叠加。设 A_1、A_2、A_3 和 A_4 分别表示四个端口出射波的幅值[29],则

$$A_1=\frac{\Gamma_e}{2}+\frac{\Gamma_o}{2} \tag{5.3.1}$$

$$A_2=\frac{T_e}{2}+\frac{T_o}{2} \tag{5.3.2}$$

$$A_3=\frac{T_e}{2}-\frac{T_o}{2} \tag{5.3.3}$$

$$A_4=\frac{\Gamma_e}{2}-\frac{\Gamma_o}{2} \tag{5.3.4}$$

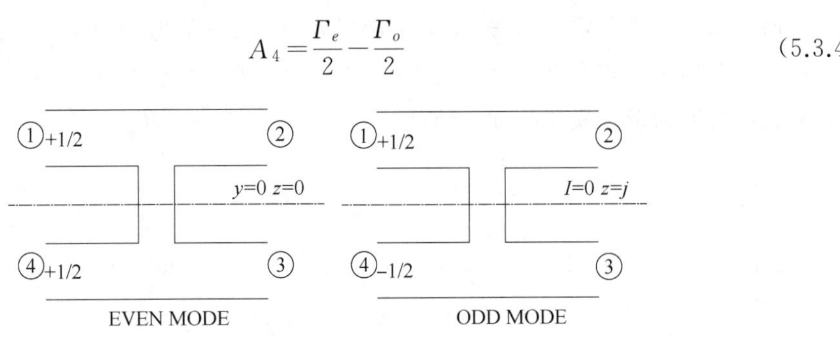

图 5-3-3 奇偶模

因此对于如图 5-3-2 所示类型的定向耦合器的每个分支可以看成一个二端口网络来分析，对于级联网络的分析，可以采用 $ABCD$ 矩阵。对于奇模和偶模激励情况来说，当模型确定时，其 $ABCD$ 矩阵就可以通过每个器件的级联相乘得出。可以通过将 $ABCD$ 矩阵转换得到传输系数和反射系数的 S 参数，所以将 $\Gamma/2$ 和 $T/2$ 用 $ABCD$ 可表示为

$$\frac{\Gamma}{2}=\frac{A+B-C-D}{2(A+B+C+D)} \tag{5.3.5}$$

$$\frac{T}{2}=\frac{A+B-C-D}{2(A+B+C+D)} \tag{5.3.6}$$

对于如图 5-3-2 所示类型的 $n+2$ 定向耦合器而言，其中 2 表示耦合器末端的两个分支，n 表示耦合器中间的分支个数。假定上下平行波导之间的连接分支的长度为四分之一波长，相邻分支之间的距离也为四分之一波长，中间分支的宽度为 w_2，终端两个分支宽度为 w_1，对于偶模激励条件下，其 $ABCD$ 矩阵为

$$\begin{pmatrix} A & B \\ C & D \end{pmatrix}_{e(n+2)} = \begin{pmatrix} -w_1S_n(-w_2)-S_{n-1}(-w_2)-\mathrm{j}\{w_1{}^2S_n(-w_2)+2w_1S_{n-1}(-w_2)-S_{n-2}(-w_2)\} \\ \mathrm{j}S_n(-w_2)-w_1S_n(-w_2)-S_{n-1}(-w_2) \end{pmatrix} \tag{5.3.7}$$

式中，$S_n(-w_2)$是关于$-w_2$ 的 n 阶切比雪夫多项式，前几个取值如下：

$$\begin{gathered} S_0(-w_2)=+1 \\ S_1(-w_2)=-w_2 \\ S_2(-w_2)=w_2^2-1 \\ S_3(-w_2)=-w_2^3+2w_2 \\ S_4(-w_2)=w_2^4-w_2^3+1 \\ S_5(-w_2)=-w_2^5+4w_2^3-3w_2 \end{gathered} \tag{5.3.8}$$

为了耦合器端口阻抗匹配和得到完美的方向性，无论是奇模还是偶模都不能有反射。为了实现这样的要求，上述矩阵中的 B 项必须要等于 C 项，因为 A 项已经等于 D 项了。若是将 w_2 的值确定，就可以根据 B 项和 C 项来找到 w_1 的值，即

$$w_1=\left|\frac{\sqrt{1-S_n^2(-w_2)}-|S_{n-1}(-w_2)|}{S_n(-w_2)}\right| \tag{5.3.9}$$

上面等式中用了取幅值符号,是为了确保取得的 w_1 的值为两个可能值中较小的一个。

本节需要使用的耦合器为 5 分支 3 dB 波导耦合器,因此,式(4-7)中的 n 取 3 就可以得到 5 分支耦合器的奇偶模矩阵如下所示:

$$\begin{pmatrix} A & B \\ C & D \end{pmatrix}_{e5} = \begin{pmatrix} -w_1(-w_2^3+2w_2)-(w_2^2-1)-\mathrm{j}(w_1^2(-w_2^3+2w_2)+2w_1(w_2^2-1)-w_2) \\ \mathrm{j}(-w_2^3+2w_2)-w_1(-w_2^3+2w_2)-(w_2^2-1) \end{pmatrix} \tag{5.3.10}$$

当耦合器的端口匹配且具有完美的方向性时,耦合器 2 端口输出电压幅值和式(4-10)矩阵中的 A 项一致,3 端口的输出电压幅值于矩阵中的 C 项一致。因此,根据给定耦合器的耦合度可以确定 w_1 和 w_2 的值,即可确定所要设计分支波导的分支宽度。通过计算可确定 w_1 取值约为 0.21 mm,w_2 取值约为 0.38 mm。

通过使用 Ansoft HFSS 软件建立初步的模型,工作中心频率为 100 GHz,扫频范围为 90~110 GHz,端口尺寸设置为 0.74 mm×1.85 mm。通过对耦合孔的尺寸、各分支之间的间距以及上下平行板之间的距离的调整和优化,确保该模型在工作带宽范围内达到性能最优,最终确定的尺寸入表 5-3-1 所示。

表 5-3-1　优化后的 3 dB 耦合器尺寸

参数值/mm	w_1	w_2	l_1	l_2	d
	0.18	0.25	0.68	0.7	1.17

为了提高对加工和组装误差的容忍度,引入 EBG 结构形成间隙波导传输线代替金属波导结构,完成器件设计。如图 5-3-4 所示为耦合器的 EBG 结构,该结构的耦合器包括两个部分,一个是 EBG 的上层 PEC 平板和耦合器的主体部分。从图中可以看出其是将波导耦合器的波导边替换称为 EBG 结构,但分支结构仍然保留原来的结构。

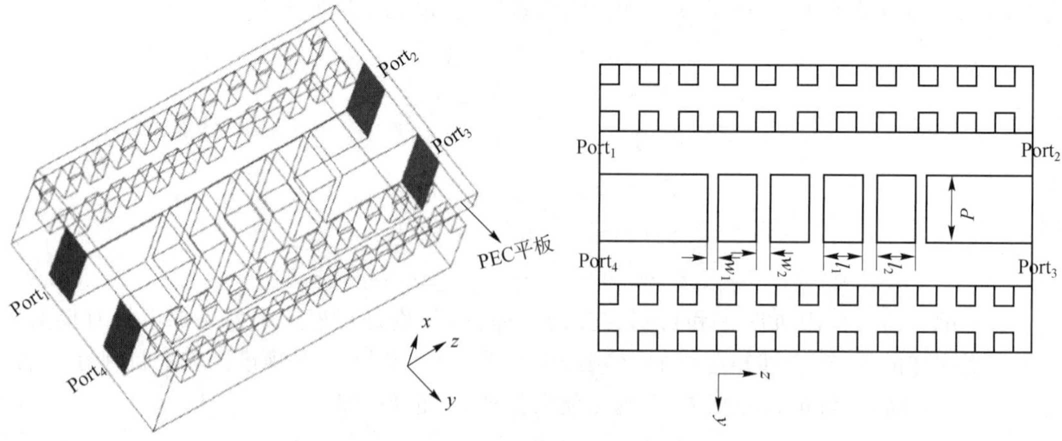

图 5-3-4　EBG 结构 3 dB 耦合器

5.3.3 crossover 结构设计

本节的 crossover 采用两个隔板极化器镜像对称级联实现[30]，如图 5-3-5 所示。从图中可以看出，crossover 结构包括四个端口，其中端口 1、端口 4 可以看作是输入端口和耦合端口，端口 2、端口 3 可以看作是隔离端口。图中的隔板极化器与前面所述的隔板极化器一致，包括两个矩形输入端口、一个方波导输出端口和一个放置于波导中间的隔板。

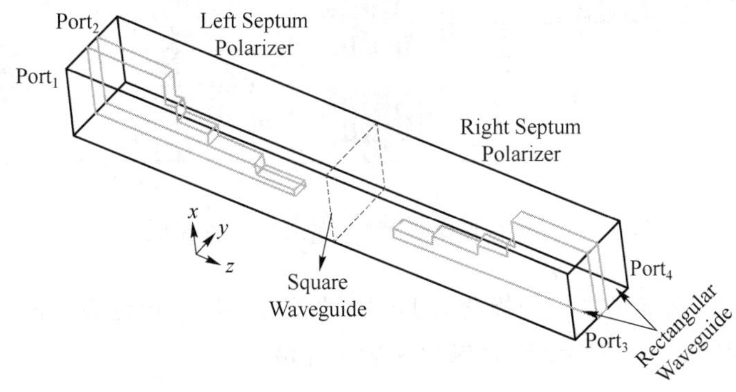

图 5-3-5 crossover 结构图

因为该 crossover 是由隔板极化器组成实现的，因此其工作原理可以通过隔板极化器的原理才解释。从图 5-3-6 可知，给隔板极化器的输入端口偶模激励时，输出端口将输出 TE_{10} 模式；给隔板极化器输入端口奇模激励时，输出端口将输出 TE_{01} 模式。而且，因为 TE_{10} 模式和 TE_{01} 模式传播常数的不同，这两个正交模式的相位差为±90°。因此，当给输入端口叠加奇偶模激励时，输出的电磁波信号可满足等幅且相位相差 90°即圆极化的条件。同时给予输入端口奇偶模激励，这时有一个输入端口信号的电压幅值将互相抵消，就只有一个端口有输入信号，所以激励隔板极化器只要一个输入端口即可满足圆极化的条件。

如图 5-3-6 所示，当相位为 0°的电磁波信号激励隔板极化器输入端口 1 时，可以看作端口 1 和端口 2 输入相位为 0°的偶模信号和端口 1 和端口 2 相位分别为 180°和 0°的奇模信号。图中 z 表示距离输入端口的距离，可以看出当输入上述条件的偶模信号时，隔板并不会出现干扰电磁波信号的模式，在隔板极化器的方波导输出端口将输出的信号相位为 180°。当输入上述条件的奇模信号时，隔板会成为干扰电磁波的模式，从而在输出端口输出的信号相位为 270°。因此，激励端口 1，在输出端口将得到两个等幅且相位相差 90°的电磁波信号，并且是 x 方向的电磁波信号超前 y 方向电磁波信号相位 90°，这满足右旋圆极化(RHCP)的条件。所以相位为 0°的电磁波信号激励隔板极化器输入端口 1 时，输出端口将输出右旋圆极化波。

如图 5-3-7 所示，当相位为 0°的电磁波信号激励隔板极化器输入端口 2 时，可以看作为输入端口 1 和端口 2 输入相位为 0°的偶模信号和输入端口 1 和端口 2 输入相位分别为 180°和 0°的奇模信号。从图中可以看出，在输入端口输入上述条件的偶模信号，同样输出端口将输出电磁波信号的相位为 180°，在输入端口输入上述条件的奇模信号时，隔板同样会干扰信号的模式，输出端口将输出电磁波信号相位为 270°。因此，相位为 0°的电磁波信号激励端口 2 时，在输出段偶将得到两个等幅且相位相差 90°的电磁波信号，并且是 y 方向上的

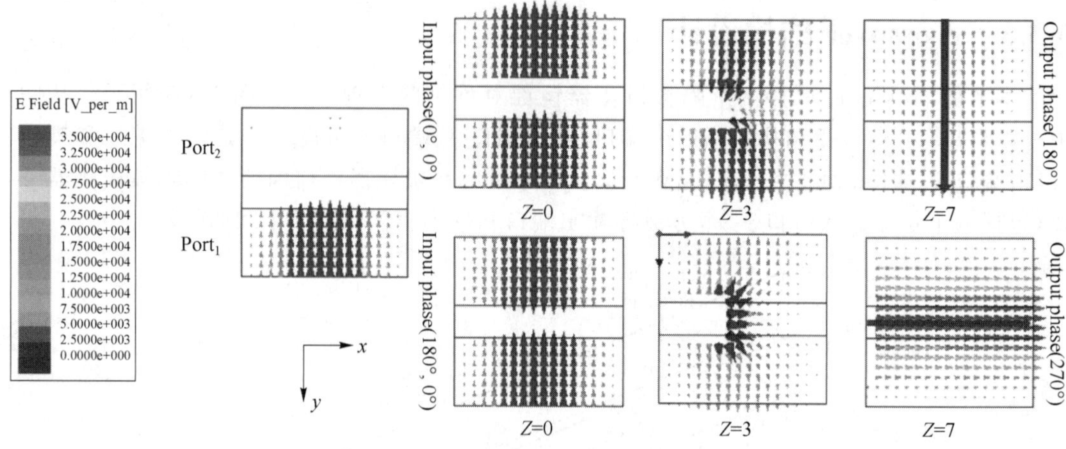

图 5-3-6　隔板极化器产生右旋圆极化的原理图

相位超前 x 方向 90°，这满足左旋圆极化（LHCP）的条件。所以相位为 0°的电磁波信号激励隔板极化器输入端口 2 时，输出端口将输出左旋极化波。

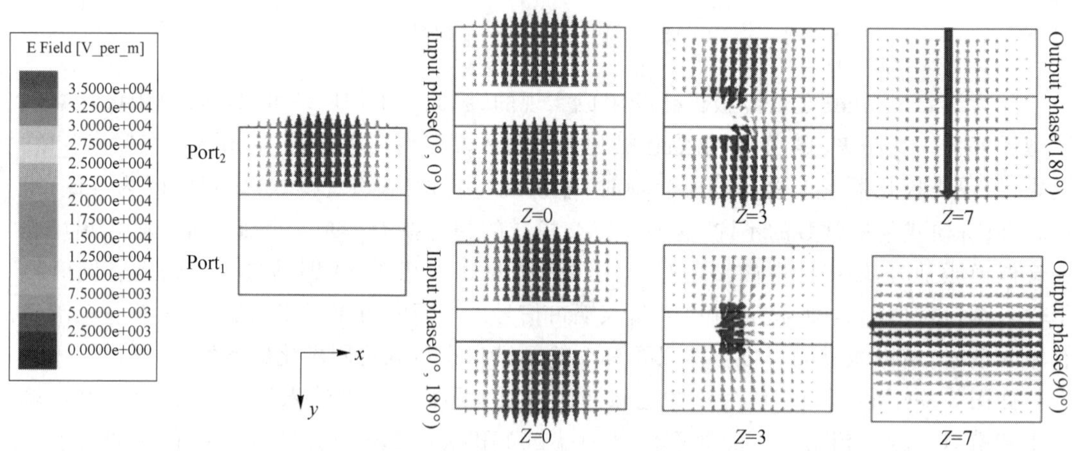

图 5-3-7　隔板极化器产生左旋圆极化的原理图

如图 5-3-8 所示为 crossover 的工作原理图，上半部分为 crossover 左边的隔板极化器内的电场分布图，下半部分是 crossover 右边隔板极化器的电场分布图。从图中可以看出，先给隔板极化器端口 1 激励，根据上述分析电磁波传播至输出方波导段将为右旋圆极化波，因为镜像对称的关系，电磁波传播至右边隔板极化器的方波导段时可以看成是左旋圆极化。所仪根据上述分析左旋圆极化将从右侧的隔板极化器的端口 2 输出，也就是 crossover 的端口 4 输出。因此，由隔板极化器镜像对称级联可以实现 crossover 的功能。

因为该 crossover 是由两个隔板极化器构建的，所以其反射系数、传输系数和端口隔离度将完全取决于隔板极化器的性能。因此对于 crossover 的仿真和优化，可以简化成对于隔板极化器的仿真和优化。可以通过计算 crossover 的 S 参数矩阵来更明显地看出隔板极化器的性能和 crossover 性能之间的关系。隔板极化器的 S 参数矩阵如式(5.3.11)所示，其可看成 crossover 左侧隔板极化器的 S 参数，其右侧隔板极化器的 S 参数与左侧隔板极化器的 S 参数关系如下所示：

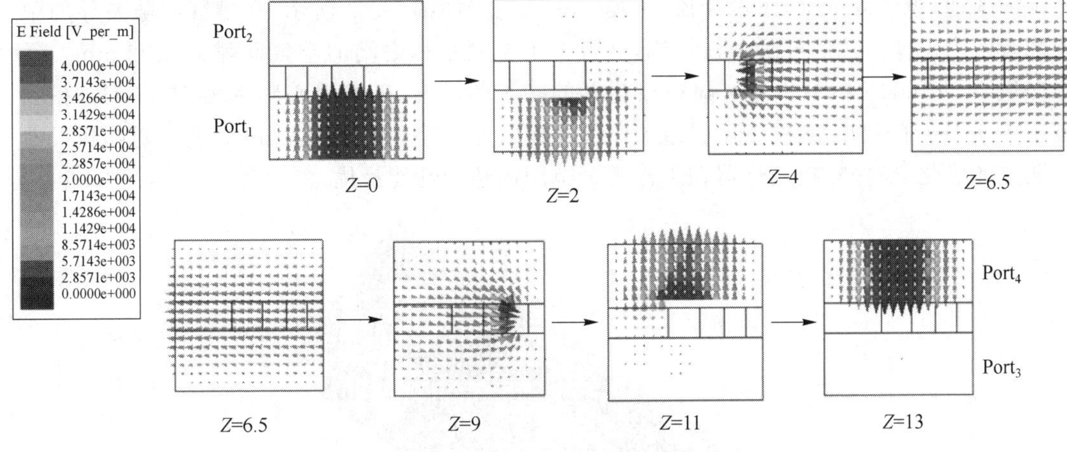

图 5-3-8 crossover 工作原理图

$$\boldsymbol{S}^R=\begin{pmatrix}-S_{33}^S & -S_{34}^S & -S_{13}^S & -S_{13}^S\\ -S_{43}^S & S_{44}^S & -S_{14}^S & S_{14}^S\\ -S_{13}^S & -S_{14}^S & S_{22}^S & S_{12}^S\\ -S_{13}^S & S_{14}^S & S_{12}^S & S_{11}^S\end{pmatrix}\tag{5.3.11}$$

对于级联多端口网络不能直接由各自的 S 参数得到整体的 S 参数，可以通过 S 参数矩阵与 $\boldsymbol{T}$ 矩阵的关系转换来得到整个 crossover 的 S 参数矩阵。该 crossover 的 S 参数矩阵如下所示：

$$\boldsymbol{S}^c=\begin{pmatrix}S_{11}^c & -S_{12}^c & S_{13}^c & S_{14}^c\\ S_{12}^c & S_{11}^c & -S_{14}^c & S_{13}^c\\ S_{13}^c & S_{14}^c & S_{11}^c & S_{12}^c\\ S_{14}^c & S_{13}^c & S_{12}^c & S_{11}^c\end{pmatrix}\tag{5.3.12}$$

式中，S_{11}^c、S_{12}^c、S_{13}^c 和 S_{14}^c 如下所示：

$$S_{11}^c=\frac{-S_{13}^{\mathrm{se}^2}S_{33}^{\mathrm{se}}+S_{11}^{\mathrm{se}}+S_{11}^{\mathrm{so}}+S_{44}^{\mathrm{so}}}{2}\tag{5.3.13}$$

$$S_{12}^c=\frac{-S_{13}^{\mathrm{se}^2}S_{33}^{\mathrm{se}}+S_{11}^{\mathrm{se}}-S_{11}^{\mathrm{so}}-S_{44}^{\mathrm{so}}}{2}\tag{5.3.14}$$

$$S_{13}^c=\frac{-S_{13}^{\mathrm{se}^2}S_{44}^{\mathrm{so}^2}+S_{14}^{\mathrm{so}^2}S_{33}^{\mathrm{se}^2}}{2(S_{33}^{\mathrm{se}^2}+1)(S_{44}^{\mathrm{so}^2}-1)}\tag{5.3.15}$$

$$S_{13}^c=\frac{-S_{13}^{\mathrm{se}^2}S_{44}^{\mathrm{so}^2}-S_{14}^{\mathrm{so}^2}S_{33}^{\mathrm{se}^2}+2}{2(S_{33}^{\mathrm{se}^2}+1)(S_{44}^{\mathrm{so}^2}-1)}\tag{5.3.16}$$

对于一个无耗理想的隔板极化器，其 S_{11}^{se}、S_{11}^{so}、S_{33}^{se} 和 S_{44}^{so} 的幅值要为 0，S_{13}^{se} 和 S_{14}^{so} 的幅值要为 1。所以当将上述条件带入式(5.3.13)～式(5.3.16)时，可得到 crossover 的 $S_{11}^c=0$，$S_{12}^c=0$，$S_{13}^c=0$ 和 $S_{14}^c=1$，因此可以实现一个无耗理想的 crossover。因此，crossover 的性能就完全取决于隔板极化器的性能，两个无耗理想的隔板极化器对称级联就可以实现一个无耗理想的 crossover。

同样地，也引入 EBG 来设计该 crossover 结构。如图 5-3-9 所示，在槽缝间隙波导的中间加入两个镜像对称的五阶隔板结构，并且上下金属平板之间的空气间隙为 0.02 mm。通过使用 Ansoft HFSS 软件建立隔板极化器的初步的模型，工作中心频率为 100 GHz，扫频范围为 90～110 GHz，隔板极化器的端口尺寸设置为 0.74 mm×1.85 mm。通过对隔板尺寸的调整和优化，确保隔板极化器在工作带宽范围内达到性能最优。

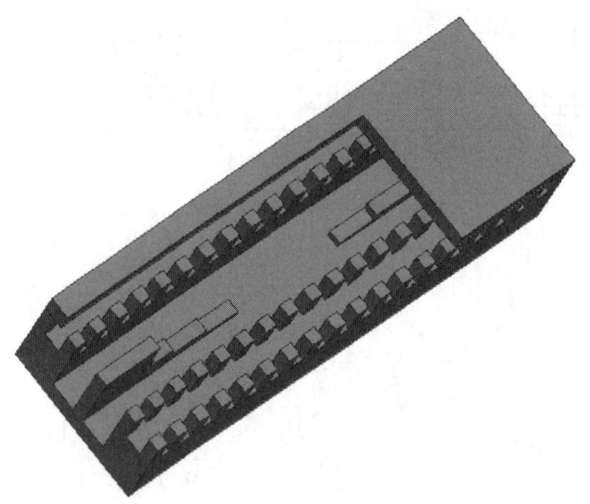

图 5-3-9　EBG 结构 crossover

5.3.4　移相器设计

电磁波的传播常数为 $k=\alpha+\mathrm{j}\beta$，其中 β 为相位传播常数。在波导传输线中电磁波的传播相移量 $\varphi=\beta\times l$，其中 l 为传输线的长度。因此，通过改变电磁波的相位常数或者改变传输线的长度来改变相移。相位传播常数

$$\beta=\frac{2\pi}{\lambda_g} \tag{5.3.17}$$

式中

$$\lambda_g=\frac{\lambda}{\sqrt{\left(1-(\frac{\lambda}{2a})\right)}} \tag{5.3.18}$$

所以通过改变波导传输线的宽边长度从而改变相位。通过前面的分析可知，槽缝间隙波导可以近似等效为波导，因此可用上述理论来设计槽缝间隙波导结构的移相器。

如图 5-3-10 所示为 45°移相器的结构示意图，从图中可以看出通过在金属板上挖槽的方式来改变波导的宽边尺寸，从而实现路径 1 和路径 2 之间 45°的相移差。首先，通过仿真软件得到对间隙波导不做任何改变时路径 1 和路径 2 之间的相移差，发现其与 crossover 之间也是一个较为稳定的相位差，所以通过在间隙波导的金属板中间挖去一个长为 l，宽为 w，高度为 h 的槽，通过仿真软件同时考虑其端口反射系数和相移量确定 l、w 和 h 的最终值。

在 w 为 0.32 mm 和 h 为 0.22 mm 时，图 5-3-11 显示随着 l 的变化，移相器的端口反射系数基本在-15 dB 以下，只是谐振点的位置在不断地发生改变；如图 5-3-12 所示，随着 l 长

度的不断增加，路径 1 与路径 2 之间的相位差也在逐渐地变大，并且在带宽范围内相移量也比较稳定。因此，l 对移相器的端口反射系数影响不大，l 越长相移量越大。

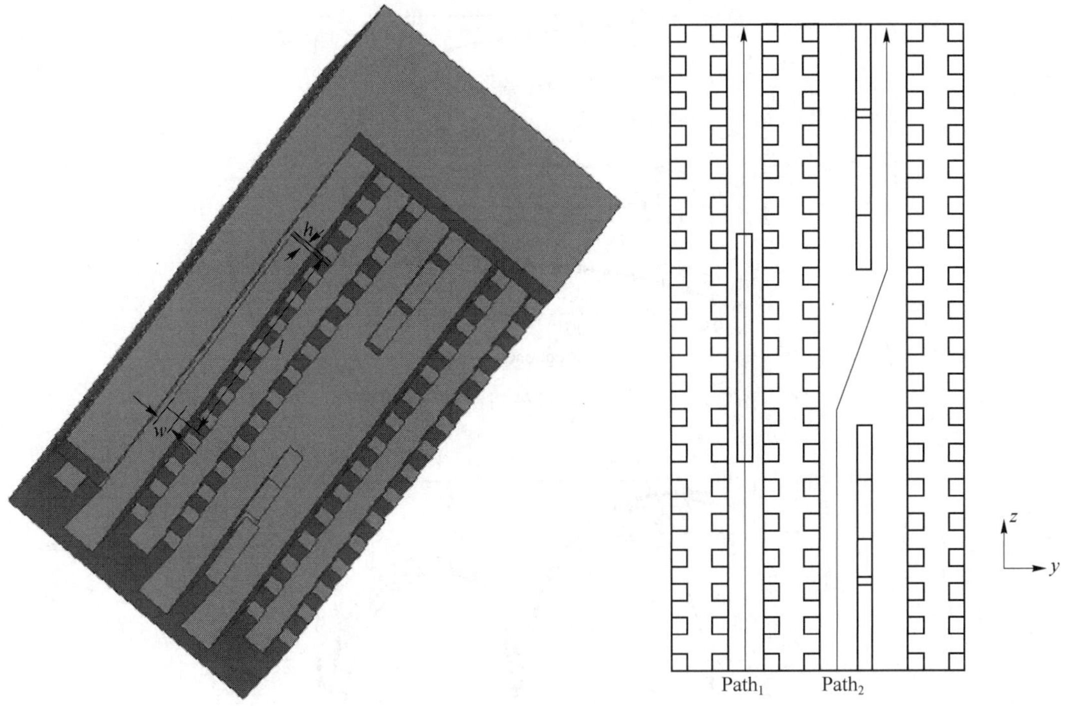

图 5-3-10　45°移相器结构示意图

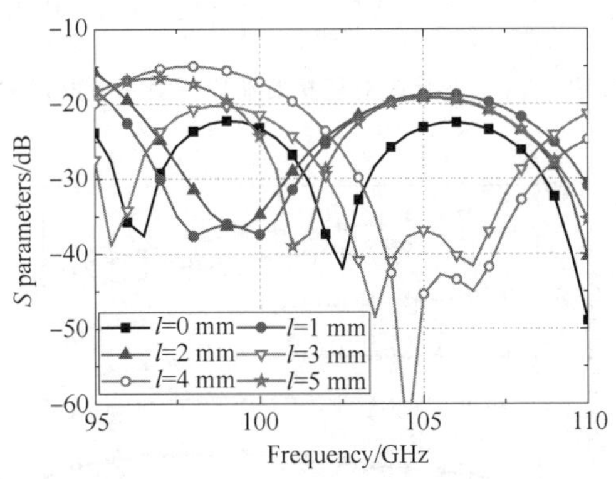

图 5-3-11　l 变化时对移相器端口反射系数的影响

在 w 为 0.32 mm 和 l 为 4.6 mm 时，图 5-3-13 所示为随着 h 的逐渐变大，移相器的端口反射系数在低频越来越差，高频段越来越好；如图 5-3-14 所示，随着 h 长度的不断增加，路径 1 与路径 2 之间的相位差也在逐渐地变大，在带宽范围内的相移量也比较稳定。因此，虽然槽的高度 h 越大相移量越大，但是为了得到理想的移相器，在相移量不够的情况下不要通过 h 来调整相移。

在 h 为 0.22 mm 和 l 为 4.6 mm 时，图 5-3-15 所示为随着 w 的逐渐变大，移相器的端口反射系数在低频越来越差，但是也基本低于−14 dB，对高频段的端口反射系数影响不大；

如图 5-3-16 所示，随着 w 的不断增加，路径 1 与路径 2 之间的相位差也在逐渐地变大，在频段范围内的相移量也比较稳定。因此，可通过调整槽的宽度 w 来调整相移。

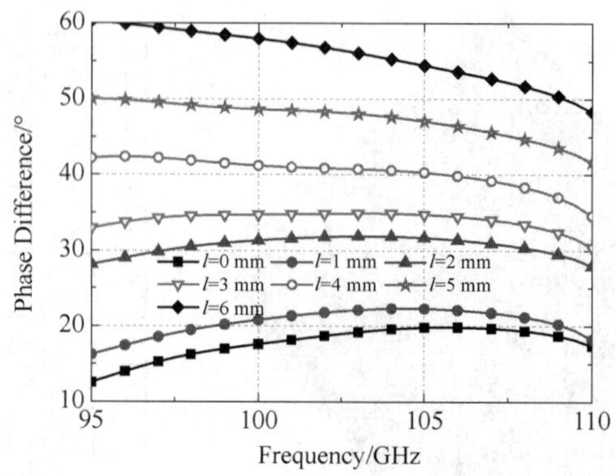

图 5-3-12　l 变化时对移相器相移量的影响

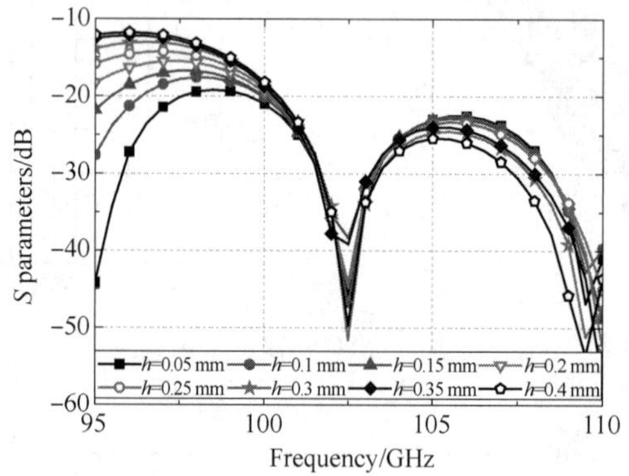

图 5-3-13　h 变化时对移相器端口反射系数的影响

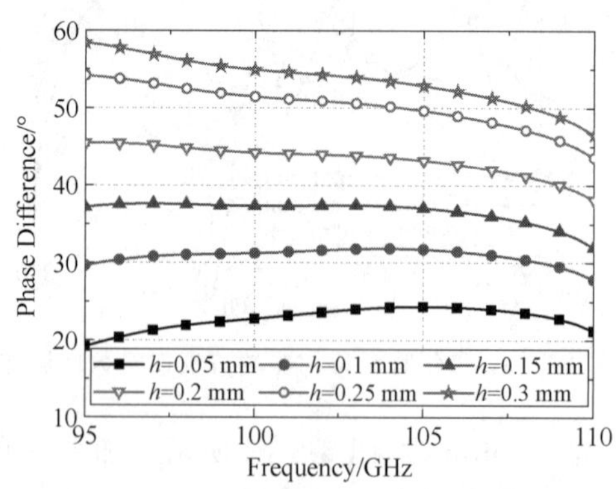

图 5-3-14　h 变化时对移相器相移量的影响

综上可知，随着槽高度 h、宽度 w 和长度 l 的逐渐增加，路径 1 与路径 2 之间的相移差值也在逐渐增加，长度 l 对反射系数基本没有影响，宽度 w 对反射系数的影响不大，而高度 h 对反射系数影响较大，所以在设计 45°移相器时，应该尽量保持较小的 h，通过调整 w 和 l 来达到理想的相移。通过优化仿真最终确定 $h=0.22$ mm，$w=0.32$ mm，$l=4.6$ mm。

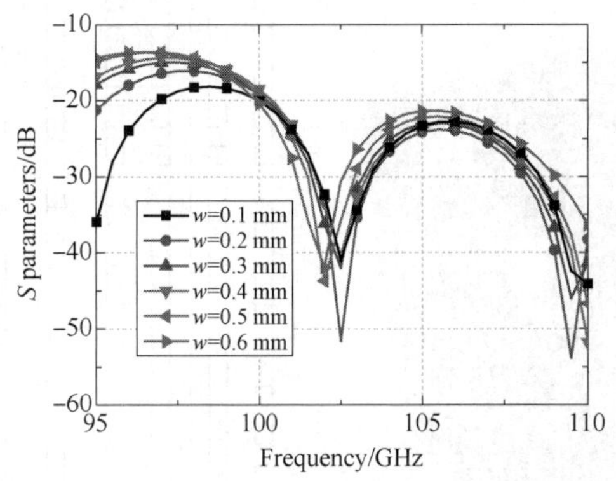

图 5-3-15 w 变化时对移相器端口反射系数的影响

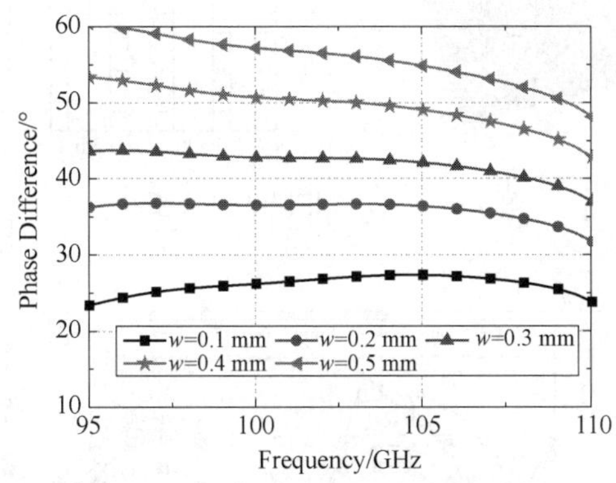

图 5-3-16 w 变化时对移相器相移量的影响

由前面可知，通过在间隙波导的金属板上挖槽，改变槽的高度、宽度和长度来实现相移。间隙波导和 crossover 之间本来就存在一个比较稳定的相移。通过上面的分析可知，增加槽的相应尺寸，相移量也随着增加，所以如果继续用该方法来设计 0°移相器就需要通过增加尺寸来实现 360°的相移。但是，可以发现随着尺寸的逐渐增加，相移量在带宽范围内的稳定度是不够的，所以不可以用该方法来设计 0°移相器。因为电磁波在间隙波导和波导中的传播常数是不同，这里可以通过将间隙波导部分改成矩形波导实现相移，这也是通过改变传播常数的方法来实现相移。

如图 5-3-17 所示为 0°移相器的结构示意图，通过将部分间隙波导改成矩形波导，实现路径 1 和路径 0 之间的相移差值为 0°，通过仿真软件扫参确定间隙波导中矩形波导的长度 l。为了不区别端口，间隙波导中的矩形波导段的长度从中间开始向两边延伸。

从图 5-3-18 可以看出，随着矩形波导段的尺寸的增加，对移相器的端口反射系数影响不大。图 5-3-19 所示为随着波导段尺寸的增加，路径 1 与路径 2 之间的相移量也在逐渐增加，并且在带宽范围内的移相器也能实现较为稳定的相移。从图中可以看出，波导段的尺寸为 6 mm 时，该移相器的端口反射系数低于-20 dB，相移量为 0°±3.6°，这样的性能可以称为是一个较为理想的 0°移相器，因此确定波导段的长度为 6 mm。

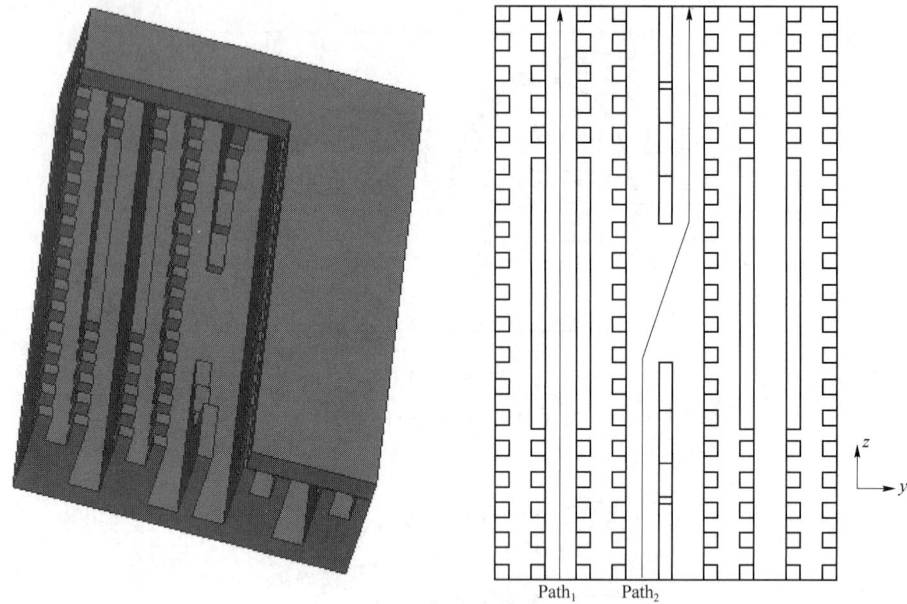

图 5-3-17　0°移相器结构示意图

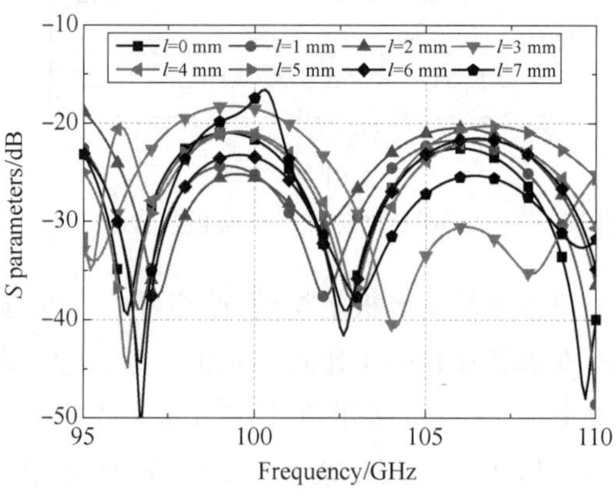

图 5-3-18　矩形波导段尺寸变化时对移相器端口反射系数的影响

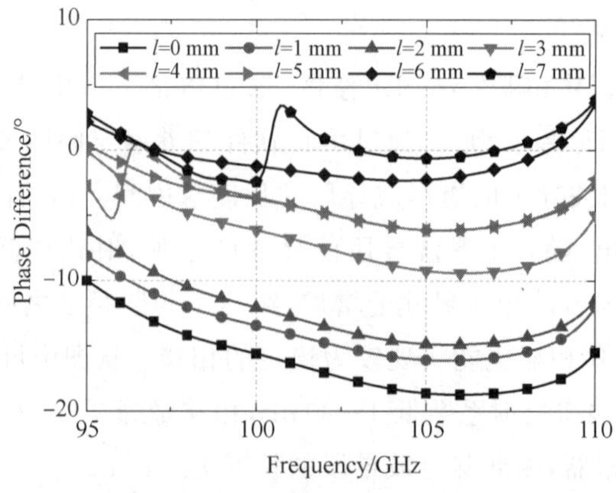

图 5-3-19　矩形波导段尺寸变化时对移相器相移量的影响

5.3.5　转换结构设计

如图 5-3-1 所示，上述所有器件都是基于电磁带隙结构设计的，由电磁带隙结构形成间隙波导，但是为了相邻结构之间的能量不互相耦合，需要两排的金属销钉形成波导边界，所以本节设计的 3 dB 耦合器两个输出端口之间的距离和 crossover 两个输入端口之间的距离并不相等，因此为了能使耦合器输出的信号能量顺利地馈入 crossover，需要在两个端口之间设计转换结构。由于 4×4 Butler 矩阵对输出结果由相位要求，所以每个部分的设计都应该关注其对相位的影响。因此，转换结构的设计应该做到不改变原来各端口输出信号的相位差。

根据耦合器的端口和 crossover 端口之间的距离设计如图 5-3-20 所示的转换结构，通过该结构实现将耦合器中的能量输入至 45°移相器和 crossover。因为整个 Butler 矩阵为对称结构，因此这里只给出一半结构的 S 参数。如图 5-3-21 所示，该端口转换结构的端口反射系数低于- 39 dB，传输系数接近于 0 dB。如图 5-3-22 所示，相邻输出端口之间的相位差接近 0°，因此该端口转换结构能够完美地将电磁波能量由耦合器传输至移相器和 crossover 中，且不影响其相位情况。从图 5-3-1 可以看出，该 Butler 矩阵中需要使用 3 个如图 5-3-20 所示的端口转换结构。

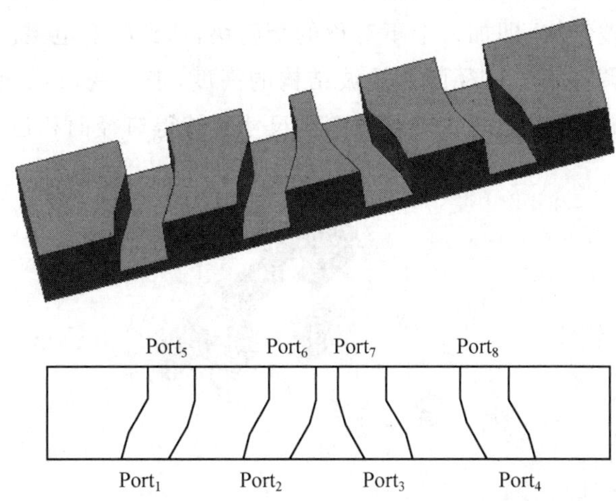

图 5-3-20　耦合器至移相器和 crossover 的端口转换结构

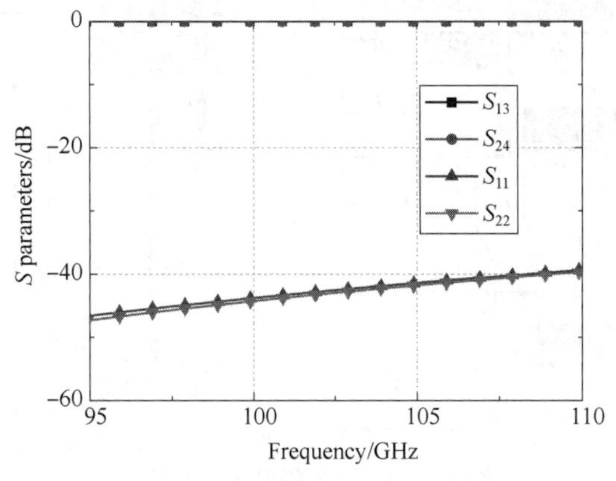

图 5-3-21　端口转换结构的 S 参数

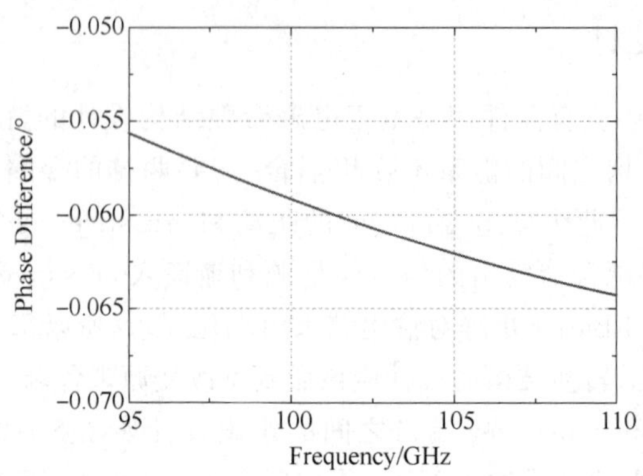

图 5-3-22　端口转换结构的输出端口之间的相位差

5.3.6　慢波喇叭天线结构设计

如图 5-3-23 所示为本节所设计的慢波喇叭天线，该喇叭天线是通过缩短理想的 H 面扇形喇叭天线喇叭段的尺寸，但为了缩短之后喇叭口径面上的相位和幅度分布更加均匀，在喇叭内上下面上添加慢波结构，即加入上下对称的金属块，达到改变电磁波传播常数从而改变相速的目的。再通过调整喇叭口径面处慢波结构的高度，来改变口径面上场强的分布[31]。因此，通过加入慢波结构可以同时实现缩短喇叭尺寸且获得口径面相位一致的目的。

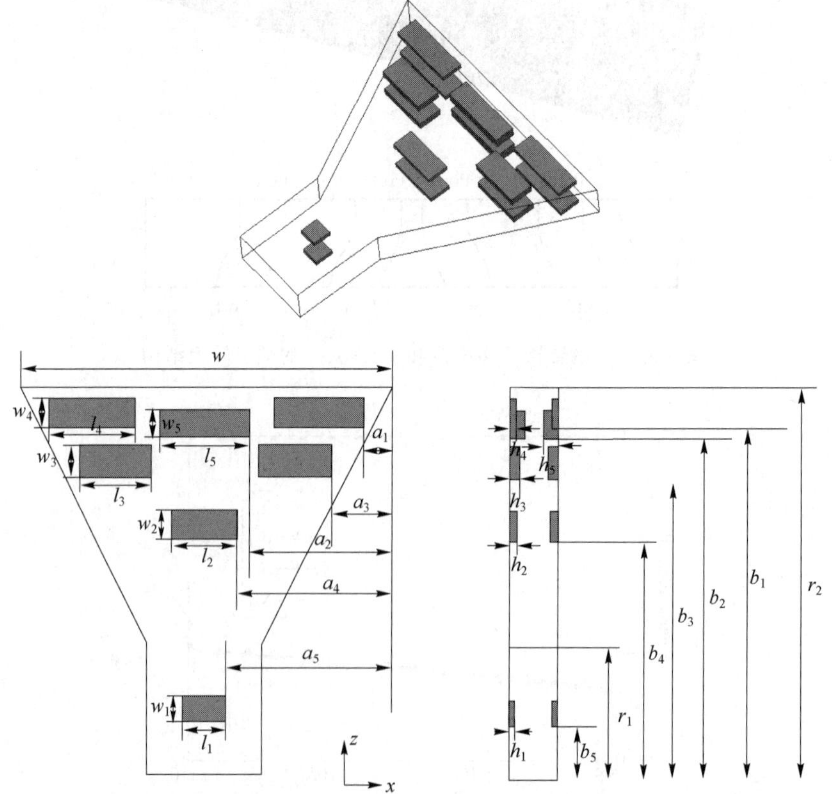

图 5-3-23　慢波喇叭天线结构

随着金属块高度的增加,电磁波的传播常数也相应变大。这是因为金属块高度增加,从而使得喇叭天线上下金属块之间的并联电容效应变大。随着金属块之间距离的变大,电磁波的传播常数会相应地变小,这是因为金属块之间的距离变大,相邻块之间的有效磁导率会变小。电磁波的传播常数与相速之间的关系如下所示:

$$v_p = \frac{\omega}{\beta} \tag{5.3.19}$$

式中,v_p 为相速,ω 为角频率,β 为传播常数,所以在频率一定的情况下,相速与传播常数成反比关系。随着金属块高度的增加,传播常数变大,相速将相应减小。

慢波结构不仅能改变传播常数,另一个作用就是改变场强分布。随着高度的增加,电场强度在上下金属块之间的区域得到加强和集中,这也是因为高度的增加从而加强了上下金属块之间的电容效应。可以通过该现象来调节电场强度和喇叭口径上的场分布。

从图 5-3-23 也可以看出,在喇叭边缘处的金属块高度要小于中间的金属块,因为高度较低的金属块传播常数要小于高度高的金属块,常数越小则其相速也就越快,所以电磁波在边缘处传播的相速要比在中间传播得快,因此这就使得电磁波传播至口径面处的相位更加的一致。

通过上述理论在 HFSS 中对慢波喇叭天线建模仿真,输入端口尺寸和 4×4 Butler 矩阵保持一致,通过对慢波结构高度和宽度优化,以及对金属块之间距离的仿真优化,确保在工作带宽范围内性能达到最优,最终确定的尺寸如表 5-3-2 所示。

表 5-3-2 优化后的慢波喇叭天线尺寸

参数	l_1	l_2	l_3	l_4	l_5	w_1	w_2
值/mm	0.4	1.1	1.1	1.4	1.45	0.4	0.45
参数	w_3	w_4	w_5	h_1	h_2	h_3	h_4
值/mm	0.5	0.45	0.42	0.1	0.1	0.16	0.1
参数	h_5	a_1	a_2	a_3	a_4	a_5	b_1
值/mm	0.23	0.45	2.23	0.95	2.4	2.75	5.3
参数	b_2	b_3	b_4	b_5	r_1	r_2	w
值/mm	5.01	4.51	3.6	1	2	5.92	5.9

5.3.7 多波束天线阵列设计

从式(5.2.9)可知,以 4×4 Butler 矩阵作为天线阵列的馈电单元时为了不出现栅瓣,天线阵元之间的间距要小于 $4\lambda/7$。本节设计的多波束天线的工作频率为 95 ~ 110 GHz,取中心频率为参考点,则该慢波天线阵列的阵元间距要小于 1.66 mm。在 Ansoft HFSS 中建立以上述慢波喇叭天线为阵元的 1×4 天线阵列,根据 4×4Butler 矩阵的输出结果来设置天线阵列的馈电,即给予天线阵列输入端口等幅且相位差分别为±45°和±135°的激励,在该激励条件下来仿真优化阵列单元之间的间距。考虑到 4×4 Butler 矩阵输出端口之间的间距,为了使天线阵列在 95～110 GHz 带宽范围内所有频点的性能达到最优,最终确定单元间距为 0.8 mm。由上述 4×4 Butler 矩阵级联该天线阵列形成的多波束天线如图 5-3-24 所示。

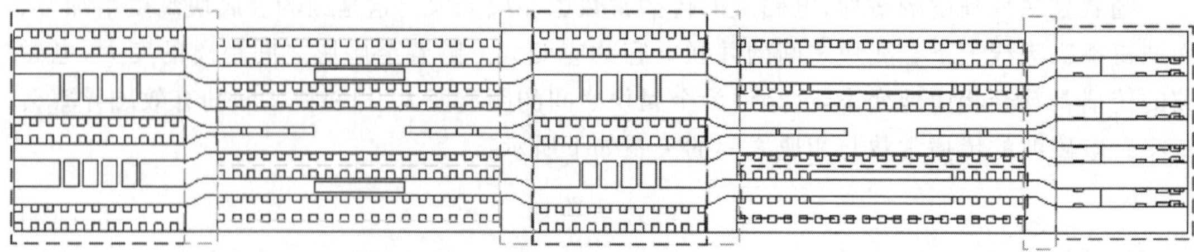

图 5-3-24 多波束天线结构图

5.3.8 E 面 4×4 Butler 矩阵仿真结果

1. 3 dB 耦合器仿真结果分析

如图 5-3-25 所示为 EBG 结构 3 dB 耦合器的仿真结果图。从图中可以看出该耦合器的端口反射系数和端口隔离度在带宽范围内均低于-20 dB,传输系数为-3 dB±1 dB,耦合器两个输出端口的相位差为 90°±0.8°。从上述结果可以看出本节所设计 5 分支波导耦合器在工作带宽范围内具有理想的性能,可以很好地实现从输出端口输入的能量均匀分配给两个输出端口,并且这两个输出端口之间的相位差在 90°附近。

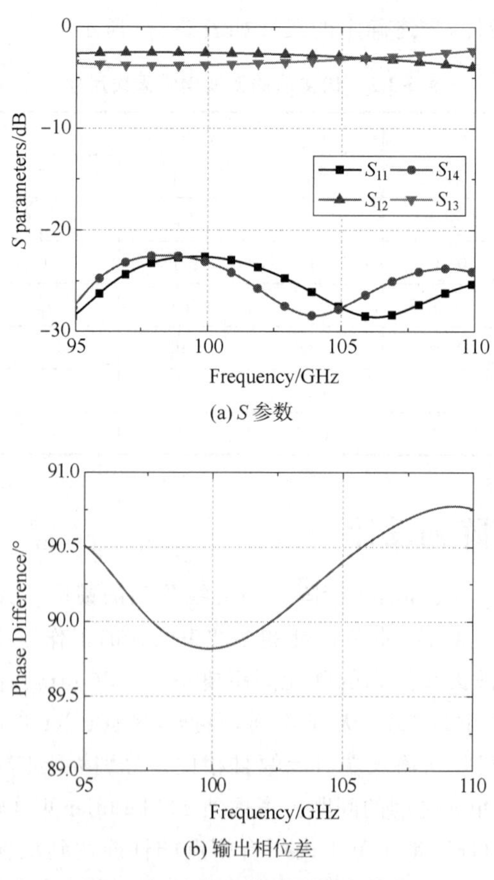

(a) S 参数

(b) 输出相位差

图 5-3-25 3 dB 耦合器仿真结果

2. crossover 仿真结果分析

如图 5-3-26 所示为 crossover 的仿真结果图,从图中可以看出其端口反射系数和端口隔离度在带宽范围内均低于-20 dB,传输系数接近于 0 dB。从上述结果可以看出本节所设计的 crossover 具有理想的性能,能够很好地实现电磁波能量从输入端口传输至输出端口。这一结果从图 5-3-27 也可以看出,图中显示只有在输入端口和输出端口有电场能量分布,在两个隔离端口并没有出现,因此本节设计的 crossover 很好地实现了输入端口和输出端口之间的能量交换。

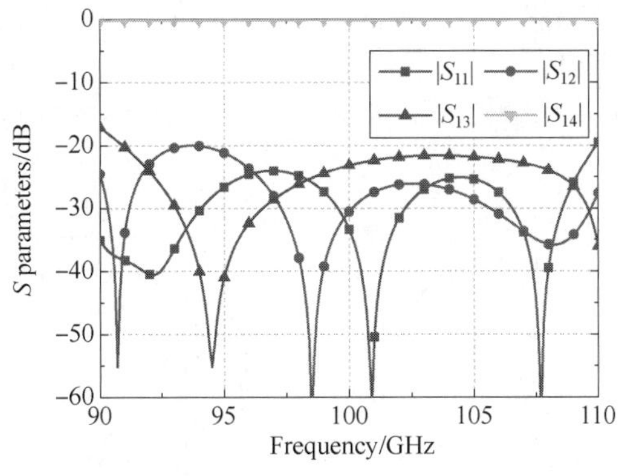

图 5-3-26 crossover 仿真 S 参数

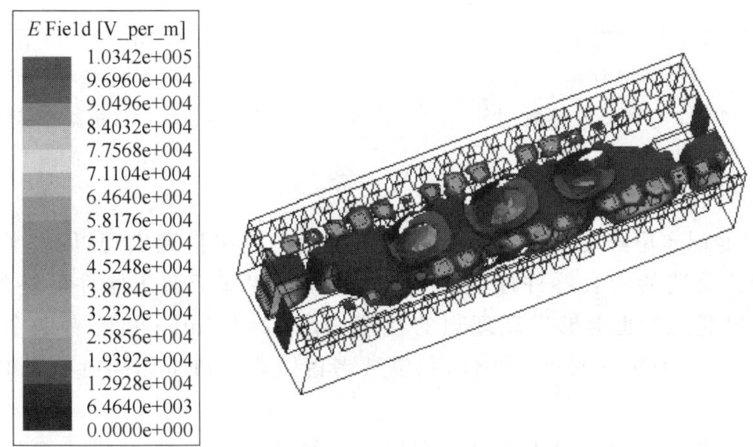

图 5-3-27 crossover 电场分布图

3. 移相器仿真结果分析

图 5-3-28 和图 5-3-29 分别为 45°移相器的 S 参数图和相位图,该移相器在带宽范围内的端口反射系数低于-14.3 dB,相移误差为±5°,因此该 45°移相器阻抗匹配水平较好,并且在带宽范围内具有较为稳定的相移。

图 5-3-30 和图 5-3-31 分别为 0°移相器的 S 参数和相位图,该移相器在带宽范围内端口反射系数低于-20 dB,相移误差为±3.6°,因此该 0°移相器在带宽范围内可以实现较为理想的阻抗匹配水平和较为稳定的相移。

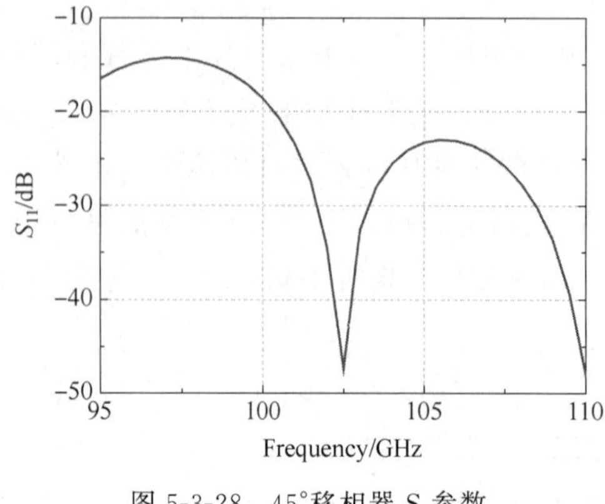

图 5-3-28　45°移相器 S 参数

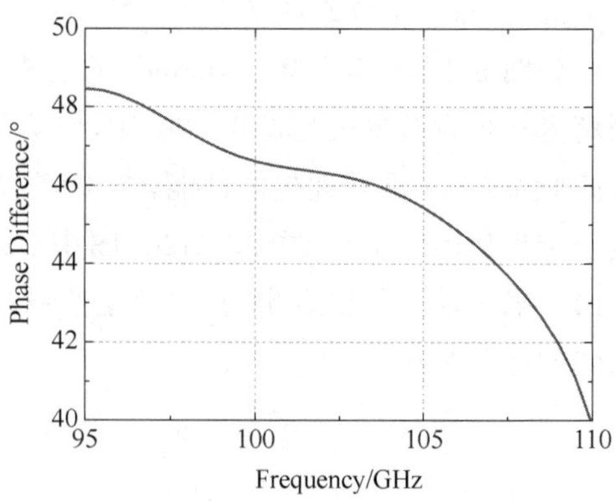

图 5-3-29　45°移相器的相位特性

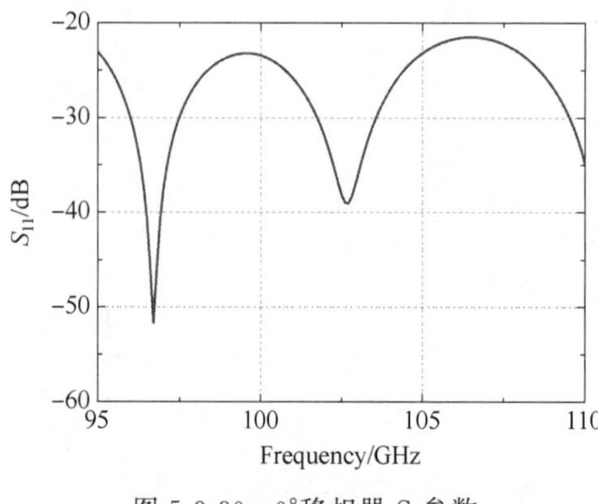

图 5-3-30　0°移相器 S 参数

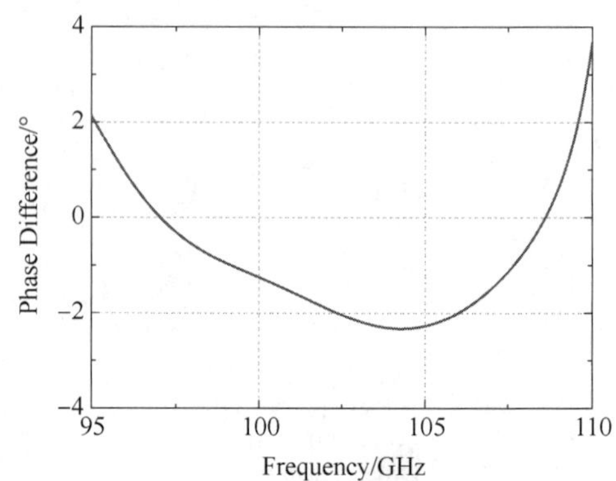

图 5-3-31　0°移相器的相位特性

4. E 面 4×4 Butler 矩阵仿真结果分析

因为 4×4 Butler 矩阵是由上述各器件按照固定的网络搭建实现，因此整个 Butler 矩阵的性能受上面所述的所有器件性能的影响。因此，在基于上述器件最终的性能来看，该 Butler 矩阵级联之后也能够实现理想的性能。该 4×4 Butler 矩阵有四个输入端口和四个输出端口，但因为自身的对称特性，只需要考虑输入端口 1 和端口 2 馈电情况下的 S 参数。

如图 5-3-32 所示为给端口 1 馈电时端口的反射系数隔离度，从图中可以看出端口反射系 S_{11} 整体低于-18 dB，端口 1、端口 3 之间的隔离度 S_{13} 低于-26 dB，端口 1、端口 4 之间的隔离度 S_{14} 低于-18 dB，而端口 1、端口 2 之间的隔离度 S_{12} 仅低于-13 dB，图中可以看出是在 96～98 GHz 频段范围了 S_{12} 有上升，而这一趋势和 45°移相器的端口反射系数在该频段的趋势较一致，所以在该频段端口反射系数上升时受到 45°移相器反射系数的影响。信号能量从端口 1 馈入之后，经过耦合器均分至 45°移相器和 crossover 的输入端口，但是因为 45°移相器在 96～98 GHz 没有其他频点那么理想，造成有部分能量被反射回耦合器，然后均分至端口 1 和端口 2，所以造成端口 1、端口 2 之间的隔离水平在该频段没有其他频段理想。

如图 5-3-33 所示为给端口 2 馈电时端口的反射系数隔离度，从图中可以看出端口反射

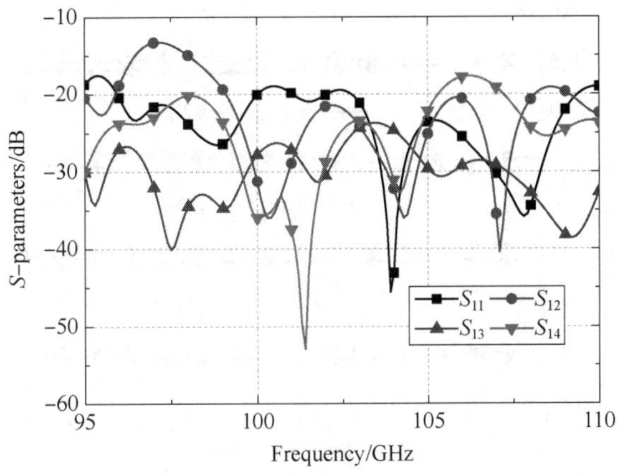

图 5-3-32　激励端口 1 的 S 参数

系 S_{22} 整体低于- 20 dB，端口 2、端口 3 之间的隔离度 S_{23} 低于- 19 dB，端口 2、端口 4 之间的隔离度 S_{24} 低于- 22 dB，而端口 1、端口 2 之间的隔离度 S_{21} 仅低于- 13 dB，这也是因为 45°移相器的端口反射系数造成的。信号能量从端口 2 馈入之后，经过耦合器均分至 crossover 和 45°移相器的输入端口，但是因为 45°移相器在 96～98 GHz 没有其他频点那么理想，造成有部分能量被反射回耦合器，然后均分至端口 2 和端口 1，所以造成端口 2、端口 1之间的隔离水平在该频段没有其他频段理想。

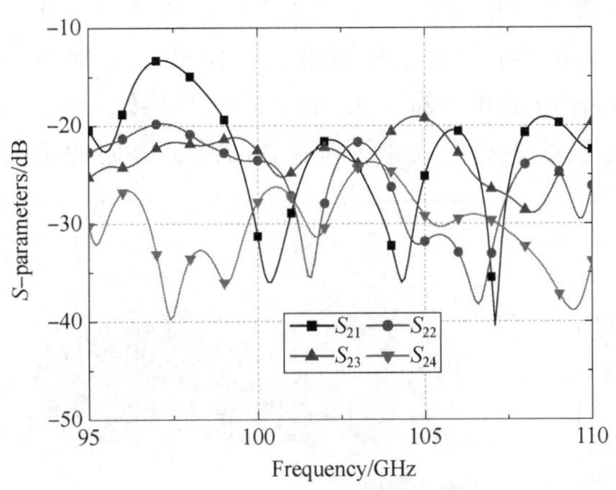

图 5-3-33　激励端口 2 的 S 参数

如图 5-3-34 所示为激励不同输入端口输出端口之间的相位差，图中 p 表示端口。从图中可以看出激励输入端口 1 时，相邻输出端口之间的相位差为 45°±10°，激励输入端口 2 时，相邻输出端口之间的相位差为- 135°±10°，激励输入端口 3 时，输出端口之间的相位差为 135°±10°，激励输入端口 4 时，相邻输出端口之间的相位差为- 45°±10°。在所有器件完美设计的情况下，输出端口之间的相位差应该稳定在 45°、- 135°、135°和- 45°。但是因为所设计的移相器存在着相位误差，所以该 4×4 Butler 矩阵也同样存在着相位误差。

本节所设计的 5 分支 E 面 3 dB 耦合器的反射系数和隔离度低于- 20 dB，传输系数为- 3 dB±1 dB。E 面 crossover 的反射系数和隔离度低于- 20 dB，传输系数接近于 0 dB。45°

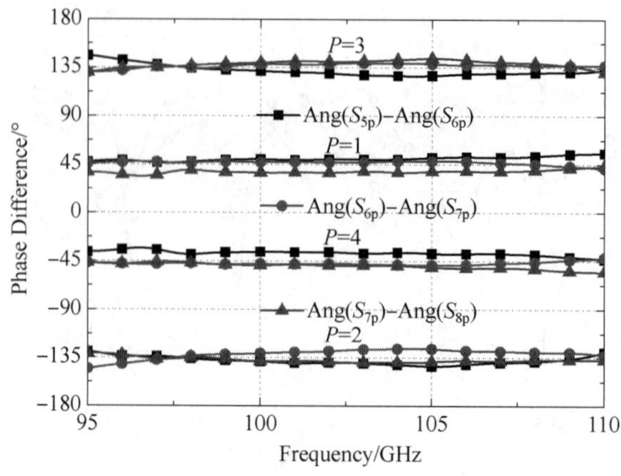

图 5-3-34 激励 Butler 矩阵的每个输入端口输出端口之间的相位差

移相器的反射系数低于-14.3 dB，移相误差为±5°。0°移相器的反射系数低于-20 dB，相移误差为±4°。由上述器件级联实现的 E 面 4×4 Butler 矩阵的反射系数低于-18 dB，端口隔离度低于-13 dB，输出端口之间的相位误差为±10°。

5.3.9 多波束天线仿真结果

1. 慢波喇叭天线仿真结果分析

如图 5-3-35 所示为慢波喇叭天线在不同频点处从输入端口到口径面处的相位分布。从图中可以看出输入端口矩形波导附近电磁波的相位沿 x 方向是一致的。随着端口沿波导宽边方向逐渐张开，电磁波的相位沿 x 方向也将不再一致。但通过慢波结构来调整电磁波的传播常数从而改变相速，电磁波在喇叭口径处的沿 x 方向的相位将基本趋于一致。

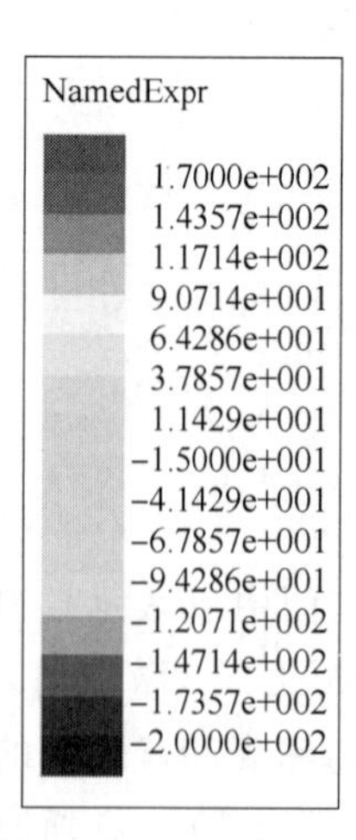

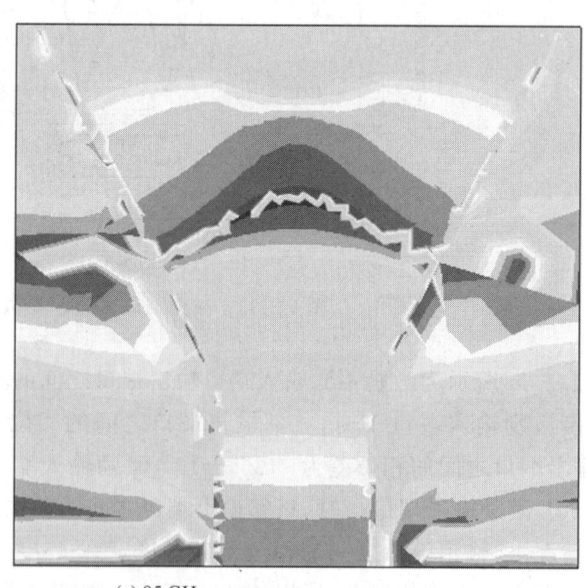

(a) 95 GHz

图 5-3-35 不同频点处慢波喇叭天线的相位分布

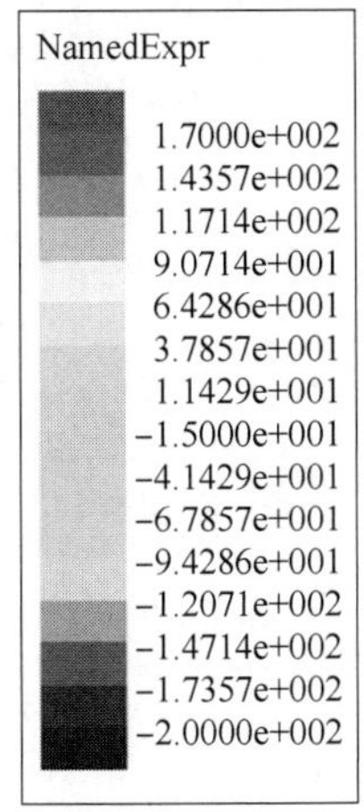

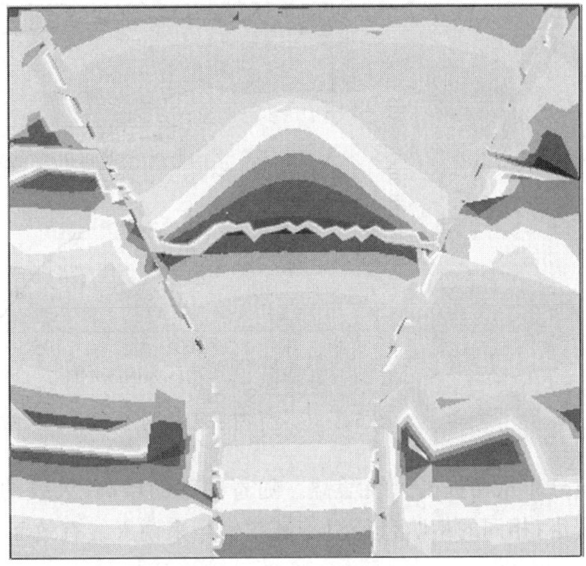

(b) 102.5 GHz

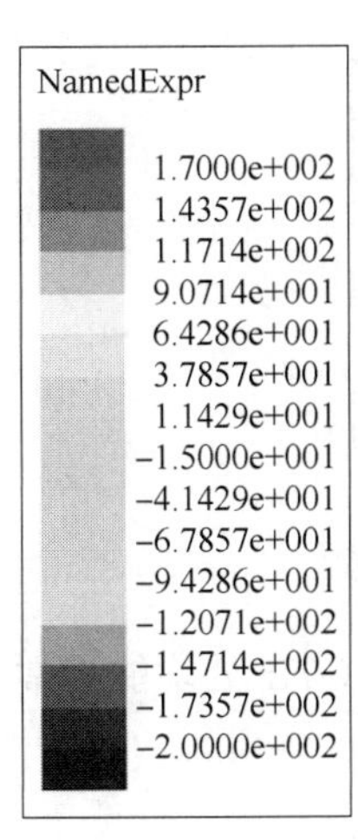

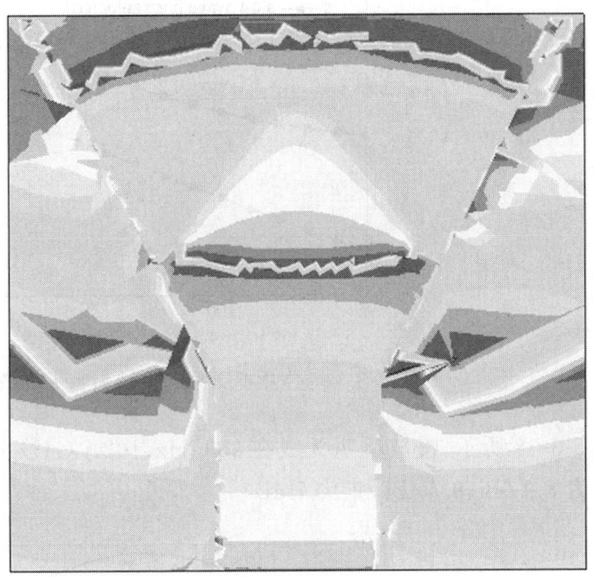

(c) 110 GHz

图 5-3-35　不同频点处慢波喇叭天线的相位分布(续)

如图 5-3-36 所示,其中空喇叭天线的尺寸和慢波喇叭天线的喇叭尺寸一致。从图中可以看出,空喇叭天线的端口反射系数仅低于-5.6 dB,而慢波喇叭天线的端口反射系数低于-12 dB。这是因为慢波喇叭天线相对于同频段理想的空喇叭天线减小了其喇叭段的尺寸,喇叭段过短使得高次模在喇叭脖颈处不能衰减掉,所以导致端口不匹配,反射系数不能达到理想水平。

如图 5-3-37 所示,空喇叭天线在带宽范围内的增益高于 6.5 dBi,而慢波喇叭天线增益高于 8.9 dBi。所以相比空喇叭天线,慢波喇叭天线通过添加慢波结构调整喇叭口径处的电场的相

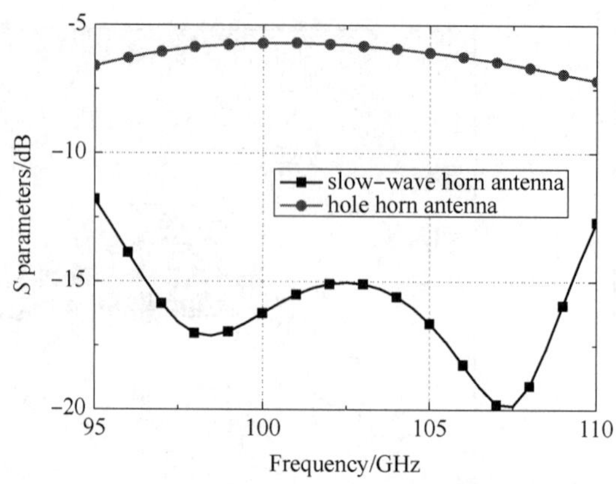

图 5-3-36　空喇叭天线与慢波喇叭天线反射系数

位和幅值分布从而提高天线增益。随着频率的增高，天线的增益也逐渐在增加。因为频率升高波长变小，相同的喇叭口径对于高频信号来说天线有效面积更大，所以天线增益就越高。

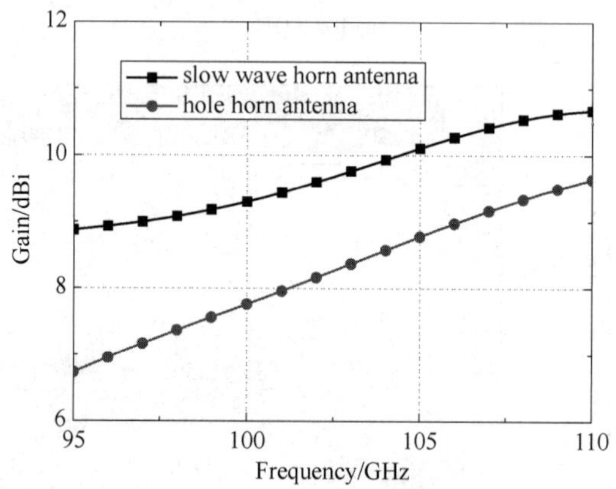

图 5-3-37　空喇叭天线与慢波喇叭天线增益对比

如图 5-3-38 所示，慢波喇叭天线在 95 GHz、102.5 GHz 和 110 GHz 处均能正常工作，增益也分别为 8.9 dBi、9.7 dBi 和 10.7 dBi。

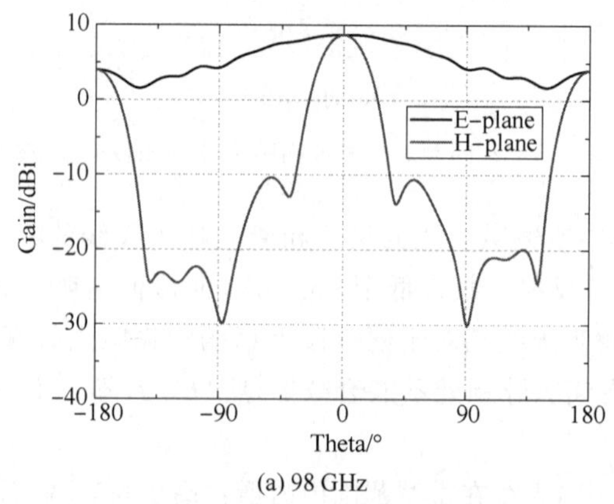

(a) 98 GHz

图 5-3-38　慢波喇叭天线辐射方向图

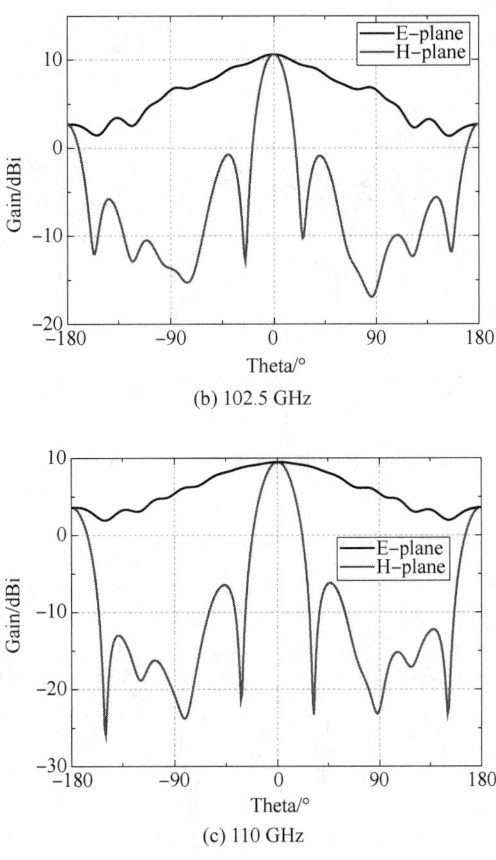

(b) 102.5 GHz

(c) 110 GHz

图 5-3-38　慢波喇叭天线辐射方向图(续)

2. 多波束天线仿真结果分析

因为天线整体结构左右对称，分别激励输入端口 1、端口 4 结果将是一致的，分别激励输入端口 2、端口 3 结果也将是一致的，所以本节设计的多波束天线给出了分别激励端口 1、端口 2 的 S 参数，如图 5-3-39 和图 5-3-40 所示。从图中可以看出激励端口 1 时，端口反射系 S_{11} 整体低于-15 dB，端口 1、端口 3 之间的隔离度 S_{13} 低于-15.6 dB，端口 1、端口 2 之间的隔离度 S_{12} 低于-11 dB，端口 1、端口 4 之间的隔离度 S_{14} 低于-11 dB。激励端口 2 时，端口反射系 S_{22} 整体低于-11 dB，端口 2、端口 3 之间的隔离度 S_{23} 低于-11 dB，端口 2、端口 4 之间的隔离度 S_{24} 低于-16 dB，端口 2、端口 1 之间的隔离度 S_{21} 仅低于-11 dB。

与 E 面 4×4 Butler 矩阵的 S 参数相比，多波束天线的端口匹配和隔离水平有了明显的降低。这是因为级联的慢波喇叭天线的端口反射系数水平不及馈电单元，因此影响了整体多波束天线的性能。比如相较于 Butler 矩阵，多波束天线的 S_{14} 明显恶化。因为当激励输入端口 1 时，理想情况下电磁波能量被均匀的分配至输出端口 5、端口 6、端口 7 和端口 8，然后输入天线阵列。然而由于天线单元的端口匹配水平不如矩阵的理想，这就造成部分能量被返回输入至 Butler 矩阵，这时输出端口就为输入端口。输出端口 5 中被天线单元返回的能量再经过矩阵均匀分配至输入端口 1、端口 2、端口 3 和端口 4，这就使得激励端口 1 的能量相比 Butler 矩阵有更多的去了端口 4，所以造成了端口 1、端口 4 隔离度 S_{14} 的明显恶化。

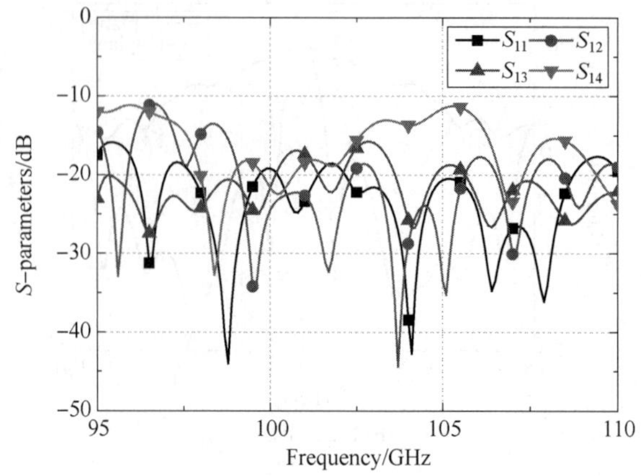

图 5-3-39　多波束天线激励端口 1 的 S 参数

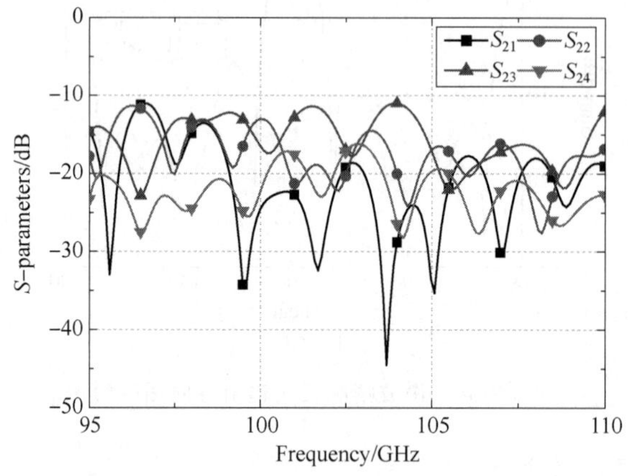

图 5-3-40　多波束天线激励端口 2 的 S 参数

如图 5-3-41 为多波束天线在 95 GHz、102.5 GHz 和 110 GHz 处的 E 面方向图。如图 5-3-41(a)所示，在 95 GHz 处给多波束天线的输入端口 1、端口 2、端口 3 和端口 4 分别馈电时，天线的最大增益分别为 15.2 dBi、13.6 dBi、13.6 dBi 和 15.2 dBi，左右输入端口分别激励时的增益是对称的，最大增益对应的波束指向角分别为-14°、48°、-48°和 14°，计算得到的最大增益对应的波束指向角分别为 3 dB 波束宽度分别为 28°、34°、34°和 28°。

如图 5-3-41(b)所示，在 102.5 GHz 处给多波束天线的输入端口 1、端口 2、端口 3 和端口 4 分别馈电时，天线的最大增益分别为 16 dBi、13.6 dBi、13.6 dBi 和 16 dBi，左右输入端口分别激励时的增益是对称的，最大增益对应的波束指向角分别为-14°、44°、-44°和 14°，天线的波束覆盖宽度为±44°，3 dB 波束宽度分别为 28°、32°、32°和 28°。

如图 5-3-41(c)所示，在 110 GHz 处给多波束天线的输入端口 1、端口 2、端口 3 和端口 4 分别馈电时，天线的最大增益分别为 16.5 dBi、14.1 dBi、14.1 dBi 和 16.5 dBi，左右输入端口分别激励时的增益是称的，最大增益对应的波束指向角分别为-12°、36°、-36°和 12°，天线的波束覆盖宽度为±36°，3 dB 波束宽度分别为 24°、29°、29°和 24°。

因此,在工作带宽范围内,该多波束天线的中间波束最大增益可以达到 16.5 dBi,两侧波束的多大增益可以达到 14.1 dBi,天线波束最大可覆盖±48°。

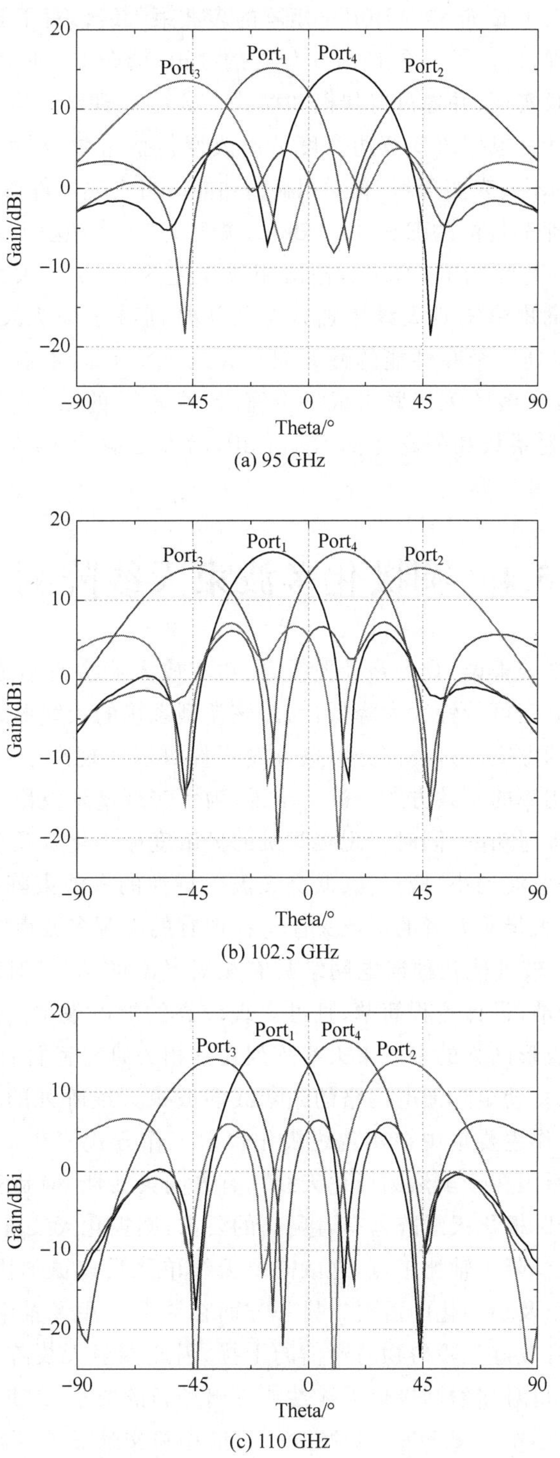

图 5-3-41　多波束天线辐射方向图

5.3.10 小结

本节设计了一个基于E面4×4 Butler矩阵的多波束天线。对于Butler矩阵网络，根据分支波导耦合器的原理，设计了一个E面5分支的3 dB耦合器。E面crossover是通过两个隔板极化器镜像级联实现，并通过奇偶模和模式合成的原理结合电场分布图来解释其工作原理。移相器的设计是根据改变宽边宽度从而改变传播常数，利用电磁波在金属波导和间隙波导中传播常数的不同来实现45°和0°相移的功能。将上述器件按照4×4 Butler矩阵的传统结构级联，得到一个高性能的E面4×4 Butler矩阵，其工作频段为95～110 GHz，端口反射系数低于-18 dB，隔离度低于-13 dB，输出相位误差为±10°。天线阵列单元采用慢波喇叭天线，通过在H面扇形喇叭天线中加入金属块从而减小喇叭尺寸，改善口径面电场幅值和相位的分布，得到一个高性能的慢波喇叭天线。将E面4×4 Butler矩阵和由慢波喇叭天线组成的1×4天线阵列级联形成一个宽带、高增益的E面多波束天线，其在工作带宽范围内的端口反射系数和隔离度低于-11 dB，增大增益为16.5 dBi，最大波束覆盖宽度为±48°。

5.4 圆极化多波束天线阵列

对于毫米波通信系统来说，具有路径损耗高、功率放大器增益不足的特点，使得采用全向天线做波束覆盖的方案可行性大大降低，因此该类型系统的天线形式多采用多波束、相控阵列等较窄辐射波束的方案。这类部分覆盖方案不仅可以实现高增益定向辐射，同时也是提高信噪比与频谱利用率的有效方式。进一步说，为了实现毫米波稳定链路连接，关键点在于保证发射机的有效辐射功率，同时实现接收机的灵敏度最小化以及总系统功耗的最小化。因此，具有各波束间增益波动小、低损耗、低交叉极化特性的多波束阵列天线可有效提升其稳定性，近年来受到了大量研究者的广泛关注。在现有的无源多波束馈电网络中，由于巴特勒矩阵(Batler Matrix)较其他几种馈电网络具有相对紧凑的结构，对缩小整体结构的尺寸有利，同时总体结构简洁，设计流程简单，且可实现较高的馈电效率。因此采用巴特勒矩阵及其衍生结构为波束成形网络的多波束天线阵列受到相关研究者们的青睐。

目前，对于基于巴特勒矩阵馈电网络的毫米波多波束天线阵列的工作主要存在以下情况：一方面大量相关工作主要集中在实现线极化辐射工作方式[18-26]，有关实现圆极化的工作仍然相对较少。其原因在于虽然圆极化天线具有方向灵活性、抑制多径干扰等优势，但在天线阵列设计中，对于圆极化天线阵列有着更高的要求：圆极化天线阵列的工作带宽不仅仅取决于阻抗带宽，更会受限于轴比带宽，这就需要天线单元具有更加优良的性能，包括宽轴比带宽、宽轴比波束，以及小型化的需要。另一方面在许多应用场景中，需要采用侧边或底边端射辐射的形式来有效避免障碍物对通信的干扰，因此端射天线阵列对拓展无线系统的相关应用十分有必要，也对端射圆极化天线性能提出了新的要求，因此有关端射圆极化的多波束天线阵列[28]工作的相关文献进一步减少。目前相关文献显示，端射圆极化多波束天线阵列工作性能仍有待提高，主要体现在主流工作带宽仅达到了25%左右[28]，其对于现有的端射天线单元的性能水平(带宽可实现高于30%)来说，组成阵列后存在明显性能损耗。采用更高性能端射天线单元来弥补工作性能损耗可以作为一项有效的解决方案，但目前现有的高性能圆极化端射天线存在的口径宽度较大、集成难度高的缺陷[32-33]，因此在其直接应用于多波束天线阵列的设计中时，会造成天线阵列中的单元间距过大，势必会造成包括旁瓣过高、辐射角度受限等问题，也大大制约了端射多波束天线阵列应用的相关发展。

针对上述问题，在本节中，首先设计并提出了一种可工作于 W 与 D 频段小型化对称缝隙端射天线单元，并通过采用阶梯型缝隙设计，进一步缩小了辐射口径宽度。对于该改进型端射圆极化天线单元，一方面能够更好地应用于多波束天线阵列（口径宽度缩小至 0.77 个波长），可得到更低的副瓣电平与更大的辐射角度；另一方面在缩小体积的同时其工作性能依然得到保证，进一步确保了其天线阵列的高性能。其次，设计实现了一种基于间隙波导（GWG）技术的 2×2 波束成形网络，以实现在 2D 平面的波束变换。最后通过连接上述端射天线阵列与波束成形馈电网络，获得了可以产生四个波束切换的圆极化端射天线阵列，并通过仿真和实测对方案可行性进行了验证。

5.4.1　圆极化端射天线设计

1. 结构与工作原理

宽带阶梯型渐变缝隙端射天线的几何结构如图 5-4-1 所示。天线通过底部的 WR-10 标准矩形波导口馈电。天线结构由两部分组成：第一部分是宽度为 WD、高度为 HD 的标准波导，第二部分是由 WD_1 和 HD_1 决定尺寸的平面波导。与先前所报道的对称线性锥形缝隙天线（ALTSA）相比，该端射天线有一些不同的新特性。首先，相比之前端射天线 ALTSA 结构，为了保证更好的性能端口末端尺寸进行了展宽，其宽度达到了 1.48λ（λ 为空气中的波长）[44]，而本设计中，末端平面波导的尺寸进行了缩减，其宽度尺寸参数为 $WD_1 = 2.1$ mm，减小到 0.77λ，即该尺寸不仅比通常的结构更小，更是比所用的标准馈电波导 WR-10（宽度 2.54 mm）的宽度更小。通过减小端射天线末端尺寸有利于天线的集成化，特别是在天线阵设计中，小于 λ 的单元间距有利于在组成天线阵列中方向图不出现栅瓣。其次，在平面波导的宽边侧面采用了三对对称的阶梯形缝隙代替单纯的线性锥形槽，实现更细致的参数调整以取得更好的性能。对称阶梯缝隙的细节如图 5-4-1(d)所示，各节阶梯缝隙的宽度和长度分别由参数 WC/LC、WC_1/LC_1 和 WC_2/LC_2 决定。

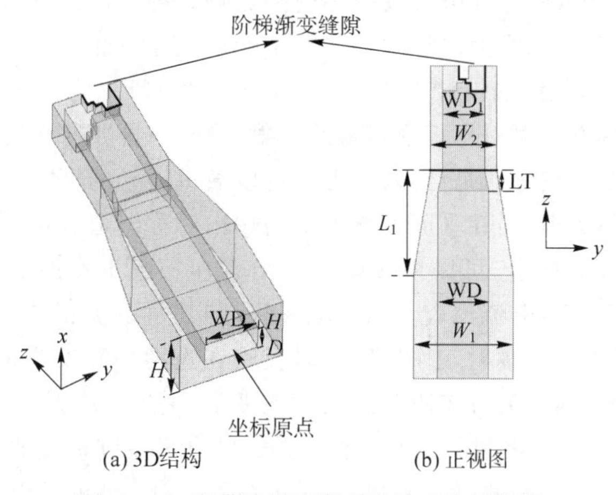

(a) 3D结构　　(b) 正视图

图 5-4-1　宽带阶梯型渐变缝隙天线结构图

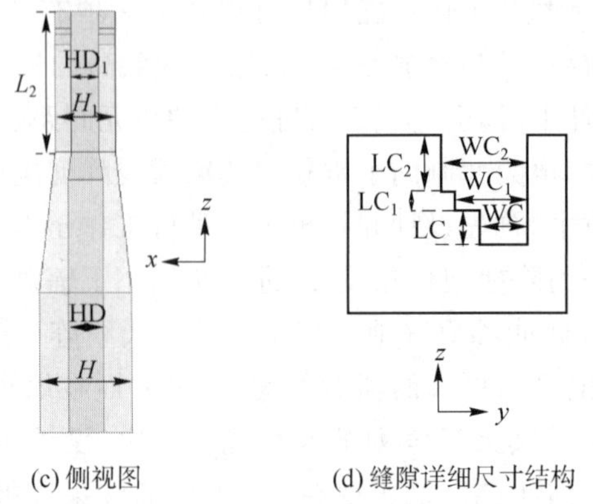

(c) 侧视图　　(d) 缝隙详细尺寸结构

图 5-4-1　宽带阶梯型渐变缝隙天线结构图(续)

为了更好地分析该端射天线的工作原理,对于这种基于金属波导结构的天线来说,可以从传输线相关理论分析入手。众所周知,对波导传输线的分析重点在于对其内部传输的电磁场模式进行研究。同理可知,该端射天线内部的电流分布可以用式(5.4.1)来求解[34]:

$$J = n \times H \tag{5.4.1}$$

式中,n 表示单位法向量,J 和 H 分别表示平面波导内部的表面电流和磁场。进一步可得[32]:

$$Js\,|\,x=-b/2=e_y H_m \cos\left(\frac{m\pi}{a}y+\frac{m\pi}{2}\right)\cos\beta z-e_z\frac{\beta a}{m\pi}H_m\sin\left(\frac{m\pi}{a}y+\frac{m\pi}{2}\right)\sin\beta z$$

$$Js\left|x=\frac{b}{2}=-Js\right|y=-\frac{b}{2}$$

$$Js\,|\,y=-a/2=-e_x H_m\cos\beta z Js\,|\,y=a/2=\mathrm{e}_x H_m\cos(m\pi)\cos\beta z \tag{5.4.2}$$

式中,x、y 和 z 对应图 5-4-1 中的直角坐标轴方向;e_x、e_y 和 e_z 分别是三个方向上的单位向量;a 和 b 分别代表平面波导的宽度和高度;β 是平面波导内的相位常数;H_m 是磁场的大小。在本设计中,根据式(5.4.1)和式(5.4.2),可以得到在平面波导中,工作频带内的主模是 TE_{10} 模式,进一步可以确定内部的侧壁(坐标系中 $x=-b/2$ 和 $x=b/2$ 以及 $y=-a/2$ 和 $y=a/2$ 时)上的电流分布,以此为基础,图 5-4-2 所示为平面波导开缝隙后其内壁的电流分布,可以发现在平面波导上下宽边侧壁引入横向缝隙的情况下,与文献[32]中描述相似的情况结果一致,波导内部侧壁的电流分布几乎不受到影响。因此可以进一步推出,这种在波导上下侧壁引入缝隙的情况下,平面波导中的主要工作模式会不受影响而保持不变。

图 5-4-3 所示为端射天线的设计路线,其中图 5-4-3(a)所示为作为初始设计的结构,即在平面波导宽边末端具有一对对称矩形缝隙的端射天线[35]。如前文所述,端射天线平面波导内部的工作模式以及电流分布是已知的,因此可以通过波导的模式电流分布为基础,对端射天线的工作原理做如下理解:在平面波导末端的切出对称缝隙后,剩余的两侧宽边内部表面壁上的电流在图中 y 方向上,可以视作以一对结合在一起工作的电偶极子。同时,平面波导窄边两边内壁侧面上的电流没有受到缝隙影响,则其可以在 x 方向上可以看作是一对磁偶极子。因此,端射天线的辐射工作性能可以反映在这两个正交方向上的两个不同偶极子,进一步来说是由侧壁的电流分布决定的两对偶极子,决定了端射天线远场中 y 方向和 x 方向两个电场分量 E_x 与 E_y 之间的幅度和相位差。结合天线圆极化的定义,E_x 和 E_y 之间是否能形成等幅度同时存在 90°的相位差值,将是关系到端射天线的圆极化性能的关键。

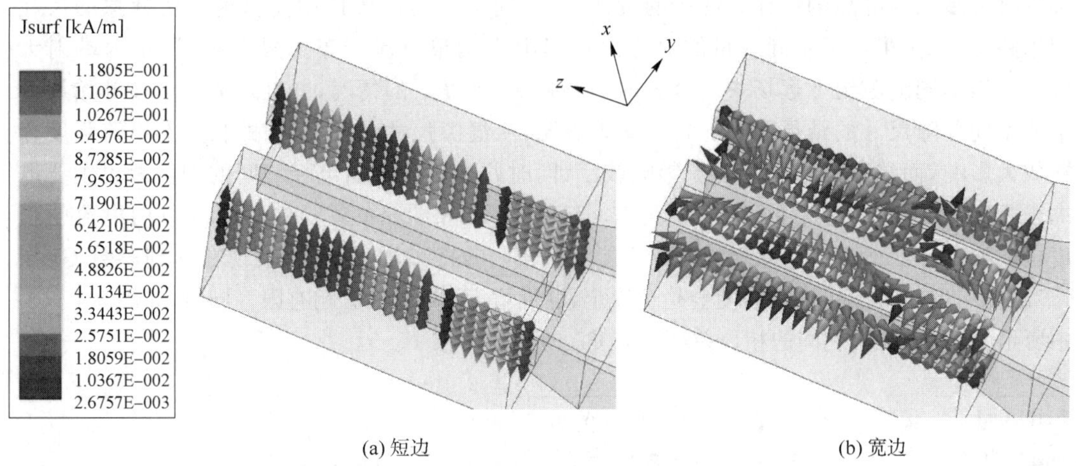

(a) 短边　　(b) 宽边

图 5-4-2　平面波导开缝隙后内壁的电流分布

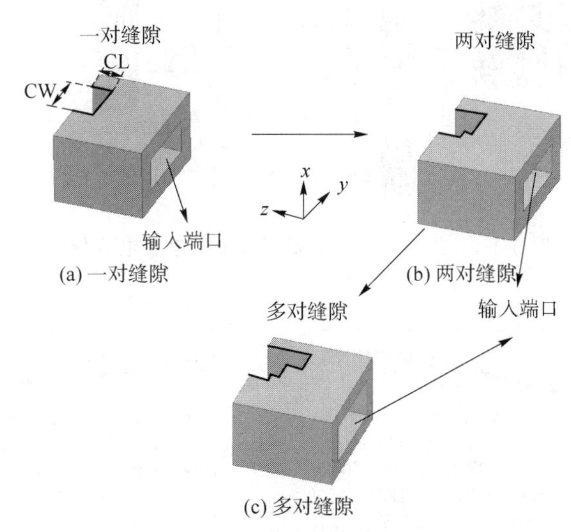

(a) 一对缝隙　　(b) 两对缝隙

(c) 多对缝隙

图 5-4-3　端射天线的设计流程

为了进一步说明，如图 5-4-4 所示为最初设计中端射天线末端电场电流分布，可以清楚地看到两个正交方向上的电流与磁流分布情况。可以发现，两个正交方向的电流幅度差值较大，特别是在 y 方向产生的电流幅度不够高，因此无法很好地满足圆极化辐射形成的条件。这一现象是由于 y 方向电偶极子的强度不足，考虑到在本设计中，平面波导的尺寸减小到了小于自由空间中一个波长的大小，因此，在仅有一对缝隙端射天线的方案中，与之前提出的端口增宽方案中的 y 方向的电流相比[32]，其产生的激励电流明显不足，造成波导内部的模式电场分布更强，进一步使得 x 方向的电流增大，导致两个正交方向上的电流幅度差增大，干扰了该天线圆极化辐射的形成。因此，在这类端射天线设计中，如何进一步平衡两个正交方向上的电流强度，是提高圆极化性能的关键途径。如果从天线的初始设计入手改进解决，首先想到的是提高宽边表面的电流幅度，具体到设计中来说可以通过增加缝隙的尺寸来实现，即单纯的扩大缝隙尺寸或者增加缝隙数量。图 5-4-3(b)所示为具有两组缝隙的端射天线的改进设计。同时在考虑到实际制造公差后，图 5-4-3(c)所示为更进一步的一种具有最多三组缝隙的设计。在新的设计中,不同于在初始设计中简单地改变缝隙的尺寸的思路,进一步采用了不同数量的对称阶梯缝隙来调整电流分布。图 5-4-5 所示为端射天线在采用不同缝隙组下远场中两个方向上场强 E_x 和 E_y 的情况,并且还加入了在开始设计中的不同缝隙尺寸的结果作为比较。结果表明,从缝隙尺寸来说,缝隙的长度对电流强度存在较大影响,而缝隙的宽度对电流影响较小,同时两个正交方向电场之间的相位差也主要取决于长度 CL。值得注意的是,尽管随着 CL 的增大,如图 5-4-5(a)中所示 y 方向电流的强度也会增强。然而 CL 的持续增大并不能使得 E_y 的持续增强,具体表现在达到参数 CL=0.5 mm(0.133λ)以后,电流强度会趋于稳定,继续增大 CL 对其影响有限。同时,如图 5-4-5(c)中所示的 E_x 和 E_y 之间的相位差会随着 CL 的增强而减小。

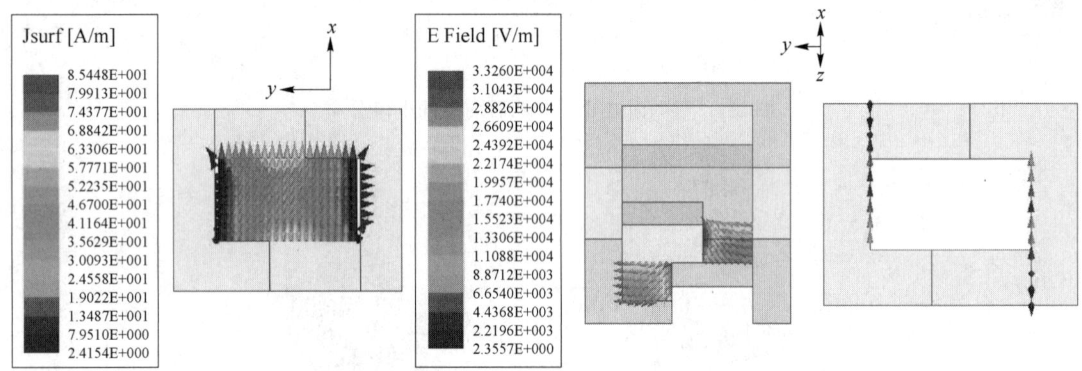

图 5-4-4　最初设计中端射天线末端电场电流分布

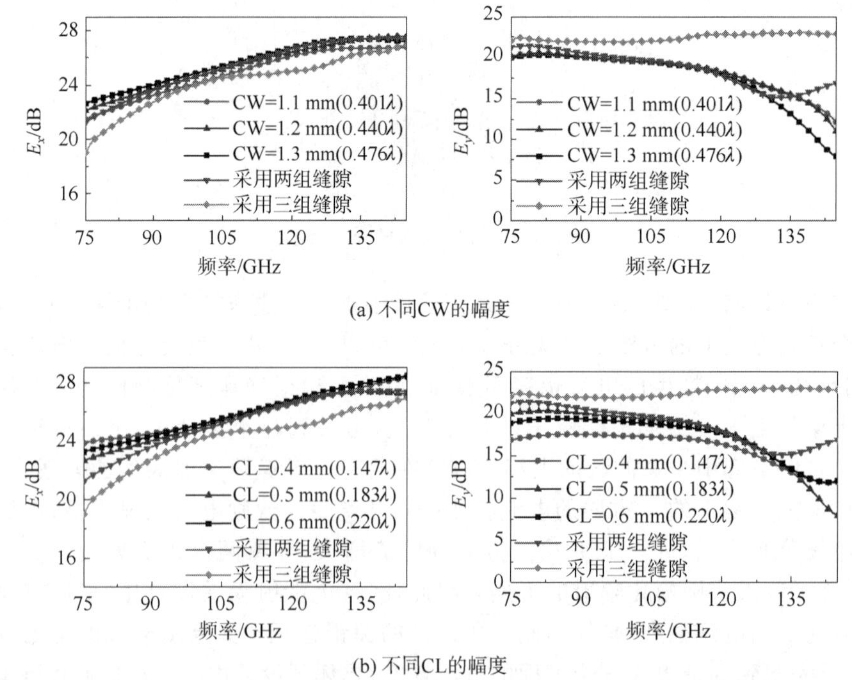

图 5-4-5　不同参数之间的 E_x 和 E_y 区别

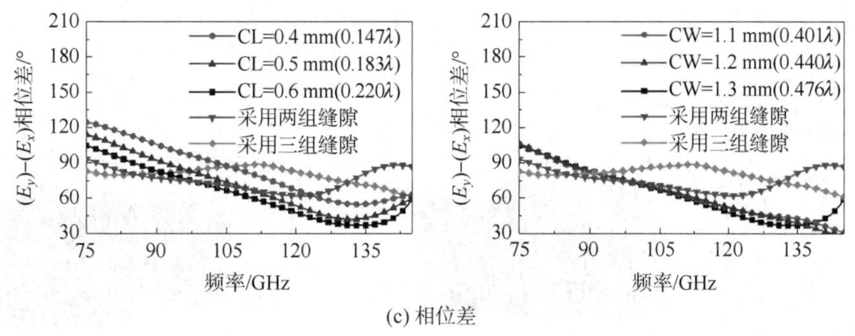

(c) 相位差

图 5-4-5 不同参数之间的 E_x 和 E_y 区别(续)

综上所述,可以发现:首先,在初始设计中通过简单地调整 CW 和 CL 的尺寸并不能有效地提高端射天线的圆极化性能。其次通过观察对比可以发现,如果引入两组或以上的对称阶梯缝隙来组成缝隙组,可以调整实现 E_x 和 E_y 之间的相位差在较宽的频段内实现稳定且接近 90°。进一步说,如果当仅引入两对缝隙时,对于初始设计中的 E_y 的幅度的改善并不十分显著,特别是在如图 5-4-5 中所示 90～120 GHz 的频率范围内,其场强幅度分布与仅采用一组缝隙的情况下相近。当引入三组对称缝隙时,正交方向上 E_x 和 E_y 的电流幅值和相位均可以在较宽频率范围内更稳定,确保了实现圆极化的形成条件。而关于阶梯缝隙的尺寸对端射天线的圆极化性能的具体影响,将在下节参数研究部分中进行讨论。

最后,为了进一步说明提出的端射天线的圆极化工作原理,图 5-4-6 所示为端射天线在周期 T 内于末端端口的 xoy 平面的电场分布,以及内侧侧壁上的电流分布。从图中可以看出,在初始时间 $t=0$ 时平面波导末端的内部电场幅度较弱,此时末端窄边上的电流分布也较弱,即沿着 x 方向上的电流未被有效激励。可以观察到宽边上的电流幅度较强,并可合成为朝着 y 正方向的电流。在时间 $t=T/4$ 时,情况产生变化:末端的电场强度很强,因此沿窄边 x 方向上的电流占主导地位,而宽边表面上沿着 y 方向电流由于方向相反而被抵消。在四分之一周期内,正交方向上的两个电流交替被激励。而且在 $t=T/2$ 和 $t=3T/4$ 时间处的电场和电流分布依次与 $t=0$ 和 $t=T/4$ 处除电流指向方向相反外,可以依次对应。综上所述,端射天线通过在两个正交方向上以 90°相位差激励的两个电流,满足了产生圆极化辐射的条件。通过对阶梯缝隙的调整,对天线的圆极化性能产生影响。

2. 参数研究

通过波导的相关理论可以知道对于平面波导来说,其宽度对主模的截止频率有显著的影响,因此平面波导的尺寸对端射天线性能起着至关重要的影响。如图 5-4-7(a)所示,其阻抗带宽受宽度 WD_1 的显著影响,具体表现为,随着参数 WD_1 从 1.9 mm(0.696λ,λ 为空气中波长)增大至 2.3 mm(0.842λ),平面波导中的主模式 TE_{10} 的截止频率也会逐渐移动至更低的频率,同时带宽内 $|S_{11}|$ 参数值变化较小,能够实现稳定的 $|S_{11}|<-10$ dB 带宽。通过这一特性,对宽度参数进行调整以确定端射天线的截止频率大小,进一步确定预期的工作频率。此外随着端口宽度的变化,阶梯缝隙减去的面积相对于总宽边的面积所占比例也产生了变化,也相当于缝隙的长度比例发生了变化。因此在图 5-4-7(b)中可以发现轴比带宽(AR<3 dB)也随着 WD_1 的变化而产生明显变化。当参数 WD_1 值增加时,轴比带宽会有所改善,朝高低频率两边扩展。而当达到 $WD_1=2.1$ mm 以后,继续增大 WD_1 会导致轴比带

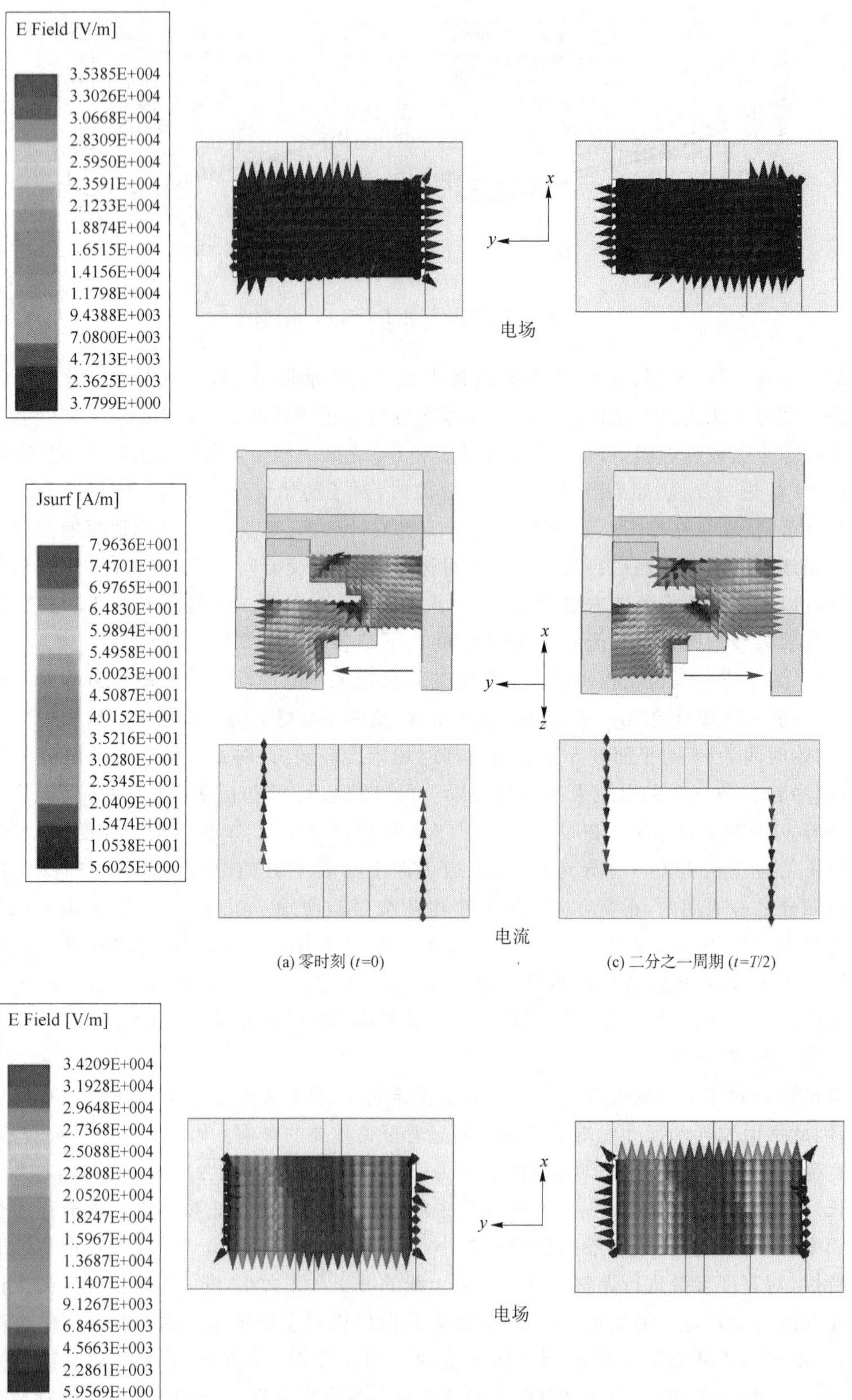

图 5-4-6　端射天线在一个周期内的仿真电场和电流分布

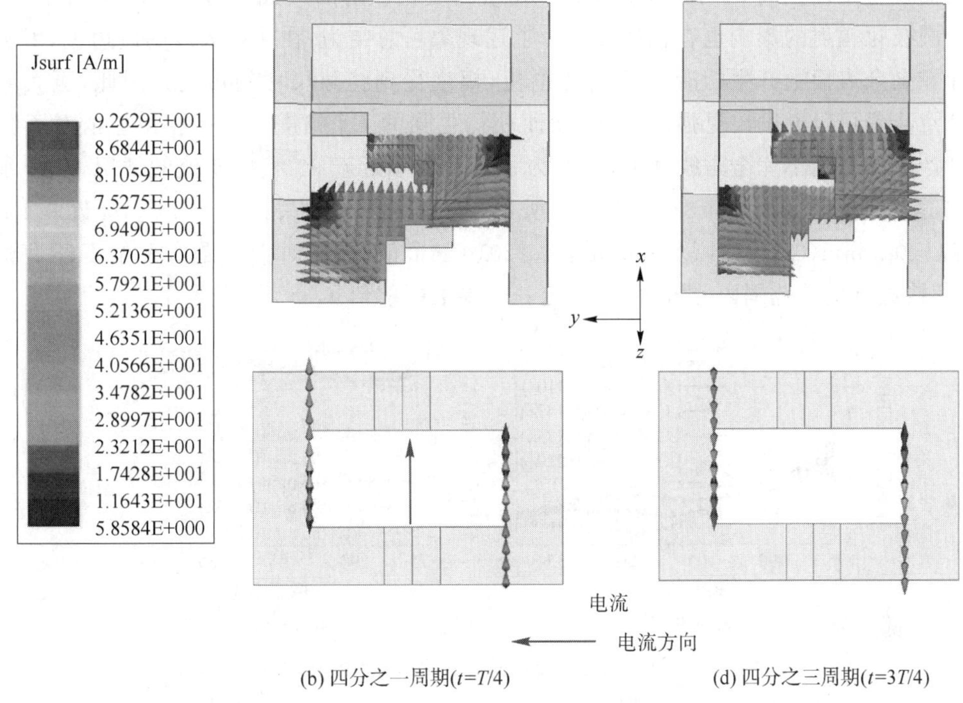

(b) 四分之一周期($t=T/4$)　　(d) 四分之三周期($t=3T/4$)

图 5-4-6　端射天线在一个周期内的仿真电场和电流分布(续)

宽降低。具体表现在频率 105 GHz 左右的轴比值会明显增大,从而使得总体带宽覆盖范围变小。综合考虑到阻抗带宽和轴比带宽两者的情况下,将参数 WD_1 的最合适值选择为 2.1 mm。

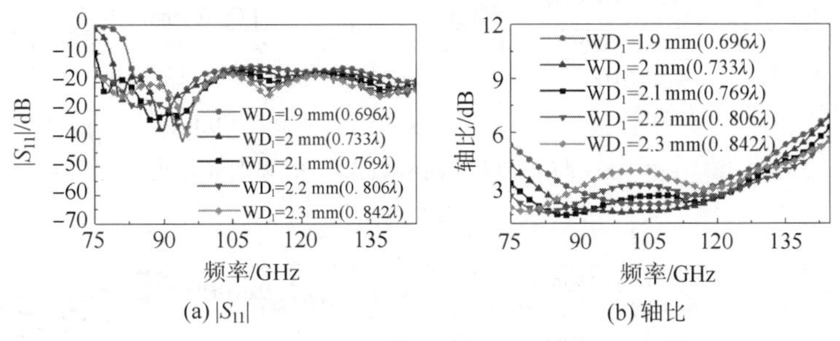

(a) $|S_{11}|$　　(b) 轴比

图 5-4-7　不同参数 WD_1 随频率变化的 $|S_{11}|$ 和轴比

通过三组宽边缝隙组成的阶梯形缝隙组的尺寸,对端射天线在远场的场强,即两个正交方向上的 E_x 和 E_y 的幅度和相位差都有显著影响。具体表现为:正交 x 方向和 y 方向的两对偶极子之间的产生的强度和相位差主要受各组缝隙的长度影响,相比之下受宽度影响较小。因此在图 5-4-8、图 5-4-9 和图 5-4-10 中分别研究了各组阶梯缝隙,在不同长度参数 LC、LC_1 和 LC_2 下的产生的 E_x 和 E_y 的场强幅度差和相位差。图 5-4-8 中,最内侧缝隙的长度参数 LC 对两个方向场强的幅度大小均有明显影响,随着 LC 的增大,y 方向上的电场强度增大,导致场强的幅度差值增大。然而此时两个方向上的相位差值会逐渐减小,随频率变化的曲线会逐渐偏离 90°值，这个现象不利于圆极化辐射的形成。另外 LC_1 与 LC_2 参数变化对圆极化辐射的影响也有相似表现。上述现象可总结为：在端射天线的侧边上，因引入缝隙而在剩余表面上产生的沿 y 方向的电流，幅度受到缝隙尺寸的影响。因此，更大的缝隙尺寸意味着可以激励出更强的电流，从而获得更强的 E_y 幅度。然而相位差值对于缝隙的长度产生的变化不完全是线性的，因此为了实现更接近于 90°相位差值的情况，几个参数需要取适当的值。如图 5-4-8～图 5-4-9 所示，当调整参数 LC、LC_1 和 LC_2 接近 0.4 mm(0.147λ)、0.2 mm(0.073λ)以及 0.6 mm(0.220λ)三个值时，此时无论是对于幅度还是相位差值，都接近预期的范围内，据此可以确定三个参数的取值。

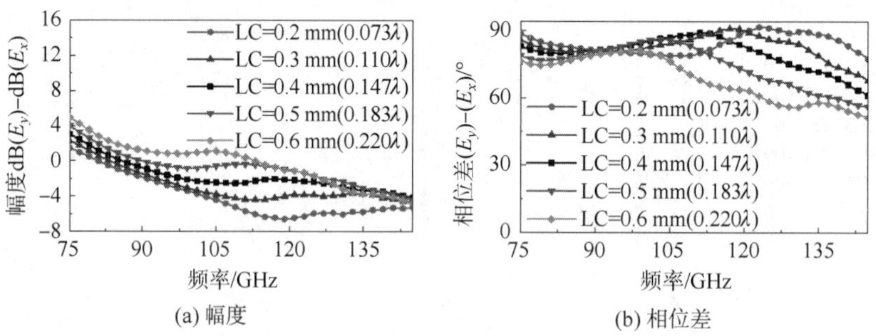

图 5-4-8　E_x 与 E_y 随不同参数 LC 的幅度和相位差

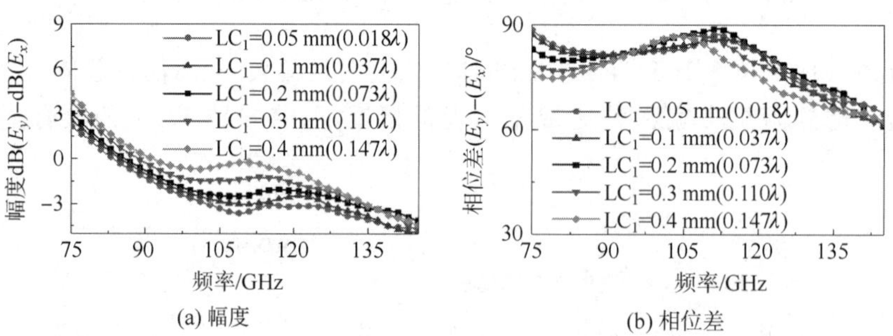

图 5-4-9　E_x 与 E_y 随不同参数 LC_1 的幅度和相位差

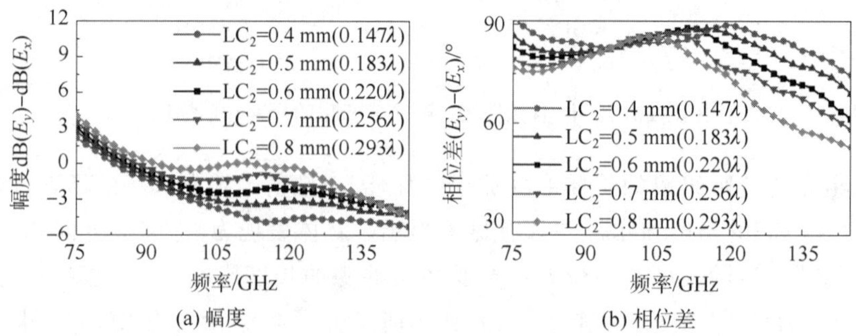

图 5-4-10　E_x 与 E_y 随不同参数 LC_2 的幅度和相位差

考虑到实际加工制造中存在的公差，以及综合性地了解主要尺寸参数对设计中端射天线性能的影响，如图 5-4-11 所示为在取不同参数值时，端射天线的性能产生的变化。由

图 5-4-11(a)可以发现端射天线的反射系数$|S_{11}|$在参数 LC=0.4 mm±0.2 mm、LC_1=0.2 mm±0.1 mm 以及 LC_2=0.6 mm±0.2 mm 变化范围内，虽然谐振频率点的数量与其幅度值会随参数的不同而产生变化，但端射天线的$|S_{11}|$<-10 dB 的带宽几乎没有受到影响，说明对天线的阻抗带宽来说，上述参数的变化造成的影响并不大，同时$|S_{11}|$的幅值在所示频率范围内始终保持在-10 dB 以下。在图 5-4-11(b)中，与之前的对参数 LC、LC_1 与 LC_2 的研究相对应，轴比 AR<3 dB 带宽受到的影响较大，具体来说在所示中间频率 90 GHz 到 120 GHz 范围内，轴比值随参数的变化较为明显，且对参数 LC 和 LC_2 的变化较为敏感。综合来看，端射天线能接受的制造公差范围变化在 0.2 mm 内，体现了对制造精度要求较低的特性。

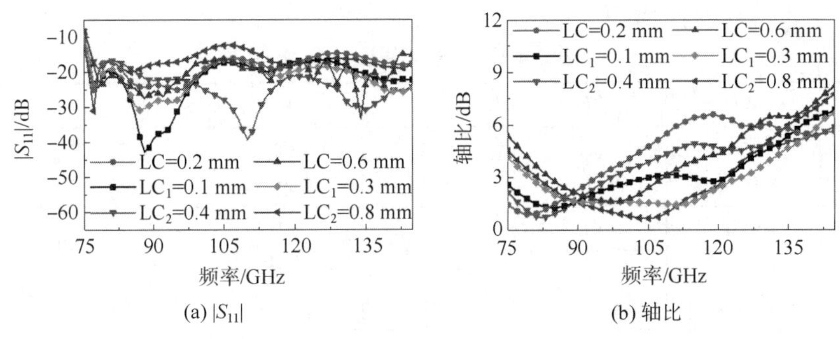

图 5-4-11 采用不同参数值时的$|S_{11}|$和轴比

综上所述，考虑到工程实践，给相关设计提供指导，下面列出了该类型端射天线设计的简单步骤流程。

(1) 步骤 1：根据所需的工作频率要求，确定天线馈电的标准矩形波导尺寸。

(2) 步骤 2：随后将平面波导的宽度减小到 $WD_1\approx0.7\lambda$，其中 λ 为中心工作频率的波长。同时调整平面波导的高度，在获得所需的工作带宽的同时取得合适的轴比带宽。

(3) 步骤 3：对平面波导末端的阶梯型缝隙的尺寸进行调整优化。特别是对于参数 LC、LC_1 和 LC_2，即缝隙的长度参数进行优化调整，以进一步实现预期的工作性能。

(4) 步骤 4：观察端射天线在远场的场强幅度与相位，即$(E_y)-(E_x)$的差值在所需频率带宽内是否都位于可接受范围内。如果是，则可以完成端射天线设计；如果没有，返回步骤 3 继续进行调整。

(5) 步骤 5：完成阶梯缝隙端射天线的仿真设计。

3. 实测与讨论

如图 5-4-12 所示为实际加工制造的阶梯缝隙端射天线的原型，采用了表 5-4-1 所示的经过调整的相关尺寸参数。由于端射天线的工作频率覆盖范围，测量结果由两部分组成，即通过 W 波段(75～110 GHz)和 D 波段(110～170 GHz)的测试设备来分别获得。还应注意的是，为了使得得到的测量结果更加精确，D 波段的测试部分是在采用了图中所示的 WR-10 至 WR-7 标准波导转换结构下进行的。

图 5-4-12　天线加工实物原型

表 5-4-1　端射天线设计参数

参数	WD	WD_1	W_1	W_2	WC	WC_1
值/mm	2.54 0.931λ *	2.1 0.769λ	4.94 1.810λ	3.3 1.209λ	0.7 0.256λ	1 0.366λ
参数	WC_2	H	LT	HD	HD_1	L_1
值/mm	1.3 0.476λ	3.4 1.245λ	1 0.366λ	1.27 0.465λ	1 0.366λ	5 1.831λ
参数	L_2	LC	LC_1	LC_2	H_1	L
值/mm	5 1.831λ	0.4 0.147λ	0.2 0.073λ	0.6 0.220λ	2.2 0.806λ	25 9.158λ

* λ 为中心频率在空气中的波长。

端射天线的仿真与实测结果对比如图 5-4-13 所示，同时添加了转换结构的端射天线仿真结果作为参照对比。在图 5-4-13(a)中，在 W 波段范围内，该部分的实测$|S_{11}|$参数曲线与仿真得到的曲线接近。而在 D 波段部分，由于转换结构带来的误差损耗，造成实测结果变化幅度相较 W 波段部分更大，但结果仍然在可接受的范围内，其$|S_{11}|<-10$ dB 带宽没有受到影响。如图 5-4-13(b)所示，与工作带宽内的仿真增益结果相比，实测得到的左手圆极化(LHCP)增益有 1 dB 范围以内的浮动，而测得的轴比(AR)带宽与仿真结果基本一致，曲线值变化也在合理范围内。综上所述，相关测量结果表明，本节中提出的对称阶梯缝隙端射天线加工实物原型分别实现了以下实测性能：63.5%(75.1～145 GHz)的相对$|S_{11}|<-10$ dB阻抗带宽、50%(75.9～125.3 GHz)的相对 AR<3 dB 轴比带宽以及最大可达8.8 dBic的 LHCP 圆极化增益，同时在圆极化工作带宽内，实测得到的辐射效率范围为83.7%至98.1%。该端射天线的各项性能均达到了设计预期。

图 5-4-14 所示为在工作带宽内的数个频率点时，端射天线在两个正交平面上的仿真和实测的归一化 LHCP 辐射方向图，以及仿真和实测 AR 角度覆盖情况对比。仿真与实测的辐射方向图和轴比覆盖角度均为均包含最大辐射方向的$-90°\sim90°$角度区域，即 180°的角度范围。值得注意的是，由于工作频率较高，且该端射天线的末端辐射孔径面积较小，尤其在实验暗室测试环境下，需要采用必要的连接部件，如波导适配器，扩频模块等器件相比，尺寸相差较为悬殊。因此，实际测量情况下得到的端射天线的主波束必然会受到测试范围内

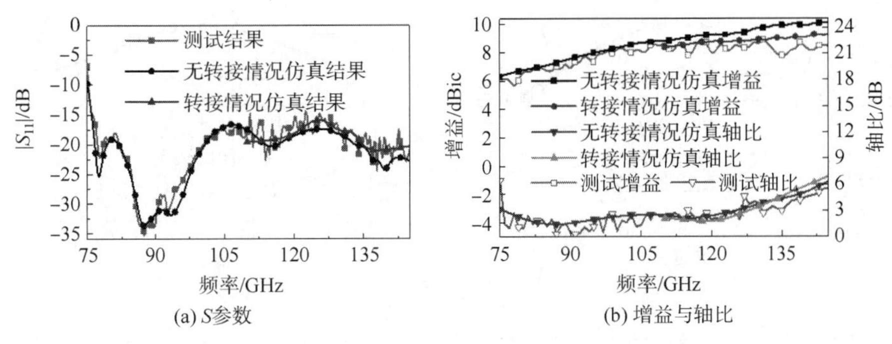

图 5-4-13 天线仿真与测试结果

环境反射的影响，可能会造成与仿真结果不一致的情况。从图中仿真与测试的结果对比，可以观察到实测的辐射方向图的半功率束宽度（HPBW）与仿真得到的结果较为一致。同时，由于实际测试环境的限制，轴比 AR 的测量是在线极化测试环境下得到的，即通过两个正交平面上的辐射方向图，两个不同接收方向的差值间接获得的，这种方式会导致轴比测量结果产生一定误差，因为实施测量的两个正交测试平面上不一定与圆极化辐射中的长轴与短轴方向一一对应，会出现偏振椭圆旋转的情况。然而在几个频点的测试 HPBW 范围内，实际测得的 AR 值都低于 3 dB，而且 AR 曲线的变化趋势仿真与实测的结果一致。综上所述，在带宽内的数个频率点上，端射天线的辐射方向图仿真与实测的结果吻合良好。最后，表 5-4-2 所示为该端射天线与部分相关参考文献中的工作的简要比较，包括性能，工作频率与尺寸。从表中可以发现，本节所提出的紧凑型小型化端射天线，不仅在性能具有一定优势，同时尺寸明显小于同类型金属结构端射天线[32、33、36]，与采用介质结构的端射天线尺寸接近[37]，十分适合于作为天线单元应用于天线阵列。

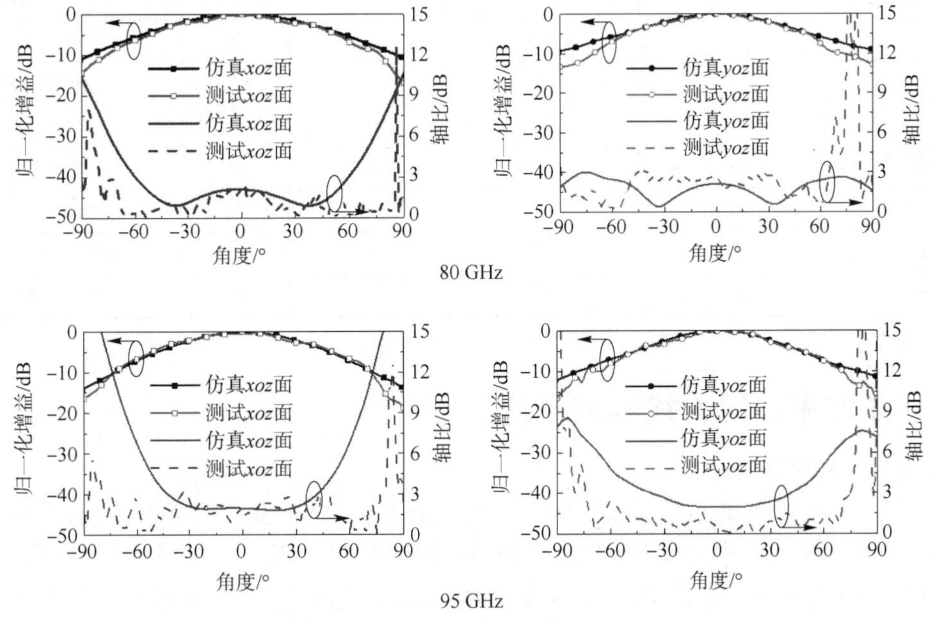

图 5-4-14 天线仿真与测试方向图轴比

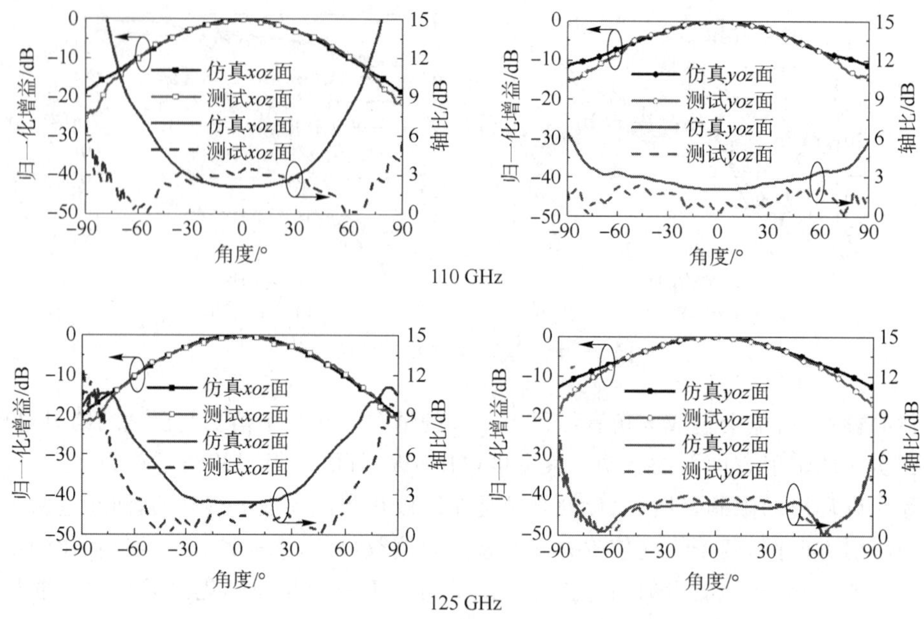

图 5-4-14 天线仿真与测试方向图轴比(续)

表 5-4-2 阶梯缝隙端射天线与参考文献性能对比

参考文献	阻抗带宽(%)	轴比带宽(%)	最大增益/dBi	频率/GHz	尺寸(波长 λ)
[32]	40	34	11	60	1.48λ×0.38λ
[33]	40	40	12.8	60	λ×0.75λ
[35]	52.9	41	12.9	30	0.76λ×0.15λ
[36]	27.6	27.6	10.5	60	0.83λ×0.7λ
[37]	23.6	27.5	7.2	37.5	0.69λ×0.38λ
[38]	44	*	6	60	0.57λ×0.42λ
[39]	46.5	\	7.3	60	0.66λ×0.47λ
[40]	13	\	8	42	0.52λ×0.04λ
[41]	47	\	9.6	28	0.86λ×0.42λ
本节内容	63.5	50	8.8	100	0.77λ×0.37λ

* \表示无。

5.4.2 多波束端射天线阵列设计

1. 波束成形网络设计

基于 5.4.1 节提出的端射天线作为单元组成的 2×2 端射多波束天线阵列,其结构如图 5-4-15所示。天线阵列由两部分结构组成:波束成形网络(BFN)和辐射天线阵列。其中 BFN 由多个器件组合实现:包括 3 dB H 面耦合器、3 dB E 面耦合器、90°间隙波导(GWG)转弯结构和波导(WG)到 GWG 过渡转换结构。天线阵列采用四个标准 WR-10 波导端口作为输入端口 1~4 来实现不同的波束方向控制。图中标记的端口 5~8 为 BFN 的输出端口,便于直观地分析整个 BFN 的性能。考虑到工作频段较高的问题，整个馈电网络采用了间隙波导技术。来解决该类型馈电网络多层结构的非理想接触，产生空气间隙造成天线阵列性能下降问题。

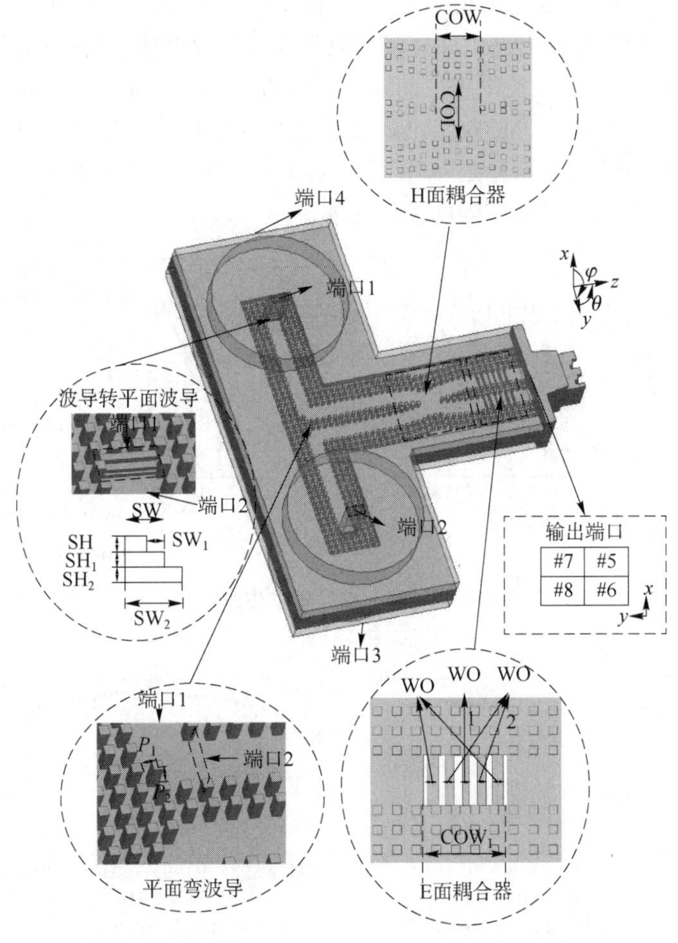

图 5-4-15　基于耦合器的馈电网络的 2D 多波束天线阵列结构

如图 5-4-16 所示为应用在本节提出的波束形成网络中的周期性金属销钉色散结构及其构成的凹槽间隙波导(GWG)的色散仿真结果。图中相关参数如表 5-4-3 所示，值得注意的是两种结构中的相同参数，包括周期间距、空气间隙和销钉高度等参数均保持相同。从色散结果可知，金属销钉色散结构实现了覆盖 50～137 GHz 的阻带，同时 GWG 也实现了 50～125 GHz 的单模传输频段，两者均覆盖了天线阵列预期的工作频段。

表 5-4-3　色散结构设计参数

参数	WP	HP	P	g	WG
值/mm	0.4	1	0.9	0.05	2.3

图 5-4-17 所示为 BFN 中的两个器件：WG 至 GWG 过渡段和 90°转弯结构的 S 参数仿真结果，可以看出两个器件的反射系数在 75～113 GHz 频段内均低于－20 dB，该带宽内插入

损耗也分别低于 0.1 dB、0.2 dB，实现了较低的传输损耗。整个 2×2 BFN 的性能如图 5-4-18 所示，相关设计尺寸参数列在表 5-4-4。考虑到整个 BFN 为对称结构，因此通过对图 5-4-18(a)中输入端口 1 的仿真性能观察可知，各个输入端口的反射系数在 75～111 GHz 频率范围内均小于-15 dB，同时各个端口隔离度在上述频段内保持在-10 dB 以下。除了 S 参数性能外，BFN 的各输出端口相位差稳定也是保证多波束天线阵列辐射性能的重点。对照表 5-4-5 中的 75～111 GHz 范围内 BFN 输出相位的理论计算值，实际的 BFN 各输出端口之间的相位差值也在图 5-4-18(b)中进行了调查。可以发现在上述预期频段内，在输入端口 1 激励情况下，各输出端口相位差值其保持稳定，幅度波动小于±10°以内，整个波束成形网络实现了稳定的性能，有利于保证整个天线阵列的良好性能。

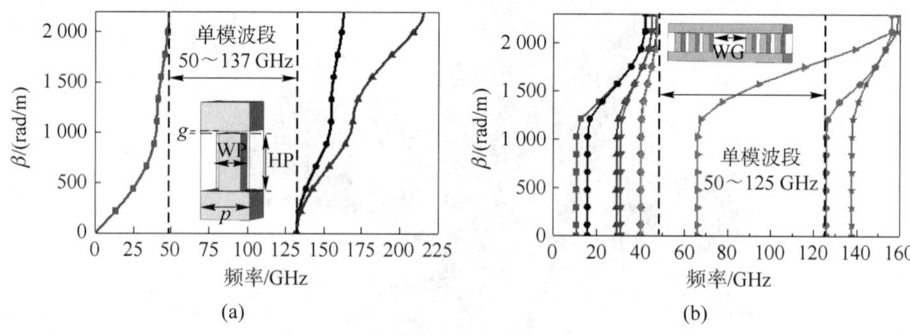

图 5-4-16　间隙波导色散仿真结果

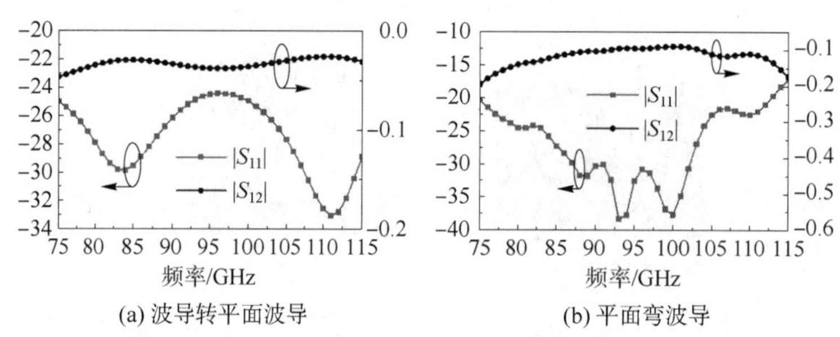

图 5-4-17　网络器件 S 参数

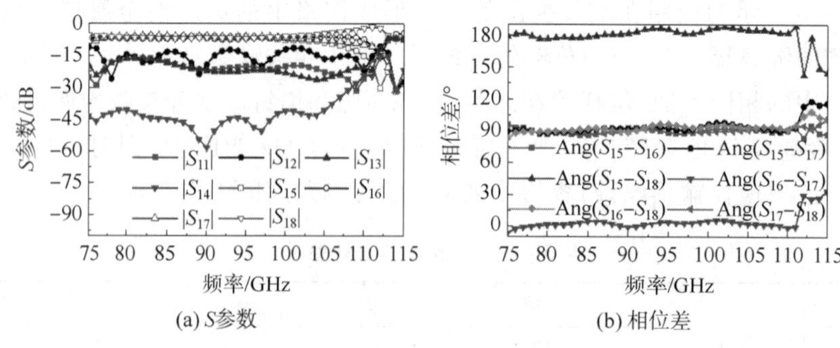

图 5-4-18　波束网络仿真结果

理论上，多波束天线阵列主波束指向在空间中极坐标的指向角度和 θ_0 和 φ_0 可由式(5.4.3)计算[25]：

$$\phi_0 = \tan^{-1}\left(\frac{\varphi y \, \mathrm{d}x}{\varphi x \, \mathrm{d}y}\right) \tag{5.4.3a}$$

$$\theta_0 = \sin^{-1}\sqrt{\left(\frac{\varphi x}{k \, \mathrm{d}x}\right)^2 + \left(\frac{\varphi y}{k \, \mathrm{d}y}\right)^2} \tag{5.4.3b}$$

表 5-4-4 波束网络设计参数

参数	COW	COW_1	COL	WO	WO_1
值/mm	3.3	4.6	4.3	0.5	0.6
参数	WO_2	P_1	P_2	SW	SW_1
值/mm	0.6	0.6	0.65	0.6	0.3
参数	SW_2	SH	SH_1	SH_2	
值/mm	0.7	0.3	0.2	0.2	

表 5-4-5 各输出端口相位差理论值

输入端口	输出端口			
	端口 5	端口 6	端口 7	端口 8
端口 1	0°	-90°	-90°	-180°
端口 2	-90°	0°	-180°	-90°
端口 3	-90°	-180°	0°	-90°
端口 4	-180°	-90°	-90°	0°

其中 d_x 和 d_y 表示天线阵列在两个正交 x 和 y 方向上的单元距离，φ_x 和 φ_y 分别表示相邻天线单元在两个方向上的相位差值，k 表示自由空间中的传播常数。

在本节提出的多波束端射天线阵列中，考虑到制造公差和实际应用，天线单元之间的距离被设为 $d_x = d_y = 2.5$ mm，据此换算为中心频率在空气中的波长表示，约为 0.8。同时根据表 5-4-5 和式(5.4.3)，作为参考可计算出在 90 GHz 频点时，在 x 方向和 y 方向上，主波束的方位角与单元之间理论相位差，列于表 5-4-6 所示。

表 5-4-6 主波束在直角坐标系中的指向角度理论值

输入端口	φ_x	φ_y	Φ_0	θ_0
1	+90°	-90°	-45°	+25°
2	+90°	+90°	+45°	+25°
3	-90°	+90°	-45°	-25°
4	-90°	-90°	+45°	-25°

2. 实测与讨论

如图 5-4-19 所示为实际加工的 2×2 多波束天线阵列原型，包括各层的结构和装配完成后的状态。各个端口也在图中做了相应标记，与图 5-4-15 所示的输入端口 1～端口 4 相对应。整个天线阵列各层使用的材料均为铝，采用计算机数控(CNC)切割工艺加工制成来保证加工精度。考虑到实际测试的环境，在测试时采用了两个相应波段的 90°弯波导来实现相邻端口间的隔离度测量。

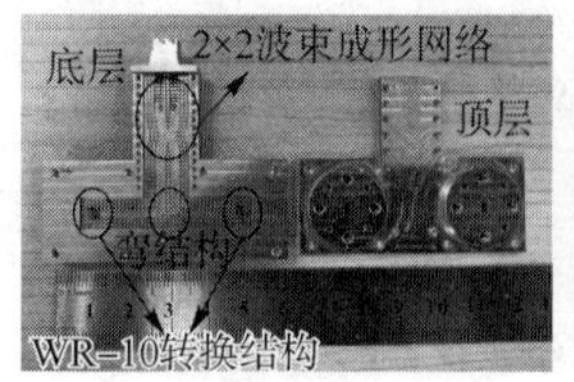

(a) 各层结构

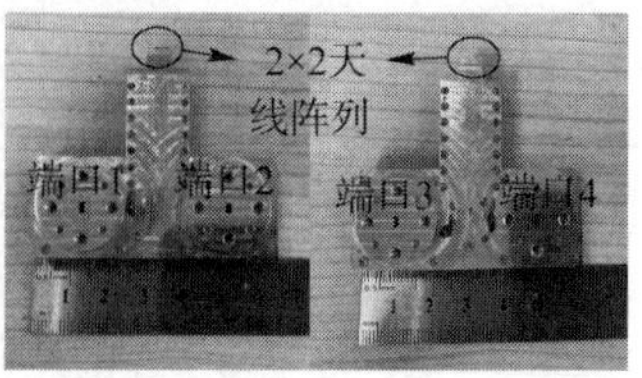

(b) 整体结构

图 5-4-19　多波束天线阵列加工原型

原型天线阵列各个端口的仿真和实测反射 S 参数如图 5-4-20(a)所示，通过观察测量结果与仿真结果的对比，发现各个端口的实测反射系数整体存在一些可接受的幅度波动和频率偏移。在存在制作公差和测试采用的弯波导引起的附加损耗的情况，实测的 S 参数反射系数小于-10 dB 的相对带宽范围仍然可以达到 37.7%(76.1～111.4 GHz)。同时如图 5-4-20(b)中所示，各个端口的仿真与实测 S 参数隔离系数幅度均在上述带宽范围内保持在-10 dB 以下。综上所述，2×2 多波束天线阵列的实物测试结果与仿真结果吻合较好，满足了预期的性能要求。

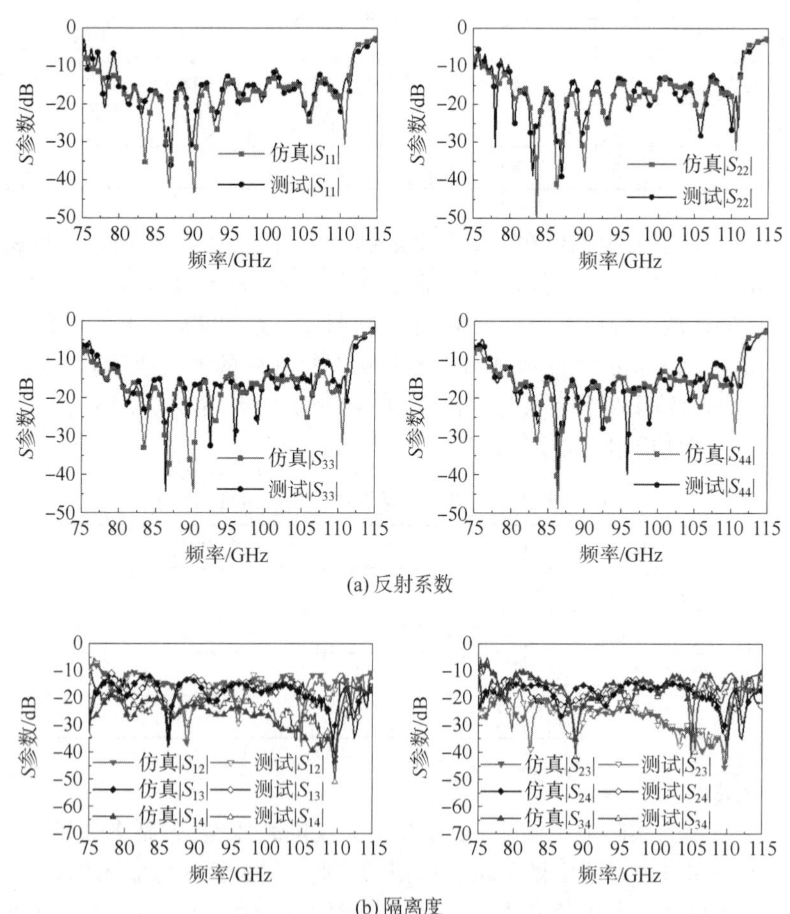

(a) 反射系数

(b) 隔离度

图 5-4-20　多波束天线阵列仿真与测试 S 参数

图 5-4-21 所示为不同输入端口 1 至端口 4 工作情况下，多波束天线阵列的 LHCP 圆极化增益以及轴比 AR 随频率变化的仿真实测性能对比。相较于仿真得到的结果，实测所得的 LHCP 增益在上述工作带宽(76.1～111.4 GHz)内：端口 1 两者之间的变化小于 1.6 dBic，端口 2 两者之间的变化小于 1.2 dBic，端口 3 两者之间的变化小于 1.2 dBic，端口 4 两者之间的变化小于 1.7 dBic。此外在带宽范围内，端口 1 到端口 4 可实现的实测的 LHCP 增益最高可分别达到 12.1 dBic、12.8 dBic、12.3 dBic 和 12.6 dBic，同时实现的最大辐射效率分别为 88.2%、94.2%、91.3%和 92.5%。对于轴比来说，所有四个输入端口的轴比 AR 值显示，无论是仿真还是实测的情况下，均实现了 AR＜3 dB 范围为 75～111 GHz的 38.7%相对带宽。

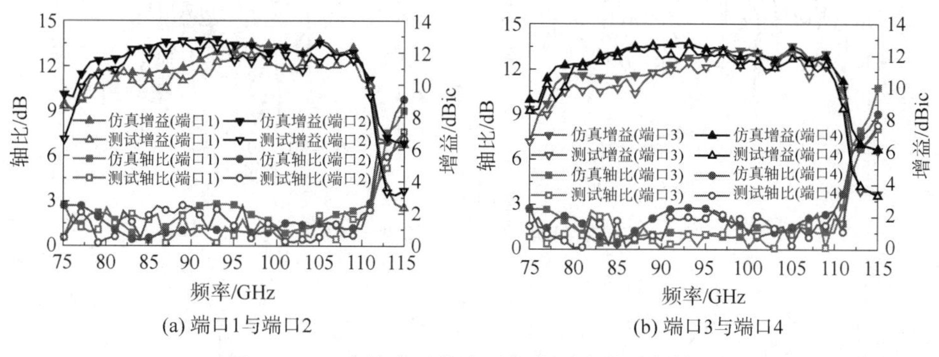

图 5-4-21　多波束天线阵列仿真测试增益与轴比

图 5-4-22 所示为带宽内几个频率点处的主波束方向平面($\Phi=\pm45°$)内－90°～90°范围内的归一化主极化 LHCP 辐射方向图(RPs)，以及在覆盖 HPBW 区域(90°范围)的轴比 AR 值。可以观察到实际测试得到的辐射方向图曲线与仿真结果接近，仿真实测的半功率波束宽度 HPBW 均达到了 35°以上。同时在各个频率点上方向图副瓣电平(SLL)均实现了小于 －12 dB，且仿真和实测之间的幅度差距不大，均在 2 dB 内。这种仿真结果和测量结果之间存在差异的原因可能是由于实际测量时的误差造成的，包括测试天线附近波导适配器和电缆等测试器件造成的反射效应，影响到了测试方向图的曲线。同时仿真和测量的轴比 AR 均在方向图的 HPBW 波束范围内小于 3 dB，且吻合度较好。作为总结，表 5-4-7 所示为本节中多波束端射天线阵列与部分参考文献中的相似工作的比较，可以发现该天线阵列在阻抗带宽与轴比带宽上均具有一定优势。

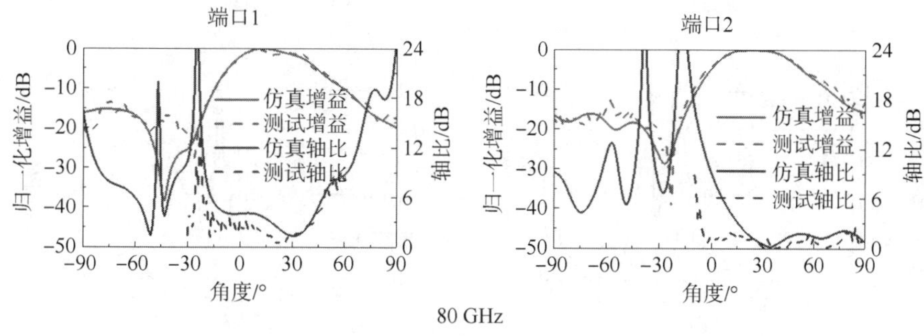

图 5-4-22　多波束天线仿真测试归一化增益与轴比方向图

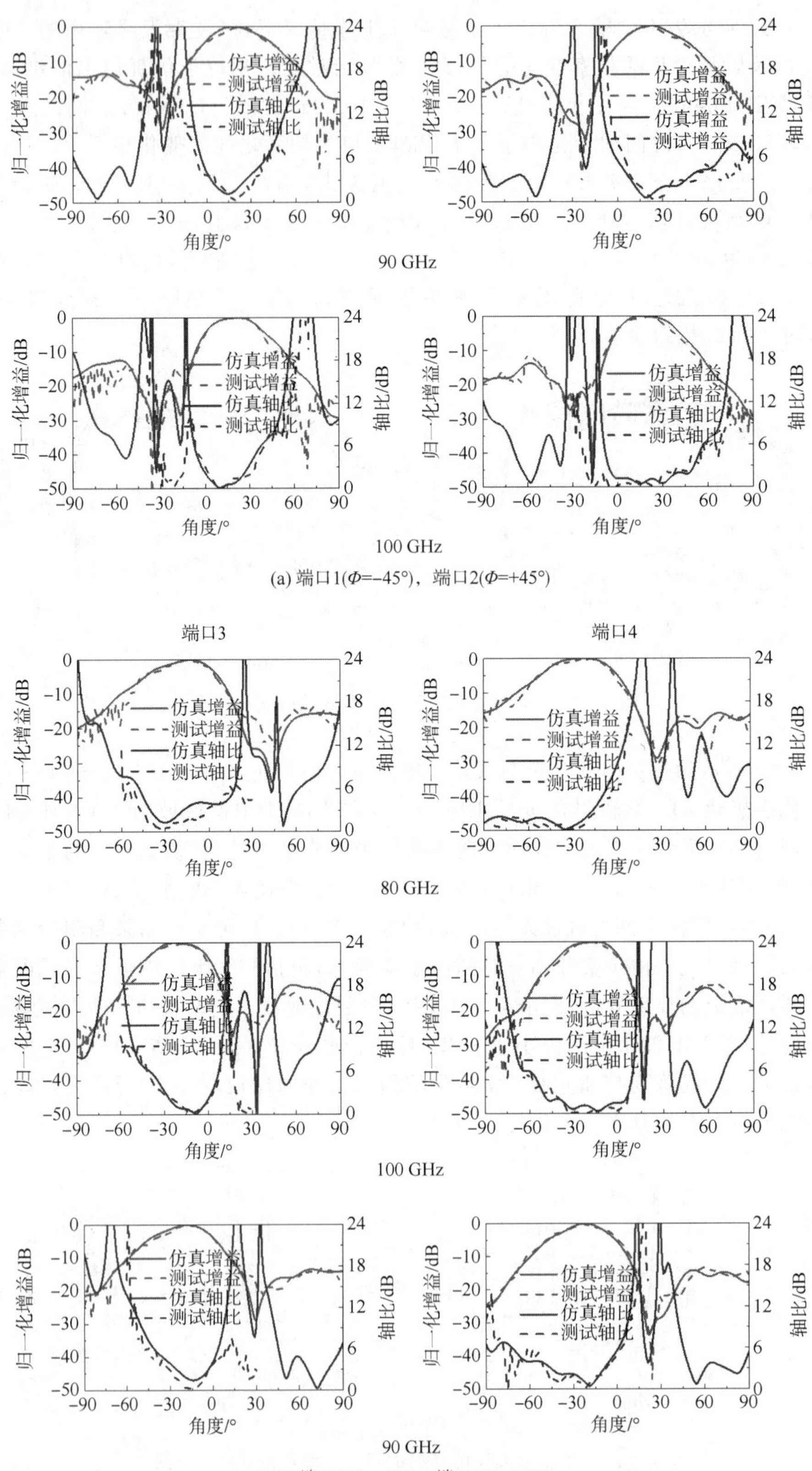

图 5-4-22　多波束天线仿真测试归一化增益与轴比方向图(续)

表 5-4-7 多波束天线阵列与参考文献性能对比

参考文献	单元数量	极化	阻抗带宽/(%)	轴比带宽/(%)	最大增益/(dBi/dBic)	频率/GHz
[37]	1×4	双圆极化	29.3	22.5	12.8	37.5
[38]	1×8	线极化	18.2	*	12	60
[39]	2×4	线极化	22	\	13.1	60
[19]	2×2	双线极化	22	\	12	60
[20]	2×2	线极化	20	\	10.3	30
[26]	2×2	线极化	27	\	12.4	60
[42]	1×4	圆极化	28.5	24.6	10.4	60
本节内容	2×2	圆极化	37.7	38.7	12.8	90

*\表示无。

5.4.3 小结

本节提出了一种适用于毫米波应用的宽带阶梯缝隙端射圆极化(CP)天线，并对基于该端射天线单元的 2×2 多波束天线阵进行了设计和分析。首先，设计了一种改进的阶梯对称缝隙端射天线单元。与之前提出的普通对称线性锥形槽(ALTSA)端射天线相比，阶梯形对称缝隙天线的性能得到了有效的提高，且天线的尺寸显著减小。仿真和实测结果表明，该端射天线的反射系数小于-10 dB 阻抗带宽达到了 63.5%(75.1～145 GHz)，轴比 AR<3 dB 带宽为 50%(75.9～125.3 GHz)，最大增益为 8.8 dBic。该端射天线由于其紧凑的尺寸以及优良的性能，十分适合于应用在端射天线阵列设计中。其次，为了实现验证端射天线单元的天线阵列应用，同时考虑降低制造和组装要求，设计了一种适用于多波束阵列应用的间隙波导(GWG)馈电网络，其中包括宽带 2×2 GWG 馈电网络、耦合和转换结构。最后，对基于提出的端射天线单元的多波束阵列进行了实际加工测试验证。结果显示，该 2×2 多波束天线阵的阻抗带宽为 37.7%(76.1～111.4 GHz)，轴比带宽为 38.7%(75～111 GHz)，最大圆极化 LHCP 增益为 12.8 dBic。该天线阵列为端射圆极化多波束天线的设计实现提供了新的思路。

本章参考文献

[1] Qin C, Chen F C, Xiang K R. A 5×8 Butler Matrix Based on Substrate Integrated Waveguide Technology for Millimeter-Wave Multibeam Application [J]. IEEE Antennas and Wireless Propagation Letters, 2021.

[2] Zhu J, Liao S, Li S, et al. 60 GHz substrate-integrated waveguide-based monopulse slot antenna arrays[J]. IEEE Transactions on Antennas and Propagation, 2018, 66(9): 4860-4865.

[3] Zheng P, Zhao G Q, Xu S H, et al. Design of a W-band full-polarization monopulse Cassegrain antenna[J]. IEEE Antennas and Wireless Propagation Letters, 2016, 16: 99-103.

[4] Kou P F,Cheng Y J.A dual circular-polarized extremely thin monopulse feeder at W-band for prime focus reflector antenna[J].IEEE Antennas and Wireless Propagation Letters,2018,18(2):231-235.

[5] Tamayo-Domínguez A, Kurdi Y, Femández-González J M, et al. Monopulse RLSA antenna based on a gap waveguide Butler matrix with a feeding cavity at 94 GHz [C]//12th European Conference on Antennas and Propagation(EuCAP 2018).IET, 2018:1-5.

[6] Zhao F,Cheng Y J,Kou P F,et al.A wideband low-profile monopulse feeder based on silicon micromachining technology for W-band high-resolution system[J]. IEEE Antennas and Wireless Propagation Letters,2019,18(8):1676-1680.

[7] Rappaport T S, Murdock J N, Gutierrez F. State of the art in 60-GHz integrated circuits and systems for wireless communications[J].Proceedings of the IEEE,2011, 99(8):1390-1436.

[8] Li Y,Ge L,Chen M,et al.Multibeam 3-D-printed Luneburg lens fed by magnetoelectric dipole antennas for millimeter-wave MIMO applications[J]. IEEE Transactions on Antennas and Propagation,2019,67(5):2923-2933.

[9] Molina H B, Marin J G, Hesselbarth J. Modified planar Luneburg lens millimetre-wave antenna for wide-angle beam scan having feed locations on a straight line[J]. IET Microwaves,Antennas & Propagation,2017,11(10):1462-1468.

[10] Wang C,Wu J,Guo Y X.A 3-D-printed wideband circularly polarized parallel-plate Luneburg lens antenna[J].IEEE Transactions on Antennas and Propagation,2019,68(6):4944-4949.

[11] Lian J W,Ban Y L,Zhu H,et al.Reduced-sidelobe multibeam array antenna based on SIW Rotman lens[J].IEEE Antennas and Wireless Propagation Letters,2019,19(1):188-192.

[12] Tekkouk K,Ettorre M,Sauleau R.SIW Rotman lens antenna with ridged delay lines and reduced footprint[J]. IEEE Transactions on Microwave Theory and Techniques,2018,66(6):3136-3144.

[13] Wang X, Fang X, Laabs M, et al. Compact 2-D multibeam array antenna fed by planar cascaded Butler matrix for millimeter-wave communication[J]. IEEE Antennas and Wireless Propagation Letters,2019,18(10):2056-2060.

[14] Tekkouk K,Hirokawa J,Sauleau R,et al.Dual-layer ridged waveguide slot array fed by a Butler matrix with sidelobe control in the 60-GHz band[J].IEEE Transactions on Antennas and Propagation,2015,63(9):3857-3867.

[15] Tekkouk K,Ettorre M,Sauleau R.Multibeam pillbox antenna integrating amplitude-comparison monopulse technique in the 24 GHz band for tracking applications[J].IEEE Transactions on Antennas and Propagation,2018,66(5):2616-2621.

[16] Yan S P,Zhao M H,Ban Y L,et al.Dual-layer SIW multibeam pillbox antenna with reduced sidelobe level[J].IEEE Antennas and Wireless Propagation Letters,2019, 18(3):541-545.

[17] Jiang Z H, Zhang Y, Xu J, et al. Integrated broadband circularly polarized multibeam antennas using berry-phase transmit-arrays for *Ka*-band applications[J]. IEEE Transactions on Antennas and Propagation, 2019, 68(2): 859-872.

[18] Li Y, Luk K M. 60-GHz dual-polarized two-dimensional switch-beam wideband antenna array of magneto-electric dipoles[C]//2015 IEEE International Symposium on Antennas and Propagation & USNC/URSI National Radio Science Meeting. IEEE, 2015: 1542-1543.

[19] Li Y, Luk K M. 60-GHz dual-polarized two-dimensional switch-beam wideband antenna array of aperture-coupled magneto-electric dipoles[J]. IEEE Transactions on Antennas and Propagation, 2015, 64(2): 554-563.

[20] Ali M M M, Sebak A R. 2-D scanning magnetoelectric dipole antenna array fed by RGW butler matrix[J]. IEEE Transactions on Antennas and Propagation, 2018, 66(11): 6313-6321.

[21] Ren F, Hong W, Wu K. W-band series-connected patches antenna for multibeam application based on SIW butler matrix[C]//2017 11th European Conference on Antennas and Propagation(EUCAP). IEEE, 2017: 198-201.

[22] Cao J, Wang H, Gao R, et al. 2-dimensional beam scanning gap waveguide leaky wave antenna array based on butler matrix in metallic 3D printed technology[C]//2019 13th European Conference on Antennas and Propagation(EuCAP). IEEE, 2019: 1-4.

[23] Trinh-Van S, Lee J M, Yang Y, et al. A Sidelobe-Reduced, Four-Beam Array Antenna Fed by a Modified 4×4 Butler Matrix for 5G Applications[J]. IEEE Transactions on Antennas and Propagation, 2019, 67(7): 4528-4536.

[24] Lian J W, Ban Y L, Yang Q L, et al. Planar millimeter-wave 2-D beam-scanning multibeam array antenna fed by compact SIW beam-forming network[J]. IEEE Transactions on Antennas and Propagation, 2018, 66(3): 1299-1310.

[25] Lian J W, Ban Y L, Zhu J Q, et al. Planar 2-D scanning SIW multibeam array with low sidelobe level for millimeter-wave applications[J]. IEEE Transactions on Antennas and Propagation, 2019, 67(7): 4570-4578.

[26] Mohamed I M, Sebak A R. 60 GHz 2-D scanning multibeam cavity-backed patch array fed by compact SIW beamforming network for 5G applications[J]. IEEE Transactions on Antennas and Propagation, 2019, 67(4): 2320-2331.

[27] Gong R J, Ban Y L, Lian J W, et al. Circularly polarized multibeam antenna array of ME dipole fed by 5×6 Butler matrix[J]. IEEE Antennas and Wireless Propagation Letters, 2019, 18(4): 712-716.

[28] Wang C, Yao Y, Cheng X, et al. A W-band High Efficiency Multi-Beam Circularly Polarized Antenna Array Fed by GGW Butler Matrix[J]. IEEE Antennas and Wireless Propagation Letters, 2021.

[29] Reed J. The multiple branch waveguide coupler[J]. IRE Transactions on microwave theory and techniques, 1958, 6(4): 398-403.

[30] Cheng X, Liu Z, Yao Y, et al. A wideband E-plane crossover coupler for terahertz applications[J]. China Communications, 2021, 18(5): 245-254.

[31] Deng J Y, Luo R Q, Lin W, et al. Horn antenna with miniaturized size and increased gain by loading slow wave periodic metal blocks[J]. IEEE Transactions on Antennas and Propagation, 2020, 69(4): 2365-2369.

[32] Yao Y, Cheng X, Yu J, et al. Analysis and design of a novel circularly polarized antipodal linearly tapered slot antenna[J]. IEEE Transactions on Antennas and Propagation, 2016, 64(10): 4178-4187.

[33] Cheng X, Yao Y, Hirokawa J, et al. Analysis and design of a wideband endfire circularly polarized septum antenna[J]. IEEE Transactions on Antennas and Propagation, 2018, 66(11): 5783-5793.

[34] Borgnis F E, Papas C H. Electromagnetic waveguides and resonators[M]//Elektrische Felder und Wellen/Electric Fields and Waves. Springer, Berlin, Heidelberg, 1958: 285-422.

[35] Wang J, Li Y, Ge L, et al. Millimeter-wave wideband circularly polarized planar complementary source antenna with endfire radiation[J]. IEEE Transactions on Antennas and Propagation, 2018, 66(7): 3317-3326.

[36] Cheng X, Yao Y, Chen Z, et al. Compact wideband circularly polarized antipodal curvedly tapered slot antenna[J]. IEEE Antennas and Wireless Propagation Letters, 2018, 17(4): 666-669.

[37] Wu Q, Hirokawa J, Yin J, et al. Millimeter-wave multibeam endfire dual-circularly polarized antenna array for 5G wireless applications[J]. IEEE Transactions on Antennas and Propagation, 2018, 66(9): 4930-4935.

[38] Li Y, Luk K M. A multibeam end-fire magnetoelectric dipole antenna array for millimeter-wave applications[J]. IEEE Transactions on Antennas and Propagation, 2016, 64(7): 2894-2904.

[39] Wang J, Li Y, Ge L, et al. A 60 GHz horizontally polarized magnetoelectric dipole antenna array with 2-D multibeam endfire radiation[J]. IEEE Transactions on Antennas and Propagation, 2017, 65(11): 5837-5845.

[40] Liu P, Zhu X, Jiang Z H, et al. A compact single-layer Q-band tapered slot antenna array with phase-shifting inductive windows for endfire patterns[J]. IEEE Transactions on Antennas and Propagation, 2018, 67(1): 169-178.

[41] Yang B, Yu Z, Dong Y, et al. Compact tapered slot antenna array for 5G millimeter-wave massive MIMO systems[J]. IEEE Transactions on Antennas and Propagation, 2017, 65(12): 6721-6727.

[42] Xia F Y, Cheng Y J, Wu Y F, et al. V-band wideband circularly polarized endfire multibeam antenna with wide beam coverage[J]. IEEE Antennas and Wireless Propagation Letters, 2019, 18(8): 1616-1620.

第 6 章　双极化毫米波天线研究与设计

6.1 引　　言

双极化天线是实现极化复用技术的关键器件，极化复用指在同一信道带宽下，通过一对正交极化的电磁波进行信号的传输，并在接收端进行正交信号的分离和解调，该技术是增加通信系统容量并提高频谱效率的一种有效方式。基于波导实现双极化天线的方案框图如图 6-1-1 所示，其中包括正交模转换器(OMT)、过渡波导和喇叭天线等器件。

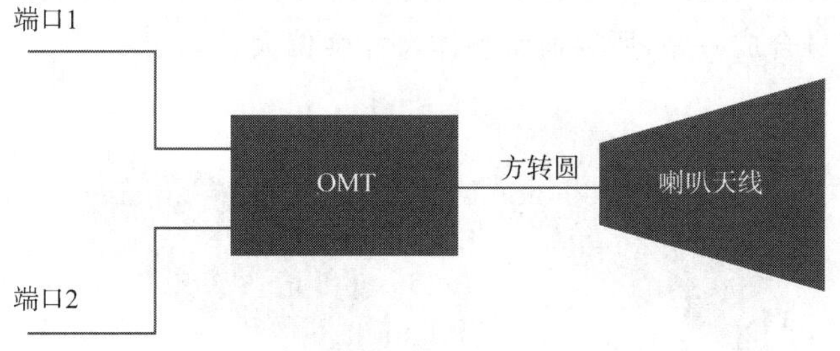

图 6-1-1　双线极化天线方案框图

OMT 一般表现为三个物理端口，有两个隔离端和一个公共端。公共端口提供两个电气端口，分别输出两个独立且正交的极化信号，横向和轴向的两个输入隔离端口分别用于一种极化[1-2]，1956 年 R.D.TOMPKINS 教授首先提出了正交模转换器的概念[3]。目前提出的 OMT 结构可以按照对称面结构分为三类，分别为双对称结构、单对称结构和非对称结构的 OMT。

第一种类型是非对称类型 OMT[4-10]，它是最简单的也是最常用的类型。文献[10]提出一种基于槽缝间隙波导的 OMT，具体结构如图 6-1-2 所示。通过分别激励其端口 2 和端口 3，分别在输出端口得到垂直和水平极化波。在工作频段 26.1～29.3 GHz 带宽范围内，水平极化端口的反射系数低于-11.4 dB，垂直极化端口的反射系数低于-17.7 dB，端口隔离度优于 40 dB。该正交模转换器可以实现较好的端口隔离水平，但是仅可以实现 11.5%的带宽。非对称类型的 OMT 具有结构简单的优势，但是因为主臂种的 H-bend，该类型的 OMT 对于侧臂中的模式并不是对称的，因此会造成高阶模式耦合至主臂，影响隔离水平和端口反射系数。

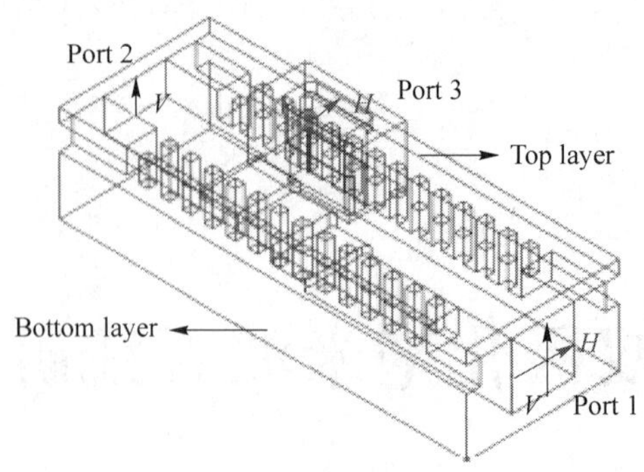

图 6-1-2 基于槽缝间隙波导的非对称 OMT

第二种类型是单对称类型的 OMT[11-17]，与非对称类型相比它的结构更为复杂。该类型的 OMT 是将侧臂的输入端口分成两个沿主臂对称的端口，这样可以消除非对称特性对性能的影响。1990 年 Bøifot 首先提出一种单对称类型的 OMT[14]，后续对于单对称类型 OMT 的设计很多都是在其基础上进行改进的[5]。文献[12]设计了一款非标准的双模，双脊波导的紧凑型 OMT，如图 6-1-3 所示。通过对双模，双脊波导的模式分析来确定用该波导设计的 OMT 结构可传播的模式。该 OMT 在工作带宽范围内可实现低于-15 dB 的端口反射系数和优于-25 dB 的极化隔离系数。因为单对称类型的 OMT 需要一个 Y 形连接器来将侧臂的两路信号合成一路，所以通常整体尺寸会偏大。

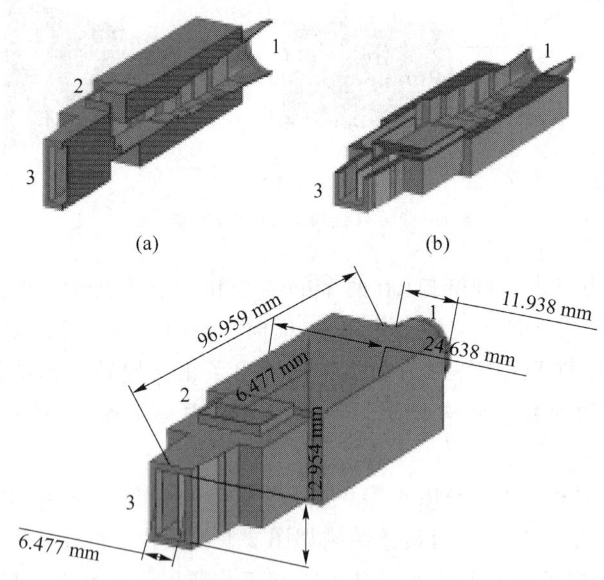

图 6-1-3 双模双脊波导的单对称结构 OMT

第三种类型是双对称结构的 OMT[18-24]，一般情况下是使用旋转门结构，其包括一个输出端口和四个输入端口，输出端口为公共端口可输出两个形式的极化波，通过两个端口结合器，将相互对称的两个输入端口合成一个输入端口，得到一个物理三端口的 OMT，该类型的 OMT 尺寸最大。Junyu Shen 等人提出了工作在 *W* 波段基于旋转门的正交模转换器[20]，其使用天鹅颈扭曲结构来连接旋转门输出端口和E面Y型连接器，这样可以实现OMT的小型化。具体结构如图6-1-4所示。该OMT工作在75～110 GHz，仿真反射系数低于-20 dB，交叉极化隔离度低于-60 dB，但实测结果显示其端口隔离系数仅能达到-20 dB左右的水平。造成测试结果恶化的原因是因为天鹅颈结构的连接结构增加了加工难度，引起误差，从而影响到了实测结果。通常情况下，双对称结构的OMT因为自身对称结构具有抑制高次模的特点，所以该结构的OMT具有宽宽带、高隔离度的优势，但是因为需要使用多个连接器结构，所以会造成整体体积过大。天鹅颈扭曲结构是E面和H面弯曲的替代品，通常运用于旋转门结构OMT的设计，但它的引入会增加加工难度，造成隔离水平的恶化，这就让双对称结构的OMT失去了本来的隔离优势。

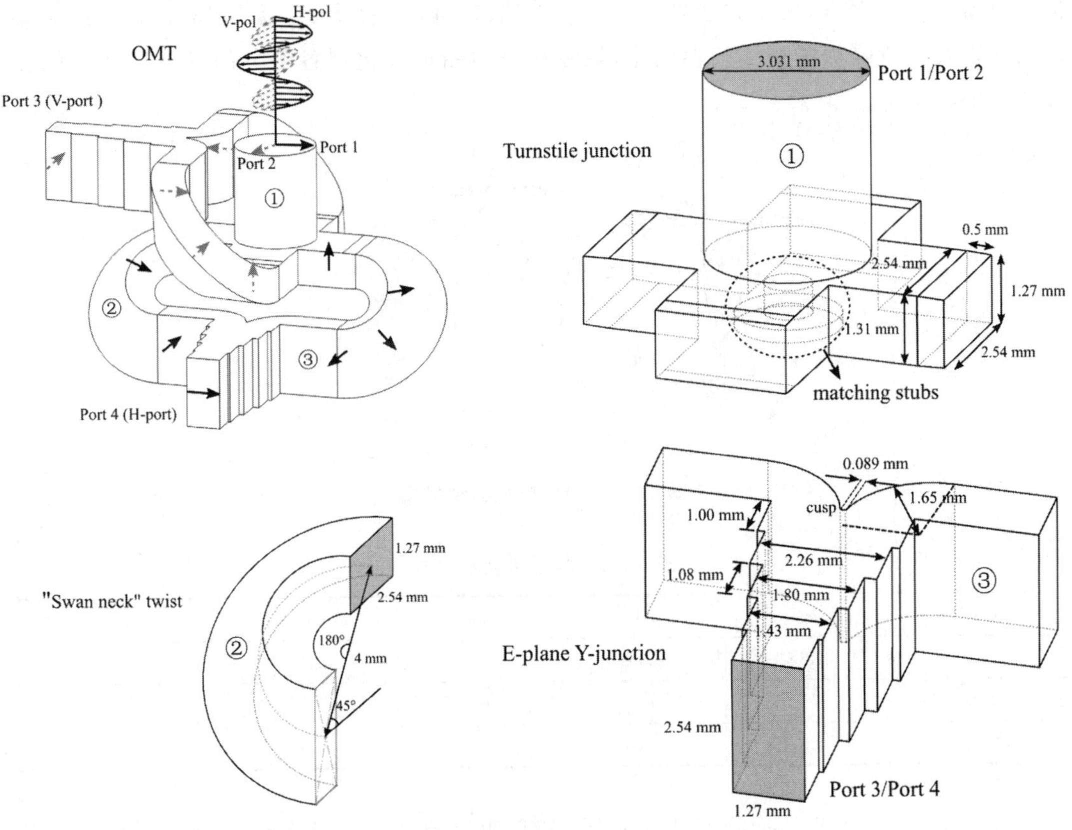

图6-1-4　天鹅颈旋转门结构OMT结构图

6.2　基于模式合成法的正交模转换器

本节提出OMT的一种新的设计方法，该方法是通过隔板极化器和E面折叠魔T结构级联实现。隔板极化器通过不同的激励模式也可以实现正交模转换器的功能，但是其端口隔离水平较低不足以满足工业需求，因此通过级联魔T结构来改善其端口隔离水平，通过理论推导和仿真结果证明了这一想法的可行性。完成了一个金属波导结构的OMT的设计、加工以及实测。实测结果显示由于加工和装配过程中存在的空气间隙的影响，实测结果远不及仿真结果。为了提高对空气间隙的容忍度，引入间隙波导传输线。该传输线是基于电磁带隙技术实现的，利用 EBG 的阻带和非接触特性从而提高对空气间隙的容忍度。测试结果显示，在 90～110 GHz（带宽 20%）内端口反射系数低于-10 dB，隔离系数低于-31 dB，证明了该 OMT 的可行性。

6.2.1 OMT 结构设计

图 6-2-1 所示为隔板极化器的结构图。从图中可以看出一个五阶的隔板结构位于方波导的中间，隔板结构将一个方波导端口分割成为两个矩形波导端口，这两个端口为隔板极化器的输入端口，另一方波导端口为输出端口。隔板的厚度 t 为 0.35 mm，通过对端口尺寸以及各阶隔板的尺寸扫参优化，最终获得的隔板极化器各部分的具体尺寸总结在表 6-2-1 中。

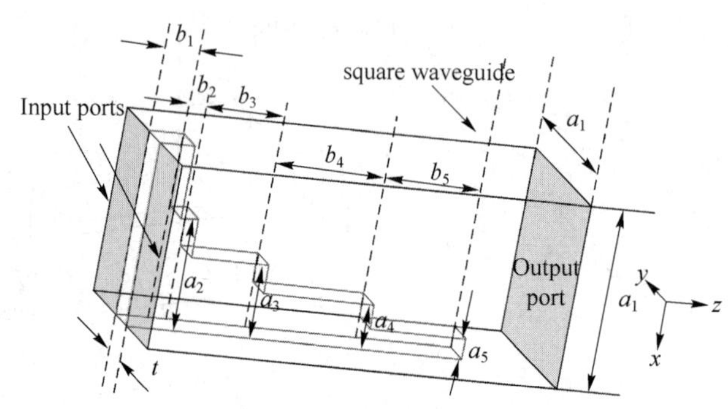

图 6-2-1 隔板极化器结构图

表 6-2-1 隔板极化器尺寸

参数	a_1	a_2	a_3	a_4	a_5
值/mm	1.85	1.11	0.73	0.45	0.2
参数	b_1	b_2	b_3	b_4	b_5
值/mm	0.37	0.18	0.81	1.17	1

图 6-2-2 所示为 E 面折叠魔 T 结构图，其有四个端口包括 E 面和 H 面的两个输入端口及 E 面的两个输出端口。相较于传统的魔 T 结构，E 面折叠魔 T 是将原本位置 H 面的两个输出端口经过 90°旋转至 E 面。如图 6-2-2 所示，图中绿色部分为该魔 T 的 E 臂，从图中可看出 E 臂上设计了一阶阶梯变换结构，蓝色部分为魔 T 的 H 臂，在 H 臂上设计了三阶阶梯变换，并且在 E 端口和 H 端口之间设计了一个四阶的阶梯变换结构，图中红色部分所示。在隔板与输出端口之间有一个宽度为 l 的间隙，该间隙也是通过参数优化分析得出的，是为了让魔 T 实现更理想的阻抗匹配水平和带宽。隔板的厚度 t 为 0.35 mm，与隔板极化器的隔板厚度一致，间隙 l 为 0.15 mm。E 面折叠魔 T 结构各部分具体尺寸总结在表 6-2-2 中。

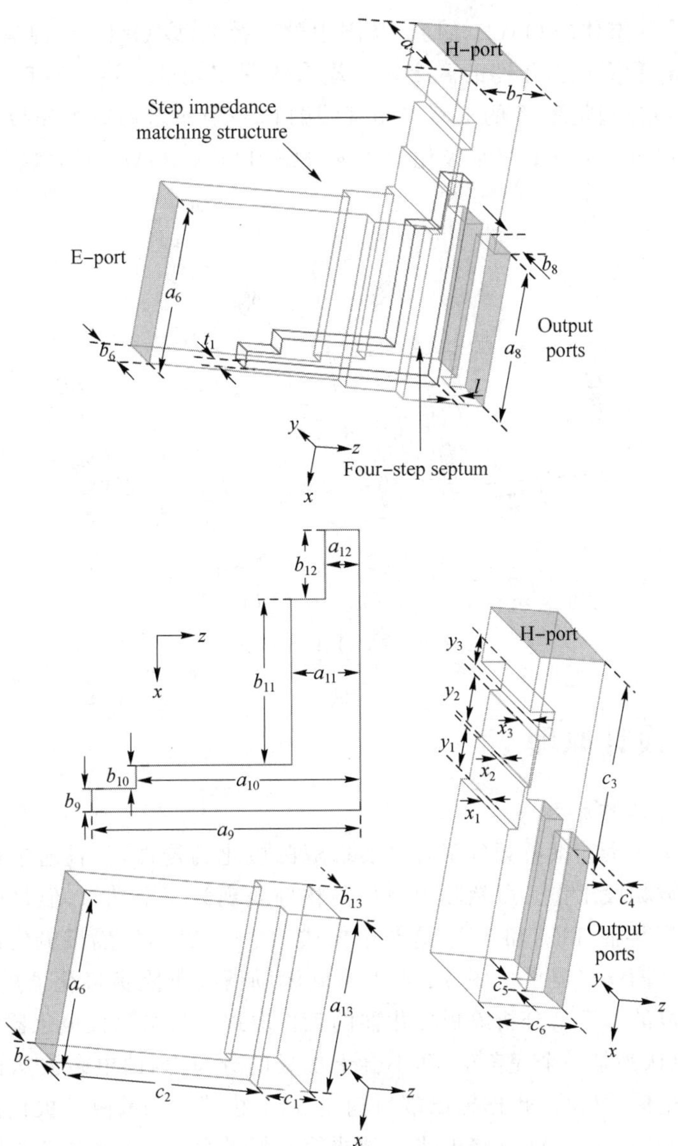

图 6-2-2 E 面折叠魔 T 结构图

表 6-2-2 E 面折叠魔 T 尺寸

参数	a_6	a_7	a_8	a_9	a_{10}	a_{11}	a_{12}
值/mm	2	1.85	1.85	2.4	2	0.6	0.3
参数	a_{13}	b_6	b_7	b_8	b_9	b_{10}	b_{11}
值/mm	2	0.68	0.8	0.75	0.2	0.2	1.45
参数	b_{12}	b_{13}	c_1	c_2	c_3	c_4	c_5
值/mm	0.6	1.24	0.63	2.37	2.15	0.2	0.35
参数	c_6	x_1	x_2	x_3	y_1	y_2	y_3
值/mm	1	0.1	0.03	0.15	0.5	0.55	0.34

图 6-2-3 所示为整体的 OMT 结构。从图中可以看出，该 OMT 结构是通过 E 面折叠魔 T 的两个输出端口和隔板极化器的两个输入端口级联实现的。该 OMT 有三个端口，其中包括两个输入端口分别是魔 T 的 E 端口和 H 端口，一个输出端口为隔板极化器的输出端口。其中。E 端口负责 OMT 水平极化的实现，H 端口负责 OMT 垂直极化的实现。

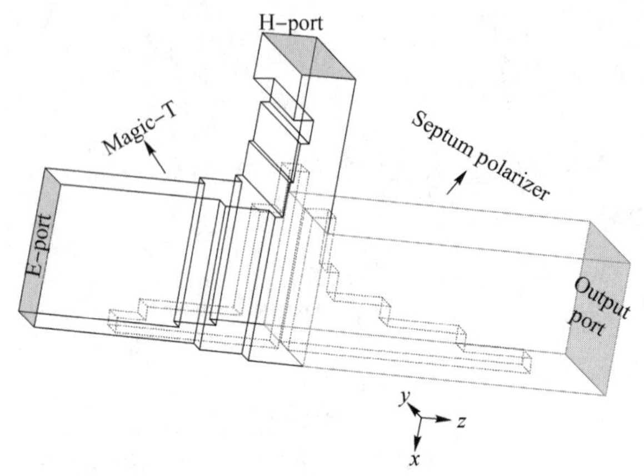

图 6-2-3　OMT 结构图

6.2.2　OMT 设计原理

1. 隔板极化器工作原理

隔板极化器是一个在微波频段很容易实现双圆极化的器件，并且通过等比缩小可以很容易实现在毫米波频段工作。虽然隔板极化器物理表现为三个端口，但是由于作为输出端的方波导端口可以传播 TE_{10} 和 TE_{01} 这两个模式的电磁波，所以隔板极化器从电气表现来看可以看作是一个四端口器件。图 6-2-4 为不同激励情况下隔板极化器的电场分布图，可以从奇偶模式合成的角度来分析隔板极化器的工作原理。当给隔板极化器的输入端口偶模激励时，隔板可以认为是一个完美电壁，不会干扰场的分布，因此电磁波从输入端口传输到输出端口不会发生模式转变，也即输出端口输出 TE_{10} 模式。当给隔板极化器输入端口奇模激励时，隔板认为是完美磁壁，这将干扰电磁波信号场的分布，因此电磁波信号将从输入的 TE_{10} 模式经过隔板的作用，在输出端口输出 TE_{01} 模式。

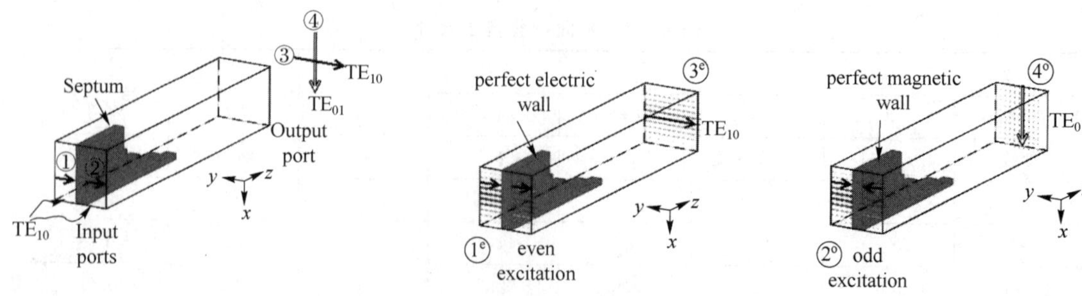

图 6-2-4　隔板极化器电场分布图

奇偶模激励条件下，隔板极化器的散射矩阵[25]可以分别表示为

$$\boldsymbol{S}_e^s=\begin{pmatrix} S_{11}^{se} & S_{13}^{se} \\ S_{13}^{se} & S_{33}^{se} \end{pmatrix} \tag{6.2.1}$$

$$\boldsymbol{S}_o^s=\begin{pmatrix} S_{11}^{so} & S_{14}^{so} \\ S_{14}^{so} & S_{44}^{so} \end{pmatrix} \tag{6.2.2}$$

这里的 e 和 o 分别表示偶模和奇模，对端口的定义和图 6-2-4 保持一致。

结合上述奇偶模式激励下的散射矩阵，完整的隔板极化器的散射矩阵可以表示为

$$\boldsymbol{S}_s=\begin{pmatrix} (S_{\mathrm{I,I}}^s) & (S_{\mathrm{I,II}}^s) \\ (S_{\mathrm{II,I}}^s) & (S_{\mathrm{II,II}}^s) \end{pmatrix}=\begin{pmatrix} \begin{pmatrix} S_{11}^s & S_{12}^s \\ S_{12}^s & S_{11}^s \end{pmatrix} & \begin{pmatrix} S_{13}^s & S_{14}^s \\ S_{13}^s & -S_{14}^s \end{pmatrix} \\ \begin{pmatrix} S_{13}^s & S_{13}^s \\ S_{14}^s & -S_{14}^s \end{pmatrix} & \begin{pmatrix} S_{33}^s & 0 \\ 0 & S_{44}^s \end{pmatrix} \end{pmatrix}$$

$$=\begin{pmatrix} \frac{1}{2}(S_{11}^{se}+S_{11}^{so}) & \frac{1}{2}(S_{11}^{se}-S_{11}^{so}) & \frac{1}{\sqrt{2}}S_{13}^{se} & \frac{1}{\sqrt{2}}S_{14}^{so} \\ \frac{1}{2}(S_{11}^{se}-S_{11}^{so}) & \frac{1}{2}(S_{11}^{se}+S_{11}^{so}) & \frac{1}{\sqrt{2}}S_{13}^{se} & -\frac{1}{\sqrt{2}}S_{14}^{so} \\ \frac{1}{\sqrt{2}}S_{13}^{se} & \frac{1}{\sqrt{2}}S_{13}^{se} & S_{33}^{se} & 0 \\ \frac{1}{\sqrt{2}}S_{14}^{so} & -\frac{1}{\sqrt{2}}S_{14}^{so} & 0 & S_{44}^{so} \end{pmatrix} \tag{6.2.3}$$

通过该矩阵可以看出因为反射系数 S_{11}^{so} 和 S_{11}^{se} 对于奇模和偶模来说是不同的，所以隔板极化器的端口隔离水平 S_{12}^s 是有限的，在工作带宽范围内很难通过优化达到低于-30 dB 的水平。对于工程上双极化系统来说，这样的隔离水平是完全不够的，因此这里要想办法提高它的隔离水平。

2. E 面折叠魔 T 工作原理

通过上面的奇偶模式的分析，隔板极化器可以认为是在奇偶模激励条件下的线性极化的正交模转换器，而 E 面折叠魔 T 可给予这样的激励条件。

如图 6-2-5 所示，当激励魔 T 的 E 端口时，输出端口可以得到两个等幅同相的电磁波信号，这与隔板极化器的偶模激励条件相似。当给予魔 T 的 H 面端口激励时，输出端口将输

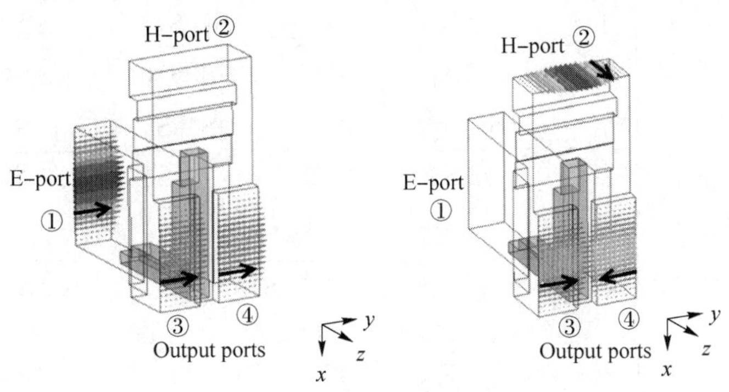

图 6-2-5 E 面折叠魔 T 电场分布图

出两个等幅反相的电磁波信号，这与隔板极化器的奇模激励条件相似。和隔板极化器类似，也可通过奇偶模式来表示魔 T 的散射矩阵。魔 T 的完整散射矩阵[26]如下：

$$S_m=\begin{pmatrix}(S_{\mathrm{I,I}}^m) & (S_{\mathrm{I,II}}^m)\\ (S_{\mathrm{II,I}}^m) & (S_{\mathrm{II,II}}^m)\end{pmatrix}=\begin{pmatrix}\begin{pmatrix}S_{11}^m & 0\\ 0 & S_{22}^m\end{pmatrix} & \begin{pmatrix}S_{13}^m & S_{13}^m\\ S_{23}^m & -S_{23}^m\end{pmatrix}\\ \begin{pmatrix}S_{13}^m & S_{23}^m\\ S_{13}^m & -S_{23}^m\end{pmatrix} & \begin{pmatrix}S_{33}^m & S_{34}^m\\ S_{34}^m & S_{33}^m\end{pmatrix}\end{pmatrix}$$

$$=\begin{pmatrix}S_{11}^{\mathrm{me}} & 0 & \frac{1}{\sqrt{2}}S_{13}^{\mathrm{me}} & \frac{1}{\sqrt{2}}S_{13}^{\mathrm{me}}\\ 0 & S_{22}^{\mathrm{mo}} & \frac{1}{\sqrt{2}}S_{23}^{\mathrm{mo}} & -\frac{1}{\sqrt{2}}S_{23}^{\mathrm{mo}}\\ \frac{1}{\sqrt{2}}S_{13}^{\mathrm{me}} & \frac{1}{\sqrt{2}}S_{23}^{\mathrm{mo}} & \frac{1}{2}(S_{33}^{\mathrm{me}}+S_{33}^{\mathrm{mo}}) & \frac{1}{2}(S_{33}^{\mathrm{me}}-S_{33}^{\mathrm{mo}})\\ \frac{1}{\sqrt{2}}S_{13}^{\mathrm{me}} & -\frac{1}{\sqrt{2}}S_{23}^{\mathrm{mo}} & \frac{1}{2}(S_{33}^{\mathrm{me}}-S_{33}^{\mathrm{mo}}) & \frac{1}{2}(S_{33}^{\mathrm{me}}+S_{33}^{\mathrm{mo}})\end{pmatrix} \tag{6.2.4}$$

这里的 e 和 o 同样分别表示奇模和偶模模式，对端口的定义和图 6-2-5 保持一致。通过式(6.2.4)可以看出由于魔 T 的自身特性，E 端口和 H 端口之间有着很好的端口隔离水平。在文献[27]中，从仿真分析和测试结果中可以看出魔 T 的端口隔离度很容易达到优于 40 dB的水平。

3. OMT 工作原理

本节设计的正交模转换器是通过隔板极化器和 E 面折叠魔 T 级联实现的，为了分析完整 OMT 的 S 参数，需要利用传输 T 矩阵来分析这个级联的多端口网络。散射矩阵和传输矩阵之间的转换关系如下所示：

$$\begin{pmatrix}T_{\mathrm{I,I}} & T_{\mathrm{I,II}}\\ T_{\mathrm{II,I}} & T_{\mathrm{II,II}}\end{pmatrix}=\begin{pmatrix}(S_{\mathrm{I,II}})-(S_{\mathrm{I,I}})(S_{\mathrm{II,I}})^{-1}(S_{\mathrm{II,II}}) & (S_{\mathrm{I,I}})(S_{\mathrm{II,I}})^{-1}\\ -(S_{\mathrm{II,I}})^{-1}(S_{\mathrm{II,II}}) & (S_{\mathrm{II,I}})^{-1}\end{pmatrix} \tag{6.2.5}$$

$$\begin{pmatrix}S_{\mathrm{I,I}} & S_{\mathrm{I,II}}\\ S_{\mathrm{II,I}} & S_{\mathrm{II,II}}\end{pmatrix}=\begin{pmatrix}(T_{\mathrm{I,II}})T_{\mathrm{II,II}})^{-1} & (T_{\mathrm{I,I}})-(T_{\mathrm{I,II}})T_{\mathrm{II,II}})^{-1}(T_{\mathrm{II,I}})\\ (T_{\mathrm{II,II}})^{-1} & -(T_{\mathrm{II,II}})^{-1}(T_{\mathrm{II,I}})\end{pmatrix} \tag{6.2.6}$$

将式(6-2-2)和式(6-2-3)带入式(6-2-5)可以得到隔板极化器和魔 T 的传输 $\boldsymbol{T}$ 矩阵，该矩阵表示如下：

$$\boldsymbol{T}_s=\begin{pmatrix}T_{\mathrm{I,I}}^s & T_{\mathrm{I,II}}^s\\ T_{\mathrm{II,I}}^s & T_{\mathrm{II,II}}^s\end{pmatrix}=\begin{pmatrix}\frac{1}{\sqrt{2}}S_{13}^{\mathrm{se}}-\frac{S_{11}^{\mathrm{se}}S_{33}^{\mathrm{se}}}{\sqrt{2}S_{13}^{\mathrm{se}}} & \frac{1}{\sqrt{2}}S_{14}^{\mathrm{so}}-\frac{S_{11}^{\mathrm{so}}S_{44}^{\mathrm{so}}}{\sqrt{2}S_{14}^{\mathrm{so}}} & \frac{S_{11}^{\mathrm{se}}}{\sqrt{2}S_{13}^{\mathrm{se}}} & \frac{S_{11}^{\mathrm{so}}}{\sqrt{2}S_{14}^{\mathrm{so}}}\\ \frac{1}{\sqrt{2}}S_{13}^{\mathrm{se}}-\frac{S_{11}^{\mathrm{se}}S_{33}^{\mathrm{se}}}{\sqrt{2}S_{13}^{\mathrm{se}}} & -\left(\frac{1}{\sqrt{2}}S_{14}^{\mathrm{so}}-\frac{S_{11}^{\mathrm{so}}S_{44}^{\mathrm{so}}}{\sqrt{2}S_{14}^{\mathrm{so}}}\right) & \frac{1}{\sqrt{2}}\frac{S_{11}^{\mathrm{se}}}{S_{13}^{\mathrm{se}}} & -\frac{S_{11}^{\mathrm{so}}}{\sqrt{2}S_{14}^{\mathrm{so}}}\\ -\frac{S_{33}^{\mathrm{se}}}{\sqrt{2}S_{13}^{\mathrm{se}}} & -\frac{S_{44}^{\mathrm{so}}}{\sqrt{2}S_{14}^{\mathrm{so}}} & \frac{1}{\sqrt{2}S_{13}^{\mathrm{se}}} & \frac{1}{\sqrt{2}S_{14}^{\mathrm{so}}}\\ -\frac{1}{\sqrt{2}}\frac{S_{33}^{\mathrm{se}}}{S_{13}^{\mathrm{se}}} & \frac{1}{\sqrt{2}}\frac{S_{44}^{\mathrm{so}}}{S_{14}^{\mathrm{so}}} & \frac{1}{\sqrt{2}S_{13}^{\mathrm{se}}} & -\frac{1}{\sqrt{2}S_{14}^{\mathrm{so}}}\end{pmatrix} \tag{6.2.7}$$

$$\boldsymbol{T}_m=\begin{pmatrix} T_{\mathrm{I,I}}^{m} & T_{\mathrm{I,II}}^{m} \\ T_{\mathrm{II,I}}^{m} & T_{\mathrm{II,II}}^{m} \end{pmatrix}=\begin{pmatrix} \frac{1}{\sqrt{2}}S_{13}^{\mathrm{me}}-\frac{S_{11}^{\mathrm{me}}S_{33}^{\mathrm{me}}}{2S_{13}^{\mathrm{me}}} & \frac{1}{\sqrt{2}}S_{13}^{\mathrm{me}}-\frac{S_{11}^{\mathrm{me}}S_{33}^{\mathrm{me}}}{2S_{13}^{\mathrm{me}}} & \frac{S_{11}^{\mathrm{me}}}{\sqrt{2}S_{13}^{\mathrm{me}}} & \frac{S_{11}^{\mathrm{me}}}{\sqrt{2}S_{13}^{\mathrm{me}}} \\ \frac{1}{\sqrt{2}}S_{23}^{\mathrm{mo}}-\frac{S_{22}^{\mathrm{mo}}S_{33}^{\mathrm{mo}}}{2S_{23}^{\mathrm{mo}}} & -\left(\frac{1}{\sqrt{2}}S_{23}^{\mathrm{mo}}-\frac{S_{22}^{\mathrm{mo}}S_{33}^{\mathrm{mo}}}{2S_{23}^{\mathrm{mo}}}\right) & \frac{S_{22}^{\mathrm{mo}}}{\sqrt{2}S_{23}^{\mathrm{mo}}} & -\frac{S_{22}^{\mathrm{mo}}}{\sqrt{2}S_{23}^{\mathrm{mo}}} \\ -\frac{S_{33}^{\mathrm{me}}}{\sqrt{2}S_{13}^{\mathrm{me}}} & -\frac{S_{33}^{\mathrm{me}}}{\sqrt{2}S_{13}^{\mathrm{me}}} & \frac{1}{\sqrt{2}S_{13}^{\mathrm{me}}} & \frac{1}{\sqrt{2}S_{13}^{\mathrm{me}}} \\ -\frac{S_{33}^{\mathrm{mo}}}{\sqrt{2}S_{23}^{\mathrm{mo}}} & \frac{S_{33}^{\mathrm{mo}}}{\sqrt{2}S_{23}^{\mathrm{mo}}} & \frac{1}{\sqrt{2}S_{23}^{\mathrm{mo}}} & -\frac{1}{\sqrt{2}S_{23}^{\mathrm{mo}}} \end{pmatrix} \tag{6.2.8}$$

因此整个 OMT 的传输 $\boldsymbol{T}$ 矩阵可以表示为

$$\boldsymbol{T}_{\mathrm{all}}=\begin{pmatrix} (T_{\mathrm{I,I}}^{\mathrm{all}}) & (T_{\mathrm{I,II}}^{\mathrm{all}}) \\ (T_{\mathrm{II,I}}^{\mathrm{all}}) & (T_{\mathrm{II,II}}^{\mathrm{all}}) \end{pmatrix}=(T_m)(T_s) \tag{6.2.9}$$

结合式(6-2-6),OMT 的散射 S 矩阵可以表示为

$$\boldsymbol{S}_{\mathrm{all}}=\begin{pmatrix} \frac{S_{11}^{\mathrm{se}}S_{11}^{\mathrm{me}}S_{33}^{\mathrm{me}}-S_{11}^{\mathrm{se}}S_{13}^{\mathrm{me}\,2}-S_{11}^{\mathrm{me}}}{S_{11}^{\mathrm{se}}S_{33}^{\mathrm{me}}-1} & 0 & \frac{-S_{13}^{\mathrm{se}}S_{13}^{\mathrm{me}}}{S_{11}^{\mathrm{se}}S_{33}^{\mathrm{me}}-1} & 0 \\ 0 & \frac{S_{11}^{\mathrm{so}}S_{22}^{\mathrm{mo}}S_{33}^{\mathrm{mo}}-S_{11}^{\mathrm{so}}S_{23}^{\mathrm{mo}\,2}-S_{22}^{\mathrm{mo}}}{S_{11}^{\mathrm{so}}S_{33}^{\mathrm{mo}}-1} & 0 & \frac{-S_{14}^{\mathrm{so}}S_{23}^{\mathrm{mo}}}{S_{11}^{\mathrm{so}}S_{33}^{\mathrm{mo}}-1} \\ \frac{-S_{13}^{\mathrm{se}}S_{13}^{\mathrm{me}}}{S_{11}^{\mathrm{se}}S_{33}^{\mathrm{me}}-1} & 0 & \frac{S_{33}^{\mathrm{se}}(S_{11}^{\mathrm{se}}S_{33}^{\mathrm{me}}-2S_{33}^{\mathrm{se}}S_{33}^{\mathrm{me}}-1)}{S_{11}^{\mathrm{se}}S_{33}^{\mathrm{me}}-1} & 0 \\ 0 & \frac{-S_{14}^{\mathrm{so}}S_{23}^{\mathrm{mo}}}{S_{11}^{\mathrm{so}}S_{33}^{\mathrm{mo}}-1} & 0 & \frac{S_{44}^{\mathrm{so}}(S_{11}^{\mathrm{so}}S_{33}^{\mathrm{mo}}-2S_{44}^{\mathrm{so}}S_{33}^{\mathrm{mo}}-1)}{S_{11}^{\mathrm{so}}S_{33}^{\mathrm{mo}}-1} \end{pmatrix} \tag{6.2.10}$$

通过式(6-2-10)可以看出整个 OMT 将继承魔 T 结构的端口隔离水平,那么隔板极化器隔离水平差的缺点就可以通过级联魔 T 结构得以改善。对于隔板极化器而言,因为输出相位要满足圆极化的条件,就是 S_{13}^{se} 和 S_{14}^{so} 之间要有 90°的相位差,因此很难实现宽带的同时拥有好的隔离水平。式(6-2-10)中,奇模和偶模在每个散射矩阵单元中是分开的,因此隔板极化器的相位条件也就可以忽略了。整个 OMT 的传输系数和反射系数是由隔板极化器和魔 T 共同决定的,所以在后续的 OMT 优化仿真工作中要分别优化隔板极化器和魔 T,使它们各自达到接近理想情况下,整个 OMT 的性能才能达到最优。

6.2.3 全波模拟仿真分析

1. 隔板极化器仿真分析

从式(6-2-10)可以看出,OMT 的反射和传输系数主要受到 S_{11}^{se},S_{13}^{se},S_{11}^{so},和 S_{14}^{so} 的影响。为了使 $|S_{11}^{\mathrm{all}}|$ 和 $|S_{22}^{\mathrm{all}}|\approx 0$,$|S_{13}^{\mathrm{all}}|$ 和 $|S_{24}^{\mathrm{all}}|\approx 1$,要把 $|S_{11}^{\mathrm{se}}|=|S_{11}^{s}+S_{12}^{s}|$ 和 $|S_{11}^{\mathrm{so}}|=|S_{11}^{s}-S_{12}^{s}|$ 优化到接近于 0,$|S_{13}^{\mathrm{se}}|=|\sqrt{2}S_{13}^{s}|$ 和 $|S_{14}^{\mathrm{so}}|=|\sqrt{2}S_{14}^{s}|$ 优化到接近于方波导的尺寸将直接决定隔板极化器可输出的模式,为了能够与波导常级联的喇叭天线中传播的模式匹配,因此方波导在工作带宽范围内只能允许 TE_{10} 和 TE_{01} 模式传播。对于确定的方波

导尺寸，为了能达到上述 S 参数的需求，需要对隔板极化器中的隔板尺寸进行优化。通过在 HFSS 软件中对隔板的每阶阶梯长度和宽度的优化，得到如表 6-2-1 所示的隔板尺寸。图 6-2-6 所示为隔板极化器奇偶模式 S 参数的优化结果，从图中可以看出 S_{11}^{se} 和 S_{11}^{so}，的幅值是低于 0.2 的，S_{13}^{se} 和 S_{14}^{so} 的幅值是高于 0.9 的，因此基本满足上述要求。

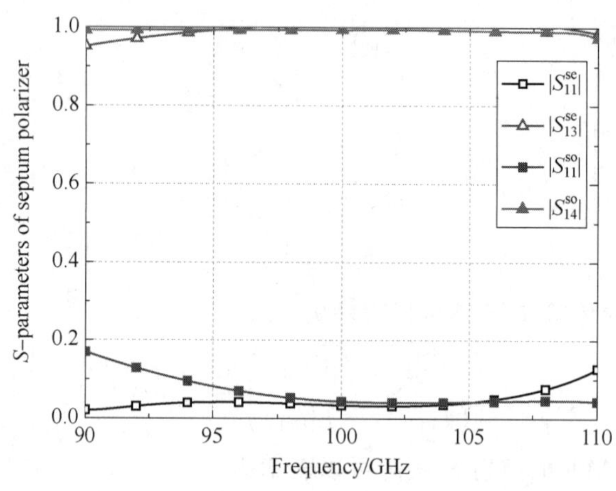

图 6-2-6　优化后隔板极化器的奇偶模式 S 参数幅值

2. 魔 T 仿真分析

同样地，从式(6-2-10)中可以看出，对于魔 T 的设计，需主要关注 S_{11}^{me}，S_{13}^{me}，S_{33}^{me}，S_{22}^{mo}，S_{23}^{mo} 和 S_{33}^{mo} 这几个参数。通过优化魔 T 结构，使得 $|S_{11}^{me}|=|S_{11}^{m}|$，$|S_{33}^{me}|=|S_{33}^{m}+S_{34}^{m}|$ 和 $|S_{22}^{mo}|=|S_{22}^{m}|$ 接近于 0，$|S_{13}^{me}|=|\sqrt{2}S_{13}^{m}|$ 和 $|S_{23}^{mo}|=|\sqrt{2}S_{23}^{m}|$ 接近于 1。为了让整体 OMT 的结构更为简单，也方便后期的加工组装，魔 T 的输出端口尺寸与隔板极化器输入端口尺寸保持一致。通过在 HFSS 中优化魔 T 中的隔板尺寸，以及 E 端口臂和 H 端口臂上的阶梯尺寸，使得魔 T 的整体性能更接近理想情况，优化后各分部尺寸如表 6-2-2 所示。图 6-2-7 为优化后魔 T 奇偶模式的 S 参数结果，从图中可以看出 $|S_{11}^{me}|$，$|S_{33}^{me}|$ 和 $|S_{22}^{mo}|$ 的幅值低于 0.2，$|S_{13}^{me}|$ 和 $|S_{23}^{mo}|$ 的幅值高于 0.9，因此基本满足上述要求。

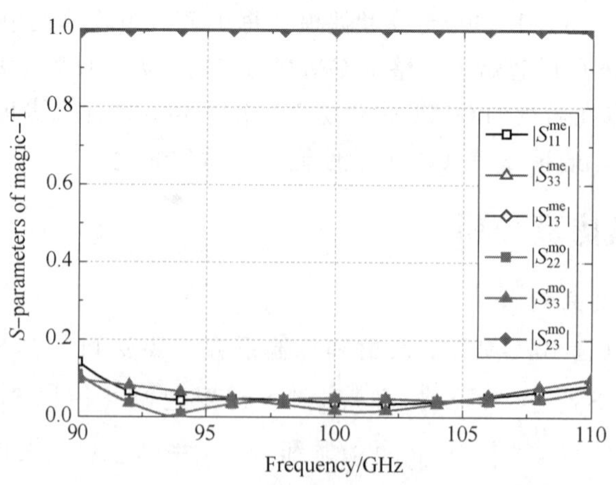

图 6-2-7　优化后魔 T 的奇偶模式 S 参数幅值

3. OMT 仿真分析

将上述隔板极化器和魔 T 的 S 参数结果带入式(6-2-10),计算得到整体 OMT 的 S 参数。为了验证计算结果的正确与否,将魔 T 和隔板极化器级联起来形成 OMT,然后通过在 HFSS 中仿真得到整体 OMT 的仿真结果。OMT 的计算结果和仿真结果对比如图 6-2-8 所示,图中 s 和 c 分别代表仿真和计算结果,1 代表 E 端口,2 代表 H 端口,3 和 4 分别代表输出 TE_{10} 和 TE_{01} 模式。从图中可以看出在 E 端口输入时,反射系数的计算和仿真结果均低于-17 dB,传输系数优于-0.05 dB。H 端口输入时,反射系数的计算和仿真结果均低于-12.5 dB,传输系数优于-0.25 dB。可以看出计算和仿真结果在具体频点上的结果是有些不一致的,这是因为在计算过程中忽略了端口之间相互耦合的影响。通过式(6-2-10)可以看出整体 OMT 的端口隔离度将继承魔 T 的隔离度,这一结果也可以通过仿真来验证。图 6-2-9 中分别给出了隔板极化器、魔 T 和 OMT 的端口隔离水平,从图中可以看出 OMT 和魔 T 的端口隔离度均高于 50 dB,然而隔板极化器的端口隔离度仅高于 20 dB。

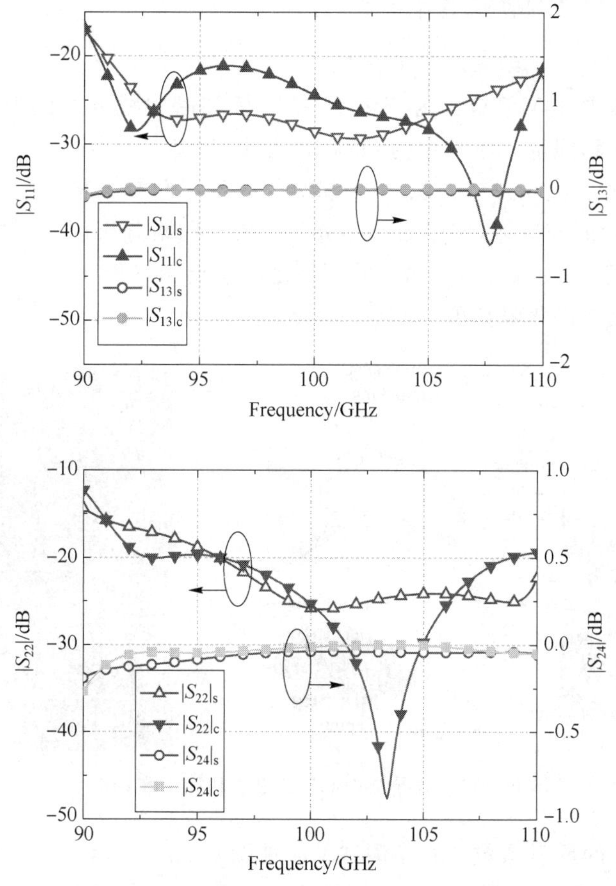

图 6-2-8 OMT 计算和仿真的 S 参数对比

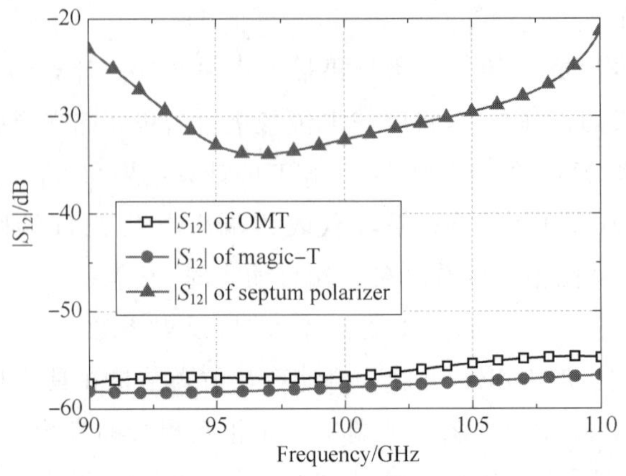

图 6-2-9　隔板极化器、魔 T 和 OMT 的端口隔离度对比

6.2.4　仿真及测试结果

1. 波导结构 OMT 测试结果及误差分析

在实际加工过程中，OMT 被分为三块，包括隔板和沿中线分开的上下两块波导块，然后使用螺钉进行装配和固定。波导结构 OMT 组装加工实物图所图 6-2-10 所示，其内部尺寸与表 6-2-1 和表 6-2-2 完全一致。从图中可以看出，通过阶梯结构将端口转化为标准波导端口 WR-10。为了验证该设计，使用 Ceyear3672D 矢量网络分析仪来测量其 S 参数。因为缺少方波导负载，反射系数和端口隔离度的测量是在输出端口指向自由空间下进行的，通过将输出端口短路来测量极化隔离度。

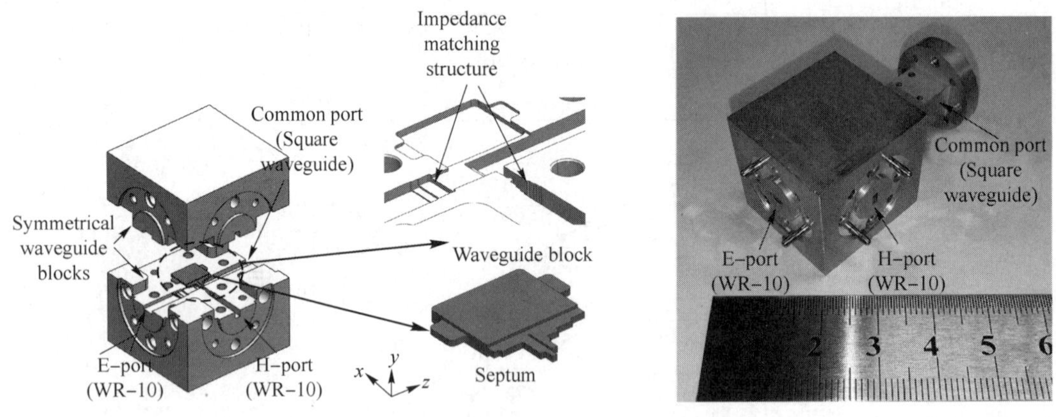

图 6-2-10　波导结构 OMT 组装和加工实物图

波导结构 OMT 的反射系数仿真与测试结果如图 6-2-11 所示。为了和测试条件保持一致，这里也同样对 OMT 分别进行了输出端口指向空间的仿真。图中 Sim.1 代表 OMT 的输出端口接匹配负载的仿真结果，Sim.2 代表输出端口指向自由空间的仿真结果。从图中可以看出，在输出端口接匹配负载的情况下，H 端口的反射系数低于 - 17 dB，在输出端口指向自由空间的情况下，仿真和测试结果也基本一致，因此说明 H 端口实现了很好的端口匹

配。E端口在输出端口接匹配负载的情况下，反射系数低于-12.5 dB，而在输出端口指向自由空间时，仿真和测试结果有很大的出入。

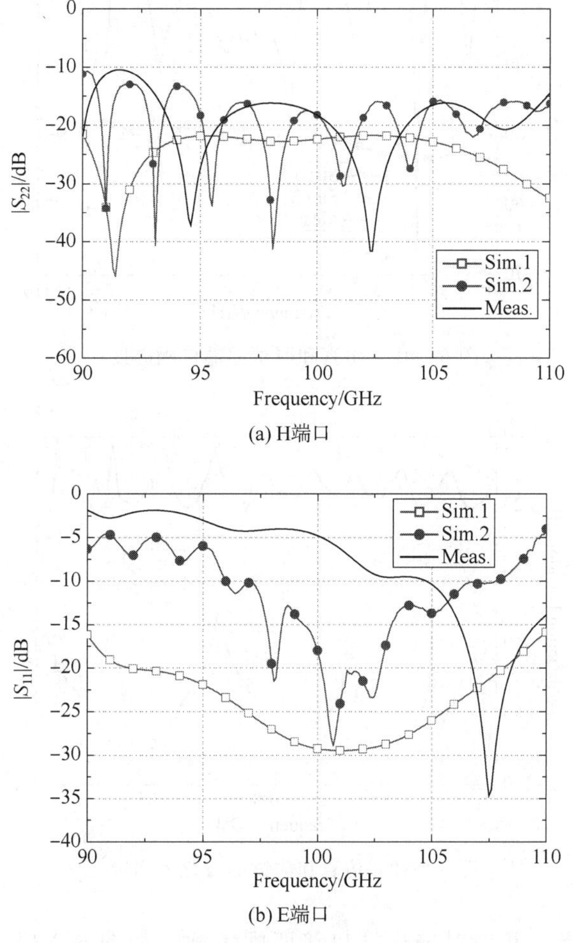

(a) H端口

(b) E端口

图 6-2-11 仿真和测试的反射系数

如图 6-2-12 所示，在输出端口接匹配负载的情况下，仿真的端口隔离度低于-59 dB。在输出端口指向自由空间时，仿真的端口隔离度高于 48 dB，然后实测的端口隔离度仅高于 23 dB，实测与仿真结果也有着很大的出入。

如图 6-2-13 所示，在输出端口被短路的情况下，仿真的极化隔离度低于-50 dB，而实测的极化隔离度在某些频点接近于 0，可以看出极化隔离水平严重恶化。这样的结果也是必然的，因为从前面实测结果就可以看出 H 端口并没有完全匹配，并且端口隔离水平也不够，这些都将导致极化纯度不够，达不到预期的极化隔离水平。

接下来将从空气间隙和端口不对准两个方面来分析造成上述测试结果的原因。如图 6-2-10 所示，空间间隙是指在装配时上下两块金属块并没有完全贴合从而造成了沿 y 方向上的空气间隙；端口不对准是指在装配时上下两个金属块 x 方向上的错位使得一个端口的上下两块并没有对准。通过使用 HFSS 软件分别设置沿 y 和 x 方向的变量，来分析在不同装配误差影响下各 S 参数的恶化情况误差变化范围是 0～30 μm，间隔 10 μm 取一个结果。

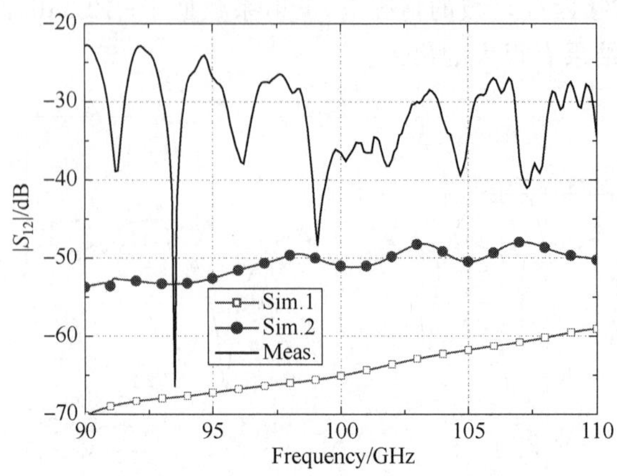

图 6-2-12　仿真和测试的端口隔离度

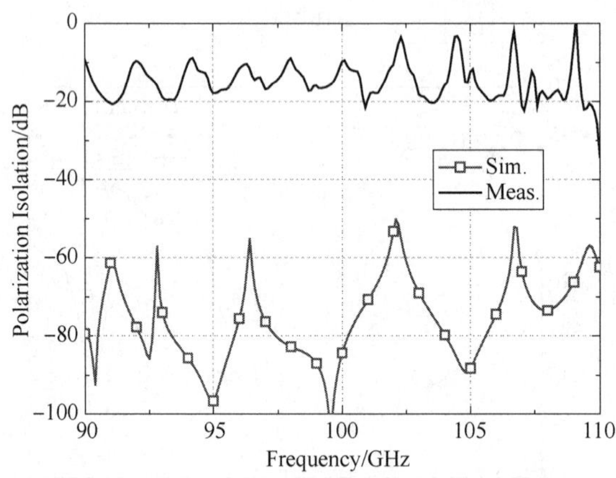

图 6-2-13　仿真和测试的极化隔离度

对 OMT 进行误差分析时其输出端口接匹配负载。如图 6-2-14 所示，端口不对准程度的恶化对 E 端口和 H 端口的反射系数结果影响不大。如图 6-2-15 所示，10 μm 的端口不对准就对极化隔离度影响巨大。因为 OMT 的输出端口为方波导，端口的稍微偏差就会造成极化分解，所以会急剧恶化极化隔离度。从图 6-2-16 可以看出端口不对准对端口隔离度的影响很大。当端口不对准程度达到 30 μm 时，端口隔离度恶化程度最高达到 27 dB，这是因为端口不对准造成了极化分解。理想情况下 E 端口馈电时，输出端口输出 TE_{10} 模式，但是端口不再是方波导导致电磁波有部分转换成了 TE_{01} 模式。同理 H 端口馈电对应输出为 TE_{01} 模式，但同样有部分转换成了 TE_{10} 模式，因此这就造成了端口隔离度的恶化。综上所述，端口不对准对反射系数影响不大，但对隔离度影响很大，尤其是对极化隔离度。

如图 6-2-17 所示，空气间隙的增大对 OMT 的 H 端口反射系数影响不大，但对 E 端口的反射系数影响很大，说明空气间隙的存在造成了 E 端口电磁波能量的泄露。如图 6-2-18 所示，30 μm 的空气间隙会造成端口隔离度 10 dB 的恶化，恶化程度要小于端口不对准对极化隔离度的影响。如图 6-2-19 所示，空气间隙的存在对端口隔离度也有影响，但是没有端口不对准影响大。综上所述，空气间隙会影响 E 端口的反射系数，但对隔离度的影响没有端口不对准程度带来的影响大。

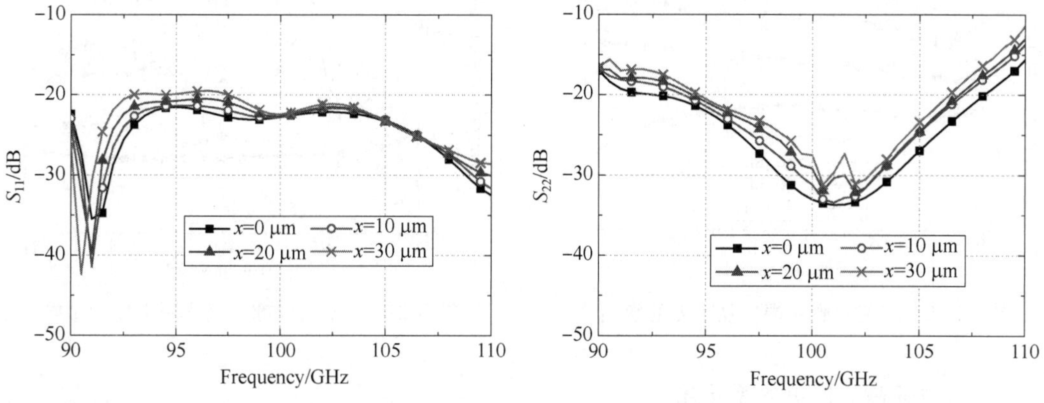

图 6-2-14 端口不对准度对反射系数的影响

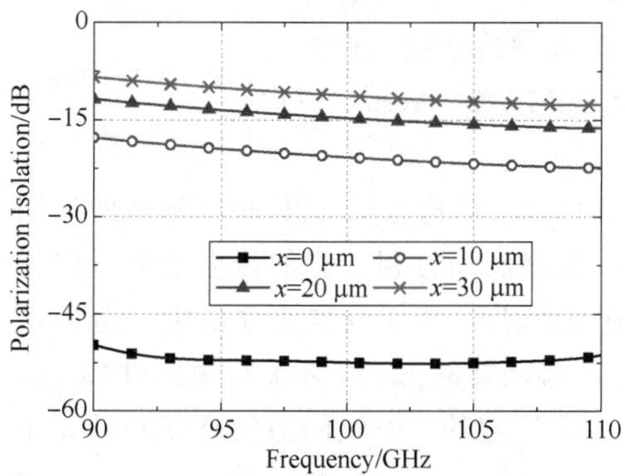

图 6-2-15 端口不对准度对极化隔离度的影响

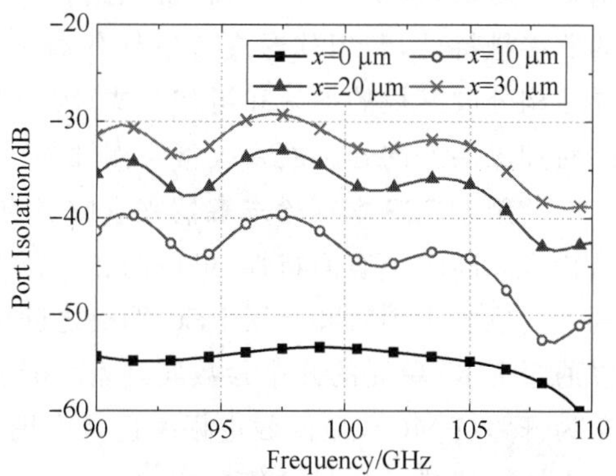

图 6-2-16 端口不对准度对端口隔离度的影响

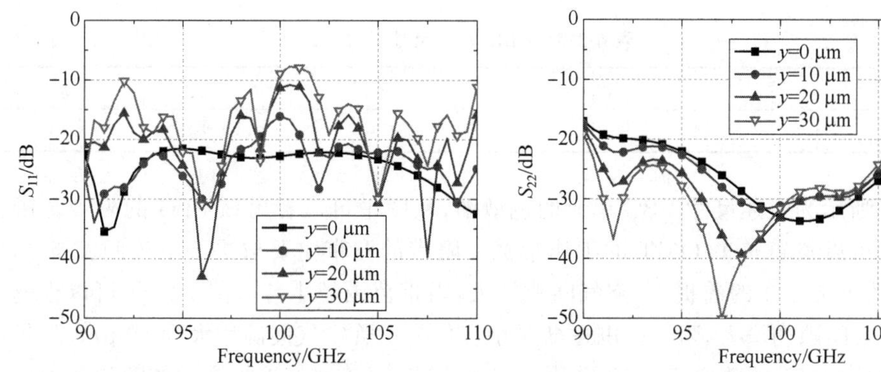

图 6-2-17 空气间隙对反射系数的影响

通过波导结构 OMT 的实测结果可以看出，H 端口的反射系数基本和仿真一致，但是 E 端口反射系数和仿真结果出入很大，这说明该 OMT 在加工和装配过程中引入了空气间隙；实测的极化隔离和端口隔离水平很差，说明该 OMT 还存在着端口不对准的情况。

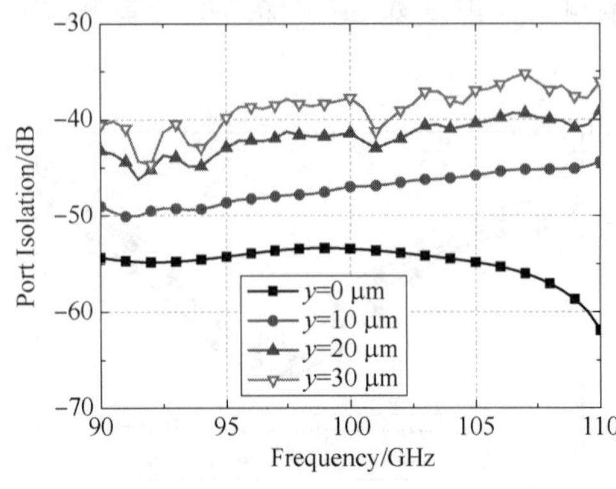

图 6-2-18　空气间隙对端口隔离度的影响

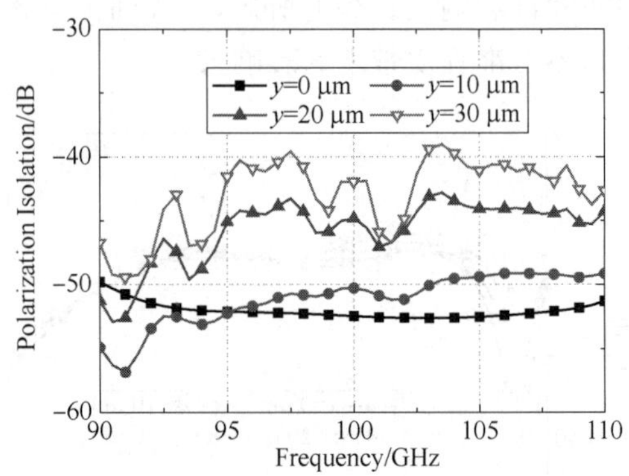

图 6-2-19　空气间隙对极化隔离度的影响

2. 电磁带隙及间隙波导原理

为了解决 OMT 加工和装配过程带来的空间间隙和端口不对准对实测结果的影响，这里引入了电磁带隙结构。如图 6-2-20 所示，由于 EBG 结构的非接触特性，利用其形成传输线代替 OMT 中传统波导传输线。按照波导结构分成三块的加工和组装方式，因为 EBG 自身的非接触性从而可以提高对加工误差的容忍度来改善实测性能。

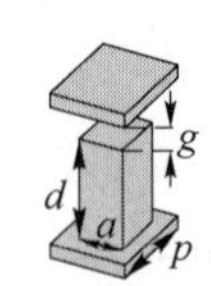

图 6-2-20　EBG 单元

使用 HFSS 本征模求解器来求解具有无限周期边 EBG 结构。该 EBG 单元形成的周期结构具有高阻抗表面特性，可以阻止电磁波的传播。根据波动方程计算的传播常数可以得到主要取决于销钉和上层 PEC 平板之间的空气间隙的阻带。为了获取想要的阻带范围可以通过 EBG 单元的几个参数实现，比如销钉的高度 d 必须要约为 $\lambda/4$ 才能将短路(PEC)转换为开路(PMC)，最低截止频率也是由销钉的高度 d 来决定的。空气间隙的高度必须要小于 $\lambda/4$ 才能进行信号的传播。

EBG 单元尺寸如表 6-2-3 所示，其中 a 是销钉的宽度，d 为销钉高度，p 为 EBG 单元宽度，g 为销钉与上层 PEC 之间的空气间隙。

表 6-2-3　EBG 单元尺寸

参数	a	d	p	g
值/mm	0.4	0.73	0.8	0.02

图 6-2-21 所示为上述尺寸 EBG 单元的色散图，从图中可以看出该 EBG 的阻带范围为 48～180 GHz 可以覆盖整个 OMT 的工作带宽。阻带的宽带主要取决于空气间隙 g 的大小，在空气间隙小于 $\lambda/4$ 的前提下，空气间隙越大，阻带范围越小。从图 6-2-21 可以很明显地看出随着空气间隙的增大，阻带范围逐渐减小。但是尽管空气间隙增大到 40 μm，阻带范围仍然可以包括 OMT 的整个工作带宽，因此引入 EBG 可以很好地提高对加工和装配误差的容忍度。

间隙传输线波导最早是 Per-Simon Kildal 教授等人于 2009 年提出[28]，其包括上下两块平行的金属板，在其中一块金属板上加入周期性金属销钉且上下两块金属板之间必须有小于 $\lambda/4$ 的空气间隙。因为间隙波导上下两个金属块之间并不需要直接的接触，所以相比

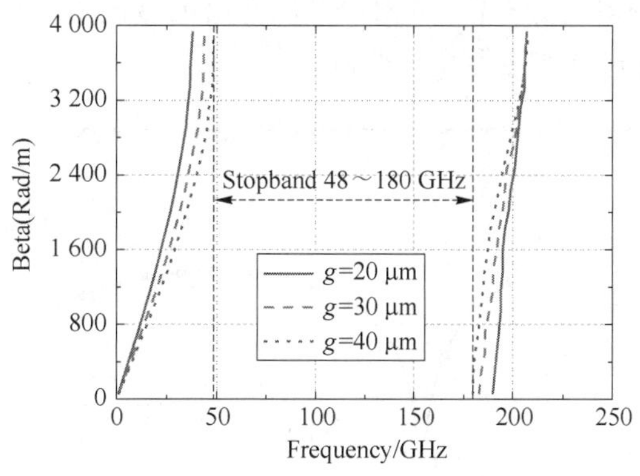

图 6-2-21 EBG 单元色散图

矩形波导可以提高对加工和装配的误差容忍度。相比微带线、基片集成波导和同轴线等含有介质的传输线，间隙波导和矩形一样具有低损耗的优势。

若上下平行金属板用 PEC 替代，根据理想导体边界条件和麦克斯韦方程组可知，不管上下金属板之间空气间隙有多大，电磁波总能在该结构中传播。若将其中一块金属板用 PMC 替代，则当上下金属板之间间距小于 $\lambda/4$ 时，电磁波就不能在其中传播。虽然自然界中并没有磁导体，但可以通过周期性结构组成的超表面来模拟 PMC 的边界条件。若将周期性结构中间留出通道就形成槽缝间隙波导，中间添加脊结构则形成脊间隙波导，添加微带线则形成倒置微带线间隙波导。电磁波在上述间隙波导中传播时，只会沿添加的结构方向传播，不会泄露出去。槽缝间隙波导的电磁波将会在通道中传播，传播模式可以等效为矩形波导中的传播模式研究，主模为 TE_{10} 模式。与其他类型间隙波导相比，槽缝间隙波导具有更高的传输容量和更低的传输损耗，因此可用于毫米波频段器件的设计。

本节采用的槽缝间隙波导结构如图 6-2-22 所示，在下金属板的左右两边各放置三排金属销钉，金属销钉中间便形成了槽缝，电磁波就在其中传播，不会泄露到金属销钉形成的周期性结构中去，金属销钉的尺寸与前面设计的 EBG 单元尺寸一致。

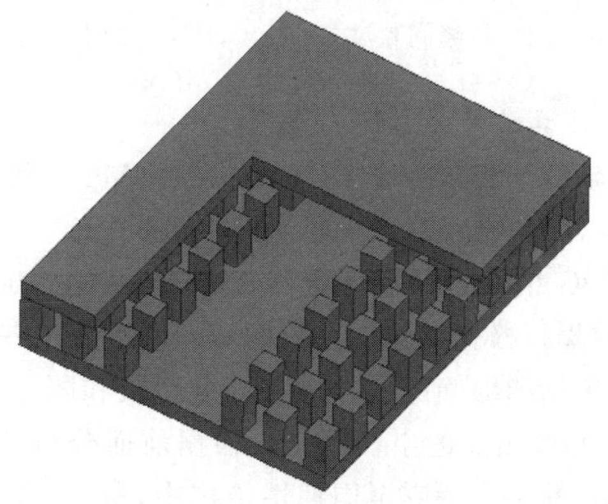

图 6-2-22 槽缝间隙波导

图 6-2-23 所示为槽缝间隙波导的 S 参数仿真图，从图中可以看出在 90～110 GHz 带宽范围内，端口反射系数基于都低于－20 dB，传输系数优于－0.13 dB。图 6-2-24 所示为在

100 GHz处该间隙波导的电场分布图,从图中可以看出电磁波沿着槽缝传播,没有其他方向的泄露,传播电磁波的模式也和矩形波导类似。

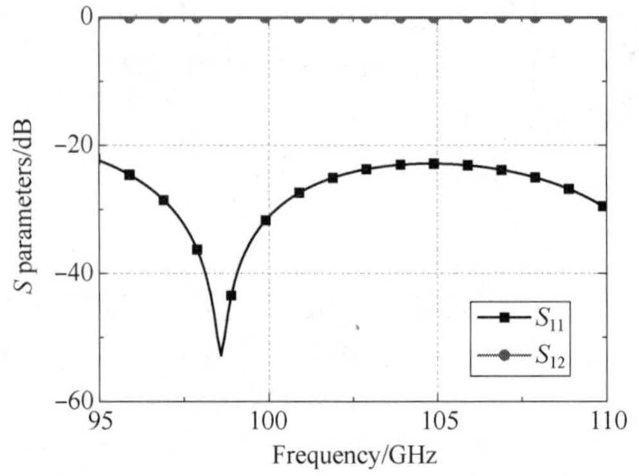

图 6-2-23　槽缝间隙波导的 S 参数

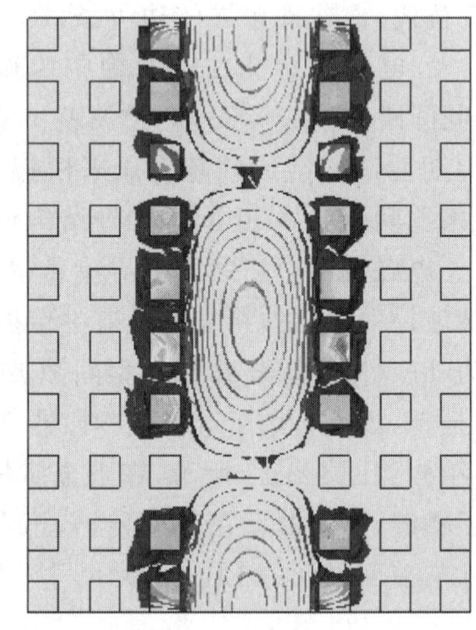

图 6-2-24　槽缝间隙波导在 100 GHz 处的电场分布

3. EBG 结构 OMT 及仿真结果

通过上述间隙波导传输线来构建一个 EBG 结构的 OMT。和前面一样,先通过仿真优化 E 面魔 T 和隔板极化器,然后再将两者级联形成 OMT。

如图 6-2-25 所示为 EBG 结构的隔板极化器,该隔板极化器延续波导隔板极化器中的端口尺寸。该 EBG 结构的隔板极化器包括上下两块左右各带有三排销钉的金属板和中间的一块隔板结构。该隔板包括槽缝间隙波导的上层金属板和隔板极化器的五阶隔板结构,其与上下金属板之间存在 0.02 mm 的空气间隙。根据前面分析的槽缝间隙波导的工作原理,电磁波只会沿槽缝传播,并不会泄露至周期性结构中,所以由间隙波导构成的隔板极化器基本可以等效波导结构的隔板极化器。但是电磁波的传播常数在间隙波导和波导中并不一致,所以在保持端口尺寸不变的情况下,还需要对隔板尺寸进行优化,优化后的隔板尺寸如表 6-2-4 所示,其中 a、b 所表示的位置与波导结构的隔板极化器一致。

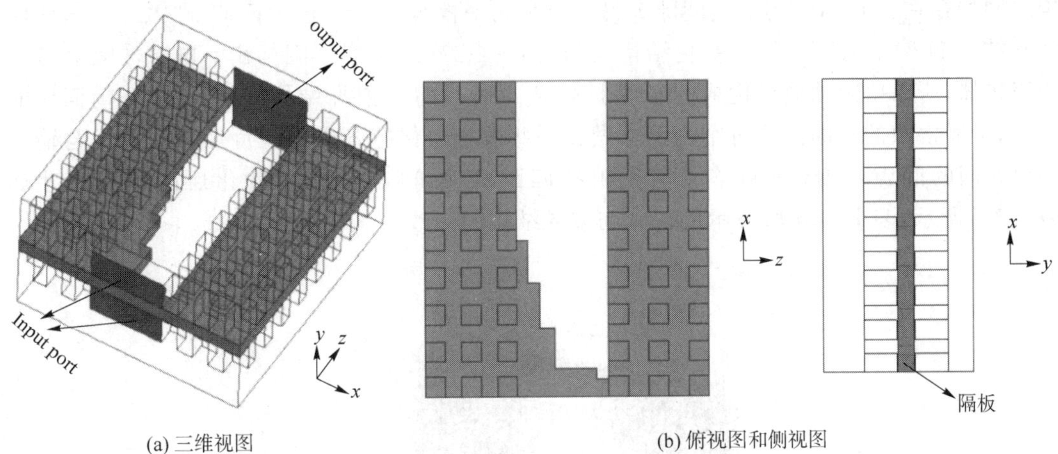

(a) 三维视图　　(b) 俯视图和侧视图

图 6-2-25　EBG 隔板极化器

表 6-2-4　EBG 隔板极化器隔板尺寸表

参数	a_1	a_2	a_3	a_4	a_5
值/mm	1.85	1.6	0.73	0.46	0.23
参数	b_1	b_2	b_3	b_4	b_5
值/mm	0.36	0.2	0.79	0.89	0.85

该 EBG 结构的隔板极化器仿真结果如图 6-2-26 所示，从图中可以看出，在工作带宽范围内，传输系数基本稳定在−3 dB 左右，反射系数低于−19 dB。因此，该 EBG 结构的隔板极化器的性能比较理想，基本能实现隔板极化器的功能。如图 6-2-27 所示为隔板极化器在 100 GHz 处的电场分布图，从图中可以看出电磁波只在槽缝中传播，没有泄露到其他地方，并且电场强度在第一排柱子附近迅速衰减，这也验证了该设计的合理性。

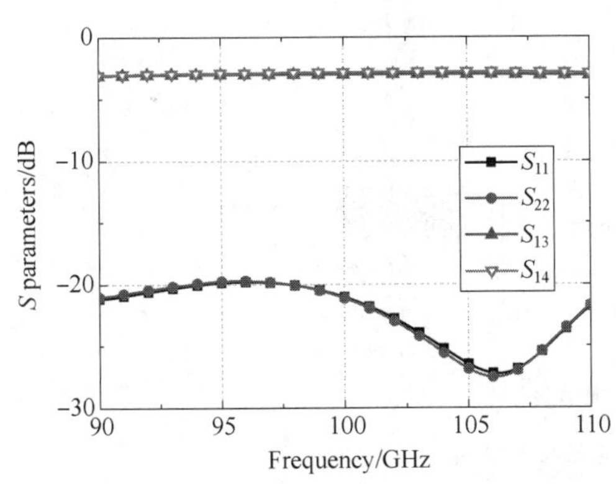

图 6-2-26　EBG 隔板极化器 S 参数仿真结果

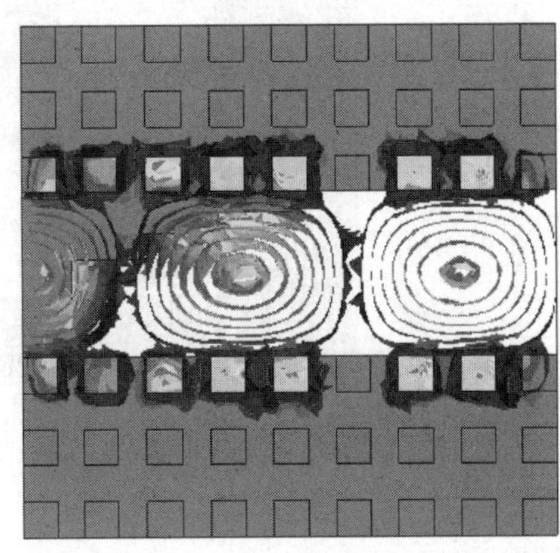

图 6-2-27　EBG 隔板极化器 100 GHz 处电场分布图

如图 6-2-28 所示为 EBG 结构的 E 面折叠魔 T，从图中可以看出和隔板极化器一样，其也包括上下两块带有周期性结构的金属平板和中间的两块金属平板结构。其中大的一块金属平板包括用于阻抗匹配的四阶隔板和充当间隙波导 PEC 的金属平板，其与上下 EBG 结构之间均存在 0.02 mm 的空气间隙。另一块金属平板包括用于上下 EBG 的 PEC 和替代原波导结构 H 臂上的三阶阻抗变化结构,其在图 6-2-27(b)中用红圈标出。电磁波只会沿着槽缝传播,所以由间隙波导构成的 E 面折叠魔 T 可以等效波导结构的魔 T,但和前面说的一样,传播常数的不同需要对结构尺寸做出一些改变。保持各端口尺寸和四阶隔板与输出端口之间的间隙不变,只调整了用于阻抗匹配的四阶隔板尺寸,优化后的隔板尺寸如表 6-2-5 所示,表中 a、b 所表示的位置与波导结构的一致。

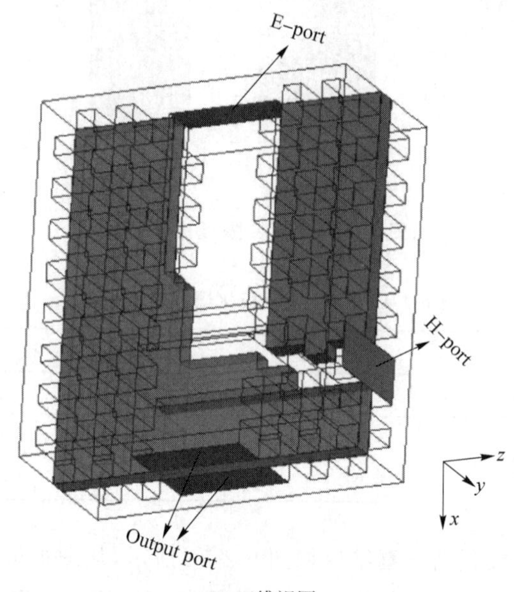

(a) 三维视图

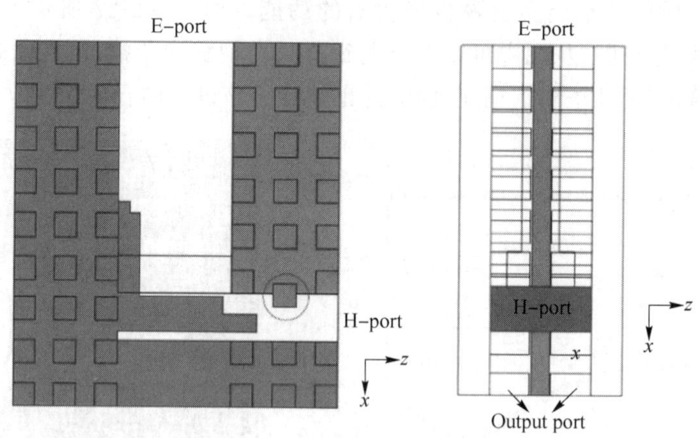

(b) 俯视图和侧视图

图 6-2-28　EBG 结构 E 面折叠魔 T

表 6-2-5　EBG 魔 T 隔板尺寸表　(单位:mm)

a_9	a_{10}	a_{11}	a_{12}	b_9	b_{10}	b_{11}	b_{12}
2.45	0.3	1.85	0.3	0.4	1.4	0.2	0.2

该 EBG 结构的魔 T 仿真结果如图 6-2-29 所示，从图中可以看出反射系数低于 -12.5 dB，传输系数在 -3.35～-3 dB 之间，端口隔离度低于 -48 dB，因此该 EBG 结构的魔 T 具有较高的隔离水平。如图 6-2-30 为魔 T 在 110 GHz 处的电场分布图，从图中可以看出无论是激励 E 端口还是 H 端口，能量都会沿着槽缝传输之输出端口，不会泄露出去，也基本没有能量传输之对应的隔离端口，从而由间隙波导替代波导实现的魔 T 结构也具有很好的端口隔离水平。

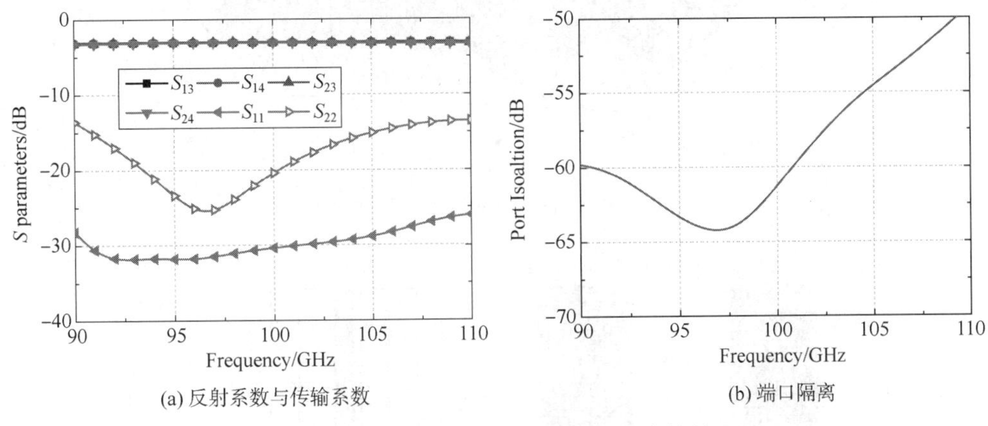

(a) 反射系数与传输系数　(b) 端口隔离

图 6-2-29　EBG 结构魔 TS 参数仿真结果

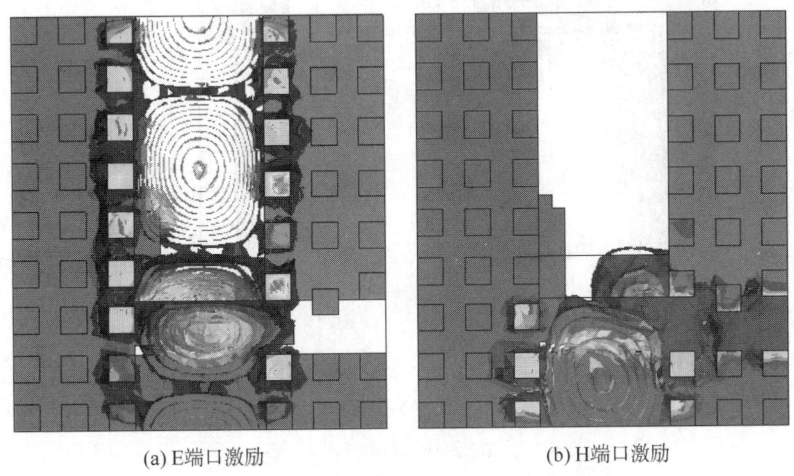

(a) E端口激励　(b) H端口激励

图 6-2-30　EBG 结构魔 T 110 GHz 处电场分布图

用上述 EBG 结构魔 T 的输出端口接上 EBG 结构隔板极化器的输入端口形成如图 6-2-31 所示的 EBG 结构的 OMT。该 OMT 结构包括上下两块带有周期性结构的金属平板和中间两块金属板，其中大的一块金属板包括用于实现两个正交模式的五阶隔板结构，OMT 输入端口阻抗匹配的四阶隔板结构，以及作为间隙波导 PEC 的金属平板。用于阻抗匹配的金属隔板与实现正交模式的金属隔板之间的间隙为 0.15 mm。小的金属板包括 H 端口的阻抗匹配部分和间隙波导的金属平板。

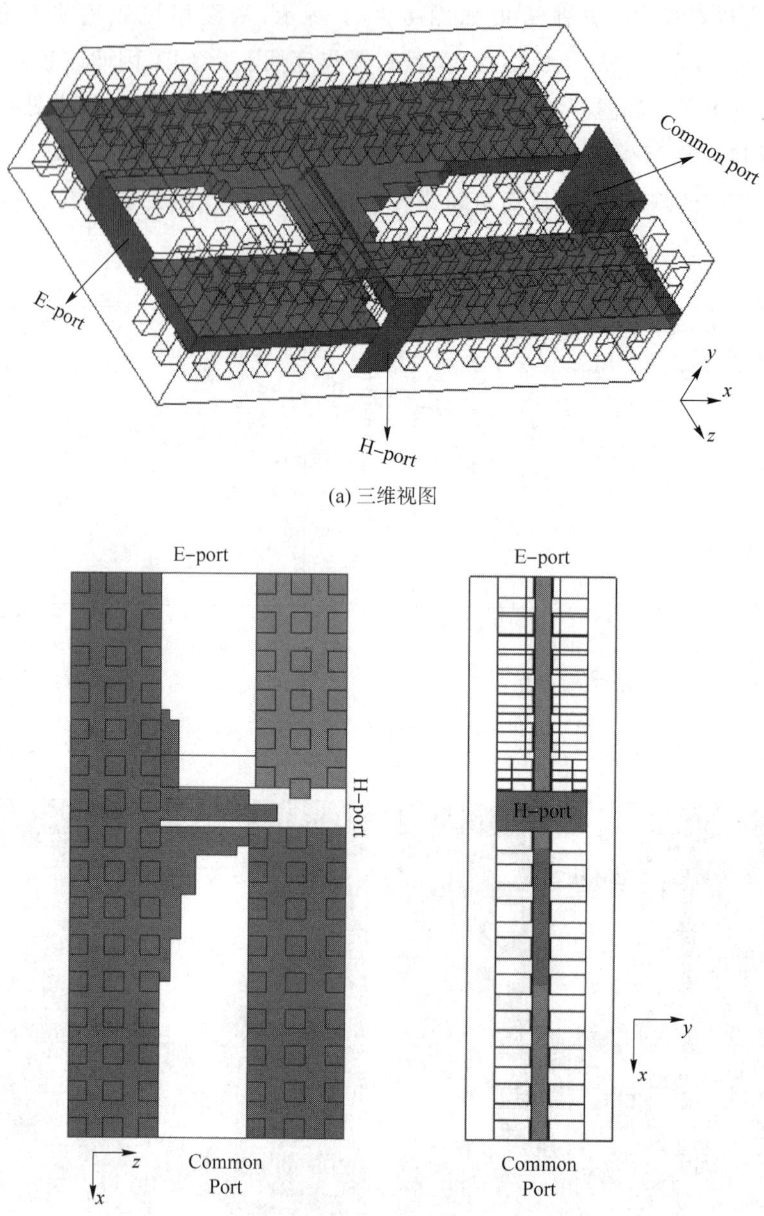

(a) 三维视图

(b) 俯视图和侧视图

图 6-2-31　EBG 结构 OMT

图 6-2-32 所示为 EBG 结构 OMT 的仿真结果，从图中可以看出其反射系数低于 -15 dB，传输系数优于-0.25 dB，端口隔离度低于-50 dB，极化隔离度低于-62 dB。因此，该结构的 OMT 拥有理想的性能。图 6-2-33 所示为该 OMT 工作在 100 GHz 处的电场分布图，从图中可以看出电场能量只会沿着槽缝传播，不会泄露到其他地方，因此间隙波导传输线可完美替代波导传输线用于器件的设计。分别激励 E 和 H 端口时，电场能量只会沿着槽缝传播至输出端口，不会传播到对应的隔离端口，因为该 EBG 结构的 OMT 可实现优秀的端口隔离水平。

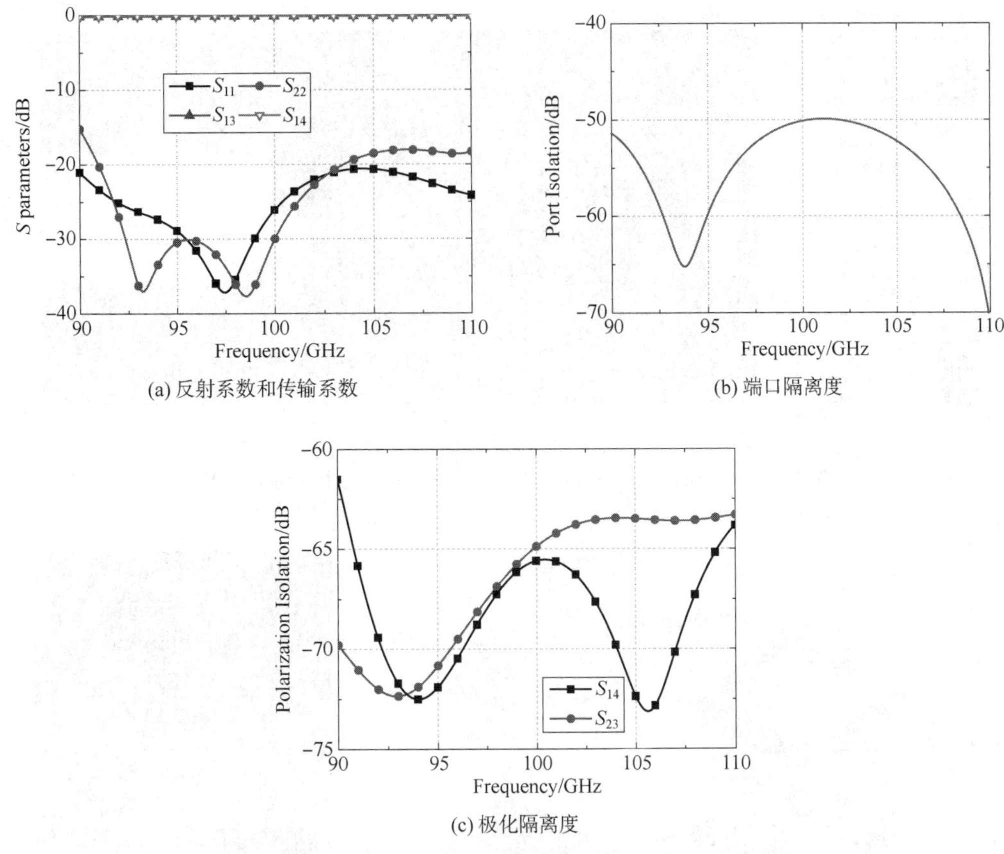

(a) 反射系数和传输系数

(b) 端口隔离度

(c) 极化隔离度

图 6-2-32　EBG 结构 OMTS 参数

4. EBG 结构 OMT 测试结果

和波导结构的 OMT 一样，在加工过程中，EBG 结构的 OMT 也被分为三块，包括隔板和上下两块左右各带有三排金属销钉的金属平板，然后使用螺钉进行装配和固定，加工实物如图 6-2-34 所示。同样，因为缺少方波导负载，反射系数和端口隔离度的测量是在输出端口对向自由空间下进行的，通过将输出端口短路来测量极化隔离度。

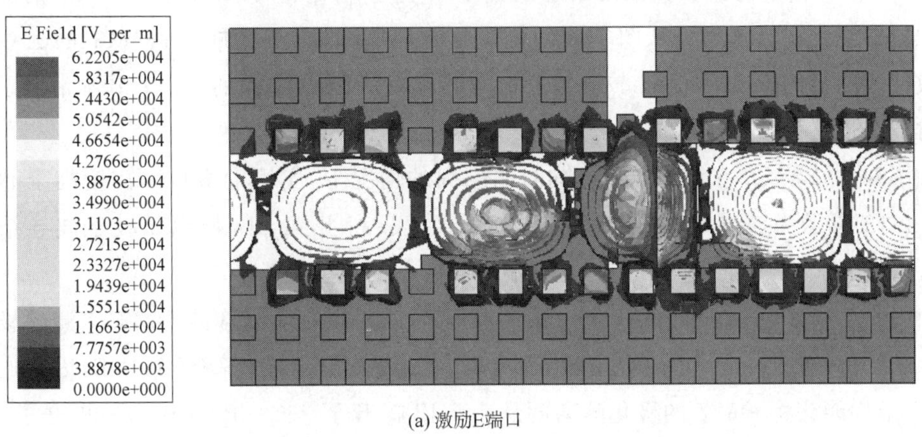

(a) 激励E端口

图 6-2-33　EBG 结构 OMT 工作在 110 GHz 处的电场分布

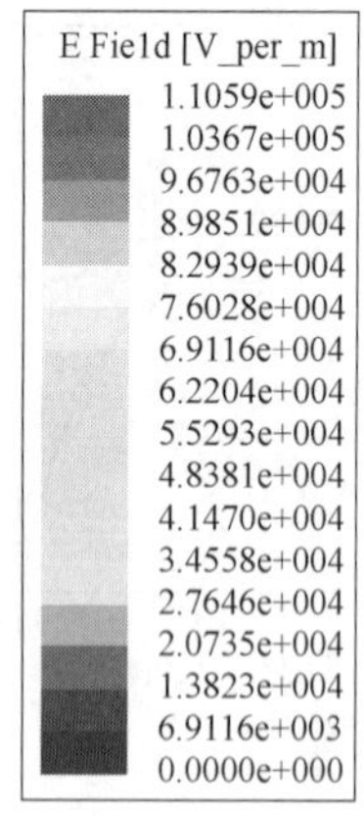

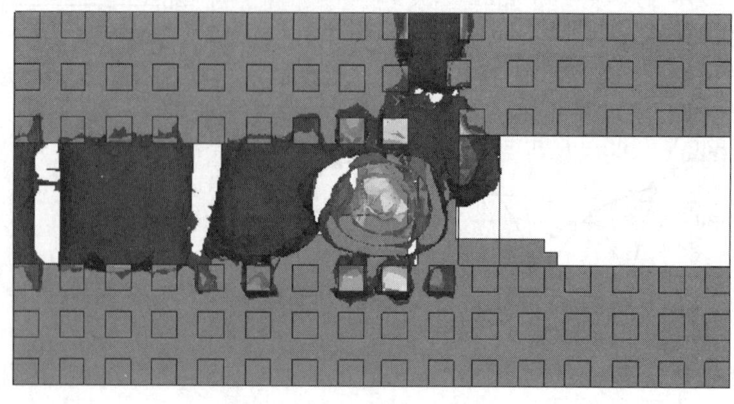

(b) 激励H端口

图 6-2-33 EBG 结构 OMT 工作在 110 GHz 处的电场分布(续)

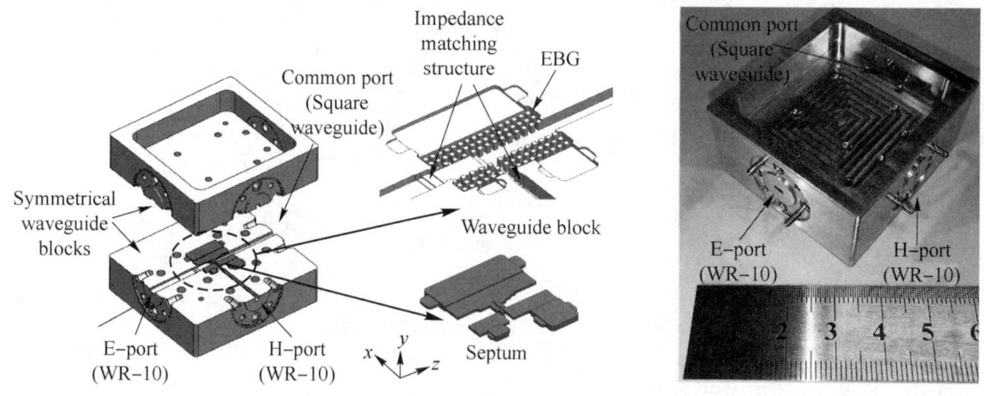

图 6-2-34 EBG 结构 OMT 组装和加工实物图

如图 6-2-35 所示,图中 Sim.1 代表 OMT 的输出端口接匹配负载的仿真结果,Sim.2 代表输出端口指向自由空间的仿真结果。从图中可以看出在输出端口指向自由空间的情况下,H 端口和 E 端口仿真和测试的反射系数结果基本一致,这说明实际的 OMT 的端口反射系数能够达到仿真水平。从图 6-2-17 可以看出,空气间隙的存在会对 OMT 的 E 端口反射系数造成明显的影响,所以相较于波导结构的 OMT,EBG 结构的 OMT 基本消除了空间间隙对端口反射系数的影响。

如图 6-2-36 所示,在输出端口指向自由空间的情况下,实测的端口隔离度高于 30 dB,而图 6-2-12 所示为波导结构 OMT 的端口隔离度只高于 23 dB,所以相较于波导结构的 OMT,加载 EBG 结构的 OMT 能将实测端口隔离水平至少提升 7 dB。

如图 6-2-37 所示,在输出端口被短路的情况下,加载 EBG 结构的 OMT 实测的极化隔离度- 26.9 dB,如图 6-2-13 所示,波导结构 OMT 的极化隔离度仅高于 1.9 dB,因此通过加载 EBG 结构能够将 OMT 的极化隔离度从 1.9 dB 提升至 26.9 dB,这极大地提升了 OMT 的实测性能。

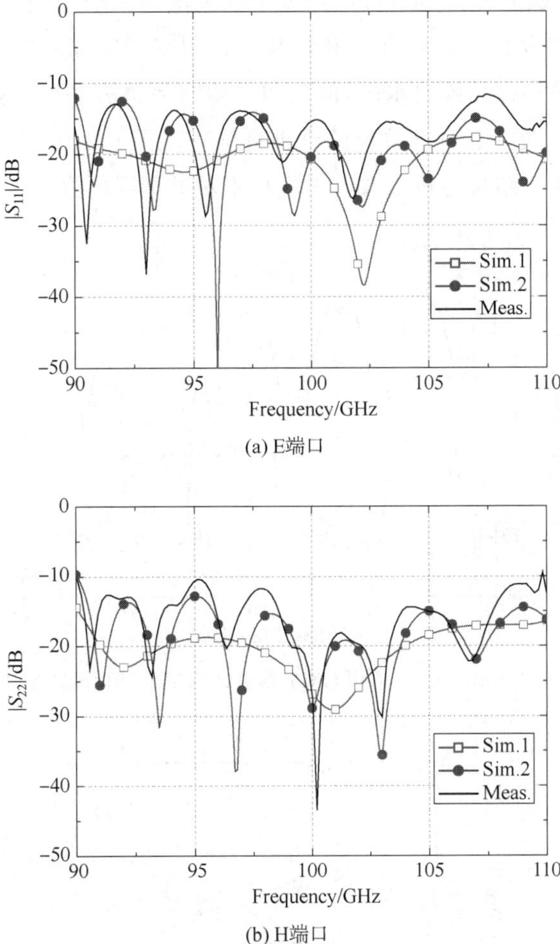

图 6-2-35　EBG 结构 OMT 仿真和测试的反射系数

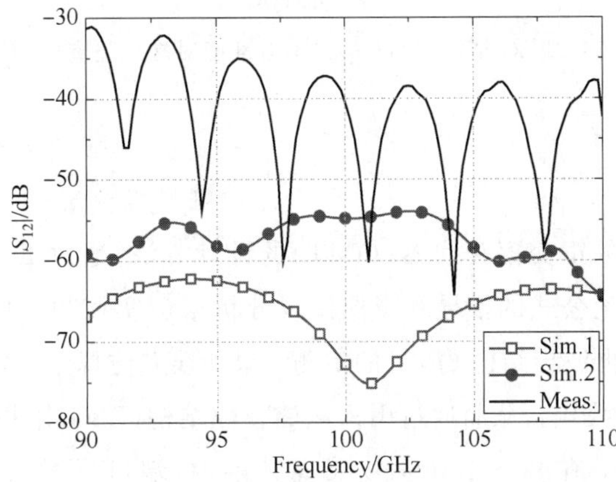

图 6-2-36　EBG 结构 OMT 仿真和测试的端口隔离度

综上所述，通过加载 EBG 结构，可以极大地改善端口反射系数的测试结果，这是因为 EBG 结构的非接触特性从而去除了加工和组装过程中空气间隙对实测结果的影响。同时也改善了端口隔离水平和极化隔离水平，但是和实测结果仍有差距，这是因为加载 EBG 结构对加工和组装过程中端口不对准情况的改善有限。从图 6-2-16 和图 6-2-38 的对比结果可以看出，通过加载 EBG 结构也可以改善对端口不对准情况的容忍度。

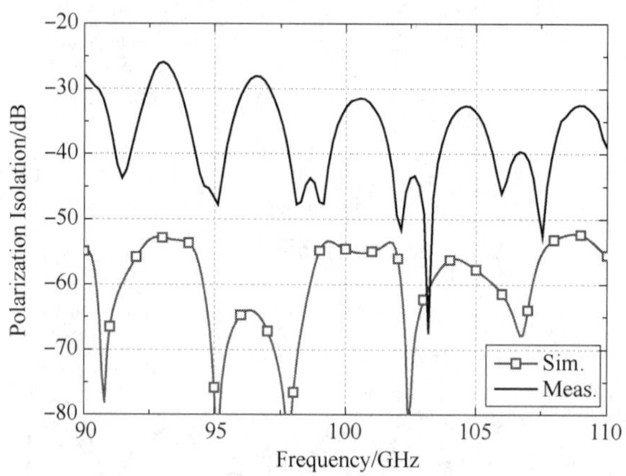

图 6-2-37　EBG 结构 OMT 仿真和测试的极化隔离度

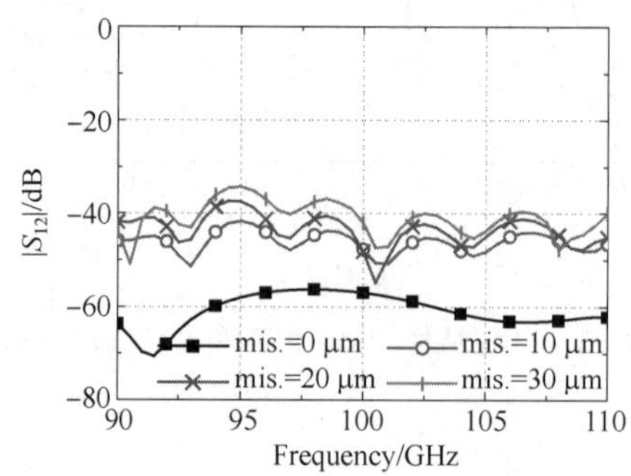

图 6-2-38　EBG 结构 OMT 端口不对准度对端口隔离度的影响

6.2.5　小结

本节提出一种新型的正交模转换器（OMT）的设计方法，通过 E 面折叠魔 T 和隔板极化器级联实现。通过理论公式的推导和奇偶模式分析来证实该想法的可行性，并且通过实际加工测试来验证。根据波导结构 OMT 的实测结果和误差仿真分析来说明空气间隙和端口不对准会对实测结果产生影响，从而通过引入电磁带隙结构（EBG）来提高对加工和组装误差的容忍度。实测结果显示，在 90～110 GHz 带宽范围内，端口反射系数与仿真结果基本一致，端口隔离度高于 30 dB，极化隔离度高于 26.9 dB。

6.3　双脊正交模转换器研究与设计

6.3.1　新型双脊波导结

对称结构的 OMT 可以通过抑制方波导中的高阶模式的电磁波，因此在带宽和隔离度等电气性能方面要优于非对称结构的 OMT。下面分析对称结构的 OMT 内部电磁波的传输模式。波导中的电磁场可由波导所有模式的总和表示，OMT 在传输时激励起的电磁波可表示成：

$$\mathrm{EM}=\sum_{m=1}^{\infty}\mathrm{TE}_{m0}+\sum_{m=1}^{\infty}\sum_{n=1}^{\infty}\mathrm{TE}_{mn}+\sum_{m=1}^{\infty}\sum_{n=1}^{\infty}\mathrm{TM}_{mn} \tag{6.3.1}$$

在公共的方波导中，可以认为是不连续处引起的高次模，如果水平极化和垂直极化传输时遇到的不连续结构都是对称的，那么主模只会激励起特定的模式：

$$\mathrm{EM}=\sum_{m=1}^{\infty}\sum_{n=0}^{\infty}\mathrm{TE}_{(2m-1)2n}+\sum_{m=1}^{\infty}\sum_{n=1}^{\infty}\mathrm{TM}_{(2m-1)2n} \tag{6.3.2}$$

如果只有水平极化传输时遇到的不连续结构都是对称的，则激励起的模式为

$$\mathrm{EM}=\sum_{m=1}^{\infty}\sum_{n=0}^{\infty}\mathrm{TE}_{m2n}+\sum_{m=1}^{\infty}\sum_{n=1}^{\infty}\mathrm{TM}_{m2n} \tag{6.3.3}$$

如果只有垂直极化传输时遇到的不连续结构都是对称的，则激励起的模式为

$$\mathrm{EM}=\sum_{m=1}^{\infty}\sum_{n=0}^{\infty}\mathrm{TE}_{(2m-1)n}+\sum_{m=1}^{\infty}\sum_{n=1}^{\infty}\mathrm{TM}_{(2m-1)n} \tag{6.3.4}$$

据此分析可知，对称结构可以抑制一些不对称的场分布中的高次模，因此可以在更宽频带实现更好的电气性能[29-33]。

对称类型的 OMT 主要包括 Bøifot 型 OMT、十字转门型 OMT、双脊型 OMT。Bøifot 型 OMT 需要金属柱以及金属膜片，其结构存在定位误差，因此对加工精度和装配精度要求较高[34]。十字转门型 OMT 需要两支相互垂直的 Y 型波导，因此在加工时通常分为多块处理，同样对装配精度要求较高，工艺复杂且成本高[35]。常规的双脊型 OMT 如图 6-3-1 所示，其结构主要由三部分构成：双脊波导结(double-ridged junction)、90°E 面弯波导、E 面 Y 型合路器。它不需要额外的金属柱或金属膜片，通常分为上下两层进行装配，易于制造和组装，是在微波频段常用的结构[36-39]。

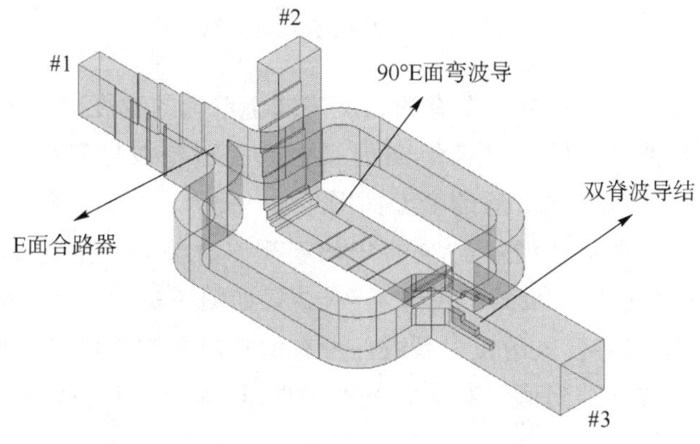

图 6-3-1　常规的双脊型正交模转换器

下面分析常规的双脊型 OMT 的工作原理，当水平极化的电磁波在方波导口＃3 激励时，水平的 TE_{01} 模经过双脊波导结时，由于遇到在传播方向上高度降低的中心矩形波导，因此水平的 TE_{01} 模等分耦合至两个边臂波导中，然后经过 E 面合路器重新合成，最后在矩形波导口＃1 输出。当垂直极化的电磁波在方波导口激励时，垂直极化集中在双脊波导结的中心，然后经过高度渐变的双脊，耦合至中心的矩形波导，经过 90°E 面弯波导，最后在矩形波导口＃2 输出。

然而，为了在水平极化端口获得较低的反射系数，该类型 OMT 的双脊宽度通常为方波导端口宽度的 10％～15％。为了保证良好的机械性能，数控机床(CNC)工艺加工的脊的宽度一般不小于 0.2 mm，这导致无法在更高频段实现双脊波导 OMT 的加工制造。本节提出了一种应用于毫米波频段的新型双脊 OMT，新结构降低了对脊宽度的要求，其宽度大约是传统结构的三倍，同时降低了水平 TE_{01} 模式对脊宽度的敏感性，这有利于双脊型 OMT 在更高频率的应用。

双脊波导结(double ridged waveguide junction)是整个 OMT 的核心部分，其结构如图 6-3-2 所示。OMT 的电气性能取决于该双脊波导结，由模型结构容易得出，增加双脊的宽度是可以对垂直极化 TE_{10} 模式产生更强的影响，并且给方波导到中心的矩形波导提供更好的阻抗变换，这有利于垂直极化从方波导耦合至中心的矩形波导。但是水平极化 TE_{01} 模式要求减小方波导内双脊的宽度，用来减小水平极化 TE_{01} 模式在双脊波导结内的反射损耗。为了验证这一点，在 HFSS 中建立常规的双脊波导结模型，仿真得到不同双脊宽度下水平极化 TE_{01} 模式的反射系数，如图 6-3-3 所示，可以看出随着双脊的宽度 w_1 增大，水平极化 TE_{01} 模式的反射系数逐渐恶化。

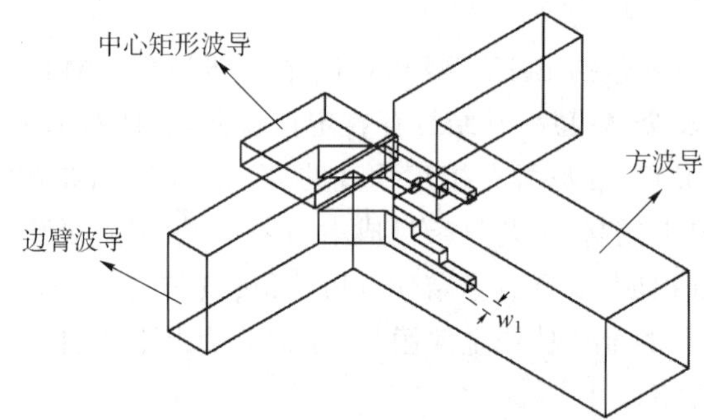

图 6-3-2　常规的双脊波导结

因此，本节提出减少方形波导中双脊的长度来减小双脊的宽度对水平极化 TE_{01} 模式的影响。首先，去掉方形波导中的一对双脊，并且通过改变边壁波导和中心波导之间的角度，使双脊的位置相对向后移动，改进后的模型如图 6-3-4 所示，它的双脊的宽度是常规结构的三倍左右。其次，为了验证这一创新点，对提出的新型双脊波导结进行了建模与分析，仿真不同双脊宽度下水平极化 TE_{01} 模式的反射系数，结果如图 6-3-5 所示。可以看出，随着双脊宽度的增加，水平极化 TE_{01} 模式的反射系数并没有像常规结构一样发生恶化。因此在新结构中，提出的新型双脊波导结降低了对双脊宽度的要求，并且 TE_{01} 模式的反射系数对双脊宽度的敏感性也降低了。

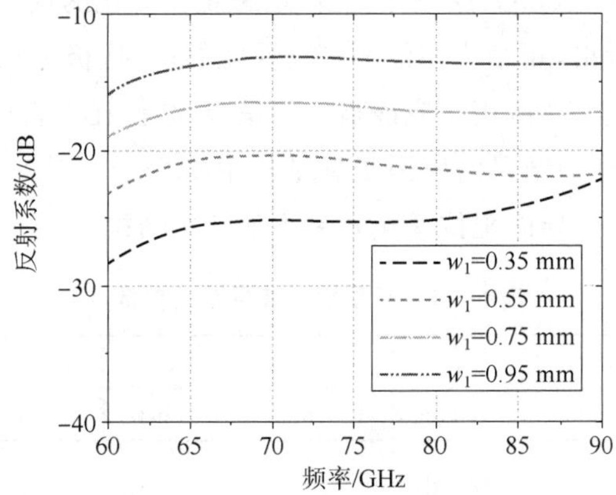

图 6-3-3　常规结构下不同双脊宽度下水平极化 TE_{01} 模式的反射系数

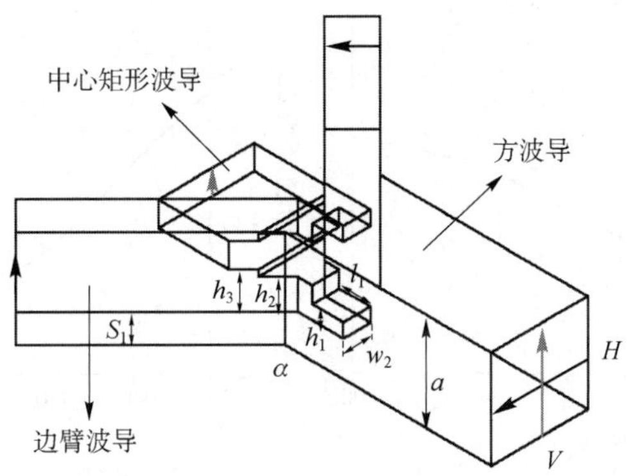

图 6-3-4　新型双脊波导结

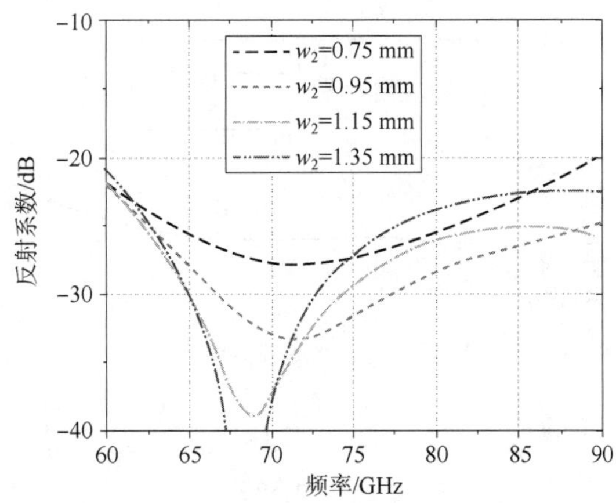

图 6-3-5　新型结构下不同双脊宽度下水平极化 TE_{01} 模式的反射系数

下面仿真常规和新型结构在两种正交极化激励下的反射系数，结果如图 6-3-6 和图 6-3-7 所示。传统结构的脊宽为 0.35 mm，仿真得到在 60～90 GHz 频率范围，两种正交极化的反射系数均小于-20 dB，相对带宽为 40%。新结构的尺寸在表 6-3-1 中给出，其双脊的宽度为

0.95 mm，仿真得到在 60.5～88 GHz 频率范围，两种正交极化的反射系数均小于-20 dB，相对带宽为 37.5%。可以看出，新结构在保证电气性能的同时，极大增加了双脊的宽度，因此更适用于毫米波频段的加工和应用。应该指出的是，新结构在垂直极化 TE_{10} 模式下的反射系数不如常规结构，造成这一结果的原因是新结构中减少了一对双脊，导致垂直极化 TE_{10} 模式从方波导到中心矩形波导的阻抗变换效果不如常规结构。

表 6-3-1 新型双脊波导结的参数

参数	w_2	a	h_1	h_2	h_3	l_1	s_1	α
数值	0.95 mm	3.37 mm	0.48 mm	1.05 mm	1.26 mm	1.09 mm	1.4 mm	135°

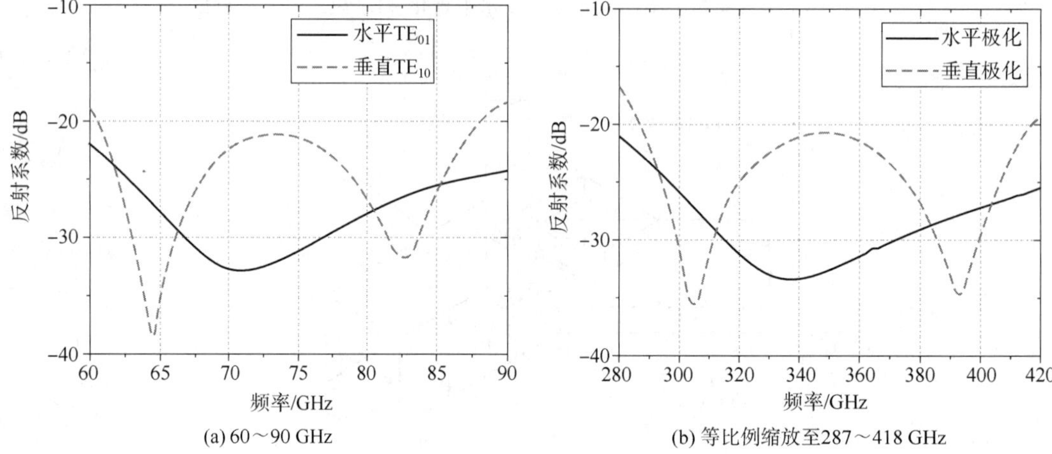

(a) 60～90 GHz　　(b) 等比例缩放至287～418 GHz

图 6-3-6 新型结构正交模式的反射系数

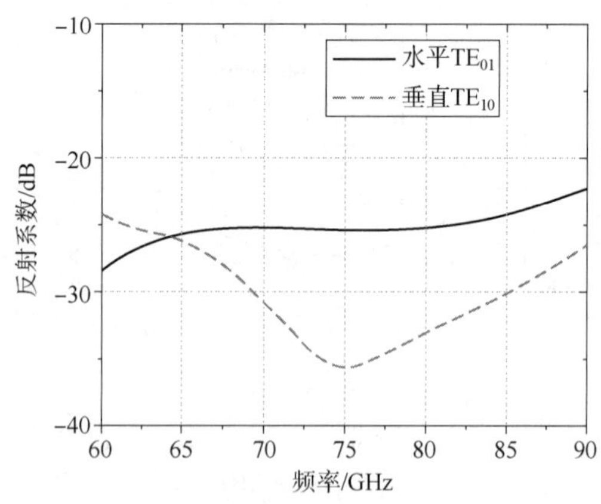

图 6-3-7 常规结构正交模式的反射系数

表 6-3-2 总结了新型双脊波导结和其他文献中基于数控机床（CNC）工艺加工的双脊波导结的性能，其中 K 是双脊宽度和方波导宽度的比值。为了方便加工并且让双脊保持良好的机械性能，基于 CNC 加工工艺的双脊宽度一般不小于 0.2 mm，而在其他文献中双脊的宽

度大约为方波导宽度的10%，这导致无法在更高频率对双脊型 OMT 进行加工制造。在新型结构中，双脊的宽度是方波导宽度的28%，这样在等比例缩放过后，可以将双脊波导 OMT 的加工制造扩展至287～418 GHz，此时双脊的宽度为 CNC 工艺的极限宽度0.2 mm，此时的仿真结果如图6-3-6(b)所示，两种正交极化的反射系数均低于-20 dB。因此，新结构有利于双脊型 OMT 在更高频率的应用。

表 6-3-2　新结构与其他双脊波导结的对比

文献	频率/GHz	脊宽	K	反射系数
[40]	10.5～15(35%)	2 mm	11.5%	-20 dB
[36]	35～50(35%)	0.5 mm	8%	-20 dB
[41]	67～116(55%)	0.2 mm	7.9%	-25 dB
[39]	120～170(35%)	0.2 mm	10%	-20 dB
本节内容	60.5～88(37%)	0.95 mm	28%	-20 dB
本节内容	287～418(37%)	0.2 mm	28%	-20 dB

6.3.2　E 波段正交模转换器设计

基于上述新型双脊波导结，研制一款高隔离度的 E 波段正交模转换器，工作频段在71～86 GHz。首先将新型双脊波导结优化到该工作频带，优化后的双脊波导结和仿真的反射系数如图6-3-8所示，在71~86 GHz 频段内，公共方波导端口中两正交模式的反射系数均小于-29 dB。

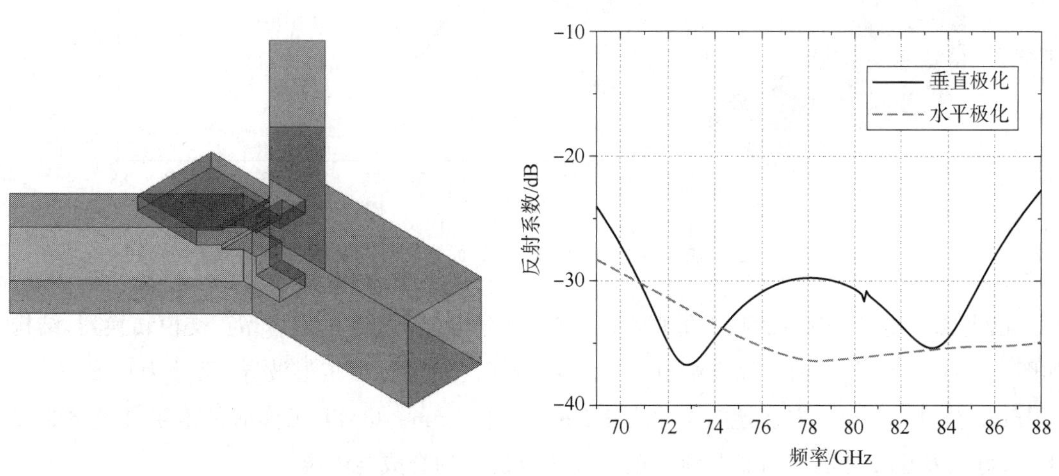

图 6-3-8　工作在71～86 GHz 的双脊波导结与仿真反射系数

然后设计并仿真 E 面 Y 型合路器，合路器连接新型双脊波导结的边臂波导，从而实现水平极化信号从隔离端口到公共端口的传输。其模型和仿真结果如图6-3-9所示，在71～86 GHz 工作频段内，合路器在公共端口的反射系数小于-35 dB。

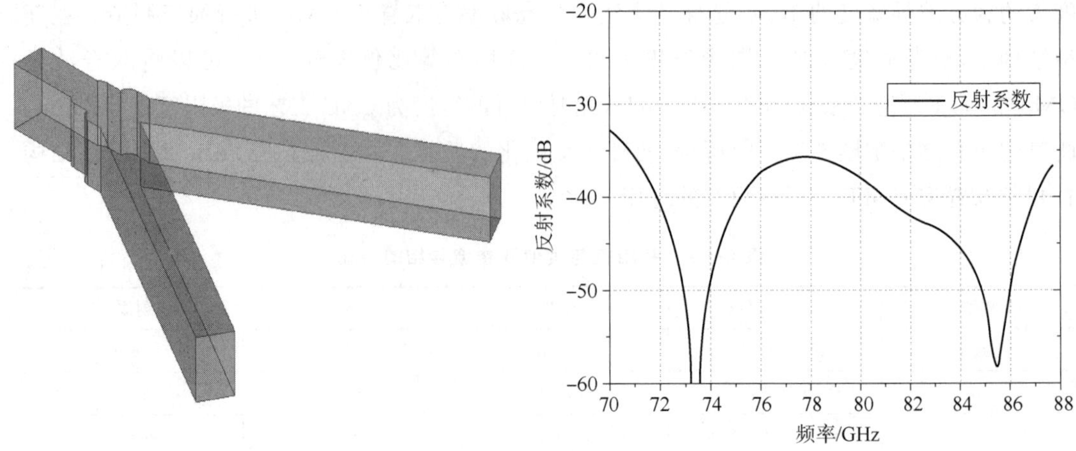

图 6-3-9 工作在 71～86 GHz 的合路器与仿真反射系数

下面设计仿真 E 面 90°弯波导，90°弯波导连接新型双脊波导结的中心矩形波导，从而实现垂直极化信号从隔离端口到公共端口的传输。其模型和仿真结果如图 6-3-10 所示，在 71～86 GHz 工作频段内，弯波导的反射系数小于-30 dB。

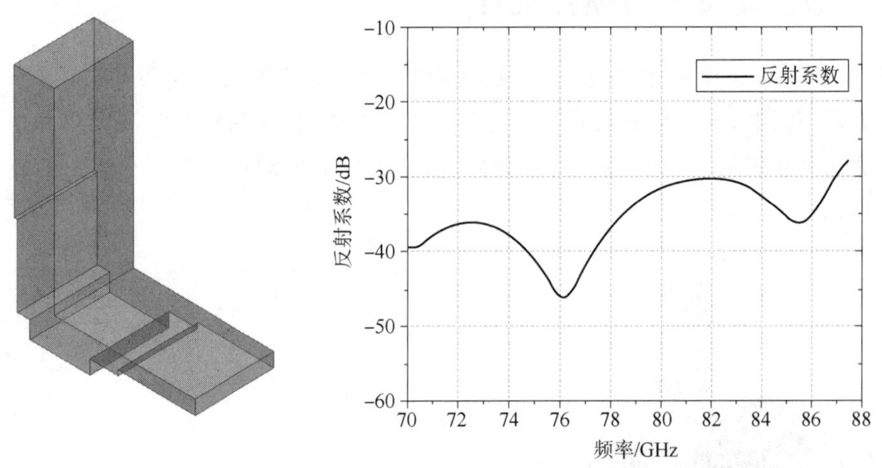

图 6-3-10 工作在 71～86 GHz 的 90°E 面弯波导与仿真反射系数

已完成上述三个部分的独立仿真，最后将三部分组合成完整的双脊型正交模转换器，结构如图 6-3-11 所示，其中两个隔离端口＃1 和＃2 采用 WR_{12} 标准矩形波导，尺寸为1.55 mm×3.1 mm，公共端口＃3 方波导的尺寸为 3.1 mm×3.1 mm。OMT 工作时的电场如图 6-3-12 所示，可以看出设计的 OMT 做到了正交极化电磁波的合成与隔离。

仿真结果如图 6-3-13～图 6-3-16 所示，该正交模转换器实现了优秀的电气性能，在 71～86 GHz 工作频段内，两矩形端口的反射系数均小于-25 dB，两矩形端口的隔离度大于 54 dB。从矩形端口到公共方波导端口，两种极化的插入损耗均小于 0.02 dB，交叉极化鉴别度(XPD)均大于 60 dB。

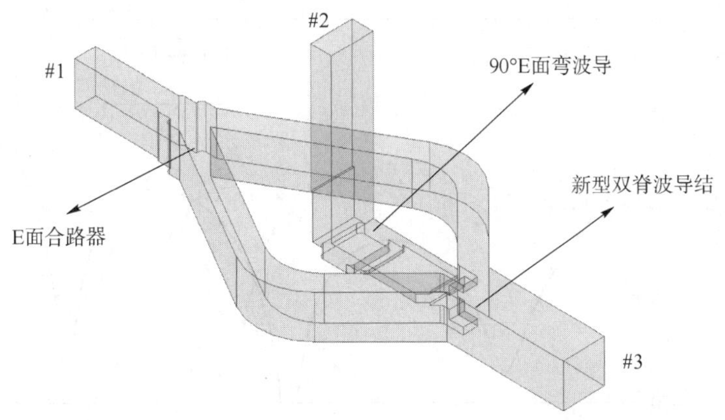

图 6-3-11　完整的 E 波段(71～86 GHz)OMT

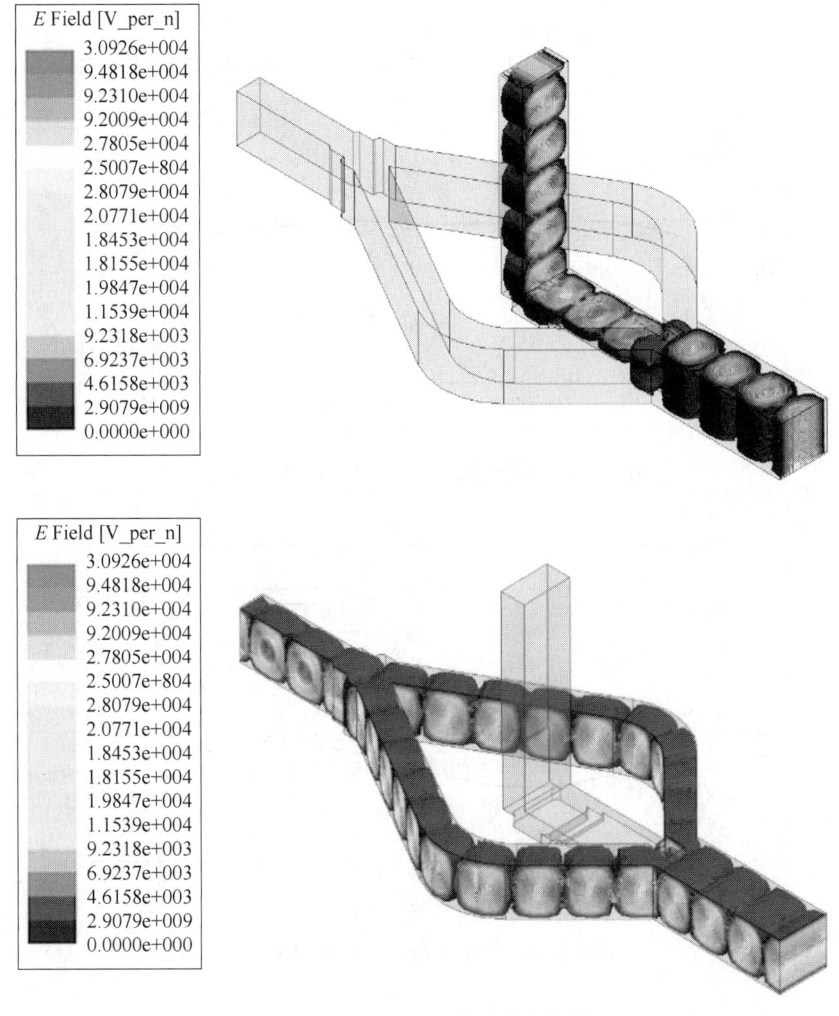

图 6-3-12　OMT 工作时的电场图

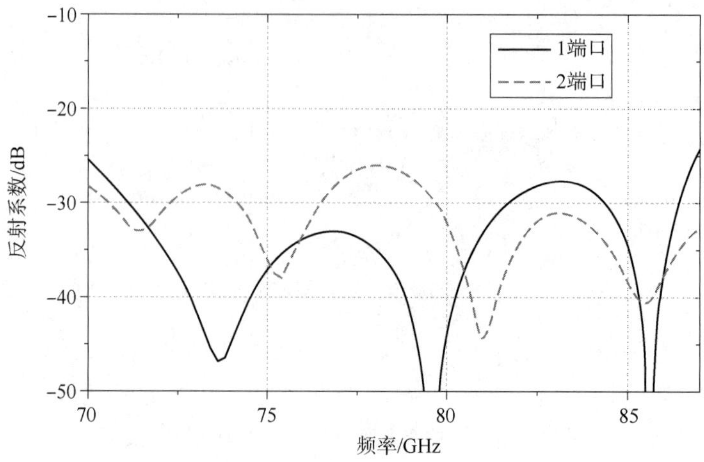

图 6-3-13　两矩形端口反射系数

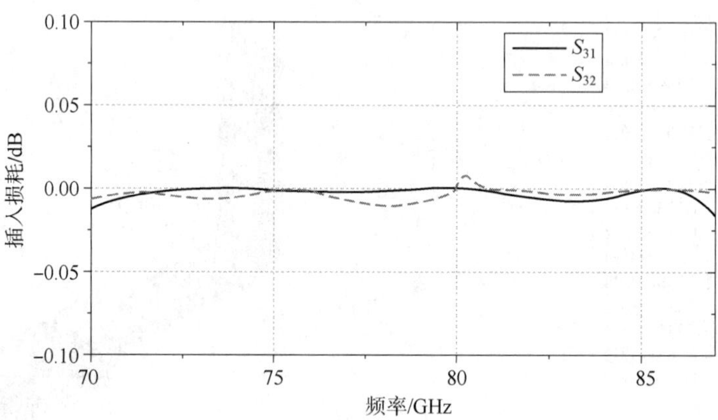

图 6-3-14　矩形端口到公共端口的插入损耗

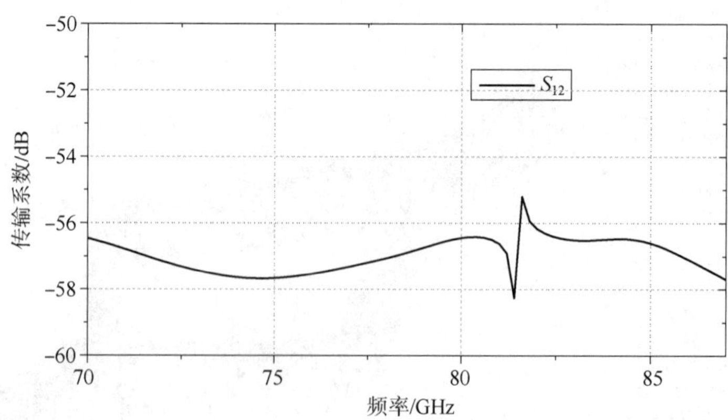

图 6-3-15　两矩形端口之间的隔离度

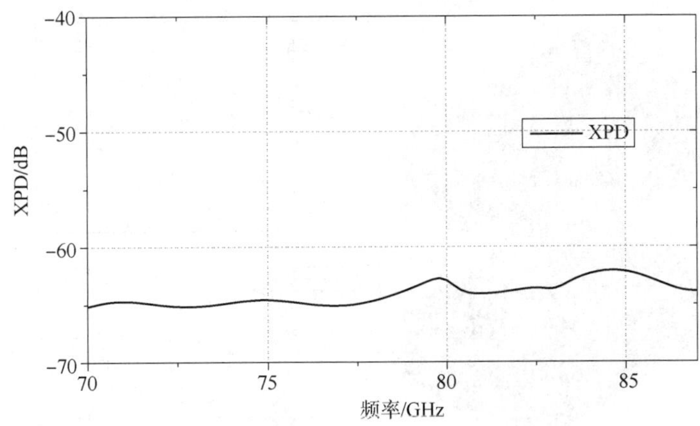

图 6-3-16　OMT 的交叉极化鉴别度(XPD)

6.4　E 波段双线极化馈源天线研制

6.4.1　双线极化馈源天线设计

本节采用的双线极化馈源方案的结构主要包括正交模转换器(OMT)、过渡波导和喇叭天线,双线极化馈源天线由 OMT 通过过渡波导与喇叭天线相连。该方案的优势在于,OMT 位于发射机天线子系统的第一级,利用 OMT 的对称性可以抑制不对称场分布中的高次模,以此实现馈源天线宽带高隔离的电气性能。

双线极化馈源天线的结构如图 6-4-1 所示,其中,OMT 选用上一节中设计的 E 波段正交模转换器,该结构可分为上下两部分进行加工,并采用螺钉装配,上下两部分结构的示意图如图 6-4-2 所示。tangential 轮廓的光壁喇叭可满足轴对称的方向图,其输入半径 R_i 为国家标准 BY660 的 E 波段标准圆波导尺寸半径为 1.59 mm,口面半径 R_o 为 5.3 mm,喇叭长度 L 为 24 mm,tangential 轮廓因子为 2。并且设计了一个 E 波段方转圆波导用于将两者连接,方转圆波导采用光滑渐变的方式,用以实现极低的反射损耗。

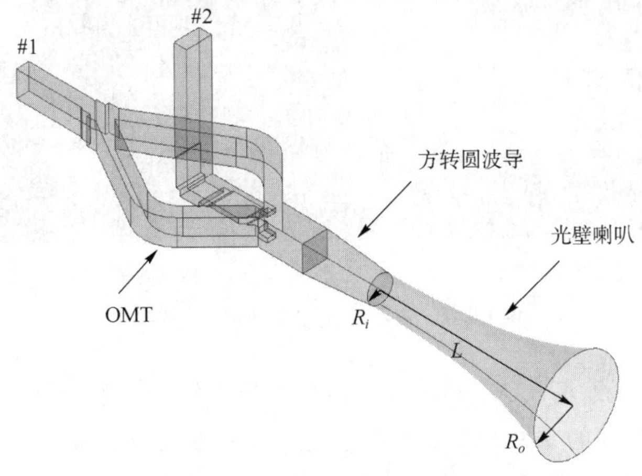

图 6-4-1　双线极化馈源天线结构图

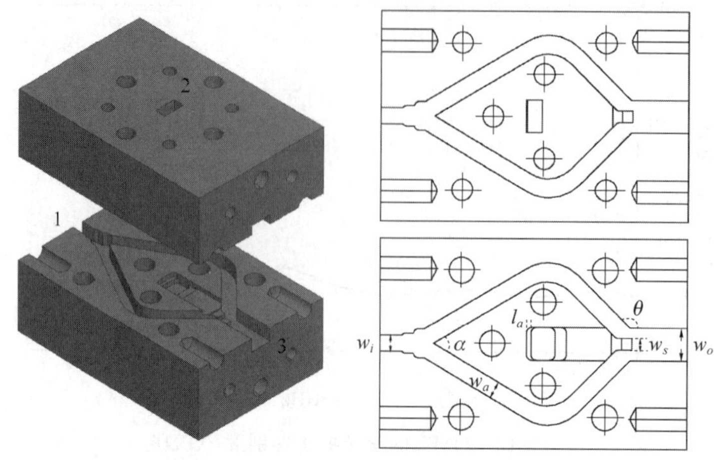

图 6-4-2　E 波段正交模转换器加工图

6.4.2　双线极化馈源天线测试与分析

加工好的 E 波段正交模转换器如图 6-4-3(a)所示，将 OMT 装配好后，再通过方转圆波导与光壁喇叭连接，通过 Ceyear3672D 矢量网络分析仪和 E-Band Ceyear3643N 频率扩展模块测量双线极化馈源天线的 S 参数，配置如图 6-4-3(b)所示。测量结果如图 6-4-4 所示，在 71～86 GHz频率范围内，水平极化端口的反射系数小于 - 20 dB，垂直极化端口的反射系数小于 - 15 dB，两个 WR_{12} 端口隔离度大于 39 dB。需要指出的是，垂直极化的反射系数与仿真的并不完全吻合，该差异是由 90°E 面弯波导部分的加工和装配误差造成的。在后续的研究中，发现这是由上下两部分贴合不严密导致，通过涂抹少量导电胶有效改善了这一现象，可以使垂直极化的反射系数降至 - 20 dB。

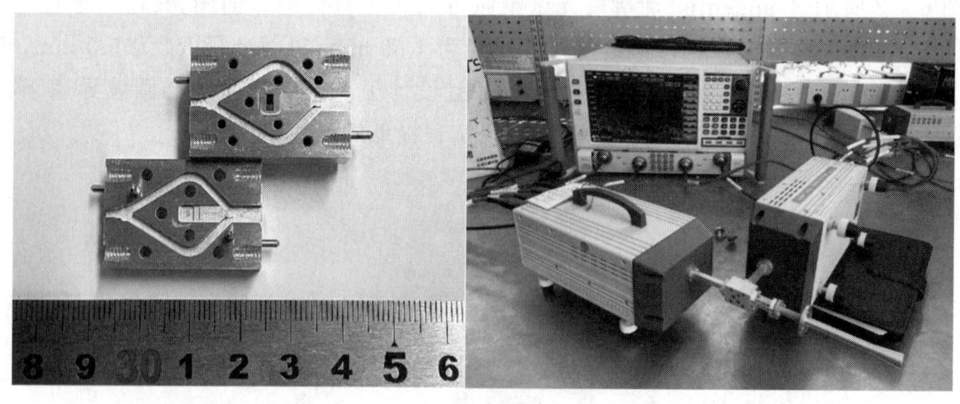

(a) 正交模转换器实物　　(b) 双线极化馈源天线测试图

图 6-4-3　双线极化馈源天线实物图

通过毫米波三反紧缩场(CATR)测量双极化馈源天线的辐射特性，分别测量天线两端口在 73 GHz 和 83 GHz 的 x-z 和 y-z 平面上的主极化和交叉极化方向图，测量方向图如图 6-4-5 所示，双线极化馈源天线在 30°实现了约 15 dB 的增益下降，符合设计预期。从交叉极化的辐射方向图可以计算出，双线极化馈源天线的交叉极化鉴别（XPD）高于 23 dB。表 6-4-1 所示为该天线与其他双极化天线的对比情况，和其他结构的双极化天线相比，本节提出的双极化天线在隔离度方面具有优势，这得益于正交模转换器的对称性抑制了不对称场分布中的高次模。

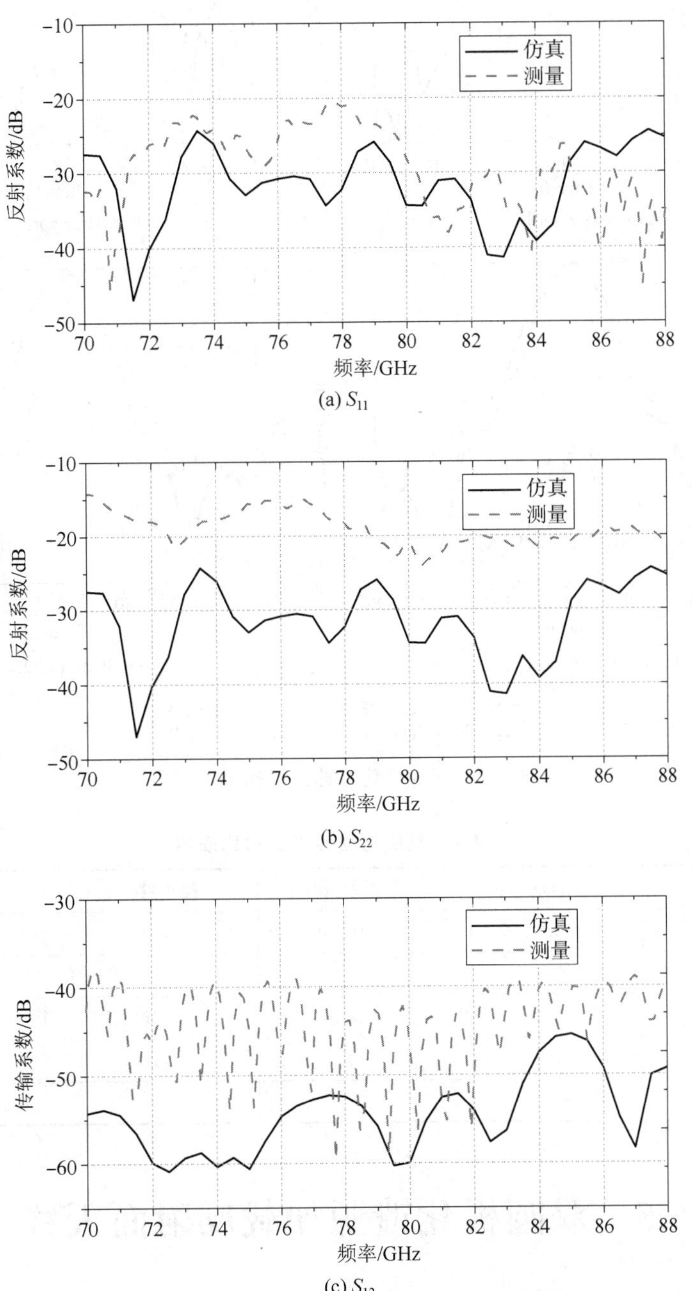

图 6-4-4　双线极化馈源天线 S 参数结果

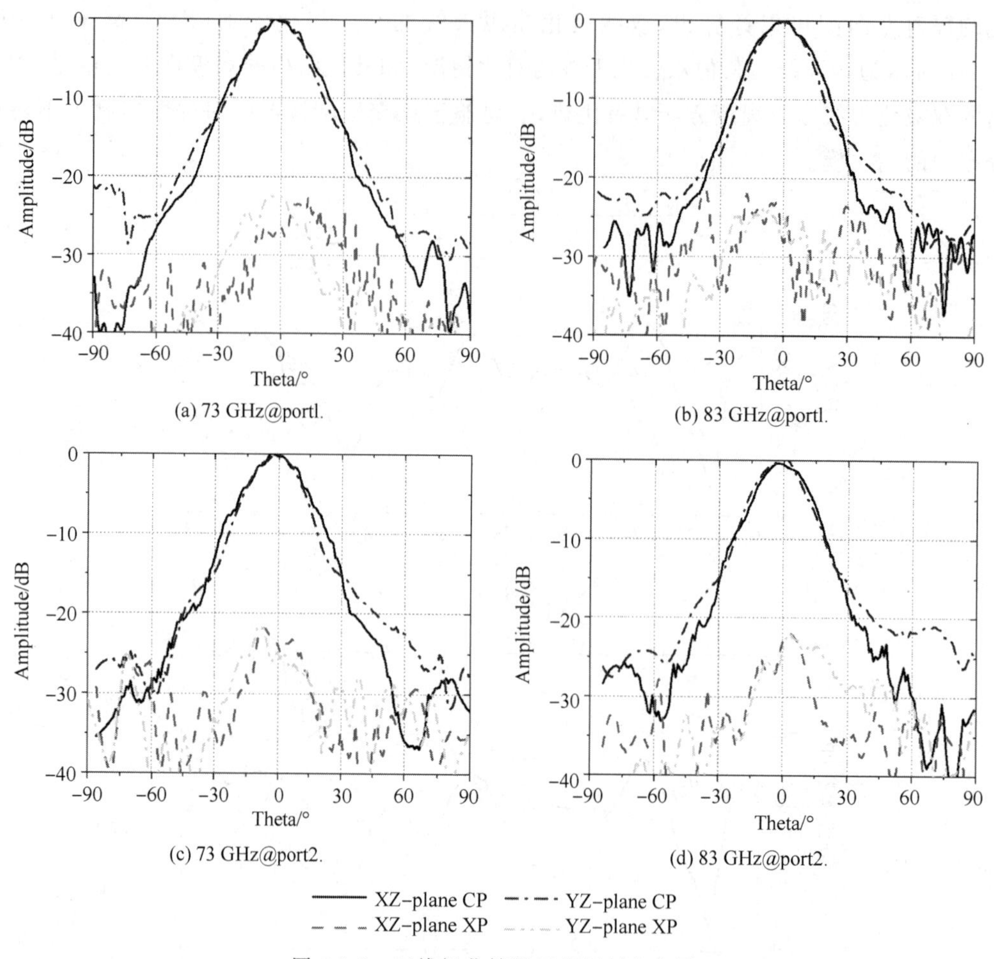

图 6-4-5　双线极化馈源天线辐射方向图

表 6-4-1　双极化馈源天线对比表格

文献	频率/GHz	反射系数/dB	隔离度/dB	增益/dBi
[42]	4.4～12.6	-10	20	11
[43]	5.2～8.5	-10	30	13
[44]	28.5～31.2	-20	27	/
[45]	80～110	-20	32	19.6
本节内容	71～86	-15	39	17.5

6.5　双圆极化馈源加载反射面天线

本节采用的双圆极化馈源方案的结构框图如图 6-5-1 所示，在双线极化馈源的基础上，增加圆极化器使线极化波转化为圆极化波。双圆极化馈源天线由 OMT 通过 45°过渡波导与圆极化器相连接，再通过方转圆波导与喇叭天线相连接，同样利用到 OMT 的对称性可以抑制不对称场分布中的高次模，以此实现双圆极化馈源天线宽带高隔离的性能。

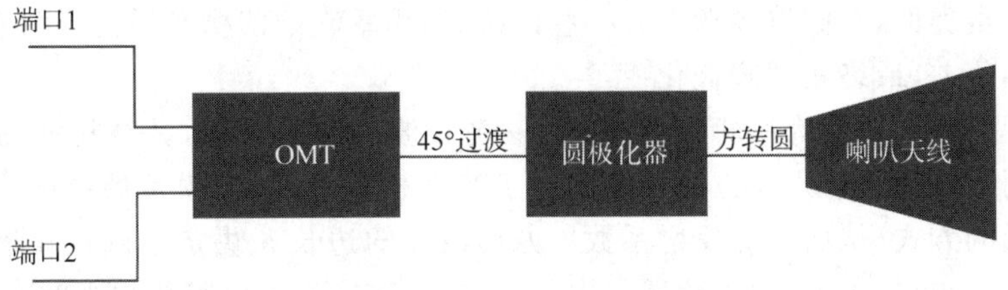

图 6-5-1　双圆极化方案框图

6.5.1　圆极化器理论与设计

电磁波的极化是指电磁波在传输过程中电场矢量的指向的变化规律。假定在直角坐标系下,有一平面的电磁波沿$+z$方向运动,可以在x-y面将其矢量分解,并表示为

$$\boldsymbol{E}=\boldsymbol{e}_xE_x+\boldsymbol{e}_yE_y \tag{6.5.1}$$

式中:

$$E_x=E_{xm}\cos(\omega t-kz+\phi_x)$$
$$E_y=E_{ym}\cos(\omega t-kz+\phi_y) \tag{6.5.2}$$

由此可得,$\boldsymbol{E}$的极化状态由E_{xm}和E_{ym}的关系、ϕ_x和ϕ_y的关系确定。

当$\phi_x-\phi_y=0$或$\pm\pi$,$z=0$时,电磁波的振幅可表示为

$$|\boldsymbol{E}(0,t)|=\sqrt{E_x^2(0,t)+E_y^2(0,t)}=\sqrt{E_{xm}^2+E_{ym}^2}\cos(\omega t+\phi_x) \tag{6.5.3}$$

此时,$\boldsymbol{E}(0,t)$与x轴夹角为

$$\alpha=\arctan(\frac{E_y}{E_x})=\pm\arctan\left(\frac{E_{ym}}{E_{xm}}\right) \tag{6.5.4}$$

此时$\boldsymbol{E}$为线极化波,其振幅和时间呈余弦函数,电场矢量方向不变。

当$\phi_x-\phi_y=\pm\pi/2$,$E_{xm}=E_{ym}=E_m$,电磁波的振幅可表示为

$$|\boldsymbol{E}(0,t)|=\sqrt{E_x^2(0,t)+E_y^2(0,t)}=E_m \tag{6.5.5}$$

此时,$\boldsymbol{E}(0,t)$与x轴夹角为

$$\alpha=\arctan[\mp\tan(\omega t+\phi_x)]=\mp(\omega t+\phi_x) \tag{6.5.6}$$

此时$\boldsymbol{E}$为圆极化波,其幅值是常量,电场方向则以ω的角速度旋转。当$\phi_x-\phi_y=-\pi/2$时,$\alpha=\omega t+\phi_x$,电场方向与角速度ω正相关,根据右手螺旋定则,此时为右旋圆极化波;同理,当$\phi_x-\phi_y=+\pi/2$时,$\alpha=-(\omega t+\phi_x)$,则为左旋圆极化波。

由上述圆极化电磁波的原理可知,圆极化的本质就是空间和时间上都正交的等幅线极化波,也就是说,圆极化波可以分解为空间上相互正交的线极化分量,两者幅度相等,相位差90°。这样的特征为圆极化器的设计提供了思路,即通过在圆波导或方波导内部引入移相单元,这里假设在方波导内部,入射的电磁波可以分解为两个相互正交、等幅、同相的线极化波,移相单元对于两个方向的线极化波分别呈电容和电感特性,容性增加相位传播常数,感性减小相位传播常数,当相位差达到90°时,入射的电磁波就实现了线极化到圆极化的变换[46-48]。

基于这种原理的圆极化器主要有三类:第一类是金属膜片圆极化器或金属螺钉圆极化器,移相单元为膜片或螺钉,金属膜片可以看成是一个并联电容器,会增加该方向上的相位传播常数,从而产生相位差。第二类是移相单元为介质插片,介质插片对于分解后的两个正交极化波有不同的传播特性,从而产生相位差,但是介质损耗较大,一般用于低频圆极化器。

第三类和第一类类似，在圆波导壁上开一些凹槽，利用垂直于凹槽和平行于凹槽时传播常数的不同得到相位差，最终实现圆极化[49-55]。

本节采用金属膜片作为移相单元，设计一款E波段圆极化器，其结构如图6-5-2所示，六对等间距的金属膜片插入在方波导内部用于产生相位差，金属膜片的高度采用从中心到两侧逐渐降低的方式，从而降低反射系数。方形波导的边长 b 决定了圆极化器的中心工作频率，方形波导的边长越大，圆极化器的中心工作频率越小；金属膜片的高度决定了相移量，高度越高，相移量越多。在仿真优化过程中，尽可能保证金属膜片有足够宽的厚度，这样有利于毫米波频段的加工制造。优化好的E波段金属膜片圆极化器的尺寸总结在表6-5-1中，其仿真结果如图6-5-3所示。图6-5-3(a)所示为反射系数在71～86 GHz范围内小于-24 dB，而图6-5-3(b)所示为垂直 TE_{10} 模式和水平 TE_{01} 模式之间的相位差，在71～86 GHz频率范围内，相移量为90±3°。

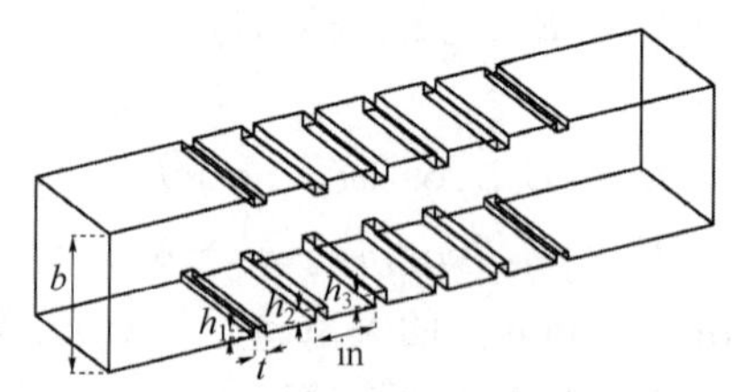

图6-5-2　E波段金属膜片圆极化器结构

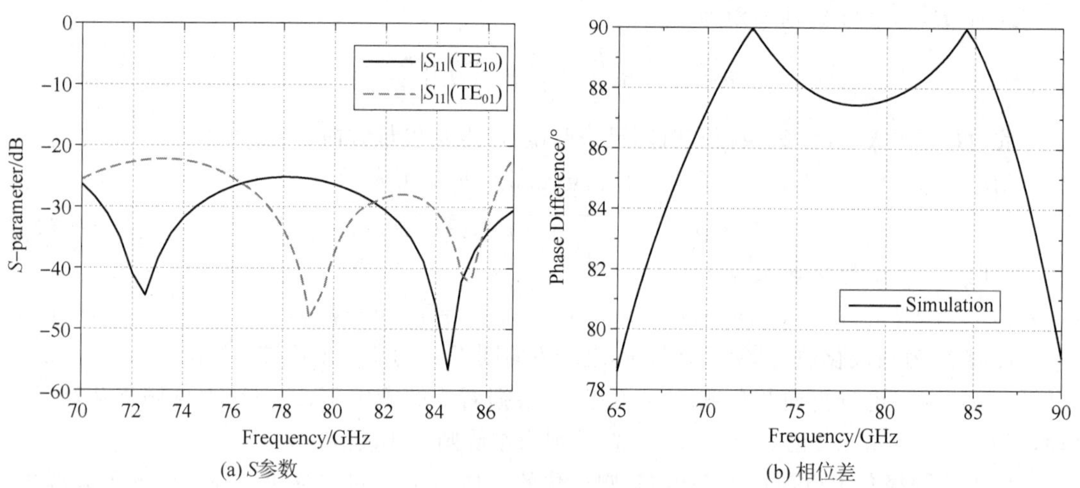

(a) S参数　(b) 相位差

图6-5-3　金属膜片圆极化器仿真结果

表6-5-1　金属膜片圆极化器的尺寸

参数	b	t	in	h_1	h_2	h_3
数值/mm	3.16	0.2	1.2	0.42	0.32	0.17

6.5.2 双圆极化馈源天线仿真

金属膜片圆极化器在工作时，线极化的电磁波要沿着方形波导的对角线。因此，需要一个45°过渡波导来连接正交模转换器和圆极化器。此外，圆极化器和喇叭天线之间的连接还需要一个方转圆的过渡波导。将正交模转换器和圆极化器以及喇叭天线组合后，双圆极化馈源天线的结构如图 6-5-4 所示。设计的 45°过渡波导和方转圆波导的结构如图 6-5-5 所示，45°过渡波导可以看作是两个方形到圆形过渡波导的连接而成，而方转圆形波导采用渐变过渡的方式实现[56]。

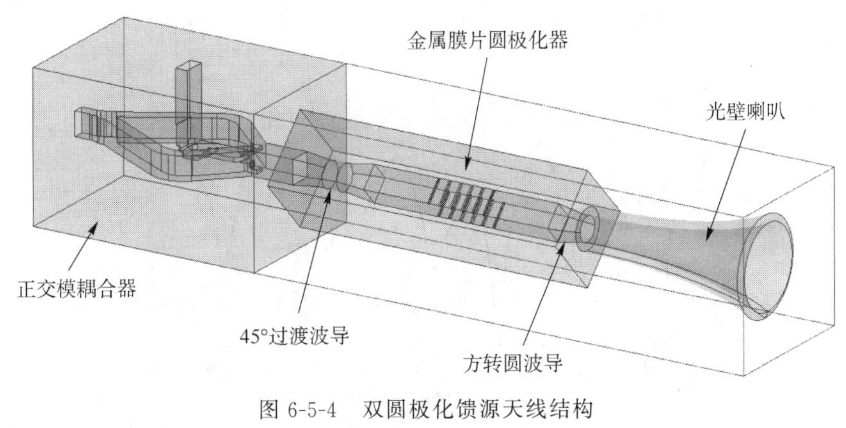

图 6-5-4　双圆极化馈源天线结构

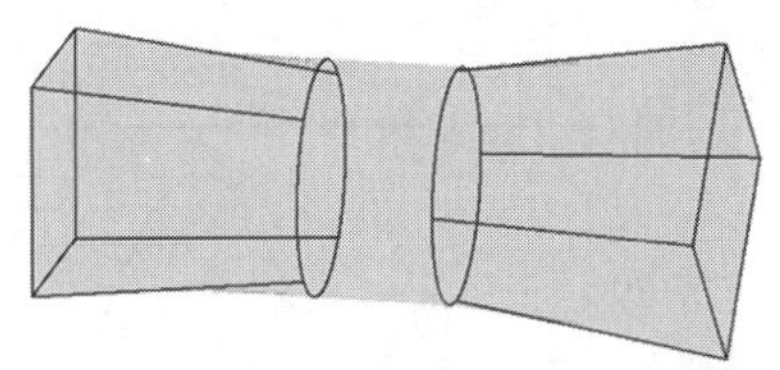
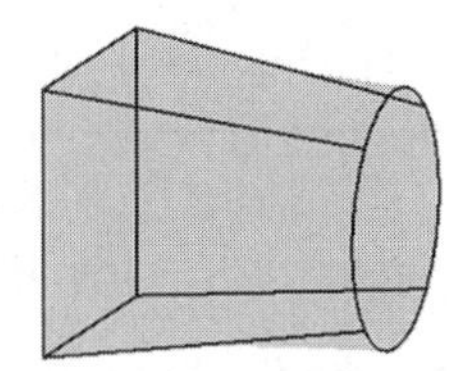

图 6-5-5　45°过渡波导和方转圆波导结构

tangential 轮廓的光壁喇叭集成在馈电系统的前端，以实现低旁瓣水平和旋转对称的辐射方向图。两个矩形端口激励生成的左旋圆极化(LHCP)和右旋圆极化(RHCP) 的电场分布如图 6-5-6 所示。双圆极化馈源天线的仿真 S 参数如图 6-5-7 所示，在 71～86 GHz 频率

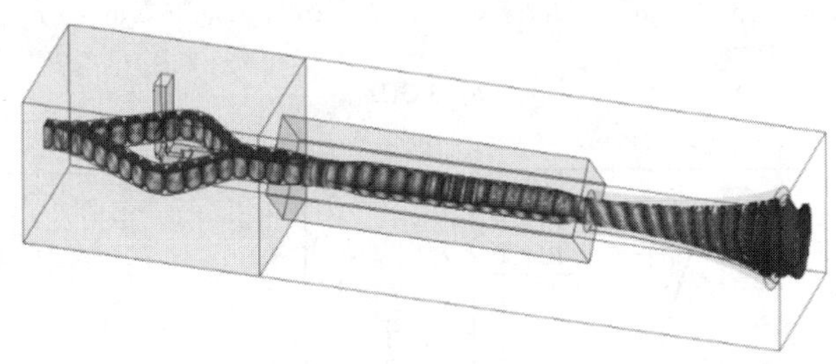

(a) 右旋圆极化电场

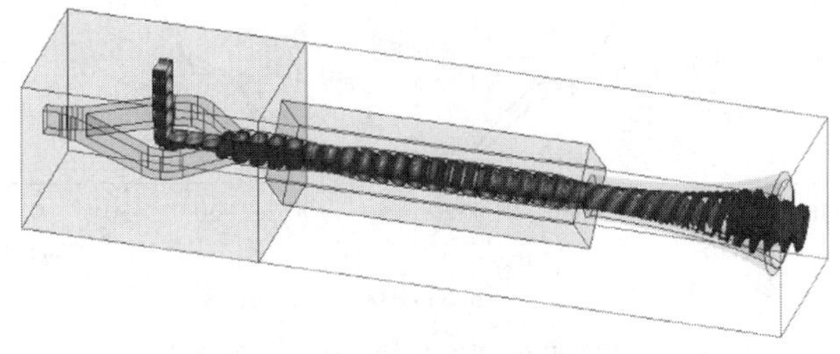

(b) 左旋圆极化电场

图 6-5-6　圆极化电场分布

范围内,两个隔离端口的反射系数均小于- 23 dB,隔离度高于 28 dB。仿真得到的双圆极化馈源天线的辐射方向图如图 6-5-8 所示,在 30°处获得了约 15 dB 的增益下降。

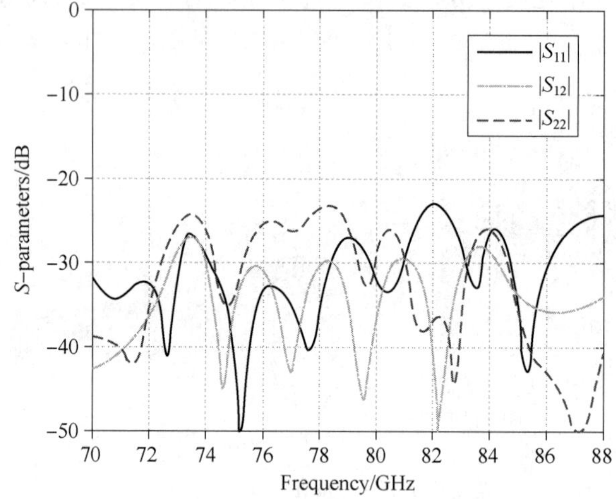

图 6-5-7　双圆极化天线 S 参数

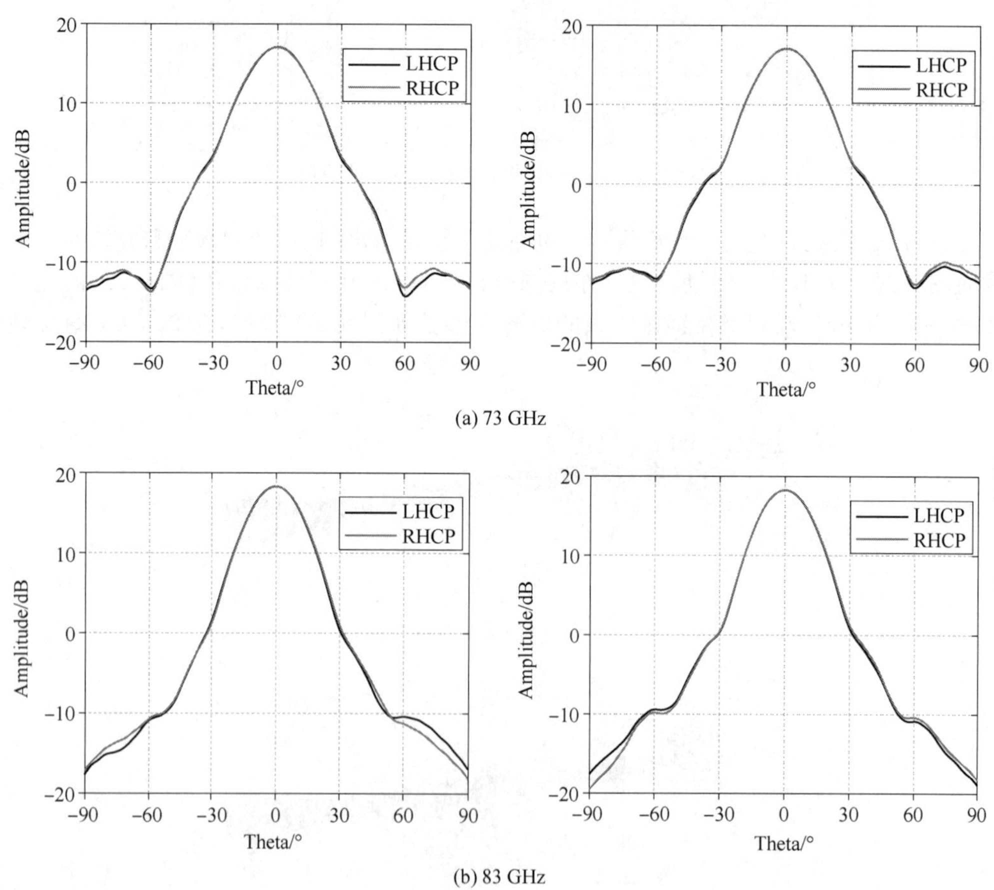

图 6-5-8　双圆极化馈源在 x-z 和 y-z 平面方向图

6.5.3 双圆极化馈源加载反射面测试

将双圆极化馈源加载到反射面天线，以同时实现高增益和双圆极化的能力，加载后整个天线的结构如图 6-5-9 所示，经过加工和装配，双圆极化馈源和反射面天线的实物图如图 6-5-10 所示，通过 Ceyear3672D 矢量网络分析仪和 E-Band Ceyear3643N 频率扩展模块测量 S 参数，整个天线的实测和仿真 S 参数如图 6-5-11 所示。对于商用 E 波段 71～86 GHz，右旋圆极化端口反射系数小于－19 dB，左旋圆极化端口反射系数小于－18 dB，两端口的隔离度高于 27 dB。实测左旋圆极化端口反射系数与仿真结果有差异，这与上一节中双线极化馈源天线的问题相似，都是由正交模转换器上下两层中间的缝隙误差导致的。

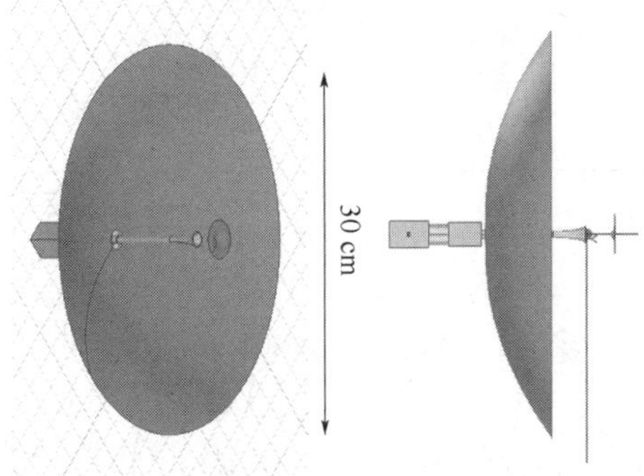

图 6-5-9 双圆极化馈源加载反射面天线结构

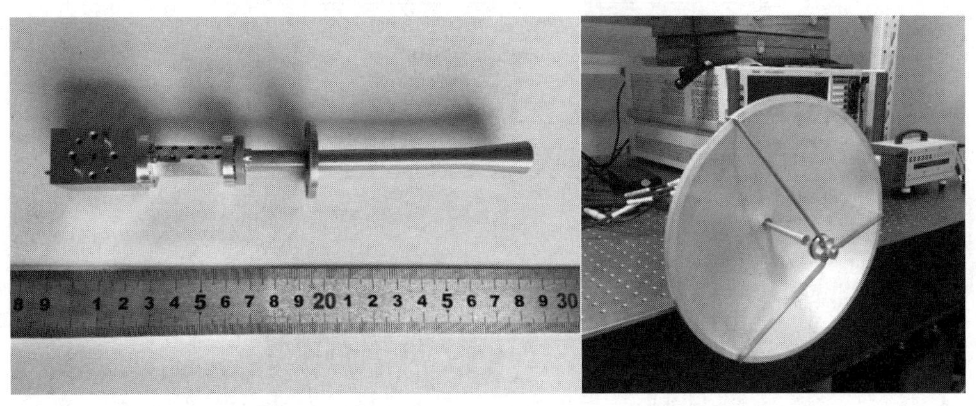

(a) 双圆极化馈源天线 (b) 反射面侧照片

图 6-5-10 双圆极化馈源和反射面天线的实物图

整个天线的轴比(AR)和增益性能分别如图 6-5-12 和图 6-5-13 所示。从 71～86 GHz 测得 45 ± 1.2 dBi 增益，对应大约 52%的总效率。71～86 GHz 实测双圆极化的轴比 AR 均小于 2.3 dB。整个天线在 73 GHz 和 83 GHz 的 x-z 和 y-z 平面上的仿真和测量 RHCP 和 LHCP 辐射方向图如图 6-5-14 所示，测量的辐射方向图与仿真结果较为吻合，测量的副瓣电平略高于仿真的副瓣电平，主要是主反射面表面不够平整导致的。

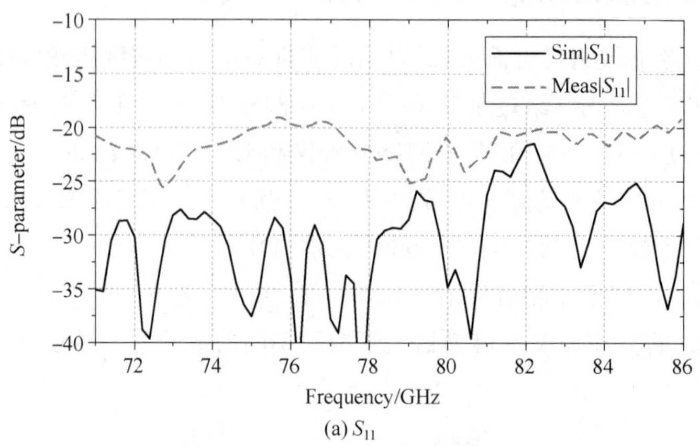

(a) S_{11}

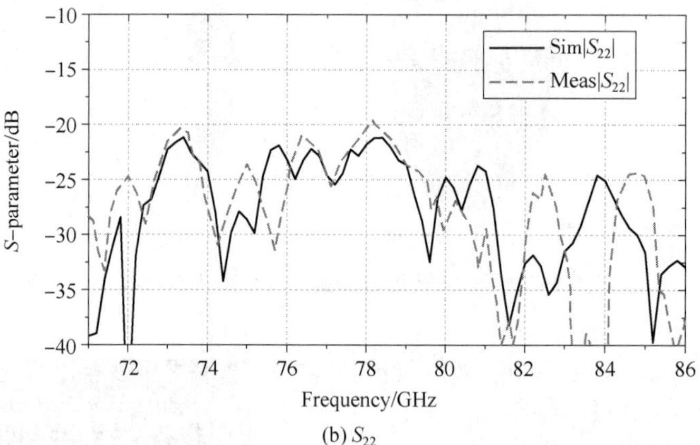

(b) S_{22}

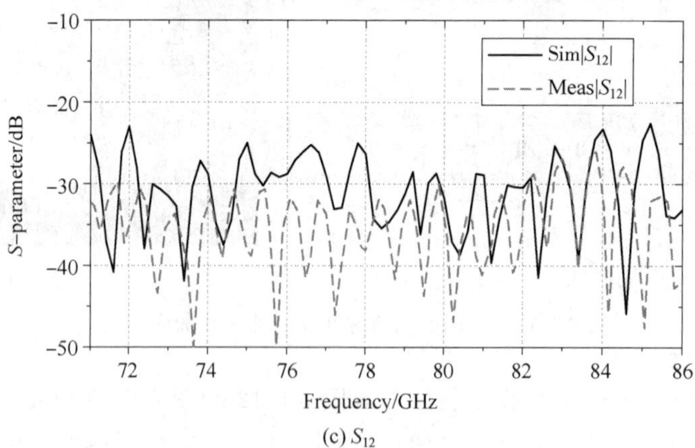

(c) S_{12}

图 6-5-11　双圆极化馈源加载反射面天线的 S 参数

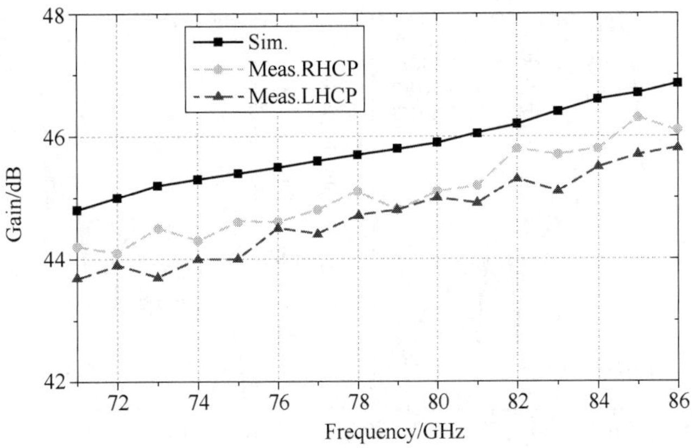

图 6-5-12 双圆极化馈源加载反射面天线的测试与仿真增益

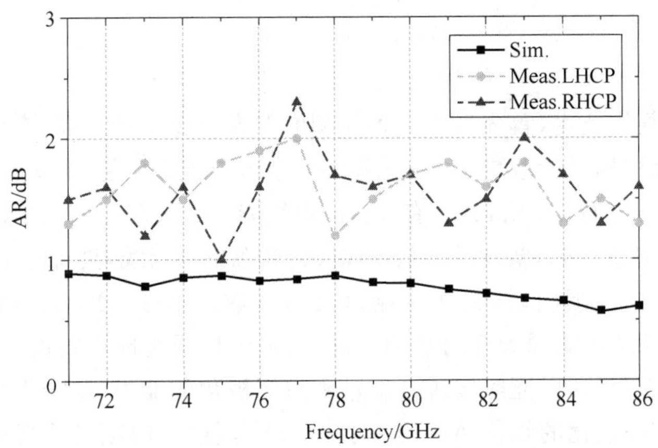

图 6-5-13 双圆极化馈源加载反射面天线的测试与仿真轴比(AR)

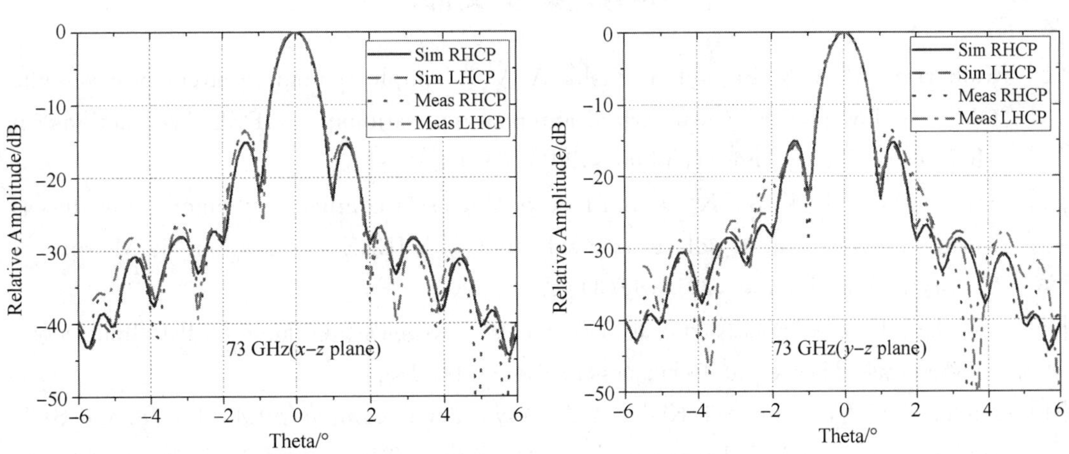

图 6-5-14 双圆极化馈源加载反射面天线的测量与仿真方向图

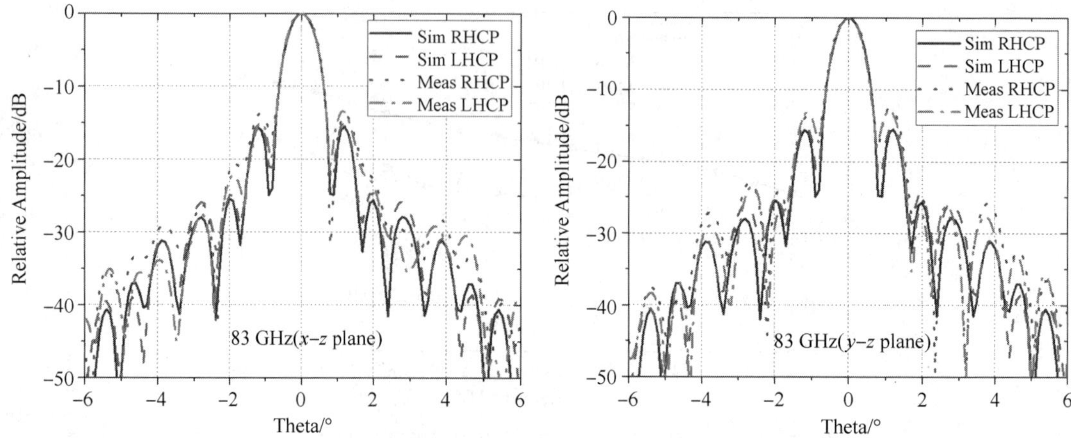

图 6-5-14　双圆极化馈源加载反射面天线的测量与仿真方向图(续)

6.5.4　小结

本节针对极化复用技术,首先提出一种新型的双脊正交模转换器,在分析该结构模式分离原理之后,对传统结构进行改进,使之更适用于毫米波或太赫兹频段加工和装配,新结构的双脊宽度是传统结构的 2.8 倍,并具有优良的电性能。其次基于该结构研制了一款 E 波段正交模转换器,加载光壁喇叭,实现了一款双线极化馈源喇叭天线,具有宽带高隔离度特性,在 71～86 GHz 工作频率范围内,该天线两端口反射系数均低于- 15 dB,两端口隔离度大于 39 dB。最后,在双线极化馈源天线的基础上,插入圆极化器实现双圆极化馈源天线,并加载轴向位移椭圆反射面天线,以同时实现高增益和双圆极化的能力,整个天线得到45±1.2 dBi 的实际增益,实测双圆极化的轴比 AR 均小于 2.3 dB,辐射方向图与仿真结果吻合。

本章参考文献

[1] Moharram M A,Mahmoud A,Kishk A A. A simple coaxial to circular waveguide OMT for low-power dual-polarized antenna applications[J]. IEEE Transactions on Microwave Theory and Techniques,2017,66(1):109-115.

[2] Sakr A A,Dyab W,Wu K. Design methodologies of compact orthomode transducers based on mechanism of polarization selectivity[J]. IEEE Transactions on Microwave Theory and Techniques,2018,66(3):1279-1290.

[3] Tompkins R D. A broad-band dual-mode circular waveguide transducer[J]. IRE Transactions on Microwave Theory and Techniques ,1956,4(3):181-183.

[4] Abdelaal M A,Shams S I,Kishk A A. Asymmetric compact OMT for X-band SAR applications[J]. IEEE Transactions on Microwave Theory and Techniques,2018,66(4):1856-1863.

[5] Liu A,Lu J,Sow S M. A compact 3-D printed asymmetric orthogonal mode transducer[J]. IEEE Transactions on Antennas and Propagation,2020,69(6):3503-3511.

[6] Leal-Sevillano C A, Tian Y, Lancaster M J, et al. A micromachined dual-band orthomode transducer[J]. IEEE transactions on microwave theory and techniques, 2013, 62(1): 55-63.

[7] Saeidi-Manesh H, Saeedi S, Mirmozafari M, et al. Design and fabrication of orthogonal-mode transducer using 3-D printing technology [J]. IEEE Antennas and Wireless Propagation Letters, 2018, 17(11): 2013-2016.

[8] Choubey P N, Hong W. Novel wideband orthomode transducer for 70-95GHz[C]//2015 IEEE International Wireless Symposium(IWS 2015). IEEE, 2015: 1-4.

[9] Pollak A W, Jones M E. A compact quad-ridge orthogonal mode transducer with wide operational bandwidth[J]. IEEE Antennas and Wireless Propagation Letters, 2018, 17(3): 422-425.

[10] Quan Y, Yang J, Wang H, et al. A simple asymmetric orthomode transducer based on groove gap waveguide[J]. IEEE Microwave and Wireless Components Letters, 2020, 30(10): 953-956.

[11] Shu L I N, JIAO J, ZHANG Y, et al. AK/Ka Multi-Polarized Dielectric Rod Antenna Based on A Wideband Band OMT [C]//2019 International Symposium on Antennas and Propagation(ISAP). IEEE, 2019: 1-3.

[12] Abdelaal M A, Shams S I, Moharram M A, et al. Compact full band OMT based on dual-mode double-ridge waveguide[J]. IEEE Transactions on Microwave Theory and Techniques, 2018, 66(6): 2767-2774.

[13] Menargues E, Capdevila S, Debogovic T, et al. Compact orthomode transducer with broadband beamforming capability[C]//2018 Ieee/Mtt-S International Microwave Symposium-Ims. IEEE, 2018: 152-155.

[14] Bøifot A M, Lier E, Schaug-Pettersen T. Simple and broadband orthomode transducer [C]//IEE Proceedings H(Microwaves, Antennas and Propagation). IET Digital Library, 1990, 137(6): 396-400.

[15] Gonzalez A, Kaneko K. High-performance wideband double-ridged waveguide OMT for the 275-500 ghz band [J]. IEEE Transactions on Terahertz Science and Technology, 2021, 11(3): 345-350.

[16] Jiang H, Yao Y, Xiu T, et al. Novel Double-Ridged Waveguide Orthomode Transducer for mm-Wave Application[J]. IEEE Microwave and Wireless Components Letters, 2021, 32(1): 5-8.

[17] Reyes N, Zorzi P, Pizarro J, et al. A dual ridge broadband orthomode transducer for the 7-mm band[J]. Journal of Infrared, Millimeter, and Terahertz Waves, 2012, 33(12): 1203-1210.

[18] Ruiz-Cruz J A, Montejo-Garai J R, Leal-Sevillano C A, et al. Orthomode transducers with folded double-symmetry junctions for broadband and compact antenna feeds [J]. IEEE Transactions on Antennas and Propagation, 2018, 66(3): 1160-1168.

[19] Gomez-Torrent A, Shah U, Oberhammer J. Compact silicon-micromachined wideband 220-330-GHz turnstile orthomode transducer[J]. IEEE Transactions on Terahertz Science and Technology, 2018, 9(1): 38-46.

[20] Shen J, Ricketts D S. Compact W-Band "Swan Neck" Turnstile Junction Orthomode Transducer Implemented by 3-D Printing[J]. IEEE Transactions on Microwave Theory and Techniques, 2020, 68(8): 3408-3417.

[21] Abdelaal M A, Kishk A A. Ka-band 3-D-printed wideband groove gap waveguide orthomode transducer [J]. IEEE Transactions on Microwave Theory and Techniques, 2019, 67(8): 3361-3369.

[22] Engargiola G, Navarrini A. K-band orthomode transducer with waveguide ports and balanced coaxial probes [J]. IEEE transactions on microwave theory and techniques, 2005, 53(5): 1792-1801.

[23] Cao D, Li Y, Wang J, et al. Millimeter-Wave Three-Dimensional Substrate-Integrated OMT-Fed Horn Antenna Using Vertical and Planar Groove Gap Waveguides [J]. IEEE Transactions on Microwave Theory and Techniques, 2021, 69(10): 4448-4459.

[24] Virone G, Peverini O A, Lumia M, et al. W-band orthomode transducer for dense focal-plane clusters[J]. IEEE Microwave and Wireless Components Letters, 2014, 25(2): 85-87.

[25] Leal-Sevillano C A, Cooper K B, Ruiz-Cruz J A, et al. A 225 GHz circular polarization waveguide duplexer based on a septum orthomode transducer polarizer [J]. IEEE Transactions on Terahertz Science and Technology, 2013, 3(5): 574-583.

[26] Beyer R, Rosenberg U. CAD of magic tee with interior stepped post for high performance designs[C]//IEEE MTT-S International Microwave Symposium Digest, 2003. IEEE, 2003, 2: 1207-1210.

[27] Farahbakhsh A. Ka-band coplanar magic-T based on gap waveguide technology[J]. IEEE Microwave and Wireless Components Letters, 2020, 30(9): 853-856.

[28] Kildal P S, Alfonso E, Valero-Nogueira A, et al. Local metamaterial-based waveguides in gaps between parallel metal plates[J]. IEEE Antennas and wireless propagation letters, 2008, 8: 84-87.

[29] Uher J, Bornemann J, Rosenberg U. Waveguide Components for Antenna Feed Systems: Theory and CAD[J]. Artech House, 1993.

[30] 苑婷婷. Q 波段馈源网络的设计与研究[D].南京:东南大学,2015.

[31] 王冬冬. X 波段馈电网络极化系统一体化设计与研究[D].南京:南京邮电大学,2018.

[32] 张杭鸿. 毫米波宽带高隔离正交模耦合器的研究[D].南京:南京理工大学,2018.

[33] 史俊. 射电望远镜宽带馈源技术与多馈源应用的研究[D].南京:东南大学,2019.

[34] Bøifot A M. Classification of Ortho-mode transducers[J]. European Transactions on Telecommunications, 1991, 2(5).

[35] Ruiz-Cruz J A, Montejo-Garai J R, Leal-Sevillano C A, et al. Ortho-Mode Transducers with Folded Double-Symmetry Junctions for Broadband and Compact Antenna Feeds[J]. IEEE Transactions on Antennas and Propagation, 2018, 66(3): 1160-1168.

[36] Zhong W, Yin X, Shi S. A Q - band compact high - performance double - ridged orthomode transducer[J]. International Journal of RF and Microwave Computer-Aided Engineering, 2019, 29(12): e21982.

[37] Dunning A. Double Ridged Orthogonal Mode Transducer for the 16-26GHz Microwave Band[C]// WARS, 2002.

[38] Kamikura M, Naruse M, Asayama S, et al. Development of a Submillimeter Double-Ridged Waveguide Ortho-Mode Transducer(OMT) for the 385-500 GHz Band[J]. Journal of Infrared, Millimeter & Terahertz Waves, 2010.

[39] Asayama S, Kamikura M. Development of Double-Ridged Wavegide Orthomode Transducer for the 2 MM Band[J]. Journal of infrared, millimeter and terahertz waves, 2009, 30(6): 573-579.

[40] Zhang T L, Yan Z H, Chen L, et al. Design of broadband orthomode transducer based on double ridged waveguide[C]// IEEE, 2010.

[41] Gonzalez A, Asayama S. Double-Ridged Waveguide Orthomode Transducer(OMT) for the 67-116-GHz Band[J]. Journal of Infrared Millimeter & Terahertz Waves, 2018, 39(8): 723-737.

[42] Oktafiani F, Hamid E Y, Munir A. Experimental Validation of Dual-Polarized Aluminium-based Ridged Horn Antenna[C]// 2021 IEEE Asia Pacific Conference on Wireless and Mobile(APWiMob). IEEE, 2021.

[43] Bickel R, Matzner H, Ibragimov Z. A dual-polarized horn antenna based on four waveguides[C]// Synthetic Aperture Radar. IEEE, 2015: 235-237.

[44] Addamo G, Peverini O A, Manfredi D, et al. Additive Manufacturing of Ka-Band Dual-Polarization Waveguide Components[J]. IEEE Transactions on Microwave Theory & Techniques, 2018, 66(8): 3589-3596.

[45] Shu C, Hu S, Cheng X, et al. Wideband Dual-Circular-Polarization Antenna with High Isolation for Millimeter-Wave Wireless Communications[J]. IEEE Transactions on Antennas and Propagation. 2022, 70(3): 1750-1763.

[46] 詹学丰. 基于波导模式的 W 波段宽带天线设计[D].北京:北京邮电大学,2019.

[47] 刘蕊花. 圆极化器技术的研究[D].西安:西安电子科技大学.

[48] 于海洋. 太赫兹系统中圆极化馈源的研究[D].北京:北京邮电大学,2020.

[49] 程潇鹤. 毫米波通信系统中的端射天线关键技术研究[D].北京:北京邮电大学,2019.

[50] 刘子豪. 基于电磁带隙阻通带特性的喇叭天线研究与设计[D].北京:北京邮电大学,2020.

[51] Yoneda N, Miyazaki R, Matsumura I, et al. A design of novel grooved circular waveguide polarizers[J]. IEEE Transactions on Microwave Theory & Techniques, 2000, 48(12): 2446-2452.

[52] Virone G, Tascone R, Peverini O A, et al. Combined-Phase-Shift Waveguide Polarizer[J]. IEEE Microwave and Wireless Components Letters, 2008, 18(8): 509-511.

[53] Agnihotri I, Sharma S U. Design of a Compact 3D Metal Printed Ka-band Waveguide Polarizer[J]. IEEE Antennas and Wireless Propagation Letters, 2019, 18(12): 2726-2730.

[54] Ghoncheh J, Abbas P. Design of dual-polarised (RHCP/LHCP) quad-ridged horn antenna with wideband septum polariser waveguide feed[J]. IET Microwaves Antennas & Propagation, 2018, 12(9): 1541-1545.

[55] Chen M, Jiang Z, Li L, et al. A high gain dual circularly polarized antenna for wideband application[C]// CIE International Conference on Radar (RADAR). 2016.

[56] Fuerholz P, Murk A. Design of a Broadband Transition Using the Constant Impedance Structure Approach[J]. Progress In Electromagnetics Research Letters, 2009, 7: 69-78.

第7章 微波毫米波融合天线研究与设计

7.1 引 言

微波毫米波融合的通信系统，是兼顾高速率通信与高可靠性的关键技术。微波毫米波融合通信系统得益于毫米波丰富的频谱资源，可有效解决微波频谱资源紧张带来的速率受限的问题；微波毫米波融合通信系统又可发挥微波信道稳定的特性，避免毫米波通信存在的大气气体、降雨以及水汽凝结物衰减等不利传播条件的制约，尤其在高速远距离应用场景中，这些不利因素将极大地影响链路稳定性。

结合上述应用背景，本章提出一种微波毫米波融合的双极化融合馈源天线，天线系统的方案如图7-1-1所示，采用同轴波导混合馈电技术，即微波通过同轴波导馈电，毫米波通过圆波导馈电。将已有馈源技术进行融合设计，使微波与毫米波通信系统在高低频均可实现极化复用。在低频馈电网络中，提出一种宽带高隔离的同轴正交模耦合器，使K波段微波信号可以双线极化传输，并且将K波段信号通过WR_{42}矩形波导过渡到同轴波导馈电；高频馈电则采用隔板极化器，使毫米波E波段信号可以双圆极化操作，并将E波段信号通过WR_{12}矩形波导过渡到圆波导馈电。

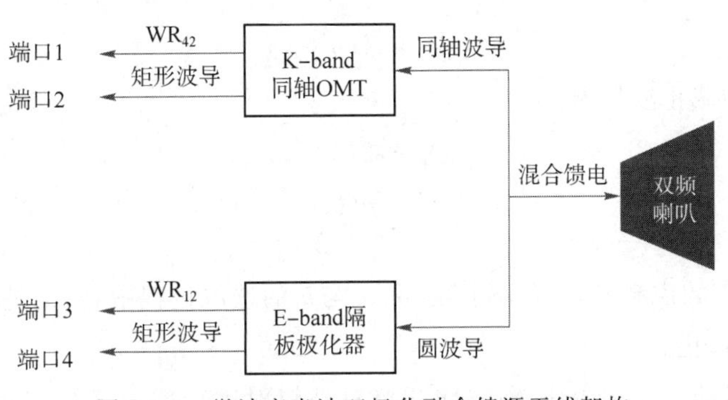

图7-1-1 微波毫米波双极化融合馈源天线架构

双频喇叭则采用同轴波纹形式，在设计方面引入更多自由度，通过优化结构变量使其辐射方向图在微波与毫米波具有旋转对称性、较为一致的波瓣宽度和相位中心；在同轴波导内插入扼流圈，改变同轴波导中 TE_{11} 模的导纳，解决同轴波导内 TE_{11} 模式电磁波与自由空间匹配差的难题，使馈源在微波与毫米波频段均具良好的回波特性。

根据上述方案与关键技术，本章设计并加工了一款 K/E 波段双极化融合天线，可用于微波毫米波融合的通信系统。测量结果表明，在 K 波段信道 18.5～21.5 GHz 的频率范围内，两个 WR_{42} 矩形端口的反射系数均低于 -15 dB，隔离度大于 50 dB。在 E 波段信道 71～86 GHz 的频率范围内，两个 WR_{12} 矩形端口的反射系数均低于 -15 dB，隔离度大于 24 dB。天线在高低频的辐射方向图具有旋转对称性，其波瓣宽度较为一致，增益约为 13 dBi，圆极化轴比低于 1.2 dB。

7.2 基于同轴波导的双频喇叭设计

在实际应用中，双频喇叭作为反射面天线的馈源，要求双频喇叭的方向图在高频和低频具有较为一致的辐射方向图和相位中心，从而使反射面天线达到较高的照射效率。因此本章的目标是设计一款可以工作在微波 K 波段和毫米波 E 波段的双频馈源天线，要求微波与毫米波共口面辐射，馈源在微波与毫米波频段均具良好的回波特性，并且微波与毫米波的辐射特性尽量保持一致。

7.2.1 同轴波导辐射分析

双频喇叭天线采用同轴波导混合馈电的方式实现，高频的毫米波信号通过中心的圆波导馈电，低频的微波信号通过同轴波导馈电。同轴波导的主模为 TEM 模，在双频应用中，TEM 模辐射为空心波束，因此需要利用同轴波导的第一高次模 TE_{11} 模对自由空间辐射，其辐射方向图轴向强度最大，因此毫米波和微波均采用 TE_{11} 模式激励，从而使双频喇叭的方向图在高频和低频具有较一致的波瓣宽度。在同轴波导中，第一高次模 TE_{11} 的截止波长为

$$\lambda_{TE_{11}} \approx \pi(b+a) \tag{7.2.1}$$

其他高次模的截止波长为

$$\lambda_{TM_{01}} \approx 2(b-a) \tag{7.2.2}$$

$$\lambda_{TE_{21}} \approx \frac{\pi(b+a)}{2} \tag{7.2.3}$$

式中，a 为同轴波导的内半径，b 为外半径，在 a 与 b 的选取过程中，原则是 TE_{11} 模式可以通过，而其他高次模截止。

针对微波信道的 TE_{11} 模的同轴波导开口对外辐射进行理论分析，假设模型如图 7-2-1 所示。

假设同轴波导的外导体是无限长的接地平面（$l=+\infty$），中心导体延伸到无穷大（$x=+\infty$）。在这个模型中，波导中的场可由波导所有模式的总和表示。如果口径场分布可以通

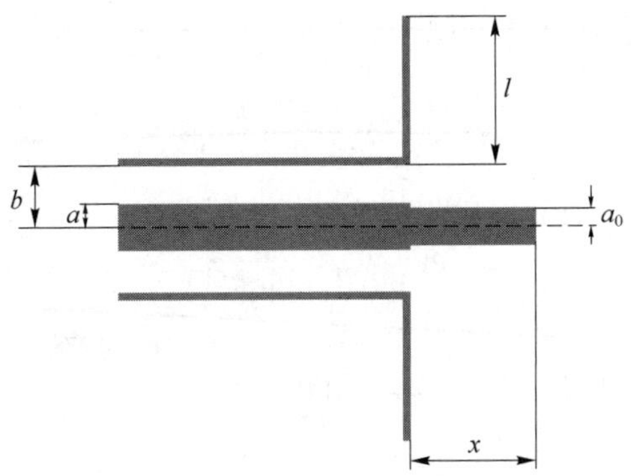

图 7-2-1　同轴波导辐射示意图

过 TE_{11} 模式近似表示，那么输入的反射系数可以表示为

$$\Gamma=\frac{1-y_{11}}{1+y_{11}} \tag{7.2.4}$$

式中，y_{11} 是 TE_{11} 模的自导纳：

$$y_{11}=\frac{k^2\pi}{\beta_{11}N_1}\int_0^{\infty}\mathrm{d}\zeta\,\frac{\zeta}{w}\mathrm{Re}[f(\zeta)] \tag{7.2.5}$$

式中，$f(\zeta)$是复函数：

$$N_1=\frac{\pi}{2}\left[\left(\frac{Z_1(B,A)}{k_c}\right)^2(B^2-1)-\left(\frac{Z_1(A,A)}{k_c}\right)^2(A^2-1)\right]$$

$$Z_1(x,y)=J_1(x)-\frac{J_1'(y)}{Y_1'(y)}Y_1(x)$$

$$w=\sqrt{k^2-\zeta^2}=-\mathrm{j}\sqrt{\zeta^2-k^2},\beta_{11}=\sqrt{k^2-k_c^2}$$

$$A=k_c a,B=k_c b \tag{7.2.6}$$

$k=2\pi/\lambda$，其中 λ 是波长，k_c 是 TE_{11} 模的截止频率，也是式(7.2.7)的最小非零根：

$$\frac{\mathrm{d}Z_1(x,y)}{\mathrm{d}x}=0 \tag{7.2.7}$$

J_1 和Y_1 是贝塞尔函数。

在口径外部没有导体的情况下，$f(\zeta)$可以简化为

$$f(\zeta)=\frac{1}{(k_c\zeta)^2}(Z_1(B,A)J_1(\zeta b)-Z_1(A,A)J_1(\zeta a))^2$$
$$+(\frac{w}{k})^2\frac{k_c^2}{(k_c^2-\zeta^2)^2}(bZ_1(B,A)J'_1(\zeta b)-aZ_1(A,A)J'_1(\zeta a))^2 \tag{7.2.8}$$

当 $a=0$ 时，可得出无限长的接地平面圆波导的 TE_{11} 模的导纳表达式[1]。

根据上述公式，可以假设 $b=27$ mm，法兰长度 $l=19$ mm ，分别求得 $a/b=0.278$ 和 0.533时的反射系数，同时在 HFSS 中仿真该模型，得到仿真的反射系数，将计算和仿真结果绘制到一起，结果如图 7-2-2 所示。计算结果和仿真结果非常吻合，可以看出同轴波导直接对外辐射存在不匹配的问题，并且在内外径比 a/b 越大时，与自由空间的匹配越差[2-4]。

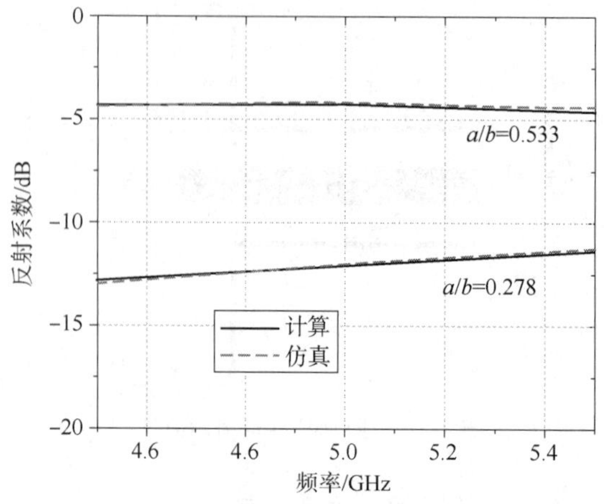

图 7-2-2　同轴波导辐射反射系数推导与仿真曲线

7.2.2　双频喇叭设计

双频喇叭天线是高低频融合通信系统中的核心器件，起到将低频链路与高频链路融合并通过共口面辐射的作用，实现共口面辐射有同一馈电和混合馈电两种方式。同一馈电时，由于喇叭在高低频对应不同的电尺寸，所以会导致馈源的辐射特性不一致。混合馈电时，高低频信号通过不同类型的波导内传输，因此可以使高低频具有较一致的辐射特性[5-21]。

本节设计的双频喇叭采用混合馈电的方式，其结构如图 7-2-3 所示，其中高频的毫米波信号通过中心的圆波导馈电，低频的微波信号通过同轴波导馈电，两者激励均为 TE_{11} 模式。针对双频馈源喇叭天线，高低频的中心频率比较低时，用于高频信号传输的圆波导通常采用加载介质以实现减小结构尺寸，从而方便低频信号的传输；高低频的中心频率比较高时，用于高频信号传输的圆波导内可以采用空载的方式[5]。本节设计的双频喇叭工作于 K 波段和 E 波段，高低频的中心频率比较高，而且 E 波段有源器件的输出功率有限，要尽可能减小其损耗，因此该双频喇叭在高频圆波导采用空载的方式。

关于喇叭天线类型，在高频 E 波段毫米波，由于电尺寸小，同时考虑到加工成本和难度，中心波导内选择线性轮廓的光壁喇叭。而低频 K 波段的电尺寸较大，采用轴向波纹的形式，一方面可以在设计方面引入更多的自由度，轴向波纹喇叭具有更多的结构变量，可以优化这些结构变量来控制高频和低频的辐射方向图和相位中心。另一方面，轴向波纹喇叭与径向波纹喇叭或标量波纹喇叭相比，轴向波纹喇叭在低交叉极化和旋转对称的辐射特性方面也更有优势，除此之外，轴向波纹喇叭结构的复杂性也较低，可以降低加工成本。

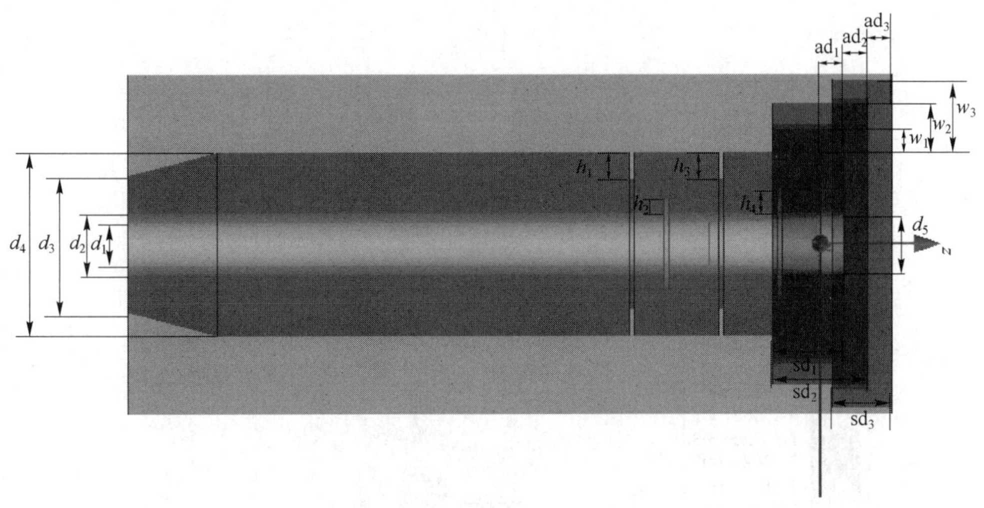

图 7-2-3　双频喇叭天线结构

同轴波纹喇叭的设计参数主要包括波纹数量 n、凹槽宽度 w、凹槽深度 sd 和轴向距离 ad。喇叭张角设定为 45°并加载三组轴向波纹，一般来说，轴向波纹具有相同的凹槽宽度 w 和轴向距离 ad，而凹槽深度 sd 不同。对于低频激励辐射，其辐射特性主要由凹槽的宽度 w 和轴向距离 ad 决定。因此，这里首先选择合适的凹槽的宽度 w 和轴向距离 ad，$\mathrm{ad}=\lambda/8$，$w=0.8\mathrm{ad}$，可以在反射系数、增益和交叉极化方面获得更好的表现。

然后通过优化同轴波纹的三组凹槽深度 sd 与高频的口面尺寸 d_5，使双频喇叭在 E 波段与 K 波段的辐射方向图具有较为一致的波瓣宽度和相位中心。优化双频喇叭的工作量较大，上文给出了大致思路，还需要不断微调与迭代，毫米波圆极化激励的辐射电场及微波线极化激励的辐射电场如图 7-2-4 所示，优化后高低频喇叭的辐射方向图如图 7-2-5 所示，可以看出在高低频获得了较为一致的波瓣宽度，在 45°增益均下降了约 12 dB。但是可以看出高频的方向图不如低频方向图平滑，这大概是由于高频电磁波在低频结构处耦合造成的。仿真得到高低频天线的相位中心如图 7-2-6 所示，可以看出高低频的相位中心位置较为一致，相位中心位于波纹喇叭的口面内部，距离口面约 4 mm。最后双频喇叭的尺寸如表 7-2-1 所示。

由上一节同轴波导辐射理论可知，同轴波导直接对外辐射存在不匹配的问题，这里引入扼流圈改变同轴波导中 TE_{11} 模的导纳，从而降低同轴波导在工作频段的反射系数，通过对扼流圈数量、位置及尺寸的优化，实现电气性能和加工成本的平衡。仿真了未引入扼流圈和引入扼流圈的反射系数对比曲线，如图 7-2-7 所示，在未引入扼流圈时，双频喇叭 TE_{11} 模的反射系数只有 -9 dB 左右，通过插入两组扼流圈，在工作带宽内的反射系数可以降至 -15 dB。

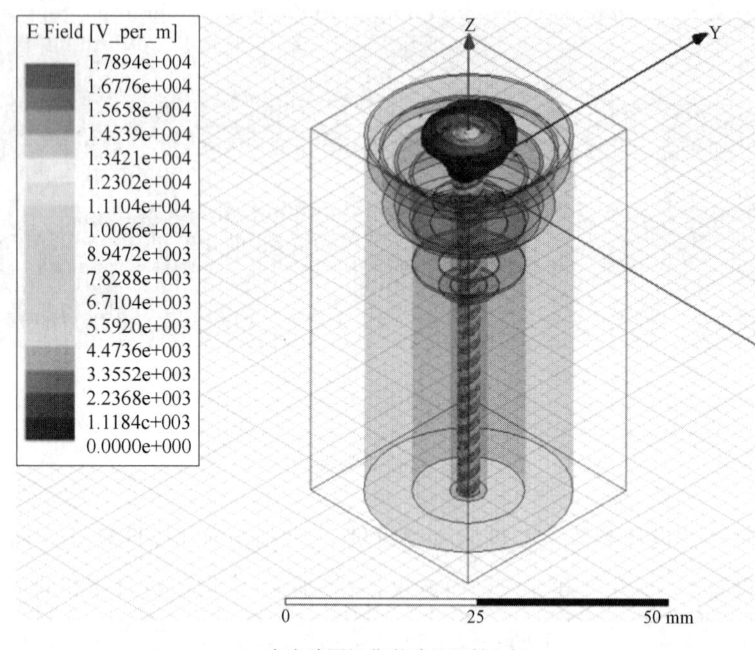

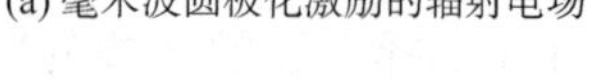
(a) 毫米波圆极化激励的辐射电场

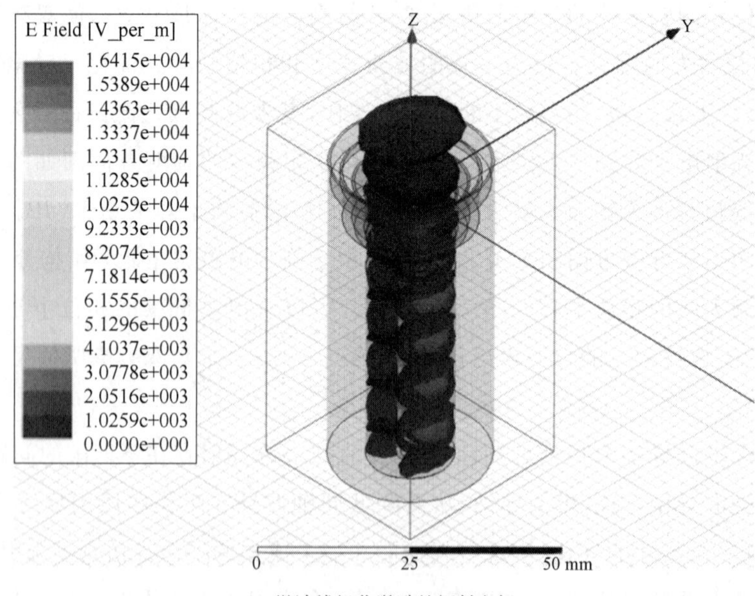

(b) 微波线极化激励的辐射电场

图 7-2-4　毫米波圆极化激励的辐射电场及微波线极化激励的辐射电场

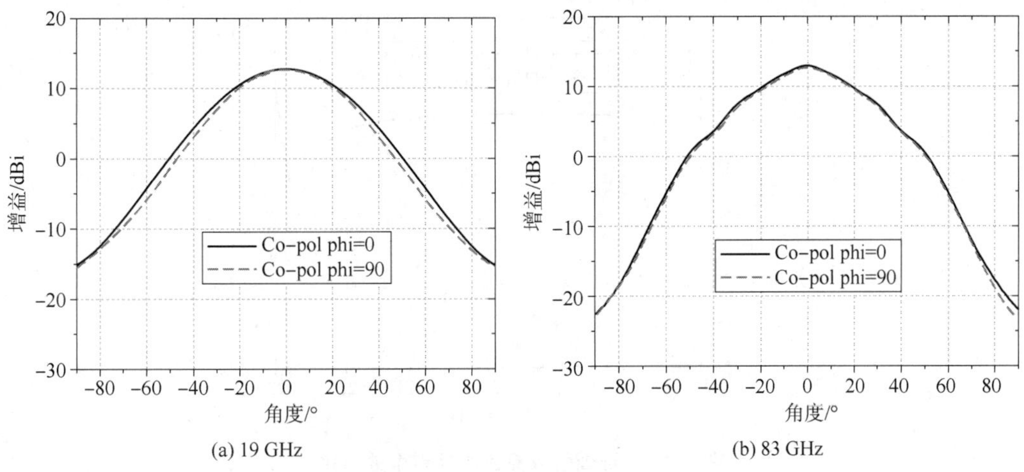

(a) 19 GHz　　(b) 83 GHz

图 7-2-5　高低频的辐射方向图

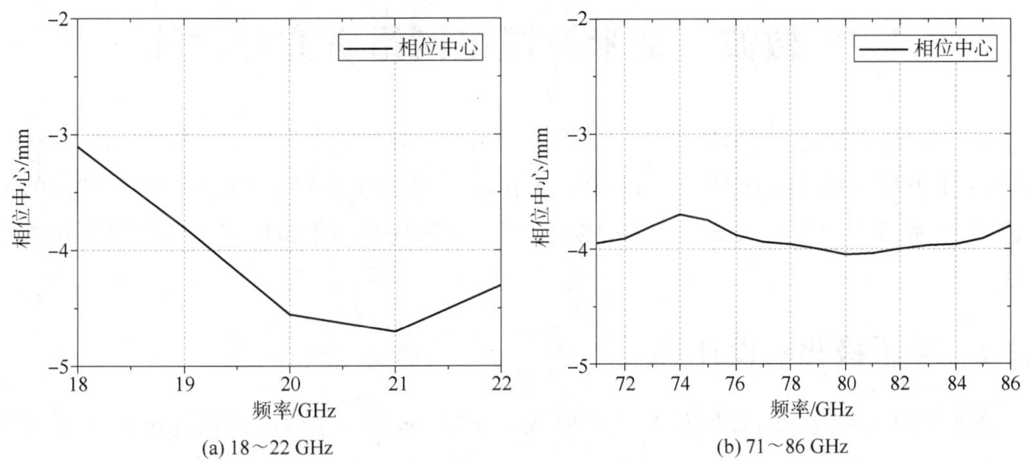

(a) 18～22 GHz　　(b) 71～86 GHz

图 7-2-6　高低频的相位中心

表 7-2-1　双频喇叭天线设计参数

参数	尺寸/mm	参数	尺寸/mm
d_1	3.5	sd_1	4
d_2	5	sd_2	6
d_3	11.2	sd_3	3
d_4	15	h_1	2.2
d_5	4.6	h_2	1.2
w	1.6	h_3	2.2
ad	2	h_4	2

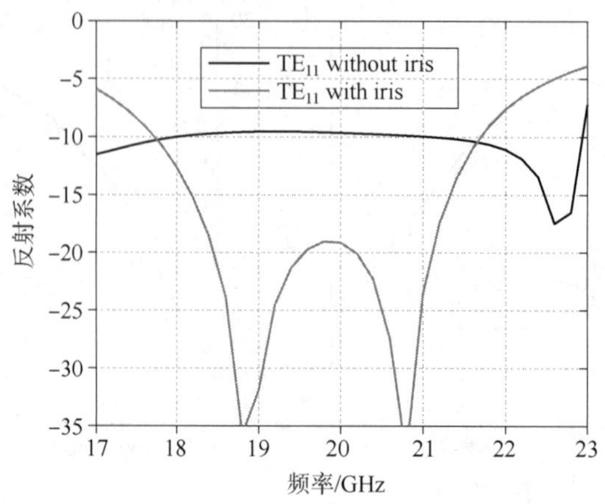

图 7-2-7　是否引入扼流圈反射系数对比

7.3　微波与毫米波馈电网络研究与设计

针对极化复用的应用需求，需要设计符合一定要求的圆极化器和正交模耦合器等器件。同时，为了方便双频喇叭的实际应用与测试工作，需要将同轴波导与圆波导过渡到常用的标准波导，因此要为双频喇叭设计合理的馈电网络，从而完成整个微波毫米波的双极化馈源天线。

7.3.1　隔板极化器设计

在毫米波的圆波导端口加载 E 波段隔板极化器，实现毫米波双圆极化波的分离与合成，同时将圆波导馈电过渡到标准 WR_{12} 矩形波导馈电。隔板极化器由于其结构较为简单、易于加工等特性被广泛应用于圆极化天线的设计中。隔板极化器主要由方波导和位于方波导中间位置的渐变金属隔板组成，如图 7-3-1 所示，其矩形波导输入端口为 1 和 2，公共端口为 3。

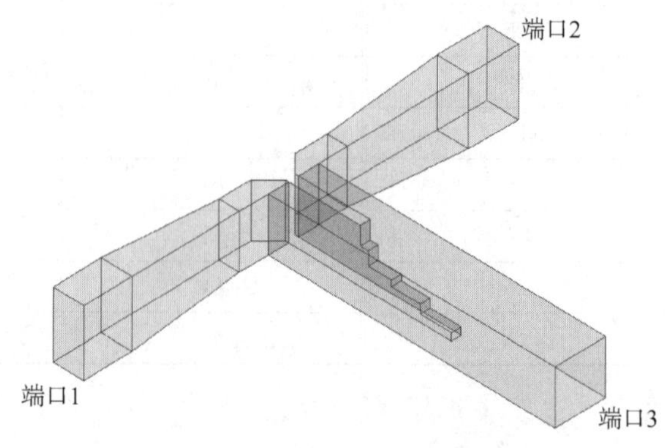

图 7-3-1　E 波段隔板极化器结构

利用波导中的电磁传播模式进行分析，如图 7-3-2 所示，当端口 1 和端口 2 进行等幅反相激励时(即相位差为 180°)，则端口 3 输出电场方向与输入电场垂直；当端口 1 和端口 2 进行等幅同相激励时(即相位差为 0°)，则端口 3 的电场方向和激励电场方向一致。

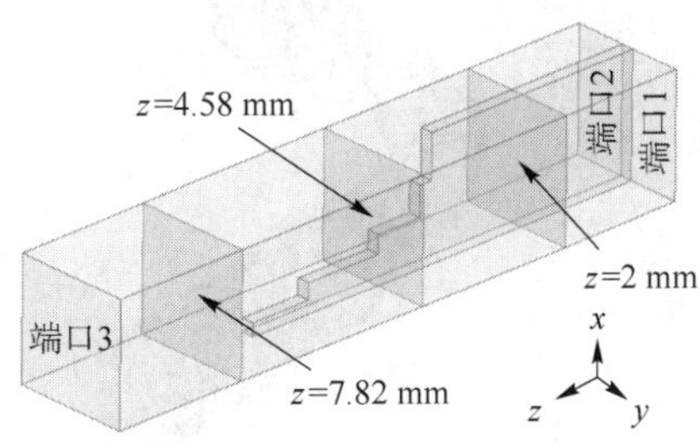

	激励条件	z=2 mm	z=4.58 mm	z=7.82 mm
Ⅰ	输入相位(0°, 180°)			
Ⅱ	输入相位(0°, 0°)			
Ⅲ	输入相位(180°, 180°)			

图 7-3-2　不同相位激励下的三个截面电场分布图

根据矢量叠加原理，当 Ⅰ和Ⅱ 或Ⅰ和Ⅲ 共同激励时，即可以抵消一个端口的输入，此时方波导中会同时存在横向和纵向两个正交的电磁场，满足了圆极化波所需要的两个空间上正交的线极化波的条件，隔板极化器工作时的电场分布如图 7-3-3 所示。

由于所激励的横向电磁场和纵向电磁场具有不同的相位，因此可通过调节渐变隔板尺寸使两路信号具有 90°的相位差，从而满足形成圆极化波的相位正交条件。利用 HFSS 仿真优化，得出最终的隔板尺寸，其中隔板的厚度为 0.45 mm，隔板极化器的截面如图 7-3-4 所示，尺寸如表 7-3-1 所示。

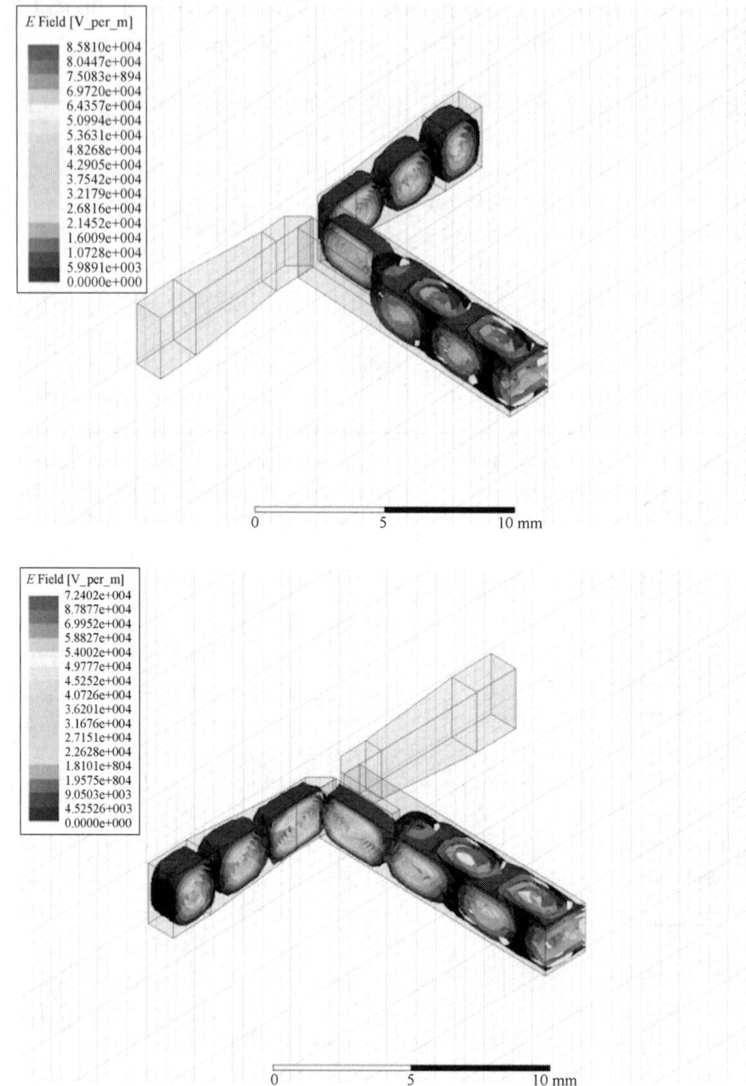

图 7-3-3　E 波段隔板极化器电场图

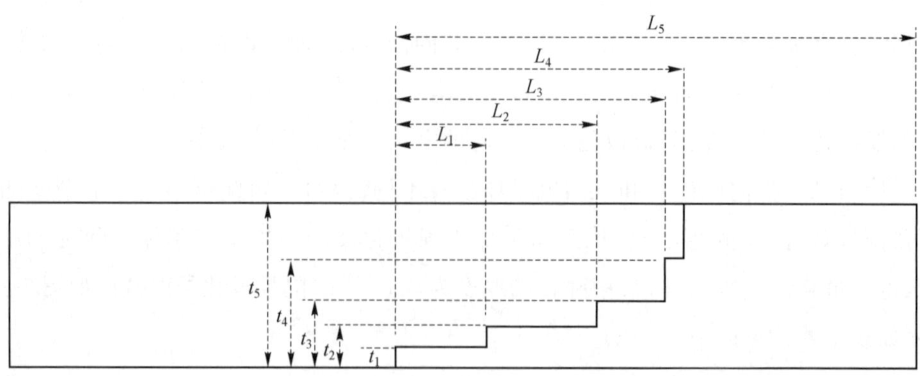

图 7-3-4　隔板极化器横截面示意图

表 7-3-1　极化器参数尺寸

参数	t_1	t_2	t_3	t_4	t_5
值/mm	0.26	0.58	0.95	1.54	2.37
参数	L_1	L_2	L_3	L_4	L_5
值/mm	1.3	2.9	3.85	4.1	7.52

E 波段隔板极化器仿真性能如图 7-3-5 所示。在 71～86 GHz 工作频段内，两个 WR_{12} 端口的反射系数均小于-17 dB，具有良好的匹配性能。端口传输系数 S_{12} 均小于-28 dB，具有良好的隔离性能。

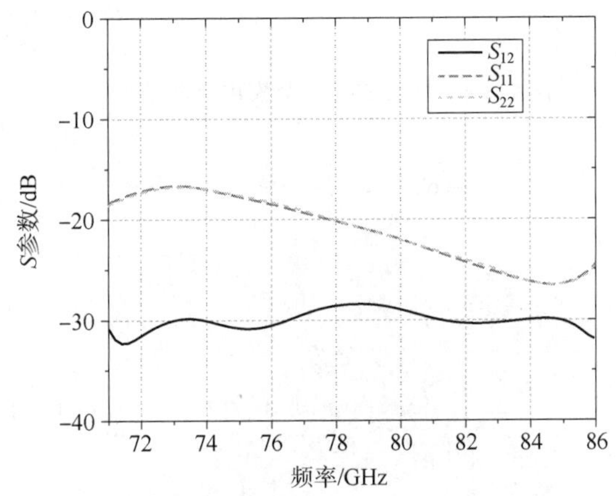

图 7-3-5　E 波段隔板极化器 S 参数仿真结果

7.3.2　同轴波导正交模耦合器设计

在双频喇叭天线的微波同轴波导端口加载 K 波段同轴正交模耦合器，实现双线极化的分离与合成，同时将同轴波导馈电过渡到标准 WR_{42} 矩形波导馈电，方便微波和毫米波的测试与应用。

本节提出一种同轴波导正交模耦合器，结构如图 7-3-6 所示。它有 3 个物理端口：2 个矩形波导端口和 1 个同轴波导端口。同轴波导端口的内径和外径分别为 5 mm 和11.2 mm，该尺寸与双频喇叭的 d_2 与 d_3 一致，标准 WR_{42} 矩形波导的宽度和高度分别为 10.7 mm 和 4.3 mm。

十字转门结是同轴波导正交模耦合器的核心部分，其结构如图 7-3-7 所示，它有 5 个物理端口，其中 1 个同轴波导端口和 4 个矩形波导端口，但是从电气角度则为 6 端口结构，因为同轴波导传输 1 对正交模式的电磁波信号[22]。与公共端口为圆波导的传统正交模耦合器不同，同轴波导正交模耦合器利用第一高阶 TE_{11} 模式来传播电磁信号，其端口激励模式如图 7-3-8 所示。

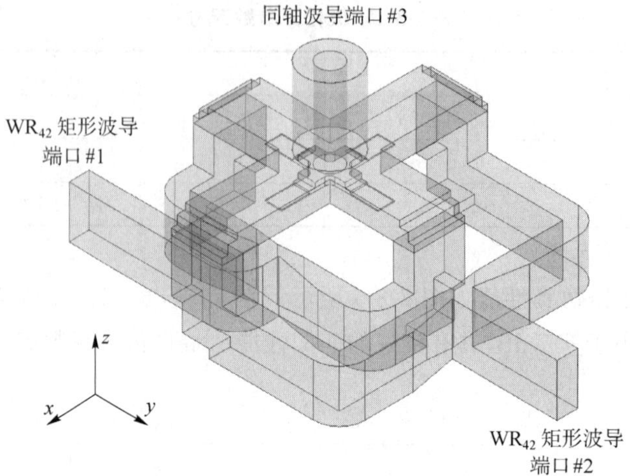

图 7-3-6　同轴波导正交模耦合器结构图

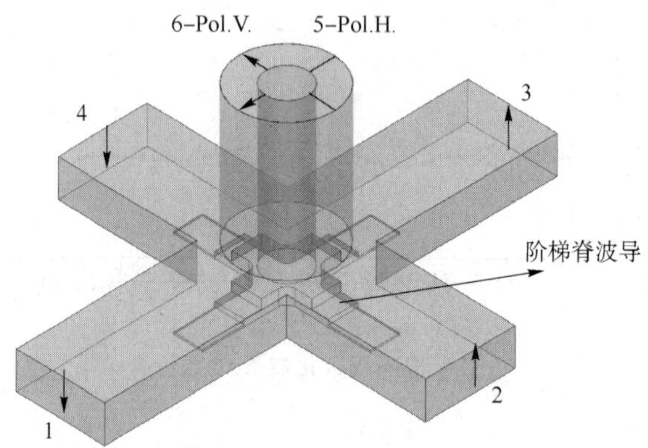

图 7-3-7　十字转门结

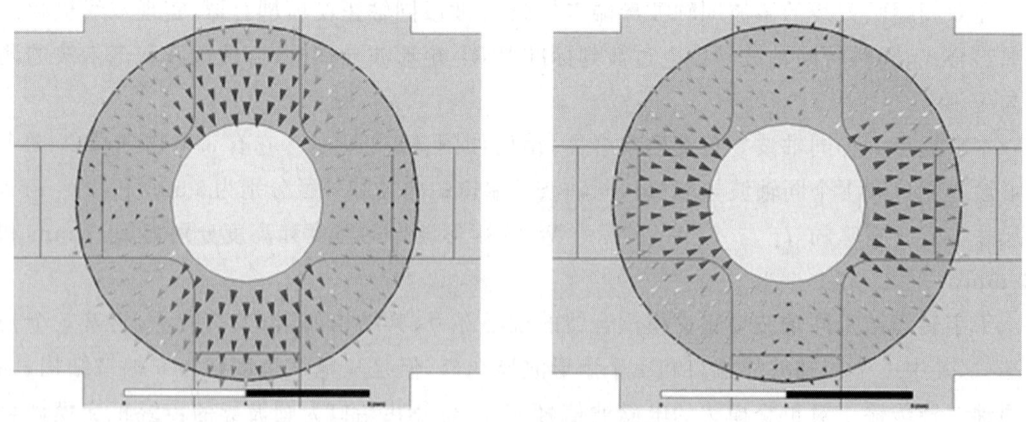

图 7-3-8　同轴波导端口激励模式

基于同轴波导的十字转门结的等效电路如图 7-3-9 所示，它的所有端口均为匹配状态，因此其 S 参数矩阵可以表示如下：

$$\begin{pmatrix} a_1^- \\ a_2^- \\ a_3^- \\ a_4^- \\ a_5^- \\ a_6^- \end{pmatrix} = \begin{pmatrix} 0 & 1/2 & 0 & 1/2 & 1/\sqrt{2} & 0 \\ 1/2 & 0 & 1/2 & 0 & 0 & 1/\sqrt{2} \\ 0 & 1/2 & 0 & 1/2 & -1/\sqrt{2} & 0 \\ 1/2 & 0 & 1/2 & 0 & 0 & -1/\sqrt{2} \\ 1/\sqrt{2} & 0 & -1/\sqrt{2} & 0 & 0 & 0 \\ 0 & 1/\sqrt{2} & 0 & -1/\sqrt{2} & 0 & 0 \end{pmatrix} \begin{pmatrix} a_1^+ \\ a_2^+ \\ a_3^+ \\ a_4^+ \\ a_5^+ \\ a_6^+ \end{pmatrix} \tag{7.3.1}$$

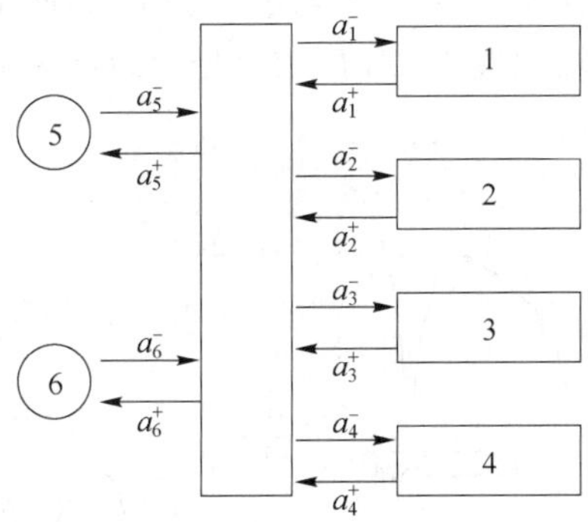

图 7-3-9 十字转门结的等效电路

以水平极化为例,在阶梯脊波导的十字转门结处,同轴波导内的垂直极化 TE_{11} 模式电磁波被转化为矩形波导内的 TE_{10} 模,此时端口 1 和端口 2 处于隔离状态,而端口 1 和端口 3 对水平极化 TE_{10} 模匹配,并且端口 1 和端口 3 处于相位反向状态,被阶梯脊波导等分成两个 TE_{10} 模式的电波。因此,可以认为十字转门结对两种正交极化模式的电磁波分别起到功分器的作用,并使正交极化隔离。

然后,矩形波导内的两个 TE_{10} 模式通过一个 90°的 H 平面弯波导和两个 90°的 E 平面弯波导传输之后,通过 E 平面 T 型结合成,最终在标准 WR_{42} 矩形波导端口输出。当垂直极化激励时,则最终在另一 WR_{42} 矩形端口输出,从而实现正交模式的分离与合成,并完成同轴波导过渡到标准 WR_{42} 矩形波导馈电,同轴波导正交模耦合器工作时的电场分布如图 7-3-10 所示。

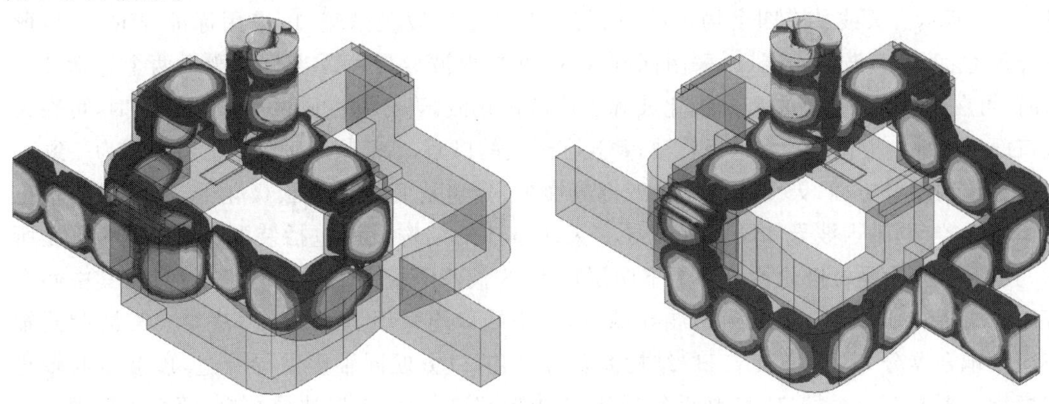

图 7-3-10 不同端口激励的电场分布图

同轴波导正交模耦合器的仿真工作可分为三部分：十字转门结和两个功率合路器。首先，对带有阶梯脊形波导的十字转门结进行建模。阶梯脊波导的结构易于加工，通过优化脊的宽度 w、高度 h 和长度 l，在公共端口处以获得两种极化较低的反射系数。第二步是对两个功率合成器进行建模。一个 90°的 H 平面弯波导和两个 90°的 E 平面弯波导用于改变 TE_{10} 模式电波的传播方向，然后连接到 E 平面 T 型结合路器，主要优化弯波导的外径结构和尺寸，使合路器具有较低的反射系数。

分别进行仿真后，将三部分组合为整体，对整个结构进行细微调节，最终在宽带获得良好的回波特性。仿真结果如图 7-3-11 所示，K 波段同轴正交模耦合器在 18～22 GHz 频率范围内，两 WR-42 矩形波导端口的反射系数均小于-23 dB，两个 WR-42 端口之间的隔离度高于 50 dB。两种极化的交叉极化鉴别（XPD）在 18～22 GHz 频率范围内高于 52 dB。

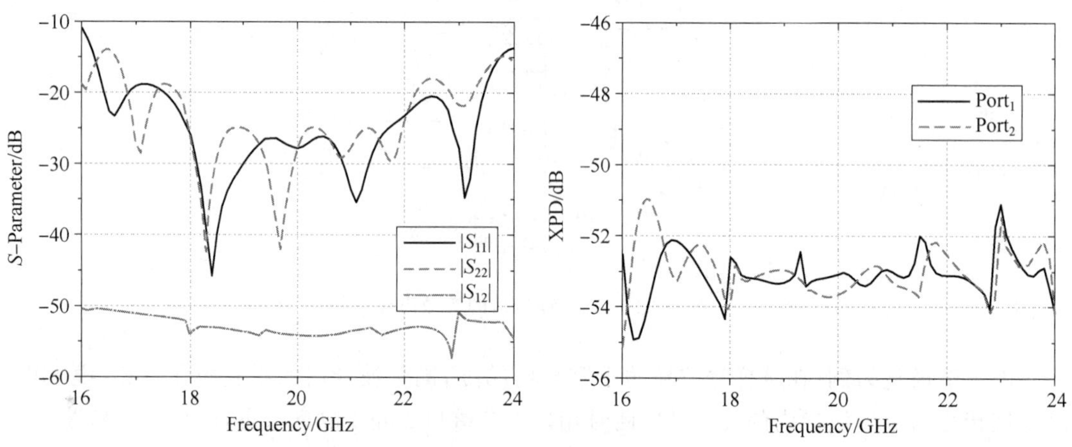

图 7-3-11　同轴正交模耦合器的 S 参数与交叉极化鉴别度（XPD）

7.4　双频双极化融合馈源天线

7.4.1　天线整体结构设计

将双频喇叭与微波毫米波的馈电网络集成到一起，可得到最终双频天线整体的结构，如图 7-4-1 所示。天线共有四个物理端口，其中两个毫米波激励端口，采用标准 WR-12 矩形波导尺寸；两个微波激励端口，采用标准 WR-42 矩形波导尺寸。当分别激励两个毫米波端口时，可在天线口面生成左旋圆极化波和右旋圆极化波，当分别激励两个微波端口时，可在天线口面生成垂直极化波和水平极化波，并且在天线的口面，高低频激励的辐射特性较为一致。

在结构设计方面，天线总共分为四部分加工，分别是 E 波段隔板极化器、K 波段同轴正交模耦合器、同轴内波导和同轴外波导。天线整体的结构设计包括装配关系如图 7-4-2 所示，其中，E 波段隔板极化器分为上下两层加工，E 波段隔板极化器共有三个端口，其中两个 WR-12 矩形波导端口，一个圆形波导端口，三个端口均采用 UG-387 型法兰。K 波段同轴正交模耦合器分为三层加工，三层结构需要有过孔，以方便同轴内波导穿过，K 波段同轴正交模耦合器共有三个端口，其中两个 WR-42 矩形端口，一个圆形波导端口，两个矩形端口采

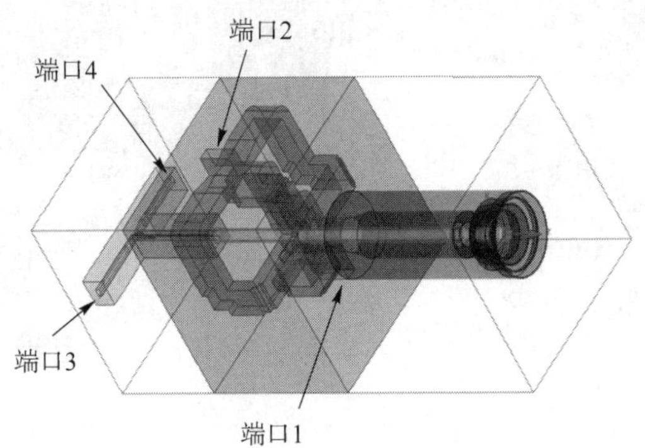

图 7-4-1 双频双极化融合馈源天线整体结构

用 FBP_{220} 正方形法兰，圆形波导口采用 FBP_{84} 正方形法兰。E 波段隔板极化器与 K 波段同轴正交模耦合器通过 UG-387 型法兰连接，同轴内波导通过 K 波段同轴正交模耦合器中的过孔直接插到底部与 E 波段隔板极化器连接，同轴外波导与 K 波段同轴正交模耦合器则通过 FBP_{84} 正方形法兰连接。

图 7-4-2 天线整体的结构设计

7.4.2 天线整体测试与分析

在整体结构设计完成后，对该 K/E 波段的双极化融合天线进行加工制造，装配好的天线实物如图 7-4-3 所示。通过 Ceyear3672D 矢量网络分析仪测量 K/E 波段双极化融合天线的 S 参数，利用毫米波扩展模块测量天线的毫米波端口，利用波导同轴转换器测量天线的微波端口，测试环境如图 7-4-4 所示。在微波信道，K 波段 18.5 ~ 21.5 GHz 的频率范围内，两个 WR-42 端口的反射系数和传输系数的仿真和测量结果如图 7-4-5 所示，可以看出两微波端口的反射系数均低于- 15 dB，隔离度大于 50 dB。

在毫米波信道，E 波段 71～86 GHz 的频率范围内，两个 WR-12 端口的反射系数和传输系数结果如图 7-4-6 所示，两个毫米波端口的反射系数均低于- 15 dB，隔离度大于 24 dB。不难看出，两个 WR-12 端口之间隔离度的表现不如两个 WR-42 端口之间的隔离度，这主要是由于微波信道中同轴正交模耦合器的对称性抑制了不对称场分布中的高次模，从而实现了宽带高隔离的特性。

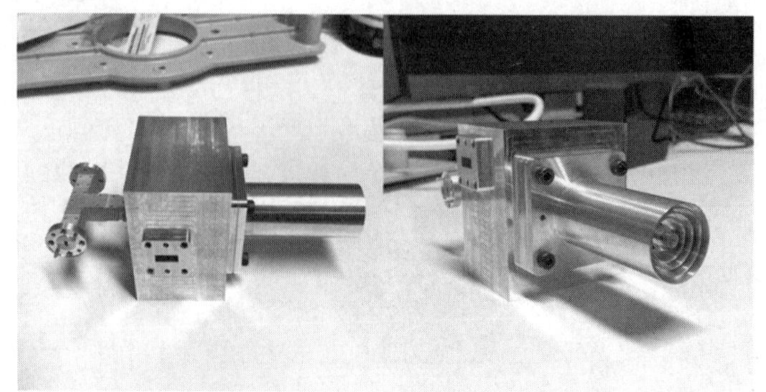

图 7-4-3　K/E 波段双极化融合天线实物图

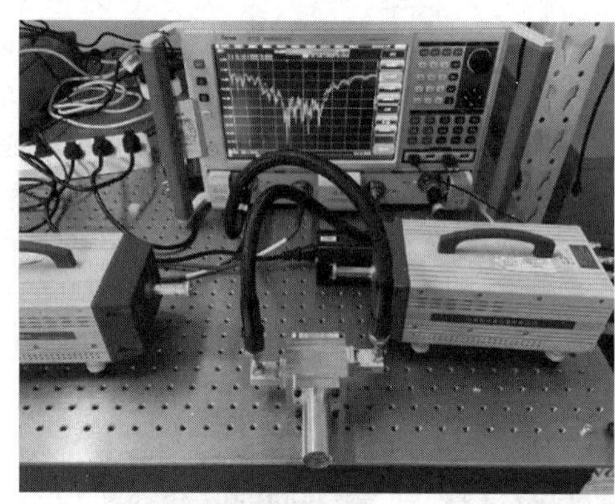

(a) 微波端口测量

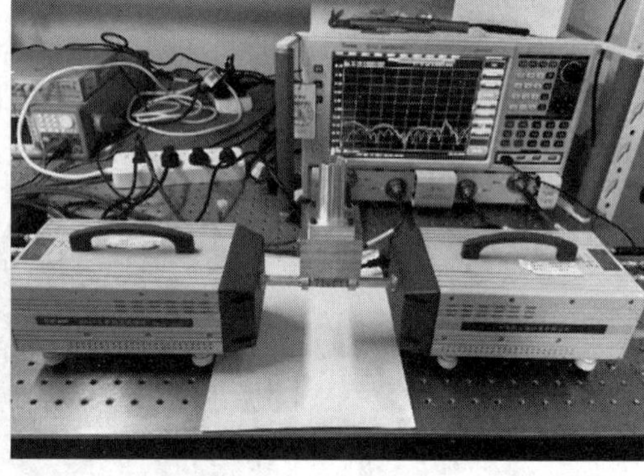

(b) 毫米波端口测量

图 7-4-4　S 参数测试环境图

K 波段和 E 波段的辐射方向图的仿真结果如图 7-4-8 和图 7-4-9 所示，可以看出天线在高低频的辐射方向图具有旋转对称性，并且其波瓣宽度较为一致，高低频的增益约为 13 dBi，并且在 45°增益均下降了约 12 dB。由于轴向波纹喇叭的特性，低频辐射方向图的交叉极化特性要优于高频方向图。E 波段的圆极化轴比性能如图 7-4-7 所示，圆极化轴比低于 1.2 dB。但是高频的方向图还是存在不够平滑的现象，这大概是由于高频电磁波在低频结构处耦合造成的。

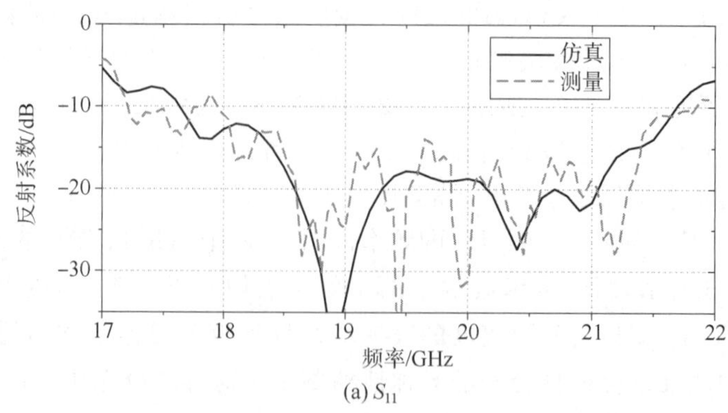

(a) S_{11}

图 7-4-5　微波两个 WR-42 端口的 S 参数

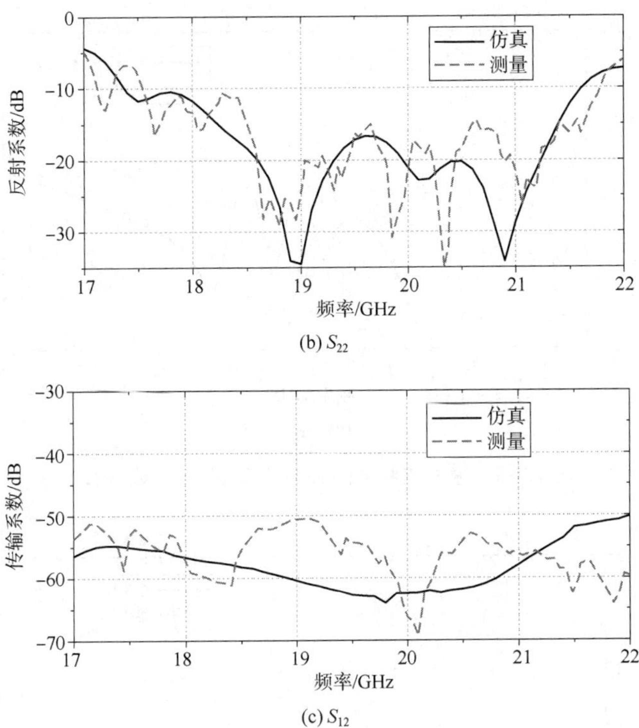

(b) S_{22}

(c) S_{12}

图 7-4-5　微波两个 WR-42 端口的 S 参数(续)

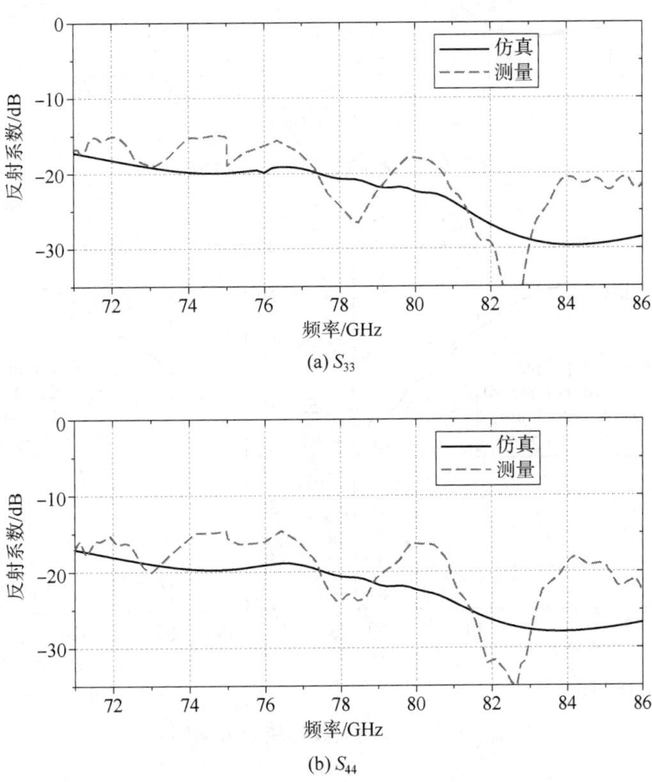

(a) S_{33}

(b) S_{44}

图 7-4-6　毫米波两个 WR-12 端口的 S 参数

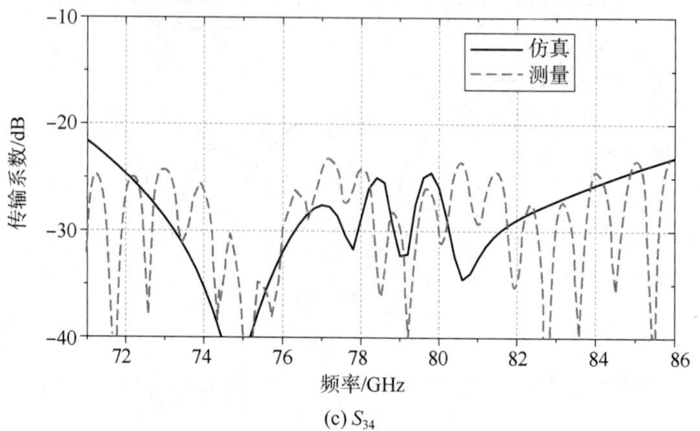

(c) S_{34}

图 7-4-6　毫米波两个 WR-12 端口的 S 参数(续)

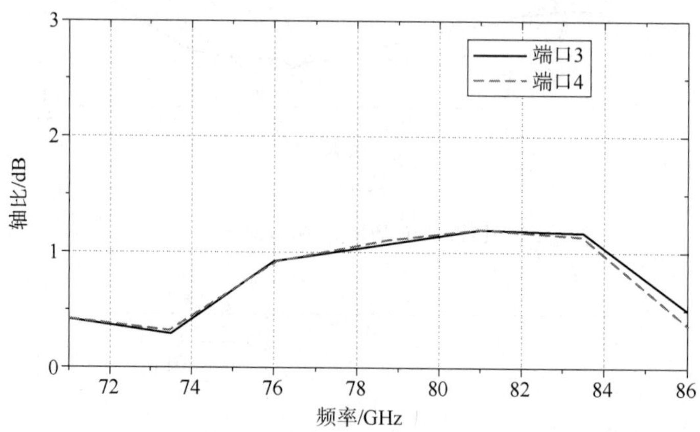

图 7-4-7　毫米波信道天线的轴比

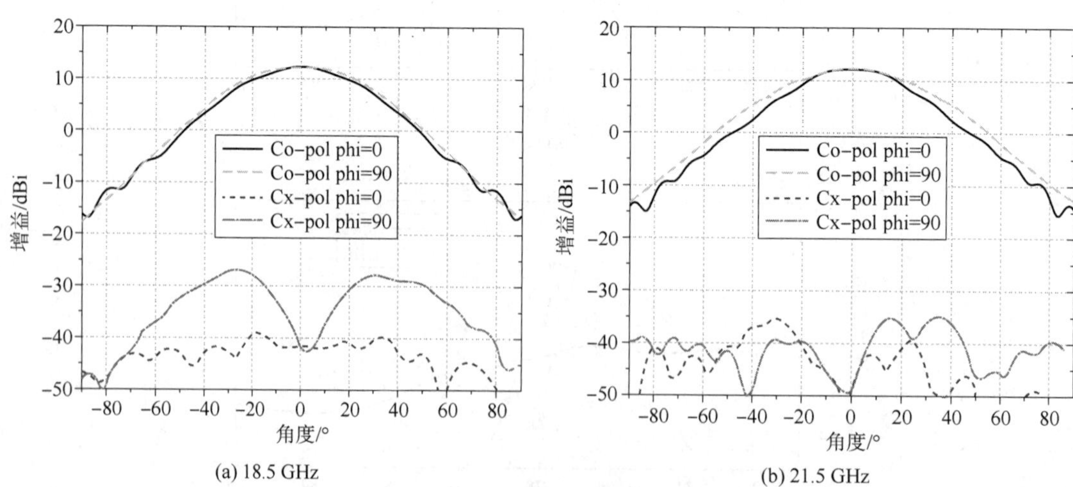

(a) 18.5 GHz

(b) 21.5 GHz

图 7-4-8　双频天线的辐射方向图

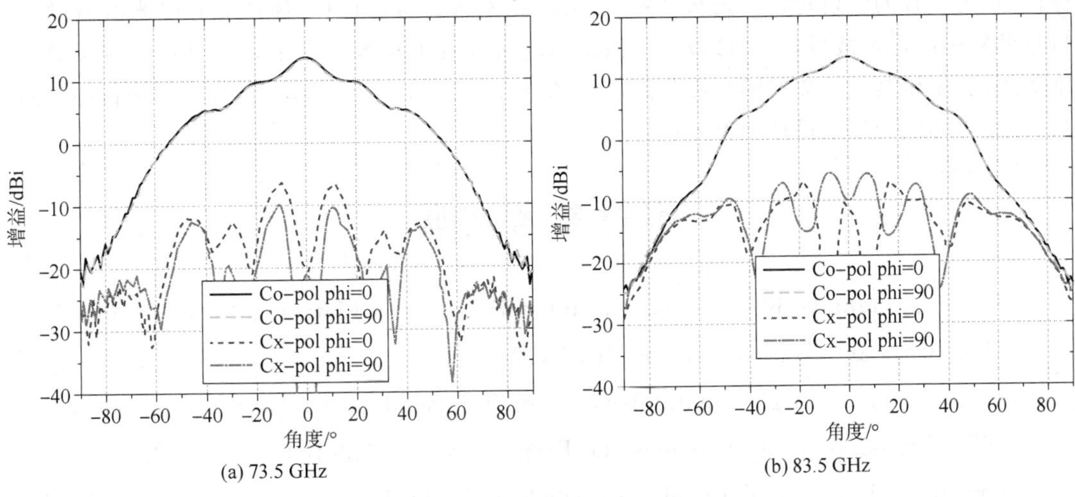

(a) 73.5 GHz (b) 83.5 GHz

图 7-4-9 双频天线的辐射方向图

表 7-4-1 总结了其他文献中研制的双频天线和本书研制的 K/E 波段双极化融合天线性能的对比情况，可以看出本书研制的双频天线高低频的中心频率比较高，并且得益于对馈源技术的融合设计，使天线在高低频都实现了宽带双极化的功能。其中微波信道中采用同轴正交模耦合器，其对称性抑制了不对称场分布中的高次模，从而实现了较高隔离。通过引入并优化更多的结构变量，使高低频的辐射方向图在微波与毫米波具有较为一致的波瓣宽度。

表 7-4-1 双频馈源天线对比表格

文献	低频范围	高频范围	极化方式(低频/高频)	反射系数(低频/高频)	隔离度(低频/高频)	波瓣宽度
[23]	34.2～35.3 GHz	93.7～95.4 GHz	单线极化/单线极化	-14 dB/-14 dB	—	不同
[24]	12.25～14.5 GHz	20～31 GHz	双线极化/单线极化	-13 dB/14 dB	22 dB/—	一致
[25]	20.5～22 GHz	42～46 GHz	双圆极化/单线极化	-15 dB/-18 dB	20 dB/—	一致
[26]	19.4～21.2 GHz	29.2～31 GHz	双圆极化/双圆极化	-20 dB/-20 dB	22 dB/22 dB	不同
本节内容	18.5～21.5 GHz	71～86 GHz	双线极化/双圆极化	-15 dB/-15 dB	50 dB/24 dB	一致

7.4.3 小结

本节提出一款 K/E 波段双极化融合馈源天线，首先指出微波毫米波融合的通信系统的意义，该方案是兼顾高速率、远距离与高可靠性的关键技术。其次，提出一种双频喇叭天线，采用同轴波导混合馈电技术，在分析同轴波导对外辐射问题后，通过在同轴波导内插入扼流圈，改善同轴波导内 TE_{11} 模式与自由空间的匹配。喇叭口面采用同轴波纹形式，在设计方面引入更多自由度，通过优化波纹的结构变量，使其辐射方向图在微波与毫米波具有旋转对称性、较为一致的辐射特性。再次,将已有馈源技术进行融合设计,使微波和毫米波激励端口过渡到标准矩形波导,并使微波毫米波信道均可双极化操作。最后,将双频喇叭和馈源网络集成,加工研制了一款双频双极化融合馈源天线,对整个天线进行结构设计并进行加工制造,并通过实测验证了设计的有效性。

本章参考文献

[1] Savini D, Figlia G, Klooster K. Optimum Design of a Matching Network for TE11 Mode Coaxial Waveguide Horns. IEEE, 1987.

[2] Bird, T, James, et al. Input mismatch of TE11mode coaxial waveguide feeds[J]. IEEE Transactions on Antennas and Propagation, 1986, 34(8): 1030-1033.

[3] Bornemann J, Seng Y Y. Circular waveguide TM11-mode resonators and their application to polarization-preserving bandpass and quasi-highpass filters[C]// German Microwave Conference, 2010.

[4] Du X, Johnson T, Landecker T, et al. An Octave Bandwidth Coaxial Waveguide Feed Antenna with an Iris Matching Network [J]. IEEE Antennas and Wireless Propagation Letters, 2020, 19(10): 1764-1768.

[5] 张鹏宇. 基于模式分析的馈源天线多频辐射与耦合特性研究[D]. 哈尔滨:哈尔滨工业大学, 2017.

[6] 张玉珍. Ku/Ka 多频段馈源的分析与设计[D].成都:电子科技大学.

[7] 张恩泽. 应用于遥感探测领域的多频段馈源天线技术研究[D]. 哈尔滨:哈尔滨工业大学.

[8] 陈腾博,孙大媛,李佼珊,等. 一种 X/Ka 双频共用同轴馈源设计[J]. 航天器工程, 2016, 25(002): 58-63.

[9] Wang N N, Zhao B X, Fang M, et al. A High-Gain Dual-Frequency Dual-Polarization Feed System for 5G Communication [C]// IEEE International Symposium on Antennas and Propagation; USNC/URSI National Radio Science Meeting, 2018.

[10] Davis I M, Granet C, Kot J S, et al. A simplified simultaneous X/Ka-band feed-system design [C]// Military Communications Conference, IEEE, 2008.

[11] Granet C, Davis I M, Kot J S, et al. A Simultaneous S/X Feed-System for a LEO-Satellite-Tracking Reflector Antenna[C]// European Conference on Antennas & Propagation. IEEE, 2009.

[12] Chang Y C, Hanlin J. Commercial Ka and Ku bands reflector antennas[C]// Antennas & Propagation Society International Symposium. IEEE, 2007.

[13] Granet C, Davis I M, Kot J S, et al. A simultaneous X/Ka feed system for reflectors with a F/D ratio of 0.8[C]// European Conference on Antennas & Propagation. IEEE, 2011.

[14] Granet C, Kot J. Design of a Receive-Only Simultaneous X/Ka Feed System for F/D=0.8 Offset Parabolic Reflectors. 2020 4th Australian Microwave Symposium (AMS), 2020, 1-2.

[15] Davis I M, Granet C, Forsyth A R, et al. Design of an X/Ka maritime terminal[C]// European Conference on Antennas & Propagation. IEEE, 2006.

[16] Kot J, Granet C, Davis I, et al. Dual-band feed systems for SATCOM antenna applications[C]// Asia-Pacific Microwave Conference, IEEE, 2011.

[17] Marcellini L, Forti R L, Bellaveglia G, et al. Multi-reflector multi-band antennas for airborne and maritime broadband applications[C]// Antennas & Propagation in Wireless Communications. IEEE, 2013.

[18] Chang Y C, Mui B, Hanlin J, et al. NMT X/Ka tri-band antennas[C]// Military Communication Conference, IEEE, 2012.

[19] Granet C, Davis I M, Kot J S, et al. Simultaneous X/Ka-band feed system for large earth station SATCOM antennas[C]// 2014 Military Communications and Information Systems Conference (MilCIS). IEEE, 2014.

[20] Chang S K, Moldovan N, Hanchett N. S/X band feed development for 12m Cassegrain antenna[C]// IEEE, 2009.

[21] Sharma S B. The antenna system for the Multifrequency Scanning Microwave Radiometer (MSMR)[J]. Antennas & Propagation Magazine IEEE, 2000, 42(3): 21-30.

[22] Zhang E, Zhang P, Qiu J. Design of a multi-band orthomode transducer for radiometers [C]// 2017 International Symposium on Antennas and Propagation (ISAP). 2017.

[23] Jie W, Ge J, Yong Z, et al. Design of a High-Isolation 35/94-GHz Dual-Frequency Orthogonal-Polarization Cassegrain Antenna[J]. IEEE Antennas & Wireless Propagation Letters, 2017, 16(99): 1297-1300.

[24] Zhang P, Qi J, Qiu J. Efficient design of axially corrugated coaxial-type multi-band horns for reflector antennas[J]. International Journal of Microwave and Wireless Technologies. 2017: 1-7.

[25] Targonski S D. A Multiband Antenna for Satellite Communications on the Move [J]. IEEE Transactions on Antennas & Propagation, 2006, 54: 2862-2868.

[26] Xu M, Zhu Y, Lv Z, et al. A dual circular polarized K/Ka-band feed chain for satcllite communication applications[C]// IEEE MTT-S International Wireless Symposium, 2018, 1-3.